Micro- and Nanoscale Fluid Mechanics: Transport in Microfluidic Devices,
by Brian J. Kirby
© Brian J. Kirby 2010

Japanese translation rights arranged with
CAMBRIDGE UNIVERSITY PRESS
through Japan UNI Agency, Inc., Tokyo

●本書のサポート情報を当社 Web サイトに掲載する場合があります．下記の
URL にアクセスし，サポートの案内をご覧ください．

https://www.morikita.co.jp/support/

●本書の内容に関するご質問は下記のメールアドレスまでお願いします．なお，
電話でのご質問には応じかねますので，あらかじめご了承ください．

editor@morikita.co.jp

●本書により得られた情報の使用から生じるいかなる損害についても，当社およ
び本書の著者は責任を負わないものとします．

[JCOPY] 〈(一社)出版者著作権管理機構 委託出版物〉
本書の無断複製は，著作権法上での例外を除き禁じられています．複製される
場合は，そのつど事前に上記機構（電話 03-5244-5088，FAX 03-5244-5089,
e-mail: info@jcopy.or.jp）の許諾を得てください．

マイクロ・ナノ
流体力学

Micro- and Nanoscale
Fluid Mechanics

Brian J. Kirby 著

元祐 昌廣・山本 憲 共訳

森北出版

序　文

　本書は，マイクロ・ナノシステム内での液体輸送の物理を扱うものである．その内容は，2005 年よりコーネル大学で大学院生向けに著者が開講している講義「マイクロ・ナノ流体力学の物理」のなかで育まれてきた．この講義は，主に機械・航空工学科向けではあるが，物理，応用物理，化学工学，材料科学，生物工学を専攻する学生も聴講している．本書は，これまでは別々に教えられてきた，流体力学，電気力学，界面化学，電気化学といった分野をまとめることを狙った構成になっており，現代のマイクロ流体を扱う研究者がマイクロ・ナノデバイスを扱う際に直面する，連続体としての流体力学の解析やモデリングができるようになることを目的としている．また，他の書籍にあるような非常に興味深い標準的な内容（無数の例からいくつかを示すと，乱流や遷移流，レオロジー，ゲル内での輸送，ファンデルワールス力，電極反応速度論，コロイド安定性，電極電位など）については，本書で議論する流体現象の中心となるものではないために除外している．

　本書が現役の研究者にとっての有用な文献となることを願っているが，あくまで本書は主に講義用として書かれている．そのため，他書では結果が単に示されているような内容について，繰り返し，しつこく述べられている箇所もあるとは思うが，これは講義向けには適していると判断してのことである．学生の理解を促すために解答付きの例題を適宜取り入れ，講義で使うための演習問題を章末に収録している．教員向けの解答は出版社の Web サイト（http://www.cambridge.org/kirby）にて入手可能である．なお本書は，この分野における最近の研究成果をまとめたもので**はなく**，また微細加工技術についての記述や最先端技術の紹介なども行っていない．

　本書では，(a) 低レイノルズ数域の流体力学と流体回路，(b) 電気浸透流の特徴に注目した電気二重層の外側での流れ，(c) 表面電荷の発生と電気二重層のモデリングを中心とした界面近傍の流れ，(d) 非線形界面動電現象，電気二重層のダイナミクス，エレクトロウェッティングなどの非定常・非平衡問題の順に記載されている．なおそれぞれにおいて，いくつかの興味深い応用例（マイクロ混合，DNA やタンパク質の分離，流速計測，誘電泳動による粒子操作，界面動電ポンプなど）を適宜紹介している．

　この分野に馴染みの薄い学生の理解を助けるために，あるいは内容が冗長であったりする場合には，注釈を付けている．また，異なる変数に同じ記号を用いることはできるだけ避けた．そのため，球座標系の半径方向（r）と円筒座標系の半径方向（ϖ）や，球座標系での緯度角（ϑ）と円筒座標系の角度方向（θ）などで異なる記号を用いている．

また，著者は黒板で本書の内容について講義を行っているため，板書しやすいように配慮した記号を用いている．そのため，動粘性係数（粘性率 η を密度 ρ で除した物性値）を表す際に一般に用いられることの多いギリシャ文字の ν（ニュー，nu）は，y 軸方向速度を表すアルファベットの v（ブイ，vee）と紛らわしいため，本書では使われていない．ほかにも，ベクトルについては太字で表記しているが，さらに文字上部に矢印を付けている．

本書には，コーネル大学の大学院生向けコースでの 1 セメスター分の講義内容（50分× 42 回）が含まれている．第 1, 2, 5, 7, 8 章と付録は復習や補足資料であり，講義では取り上げていない．

最後になるが，本書の執筆にあたりさまざまな協力をいただいた多くの方々にお礼を申し上げたい．とくに，コーネル大学の Elizabeth Strychalski 博士，Stephen Pope 教授，Claude Cohen 教授，カーネギーメロン大学の Shelly Anna 教授，ミネソタ大学の Kevin Dorfman 教授，サウサンプトン大学の Nicolas Green 教授，ハーバード大学の Donald Aubrecht 教授，カリフォルニア大学サンタバーバラ校（UCSB）の Sumita Pennathur 教授，トロント大学の Aaron Wheeler 教授には，有益な意見をいただいた．カリフォルニア大学バークレー校の Amy Herr 教授には，本書の草稿を 2009 年春学期に講義で使ってもらった．彼女の優れた洞察や学生からの意見は非常に役立った．マサチューセッツ工科大学（MIT）の Martin Bazant 教授には，いくつかの章で参考となる資料を提供いただいた．2004 年からコーネル大学で私の講義を聴講してくれた学生達は，本書に何らかの形で貢献しているが，とくに研究室の学生には格段の謝意を表したい．Alex Barbati, Ben Hawkins, Sowmya Kondapalli, Vishal Tandon は入力を，Michael Allen は文章チェックを，Ben Hawkins と Jason Gleghorn 博士は図の作成やストークス流れ，誘電泳動の章で多くのサポートをしていただいた．また，リード大学の David J. Griffiths には印刷用データを生成いただいた．Gabe Terrizzi には多くの図を作成いただいた．彼の貢献はとても大きな助けになった．Greg Parker には表紙デザインをしていただいた．

本書は多くの方々に校閲していただいたが，すべての誤りの責任は私にある．もし本書の誤りなどに気づいたら，私か出版社に知らせていただきたい．正誤表（http://www.cambridge.org/kirby）に随時掲載していく予定である．

2010 年 5 月
ニューヨーク州イサカにて
Brian J. Kirby

目　次

序章 ───────────────────────────────── 1
　マイクロ・ナノスケール流れの一般的な特徴　3
　本書の構成と内容　4
　補足の文献資料　6

第 1 章　非圧縮性流れの運動学，保存則，および境界条件 ─────── 7
　1.1　流体静力学　7
　1.2　流体速度場の運動学　8
　1.3　非圧縮性流れの支配方程式　16
　1.4　構成式　19
　1.5　表面張力　23
　1.6　界面における速度と応力の境界条件　28
　1.7　支配方程式の解法　37
　1.8　流れの形態　38
　1.9　用語とマイクロ流体関連文献について　39
　1.10　まとめ　39
　1.11　補足文献　41
　1.12　演習問題　41

第 2 章　一方向流れ ─────────────────────── 45
　2.1　長い流路内の定常圧力・境界駆動流　45
　2.2　一方向流れの駆動開始と発達　54
　2.3　まとめ　56
　2.4　補足文献　56
　2.5　演習問題　57

第 3 章　流体回路解析 ────────────────────── 67
　3.1　流体回路解析　67
　3.2　マイクロ流路内流れと等価な流体回路　70
　3.3　解法　80
　3.4　まとめ　82
　3.5　補足文献　82
　3.6　演習問題　83

第 4 章　パッシブスカラー輸送：分散，パターニング，混合 ─────── 87
　4.1　パッシブスカラー輸送方程式　88
　4.2　混合の物理　90
　4.3　混合の計測と定量化および関連パラメータ　95
　4.4　低レイノルズ数，高ペクレ数の極限　96
　4.5　マイクロデバイス内における層流パターニング　97
　4.6　テイラー－アリス分散　99
　4.7　まとめ　101
　4.8　補足文献　102
　4.9　演習問題　103

iv　　目次

第5章　静電学と電気力学 ——————————————————— 109
5.1　物質中の静電学　109
5.2　電気力学　121
5.3　電気力学的諸量の解析的表現：複素誘電率と複素導電率　125
5.4　電気回路　128
5.5　電解質で満たされたマイクロ流路内の等価回路　133
5.6　まとめ　138
5.7　補足文献　138
5.8　演習問題　139

第6章　電気浸透流 ——————————————————————— 143
6.1　電気浸透流の接合漸近法　144
6.2　電気二重層におけるクーロン力の積分解析法　145
6.3　薄い電気二重層条件での電気浸透流のためのナビエ-ストークス方程式の解法　148
6.4　電気浸透移動度と界面動電ポテンシャル　151
6.5　界面動電ポンプ　152
6.6　まとめ　185
6.7　補足文献　157
6.8　演習問題　186

第7章　ポテンシャル流れ ———————————————————— 165
7.1　ナビエ-ストークス方程式のポテンシャル流れの解を見つけるための手法　165
7.2　速度ポテンシャルと流れ関数のラプラス方程式　167
7.3　面対称のポテンシャル流れ　169
7.4　球座標系における軸対称のポテンシャル流れ　184
7.5　まとめ　185
7.6　補足文献　186
7.7　演習問題　186

第8章　ストークス流れ ————————————————————— 191
8.1　ストークス方程式　191
8.2　境界を含むストークス流れ　193
8.3　境界を含まないストークス流れ　195
8.4　マイクロPIV　203
8.5　まとめ　206
8.6　補足文献　207
8.7　演習問題　207

第9章　電気二重層の拡散構造 —————————————————— 213
9.1　グイ-チャップマン電気二重層モデル　213
9.2　グイ-チャップマン電気二重層下の流れ　223
9.3　対流表面導電率　224
9.4　理想溶液とデバイ-ヒュッケル近似の精度　225
9.5　修正ポアソン-ボルツマン方程式　228
9.6　シュテルン層　232
9.7　まとめ　232
9.8　補足文献　233
9.9　演習問題　234

目次　v

第10章　マイクロ流路でのゼータ電位 ———————— 241
10.1　定義と表記　241
10.2　平衡表面電荷の物理化学的起源　242
10.3　表面電荷密度，表面電位，ゼータ電位に関する表現　249
10.4　マイクロ流路基板で計測される界面動電位　254
10.5　ゼータ電位の制御　256
10.6　界面物性を測定する化学的・流体力学的手法　258
10.7　まとめ　263
10.8　補足文献　264
10.9　演習問題　265

第11章　物質と電荷の輸送 ———————————— 269
11.1　物質輸送の形態　269
11.2　物質保存則：ネルンスト‐プランク方程式　272
11.3　電荷の保存　275
11.4　ネルンスト‐プランク方程式の対数変換　277
11.5　マイクロ流体の応用：スカラー画像流速測定法　278
11.6　まとめ　279
11.7　補足文献　280
11.8　演習問題　280

第12章　マイクロチップを用いた化学的分離 ———— 283
12.1　マイクロチップ分離：実験による実証　284
12.2　1次元的なバンドの拡大　286
12.3　マイクロチップ電気泳動：背景と実験　288
12.4　実験での難しさ　289
12.5　タンパク質やペプチドの分離　292
12.6　多次元分離　295
12.7　まとめ　296
12.8　補足文献　296
12.9　演習問題　297

第13章　粒子の電気泳動 ———————————— 301
13.1　電気泳動の基礎：移動境界と静止流体での電気浸透流　301
13.2　粒子の電気泳動　303
13.3　電気泳動速度の粒子サイズ依存性　306
13.4　まとめ　314
13.5　補足文献　315
13.6　演習問題　316

第14章　DNAの輸送と分析 ———————————— 319
14.1　DNAの物理化学的構造　320
14.2　DNAの輸送　325
14.3　バルクでのDNAの性質を記述するための理想鎖モデル　330
14.4　現実的な高分子モデル　344
14.5　狭隘空間でのdsDNA　346
14.6　DNA解析手法　351
14.7　まとめ　353

vi 目次

14.8 補足文献　354
14.9 演習問題　356

第15章　ナノフルイディクス：分子スケールや厚い電気二重層系における流れと電流 ———— 359
15.1 無限長ナノチャネル内の1方向輸送　360
15.2 ナノスケールの領域境界・非一様断面流路における輸送　370
15.3 補足文献　376
15.4 演習問題　376

第16章　交流界面動電現象と拡散電荷のダイナミクス ———— 381
16.1 界面ポテンシャルが時間変化する場合の電気浸透流　382
16.2 等価回路　383
16.3 誘導電荷が関係する流動現象　389
16.4 電気と熱が連成した流れ（電熱流）　392
16.5 まとめ　395
16.6 補足文献　396
16.7 演習問題　397

第17章　粒子と液滴の操作：誘電泳動，磁気泳動，デジタルマイクロフルイディクス ———— 401
17.1 誘電泳動　401
17.2 粒子の磁気泳動　419
17.3 デジタルマイクロフルイディクス　423
17.4 まとめ　426
17.5 補足文献　427
17.6 演習問題　428

付録A　単位および基本的な定数 ———— 435
A.1 単位　435
A.2 基本的な物理定数　436

付録B　電解質溶液の特性 ———— 437
B.1 水の基本的物性　437
B.2 水溶液と重要な物性　438
B.3 化学反応，速度定数，平衡　439
B.4 溶質の効果　443
B.5 まとめ　445
B.6 補足文献　446
B.7 演習問題　446

付録C　座標系とベクトル解析 ———— 449
C.1 座標系　449
C.2 ベクトル解析　451
C.3 まとめ　466
C.4 補足文献　467
C.5 演習問題　467

目次　vii

付録 D　支配方程式　469

D.1　スカラーラプラス方程式　469
D.2　ポアソン－ボルツマン方程式　469
D.3　連続の式　470
D.4　ナビエ－ストークス方程式　470
D.5　補足文献　472

付録 E　無次元化および代表パラメータ　473

E.1　バッキンガムの Π 定理　473
E.2　支配方程式の無次元化　473
E.3　まとめ　481
E.4　補足文献　482
E.5　演習問題　482

付録 F　ラプラス方程式とストークス方程式の多重極解　485

F.1　ラプラス方程式　485
F.2　ストークス方程式　493
F.3　ストークス多極子：ストレスレットとロトレット　495
F.4　まとめ　496
F.5　補足文献　497
F.6　演習問題　497

付録 G　複素関数　501

G.1　複素数および基本的な計算　501
G.2　直交するパラメータの組み合わせへの複素変数の使用　504
G.3　調和パラメータの解析的表現　505
G.4　クラマース－クローニッヒの式　507
G.5　等角写像　508
G.6　まとめ　510
G.7　補足文献　510
G.8　演習問題　510

付録 H　相互作用ポテンシャル：溶媒と溶質の原子モデル　511

H.1　分子間ポテンシャルの熱力学　511
H.2　液体状態理論　515
H.3　排除体積計算　521
H.4　原子シミュレーション　522
H.5　まとめ　529
H.6　補足文献　530
H.7　演習問題　530

参考文献　533
索引　542

記号一覧

記号	説明	ページ		記号	説明	ページ
A	面積	p.68		d	直径	p.27
$\mathcal{A}$	ヘルムホルツ自由エネルギー	p.347		D	スカラー拡散率	p.88
α	係数	p.124		D_i	物質の拡散係数	p.96
α	位相遅れ	p.76		$\vec{D}$	電気変位	p.112
α	回転角	p.171		Du	デュキン数	p.282
α	熱拡散率	p.88		δ	ディラックのデルタ関数	p.494
a	加速度	p.274		$\bar{\bar{\delta}}$	恒等テンソル	p.19
a	粒子半径	p.195		∇	デル演算子，ナブラ演算子	p.458
a_i	活量	p.443		e	離心率	p.202
β	圧縮率	p.73		e	電気素量	p.215
β	係数	p.253		e_1	一重項ポテンシャル	p.511
b	すべり長さ	p.36		e_2	対ポテンシャル	p.512
$\vec{B}$	印加磁場	p.421		e_{mf}	平均力のポテンシャル	p.517
$\mathcal{B}$	ブリルアン関数	p.116		$\vec{E}$	電場	p.110
C_i	物質のモル濃度	p.439		ε	誘電率	p.110
c_p	比熱	p.88		ε	複素誘電率	p.126
c	パッシブスカラー	p.88		ε_{S}	シュテルン層の誘電率	p.387
C	キャパシタンス，静電容量	p.129		ε_0	真空（自由空間）の誘電率	p.113
C	積分定数	p.47		ε_{r}	比誘電率	p.113
C_{h}	コンプライアンス，流体キャパシタンス	p.73		ε'	誘電率の実部	p.127
C	複素数	p.501		ε''	誘電率の虚部，誘電損失	p.127
C_{D}	抗力係数	p.202		$\varepsilon_{\mathrm{LJ}}$	レナード–ジョーンズポテンシャル 井戸の深さ	p.514
Γ	2次元渦強さ	p.176		$\bar{\bar{\varepsilon}}$	ひずみ速度テンソル	p.14
Γ	循環	p.16		$\frac{\partial \varepsilon}{\partial c}$	誘電率増加度	p.445
Γ	表面化学サイトの密度	p.245		F	ファラデー定数	p.111
Γ	試料の注入量	p.100		$\vec{F}$	力	p.120
γ	表面張力	p.23		$\vec{f}$	単位体積あたりの体積力	p.8
γ_i	物質濃度の自然対数	p.278		f_{CM}	クラウジウス–モソッティ係数	p.406
χ	界面動電連成行列	p.72		f_{ad}	バルク濃度で調整した分布関数	p.517
χ_{e}	電気感受率	p.113		f_{d}	分布関数	p.516
χ_{m}	磁化率	p.111		f_{dc}	直接相関関数	p.518
d	深さ，高さ	p.152		f_{tc}	全相関関数	p.520

記号一覧　ix

記号	説明	ページ
f_M	マイヤーの f 関数	p.517
f_0	ヘンリー関数	p.308
f	電気泳動の修正係数	p.307
ϕ	電位	p.110
φ	二重層電位	p.145
φ_0	電気二重層内の電圧降下（壁面とバルクの電位差）	p.145
ϕ_v	速度ポテンシャル	p.167
$\tilde{\phi}_v$	複素速度ポテンシャル	p.172
φ	方位角座標	p.449
Φ	相互相関	p.203
ζ	ゼータ電位	p.152
G	ギブス自由エネルギー	p.23
G	コンダクタンス	p.129
G_s	表面コンダクタンス	p.281
$\vec{g}$	重力加速度	p.8
g_i	化学ポテンシャル	p.243
$\overline{g_i}$	電気化学ポテンシャル	p.243
$\vec{G}$	流体力学的相互作用テンソル	p.200
$\vec{G}_0$	オセーン–バーガーステンソル	p.201
H	毛管高さ	p.27
$\vec{H}$	誘導磁場	p.111
h	高さ	p.45
η	粘度	p.20
$\vec{i}$	電流密度	p.122
i_0	交換電流密度	p.124
I	電流	p.72
I	断面2次モーメント	p.331
I_c	イオン強度	p.439
j	虚数単位（−1の平方根）	p.170
$\vec{j}$	スカラー流束密度	p.88
$\mathcal{J}$	ジューコフスキー変換	p.508
k	ばね定数	p.339
k	化学反応速度	p.439
k_{ve}	電気粘性係数	p.252
k_B	ボルツマン定数	p.116
K_a	酸解離定数	p.439
K_{eq}	平衡定数	p.439
K_{sp}	溶解度積	p.443
κ	2次元二重わき出し強さ，双極子モーメント	p.178
κ	デバイ遮蔽パラメータ	p.308
Λ	モル伝導率	p.277
Λ	2次元わき出しの強さ	p.173
λ_B	ビエルム長	p.515
λ_D	デバイ長	p.216
λ_{HS}	有効剛体充填距離	p.229
λ_S	シュテルン層の厚さ	p.387
ℓ_c	高分子の輪郭長	p.323
ℓ_e	高分子の末端間距離	p.324
ℓ_K	高分子のクーン長	p.335
ℓ_p	高分子の持続長	p.323
L	長さ	p.68
L	インダクタンス	p.129
L	脱分極係数	p.413
m	質量	p.197
$\vec{M}$	磁化	p.111
μ	粘性移動度	p.271
μ_{DEP}	誘電泳動移動度	p.403
μ_{EK}	界面動電移動度	p.284
μ_{EO}	電気浸透移動度	p.151
μ_{EP}	電気泳動移動度	p.270
μ_{mag}	透磁率	p.111
$\mu_{mag,0}$	真空（自由空間）の透磁率	p.111
N_A	アボガドロ定数	p.215
N_{bp}	DNA分子の塩基対数	p.323
n	法線方向座標	p.119
p	圧力	p.8
$\vec{p}$	双極子モーメント	p.121
pK_a	酸解離定数の負の対数	p.440
pH	［H^+］の負の対数	p.440
pOH	［OH^-］の負の対数	p.442
pzc	電荷零点(point of zero charge)	p.246
$\mathcal{P}$	濡れぶち長さ	p.70

x　　記号一覧

$\mathcal{P}(\ell_\mathrm{e})$, $\mathcal{P}(\Delta r)$	確率密度関数	p.336	σ_s	表面導電率	p.225
Pe	（質量輸送の）ペクレ数	p.90	Sk	ストークス数	p.200
ϖ	ダミー周波数積分変数	p.507	St	ストローハル数	p.475
ψ	流れ関数	p.10	t	時間	p.8
ψ_S	ストークスの流れ関数	p.10	T	ケルビン温度	p.23
ψ_e	電場の流れ関数	p.188	$\vec{T}$	トルク	p.121
$\vec{P}$	電気分極	p.113	$\vec{\vec{T}}$	マクスウェル応力テンソル	p.120
$\vec{\vec{P}}$	圧力相互作用テンソル	p.201	$\vec{\vec{\tau}}$	応力テンソル	p.18
Q	体積流量	p.68	τ	時定数	p.115
q	点電荷	p.110	θ	角度座標（円筒座標系）	p.449
q''	単位面積あたりの電荷密度	p.384	θ	接触角	p.24
ρ	密度	p.8	θ_0	コーナー角度	p.182
ρ_E	自由電荷密度	p.111	ϑ	余緯度座標（球座標系）	p.449
r	動径座標（球座標系）	p.452	$\Delta\theta$	距離ベクトルの角度座標成分	p.170
r_h	流体半径	p.70	$\vec{u}$	速度ベクトル	p.8
Δr	距離ベクトルの動径方向成分（球座標系）	p.110	u	複素速度	p.172
$\vec{\Delta r}$	距離ベクトル	p.110	u_EK	界面動電速度	p.287
r	動径座標（円筒座標系）	p.452	u_EO	電気浸透速度	p.153
$\Delta\mathit{r}$	動径方向距離（円筒座標系）	p.170	u_EP	電気泳動速度	p.276
Re	レイノルズ数	p.475	u_r	動径方向速度（円筒座標系）	p.10
R	一般気体定数	p.124	u_r	動径方向速度（球座標系）	p.11
R	電気抵抗	p.129	u_θ	周速度（円筒座標系）	p.11
R	流路半径	p.52	u_ϑ	周速度（球座標系）	p.11
R	曲率半径	p.24	$\mathcal{U}$	分子の内部エネルギー	p.332
R	化学的分離の分解能	p.286	V	電圧	p.119
R_h	流体抵抗	p.68	$\mathcal{V}$	体積	p.73
$\langle r_\mathrm{g}\rangle$	回転半径	p.324	ω	角周波数	p.55
s	弧長	p.323	$\vec{\omega}$	渦度	p.15
S	エントロピー	p.347	$\vec{\vec{\omega}}$	回転速度テンソル	p.14
S	シュワルツ–クリストッフェル変換	p.510	w	幅	p.100
			x	x座標	p.452
σ	導電率	p.122	ξ	剛体球充填パラメータ	p.230
σ_LJ	レナード–ジョーンズポテンシャルの「結合距離」（対ポテンシャルのゼロ点）	p.514	ξ	熱力学的効率	p.155
			y	y座標	p.452
			Y	ヤング率	p.331
$\underline{\sigma}$	複素導電率	p.126	z	z座標	p.452
			z	対称電解質の価数	p.218

z_i	物質 i の原子価	p.111		$\underset{\sim}{Z}$	インピーダンス	p.130
Z	分配関数	p.349		$\underset{\sim}{Z}_{\mathrm{h}}$	流体インピーダンス	p.77

添え字

0	フェーザまたは正弦曲線の大きさ〔例〕p_0		H	高　〔例〕u_H
0	基準状態の値　〔例〕w_0		L	低　〔例〕u_L
∞	自由流中またはバルク中の値〔例〕$c_{i,\infty}$		m	媒体　〔例〕ε_{m}
bend	曲げ　〔例〕U_{bend}		n	法線方向　〔例〕E_n
conv	対流　〔例〕$\vec{j}_{\mathrm{conv},i}$		p	粒子　〔例〕ρ_{p}
diff	拡散　〔例〕$\vec{j}_{\mathrm{diff},i}$		pre	等方（圧力）成分　〔例〕$\vec{\tau}_{\mathrm{pre}}$
edl	電気二重層　〔例〕q''_{edl}		str	流れ　〔例〕I_{str}
eff	実効　〔例〕ζ_{eff}		t	接線方向　〔例〕U_{t}
ext	外部　〔例〕$\vec{E}_{\mathrm{ext}}$		visc	偏差（粘性）成分　〔例〕$\vec{\tau}_{\mathrm{visc}}$
			w	水　〔例〕ρ_{w}

上付き文字

°	基準条件の値　〔例〕g_i°	$\vec{}$	ベクトルまたは擬ベクトル〔例〕$\vec{u}$, $\vec{T}$
′	ダミー積分変数　〔例〕φ', y'	$\overset{=}{}$	2 階のテンソル　〔例〕$\overset{=}{\tau}$, $\overset{=}{\varepsilon}$
′	単位長さあたり　〔例〕F', I'	$\hat{}$	単位ベクトル　〔例〕$\hat{x}$, $\hat{\vartheta}$
″	単位面積あたり　〔例〕F'', q''	$\hat{}$	モル数　〔例〕$\hat{e}_1$
′, ″	導関数　〔例〕f', f''	*	無次元量　〔例〕d^*, p^*
′	誘電率の実部　〔例〕ε'	⟨ ⟩	（値の）時間平均またはアンサンブル
″	誘電率の虚部，誘電損失　〔例〕ε''		平均　〔例〕$\langle \ell_{\mathrm{e}} \rangle$, $\langle r_{\mathrm{g}} \rangle$
‾	空間平均　〔例〕$\bar{u}$	Δ	（値の）差分　〔例〕Δp, Δx
$\underset{\sim}{}$	実パラメータの解析的表現　〔例〕$\underset{\sim}{Z}$		

序章

　マイクロ・ナノデバイスは，微量の流体や，それに含まれるマイクロ・ナノメートルサイズの微粒子の操作に革新的な変革をもたらした．そして，化学・微粒子分離や分析，生物学分析，センサー，細胞の捕捉や計数，マイクロポンプやアクチュエーター，ハイスループット化や並列化，統合化など，数えられないほどの応用例が世に打ち出されている．生化学分析では，小さな分子や生体粒子（いくつかの例を図 0.1 にあげる）を扱うのが一般的であるため，これらの物体を扱うツールも自ずとそれらに類するサイズになるが，この数十年にわたるマイクロ・ナノ加工技術の進展により，さまざまなツールが開発されている．

　流体力学の観点からは，マイクロ・ナノスケールのデバイスを製作することが可能になったことで，数多くの課題が生まれ，図 0.2 に示すような，いくつかのスケールにわたる問題を扱う必要性が生じた．多くの生分析に見られるような液相を扱うデバイス

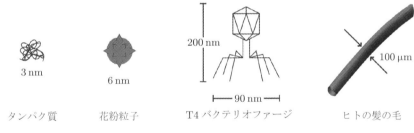

図 0.1　生体の長さスケール．左から順にナノスケールからマイクロスケール

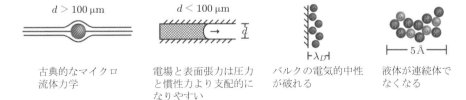

図 0.2　流体物理における基本的変化と長さスケール

に着目すると，長さスケールの減少によって，表面や界面動電現象の影響がより顕著に現れ，重力や圧力の重要性が低下する．マクロスケールでは問題なく成立すると考えてよいすべりなし境界条件（壁面で流速をゼロとする条件）も，微小スケールでは不確かになってくる．低レイノルズ数域の特性として，これら微小スケール流れでは対流項の非線形性や乱流モデリングの困難さを考える必要はないが，その代わりに，ポアソン－ボルツマン（Poisson–Boltzmann）方程式の生成項や，電気力学と流れとの連成における非線形性，電気浸透流における境界条件の不確かさを考慮する必要に迫られる．マイクロ流体の研究者は，関連する支配方程式や境界条件をどのように解くかではなく，どの式や境界条件を使うか，またはどうやって自身の分析目的と製作や実験上の制約とに折り合いをつけるのかに注意を払う必要がある．マイクロスケールでの問題は連続体モデリングで取り扱うことができるが，マクロスケールではつねに無視される力を考慮するための補正が，連続体の支配方程式に対して必要になることがある．例として，一般的なマイクロ流体デバイスの構造と，いくつかの考慮すべきパラメータと関連する流動現象を図 0.3 に示す．ナノスケールの問題に対しては，場合によって連続体的な考え方と粒子的な考え方を複合的に用いることが要求される．

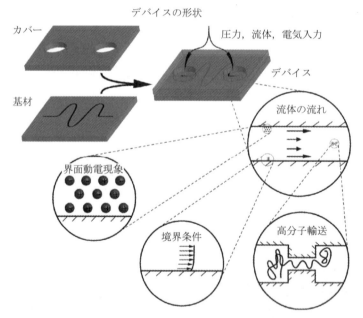

図 0.3 マイクロ流体デバイスとその入力，およびその内部での流れと試料の動き

マイクロ・ナノスケール流れの一般的な特徴

　本書では，電子回路の製造工程において開発されてきた，フォトリソグラフィによる
パターニングやエッチング，モールディングなどの，マイクロ・ナノ加工により製造さ
れたデバイス内での流動を扱う．これらの加工プロセスにおける，形状，長さスケール，
材料などの特性によって，物理現象と流れの特殊な組み合わせが生まれ，それが興味深
い性質やアプリケーションにつながっている．マイクロスケールの流れは，代表長さが
小さいため，通常は層流となる．しかし，本書で扱うような高分子や粒子は拡散係数が
小さいため，物質輸送のペクレ数が大きくなる．また，流れは圧力により駆動できるが，
駆動には電場を用いたほうがより簡便であったり適切であったりすることも多い．外部
電場の印加がない場合においても，材料表面には化学反応によって自発的な電場が存在
する．電気力学，化学，流体力学は密接に関係し，表面化学のある程度の寄与もあり，
電場によって流れが発生し，流れによって電場が発生する．ここでの流動の連成は，ナ
ビエ–ストークス（Navier–Stokes）方程式や粒子輸送方程式における，静電力による
生成項として表現される．このような力は，界面動電ポンプや細胞の誘電泳動操作など
の多くの有用なツールで用いられる．

　マイクロシステムではその大きな比表面積（体積に対する表面の割合）のため，境界
条件は，マクロスケールと比べてはるかに問題となる．マクロスケールでは当たり前と
されてきたような境界条件が成立しない場合もよくある（壁面のすべりなし条件など）．
さらに，微小スケールでの流体力学は，往々にして，表面での化学的な要素の影響を受
ける．特別な輸送に特化するよう設計された，混相流を組み込むような場合には，さら
に界面の問題を考える必要があり，境界条件は電場や化学的条件によって大きく変化す
る．

　マイクロデバイスを設計・製作する際には，製作や実験上の理由による制限も多い．
微細加工による製作物の幾何形状は，そのシステム内での輸送に影響を及ぼす．たとえ
ば，ほとんどのマイクロ・ナノデバイスは準 2 次元形状であるため，多くの分析技術は
この準 2 次元性を念頭において使用される．またスケールが小さいために，マイクロス
ケールの流れを調べるための特別な装置や技術が必要となる．タンパク質や DNA など
の生体試料，細胞やウイルスなどの生体粒子（**図 0.4**）を扱うためのデバイスが用いら
れることが多い．また，ナビエ–ストークス方程式の構成方程式を変更しなければなら
ない，非ニュートン流体を扱う必要がある場合もある．

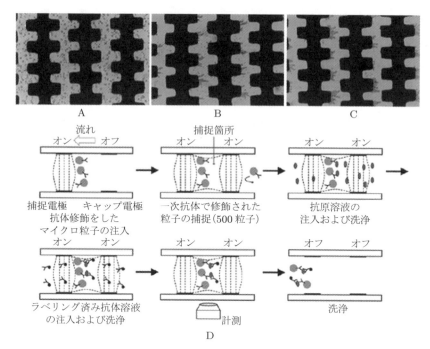

図 0.4 (A) 文献 [1] において希釈血液から白血球細胞を分離するために使用された櫛型電極．(B) 希釈血液懸濁液を流路内に流して，誘電泳動（第 17 章）により白血球と赤血球を捕捉し，(C) 白血球を保持したまま赤血球を排出するために電極に印加する周波数を低下させる．(D) マイクロシステムは，誘電泳動によって粒子を流れ場中で捕捉する「マイクロビーカー」としても使用し [2]，顕微鏡のステージ上で捕捉された粒子にさまざまな溶液を流して化学反応や分析を行う（文献 [1, 2] より）

本書の構成と内容

　本書の大部分において，質量保存には非圧縮条件を，流れおよび運動量保存にはナビエ–ストークス方程式を，物質の輸送にはネルンスト–プランク（Nernst–Planck）の式を，静電場にはポアソン（Poisson）方程式を用いており，境界条件としてはマイクロ流路壁，流路入口と出口，粒子・液滴・気泡の界面や電極表面を扱っている．これらの方程式をさまざまな形で組み合わせて用いるが，まずは，非圧縮性とナビエ–ストークス方程式で表される低レイノルズ数域の流体力学から始め，次に電気力学について，ポアソン方程式とボルツマン（Boltzmann）統計で定義される平衡系を，続いてポアソン方程式とネルンスト–プランクの式で定義される非平衡系を扱う．その性質上，これら解析の結果は，電気二重層については境界層理論と漸近展開法，電気と機械の連成については（ストークス方程式の線形性のため）連成行列式を自然に用いることができる．また，特別な流動を記述するために必要な凝縮系物理化学の内容を補足的に加えている．

本書は，低レイノルズ数域の流体力学から始め，その内容が単独でも成立するとともに，古典的な内容がマイクロ・ナノスケールの話題と関連するように配慮している．レイノルズ数が低く，境界条件が古典的で，溶存物質が十分小さく，印加電場がない場合には，大学学部生で扱うような古典的な流体力学が適用できる．第1章と第2章では，第1章の一部でナビエのすべりモデルについて述べる以外は，古典的な流体力学を扱う（このすべりの概念そのものは古典的だが，実験的にすべり長さに関する計測データが報告されるようになったのは主にこの20年くらいのことである）．第3章は，マイクロデバイスでは長く狭い流路が主に用いられることと流体回路の関連性，並列化されたマイクロ流路ネットワークを考える際に重要となる流体回路解析の使用法について触れる．第4章では，大学学部生が扱うような標準的な物質輸送と，大学院生レベルの混合やカオス動力学を組み合わせる．また，多くのマイクロ流体デバイスの事例に見られるような，低レイノルズ数（Re）だが高ペクレ数（Pe）となるような系の重要性や，混合における難しさや層流パターニングの利点についても触れる．

続いて，壁面から離れた地点での電場の影響と効果について，電気浸透流に注目して取り扱う．第5章では静電学や電気力学の初歩について，第6章では電気二重層の外側での流れと電流のアナロジーに言及しながら電気浸透流の積分的記述について触れる．薄い電気二重層下の純粋な電気浸透流はポテンシャル流れであるので，第7章ではポテンシャル流れについて議論する．なお，第3，5，7章は複素数を用いるため，付録Gにその基礎を記した．第8章では，粒子の動きに注目しつつストークス流れについて触れる．ここで触れる流れは主として電場で駆動されるものではないが，第7章の解析技術を基礎としているため，本書ではこの章が第7章の直後に位置するように配置している．これに関して，付録Fではラプラス（Laplace）方程式やストークス方程式の多重極理論について記述しており，これは後に扱う誘電泳動力の多極モデルの導入にもなっている．6.5節で応用例として紹介する界面動電ポンプはこれらの章の内容で理解可能であるので，これを例として議論する．

そして，マイクロ・ナノデバイスの界面近傍層についての議論に移っていく．付録Bの電解質溶液の物性情報をもとに，第9章ではグイ-チャップマン（Gouy-Chapman）の電気二重層と修正ポアソン-ボルツマン（Poisson-Boltzmann）方程式について触れる．付録Hでは相互作用ポテンシャルの背景を記載したので，これらの考えを理解する手助けとなるだろう．第10章では，電気二重層（EDL）モデルの境界条件となる表面電荷の実験的観察についてまとめる．次いで，荷電粒子や電荷分布の非平衡的な記述（第11章），タンパク質の分離を例としたマイクロチップ分離（第12章）へと続く．ここで学んだ考え方が微粒子の電気浸透流についての議論（第13章）に役立つが，ここで初めて，電気二重層厚さが主要な役割を果たし，イオン分布と流体を強連成の考え方

6   序章

で扱う必要が出てくる. 次の第14章では, 前章のイオンと微粒子輸送の考え方に基づき, DNA を例として高分子の輸送に関して触れる. そして, 界面動電効果と流れの関係が強連成となるナノスケール流れについて触れる (第15章).

最後に, 表面荷電がもはや平衡ではない場合の解, すなわち表面電位や界面における電流の不連続性が引き起こす電荷のダイナミクスについて触れる. そして, 電極や極性材料での電気二重層の動的なふるまい (第16章), 誘電泳動や磁気泳動, エレクトロウェッティングを用いた粒子や液滴の非線形界面動電マニピュレーション (第17章) について触れる.

補足の文献資料

本書を通して, 内容をより掘り下げるための参考文献を各章に示している. やむなく割愛せざるをえなかった内容もあり, それらのいくつかについて触れられている優れた文献を紹介する. まず, マイクロ気体流れについては Karniadakis [3] を, 微細加工一般については文献 [4, 5] を, マイクロ流体デバイスに特化した加工に関しては文献 [6, 7] が参考になるだろう. また, 本書は主として解析技術に重点をおいたため, 数値解析手法については触れていないので, これについては, 文献 [8, 9, 10, 11, 12, 13, 14, 15] から有益な情報を得られる. 文献 [12, 13, 14] は取り組みやすく, 数値シミュレーションの初学者にはお薦めである.

第1章
非圧縮性流れの運動学，保存則，および境界条件

　本書は，マイクロシステム内における液体（主に水や水溶液）の流れを扱う．そのため，本章では，水の流れを記述するための基本的な関係式について述べる．マイクロ流体デバイス内の流れにおいて，液体は**非圧縮**，すなわちほぼ均一な密度をもつという近似がよく成り立つので，本書においてももっぱら非圧縮性流れを扱う．

　本章では，流体の**動き**と**変形**を記述する流動場の運動学について述べる．この過程で，流線（streamlines），流跡線（pathlines），流脈線（streaklines），流れ関数（stream function），渦度（vorticity），循環（circulation），ひずみ速度（strain rate）および回転速度（rotation rate）テンソルのような重要な概念についても触れる．これらの概念は，本書を通して流体運動および変形のモードについて説明をする際に重要な役割を果たすことになる．本章ではまず，ニュートン流体の非圧縮流れ（incompressible flow of Newtonian fluid）の質量および運動量の保存を扱う．そして，固体や（表面張力をもつ）自由界面を含む支配方程式の境界条件について，とくにすべりなし境界条件（no-slip boundary condition）とマイクロ・ナノデバイスにおけるその妥当性について議論する．本章は，読者にベクトル解析の知識があることを前提としている．ベクトル解析に馴染みの薄い読者は，付録Cの概説を参照してもらいたい．また，付録Cには本書で用いる表記法や座標系についても記している．

　本書では，流体を，「任意の大きさの非一様な応力を加えられた場合に連続的に変形する物質」と定義する．ここでは，まず，流体の**連続体**としての記述，すなわち流体を形成する分子の集合としての運動（時間と空間の関数としての流体の速度や圧力）を扱う．また，流体の温度や溶液中の物質の濃度のような連続場の物性についても述べる．

1.1　流体静力学

　流体が静止している場合，流体の平衡は流体の圧力と体積力の相互作用によって決定される．

$$\nabla p = \sum_i \vec{f}_i \tag{1.1}$$

8　第1章　非圧縮性流れの運動学，保存則，および境界条件

ここで，p は圧力 [Pa]，$\vec{f}_i$ は単位体積あたりの体積力 [N/m³] である．したがってこの流体静力学方程式は，体積力が存在する場において，圧力が空間的に変化することを示している．流体静力学によって理解できるもっとも有名な例は，液柱内の圧力分布である．重力加速度 $g = 9.8\,\mathrm{m/s^2}$ を用いると，重力場中の液体については，$\vec{f}_i = -\rho g \hat{z}$ という関係が成り立つ．これを z 方向に積分すると，以下の式を得る．

$$p - p_0 = -\rho g z \tag{1.2}$$

ここで，p_0 は $z = 0$ における圧力である．同様の関係は，電場中の荷電流体のような他のポテンシャル場中の流体に関しても得ることができる．

1.2　流体速度場の運動学

　流体が**動いている**場合を考える際には，流体の動きや変形を記述する**運動学的関係式**が有用である．運動学は，運動を生じさせる力ではなく流体の運動を記述するものであるため，運動学的関係式によって表されるのは連続体速度場のみである．この速度場により，時空間中のすべての点における速度 $\vec{u}(\vec{r}, t)$（t は時間，$\vec{r}$ は空間上の位置を決定する位置ベクトル）が与えられる．数学的関係によって系の物理が規定されるのと同様に，運動学によってわれわれは速度場を理解できる．流れを分類する運動学的関係や定義から，どの支配方程式を適用すべきかについての洞察を得ることも多い．

1.2.1　重要な形態的定義

　ここでは，解析に役立つであろう流動場に関係した曲線，すなわち**流跡線**，**流脈線**，**流線**，そして**物質線**（material lines）を定義する．流線は，それによって系の瞬間速度場をシンプルな解析から求めることができるので，流れを解析的に理解するためにもっともよく利用される．一方，流跡線と流脈線は実験室において生成するのが容易であり，したがって可視化実験にもっともよく利用されている．とくに，2 次元（2D）流れの信頼性のある単純化には，流線と関連する**流れ関数**を用いる．リソグラフィとエッチングで作製したデバイスは往々にして一定の厚みをもっているため，面対称の 2 次元流れはマイクロ流体デバイスと関係が深いことが多い．これらの曲線は**流体粒子**，すなわち流体中において局所的な流速と同じ速さで移動する点の動きを表している．

■流跡線

　流跡線は，時刻 t_0 において位置 $\vec{r}_0$ にあった粒子が流れに乗って動いた軌跡である（図1.1）．小さな蛍光粒子を流動のある 1 点に挿入し，それから長時間の露光を行った場面を思い浮かべると，流跡線を想像できる．実験的には，流跡線はある点の時間的な軌跡の記録である．粒子の初期位置と時刻，および速度場の履歴が流跡線に影響する．

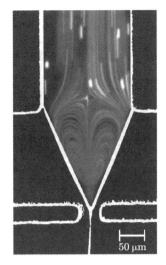

図1.1 油-水混相流の微粒子流跡線.上方から水,左右から油が流入している.油相によって絞られた流れによりマイクロスケールの水滴を生成する.水相内の蛍光粒子を撮影することで形成される流跡線は,高速の油相流と低速の水相流の合流部において再循環が生じていることを示している(文献[16]より)

■流脈線

流脈線はある点 $\vec{r}_0$ を通過した粒子の軌跡である.流動場のある点に小さなチューブを挿入し,時刻 t_0 にそこから蛍光色素を流し始め,その後に色素のスナップショットを撮る場面を思い浮かべると流脈線を想像できる.実験的には,流脈線はある曲線の瞬間的な記録(水中で1点からインクを流したときに見える軌跡)である.流跡線と同様に,色素を混入させる位置,時刻および速度場の履歴が流脈線に影響する.**図 1.2** に流跡線と流脈線の違いを示す.

■流線

流線は瞬間的な速度の接線である.流跡線や流脈線とは異なり,流線は**瞬間的な**速度場の性質である.

定常流において,位置 $\vec{r}_0$ を通過するすべての粒子は同じ軌道を通る.この軌道はつねに局所的な速度の接線となっており,したがって流線は定常流においては流跡線と流脈線と一致する[1].

---

[1] これらの曲線はすべて,積分はよどみ点 (stagnation points. 速度がゼロの点) で終わる.よどみ点がある流れにおいては,完全な流線を得るためには複数の点から積分を始める必要がある場合がある.

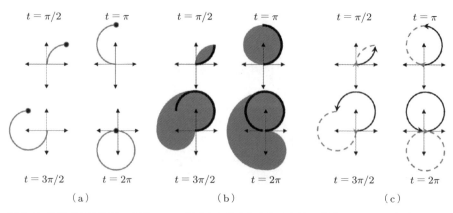

図 1.2 流脈線と流跡線．時刻 $t=0$ に起点から流出した粒子を黒，時刻 $t=0$ 以降に起点から連続的に流出した色素をグレーで示している．流動は時間変化する一様流 $u=\cos t$, $v=\sin t$ であり，粒子は円軌道を描く．(a) 4 時刻における粒子の位置および色素の流れ（短い露光時間で可視化画像を撮影することで再現できる）．色素の流れは，起点から $t>0$ の間の流脈線に相当する．(b) $t>0$ における粒子位置と色素の流れの軌跡（$t=0$ から長時間露光をすることで撮影できる）．粒子の履歴は $t=0$ に起点を通る流跡線となる．(c) 瞬間的な色素の輪郭を (a) から，粒子の時刻歴を (b) から抽出して描いた流跡線（黒の実線）および流脈線（グレーの破線）．流線（ここでは示していない）は全時刻においてすべて直線であり，x 軸に対して角度 $\theta = t$ だけ傾いている

重要なことは，2 次元流れの場合には，これらの流線を定義するスカラー関数を積分なしに定義できることである．ここで，流れ関数（面対称流れの場合には ψ，軸対称流れの場合には ψ_S で表す）を，等高線がつねに速度の接線となるように定義する[1]．使用する流れ関数は流れの対称性の性質に依存するが，速度と流れ関数の関係の数学的な形は座標系に依存する．デカルト座標系で定義される平面 2 次元流れにおいては，式 (1.3) および式 (1.4) を用いて流れ関数を定義する．

$$u = \frac{\partial \psi}{\partial y} \tag{1.3}$$

$$v = -\frac{\partial \psi}{\partial x} \tag{1.4}$$

同様の平面 2 次元流れおよび上で記述した流れ関数は，円筒座標系では以下のように表される．

$$u_r = \frac{1}{r}\frac{\partial \psi}{\partial \theta} \tag{1.5}$$

---

[1] 実際に，前述の速度と流れ関数の関係は次の二つの要求を満たす．(1) 流れ関数の等高線は流線となる．(2) 流れ関数で記述されるすべての速度場もまた，1.3 節で議論する質量保存の法則 (1.21) を満たす．ψ あるいは ψ_S を用いて質量保存則を成立させることで，流体の問題を非常にシンプルにできる．

$$u_\theta = -\frac{\partial \psi}{\partial r} \tag{1.6}$$

軸対称流れにおいて，**ストークスの流れ関数**（Stokes stream function）ψ_S を定義すると，円筒座標系における速度と流れ関数の関係は

$$u_r = \frac{1}{r}\frac{\partial \psi_S}{\partial z} \tag{1.7}$$

$$u_z = -\frac{1}{r}\frac{\partial \psi_S}{\partial r} \tag{1.8}$$

となり，これは球座標系においては

$$u_r = \frac{1}{r^2 \sin\vartheta}\frac{\partial \psi_S}{\partial \vartheta} \tag{1.9}$$

$$u_\vartheta = -\frac{1}{r \sin\vartheta}\frac{\partial \psi_S}{\partial r} \tag{1.10}$$

となる．平面流れの流れ関数は $\mathrm{m^2/s}$ の単位をもち，これは軸対称系のストークスの流れ関数の単位である $\mathrm{m^3/s}$ とは異なる．二つの流線間の体積流量は二つの流線の流れ関数の差に関係している．面対称流れの場合には，二つの流線間の流れ関数の差は，単位深さあたりの体積流量に相当し，軸対称流れの場合には，二つの流線のストークスの流れ関数の差は 1 ラジアンあたりの体積流量に相当する．

■**物質線**

　物質線は，流れ場中の曲線の，ある特定の時刻における瞬間の位置をトレースしたものである．流れの中に埋め込まれた小さな蛍光の線を考えると理解できる．ある時刻 t_0 において定義される曲線 C_0 があるとき，時間の関数である物質線 C は単純に，元々 C_0 が含んでいた流体粒子の各時刻における位置を表す．

1.2.2　ひずみ速度テンソルおよび回転速度テンソル

　ここでは，流体とは加えられた力に対して計測可能な割合で変形して応答する物質であり，流体に力が加わっていない状態は，特定の形状ではなく，静止していることと定義される．これは，無負荷状態からの有限変形によって加えられた力に応答する固体とは対照的である．流体においては，物質内の応力（単位面積あたりの力）は**ひずみの変化量**と関係している．ある点における流体のひずみの変化量，すなわち**ひずみ速度**は，その点における速度勾配の大きさ，または別の表現をすると，流体の要素が流れによって変形する量である．流体の応答は本質的に**粘性的**である．固体の場合は，物質内の応力（単位面積あたりの力）は**ひずみ**と関係している．固体のひずみとは，無負荷状態か

12　第 1 章　非圧縮性流れの運動学，保存則，および境界条件

らの静的な変形量のことである．この意味で，固体の応答は本質的に**弾性的**である．

本項では，速度勾配（速度勾配テンソルで表現される）を**ひずみ速度テンソル**および**回転速度テンソル**を用いて記述できることを示す．1.4 節では，（水や空気のような）ニュートン流体中の粘性力や応力が，ひずみ速度テンソルによって表されるひずみ速度に線形比例することを示す．渦度の大きさ，すなわち回転速度テンソルの大きさは，ある特定の流れの問題に対してどの解析方法を用いるべきかという判断材料となる．

■一方向流れにおけるひずみ速度

流体が x 方向に $u = u(y)$ で移動する一方向流れを考えよう．この単純なケースでは，ひずみ速度の大きさ $\dot{\gamma}\,[\mathrm{s}^{-1}]$ は次式で与えられる．

$$\dot{\gamma} = \frac{1}{2}\frac{\partial u}{\partial y} \tag{1.11}$$

この一方向流れはシンプルであり，かつこの結果は一般的ではない．しかし，この式から二つの基本的な概念がわかる．つまり，ひずみ速度は流体の要素がどれだけ速く変形するのかを示す量であり，またこれは局所的な速度勾配に関係している．速度が一定である場合には，流体の要素は変形しない．u が空間的に変化する場合には，流体要素はせん断，引張り，あるいはその両方を受けることになる．

■3 次元流れにおける一般的なひずみ速度

式（1.11）はシンプルであり，一方向流れのひずみ速度を表すスカラー量を求めることができるが，その結果は一般的ではない．一般的な 3 次元（3D）流れにおいて，流体の変形を記述するためには，スカラー量の情報だけでは不十分である．瞬間的な流体変形の詳細な構造を記録するには，ひずみ速度テンソル $\bar{\bar{\varepsilon}}\,[\mathrm{s}^{-1}]$ を用いると便利である．また，流体の変形は引張りとせん断の 2 種類に分類される．

デカルト座標系において，ひずみ速度テンソルは式（1.12）で定義される．

- ひずみ速度テンソル（デカルト座標系）

$$\bar{\bar{\varepsilon}} = \begin{bmatrix} \varepsilon_{xx} & \varepsilon_{xy} & \varepsilon_{xz} \\ \varepsilon_{yx} & \varepsilon_{yy} & \varepsilon_{yz} \\ \varepsilon_{zx} & \varepsilon_{zy} & \varepsilon_{zz} \end{bmatrix} = \begin{bmatrix} \dfrac{\partial u}{\partial x} & \dfrac{1}{2}\left(\dfrac{\partial u}{\partial y}+\dfrac{\partial v}{\partial x}\right) & \dfrac{1}{2}\left(\dfrac{\partial u}{\partial z}+\dfrac{\partial w}{\partial x}\right) \\ \dfrac{1}{2}\left(\dfrac{\partial u}{\partial y}+\dfrac{\partial v}{\partial x}\right) & \dfrac{\partial v}{\partial y} & \dfrac{1}{2}\left(\dfrac{\partial v}{\partial z}+\dfrac{\partial w}{\partial y}\right) \\ \dfrac{1}{2}\left(\dfrac{\partial u}{\partial z}+\dfrac{\partial w}{\partial x}\right) & \dfrac{1}{2}\left(\dfrac{\partial v}{\partial z}+\dfrac{\partial w}{\partial y}\right) & \dfrac{\partial w}{\partial z} \end{bmatrix} \tag{1.12}$$

ここで，$\nabla \vec{u}$ を対称部分および反対称部分に分けることで，ひずみ速度テンソルと回転

1.1 流体静力学　　13

速度テンソルを得る[1]．そのため，まず $\nabla \vec{u}$ を式 (1.13) で定義する．

$$\nabla \vec{u} = \begin{bmatrix} \dfrac{\partial u}{\partial x} & \dfrac{\partial u}{\partial y} & \dfrac{\partial u}{\partial z} \\[2mm] \dfrac{\partial v}{\partial x} & \dfrac{\partial v}{\partial y} & \dfrac{\partial v}{\partial z} \\[2mm] \dfrac{\partial w}{\partial x} & \dfrac{\partial w}{\partial y} & \dfrac{\partial w}{\partial z} \end{bmatrix} \tag{1.13}$$

対称部分は，速度勾配テンソルとその転置[2]の平均をとって $\vec{\bar{\varepsilon}} = \dfrac{1}{2}\left(\nabla \vec{u} + \nabla \vec{u}^{\mathrm{T}}\right)$ となり，反対称部分は速度勾配テンソルとその逆転置の平均をとって $\vec{\bar{\omega}} = \dfrac{1}{2}\left(\nabla \vec{u} - \nabla \vec{u}^{\mathrm{T}}\right)$ となる．

$$\nabla \vec{u} = \frac{1}{2}\nabla \vec{u} + \frac{1}{2}\nabla \vec{u}$$

$$\nabla \vec{u} = \frac{1}{2}\nabla \vec{u} + \frac{1}{2}\nabla \vec{u}^{\mathrm{T}} + \frac{1}{2}\nabla \vec{u} - \frac{1}{2}\nabla \vec{u}^{\mathrm{T}}$$

$$\nabla \vec{u} = \begin{bmatrix} \dfrac{\partial u}{\partial x} & \dfrac{1}{2}\left(\dfrac{\partial u}{\partial y} + \dfrac{\partial v}{\partial x}\right) & \dfrac{1}{2}\left(\dfrac{\partial u}{\partial z} + \dfrac{\partial w}{\partial x}\right) \\[3mm] \dfrac{1}{2}\left(\dfrac{\partial v}{\partial x} + \dfrac{\partial u}{\partial y}\right) & \dfrac{\partial v}{\partial y} & \dfrac{1}{2}\left(\dfrac{\partial v}{\partial z} + \dfrac{\partial w}{\partial y}\right) \\[3mm] \dfrac{1}{2}\left(\dfrac{\partial w}{\partial x} + \dfrac{\partial u}{\partial z}\right) & \dfrac{1}{2}\left(\dfrac{\partial w}{\partial y} + \dfrac{\partial v}{\partial z}\right) & \dfrac{\partial w}{\partial z} \end{bmatrix}.$$

---

[1] 対称テンソルの成分は列と行を入れ替えても同じになる．反対称テンソルの成分は，列と行を入れ替えると大きさが同じで符号が反対になる．

[2] このテンソルの転置は行列の転置と同じである．すなわち，行と列を入れ替えることで得られる．つまり，$\nabla \vec{u}$ が

$$\nabla \vec{u} = \begin{bmatrix} \dfrac{\partial u}{\partial x} & \dfrac{\partial u}{\partial y} & \dfrac{\partial u}{\partial z} \\[2mm] \dfrac{\partial v}{\partial x} & \dfrac{\partial v}{\partial y} & \dfrac{\partial v}{\partial z} \\[2mm] \dfrac{\partial w}{\partial x} & \dfrac{\partial w}{\partial y} & \dfrac{\partial w}{\partial z} \end{bmatrix} \tag{1.14}$$

のとき，**転置** $\nabla \vec{u}^{\mathrm{T}}$ は

$$\nabla \vec{u}^{\mathrm{T}} = \begin{bmatrix} \dfrac{\partial u}{\partial x} & \dfrac{\partial v}{\partial x} & \dfrac{\partial w}{\partial x} \\[2mm] \dfrac{\partial u}{\partial y} & \dfrac{\partial v}{\partial y} & \dfrac{\partial w}{\partial y} \\[2mm] \dfrac{\partial u}{\partial z} & \dfrac{\partial v}{\partial z} & \dfrac{\partial w}{\partial z} \end{bmatrix} \tag{1.15}$$

となる．**逆転置**は転置にマイナス 1 を掛けたものである．

14 第1章 非圧縮性流れの運動学，保存則，および境界条件

$$
+ \begin{bmatrix}
0 & \dfrac{1}{2}\left(\dfrac{\partial u}{\partial y} - \dfrac{\partial v}{\partial x}\right) & \dfrac{1}{2}\left(\dfrac{\partial u}{\partial z} - \dfrac{\partial w}{\partial x}\right) \\[2ex]
\dfrac{1}{2}\left(\dfrac{\partial v}{\partial x} - \dfrac{\partial u}{\partial y}\right) & 0 & \dfrac{1}{2}\left(\dfrac{\partial v}{\partial z} - \dfrac{\partial w}{\partial y}\right) \\[2ex]
\dfrac{1}{2}\left(\dfrac{\partial w}{\partial x} - \dfrac{\partial u}{\partial z}\right) & \dfrac{1}{2}\left(\dfrac{\partial w}{\partial y} - \dfrac{\partial v}{\partial z}\right) & 0
\end{bmatrix}
$$

$$
\nabla \vec{u} = \vec{\vec{\varepsilon}} + \vec{\vec{\omega}} \tag{1.16}
$$

対称部分をひずみ速度テンソル $\vec{\vec{\varepsilon}}$，反対称部分を回転速度テンソル $\vec{\vec{\omega}}$ とよぶ[1]．

■引張りひずみ速度

引張りひずみ速度は，流れが座標軸上でどれだけ流体要素を**伸ばしたり縮ませたり**しているかを示す指標である（**図 1.3** の上段参照）．引張りひずみ速度は $\dfrac{\partial u}{\partial x}$, $\dfrac{\partial v}{\partial y}$ や $\dfrac{\partial w}{\partial z}$ のような項で表され，これらの項が正のときに引張り，負のときに圧縮を示す[訳注1]．

これらの項はひずみ速度テンソル $\vec{\vec{\varepsilon}}$ の対角成分である．1.3 節で示すように，非圧縮性流れの場合には質量が保存されるので，ひずみ速度テンソルの対角成分の合計はゼロとなる．引張りひずみを伴う流れの例は，演習問題 1.18（a）のよどみ流である．このような流れでは，$\vec{\vec{\varepsilon}}$ の成分を見るとわかるように，流体は y 方向に圧縮され $\left(\dfrac{\partial v}{\partial y} < 0\right)$，$x$ 方向に引張られる $\left(\dfrac{\partial u}{\partial x} > 0\right)$．

■せん断ひずみ速度

せん断ひずみ速度は流れがどれだけ流体要素をひずませているかを示す指標である（**図 1.3** の中段参照）．せん断ひずみは $\dfrac{1}{2}\left(\dfrac{\partial u}{\partial y} + \dfrac{\partial v}{\partial x}\right)$ のような項で表される．せん断ひずみを伴う流れの例は，演習問題 1.18（b）の単純せん断流である．

ひずみ速度に付け加えられる**引張り**や**せん断**という語句は，座標系とひずみの関係を表現している．異方性の物体の場合，座標系は物体の主軸と関係がある．水のような単純な流体は等方性であり，そのような物体の場合には座標系は任意に選択できる．すな

1）速度勾配テンソルの反対称成分を **2 倍**したものを回転速度テンソルと定義している文献もある．

訳注1）ここでも述べられているように，「引張りひずみ速度」の概念は引張りと圧縮の両方を包括するため，一般的には「垂直ひずみ速度（normal strain rate）」とよばれることが多い．本書では原書の記述に従い，「引張りひずみ速度（extensional strain rate）」という用語を用いる．

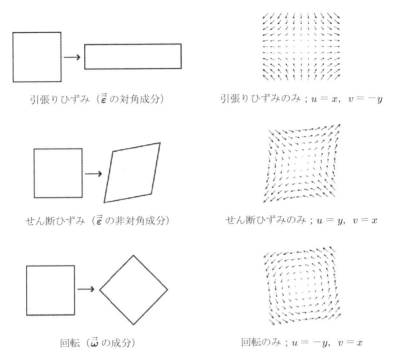

図 1.3 速度場の構成部分が流体要素を変形させる三つの例．図の左側に流体要素を正方形で表し，その横に流体の動きによる変形後にとりうる流体要素の形を示している．図の右側では，これらの変形をもたらす速度場を速度ベクトルで表している．上段：$\vec{\vec{\varepsilon}}$ の対角成分による引張りひずみ（引張りと圧縮）．引張りひずみのみを与えると，形状は四角形を維持する．ここでは，引張りひずみは x 方向に正，y 方向に負である．中段：$\vec{\vec{\varepsilon}}$ の非対角要素によるせん断ひずみ（ねじれ）．せん断ひずみを与えると，四角形は平行四辺形になる．下段：$\vec{\vec{\omega}}$ の成分による剛体回転．正方形はその形状を保つが，軸に対する向きが変化する

わち，座標系を変えることによって，引張りひずみをせん断ひずみに変換することが可能であり，その逆もまた可能である．

■渦度

渦度 $\vec{\omega}$ は $\vec{\omega} = \nabla \times \vec{u}$ で定義され，rad/s の単位をもつ．渦度の大きさは，流体中の点の剛体回転速度の 2 倍に等しく，その方向はこの回転の軸によって定義される．渦度擬ベクトルは三つの成分をもっており，これらの成分は，剛体回転の大きさと方向を表現するために必要最小限の情報を含んでいる．回転速度テンソル $\vec{\vec{\omega}}$ は渦度 $\vec{\omega}$ と密接に関係している．実際，渦度ベクトルの成分を $\vec{\omega} = (\omega_1, \omega_2, \omega_3)$ とすると，回転速度テンソルは

16　第1章　非圧縮性流れの運動学，保存則，および境界条件

$$
\stackrel{=}{\boldsymbol{\omega}} = \begin{pmatrix} 0 & -\dfrac{1}{2}\omega_3 & \dfrac{1}{2}\omega_2 \\[2mm] \dfrac{1}{2}\omega_3 & 0 & -\dfrac{1}{2}\omega_1 \\[2mm] -\dfrac{1}{2}\omega_2 & \dfrac{1}{2}\omega_1 & 0 \end{pmatrix} \tag{1.17}
$$

となる．回転速度テンソルは2階の反対称テンソルである一方で，渦度は擬ベクトルである．流れのすべての領域で渦度がゼロの場合，流れ場は**渦なし**とよばれる．**渦なし**という用語は，（自由渦の流れのような）特異点にのみ渦度が存在する場合にもしばしば使用される．第7章では，$\stackrel{=}{\boldsymbol{\omega}}$がゼロの場合には数学的に非常に大きな単純化ができることを述べる．

■循環

ある閉曲線に沿う循環 Γ は

$$
\Gamma = \int_c \vec{\boldsymbol{u}} \cdot \hat{\boldsymbol{t}}\, ds = \int_S \vec{\boldsymbol{\omega}} \cdot \hat{\boldsymbol{n}}\, dA \tag{1.18}
$$

で定義され，閉じられた領域の正味の渦度あるいは正味の剛体回転を表す．積分 $\int_S dA$ は特定の面での積分であり，$\int_c ds$ で定義される閉じた境界によって代わりに規定される（ds は曲線に沿った微小距離であり，局所的な曲線の向きは $\hat{\boldsymbol{t}}$ で定義される）．内積 $\vec{\boldsymbol{u}} \cdot \hat{\boldsymbol{t}}$ は ds の接線方向の速度成分と定義される．循環は渦なし流れ（第7章）において重要である．とくに，流体力学の方程式は，場合によっては，循環のレベルが異なる無限個の解が存在する．第6章から扱う電気浸透流では，閉じた物体の周りの循環がゼロとなる解を選択することでこの曖昧さを解消する．

1.3　非圧縮性流れの支配方程式

第一近似において密度一定とみなせるような，密度勾配がごく小さい場合には，流れは非圧縮性（incompressible）であるといわれる．非圧縮性により密度を一定とみなすことができ，さらに運動エネルギー（速度）から内部エネルギー（温度）へのエネルギー移動が無視できる[1]ため，流れの方程式はかなり単純化できる．非圧縮性の層流の支配方程式は，質量保存の式である連続の式（continuity equation）および運動量保存の式であるナビエ–ストークス方程式（Navier–Stokes equations）を含む．

---

[1] 実際には，粘性応力によって，運動エネルギーから内部エネルギーへの不可逆的変換が起こる．しかし，マイクロ流れではその影響は小さいため，本書では通常は無視することとする．

1.3.1 質量保存：連続の式

質量保存は積分の関係式

$$\frac{\partial}{\partial t} \int_{\mathcal{V}} \rho \, dV = -\int_{S} (\rho \vec{u}) \cdot \hat{n} \, dA \tag{1.19}$$

で規定される．ここで，$\hat{n}$ は表面 S の外向きの単位法線ベクトル，t は時間 [s]，そして ρ は流体の密度 [kg/m^3] である．この関係は，ある領域（検査体積）$\mathcal{V}$ を考えるとき，内部の質量の変化は領域表面を通過する質量流束の面積分となることを表している．この質量保存の式は**連続の式**ともよばれる．非圧縮性流れにおいて ρ は一定とみなせるので，領域内の質量は時間に対して不変である．このことと発散定理から，

$$\nabla \cdot (\rho \vec{u}) = 0 \tag{1.20}$$

が導かれ，さらに非圧縮性流れでは ρ は一定なので，この式は次式に単純化される．

- 質量保存，非圧縮性流体

$$\nabla \cdot \vec{u} = 0 \tag{1.21}$$

例題 1.1 流れ関数および以下の 2 式で定義された 2 次元デカルト空間中のすべての流れ場がただちに質量保存式の解となることを示せ．

$$u = \frac{\partial \psi}{\partial y} \tag{1.22}$$

$$v = -\frac{\partial \psi}{\partial x} \tag{1.23}$$

解 2 次元の質量保存は

$$\frac{\partial u}{\partial x} + \frac{\partial v}{\partial y} = 0 \tag{1.24}$$

を満たす必要がある．したがって，

$$\frac{\partial^2 \psi}{\partial y \partial x} - \frac{\partial^2 \psi}{\partial x \partial y} = 0 \tag{1.25}$$

となる．混合微分の等価性から左辺はゼロとなり，したがってこの流れ関数は質量保存を保証する．

1.3.2 運動量保存：ナビエ-ストークス方程式

連続体の運動量保存方程式は，次の積分式で与えられる．

$$\frac{\partial}{\partial t} \int_{\mathcal{V}} \rho \vec{u} \, dV = -\int_{S} (\rho \vec{u}\vec{u}) \cdot \hat{n} \, dA + \int_{S} \bar{\bar{\tau}} \cdot \hat{n} \, dA + \int_{\mathcal{V}} \sum_{i} \vec{f}_i \, dV \tag{1.26}$$

ここで，$\hat{n}$ は外向きの単位法線ベクトル，dA は表面 S 上の微小面積，$\bar{\bar{\tau}}$ は応力テンソル，そして $\vec{f}_i$ は（重力やクーロン力のような）体積力である．$\vec{u}\vec{u}$ は二項テンソルである（付

録 C の C.2.6 項参照).

非圧縮性流体の場合，密度 ρ が一定であると仮定する．発散定理と質量保存の関係から，運動量保存の式は以下の微分方程式の形で表される．

- コーシーの運動量方程式

$$\rho \frac{\partial \vec{u}}{\partial t} + \rho \vec{u} \cdot \nabla \vec{u} = \nabla \cdot \vec{\vec{\tau}} + \sum_i \vec{f}_i \tag{1.27}$$

運動量保存の式におけるこの一般形は，**コーシーの運動量方程式**（Cauchy momentum equation）とよばれている．コーシーの運動量方程式は，運動量の時間変化 $\rho \frac{\partial \vec{u}}{\partial t}$ は，検査体積から流体の流れによって流出する正味の運動量 $\rho \vec{u} \cdot \nabla \vec{u}$，検査体積に加えられる応力によって発生する正味の力 $\nabla \cdot \vec{\vec{\tau}}$，そして単位体積あたりの正味の体積力 $\vec{f}_i$ によってもたらされることを表している．マイクロ流体系においては，もっとも一般的な体積力項は，電場中における正味の電荷密度をもつ流体に作用するクーロン力である．マクロスケールの流体力学でよく議論される重力は，マイクロスケールの液体の流れでは，多くの場合において無視できる．

力と運動量流束は，微小検査体積を使って説明されることが多い．デカルト座標系の微小検査体積における対流流束を図 1.4 に示す．それぞれの面に垂直な速度（u, v, または w）は，その境界を通して運動量（ベクトル $\rho \vec{u}$）を輸送し，その総和は運動量の正味の流出量 $\rho \vec{u} \cdot \nabla \vec{u}$ となる（演習問題 1.10）．表面の応力は，つねに面に垂直かつ速度場から独立している**圧力**と，一般に面に垂直および接線方向の成分をもち，かつ速度場に依存する**粘性力**という二つの成分から構成される．応力テンソル $\vec{\vec{\tau}}$ は，これらの 2 成分の和として以下の式で得られる．

- 圧力項と粘性力項で構成される応力テンソル

$$\vec{\vec{\tau}} = \vec{\vec{\tau}}_{\mathrm{pre}} + \vec{\vec{\tau}}_{\mathrm{visc}} \tag{1.28}$$

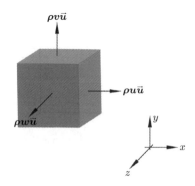

図 1.4 デカルト座標系の微小検査体積における対流運動量流速

ここで，圧力由来の応力 $\vec{\vec{\tau}}_{\mathrm{pre}}$ は，デカルト座標系を用いて

- 圧力応力テンソル

$$\vec{\vec{\tau}}_{\mathrm{pre}} = -p\vec{\vec{\delta}} = \begin{bmatrix} -p & 0 & 0 \\ 0 & -p & 0 \\ 0 & 0 & -p \end{bmatrix} \tag{1.29}$$

と表され，デカルト座標系における恒等テンソル $\vec{\vec{\delta}}$ は

$$\vec{\vec{\delta}} = \begin{bmatrix} 1 & 0 & 0 \\ 0 & 1 & 0 \\ 0 & 0 & 1 \end{bmatrix} \tag{1.30}$$

で表される．残りの応力は $\vec{\vec{\tau}}_{\mathrm{visc}}$ で表される．したがって，$\nabla \cdot (-p\vec{\vec{\delta}}) = -\nabla p$ なので，コーシーの運動量方程式は次式となる．

- コーシーの運動量方程式

$$\rho \frac{\partial \vec{u}}{\partial t} + \rho \vec{u} \cdot \nabla \vec{u} = -\nabla p + \nabla \cdot \vec{\vec{\tau}}_{\mathrm{visc}} + \sum_i \vec{f}_i \tag{1.31}$$

系の速度を用いて $\vec{\vec{\tau}}_{\mathrm{visc}}$ を定義するためには，**構成式**が必要となる．速度場と流体の粘性（粘度）により $\vec{\vec{\tau}}_{\mathrm{visc}}$ を記述する流体の構成式については，1.4 節で詳述する．

微小検査体積に作用する表面応力と体積力を図 1.5 に示す．これらの表面応力の発散が検査体積にはたらく正味の力であり，$\nabla \cdot \vec{\vec{\tau}}_{\mathrm{visc}}$ に対応する．

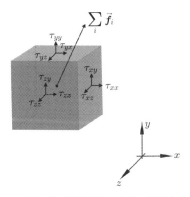

図 1.5　デカルト座標系の検査体積における表面応力および体積力

1.4　構成式

構成式は物質のミクロな状態（すなわち，分子どうしがどのように影響し合うか）とマクロな状態（速度や圧力など）をつなぐ．**保存方程式**が（本書で使っているように）

厳密に連続体の記述であるのに対して，構成式はその根底にある原子的物性の連続体の記述である点が異なる．流体の流れにおいては，カギとなる構成式は速度と応力テンソルの関係式である．この節では，粘性応力をひずみ速度テンソルで定義し，運動量方程式を厳密に速度，圧力，そして流体物性を用いて書き下す．

1.4.1 ひずみ速度と応力の関係

$\vec{\vec{\varepsilon}}$ と $\vec{\vec{\tau}}_{\mathrm{visc}}$ の関係は，これまでに議論したどの保存関係式にもよらない．むしろ，構成モデルは，分子の衝突がどのように運動量を移動させるかというミクロな表現に由来している．したがって，連続体流体力学は，導くことのできない構成式を前提としている．

■1 次元流れ中におけるせん断応力のニュートン力学的関係

ニュートン力学モデルの基本的な前提は，流体は**粘度**（viscosity）とよばれる物性をもち，これがひずみ速度を応力に対して線形に関係づけるということである．ニュートン力学モデルは，粘度自体はひずみ速度やその他のあらゆる速度変数から独立していることを仮定している．このモデルでよく表現できる流体を**ニュートン流体**（Newtonian fluid）とよぶ．空気と水はニュートン流体であるので，エンジニアが扱う大部分の流れはニュートン流体である．マイクロ流体系では，流体が大きなポリマー分子を含む場合や血のようなコロイド系を単純な流体としてモデル化した場合にニュートン流体の近似からの乖離が見られる．

ニュートン流体の x 方向への一方向流れ $u = u(y)$ と，その流れ場中の矩形の検査体積を考える．このシンプルな例において，検査体積の x 面における y 方向の粘性応力 τ_{xy} は

$$\tau_{xy} = 2\eta\dot{\gamma} = \eta\frac{\partial u}{\partial y} \tag{1.32}$$

で与えられる．ここで，$\dot{\gamma}$ は局所ひずみ速度，η は流体の**粘度** [Pa s] である[1]．したがって，粘度は，速度勾配とその速度勾配によってもたらされる表面応力との間にある基本的な関係である．ニュートン力学モデルでは，η は流体の物性であり，局所的なひずみ速度には関係しないことを前提としている．

■3 次元流れ中におけるせん断応力のニュートン力学的一般関係式

ニュートン流体では，せん断応力テンソルとひずみ速度テンソルの粘性成分は線形関係となる．

---

1) 粘度はしばしば μ（ミュー）という記号で表されるが，本書では μ は後に登場する粘性移動度や電気浸透移動度 μ_{EO}，電気泳動移動度 μ_{EP} などの移動度で使用することにする．

- ひずみ速度テンソルと粘性応力テンソルの関係式（ニュートン流体を仮定した場合）
$$\vec{\vec{\tau}}_{\text{visc}} = 2\eta\vec{\vec{\varepsilon}} \tag{1.33}$$
この式は式 (1.32) と似た形をしているが，この場合には表面応力の 9 成分を表現するテンソル方程式である．ここで，
$$\vec{\vec{\tau}}_{\text{pre}} = -p\vec{\vec{\delta}} \tag{1.34}$$
であることを考慮すると，表面応力テンソルの総量は次式で与えられる．

- ニュートン流体の表面応力テンソル
$$\vec{\vec{\tau}} = 2\eta\vec{\vec{\varepsilon}} - p\vec{\vec{\delta}} \tag{1.35}$$
図 1.6 にニュートン流体の表面応力を示す．これらの関係式から，**粘性応力はひずみ速度に比例**し，その定数が 2η であることが決定される．

$$\vec{\vec{\tau}}_{\text{visc}} = \begin{bmatrix} \tau_{xx} & \tau_{xy} & \tau_{xz} \\ \tau_{yx} & \tau_{yy} & \tau_{yz} \\ \tau_{zx} & \tau_{zy} & \tau_{zz} \end{bmatrix} = \begin{bmatrix} 2\eta\dfrac{\partial u}{\partial x} & \eta\left(\dfrac{\partial u}{\partial y}+\dfrac{\partial v}{\partial x}\right) & \eta\left(\dfrac{\partial u}{\partial z}+\dfrac{\partial w}{\partial x}\right) \\ \eta\left(\dfrac{\partial v}{\partial x}+\dfrac{\partial u}{\partial y}\right) & 2\eta\dfrac{\partial v}{\partial y} & \eta\left(\dfrac{\partial v}{\partial z}+\dfrac{\partial w}{\partial y}\right) \\ \eta\left(\dfrac{\partial w}{\partial x}+\dfrac{\partial u}{\partial z}\right) & \eta\left(\dfrac{\partial w}{\partial y}+\dfrac{\partial v}{\partial z}\right) & 2\eta\dfrac{\partial w}{\partial z} \end{bmatrix} \tag{1.36}$$

流体がニュートン流体の場合，ナビエ-ストークス方程式の表面応力項 $\nabla\cdot\vec{\vec{\tau}}$ は単純化される．圧力項 $\nabla\cdot(-p\vec{\vec{\delta}})$ は $-\nabla p$ となり，$\nabla\cdot 2\eta\vec{\vec{\varepsilon}}$ は $\nabla\cdot\eta\nabla\vec{u}$ となる．これにより，コーシーの運動量方程式は次式となる．

- ニュートン流体のナビエ-ストークス方程式
$$\rho\frac{\partial\vec{u}}{\partial t} + \rho\vec{u}\cdot\nabla\vec{u} = -\nabla p + \nabla\cdot\eta\nabla\vec{u} \tag{1.37}$$

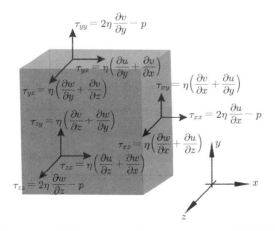

図 1.6　デカルト座標系の検査体積におけるニュートン流体の表面応力

22　第1章　非圧縮性流れの運動学，保存則，および境界条件

式 (1.37) はニュートン流体の**ナビエ–ストークス方程式**である．粘度が一様であると
みなせる場合には，ナビエ–ストークス方程式は次式となる．

- ● ニュートン流体のナビエ–ストークス方程式，流体物性が一様な場合

$$\rho \frac{\partial \vec{u}}{\partial t} + \rho \vec{u} \cdot \nabla \vec{u} = -\nabla p + \eta \nabla^2 \vec{u} \tag{1.38}$$

式 (1.37) と式 (1.38) は**ベクトル方程式**である．それぞれの項は 3 成分からなるベクト
ルであり，3 本（x, y, z 方向の運動量）の式を一つにまとめるためにベクトル表記を
している．これらの式を項ごとに書き出すことも可能であり，その場合には 3 本のスカ
ラー方程式となる．式 (1.39) が，デカルト座標系における 3 本のスカラー方程式である．

- ● ナビエ–ストークス方程式，デカルト座標

$$\rho \frac{\partial u}{\partial t} + \rho u \frac{\partial u}{\partial x} + \rho v \frac{\partial u}{\partial y} + \rho w \frac{\partial u}{\partial z} = -\frac{\partial p}{\partial x} + \eta \frac{\partial^2 u}{\partial x^2} + \eta \frac{\partial^2 u}{\partial y^2} + \eta \frac{\partial^2 u}{\partial z^2}$$

$$\rho \frac{\partial v}{\partial t} + \rho u \frac{\partial v}{\partial x} + \rho v \frac{\partial v}{\partial y} + \rho w \frac{\partial v}{\partial z} = -\frac{\partial p}{\partial y} + \eta \frac{\partial^2 v}{\partial x^2} + \eta \frac{\partial^2 v}{\partial y^2} + \eta \frac{\partial^2 v}{\partial z^2} \tag{1.39}$$

$$\rho \frac{\partial w}{\partial t} + \rho u \frac{\partial w}{\partial x} + \rho v \frac{\partial w}{\partial y} + \rho w \frac{\partial w}{\partial z} = -\frac{\partial p}{\partial z} + \eta \frac{\partial^2 w}{\partial x^2} + \eta \frac{\partial^2 w}{\partial y^2} + \eta \frac{\partial^2 w}{\partial z^2}$$

ナビエ–ストークス方程式のその他の座標系における表現は，付録 D に掲載している．

1.4.2　非ニュートン流体

　上述のニュートン流体の記述は，空気や水をはじめとする多くの流れを非常によく表
現している．応力とひずみ速度の線形関係は，ひずみ速度テンソルのような運動学的な
概念を，運動量保存と関係のある応力テンソルと直接結び付けている．しかし，このよ
うな関係が成り立たない流体も数多く存在する．これらの**非ニュートン流体**では応力–
ひずみ速度の関係が線形ではなく，異なるモデルを適用する必要がある．

　基本的な非ニュートン流体として，**擬塑性流体**（pseudoplastic fluid，または shear-
thinning fluid）と**ダイラタント流体**（dilatant fluid，または shear-thickening fluid）の
二つがあげられる．擬塑性流体は，ひずみ速度の増加とともに実効粘度が減少する．こ
の挙動は長い高分子からなる流体に共通したもので，せん断が加わると高分子が配列し，
高ひずみ速度で高分子どうしのスライドが容易になる．家庭にあるものでは，サラダの
ドレッシングやスイートチリソースなど，多糖高分子であるセルロースガムやキサンタ
ンガムを含むものがこれにあたる．マイクロ流体デバイスでは，DNA（第 14 章）やタ
ンパク質（第 12 章）の分離用溶媒に長い高分子を使用する．その他にも，コロイド系（血
液など）を扱うこともあるが，これらの系のレオロジーはニュートン力学モデルでは十
分に表現できないことがほとんどである．擬塑性流体と比較すると珍しいダイラタント

流体は，ひずみ速度の増加とともに実効粘度が増加する．

　ここでは詳細を述べないが，その他の非ニュートン流体として，せん断応力がひずみ速度の履歴の関数である**粘弾性流体**（viscoelastic fluid. 卵白など）がある．粘弾性流体は粘性（流体）応答と弾性（固体）応答を組み合わせた挙動を示す．この種の流体は，たとえば形状記憶のような，普段は固体で見られるようなふるまいをする．マイクロ流体デバイスでは，粘弾性は主に絡み合ったポリマーの溶液で見られる．**ビンガム塑性体**（Bingham plastics）は，低応力の場合には固体のように，そして高応力の場合には流体のようにふるまう流体である．その特徴は，歯磨き粉のような粒状媒質（granular medium）に共通するものである．

1.5　表面張力

　表面張力は，スケールが小さくなるとともにその影響が大きくなる重要なパラメータである．表面張力はマイクロ流路に液体を導入する過程にも影響し，表面張力を制御すればマイクロシステム中の液滴を操作することもできる．表面張力は，1.6 節で述べる流体流れの境界条件とも密接に関係しており，この節の内容はそこでの議論の土台となる．

1.5.1　表面張力の定義と界面エネルギー

　表面張力 γ は以下のように定義できる．一つの界面で分かれた 2 相（相 1 および相 2）からなる系において，表面張力 γ_{12} は次式で定義される．

$$\gamma_{12} = \left(\frac{\partial G}{\partial A}\right)_{\text{constant } T, p} \tag{1.40}$$

ここで，G は系全体（相 1，相 2，および界面）のギブス自由エネルギーであり，A は界面の面積である．この式から，表面張力[訳注1]は，界面による追加のエネルギーを表すことがわかる．

　界面における追加のギブス自由エネルギーは，界面領域に位置する分子がバルク領域の分子と異なる状態にあるために存在する．このような中途半端な状態におかれた分子が存在する場合，全体としての系の自由エネルギーは増加する．**表** 1.1 に代表的な表面張力の値を記載する．

訳注 1）一般に，液体と気体の間の表面張力を「表面張力（surface tension）」，液体と固体，および固体と気体の間の表面張力を「界面張力（interfacial tension）」とよぶことが多い．すなわち，（気液）表面張力，固液界面張力（solid-liquid interfacial tension），固気界面張力（solid-gas interfacial tension）という具合である．ただし，それぞれの界面については，表面（surface）と界面（interface）のどちらも使用される可能性がある．

24　第 1 章　非圧縮性流れの運動学，保存則，および境界条件

表 1.1　空気との間の液体の表面張力（20℃）

界面	表面張力 [mN/m]
水銀–空気	484
水–空気	73
エタノール–空気	23

相に挟まれた界面は追加のポテンシャルエネルギーを生成するので，表面張力は膜に作用する張力のように，界面の面積を最小化しようとする単位長さあたりの力と考えることができる．

1.5.2　ヤング–ラプラス方程式

界面における平衡関係が，界面の形状と界面に作用する力を決定する．これらの関係からヤング–ラプラス方程式（Young–Laplace equation）が導かれる．ヤング–ラプラス方程式は，平衡状態において相 1 と相 2 が湾曲した界面で分かれている場合には，必ず 2 相の間に圧力差があることを表している．

- 湾曲した界面による圧力差を表現するヤング–ラプラス方程式

$$p_1 - p_2 = \gamma_{12}\left(\frac{1}{R_1} + \frac{1}{R_2}\right) \tag{1.41}$$

ここで，R_1 と R_2 は二つの直交した方向における表面の曲率半径であり，弧の中心が着目している相側にあるときに正の値をとる．液中に存在する気泡は球形となるので，その場合には界面内外の圧力差は

- 曲率一定の界面内外における圧力差を表現するヤング–ラプラス方程式

$$\Delta p_{lg} = \frac{2\gamma_{lg}}{R} \tag{1.42}$$

となる．ここで，γ_{lg} は液体と気体の間の表面張力であり，R は気泡の半径である．Δp_{lg} の符号は，気泡が液相よりも圧力が高くなるようにとる．

1.5.3　接触角

気泡の半径を計測して，同時に気泡内外の圧力差を計測すれば表面張力を求められるが，そのような計測は困難である．一方で，表面張力そのものを求めることはできないが，**接触角**（contact angle）は簡単に計測できる（接触角は，後述するヤングの式にあるように，いくつかの種類の表面張力の関数である）．固体上に，周囲を気体に囲まれた液体が置かれている状況を考える（**図 1.7**）．平衡状態において，接触角は，固体と界面がなす角度を密度が高い相側から計測した角度である．平衡状態においてこの角度をとる理由については二つの解釈ができる．一つは，三重点（固体，液体，気体の 3 相

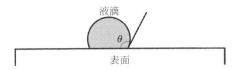

図 1.7　接触角の模式図

が交わる点）における力のつりあい，そしてもう一つは，平衡状態におけるギブス自由エネルギーの最小化の結果である．

■**三重点における力のつりあい**

　ヤングの式を導出する第一の方法が，三重点における力のつりあい式を立てることである．表面張力は単位長さあたりの力と考えることができるので，三重点[訳注1)]に作用するすべての表面張力を簡単に図示できる（図 1.8）．平衡状態において，これらの合計はゼロになるので，

$$\gamma_{lg}\cos\theta + \gamma_{sl} = \gamma_{sg} \tag{1.43}$$

となり，ここからヤングの式（Young's equation）が導かれる．

- 接触角を表現するヤングの式

$$\cos\theta = \frac{\gamma_{sg} - \gamma_{sl}}{\gamma_{lg}} \tag{1.44}$$

図 1.8　三重点に作用する表面張力の模式図

■**熱力学的平衡**

上で示した方法の他に，ヤングの式は熱力学的な平衡を考えることでも導出できる．系が平衡状態にあるとき，ギブス自由エネルギーは最小化されているので，あらゆるパラメータに関してギブス自由エネルギーの導関数はゼロになる．したがって，三重点の x 方向の座標を l とすると，$\dfrac{\partial G}{\partial l} = 0$ となる．同様に，2 次元で考えた場合，単位長さあ

訳注1) 3 次元的に考えると，3 相が交わる「点」は「線」となる（固体上の液滴の場合，円となる）．このことから，一般的には三重点（triple point）という用語よりも三重線（triple contact line）という用語を用いることが多い．

たりのギブス自由エネルギー G' は $\frac{\partial G'}{\partial l} = 0$ を満たす．ここで，平衡状態と，三重点が δl 移動した状態を考える（図 1.9）[1]．単位長さあたりのギブス自由エネルギーの変化は

$$\delta G' = -\gamma_{sg}\delta l + \gamma_{sl}\delta l + \gamma_{lg}\delta l \cos\theta \tag{1.45}$$

となり，$\delta G'$ はゼロなので，ここから再びヤングの式が導かれる．

- 接触角を表現するヤングの式

$$\cos\theta = \frac{\gamma_{sg} - \gamma_{sl}}{\gamma_{lg}} \tag{1.46}$$

代表的な固体表面における水滴の接触角を表 1.2 に載せる．

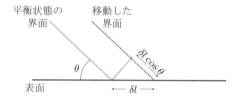

図 1.9 三重点の平衡状態からの移動により生成される表面張力ギブス自由エネルギーの模式図

表 1.2 固体表面上での水滴の接触角（空気中，20°C）

表面	接触角 [°]
ガラス	0-30
ポリメタクリル酸メチル樹脂（PMMA）	40-70
ポリジメチルシロキサン（PDMS）	50-105
テフロン	105-120

1.5.4 毛管高さ

図 1.10 のように，断面が直径 d の円形をしている細い管が，液体に接して平衡状態となっている状況を考える（重力の影響による界面の変形は無視できるものとする[2]）．

平衡状態において，界面における圧力差は式 (1.2) で定義したように，水頭差の変化と等しくなるはずである．界面の曲率半径を R とすると，ヤング-ラプラス方程式から

---

1) 固体表面から遠くにある界面の位置は不変であることを暗に仮定している．つまり，これは実際には界面の回転である．ここでは θ は定数であることを仮定しているが，回転によって $\delta l \cos\theta$ だけ新しく界面が生成されることも仮定している．
2) これについては，管のサイズが $\sqrt{\gamma_{lg}/(\rho g)}$ よりも小さい（地球上の水の場合は約 3 mm）ときに重力が無視できることから，厳密に示すことができる．

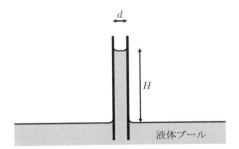

図 1.10 液体が壁面を濡らす系における，表面張力による毛管上昇

$$\Delta p_{lg} = \frac{2\gamma_{lg}}{R} = \rho g H \tag{1.47}$$

が導かれる．なお，H は平衡状態における水柱の高さ，g は重力加速度，ρ は液体の密度である．界面が球形であることに着目すると，幾何的な関係から次式が導かれる．

$$R = \frac{d}{2\cos\theta} \tag{1.48}$$

さらに，式 (1.47) と式 (1.48) およびヤングの式から，水柱の高さ H は式 (1.49) で求めることができる．

- 円管の平衡毛管高さ

$$H = \frac{4}{\rho g d}(\gamma_{sg} - \gamma_{sl}) \tag{1.49}$$

例題 1.2 毛管高さの式 (1.49) を，界面応力のつりあいの式 (1.47)，ヤングの式 (1.46) および幾何形状の式 (1.48) を用いて導け．

解 水頭とラプラス圧を等号で結ぶと，

$$\Delta p_{lg} = \frac{2\gamma_{lg}}{R} = \rho g H \tag{1.50}$$

となる．これに $R = \dfrac{d}{2\cos\theta}$ を代入すると，

$$\Delta p_{lg} = \frac{4\gamma_{lg}}{d}\cos\theta = \rho g H \tag{1.51}$$

さらに，$\cos\theta = \dfrac{\gamma_{sg} - \gamma_{sl}}{\gamma_{lg}}$ を代入して，

$$\Delta p_{lg} = \frac{4\gamma_{lg}}{d}\frac{\gamma_{sg} - \gamma_{sl}}{\gamma_{lg}} = \rho g H \tag{1.52}$$

となり，これを整理すると，次式を得る．

$$H = \frac{4}{\rho g d}(\gamma_{sg} - \gamma_{sl}) \tag{1.53}$$

1.5.5 動的接触角

接触角は静的な状態を描写するのにもっとも効果的であるが，表面上の接触線が移動している場合には，接触角は**ヒステリシス**の影響により，三重点がどのように動いたかに依存するようになる．この現象は，単一の表面張力の値だけでは表現できないため，気泡や液滴が表面上を移動するダイナミクスを理解するためにはさらなる解析が必要となる[訳注1]．

1.6 界面における速度と応力の境界条件

ナビエ-ストークス方程式を使って，初期条件と境界条件が与えられている流れの問題を解くことができる[1]．本節では，速度条件と応力条件を含む流れの速度境界条件について詳述する．すべての界面において，法線方向および接線方向の速度という二つの速度境界条件が必要となる（図1.11にこの分解を図示する）．界面が変形する場合には，法線および接線方向応力に対するさらに二つの境界条件が必要となる（これらの応力は速度勾配と関係している）．固定された（固体-液体）界面の場合には，応力は固体内部の速度と関係しないため，これらの条件は無視できる．

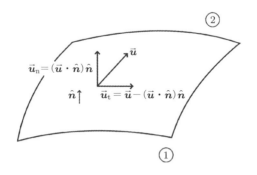

図1.11 界面速度の法線方向成分および接線方向成分への分解

訳注1) 実際には，ピン止め効果（pinning effect）などがあるため，厳密に挙動を予測できない．
1) ナビエ-ストークス方程式の解の存在は証明されていない．しかし，適切に設定された流れの問題はこの方程式を使って解くことができる．

1.6.1 法線方向速度の連続性の運動学的境界条件

界面や壁はその性質によって相境界を定義し，界面法線方向速度の境界条件を規定する．界面が化学変化や相変化をしない，あるいは透過性をもっていないかぎり，界面または壁面とは，質量が通過することのない表面を意味する．そのため，法線方向の速度分布は界面を越えて連続的である．これは界面の変形を表現するので，この性質は，根本的には流体速度の**運動学的な**性質である．

はじめに，流体－固体および流体－流体界面のどちらにも適用可能な一般的な法線方向速度の運動学的境界条件について述べ，その後これを単純化して，マイクロデバイスでもっともよく見られる境界である，動かず透過もしない固体壁面について述べる．

図 1.12 に示すように，相 1，相 2 という二つの相を隔てる界面を考える（下付きの数字 1 および 2 は各相の物性であることを指す）．ここで，界面法線方向を相 1 から相 2 に向かう単位ベクトル $\hat{n}$ を定義し，法線方向の流体の速度の大きさを $u_\mathrm{n} = \vec{u}\cdot\hat{n}$ と定義する．相 1 と相 2 の界面における法線方向速度の一般的な運動学的条件は次式で与えられる．

$$u_{\mathrm{n},1} = u_{\mathrm{n},2} \tag{1.54}$$

法線方向の速度は界面を越えて連続である．式 (1.54) は，（図 1.12 に示すような）界面法線方向に微小な厚さをもつ平坦な検査体積に質量保存の式を（化学反応や相変化はないという仮定のもとで）適用することで得られる．式 (1.54) は，油水界面のような，法線方向速度がゼロではない値をとることが可能な流体－流体界面に直接適用可能である．どちらかの相が静止した透過性のない固体の場合には，定義より法線方向速度はゼロとなり，境界条件は

- 不透過条件

$$\vec{u}\cdot\hat{n} = u_\mathrm{n} = 0 \tag{1.55}$$

となる．$u_\mathrm{n} = 0$ の条件は，透過性のない壁面における流体の**不透過条件**とよばれている．

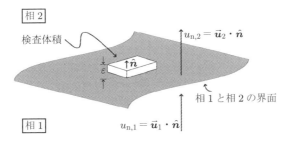

図 1.12 界面法線方向の流れの運動学的な境界条件を求めるための検査体積

1.6.2 接線方向速度の連続性の動的境界条件

ここでは，固体-流体および流体-流体界面のどちらにも適用される，接線方向速度の一般的な動的境界条件（**すべりなし条件**）の議論から始め，次にこれを単純化して，マイクロデバイスでもっともよく見られる境界である，静止壁面について述べる．法線方向速度とは異なり，接線方向速度の条件は，界面を横断する運動量輸送の**動力学的**条件である．

前項で用いた 2 相を隔てる界面を再び考える．接線方向の流体の速度 $\vec{u}_t$ は，全体の速度から法線方向成分を差し引くことで得られる．

$$\vec{u}_t = \vec{u} - (\vec{u} \cdot \hat{n})\hat{n} \tag{1.56}$$

図 1.11 に速度の法線および接線方向成分を示す．この定義のもとでは，接線方向は界面の平面上のあらゆる方向をとることができる．通常，動的境界条件として，接線方向速度は界面を越えて連続であることを**仮定**する．

$$\vec{u}_{t,1} = \vec{u}_{t,2} \tag{1.57}$$

運動学的条件とは異なり，この境界条件は保存則や他のいかなる連続性の議論からも導出できない．ニュートン流体におけるせん断-ひずみ速度関係式の粘性構成式のように，式 (1.57) はほとんどの系において実験的に確認された仮定であり，（運動論や原子シミュレーションのような）流体の運動量輸送のミクロモデルとも整合する．ただし，1.6.4 項で述べるように，この仮定には例外も存在する．

流体-流体界面においては式 (1.57) を適用可能であり，ゼロではない接線方向の速度が観察される．どちらかの相が静止した固体であった場合には，その速度は定義によりゼロとなり，境界条件は式 (1.58) となる．

● すべりなし条件

$$\vec{u}_t = 0 \tag{1.58}$$

この境界条件（図 1.13）は，静止壁面における流体の**すべりなし条件**（no-slip condition）とよばれている．

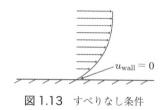

図 1.13 すべりなし条件

1.6.3 応力の動的境界条件

静止した固体壁面のように動かない界面の場合，流体力学の方程式を解くには，式 (1.55) と式 (1.58) で表される速度連続の境界条件があれば十分である．しかし，流体

界面が動く場合には，界面の動きについての動的境界条件を満たす必要がある．

界面における力のつりあいは，**流体**応力（界面で評価される）と**界面**応力（すなわち，表面張力）の合力のバランスである．界面での流体応力は $\vec{\vec{\tau}} \cdot \hat{n}$ で与えられ，これはニュートン流体の場合には

$$\vec{\vec{\tau}} \cdot \hat{n} = -p\hat{n} + \eta \frac{\partial \vec{u}}{\partial n} + \eta \nabla u_n \tag{1.59}$$

と表すことができる．ここで，n の座標軸は法線方向軸，すなわち $\hat{n}$ の方向の軸である．表面張力による正味の界面応力は二つの要素からなる．一つは表面張力 γ の空間的な勾配に由来する接線応力であり，もう一つは界面の曲率による法線応力である．動的境界条件は

$$\vec{\vec{\tau}}_2 \cdot \hat{n} - \vec{\vec{\tau}}_1 \cdot \hat{n} = (\gamma \nabla \cdot \hat{n})\hat{n} - [\nabla \gamma - \hat{n}(\hat{n} \cdot \nabla \gamma)] \tag{1.60}$$

で与えられる．ここで，$\vec{\vec{\tau}}_1$ および $\vec{\vec{\tau}}_2$ はそれぞれ相 1 および相 2 の流体応力を表す．表面張力由来の法線応力は，主曲率半径の合計 $\nabla \cdot \hat{n} = \frac{1}{R_1} + \frac{1}{R_2}$ で与えられる界面の曲率に比例する（図 1.14）．表面張力由来の接線応力は γ の勾配の界面方向成分に比例し（図 1.15），$[\nabla \gamma - \hat{n}(\hat{n} \cdot \nabla \gamma)]$ で表される．$\nabla \gamma$ は界面上での勾配に関する項であり，そこから界面方向の成分のみを抽出するために法線方向成分 $\hat{n}(\hat{n} \cdot \nabla \gamma)$ を引いている（図 1.16）．

ここで，界面応力条件を法線方向および接線方向成分に分離し，それぞれの成分を別々に見ていく．式 (1.60) の法線方向成分は式 (1.61) で与えられる．

$$\left[\vec{\vec{\tau}}_2 \cdot \hat{n} - \vec{\vec{\tau}}_1 \cdot \hat{n}\right] \cdot \hat{n} = \gamma \nabla \cdot \hat{n} \tag{1.61}$$

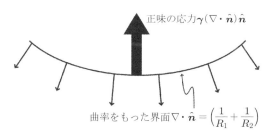

図 1.14 湾曲した界面における表面張力由来の正味の法線応力

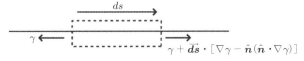

図 1.15 界面に沿った表面張力由来の正味の接線応力．ds は界面方向の微小距離

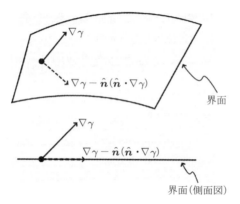

図1.16 界面に沿った勾配の定義

流れの構成式を使い，法線方向軸に関する速度の導関数で法線応力を書き直し，さらに表面張力項を曲率半径を用いて書き直すと，式 (1.61) は次式に書き換えることができる．

● 移動する界面における法線応力条件

$$p_1 - p_2 + 2\eta_2 \frac{\partial u_{n,2}}{\partial n} - 2\eta_1 \frac{\partial u_{n,1}}{\partial n} = \gamma \left(\frac{1}{R_1} + \frac{1}{R_2} \right) \tag{1.62}$$

R_1 および R_2 は，$\hat{n}$ を含む任意の二つの直交平面における界面の二つの曲率半径である．式 (1.62) で用いたように，これらの半径は $\hat{n}$ が曲面の中心を向いている場合に正の値をとる（図1.17）．

速度の境界条件とは異なり，式 (1.62) は法線応力が界面張力によって**不連続**であることを示している．静止した（$\vec{u} = 0$）系において，応力テンソル $\vec{\vec{\tau}}$ に寄与するのは圧力のみであり，したがって境界条件は次式となる．

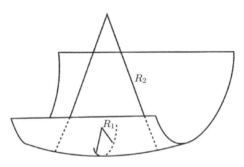

図1.17 界面における主曲率半径

- 湾曲した界面における圧力差を求めるヤング–ラプラス方程式

$$p_1 - p_2 = \gamma \left(\frac{1}{R_1} + \frac{1}{R_2} \right) \tag{1.63}$$

式 (1.63) は静的な界面における圧力差を求めるための**ヤング–ラプラス方程式**である.
この式は,湾曲した界面内側の圧力は界面が収縮しようとする性質に対抗する必要があ
るために圧力が高くなることを示している.球形の界面の場合には,$R = R_1 = R_2$ とな
るため,

- 等方的に湾曲した界面における圧力差を求めるヤング–ラプラス方程式

$$p_1 - p_2 = \frac{2\gamma}{R} \tag{1.64}$$

となる.式 (1.63) と式 (1.64) は式 (1.41) と式 (1.42) と同じである.実際に,ヤング–
ラプラス方程式を満足する静止界面として唯一の安定形状は球である.その他の形状は
不均一な曲率をもっている(粘性応力が必要となるため,流れが生じる)か,摂動に対
して不安定である(したがって,たとえば水道の蛇口から出てくる水柱のように崩壊す
る).毛管力の不つりあいにより誘起される流れは**毛管流れ**(capillary flow)とよばれる.

式 (1.60) の接線応力を考えると,接線応力には $(\vec{\tau} \cdot \hat{n}) \cdot \hat{t}$ で表される表面における流
体応力の界面接線方向成分と,$[\nabla \gamma - \hat{n} (\hat{n} \cdot \nabla \gamma)]$ で表される表面張力による接線応力
という二つの起源があることがわかる.したがって,法線応力の動的境界条件は次式で
表される.

$$\left(\vec{\tau}_1 \cdot \hat{n} \right) \cdot \hat{t} - \left(\vec{\tau}_2 \cdot \hat{n} \right) \cdot \hat{t} = [\nabla \gamma - \hat{n}(\hat{n} \cdot \nabla \gamma)] \cdot \hat{t} \tag{1.65}$$

ニュートン流体の場合,$\left(\vec{\tau} \cdot \hat{n} \right) \cdot \hat{t} = \eta \dfrac{\partial u_{\mathrm{n}}}{\partial t} + \eta \dfrac{\partial u_{\mathrm{t}}}{\partial n}$ となるので,この式は

- マランゴニ流の動的境界条件

$$\eta_1 \frac{\partial u_{\mathrm{t},1}}{\partial n} + \eta_1 \frac{\partial u_{\mathrm{n},1}}{\partial t} - \eta_2 \frac{\partial u_{\mathrm{t},2}}{\partial n} - \eta_2 \frac{\partial u_{\mathrm{n},2}}{\partial t} = -[\nabla \gamma - \hat{n}(\hat{n} \cdot \nabla \gamma)] \tag{1.66}$$

となる.ここで,u_{t} は界面接線方向の速度成分である.接線応力は,表面張力が界面
上で一様ではない場合には不連続となる.界面において,界面活性剤濃度,界面電荷密
度,温度などに勾配がある場合には表面張力が変化しうる.表面張力が非一様なことに
よって生成される流れは一般に**マランゴニ流**(Marangoni flow),もしくは熱により表
面張力が変化する場合には**熱毛管流**(thermocapillary flow)とよばれる.表面張力が
一様な場合には,接線応力は連続となり,

- 表面張力一様な界面における応力の連続性

$$\eta_1 \frac{\partial u_{t,1}}{\partial n} + \eta_1 \frac{\partial u_{n,1}}{\partial t} = \eta_2 \frac{\partial u_{t,2}}{\partial n} + \eta_2 \frac{\partial u_{n,2}}{\partial t} \tag{1.67}$$

となる．その他にも，たとえば電場がある場合の界面の正味電荷密度などによって界面の状態が左右される．

1.6.4 接線方向速度境界条件の物理

前項で見たように，応力境界条件と法線方向速度境界条件は運動量または質量保存に従うが，接線方向速度境界条件は保存則によるものではない．

すべりなし条件はマクロスケールの流れの観察結果と一致し，マイクロ・ナノスケールの流れにおいても同様にうまく機能している．しかし，以下で述べるように，すべりなし条件はある特定のケースにおいては不正確となりうる．

■ 理想的で完全な平滑面における孤立分子のすべり

理想的で完全な平滑面を考える．原子レベルにおいて，原子および分子は，主に原子または分子の軌道電子どうしの静電気的な反発力によって壁と相互作用する．したがって，この理想的な表面上では，壁面に侵入しようとする原子や分子を弾き返す反発力も，表面のどの箇所においても一様となるはずである．

ここで，他の分子や原子と相互作用していない流体分子がこの壁面と衝突する場合を考える．この場合，孤立分子は壁面に衝突すると鏡面反射し，壁面垂直方向の運動量は反転し，接線方向の運動量は変化しない（図 1.18）．したがって，**孤立分子（すなわち，理想気体）で構成される界面が数学的に平坦な壁面と接する場合には，界面において完全すべり条件が成立する**．この仮想的な状況において，壁面における境界条件は

$$\left. \frac{\partial u_t}{\partial n} \right|_{\text{wall}} = 0 \tag{1.68}$$

となる．現実においては，完全な結晶面ですら数学的に平坦な表面ではないので，この結果を得られることはない．原子レベルで見ると表面は平滑とはいえないため，孤立分

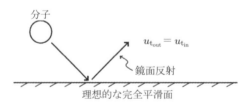

図 1.18 完全に平坦な表面における単分子の鏡面反射

子は壁面で鏡面反射しない．不正確だがわかりやすい例として，平坦な壁と凸凹した壁にボールを投げた場合の差を考えてみる．平坦な壁にボールを投げた場合には，ボールが跳ね返る軌道は予想可能でおおよそ鏡面反射となるが，凸凹した壁の場合には軌道は予測不能で鏡面反射のようにはふるまわない．凸凹面における跳ね返りは鏡面的ではないため，ボール（あるいは，実在表面で跳ね返るすべての分子）の接線方向の運動量は，平均すると減少する（図1.19）．したがって，平均的には，実在表面は衝突によって分子の接線方向の運動量を減らすことになる．

図1.19 粗面における孤立分子の非鏡面反射．平均すると接線方向の速度が減少する

さらに，数密度，すなわち分子間相互作用の頻度の影響について考える．分子数密度が低い場合には，ある分子が他の分子と衝突するまでに移動する距離が長く（いわゆる平均自由行程（mean free path）が長い），壁面近くの分子が壁面と衝突することも稀である．一方で，分子が密に存在する場合，壁面と衝突した分子はただちに他の分子と衝突し，再び壁面方向に弾かれて壁面との衝突を繰り返すため，（平均して）短期間で接線方向の運動量を失う．図1.20に希薄および高密度分子の状態を示す．

図1.20 壁面付近の（左）希薄分子および（右）高密度分子の概念図

前述の議論は**気体**のすべりモデルをもとに行ってきた．気体のすべりなし条件は，流れの代表長さ（characteristic length）が気体の平均自由行程よりも十分に大きい場合に正確な近似となる．たとえば，大気圧・室温の空気の平均自由行程は約100 nmであり，これは空気分子が他の分子と衝突するまでには平均で100 nmの距離を移動することを意味する．流れの代表長さが100 nmよりも十分に大きければ，壁面付近の流体はバルクの流体よりも主に壁面との間で接線方向の運動量をやりとりすることになり，したがって壁面付近の接線方向速度をゼロとする近似が成り立つ．

前述の議論は，壁面における接線方向速度の物理を考えるうえでの骨子となる．しかし，本書では主に液体を扱うため，孤立分子モデルは本書の関心のある流体の描写としては不正確である．水のような液体では，平均自由行程は0.2 Åのオーダーであるので，

分子間の相互作用を無視できない．液体の場合のすべりモデルを記述するためには，分子スケールの相互作用を詳細に考える必要がある．これにもっともよく用いられる方法は，実験的にすべりを計測し，ナビエのすべり長さを決定する方法である（図1.21）．

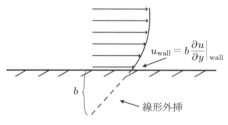

図1.21　ナビエのすべりモデル

■ナビエのすべり境界条件

界面における接線応力条件のより一般的な連続性の記述には，式(1.69)で定義される，流体–固体界面の性質である**すべり長さ**（slip length）が用いられる．

● すべり長さ b の定義

$$u_t = b \frac{\partial u_t}{\partial n}\bigg|_{\text{wall}} \tag{1.69}$$

ここで，n は界面法線方向の座標軸であり，b はすべり長さである．すべりなし条件は $b=0$ で定義される．すべり長さ b がゼロでないということは，せん断がある場合には流体がつねに壁面においてゼロでない速度をもつことを示唆する．すべり長さとしてよく用いられる仮定は大体 1 nm のオーダーだが，場合によっては 1 μm オーダーの値が用いられることもある．マクロな流れにおいてすべり長さの影響を加味してみると，直径 1 cm のテフロン管内を水が 1 m/s で流動している場合ですべり速度 100 nm/s，すなわち流れの代表的な速度のおよそ 1×10^{-7} 倍となるため，いかなる実験や数値計算においても考慮する必要はない．壁面付近の速度の相対的な大きさ $u_{\text{wall}}/u_{\text{bulk}}$ はおおよそ b/d のオーダーである．ここで，d は速度が変化する領域の代表長さ（大雑把には，系の直径）である．

電気浸透流（第6章）の速度は，デバイ長さ（Debye length）λ_D のオーダーの距離において，壁面における速度（これまでの議論ではゼロを仮定していた）からバルク速度まで空間的に変化するので，壁面における速度はおおよそ $u_{\text{bulk}} b/\lambda_D$ である．λ_D の長さはナノメートル程度（あるいはそれ以下）なので，電気浸透流においてはわずかなすべり長さが壁面のすべり速度に大きく影響する．

すべり長さは界面状態の記述として不完全ではあるが，界面におけるすべりを考慮するのにシンプルかつ効果的な概念である．

1.7 支配方程式の解法

ナビエ–ストークス方程式の解法には，簡単な形状における解析的方法や複雑形状を解く数値解析的方法が含まれる．たとえば，形状が十分にシンプルな場合には直接積分法を使用し，もう少し込み入った境界条件の場合には変数分離法と（通常は有限領域内で）固有関数展開または（通常は無限領域内で）相似変換を用いる．解析不能な複雑形状の場合には，数値計算，すなわち方程式を離散化し，非線形偏微分方程式を近似した一連の線形代数方程式を解くという方法をとる．図 1.22 に，ナビエ–ストークス方程式を解くためのこれらの方法を図示する．

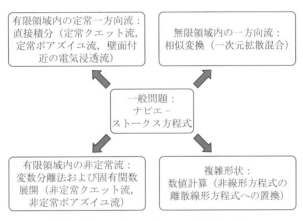

図 1.22　ナビエ–ストークス方程式の解法

ナビエ–ストークス方程式を直接解く以外にも，対象とする系においてナビエ–ストークス方程式を単純化し，数学的に解きやすい形に変形することも多い（図 1.23）．とくに，壁面付近の特定の流れにおいては，壁面と平行な方向の運動量の拡散を無視する**境界層近似**（boundary-layer approximation）を適用し，ナビエ–ストークス方程式を境界層方程式に単純化できる（第 6 章）．渦なし流れ（つまり，$\bar{\omega}=0$ の流れ）では，（速度場を決定するための）速度ポテンシャルを得る線形方程式であるラプラス方程式の構成に**運動学的拘束**と質量保存の関係を組み込むことができる（第 7 章）．慣性の影響が小さい流れ（すなわち，E.2.1 項で定義しているレイノルズ数が低い流れ）では，ナビエ–ストークス方程式の非定常項および対流項を無視した**ストークス方程式**（Stokes equations）を用いることができる（第 8 章）．

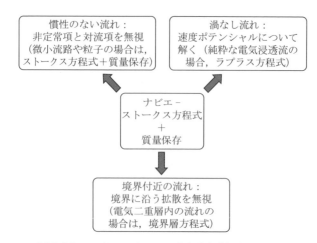

図 1.23 ナビエ–ストークス方程式を単純化する方法

1.8 流れの形態

大きな括りとして，流れの形態は**層流**（laminar flow），**遷移流**（transitional flow），そして**乱流**（turbulent flow）に分けられる．**層流**という用語は，粘性が支配的な流れにおいて流体がシート（層）状に秩序だって移動することに由来する（もっとも，これだけでは層流を厳密に定義するには不十分なのだが）．層流はとくに，特定の境界条件のもとで実験的に観察される流れはつねに同一であり，その解は**擾乱に対して安定的である**ことを示唆している[1]．定常境界条件の層流は定常である．**遷移流**と**乱流**は，ともに不安定性が内在している．これらの流れはナビエ–ストークス方程式を満たすが，流れは不安定であり擾乱により変化するため，同一の流れを再現できない．**乱流**は，流れの構造はランダムかつ境界条件からのミクロ的な予測が不可能な流動に支配されていることを示唆している．乱流は，境界条件が軸対称や面対称であったとしてもつねに 3 次元的であり，境界条件が定常であってもつねに非定常である．**遷移流**は，層流ではない（解は存在するが不安定なため実験的に観察できない）が完全にランダムな渦構造をもたない（したがって，完全な乱流とはいえない）流れである．

流れが上述の三つの領域のどれに属するかを判断する指標として，レイノルズ数（Reynolds number）が利用され，特定形状の流路で遷移が起こる点はレイノルズ数で定義される．たとえば，断面が円形の長い管において，一般に $Re<2300$ の場合に流れは層流となり，$Re>4000$ の場合には流れは乱流となる．ちなみに，100 μm の流路内を水が 100 μm/s で流れる場合のレイノルズ数は $Re=0.01$ である．このことからわか

---
[1] 層流は複数の（ただし有限の）安定解や特定の振動の表現にも用いることができる．

るように，ほとんどのマイクロスケールの流路内の流れは層流である．マイクロ流路内で遷移流や乱流をつくることは困難であり，非常に大きな圧力勾配を必要とする．

1.9 用語とマイクロ流体関連文献について

　流体力学は，その分野において明確な意味をもつ用語をふんだんに使用するが，これらの用語は混乱を招きやすく，マイクロ流体関連の文献では誤用もよく見られる．乱流（turbulent），非定常（unsteady），カオス（chaotic），再循環（recirculatory）といった用語はたがいに関係はあるが異なる意味合いをもっている．この節は，マイクロ流体関連の学際的な文献で誤用が蔓延している用語について，読者に注意を喚起するために設けている．

　非定常（unsteady）および定常（steady）という用語は流れ（したがって，圧力場と速度場）が時間変化するかどうかを指す．渦あり（rotational）および渦なし（irrotational）は渦度の大きさや回転速度テンソルがゼロかどうかを指す（渦なし流れでは$\bar{\omega}$と$\bar{\bar{\omega}}$はゼロであり，渦あり流れでは$\bar{\omega}$と$\bar{\bar{\omega}}$はゼロではない）．再循環流（recirculatory flow）は流れの一部に主流方向とは反対向きの速度を含む流れである．多くの場合，再循環流は渦あり流れだが，必ずしもそうである必要はない．乱流（turbulent flow）は，層流が不安定であり観察されない流れである．乱流はつねに非定常で渦あり流れであるが，非定常流と渦あり流れは必ずしも乱流であるとはかぎらない．カオス流（chaotic flow）は，流線どうしが時間経過とともに指数関数的に分離する流れである．このような流線の分離は乱流で見られるが，カオス流は乱流である必要はない．

1.10 まとめ

　本章では，非圧縮性流体の運動学，保存方程式，そして境界条件について述べた．非圧縮性流体の場合，質量保存は式（1.70）で与えられる．

$$\nabla \cdot \vec{u} = 0 \tag{1.70}$$

空間的に粘度が一様なニュートン流体では，運動量保存を記述するナビエ–ストークス方程式は式（1.71）となる．

$$\rho \frac{\partial \vec{u}}{\partial t} + \rho \vec{u} \cdot \nabla \vec{u} = -\nabla p + \eta \nabla^2 \vec{u} + \sum_i \vec{f}_i \tag{1.71}$$

この式は，式（1.72）で表される表面応力と流体速度のニュートン的関係を仮定することで式（1.27）から得られる．

40　第 1 章　非圧縮性流れの運動学，保存則，および境界条件

$$\vec{\vec{\tau}} = 2\eta\vec{\vec{\varepsilon}} - p\vec{\vec{\delta}} \tag{1.72}$$

このモデルは空気や水をはじめとした多くの流体の流れをよく表現できる．この式を立てるために，ひずみ速度テンソルを速度勾配テンソルの対称部分として運動学的に次式で定義する．

$$\vec{\vec{\varepsilon}} = \begin{bmatrix} \varepsilon_{xx} & \varepsilon_{xy} & \varepsilon_{xz} \\ \varepsilon_{yx} & \varepsilon_{yy} & \varepsilon_{yz} \\ \varepsilon_{zx} & \varepsilon_{zy} & \varepsilon_{zz} \end{bmatrix} = \begin{bmatrix} \dfrac{\partial u}{\partial x} & \dfrac{1}{2}\left(\dfrac{\partial u}{\partial y} + \dfrac{\partial v}{\partial x}\right) & \dfrac{1}{2}\left(\dfrac{\partial u}{\partial z} + \dfrac{\partial w}{\partial x}\right) \\ \dfrac{1}{2}\left(\dfrac{\partial u}{\partial y} + \dfrac{\partial v}{\partial x}\right) & \dfrac{\partial v}{\partial y} & \dfrac{1}{2}\left(\dfrac{\partial v}{\partial z} + \dfrac{\partial w}{\partial y}\right) \\ \dfrac{1}{2}\left(\dfrac{\partial u}{\partial z} + \dfrac{\partial w}{\partial x}\right) & \dfrac{1}{2}\left(\dfrac{\partial v}{\partial z} + \dfrac{\partial w}{\partial y}\right) & \dfrac{\partial w}{\partial z} \end{bmatrix} \tag{1.73}$$

$\vec{\vec{\varepsilon}}$ と $\vec{\vec{\omega}}$（そして $\nabla\vec{u}$）の運動学的な定義は，これらのテンソルの成分に関して流体要素の引張り，ひずみ，回転を関連づけている．

　不透過性の固体壁面上での流れの境界条件は，不透過条件

$$u_{\mathrm{n}} = 0 \tag{1.74}$$

　およびすべりなし条件

$$u_{\mathrm{t}} = 0 \tag{1.75}$$

で与えられる．すべりなし条件は固体壁面上での接線方向速度の記述に適しているが，疎水性壁面上を流れる水の場合には注意が必要である．この場合には，境界条件の記述には式 (1.76) のナビエのすべりモデルが適用される[訳注1]．

$$u_{\mathrm{t}} = b\left.\frac{\partial u_{\mathrm{t}}}{\partial n}\right|_{\mathrm{wall}} \tag{1.76}$$

ニュートン流体を隔てる，表面張力が一様な動いている界面については，式 (1.77) に示すように，接線方向の応力は界面を挟んだ両側でつりあう．

$$\eta_1 \frac{\partial u_{\mathrm{t},1}}{\partial n} + \eta_1 \frac{\partial u_{\mathrm{n},1}}{\partial t} = \eta_2 \frac{\partial u_{\mathrm{t},2}}{\partial n} + \eta_2 \frac{\partial u_{\mathrm{n},2}}{\partial t} \tag{1.77}$$

訳注1) 疎水性壁面が表面にマイクロ，あるいはナノスケールの粗さ（凹凸）をもっている場合，水を弾きやすい壁面の性質により，壁面は全域で水と接する代わりに，粗さの中に気体が残留することがある．この場合，水‑固体界面と水‑気体界面の 2 種類の界面が存在することになるが，水‑気体界面では 1.6.2 項で見たように，**必ずしも界面の速度がゼロである必要はない**．したがって，疎水性壁面上の水の流れにおいて，すべての界面が水‑固体界面であると仮定すると，**見かけ上は**すべりがある流れが存在することになる．ただし，ソフトリソグラフィのような一般的にマイクロ加工に用いられる手法で作製した平面上では，この影響はほとんどないといってよい．すべりは流れの圧力損失を低減させる効果を生み出すという観点から議論されることも多いが，マイクロ・ナノスケールの流れの場合にはむしろ親水性壁面上で作用する毛管力を利用できないため，より多くのエネルギー（圧力）を必要とする場合すらある．

1.11 補足文献

　流体力学の方程式を取り扱っている最近の入門書として，Fox, Pritchard, and McDonald [17]，Munson, Young, and Okiishi [18]，White [19]，Bird, Stewart, and Lightfoot [20] があげられる．これらの書籍では本章の内容がより系統的に記述されているので，流体の知識が不十分だと感じている読者にとってよい手助けとなるだろう．さらに詳細な内容の学習には，Panton [21]，White [22]，Kundu and Cohen [23] や Batchelor [24] を薦める．とくに文献 [24] はニュートン近似，圧力の根本的な意味，そしてなぜ流体の形状が，流体が等方性だとする基本的な仮定によって自然に決定されるのかについて，明快な説明を加えている．運動学理論に関する書籍 [25, 26] は粘度とニュートンモデルの基礎について分子レベルの記述がある．

　支配方程式，運動学的関係，構成関係，そして古典的な境界条件に関して，古典的な流体力学の書籍は優れた情報源であることは間違いないが，これらの本では液体−固体界面におけるすべりを扱っていることが少ない．文献 [27] およびそこで引用されている文献は，液体−固体界面のすべり現象について述べている素晴らしくかつ包括的な総説である．気体−固体系のすべりは文献 [3] で議論されている．

　本章における表面張力の取り扱い方は基礎的な流体の書籍 [21, 24] と類似しているが，本章では界面活性剤などの重要な事項については割愛している．文献 [28] はこれらのトピックについて非常に詳しく取り扱っている貴重な文献である．文献 [29, 30] では，熱毛管流のような表面張力の勾配により生じる流れが取り扱われている．境界条件の詳細な議論については文献 [31] を参照されたい．

　多孔質体やゲルは一般的に（とくに化学的分離に）マイクロデバイスで利用されるが，本書ではマイクロ・ナノ流路のバルク流動に注目し，多孔質体やゲル内部の流れについては記述を省略した．これらの流れは文献 [29] で扱われている．その他の，ここでは大部分を割愛した魅力的なレオロジー関連の項目として，微粒子懸濁液や粒子系があげられる（血液は有名な例である）．バイオレオロジー関連の議論は文献 [23] で展開されており，微粒子懸濁液とそのレオロジーについてはコロイド科学の書籍 [29, 32] で議論されている．

1.12 演習問題

1.1　一般に，非圧縮系において引張りひずみの合計 $\varepsilon_{xx}+\varepsilon_{yy}+\varepsilon_{zz}$ はつねに同じ値となる．その値とは何か．なぜこの値となるのか．

1.2　2次元流れ（z 方向の速度成分およびすべての成分の z に関する微分がゼロ）において，

42　第1章　非圧縮性流れの運動学，保存則，および境界条件

ひずみ速度テンソル $\vec{\vec{\varepsilon}}$ の成分を速度微分の形で示せ.

1.3　以下に示すひずみ速度テンソルについて，四角形の流体要素を描き，流れにより変形した流体要素を描け.

(a) $\vec{\vec{\varepsilon}} = \begin{bmatrix} 1 & 0 & 0 \\ 0 & -1 & 0 \\ 0 & 0 & 0 \end{bmatrix}$　　(b) $\vec{\vec{\varepsilon}} = \begin{bmatrix} -1 & 0 & 0 \\ 0 & 1 & 0 \\ 0 & 0 & 0 \end{bmatrix}$　　(c) $\vec{\vec{\varepsilon}} = \begin{bmatrix} 0 & 1 & 0 \\ 1 & 0 & 0 \\ 0 & 0 & 0 \end{bmatrix}$

1.4　以下のひずみ速度テンソルは非圧縮性流体ではありえない. それはなぜか.

$$\vec{\vec{\varepsilon}} = \begin{bmatrix} 1 & 1 & 1 \\ 1 & 1 & 1 \\ 1 & 1 & 1 \end{bmatrix} \tag{1.78}$$

1.5　以下のテンソルはひずみ速度テンソルである可能性はあるか. その可能性がある場合，このテンソルが有効であるための条件となる二つの成分について説明せよ. また，その可能性がない場合には，このテンソルがひずみ速度テンソルではない理由を述べよ.

$$\vec{\vec{\varepsilon}} = \begin{bmatrix} 1 & 1 & 1 \\ 1 & 0 & -1 \\ -1 & 1 & -1 \end{bmatrix} \tag{1.79}$$

1.6　円筒座標系における，軸対称な非圧縮流れ場（たとえば，円形の穴から放出された層流ジェット）を考える. 軸対称なので，流れ場は r と z の関数となるが，θ の関数ではない. この場合に流れ関数は導出できるか. 導出可能な場合，流れ関数の導関数と r 方向および z 方向速度の関係を述べよ.

1.7　以下の二つの速度勾配テンソルについて考える.

(a) $\nabla \vec{u} = \begin{bmatrix} 0 & 1 & 0 \\ 1 & 0 & 0 \\ 0 & 0 & 0 \end{bmatrix}$　　(b) $\nabla \vec{u} = \begin{bmatrix} 1 & 0 & 0 \\ 0 & -1 & 0 \\ 0 & 0 & 0 \end{bmatrix}$

それぞれの速度勾配テンソルについて，流線を描け. 座標軸を基準に，これらのうちのどちらが引張りひずみでどちらがせん断ひずみであるかを述べよ. さらに，座標軸が反時計回りに45°回転した場合のそれぞれの流線を $x' = \dfrac{x}{\sqrt{2}} + \dfrac{y}{\sqrt{2}}$, $y' = -\dfrac{x}{\sqrt{2}} + \dfrac{y}{\sqrt{2}}$ を用いて描け. 引張りおよびせん断ひずみについての先ほどの解答は軸を回転させた後も同様だろうか. 引張りおよびせん断ひずみの定義は座標系に依存するだろうか.

1.8　デカルト座標系の導関数を用いて $\rho \vec{u} \cdot \nabla \vec{u}$ の成分を書き出せ. $\rho \vec{u} \cdot \nabla \vec{u}$ はスカラー，ベクトル，2階テンソルのどれか.

1.9　単純な渦あり流れに相当する3次元速度勾配テンソルの例を示せ.

1.10　デカルト座標系の微小検査体積について，検査体積に流入および流出する対流運動量流束を考えよ. 非圧縮性流体において，単位体積あたりの対流による運動量の正味の

流出量が $\rho\vec{u}\cdot\nabla\vec{u}$ で表されることを示せ.

1.11 デカルト座標系の微小検査体積について，検査体積に作用する粘性応力を考えよ．ここでは，粘性応力に特定のモデルは用いず，単純に $\overset{\leftrightarrow}{\tau}_{\mathrm{visc}}$ が既知であるとする．これらの力による運動量の正味の流入量が $\nabla\cdot\overset{\leftrightarrow}{\tau}_{\mathrm{visc}}$ で与えられることを示せ．

1.12 粘度が一様で流体が非圧縮性の場合，$\nabla\cdot 2\eta\overset{\leftrightarrow}{\varepsilon}=\eta\nabla^2\vec{u}$ が成り立つことを示せ．

1.13 $\vec{u}=u(y)$ で表される1次元流れにおいて，ひずみ速度の大きさが $\dfrac{1}{2}\dfrac{\partial u}{\partial y}$ となり，渦度の大きさは $\dfrac{\partial u}{\partial y}$ となる．一般に，ひずみ速度と渦度はたがいに比例するか．比例しない場合には，なぜこの場合には両者は比例するのか．

1.14 円筒座標系のナビエ–ストークス方程式を書き出せ（付録D参照）．また，面対称を仮定してこれらの式を単純化せよ．

1.15 円筒座標系のナビエ–ストークス方程式を書き出せ（付録D参照）．また，軸対称を仮定してこれらの式を単純化せよ．

1.16 球座標系のナビエ–ストークス方程式を書き出せ（付録D参照）．また，軸対称を仮定してこれらの式を単純化せよ．

1.17 以下に示すデカルト座標系の速度勾配テンソルについて，(a) ひずみ速度テンソルを計算せよ．(b) 回転速度テンソルを計算せよ．(c) 流れの流線を描け．

$$(1)\ \nabla u=\begin{bmatrix}0&1&0\\1&0&0\\0&0&0\end{bmatrix}\qquad (2)\ \nabla u=\begin{bmatrix}-1&0&0\\0&1&0\\0&0&0\end{bmatrix}\qquad (3)\ \nabla u=\begin{bmatrix}0&1&0\\-1&0&0\\0&0&0\end{bmatrix}$$

$$(4)\ \nabla u=\begin{bmatrix}0&1&0\\0&0&0\\0&0&0\end{bmatrix}$$

1.18 以下の流れ関数で定義される2次元流れを考える．記号 A, B, C, D は定数とする．

$(1)\ \psi=Axy\qquad (2)\ \psi=\dfrac{1}{2}By^2\qquad (3)\ \psi=C\ln\left(\sqrt{x^2+y^2}\right)\qquad (4)\ \psi=-D\left(x^2+y^2\right)$

これらの流れ関数で記述される流れ場において，以下の問いに答えよ．

(a) 流れ場が質量保存を満たすことを示せ．

(b) デカルト座標系のひずみ速度テンソル $\overset{\leftrightarrow}{\varepsilon}$ の四つの成分を導出せよ．

(c) $-5<x<5$ および $-5<y<5$ の領域内の流線を描け．

(d) それぞれの流れの圧力場 $p(x, y)$ が既知であるとして，デカルト座標系の応力テンソル $\overset{\leftrightarrow}{\tau}$ の四つの成分を導出せよ．ただし，流体はニュートン流体であるとする．

(e) 水の流れ場中で，微小な気泡が瞬間的に発生して図1.24に示すような5×5の格子が現れたとする．この格子が特定の流れ場中にあるとき，格子が生成された瞬間を $t=0$ として，それよりも後の時間で格子がどのように変形するかを描け．

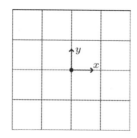

図 1.24 流れの変形を可視化するためのグリッド

1.19 円筒座標系において，エッジ長さ dr, $rd\theta$, dz からなる微小検査体積を，質量保存の積分方程式 (1.80) を用いてつくれ．

$$\frac{\partial}{\partial t}\int_{\mathcal{V}} \rho \, dV = -\int_{S}(\rho \bar{u})\cdot \hat{n}\, dA \tag{1.80}$$

ただし，$\mathcal{V}$ は円筒座標系において非圧縮性の連続の式を導出するために用いる検査体積の体積である．

1.20 ヤング–ラプラス方程式 (1.41) を熱力学的な観点から導出せよ．

1.21 三角法および幾何学的な観点から式 (1.48) を導出せよ．

1.22 液体中に，y 軸方向に沿って伸びる直径 d の毛管がある．気液表面張力が γ_{lg} であるとする．ある界面において，局所的な圧力差の変化が代表値と比較して小さいとき，xz 平面のあらゆる点で曲率半径 R は一様（すなわち，界面は球形）であると考えることができる．

(a) γ_{lg} と R の関数として，界面で生じる圧力差の関係式を書け．

(b) 毛管の中心における流体の高さと毛管の外縁における流体の高さの差を，θ の関数として表し，毛管の中心と外縁の間の静水圧差を計算せよ．

(c) 界面が球形だと仮定できる基準は，界面中央から端部にかけての圧力差の変化が圧力差そのものと比較して小さいことである．この基準のもとで，界面が球形であると仮定できる最大の直径 d を求めよ．結果は $\sqrt{\dfrac{\gamma_{lg}}{\rho g}}$ のオーダーとなるはずである．

1.23 回転速度テンソルのユークリッド・ノルムは流れ中の点の剛体回転の $\sqrt{2}$ 倍となることを示せ．

1.24 2相間の界面における平坦な検査体積を描き，式 (1.54) で表される法線方向速度の一般的な運動学的境界条件を導出せよ．

第 2 章
一方向流れ

ナビエ–ストークス方程式の一般解は解析的に解けないが，流体システムの工学的解析に有用な解を得ることはできる．幾何学的に単純化が可能な場合，具体的には無限に長い流路内の一方向流れのような場合は，ナビエ–ストークス方程式を単純化して直接積分により解くことができる．この仮定により可能となる重要な単純化は，流速と速度勾配が直交しているためにナビエ–ストークス方程式の対流項が無視できる点である．この極限における解法は，2 枚の動く板間の層流（クエット流（Couette flow））や管内の圧力駆動の層流（ポアズイユ流（Poiseuille flow））に適用される．これらの流れは，ナビエ–ストークス方程式のもっとも簡単な解であり，長く細い流路内の流れとしてもっともよく見られるタイプのものである．マイクロ流路流の多くはこれらの解やその重ね合わせ，そしてそのような流れの微小な摂動で表現される．本章では，これらの解法を紹介し，流れの運動学，粘性応力，レイノルズ数に着目して説明を加える．

2.1 長い流路内の定常圧力・境界駆動流

断面が一様で無限に長い流路内の流れに対しては，ナビエ–ストークス方程式中の非線形項を消去して単純化ができる．クエット流とポアズイユ流はそれぞれ境界の動きと圧力勾配により駆動される流れである．

2.1.1 クエット流

クエット流は，2 枚の無限平行平板に挟まれた流体が，片方あるいは両方の板が動くことによって駆動される流れである．2 枚の無限平行平板が動くことにより，その間に挟まれた流体が一様圧力場中で形成する定常流を考える（平板は $y = \pm h$ に位置する）．図 2.1 に示すように，上側の平板は x 方向に速度 u_H で，下側の平板は x 方向に速度 u_L で移動する．この流れの支配方程式は，式 (2.1) の体積力のないナビエ–ストークス方程式である．

$$\rho \frac{\partial \vec{u}}{\partial t} + \rho \vec{u} \cdot \nabla \vec{u} = -\nabla p + \eta \nabla^2 \vec{u} \tag{2.1}$$

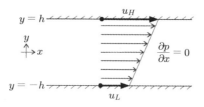

図 2.1　無限平行平板間のクエット流

■単純化した方程式

この方程式を解くために，二つの単純化をする．得られる解は境界条件と支配方程式を満足するので，これらの近似が有効であることがわかる．はじめに，流れは x 方向の一方向のみであると仮定する．これにより，$\vec{u}$ を u で置き換えることができ，式 (2.1) を式 (2.2) に書き換えることができる．

$$\rho \frac{\partial u}{\partial t} + \rho u \frac{\partial u}{\partial x} = -\frac{\partial p}{\partial x} + \eta \frac{\partial^2 u}{\partial x^2} + \eta \frac{\partial^2 u}{\partial y^2} + \eta \frac{\partial^2 u}{\partial z^2} \tag{2.2}$$

二つめの単純化は，速度分布が x に依存しないという近似である．式 (2.2) の最初の 3 項（左辺の 2 項と右辺の 1 項）は，(a) 流れが定常であり，(b) u は x によらず，(c) 圧力は一様であると仮定するため，それぞれゼロとなる．つまり，単純化した流れの支配方程式は式 (2.3) となる．

$$0 = \eta \frac{\partial^2 u}{\partial y^2} \tag{2.3}$$

この例では，ナビエ-ストークス方程式の多くの項が無視できるような問題設定や幾何形状を選択している．これにより，扱う問題は数学的に非常に簡単になる．

例題 2.1 η が一様で，流れが x 方向のみで $\vec{u} = (u, 0, 0)$ となる場合，
$\nabla \cdot \eta \nabla \vec{u} = \left[\eta \left(\frac{\partial^2 u}{\partial x^2} + \frac{\partial^2 u}{\partial y^2} + \frac{\partial^2 u}{\partial z^2} \right), 0, 0 \right]$ となることを示せ．

解　証明は以下のとおり．

$$\nabla \vec{u} = \begin{bmatrix} \frac{\partial u}{\partial x} & \frac{\partial u}{\partial y} & \frac{\partial u}{\partial z} \\ \frac{\partial v}{\partial x} & \frac{\partial v}{\partial y} & \frac{\partial v}{\partial z} \\ \frac{\partial w}{\partial x} & \frac{\partial w}{\partial y} & \frac{\partial w}{\partial z} \end{bmatrix} = \begin{bmatrix} \frac{\partial u}{\partial x} & \frac{\partial u}{\partial y} & \frac{\partial u}{\partial z} \\ 0 & 0 & 0 \\ 0 & 0 & 0 \end{bmatrix} \tag{2.4}$$

$$\eta\nabla\vec{u} = \begin{bmatrix} \eta\dfrac{\partial u}{\partial x} & \eta\dfrac{\partial u}{\partial y} & \eta\dfrac{\partial u}{\partial z} \\ 0 & 0 & 0 \\ 0 & 0 & 0 \end{bmatrix} \tag{2.5}$$

また，

$$\nabla = \left(\frac{\partial}{\partial x}, \frac{\partial}{\partial y}, \frac{\partial}{\partial z}\right) \tag{2.6}$$

であるので，次のようになる．

$$\nabla \cdot \eta\nabla\vec{u} = \left[\eta\left(\frac{\partial^2 u}{\partial x^2} + \frac{\partial^2 u}{\partial y^2} + \frac{\partial^2 u}{\partial z^2}\right), 0, 0\right] \tag{2.7}$$

■単純化した方程式の解

式 (2.3) を直接積分することで線形分布が得られる．

$$u = C_1 y + C_2 \tag{2.8}$$

上側の平板における境界条件は，

$$u(y = h) = u_H \tag{2.9}$$

であり，同様に下側の平板においては

$$u(y = -h) = u_L \tag{2.10}$$

であるので，式 (2.11) を得る．

- 無限平行平板間のクエット流（$y = \pm h$）

$$u = \frac{u_H + u_L}{2} + \frac{u_H - u_L}{2}\left(\frac{y}{h}\right) \tag{2.11}$$

■物理的解釈

クエット流は加速，正味の圧力，運動量の正味の対流輸送がない．そのため，支配方程式はあらゆる検査体積における正味の粘性力もゼロになることを示している．粘性が一様な場合，この条件は，速度分布の凹面（すなわち，y の二次導関数）がゼロであるということである．仮に検査体積に流れの周囲までを含めたとすると，上側の平板は流体に対して単位面積あたり $\eta\dfrac{u_H - u_L}{2h}$ の力を作用させ，下側の平板は同じ大きさで符号が反対の力を作用させる様子が見えることになる．クエット流の速度分布は粘度の関数ではないが，平板を動かすために必要な力は粘度の関数である．

■流体運動学と粘性応力

クエット流はシンプルな関数形式なのでテンソル表記は必ずしも必要ではないが，テ

ンソル表記を用いる簡単な例としてちょうどよいだろう.

ひずみ速度テンソルと粘性応力テンソルから,以下を得る.

$$\vec{\vec{\tau}}_{\text{visc}} = \begin{bmatrix} \tau_{xx} & \tau_{xy} & \tau_{xz} \\ \tau_{yx} & \tau_{yy} & \tau_{yz} \\ \tau_{zx} & \tau_{zy} & \tau_{zz} \end{bmatrix} = 2\eta\vec{\vec{\varepsilon}} = \begin{bmatrix} 2\eta\varepsilon_{xx} & 2\eta\varepsilon_{xy} & 2\eta\varepsilon_{xz} \\ 2\eta\varepsilon_{yx} & 2\eta\varepsilon_{yy} & 2\eta\varepsilon_{yz} \\ 2\eta\varepsilon_{zx} & 2\eta\varepsilon_{zy} & 2\eta\varepsilon_{zz} \end{bmatrix} \tag{2.12}$$

$$\vec{\vec{\tau}}_{\text{visc}} = \begin{bmatrix} 2\eta\dfrac{\partial u}{\partial x} & \eta\left(\dfrac{\partial u}{\partial y}+\dfrac{\partial v}{\partial x}\right) & \eta\left(\dfrac{\partial u}{\partial z}+\dfrac{\partial w}{\partial x}\right) \\ \eta\left(\dfrac{\partial u}{\partial y}+\dfrac{\partial v}{\partial x}\right) & 2\eta\dfrac{\partial v}{\partial y} & \eta\left(\dfrac{\partial v}{\partial z}+\dfrac{\partial w}{\partial y}\right) \\ \eta\left(\dfrac{\partial u}{\partial z}+\dfrac{\partial w}{\partial x}\right) & \eta\left(\dfrac{\partial v}{\partial z}+\dfrac{\partial w}{\partial y}\right) & 2\eta\dfrac{\partial w}{\partial z} \end{bmatrix} = \begin{bmatrix} 0 & \eta\dfrac{u_H-u_L}{2h} & 0 \\ \eta\dfrac{u_H-u_L}{2h} & 0 & 0 \\ 0 & 0 & 0 \end{bmatrix}$$

$$\tag{2.13}$$

ゼロではない粘性応力項は τ_{xy} と τ_{yx} のみであり,これらの値は式 (2.14) に示す粘度と速度勾配の積で表される.

● クエット流の粘性応力

$$\tau_{xy} = \tau_{yx} = \eta\frac{u_H-u_L}{2h} \tag{2.14}$$

この式は x や y に依存しない.粘性応力は支配方程式と同様に一様であり,$\dfrac{\partial \tau_{xy}}{\partial y} = 0$ と書くこともできる.この流れはせん断ひずみ($\vec{\vec{\varepsilon}}$ の非対角成分)と回転($\vec{\vec{\omega}}$ の非対角成分)の両方を含んでいる.

■レイノルズ数

レイノルズ数は,境界条件により決定される代表速度(characteristic velocity)U と代表長さ(characteristic length)ℓ(付録 E の E.2.1 項参照)を用いて $Re = \dfrac{\rho U\ell}{\eta}$ で定義される.**代表**という用語を用いるときには,その速度や長さは,(a) 動圧 $\dfrac{1}{2}\rho U^2$ で表される慣性力や (b) 粘性応力 $\eta\dfrac{U}{\ell}$ で表される粘性力を代表することを意味する.いずれの場合においても,速度差をもっとも正確に扱う.

クエット流において,代表速度 U は最大速度ともっとも遅い速度の差である $U = |u_H - u_L|$ と定義する.動圧 $\dfrac{1}{2}\rho U^2$ は,渦のない流線に沿って速い流れを遅い流れ

2.1 長い流路内の定常圧力・境界駆動流 **49**

にまで減速する場合に増加する圧力の大きさであり，したがって遅い流体と比較した際の速い流体の慣性の指標となる．

クエット流において，粘性応力は流れ中のどこにおいても $\tau_{xy} = \eta \dfrac{|u_H - u_L|}{2h}$ なので[1]，代表長さ ℓ は $\ell = 2h$ と定義する．

これらをレイノルズ数の定義に代入すると，クエット流のレイノルズ数は式 (2.15) となる．

$$Re_{\mathrm{Cou}} = \frac{2\rho|u_H - u_L|h}{\eta} \tag{2.15}$$

クエット流において，レイノルズ数は，ここで導出した層流解が実験的に得られるのか，それとも乱流となるのかを示す．$Re < 100$ であれば，導出した層流解が観察されることとなる．マイクロシステムにおいては h が小さくなるので，多くの流れは層流である．

■ **例題 2.2** 本項に登場したクエット流の回転速度テンソルと渦度を計算せよ．

解 クエット流の解は次式で与えられる．

$$u = \frac{u_H + u_L}{2} + \frac{u_H - u_L}{2}\left(\frac{y}{h}\right) \tag{2.16}$$

デカルト座標系における回転速度テンソルの行列形式は

$$\vec{\vec{\omega}} = \begin{bmatrix} 0 & \dfrac{u_H - u_L}{4h} & 0 \\ -\dfrac{u_H - u_L}{4h} & 0 & 0 \\ 0 & 0 & 0 \end{bmatrix} \tag{2.17}$$

となり，渦度は次のようになる．

$$\vec{\omega} = -\frac{u_H - u_L}{2h}\hat{z} \tag{2.18}$$

■ **例題 2.3** 水（$\rho = 1000\,\mathrm{kg/m^3}$, $\eta = 1\,\mathrm{mPa\,s}$）の雫が 2 枚の平坦なスライドガラス（サイズは 1 in×3 in，1 in = 25.4 mm，単位 [in] はインチを表す）に挟まれて，厚さ d = 10 μm のフィルム状になっている．片方のスライドガラスがもう一つのガラスに対して 200 μm/s で動く場合の水の流れをクエット流でモデル化せよ．

1. この流れの Re はいくらか．
2. スライドガラスを動かすために必要な力の合計はいくらになるか．

---

[1] 無次元パラメータを決定する際には，係数は任意の値でよい．係数は慣習に従う，計算を容易にする，あるいは他のタイプの流れとの比較を容易にするといった目的で決定される．本書では慣例に従って $2h$ を用いる．

50 第2章 一方向流れ

解 下側のスライドガラス面を $y = 0$ とし，この面は動かないものとする．このとき，速度勾配は式 (2.19) で表される．

$$u = 200 \frac{y}{d} \, \mu\text{m/s} \tag{2.19}$$

レイノルズ数は

$$Re = \frac{\rho u_H d}{\eta} = \frac{1 \times 10^3 \, \text{kg/m}^3 \times 200 \times 10^{-6} \, \text{m/s} \times 10 \times 10^{-6} \, \text{m}}{1 \times 10^{-3} \, \text{Pa}\,\text{s}} = 2 \times 10^{-3} \tag{2.20}$$

となる．加える力はせん断応力と面積の積から得られる．

$$F = \eta \frac{\partial u}{\partial y} A = 1\text{mPa}\,\text{s} \times 20 \, \text{s}^{-1} \times 2.54 \times 10^{-2} \text{nm} \times 7.62 \times 10^{-2} \text{nm} = 38.7 \times 10^{-6} \text{nN} \tag{2.21}$$

例題 2.4 2枚の無限平板間の水 ($\eta = \eta_1$) と油 ($\eta = \eta_2$) の流れを考える．圧力勾配はない．油－水界面を $y = 0$ 平面とし，平板は $y = \pm h$ 面にあるとする．油は $y = 0$ より上側，水は $y = 0$ より下側に位置する．上側の平板が x 方向に速度 $u = u_H$ で動き，下側の平板は動かないとき，この定常流の $u(y)$ を求め，$\eta_2 = 6\eta_1$ の場合の速度分布を計算せよ．y に対してせん断応力はどのように変化するか．

解 支配方程式は $\dfrac{\partial}{\partial y} \eta \dfrac{\partial u}{\partial y} = 0$ であり，境界条件は $y = h$ において $u = u_H$，$y = -h$ において $u = 0$，$y = 0$ において $u_{\text{water}} = u_{\text{oil}}$，$y = 0$ において $\eta_1 \dfrac{\partial u}{\partial y}|_{\text{water}} = \eta_2 \dfrac{\partial u}{\partial y}|_{\text{oil}}$ である．

平坦な界面というのは表面において $\nabla \cdot \hat{\boldsymbol{n}} = 0$ ということを意味するため，動的境界条件は単純化される．それぞれの領域において速度の解は線形分布で記述されるため，四つのパラメータを決定する必要があることがわかる．四つの境界条件を用いて四つの代数方程式を水の領域 ($y < 0$) について解くと，

$$u = \frac{\eta_2}{\eta_1 + \eta_2} u_H + \frac{\eta_2}{\eta_1 + \eta_2} u_H \frac{y}{h} \tag{2.22}$$

が得られ，油の領域 ($y > 0$) について解くと，

$$u = \frac{\eta_2}{\eta_1 + \eta_2} u_H + \frac{\eta_1}{\eta_1 + \eta_2} u_H \frac{y}{h} \tag{2.23}$$

が得られる．$\eta_2 = 6\eta_1$ を代入すると，$y < 0$ においては，

$$u = \frac{6}{7} u_H + \frac{6}{7} u_H \frac{y}{h} \tag{2.24}$$

となり，$y > 0$ においては，

$$u = \frac{6}{7}u_H + \frac{1}{7}u_H \frac{y}{h} \tag{2.25}$$

となる．それぞれの領域内ではせん断応力は一様であり，$\tau_{xy} = \frac{\eta_1 \eta_2}{\eta_1 + \eta_2}\frac{u_H}{h}$ である．

2.1.2 ポアズイユ流

ポアズイユ流は，管内の圧力勾配によって発生する流れを表現するものであり，そのなかでもとくに，断面形状が円形の管内における圧力駆動流をハーゲン–ポアズイユ流とよぶ．このタイプの流れはマイクロデバイス内の圧力駆動流の特徴であり，その解（図2.2）は第3章で行うすべての解析の基礎となっている．

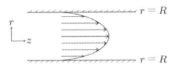

図 2.2　円管内のポアズイユ流

ハーゲン–ポアズイユ流を解くために，流動はz方向のみ（$u_r = 0$, $u_\theta = 0$）であり，θ および z 方向の速度勾配はゼロであるとする．基本となるナビエ–ストークス方程式は，これまでと同様に式 (2.26) である．

$$\rho \frac{\partial \vec{u}}{\partial t} + \rho \vec{u} \cdot \nabla \vec{u} = -\nabla p + \eta \nabla^2 \vec{u} \tag{2.26}$$

■式の単純化

幾何形状から，対流項と非定常項がゼロとなるので，式 (2.26) は式 (2.27) となる．

$$\nabla p = \eta \nabla^2 \vec{u} \tag{2.27}$$

軸対称な流れの場合，式 (2.27) を円筒座標系に書き換えると式 (2.28) となる．

$$\frac{\partial p}{\partial z} = \eta \frac{1}{r}\frac{\partial}{\partial r} r \frac{\partial u_z}{\partial r} \tag{2.28}$$

■円筒座標系の方程式の解

式 (2.28) を解くために，$\frac{\partial p}{\partial z}$ は一定であると仮定し，r について積分する．

$$\frac{\partial p}{\partial z}\frac{1}{2}r^2 + C_1 = r\eta \frac{\partial u_z}{\partial r} \tag{2.29}$$

これを整理すると，

52　第2章　一方向流れ

$$\frac{\partial p}{\partial z}\frac{r}{2\eta}+\frac{C_1}{\eta r}=\frac{\partial u_z}{\partial r} \tag{2.30}$$

となり，さらにこれを積分すると，

$$u_z=\frac{\partial p}{\partial z}\frac{r^2}{4\eta}+\frac{C_1}{\eta}\ln r+C_2 \tag{2.31}$$

を得る．(a) $r=0$ において u_z が対称境界に接する[訳注1)]，(b) $r=R$ において $u_z=0$ となる，という二つの境界条件を用いると，式 (2.32) を得る．

● 半径 R の管内を流れるポアズイユ流の解

$$u_z=-\frac{1}{4\eta}\frac{\partial p}{\partial z}\left(R^2-r^2\right) \tag{2.32}$$

また，これを空間的に積分すると，式 (2.33) に示す体積流量 Q を得ることができる．

● 半径 R の管内の圧力駆動流の流量

$$Q=-\frac{\pi R^4}{8\eta}\frac{\partial p}{\partial z} \tag{2.33}$$

そして，流量を面積で除すことにより，平均速度 $\overline{u_z}$ を得る．

● 半径 R の管内の圧力駆動流の平均速度

$$\overline{u_z}=\left(-\frac{\partial p}{\partial z}\right)\frac{R^2}{8\eta} \tag{2.34}$$

■物理的解釈

　定常ポアズイユ流には運動量の対流輸送や加速がなく，支配方程式は正味の圧力と正味の粘性力のつりあいを表現している．圧力勾配（そして正味の圧力）は一定であるので，せん断応力の導関数は一定であり，したがって速度分布の凹面（すなわち，y の2次導関数）も一定となる．仮に検査体積に流れの周囲まで含めたとすると，検査体積に作用する正味の圧力は $\left(-\frac{\partial p}{\partial z}dz\left(\pi R^2\right)\right)$ である一方，壁面が流体に加える単位面積あたりの粘性力は $\frac{R}{2}\frac{\partial p}{\partial z}$ となり，正味の粘性力の合計は $\frac{\partial p}{\partial z}dz\left(\pi R^2\right)$ となる．

■流体運動学と粘性応力

　ポアズイユ流の粘性応力項のうちゼロにならないものは τ_{rz} と τ_{zr} の二つだけである．それぞれの項は粘度と速度勾配の積で与えられる．

訳注1) 対称（鏡面）境界において，速度が連続となるためには速度勾配がゼロにならなければならない．すなわち，式 (2.30) の右辺はゼロになるので，積分定数 $C_1=0$ が導かれる．

$$\tau_{zt} = \tau_{tz} = \eta \frac{\partial u_z}{\partial t} \tag{2.35}$$

さらに導関数を求めると[訳注1]，式 (2.36) を得る.

● 管内のポアズイユ流のせん断応力

$$\tau_{zt} = \tau_{tz} = \frac{t}{2} \frac{\partial p}{\partial z} \tag{2.36}$$

ポアズイユ流の場合には，粘性応力は線形的に変化し，$t = 0$ において最小値ゼロ，t $= R$ において最大値 $\dfrac{R}{2} \dfrac{\partial p}{\partial z}$ をとる．ポアズイユ流の速度分布は放物線となる．

▌ **例題 2.5**　本項に登場したポアズイユ流の渦度を計算せよ.

解　速度は式 (2.37) で表される.

$$\vec{u} = -\frac{1}{4\eta} \frac{\partial p}{\partial z} \left(R^2 - t^2 \right) \hat{z} \tag{2.37}$$

渦度は $\vec{\omega} = \nabla \times \vec{u}$ で与えられるので，式 (2.38) となる.

$$\vec{\omega} = -\frac{1}{2\eta} \frac{\partial p}{\partial z} t \hat{\boldsymbol{\theta}} \tag{2.38}$$

■レイノルズ数

クエット流の場合と同様に，レイノルズ数を定義するためには代表速度と代表長さが必要となる.

クエット流の場合とは異なり，問題設定によって規定されるのは速度ではなく，圧力勾配である．したがって，レイノルズ数を定義するために速度の解を用いる．ポアズイユ流の場合には $U = \overline{|u_z|}$，$\ell = 2R$ とすることが多い．したがって，ポアズイユ流のレイノルズ数は式 (2.39) となる.

● ポアズイユ流のレイノルズ数の定義

$$Re_{\mathrm{Poi}} = \frac{2\rho \overline{|u_z|} R}{\eta} = \frac{\rho R^3 \left| \dfrac{\partial p}{\partial z} \right|}{4\eta^2} \tag{2.39}$$

クエット流の場合と同様に，ポアズイユ流の Re は，ここで導出した層流分布が実験的に得られるかを示す．$Re < 2300$ であれば，流れは層流となる.

訳注1) 式 (2.29) に境界条件 $C_1 = 0$ を適用して整理したものを式 (2.35) に代入することで得られる.

2.2 一方向流れの駆動開始と発達

上述の解は無限に長い流路内の**定常**流の解である．しかし，ときには流れの駆動開始時や振動境界条件に応答する流れのような，非定常境界条件を扱うこともある．たとえば，クエット流の駆動開始は，$t<0$ において 2 枚の平板と流体に動きがなく，$t>0$ で平板が動くような例に相当する．図 2.3 はクエット流の駆動開始時の速度と局所的な力および加速度の模式図である．クエット流の駆動開始時と定常状態は，シンプルな流れの力，速度，加速度を説明するのに好都合な例である．はじめに定常状態から考える．定常状態においては平衡である（力はつりあっている）ので，検査体積に作用する正味の力はゼロである．実際に，ナビエ–ストークス方程式のそれぞれの項はゼロとなる．反対に，駆動開始時には，上側の壁面付近の流体は正味の粘性力により引きずられ，その結果壁面付近の流体が加速する．粘性力と加速度は，反対側の壁に向かって拡散していき，最終的に定常状態に到達する．同様に，ポアズイユ流の駆動開始（静止している流体に $t=0$ の時点で圧力勾配が作用することによる加速）の際には，圧力勾配が加えられた当初は一様な加速を見せる．その後，粘性力が，まず壁面において，そして流体全体に作用して定常状態に到達する．ポアズイユ流の駆動開始時の模式図を図 2.4 に示す．クエット流とポアズイユ流の駆動開始時（そして，時間変化が起こるすべてのクエット流とポアズイユ流）の流れは，変数分離と固有関数展開（面対称流は正弦級数，軸対称流はベッセル級数）を用いることで解析的に解くことができる．これが可能なの

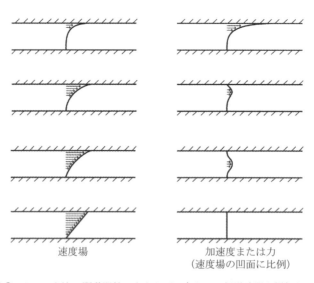

図 2.3 クエット流の駆動開始．上から下に向かって経過時間が増加している

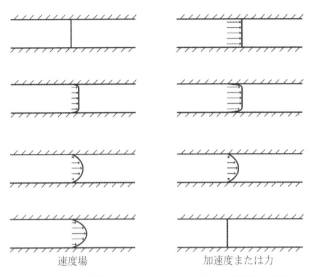

速度場　　　　　　　　　加速度または力

図 2.4 ポアズイユ流の駆動開始. 上から下に向かって経過時間が増加している

は，それぞれの支配方程式が線形であり，（非線形の）対流項がゼロだからである．半径 R または高さ $2R$ の流路において，経過時間が $t \gg \dfrac{\rho R^2}{\eta}$ の場合や代表周波数が $\omega \ll \dfrac{\eta}{\rho R^2}$ の場合には駆動開始の影響は無視できる[訳注1]．

　流体分布の時間的な変化である駆動開始時とは反対に，流れの**発達**（development）は流路入口からの流動分布の空間的な変化を指し，流路が無限の長さをもつ場合には流動分布は最終的な分布形状に落ち着く．流路入口付近においては，速度勾配は速度の方向に垂直であるとみなすことはできず，したがって対流項が現れてくるため，ナビエ-ストークス方程式を解析的に解くことができない．そこで，流路入口付近の流れには通常は数値計算が用いられる．ある領域における速度勾配が，無限長さをもつ流路のそれと等しい場合，その領域の流れは**完全に発達した**（fully developed）流れとよばれる．半径 R または高さ $2R$ の長く細い流路内の層流の場合，入口からの距離 ℓ が $\dfrac{\ell}{R} \gg Re$[訳注2]

訳注1) 駆動開始直後には加速による慣性力（ρU^2 程度の大きさ）がはたらくが，時間経過とともに加速度がゼロに近づき，やがて定常状態になる．このときに流れに作用しているのは粘性力（$\eta U/R$ 程度の大きさ）なので，粘性力が慣性力よりも十分に大きければ，その流れは定常状態とみなすことができる．したがって，$\rho U^2 \ll \eta U/R$ となり，$U \ll \eta/(\rho R)$ という関係が導かれる．ここで，定常状態にいたるまでの時定数 τ が R/U 程度であるとすると，$1/\tau = \omega \ll \eta/(\eta R^2)$ という関係を得る．

訳注2) 一般的には，流れが完全に発達するまでの距離を ℓ_e とすると，直径 d を用いて $\ell_e/d \approx 0.05 Re$ という指標が用いられることが多い．また，完全に発達していない領域を助走区間（entrance region）とよぶ．

56 第2章 一方向流れ

であり，$\dfrac{\ell}{R} \gg 1$ の場合に流れは完全に発達しているとみなすことができる．その場合には，有限長さをもつ流路内の流れの解析に，本章で導出した結果を直接用いることができる．

2.3 まとめ

ナビエ–ストークス方程式は，いくつかの単純化をすることで解析的に解くことができる．とくに，対流項 $\bar{u} \cdot \nabla \bar{u}$ はナビエ–ストークス方程式を扱う際に数学的にもっとも難易度の高い項であるため，本章では幾何形状がシンプルで正味の対流項がゼロになる流れについて述べた．このアプローチにより，クエット流，すなわち2枚の無限平板間の流れの定常状態は

$$u = \frac{u_H + u_L}{2} + \frac{u_H - u_L}{2}\left(\frac{y}{h}\right) \tag{2.40}$$

で表すことができ，ハーゲン–ポアズイユ流，すなわち円管内の圧力駆動流は

$$u_z = -\frac{1}{4\eta}\frac{\partial p}{\partial z}\left(R^2 - \imath^2\right) \tag{2.41}$$

で表すことができる．

これらの流れの駆動開始時には，力，速度，加速度に違いが見られる．駆動開始期において，加速度は圧力と粘性力の合力に比例する．平衡状態においては，加速度は定義によりゼロであり，速度分布の凹面（粘性力に比例）は局所的な圧力勾配に比例する．したがって，圧力勾配をもたない定常クエット流は速度分布に凹面がなく，一方で一定の圧力勾配をもつ定常ポアズイユ流は速度分布に一定の凹面をもつ．これらの流れの発達時には，非線形項である対流項がゼロではないため，一般的な解析解を得ることができない．

2.4 補足文献

クエット流とポアズイユ流はもっとも基本的な流れである．定常流の解は，Fox, Pritchard, and McDonald [17]，Munson, Young, and Okiishi [18]，White [19]，Bird, Stewart, and Lightfoot [20] などの流体力学や物質輸送の入門書に記載されている．より高度な内容を扱った書籍 [22, 30] では，変数分離を用いた非定常解についても扱っている．これらの流れの摂動を記述するために用いる漸近近似については Bruus [33] や Leal [30] が議論している．Van Dyke の古典的論文 [34] も参考になるだろう．

2.5 演習問題

2.1 $\vec{u} = (u, 0, 0)$，すなわち流動が x 方向のみのとき，$\vec{u} \cdot \nabla \vec{u} = \left(u\dfrac{\partial u}{\partial x}, 0, 0 \right)$ となることを示せ.

2.2 以下の二つのケースを考える.

(a) ニュートン流体

(b) べき乗則流体，つまり $\tau_{xy} = K\dfrac{du}{dy}\left|\dfrac{du}{dy}\right|^{n-1}$ となる流体. 数学的に扱いやすくするために，$\dfrac{du}{dy}$ の符号は正としてよい.

2 枚の無限平行平板間の層流を考える. それぞれの平板は xz 面に配置されており，$y = \pm h$ に位置している. 圧力勾配はないものとする. 上側の平板が x 方向に速度 u_H で動き，下側の平板が x 方向に速度 u_L で動くとき，

(i) 平板間の流れを y の関数として解け.

(ii) $u(y)$，$\vec{\vec{\tau}}(y)$，$\vec{\vec{\varepsilon}}(y)$ の式を導出せよ. $\vec{\vec{\tau}}$ と $\vec{\vec{\varepsilon}}$ は 2 階のテンソルであることに注意せよ. これらの三つのパラメータについて，粘度の大きさおよびひずみ速度はどのような影響を及ぼすか述べよ.

(iii) この流れを維持するために，それぞれの壁面が**流体に作用させなければならない単位面積あたりの力**を求めよ. この結果に粘度の大きさおよびひずみ速度はどのような影響を及ぼすか述べよ.

2.3 2 枚の無限平行平板が $y = h$ と $y = -h$ に配置されており，その間に粘度 η のニュートン流体が挟まれている. 下側の平板は静止しており，上側の平板は x の正の方向に単位面積あたりの力 F'' が作用して動いている. この場合の平板間の速度分布を求めよ.

2.4 長さ $L = 5\,\mathrm{cm}$，断面が半径 $R = 20\,\mathrm{\mu m}$ の円形のマイクロ流路の両端が直径 $d = 4\,\mathrm{mm}$ の円筒タンクに接続されている. 片側のタンクには高さ $1\,\mathrm{cm}$ の水が入っており，反対側のタンクには高さ $0.5\,\mathrm{cm}$ の水が入っている. 流路中の流れを，すべての時刻において準定常のハーゲン–ポアズイユ流で近似できると考えて，マイクロ流路内の速度を z と t で表せ. ここで求めた流動の時間変化をもとに，流動が変化する時定数を求め，それを $\dfrac{\rho R^2}{\eta}$ と比較することで，仮定としておいた準定常という状態が妥当であることを確認せよ.

2.5 式 (2.32) を積分して式 (2.33) を求めよ.

2.6 式 (2.33) を平均して式 (2.34) を求めよ.

2.7 管軸が z 軸上にある半径 R の円管内の層流について考える. 流体には圧力勾配 $\dfrac{dp}{dz}$ が作用している. この流れにおいて，流体をニュートン流体およびべき乗則流体とした場合について，以下の問いに答えよ. べき乗則流体の粘性応力は $\tau_{tz} = K\dfrac{du_z}{dr}\left|\dfrac{du_z}{dr}\right|^{n-1}$ で与

58　第2章　一方向流れ

えられるとする．数学的に扱いやすくするために，$\dfrac{du_z}{dr}$ の符号は正としてよい．

(a) 管内の流れを r の関数として解け．

(b) $u_z(r)$, $\bar{\bar{\tau}}(r)$, $\bar{\bar{\varepsilon}}(r)$ の式を導出せよ．$\bar{\bar{\tau}}$ と $\bar{\bar{\varepsilon}}$ は2階のテンソルであることに注意せよ．これらの3個のパラメータについて，粘度の大きさおよびひずみ速度はどのような影響を及ぼすか述べよ．

(c) 管内の流量を Q とするとき，Q の式を導出せよ．Q と $\dfrac{dp}{dz}$ の関係式はどのような形になるだろうか．それは線形だろうか．

(d) 以下の三つの場合の速度分布を一つのグラフ（横軸：u_z, 縦軸：r）にプロットせよ．$\dfrac{dp}{dz} = -1\,\mathrm{N/m^3}$, $R = 1\,\mathrm{m}$ とする．

　(i) $n = 1$, $K = 1\,\mathrm{kg/m\,s}$（ニュートン流体）

　(ii) $n = 0.25$, $K = 0.517\,\mathrm{kg/m\,s^{1.75}}$（擬塑性流体）

　(iii) $n = 4$, $K = 18.36\,\mathrm{kg\,s^2/m}$（ダイラタント流体）

　　以上の n と K の値は，すべての場合において流量が同じ値をとるように決定している．なお，K の単位は n の値に依存する．

2.8　断面が半径 R の円管内のニュートン流体が，$t = 0$ の直前まで静止しており，$t = 0$ の時点で圧力勾配が加えられたとする．この圧力勾配が作用した直後の流体の瞬間加速度は，r およびその他のパラメータを用いてどのように表せるだろうか．

2.9　断面が半径 R の円形をした長い管の入口における，ニュートン流体の定常な，完全に発達していない流れを考える．入口における速度は $u(r) = U$ で与えられるとする．**入口における**流れの支配方程式を，ナビエ-ストークス方程式を単純化して導け（流路内のすべての領域である必要はなく，入口のみを考慮すればよい）．ナビエ-ストークス方程式のどの項がゼロではない値となるだろうか．

2.10　$x = \pm d$ の位置に固定された2枚の無限平板間で静止した水の静的問題を考える．流体（水）の密度は $1000\,\mathrm{kg/m^3}$ とする．水には鉛直下向きに重力加速度 $g = -9.8\,\mathrm{m/s^2}$ が作用しており，$z = 0$ における圧力を p_0 とする．

　　この系において，形状による単純化を施して重力による体積力を考慮した（z 方向の速度 w についての）1次元ナビエ-ストークス方程式が式 (2.42) で与えられるとき，この系の圧力分布を求めよ．

$$0 = -\frac{\partial p}{\partial z} + \eta \frac{\partial^2 w}{\partial x^2} - \rho g \tag{2.42}$$

2.11　$x = \pm d$ の位置に固定された2枚の無限平板間における z 方向1次元流れを考える．圧力勾配はなく，流動は z 方向のみ，速度勾配は x 方向のみに存在するとする．流体（水）の密度は $1000\,\mathrm{kg/m^3}$ であり，水には鉛直下向きに重力加速度 $g = -9.8\,\mathrm{m/s^2}$ が作用している．

　　この系において，形状による単純化を施して重力による体積力を考慮した（z 方向の速度 w についての）1次元ナビエ-ストークス方程式が式 (2.43) で与えられるとき，平板

間の定常速度分布を求めよ.

$$0 = \eta \frac{\partial^2 w}{\partial x^2} - \rho g \tag{2.43}$$

2.12 $x = \pm d$ の位置に固定された 2 枚の無限平板間における z 方向 1 次元流れを考える. 系の圧力は $p = p_0 - \rho g z$ で表されるとし (p_0 は $z = 0$ における圧力, ρ は流体の見かけの密度), 流動は z 方向のみ, 速度勾配は x 方向のみに存在するとする.

　この系において, 形状による単純化を施して重力による体積力を考慮した (z 方向の速度 w についての) 1 次元ナビエ–ストークス方程式が式 (2.44) で与えられるとき, 以下の問いに答えよ.

$$0 = -\frac{\partial p}{\partial z} + \eta \frac{\partial^2 w}{\partial x^2} - \rho g \tag{2.44}$$

(a) 平板間の定常速度分布がゼロ, すなわち流体は静止していることを示せ.

(b) 流体の密度を x の関数とすることで, この系に摂動を与えよ. ここで, x 方向に平均した密度は変化せず, 流路中央の流体は多数の金属微粒子 (密度は水よりも高い) を加えることで密度が高くなっているとする. また, 流路端部の流体は多数の微小な油滴を加えることで密度が低くなっているとする. これらの局所的な密度変化の影響により, 単位体積あたりの局所的な体積力が式 (2.45) で表されるとする.

$$\text{単位体積あたりの体積力} = \begin{cases} f & \left(|x| > d\dfrac{\alpha-2}{\alpha} \text{の領域} \right) \\ -f\dfrac{2}{\alpha-2} & \left(|x| < d\dfrac{\alpha-2}{\alpha} \text{の領域} \right) \end{cases} \tag{2.45}$$

ここで, $2 < \alpha < \infty$ は浮力の摂動の分布を記述する形状パラメータ ($\alpha \to \infty$ は壁付近に正の浮力が集中すること, $\alpha \to 2$ は流路中央に負の浮力が集中することを示す) である. この体積力は時間変動しないものとする. このとき, 式 (2.45) の力の定義によると正味の力がゼロになることを, $-d < x < d$ の範囲で積分して確かめよ.

(c) 上述の条件下において流れが 1 次元性を保っているとき, その速度分布が式 (2.46) で表されることを確かめよ. また, このときの流路中央の速度はいくらになるか.

$$w = \begin{cases} \dfrac{f}{\eta}\left(\dfrac{x^2}{\alpha-2} - \dfrac{d^2}{\alpha} \right) & \left(|x| < d\dfrac{\alpha-2}{\alpha} \text{の領域} \right) \\ -\dfrac{f}{2\eta}(x-d)^2 & \left(|x| > d\dfrac{\alpha-2}{\alpha} \text{の領域} \right) \end{cases} \tag{2.46}$$

(d) $\alpha = \dfrac{1}{0.04}, \dfrac{1}{0.13}, \dfrac{1}{0.22}, \dfrac{1}{0.31}, \dfrac{1}{0.40}, \dfrac{1}{0.49}$ の場合の $\dfrac{x}{d}$ に対する速度分布を $\dfrac{fd}{\eta}$ で無次元化してプロットせよ.

(e) z 方向に有限で, $-d < x < d$ の範囲の矩形検査体積を描け. 正味の体積力はどのような値になるだろうか. 対流によって上下面を通過する正味の運動量輸送はどうなるか. 壁面における, 粘性力による正味の運動量輸送はどうなるか. 正味の体積力が存在する場合, 運動量の正味の対流輸送と拡散輸送の差はどうなるか.

60   第2章　一方向流れ

(f) $t = 0$ の時点で重力加速度を「スイッチオン」した場合，静止流体はどのように加速されて定常解に落ち着くのかを定性的に述べよ．

(g) この流れの正味の体積力は，ゼロであるが，局所および平均の z 速度はゼロではない．正味の体積力がゼロであるにもかかわらず流動が発生しているときの体積力の**分布**を説明せよ．

2.13　$x = \pm d$ の位置に固定された2枚の無限平板間における z 方向1次元流れを考える．系の圧力は $p = p_0 - \rho g z$ で表されるとし（p_0 は $z = 0$ における圧力，ρ は流体の見かけの密度），流動は z 方向のみ，速度勾配は x 方向のみに存在するとする．

　　この系において，形状による単純化を施して重力による体積力を考慮した（z 方向の速度 w についての）1次元ナビエ–ストークス方程式が式 (2.47) で与えられるとき，以下の問いに答えよ．

$$0 = -\frac{\partial p}{\partial z} + \eta \frac{\partial^2 w}{\partial x^2} - \rho g \tag{2.47}$$

(a) 平板間の定常速度分布がゼロ，すなわち流体は静止していることを示せ．

(b) 流体の密度を x の関数とすることで，この系に摂動を与えよ．ここで，壁面付近の流体は多数の金属微粒子（密度は水よりも高い）を加えることで密度が高くなっているとする．微粒子の濃度は壁付近でもっとも高く，壁からの距離（つまり $d - |x|$）に対して代表長さ λ（λ は d よりも小さい）の範囲にわたって指数関数的に減少する場合の正味の体積力は，式 (2.48) で与えられる．

$$単位体積あたりの体積力 = -\frac{fd}{\lambda} \exp\left(-\frac{d - |x|}{\lambda}\right) \tag{2.48}$$

このとき，単位高さ，単位深さあたりの体積力の合計（両壁の影響を含む）が $-2fd$ となることを示せ．

(c) 上述の条件下において流れが1次元性を保っているとき，その速度分布が式 (2.49) で表されることを確かめよ．また，このときの流路中央の速度はいくらになるか．

$$w = -\frac{fd^2}{\eta}\frac{\lambda}{d}\left[1 - \exp\left(-\frac{d - |x|}{\lambda}\right)\right] \tag{2.49}$$

(d) $\lambda = \dfrac{d}{100}$ のときの速度分布を $\dfrac{fd^2}{\eta}$ で無次元化してプロットせよ．

(e) z 方向に有限で，$-d < x < d$ の範囲の矩形検査体積を描け．正味の体積力はどのような値になるだろうか．対流によって上下面を通過する正味の運動量輸送はどうか．壁面における，粘性力による正味の運動量輸送はどうか．これらの値は λ の関数だろうか．

(f) この流れには，（少なくとも壁面から離れた位置においては）λ に線形比例する速度分布以外は λ から独立している正味の力が作用している．正味の体積力が λ から独立しているにもかかわらず，体積力の**分布**がどのように流速に影響するのかを説明せよ．

2.14　タンクに毛管を挿入した場合の動的問題を考える．$t = 0$ において，毛管内の水面高

さは毛管外（タンク）の水面高さと同じであったとする．これは毛管高さの問題と似ているが，ここでは毛管現象の時間発展を追っていく．

(a) 本書で示したように，平衡状態（高さ $h = H$ のとき）においては重力と毛管力がつりあう．それでは，$h \neq H$ の場合の正味の力はどのようになるだろうか．

(b) 上述の力によって液体が上昇することを考える．毛管内の流れを円管内のポアズイユ流でモデル化すると，流量および平均速度 u_{avg} は平衡高さ H，高さ h，幾何および流体のパラメータを用いてどのように表すことができるだろうか．

(c) $u_{\text{avg}} = \dfrac{dh}{dt}$ で表されるとき，$h(t)$ の常微分方程式を書け．

(d) $\dfrac{dh}{dt}$ は二つの項をもち，一つは $t \to 0$ において，もう一つは $t \to \infty$ において支配的となる．この両極限における常微分方程式を解け．

2.15 マクロスケールのタンクに両端が接続されたマイクロ流路を考える．図 2.5 に示すように，片方のタンクは流体で満たされている．重力は無視できるものとする（つまり，液体で満たされたタンクは液体を供給するタンクとしては十分に大きく，水頭が無視できるほど十分に小さい）．液体と空気の界面はマイクロ流路のちょうど入口に位置している．もし壁面が親液体性（$\theta < 90°$）であれば，液体は毛管力により流路内に引っ張られる．この問題は毛管高さの問題と同様であるが，重力の影響がない．マイクロ流路は高さに比べて幅が十分に大きいとする，すなわちマイクロ流路を高さ d の 2 次元無限平板間流れであると考えよ．ここで，l を界面が流路入口から移動した距離とし，$t = 0$ において $l = 0$ とする．このとき，$l(t)$ について解け．

結果からわかるように，この場合には**平衡解が存在せず**，マイクロ流路が液体で満たされるまで界面は移動し続ける．

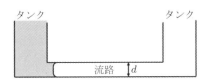

図 2.5 毛管現象により液体で満たされようとしているマイクロチップの模式図

2.16 静止した 2 枚の無限平板が $y = 0$ および $y = 2h$ に位置しており，平板間にはニュートン流体が存在している．圧力はすべての場所で一様であるとする．

$t = 0$ の時点において，平板間の瞬時速度が式 (2.50) で与えられるとする（A は定数 [m/s]）．

$$u_0(y) = u(y, t = 0) = A \sin\left(\frac{\pi y}{2h}\right) \tag{2.50}$$

この式は明らかに平衡解**ではなく**，速度は時間変化する．

(a) 式 (2.51) に示すナビエ–ストークス方程式のベクトル表記を，$\dfrac{\partial \vec{u}}{\partial t}$ について他のパラメータの関数として解くために書き換えよ．

62　第2章　一方向流れ

$$\rho \frac{\partial \vec{u}}{\partial t} + \rho \vec{u} \cdot \nabla \vec{u} = -\nabla p + \eta \nabla^2 \vec{u} \tag{2.51}$$

(b) $v = w = 0$ および $\dfrac{\partial u}{\partial x} = \dfrac{\partial u}{\partial z} = 0$ としてベクトル方程式を単純化し，式 (2.52) を示せ．

$$\frac{\partial u}{\partial t} = \frac{\eta}{\rho} \frac{\partial^2 u}{\partial y^2} \tag{2.52}$$

(c) $u_0(y)$ が与えられているとして，$t = 0$ における粘性項を求め，粘性項と $u_0(y)$ を比較せよ．$t = 0$ において粘性項は u に正比例することを示せ．なお，この段階ではまだ明らかにはなっていないことだが，この比例関係はすべての時間 t にわたって維持される．これがすべての時間 t にわたって正しいとして，$u(y, t)$ を解け．

(d) この手法は他の初期条件にも適用できるだろうか．たとえば，初期条件が式 (2.53) に示すような放物線関係の場合はどうだろうか．

$$u_0(y) = Ay(2h - y) \tag{2.53}$$

2.17 2枚の無限平板が $y = 0$ および $y = 2h$ に位置しており，平板間には圧力が一様なニュートン流体が存在している．

上側の平板は静止しており，下側 $(y = 0)$ の平板が x 方向に速度 U で移動し，すなわち速度が $u(t = 0) = U\left(1 - \dfrac{y}{2h}\right)$ で与えられ，系が定常状態に到達しているとする．$t = 0$ の時点で下側の平板が停止し，$t > 0$ においては2枚の平板は静止している．このときの流れはもはや定常ではなく，速度は時間に対して変化する．

(a) この問題の境界条件は一様であり，変数分離と解の線形結合で解くことができる．はじめに，初期条件は考慮せずに一般解を導出し，その後に初期条件を適用していこう．

全体の解 $u(y, t)$ は**モード** u_n の合計で表せるとすると，式 (2.54) が成り立つ．

$$u = \sum_{n=1}^{\infty} u_n \tag{2.54}$$

ここで，それぞれの u_n は二つの関数の積で表すことができ，その関数のうちの一つは y のみの関数であり，もう一つは t のみの関数であるとして，以下の形の解を仮定する．

$$u_n(y, t) = Y_n(y) T_n(t) \tag{2.55}$$

式 (2.55) を式 (2.52) に代入して得た方程式の左辺を t **のみ**の関数，右辺を y **のみ**の関数となるように整理せよ．そして，この方程式の左辺および右辺が一定となる理由を説明せよ．

(b) 導出した右辺を $-k_n$ とおき，Y_n の解が境界条件と (a) で導出した方程式を満足する場合に Y_n の解がとるべき形式を示せ．特定の k_n のみが境界条件を満たすことになるが，これらはどのような値だろうか．

(c) 既知の k_n が与えられるとき，分離方程式の左辺が k_n と等しいとして T_n について解け．

(d) $u(y, t)$ についての完全解を書き下し，$u(y, t = 0)$ を求めるために $t = 0$ における解を単純化せよ．

(e) ここで，当初設定した初期条件に戻る．好都合なことに，u_0 はフーリエ正弦級数として式 (2.56) で表現できる．

$$u(y, t = 0) = U\left(1 - \frac{y}{2h}\right) = U\sum_{n=1}^{\infty} \frac{2}{n\pi} \sin \frac{n\pi y}{2h} \tag{2.56}$$

この式は初期条件と一般解が項ごとに対応しているため，解を直接的に求めることができる．この解を書き下し，$\eta = 1 \times 10^{-3}\,\mathrm{Pa \cdot s}$，$\rho = 1000\,\mathrm{kg/m^3}$，$U = 4\,\mathrm{cm/s}$，$h = 1\,\mathrm{mm}$ の場合の解を求め，横軸 u，縦軸 y のグラフにプロットせよ．また，$n = 1$ から $n = 100$ までの合計を求めよ．ここで，初期条件のフーリエ級数近似は，$t = 0$ においては項の多少にかかわらず振動することに留意せよ．このグラフ上に，$t = 0$，$t = 0.001\,\mathrm{s}$，$t = 0.01\,\mathrm{s}$ の u，および $0.05\,\mathrm{s}$ から $1\,\mathrm{s}$ の間における $0.05\,\mathrm{s}$ ごとの u をプロットせよ．

2.18 ストークスの第 1 問題では，静止している無限の流体中で静止している無限平板を考える．時刻 $t = 0$ において，平板は瞬時に速度 U に加速される．このときの，$t > 0$ のすべての時刻における速度場 $u(y, t)$ を求める．流動は x 方向のみ，速度勾配は y 方向のみに存在するとすると，以下のように式を単純化できる．

$$\frac{\partial u}{\partial t} = \frac{\eta}{\rho} \frac{\partial^2 u}{\partial y^2} \tag{2.57}$$

(a) この問題を**相似解**を用いて解く．相似解は，問題が無限，または半無限の領域を扱う場合に適していることが多い（反対に，変数分離は有限領域の問題に適していることが多い）．

相似解は，変数を変更することで偏微分方程式を常微分方程式に変換することを目的としている．この問題においては，別の変数（y や t ではなく）を用いて問題を考え直すことで，偏微分方程式を常微分方程式に変換できる．

相似解は，いわゆる相似変数 η の関数形を**推測し**，η と速度あるいは流れ関数の関係式を**推測する**ことによって得ることができる[1]．

さて，u が式 (2.58) で表されると仮定する．

$$u = Bt^q f(\eta) \tag{2.58}$$

ここで，B と q は任意にとることができるパラメータであり，η は式 (2.59) で与えられる（A と p も任意のパラメータ）．

$$\eta = Ayt^p \tag{2.59}$$

上述の η および u の形式を支配方程式に代入し，f, f', f'' を結ぶ式を導出せよ．ここで，f' は $\dfrac{df}{d\eta}$，f'' は $\dfrac{d^2 f}{d\eta^2}$ である．

---
[1] 反対に，変数分離の場合には，速度は二つの関数の積で表されるということを推測する．

64 第 2 章 一方向流れ

(b) 関係式が常微分方程式の形式の場合，式は f, f', f'', η, p, q などを含むことができるが，y や t を含むことはできない．そこで，y を $\dfrac{\eta}{At^p}$ と置き換えることで y を消去し，式中の一つの項だけが t をもつように式を単純化せよ．この式から t と y の両方を消去できる p と q の値を求めよ．

(c) 適切な p および q の選択による単純化を行い，A を $A = \dfrac{1}{2\sqrt{\eta/\rho}}$ の形で表せ．ただし，p はこの式が常微分方程式となるように決定され，q は定常境界条件により決定されることに留意せよ．

　ここで，式 (2.60) で定義される**誤差関数**（error function：erf）はガウス曲線の 0 から x の間の面積に比例し，式 (2.61) で定義される**相補誤差関数**（complementary error function：erfc）は「1 − 誤差関数」で与えられるということに注意して，得られた常微分方程式を解析的に積分して f を求め，u の解が式 (2.62) となることを示せ．

$$\mathrm{erf}(x) = \frac{2}{\sqrt{\pi}} \int_0^x \exp\left(-x'^2\right) dx' \tag{2.60}$$

$$\mathrm{erfc}(x) = 1 - \mathrm{erf}(x) = 1 - \frac{2}{\sqrt{\pi}} \int_0^x \exp\left(-x'^2\right) dx' \tag{2.61}$$

$$u = U \, \mathrm{erfc}\left(\frac{y}{2\sqrt{\eta t/\rho}}\right) \tag{2.62}$$

2.19　第 6 章では，マイクロ流路内における電場駆動の流れは，壁面が見かけ上移動することによって駆動される流れでしばしば近似できることを述べる．このため，電気浸透流の駆動開始は実効的にはクエット流の駆動開始である．したがって，クエット流の駆動開始はただの古典的な変数分離問題ではなく，電場が作用するあらゆるマイクロ流体実験に密接に関係している．

　距離 $2d$ の間隔で $y = \pm d$ に配置されている 2 枚の平行平板を考える．$t < 0$ において流体と平板は静止しているとし，$t = 0$ において両方の平板が瞬時に速度 U まで加速されるとする．このときの $u(y, t)$ を変数分離を用いて計算せよ．

2.20　断面が一様で無限に長い円管内において，正弦波状に変動する圧力勾配によって駆動される流れを考える．圧力勾配が式 (2.63) で表されるとき，変数分離を用いて $u_z(r, t)$ を解け．

$$\frac{\partial p}{\partial z} = -A(1 + \alpha \sin \omega t) \tag{2.63}$$

2.21　断面が一様の円管内を流れる圧力駆動流は比較的単純であり，さまざまな形状のマイクロ流路内の流れを近似する際によく用いられる．しかし，断面が変化する流路や直線でない流路を流れる流れは，当然この近似のもとでは正確に記述できない．より複雑な構造の中を流れる流れがよりよく近似できる一例として，わずかに屈曲する流路があげられる．このような構造は，分離用流路としてさまざまな構造で用いられ，また二次流れにより独特な流動構造を形成することを目的としても用いられている．

断面が半径 R で一定の円管の管軸が曲率半径 R_0 で湾曲している（$R_0 \gg R$）．流れが完全に発達している（管内の位置により流れが変化しない）とするとき，$\dfrac{R}{R_0}$ の摂動展開として解を書き下し，摂動パラメータの 1 次解を計算せよ．この問題の二次流れは**ディーン流**（Dean flow）とよばれている．

2.22 マイクロ加工技術を用いると，特定の構造や突起をもつ面を比較的容易に製作できる．これらの面はいままでにない流動構造を生成するために利用される．

距離 d だけ離れて配置されている 2 枚の無限平行平板間の流れを考える．ここで，平板は完全に平坦ではなく，実際には正弦波状の変形があり，表面がうねっていたとする．壁面の位置が式 (2.64) で表されるとき，$\alpha \ll 1$ として α の 1 次の摂動展開を用いて流動分布を求めよ．圧力勾配は $\dfrac{\partial p}{\partial z}$ で与えられ，流れはうねりに平行であるとする．

$$y = \pm \frac{d}{2}\left(1 + \alpha \sin \frac{2\pi x}{L}\right) \tag{2.64}$$

2.23 距離 d だけ離れて配置されている 2 枚の無限平行平板間の流れを考える．ここで，平板は完全に平坦ではなく，実際には正弦波状の変形があり，表面がうねっていたとする．壁面の位置が式 (2.65) で表されるとき，$\alpha \ll 1$ として α の 1 次の摂動展開を用いて流動分布を求めよ．圧力勾配は $\dfrac{\partial p}{\partial x}$ で与えられ，流れはうねりに垂直であるとする．

$$y = \pm \frac{d}{2}\left(1 + \alpha \sin \frac{2\pi x}{L}\right) \tag{2.65}$$

第3章
流体回路解析

　前章では流れの支配方程式を導入し，単純な一方向流れの解法について述べた．このような解法を用いて実際の流れを**厳密**に表現できることは滅多にないが，これらの一方向流れはさまざまな流れの**工学的推測**をする際の骨子となり，このような推測技術によって，多数の要素からなる複雑な系を比較的単純な線形関係に落とし込むことができる．このような手法は，以下の二つの理由からマイクロデバイス内の流れに用いるのに適している．すなわち，(1) マイクロデバイスは多くのマイクロ流路によって構成され，(2) これらのマイクロ流路の多くは長くて薄い形状をしているため，大部分において一方向流れを形成する．このような流れは，第2章の解法によってよく近似できる．本章で議論する**流体回路解析**（hydraulic circuit analysis）は，長い直線流路内の流れの圧力損失と流量について，流路断面が真円ではなく，流路が完全に直線でも無限に長くもないような場合にも，第2章で述べたポアズイユ流により妥当な工学的推測ができるということを前提としている．この手法では，圧力損失と流量の関係に**ハーゲン-ポアズイユの法則**（Hagen-Poiseuille law）を適用して**線形**近似をする．この法則と質量保存則を組み合わせると，連立代数方程式を解くことによって複雑な，変形のない流路ネットワーク中の流れを見積もることができる．さらに，流体キャパシタンス（hydraulic capacitance）あるいは流体**コンプライアンス**（hydraulic compliance）とよばれる概念を導入すれば，この線形解析は，有限の柔軟性をもつ流路内の非定常流の予測をすることもできる．

3.1　流体回路解析

　第2章で扱った，半径 R の一様な円形断面流路（z 軸は流路長さ方向）内部のニュートン流体の定常流の解から

- 半径 R の円管内のポアズイユ流

$$u_z = -\frac{1}{4\eta}\frac{\partial p}{\partial z}\left(R^2 - r^2\right) \tag{3.1}$$

が得られる．この速度分布から，z が正の値をとるときの体積流量 Q は次式で与えられる．

68 第 3 章 流体回路解析

● 半径 R の円管内のポアズイユ流の体積流量

$$Q = -\frac{\pi R^4}{8\eta}\frac{\partial p}{\partial z} \tag{3.2}$$

厳密には，この結果は流路が完全に直線で無限に長い場合にのみ適用可能である．しかし，ここでは流路入口における助走区間を無視し，無限長さの管の結果を有限長さの管内流れの近似に用いてみよう．この近似は，圧力勾配が管の長さ方向に一様であると考えることができる $\frac{R}{L} \ll 1$ かつ $\frac{R}{L} \ll \frac{1}{Re}$ の場合によい近似を与える（L は管の長さ）．さらに，流れが軸方向であり圧力勾配が一様である場合には，座標軸に対する方向ではなく圧力勾配の大きさだけに注目すればよい．したがって，$-\frac{\partial p}{\partial z}$ は $\frac{\Delta p}{L}$ に置き換えることができる（Δp は管入口と出口の間の圧力差）．この近似により，次式を得る．

$$Q = \frac{\pi R^4}{8\eta L}\Delta p \tag{3.3}$$

ここで，Q は管入口から出口へ向かう流れの場合に正の値をとる．この式は管断面積 A を用いて書き換えると，

$$Q = \frac{A R^2}{8\eta L}\Delta p \tag{3.4}$$

となり，**流体抵抗**（hydraulic resistance）R_h を

$$R_\mathrm{h} = \frac{8\eta L}{A R^2} \tag{3.5}$$

のように定義すると，式 (3.2) は次式で表すことができる．

● ハーゲン–ポアズイユの法則

$$Q = \frac{\Delta p}{R_\mathrm{h}} \tag{3.6}$$

この関係式は，式 (3.5) で定義する半径 R の円管内の流体抵抗を用いて表した**ハーゲン–ポアズイユの法則**の式である．この式は，管入口での誤差要因が無視できるほどに流路が十分に長く（$\frac{R}{L} \ll 1$ かつ $\frac{R}{L} \ll \frac{1}{Re}$），かつ流れが層流（$Re < 2300$）の場合におおよそ正しい値を得ることができる．式 (3.6) は第 5 章で扱う電気回路のオームの法則（$I = \frac{\Delta V}{R}$）と似た形をしており，流路ネットワーク中の流路を指す際には，電気回路で用いられるような表記法や記号を用いる（**図 3.1**）．実際，流体回路のすべての関係式は，電気回路の関係式に似ている．流体流れと電流の類似性を**表 3.1** に掲載する．

ここで，変形のない合流部で交差する複数の管を考える．質量保存則から，合流部に出入りする正味の流量はゼロとならなければならない．

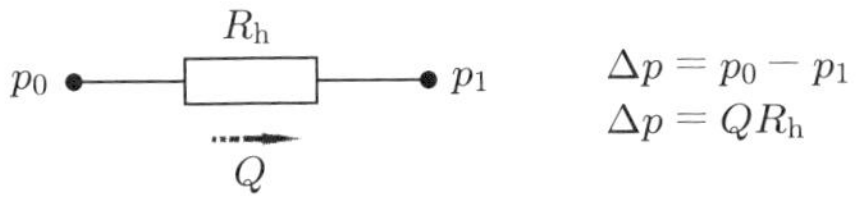

$$\Delta p = p_0 - p_1$$
$$\Delta p = Q R_h$$

図 3.1 管内定常流における記号および圧力−流量の関係

表 3.1 流体回路と電気回路との対比．これらの関係は $\dfrac{d\Delta p}{dt} = \dfrac{dp}{dt}$ を仮定しているので，キャパシタンスとコンプライアンスの類似性は近似的である

電気回路	流体回路
電池，電源	ポンプ
電圧降下 ΔV	圧力損失 Δp
電流 I	体積流量 Q
電流密度 i	流体速度 u
抵抗 R	流体抵抗 R_h
キャパシタンス（静電容量）C	コンプライアンス C_h
インダクタンス L	慣性（マイクロ流路の場合は無視できる）
並列につないだ抵抗とキャパシタ	流路拡大，気泡や流体の圧縮によって流体をため込む流路−流体系（頻出するケース）
直列につないだ抵抗とキャパシタ	固定された圧縮可能で不透過な物体によって隔てられた二つの直列流路（比較的稀なケース）
抵抗を流れる電流	流路全体における空間平均流量
キャパシタを流れる電流	$Q_{inlet} - Q_{outlet}$．流路拡大，気泡や流体の圧縮により流路内にため込まれた体積
回路中の全電流	流路全体における空間平均流量と流路内にため込まれた流体の合計

- 流路ネットワークの合流部における質量保存

$$\sum_{\text{channels}} Q = 0 \tag{3.7}$$

ここで，合流部に**流入**する流量 Q を正の値とする．

ハーゲン−ポアズイユの法則と質量保存則は，定常状態の流体回路解析の基礎をなす．両者とも線形方程式なので，流路ネットワーク内の圧力と流量は記号で表すことができ（図 3.2），代数方程式で解くことができる．以下の節においては，この手法をさまざまな断面形状や壁面硬さをもった流路内の流れに適用していく．

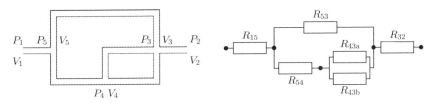

図 3.2 シンプルなマイクロ流体デバイスおよびその流体回路

70 第3章 流体回路解析

3.2 マイクロ流路内流れと等価な流体回路

ハーゲン–ポアズイユの式は，流路端部の影響が無視できるような細長く壁面が硬い円管マイクロ流路内の定常流をよく表現できる．しかし，断面形状が円形のマイクロ流路はほとんど存在しない．これは，マイクロ流路を作製するために用いられる加工技術に形状を制限されるためで，多くのマイクロ流路は矩形，台形，あるいは半円形状をしている．したがって，流体回路解析を行うには，流路の流体抵抗のより一般的なモデルをつくらなければならない．さらに，マイクロ流路の素材にはエラストマーが用いられることが多く，したがって硬いとはいえない（硬い流路でさえ，流路内に気泡がトラップされると壁面が柔らかいかのような特性を示すことがある）．そのような要因があるので，ここでは，これらの系の解析を単純化する手段として流体抵抗とコンプライアンスを利用する．

■流体抵抗

前述の円管マイクロ流路の記述は，管半径 R を流体半径 r_{h} に置き換えることで（少なくともおおよそは）一般化できる．この**流体半径**[訳注1]は，流れの方程式を厳密に解かずに流路の流体抵抗を推定するためのツールである．この形式において，1次元マイクロ流路の流体抵抗 R_{h} は式 (3.8) で近似される．

- 円管マイクロ流路の流体抵抗

$$R_{\mathrm{h}} \simeq \frac{8\eta L}{r_{\mathrm{h}}^2 A} \tag{3.8}$$

ここで，r_{h} は式 (3.9) で与えられる**流体半径**である[1]．

- 流体半径の定義

$$r_{\mathrm{h}} = \frac{2A}{\mathscr{P}} \tag{3.9}$$

ここで，A は流路の断面積，$\mathscr{P}$ は流路の濡れぶち長さ[訳注2]である．流路断面形状が円形の場合，r_{h} は半径と等しくなる．式 (3.8) は検査体積の運動量保存の解析から導出で

訳注1) ここでは原書の記述に従って流体半径（hydraulic radius）という用語を用いたが，一般的には半径ではなく直径で考えることが多い．また，その直径は hydraulic diameter とよばれ，日本語では「等価水力直径」という訳語が用いられる．

1) R_{h} と r_{h} は異なるパラメータである．前者は円管の圧力と流れの関係の指標であり，後者は対象としている管を円管と考えた場合に等価となる長さである．

訳注2) 濡れぶち長さ（perimeter of the channel, channel perimeter, または wetted perimeter）は，流路断面を切り出した際の壁面の長さの合計である．たとえば，流路幅 w，流路高さ h の矩形管の場合，濡れぶち長さは $2(w+h)$ となる．

き（演習問題 3.1 参照），その導出過程で近似を用いるため，無限に長い円管流路の場合にのみ厳密である．長さが有限の流路や断面が円形ではない流路においては，流体半径を用いた流体抵抗の予測はおおよそよい近似（誤差 20% 以内）を与える．

例題 3.1 以下の流体半径を計算せよ．

1. パターン幅が $w = 240\,\mu\text{m}$ のフォトレジストを用いて，フッ化水素の等方性エッチングにより作製した高さ $d = 30\,\mu\text{m}$ のガラス流路
2. 幅 $w = 40\,\mu\text{m}$，高さ $d = 30\,\mu\text{m}$ の SU-8 モールドにポリジメチルシロキサン（PDMS）を流し込み硬化させて作製された流路

等方性エッチングを用いた場合には，流路断面形状は側壁が円弧状，上下壁面が平坦となる．SU-8 を用いたキャスティングの場合には，おおよそ矩形断面の流路ができあがる[訳注1]（図 3.3）．

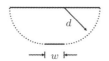

ガラスのフッ化水素エッチング　　　SU-8 モールドを用いたキャスティング

図 3.3 加工法による流路形状の違い．（a）ガラス面を HF（フッ化水素）でウェットエッチングした場合の形状．（b）SU-8 製の型を用いてキャスティングした場合の形状

解 フッ化水素エッチングの場合には，流体半径は

$$r_\text{h} = \frac{2A}{\mathcal{P}} = 2\frac{240 \times 30 + 30^2\pi/4 + 30^2\pi/4}{240 + 300 + 30\pi/2 + 30\pi/2} \simeq 25\,\mu\text{m} \tag{3.10}$$

となり，SU-8 モールドの場合の流体半径は以下のとおりとなる．

$$r_\text{h} = \frac{2 \times 40 \times 30}{40 + 30 + 40 + 30} \simeq 17\,\mu\text{m} \tag{3.11}$$

■**界面動電連成行列**

流体回路と電気回路は孤立系において類似性があり，また壁面が帯電した系において流れと電流が連成することから，本書を通じて流体回路と電気回路の関係を議論する．このような系では，流れ・電流と圧力場・電場を関係づける**界面動電連成式**（electrokinetic coupling equation）を用いる．表面電荷を無視すると，この界面動電連成式は次式で表される（流路の軸は x 軸方向）．

[訳注1] いずれの方法も，基板表面に「溝」を加工する方法である（つまり，流路上面が開放されている）．この「溝」が加工された基板を，もう 1 枚の平坦な基板と接合することで閉じた流路を形成する．

$$
\begin{bmatrix} Q/A \\ I/A \end{bmatrix} = \begin{bmatrix} \eta_{\mathrm{h}}^2/8\eta & 0 \\ 0 & \sigma \end{bmatrix} \begin{bmatrix} -dp/dx \\ E \end{bmatrix} \tag{3.12}
$$

ここで，Q と I はそれぞれ体積流量 [m³/s] と電流 [A] である．A は流路断面積 [m²]，σ は導電率 [S/m]，そして E は電場の x 方向強度 [V/m] である．これらの式の一つはハーゲン–ポアズイユの法則（式 (3.6)）であり，もう一つは第5章で議論する電流密度のオームの法則（式 (5.69)）である．

式 (3.12) から，**界面動電連成行列**（electrokinetic coupling matrix）χ は

$$
\chi = \begin{bmatrix} \chi_{11} & \chi_{12} \\ \chi_{21} & \chi_{22} \end{bmatrix} = \begin{bmatrix} \eta_{\mathrm{h}}^2/8\pi & 0 \\ 0 & \sigma \end{bmatrix} \tag{3.13}
$$

と表される．この界面動電連成行列は，荷電表面の連成（電気浸透，界面動電ポンプ，流動電流や流動電位）や，流路サイズが減少した場合のこれらの現象の変化の記述に有用である．本章では，ハーゲン–ポアズイユの法則に焦点を絞り，この連成行列の一つめの式のみを使用する．

■**流体キャパシタンス：系のコンプライアンス**

これまで，流れを考える際にはすべての固体壁面は無限に硬いことを仮定してきた．この仮定が正しいとき，流路を解析するための検査体積は変形せず，管内の質量は時間経過に対して一定である．この場合，ハーゲン–ポアズイユの式は，長い管内の流れと圧力の関係を記述する（近似ではあるが）完全な記述である．しかし，壁面が硬くない場合には，検査体積はもはや変形しない境界ではなく，圧力によってマイクロ流路の断面は広がったり縮んだりする．したがって，管内の質量（または体積）は時間経過に対してもはや一定ではなくなる．たとえば，風船と同じ素材でできた直径の小さい流路を考える．この流路の片方の端に少しだけ圧力を加えた場合，流路は広がらず，流れと圧力の関係はハーゲン–ポアズイユの法則に従う．加える圧力が高い場合には，流路の直径は広がって大きくなるが，これを支配する流れと圧力の方程式はやはりハーゲン–ポアズイユの法則となる（ただし，流路半径は最初の条件よりも大きくなる）．時系列で変化する圧力を加えた場合には，流路内の体積が時間で変化するため，ハーゲン–ポアズイユの法則は流路内の流れと圧力の関係を記述するには不十分になる．ここで，式 (1.19) の検査体積における質量保存の式を考える．

$$
\frac{\partial}{\partial t} \int_v \rho\, dV = -\int_S (\rho \vec{u}) \cdot \hat{\boldsymbol{n}}\, dA \tag{3.14}
$$

非圧縮性流体の一様流の場合，シンプルな検査体積（**図 3.4**）を考えることができるので，

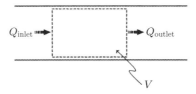

図 3.4 式 (3.15) の検査体積. 流路断面の膨張による検査体積の膨張により, 入口と出口の流量差が生じる

式 (3.14) を次式のように単純化できる.

$$\frac{\partial \mathcal{V}}{\partial t} = Q_{\text{inlet}} - Q_{\text{outlet}} \tag{3.15}$$

流路の体積が変化する場合, 流路内の体積の時間変化は流路入口と出口の体積流量の差に等しくなる. 硬い流路の場合には, $\frac{\partial \mathcal{V}}{\partial t} = 0$ かつ $Q_{\text{inlet}} = Q_{\text{outlet}}$ である.

次に, 流路と流体からなる系が加圧された際に流体をため込む能力を, **コンプライアンス**あるいは流体キャパシタンス $C_{\text{h}}\,[\text{m}^3/\text{Pa}]$ として記述する. 系のコンプライアンスはため込まれた流体の実効体積 $\mathcal{V}$ の圧力変化あたりの増加量で与えられる.

- コンプライアンス (流体キャパシタンス) の定義

$$C_{\text{h}} = \frac{d\mathcal{V}}{dp} \tag{3.16}$$

流体のため込みは, 流体が入ることのできる体積の (流路の膨張や気泡の圧縮による) 増加や流体自身の圧縮により可能となる. 柔軟な系にため込まれる流体の実効体積流量 ($Q_C = Q_{\text{inlet}} - Q_{\text{outlet}}$) は $Q_C = C_{\text{h}} \frac{dp}{dt}$ で与えられる. これにコンプライアンスの定義を代入すると, $Q_C = C_{\text{h}} \frac{dp}{dt} = \frac{d\mathcal{V}}{dp}\frac{dp}{dt} = \frac{d\mathcal{V}}{dt}$ となり, 式 (3.14) の質量保存の式を再確認できる.

コンプライアンスは, 流体の圧縮性とその周囲の物体の物理的な剛性の両方に関係している. 両者とも, その増加はコンプライアンスの増加に寄与し, 圧力が増加した場合に出口流量が入口流量と比較して小さくなる. 圧縮率 β の作動流体において, 流体の圧縮性[1]に起因するコンプライアンスは $\beta\mathcal{V}$ である. 水を作動流体とするマイクロ流体

---

1) 流体の圧縮率 $\beta = -(1/\mathcal{V}_{\text{m}})(d\mathcal{V}_{\text{m}}/dp)$ は, 圧力が変化した際の流体の有限質量における体積 $\mathcal{V}_{\text{m}}$ の変化を表す. 反対に, 流路のコンプライアンスは流路内に取り込まれる流体量の変化を表す. したがって, 流体の圧縮率は, 加圧に対してどのように流体が収縮し, 一定の体積内により多くの流体を取り込むことができるのかを表現し, その結果であるコンプライアンスは, このときに圧力によって系にどれだけの正味の流入が起こるかを表現する. この説明により, 流路の**膨張**と流体の**圧縮**がどちらもコンプライアンスの同じ符号の方向の変化に寄与することがわかるだろう.

系の場合には，水自身の圧縮は通常無視してかまわない．柔軟な流路中の非圧縮性流体を考える場合には，圧力の増加により流体の周囲の物質が押し出され，そして流路内の作動流体の体積が増加する．しかし，流体周囲の柔軟性はマイクロデバイスの材質に大きく左右される．無限に硬い流路内の水の場合は，水は圧縮されにくく流路は膨張できないためにコンプライアンスは低い．流路が柔軟なポリマーでできている場合は，圧力が増加すると流路が風船のように膨らんで流路内にため込むことができる水が増加するため，コンプライアンスは高い．同様に，マイクロデバイス内を流れる水の中に気泡が混ざっていると，気泡が柔軟な混入物体となるため，水にとってのコンプライアンスは高くなる．したがって，全体としては，流路にため込まれる流体の実効体積は圧力の増加とともに大きくなる．

前述のように，マイクロデバイスの要素のなかでもっとも柔軟なものは，（理想気体は伸縮性を有することから）系に入り込んだ気泡である．硬いマイクロ流路基板の柔軟性は無視できることが多い（たとえば，ガラス，シリコン，ゼオノア，ポリカーボネートやプレキシグラス）．しかし，PDMS の柔軟性は無視できない．図 3.5 に，硬い壁面および硬くない壁面の機械的コンプライアンス，およびそれらの系に気泡が混入した場合の効果を示す．

図 3.6 に示すように，コンプライアンスは流体キャパシタと合わせて記号および圧力と流量の式で表すことが多い．圧力により変形する流路は，参照圧力に紐づけられたキャパシタンスと抵抗を組み合わせたものでもっとも正確に表すことができる．流路を

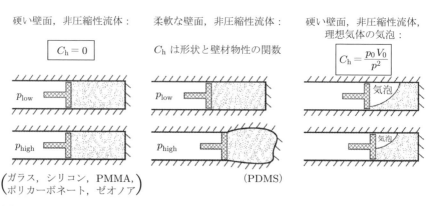

図 3.5 さまざまな種類のマイクロ流路における機械的コンプライアンス．左：非圧縮性流体と硬い壁面の組み合わせの場合，コンプライアンスはゼロとなり，流路の流体インピーダンスは実数となる．中：壁面が柔軟な場合は，加圧により流路の膨張が起こり，水が入ることのできる体積が増加するため，コンプライアンスは大きい．右：非圧縮性流体と気泡と硬い壁面の組み合わせの場合，加圧により気体が圧縮され，水が入ることのできる体積が増加するため，コンプライアンスは大きい．PMMA はポリメタクリル酸メチルの略

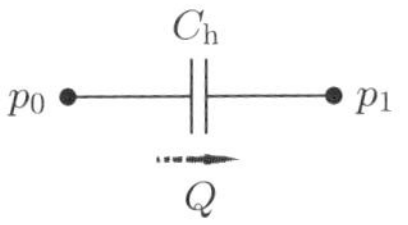

3.2 マイクロ流路内流れと等価な流体回路　75

$$C_{\mathrm{h}}$$

$$p_0 \bullet\!\!\!-\!\!\!\Vert\!\!\!-\!\!\!\bullet p_1$$

$$\Delta p = p_0 - p_1$$

$$Q = C_{\mathrm{h}}\frac{d\Delta p}{dt}$$

$$\underset{Q}{\longleftarrow}$$

図 3.6　流体キャパシタの記号および圧力と流量の式．柔軟な流路への流体のため込みは物理的には流路内での圧力損失よりも絶対圧に関係しているが，両者の時間的変化は非常に似ていることが多いため，圧力損失で系の応答を近似できる

単一の要素として扱う場合，それぞれの流路は抵抗とキャパシタのペアで近似できる．流路内のため込み体積は離散化されてキャパシタに局在化するため（キャパシタは抵抗の片側におく必要があるので，流路入口と出口が人工的に非対称になる），この単純化は精度を落とすことになる．この数学モデルの人工的な非対称性を許容すれば，このような記述は流路を出入りする流れを適切にモデル化できる．しかし，この記述は 3.2.2 項で述べる流体インピーダンスのような使い勝手のよい数学的記述にはまだ適しているとはいえない．数学的に難しい点は，ため込まれた体積は絶対圧の変化に比例するのに対して，流路を通過する体積は流路における相対的な圧力降下に比例するという点である．しかし，系内部の圧力変動が正弦波状で比較的小さい場合には，$\dfrac{dp}{dt} \approx \dfrac{d\Delta p}{dt}$ で近似できるので，キャパシタンスを抵抗と並列に配置して扱うことができる．つまり，流路にため込まれる体積は絶対圧ではなく圧力差の関数となる．これにより，すべての式を Δp で表すことができ，3.2.2 項のインピーダンス法を使用できるようになるため，解析において大きな単純化といえる．この手法の主な概念的弱点は，等価な回路は流路に**流入する**流れと流路から**流出する**流れを適切に区別できないことである．むしろ，流体抵抗を通過する流量は流路入口から出口にかけての空間平均を施した流量に相当し，流体キャパシタを通過する流れは流路入口から出口までの流体のため込み量の積分値に相当する．

　本書では，柔軟な流路は流体抵抗と流体キャパシタの並列配置で表し，したがってこの解析では圧力変動が小さい場合のみを定量的に扱う．柔軟性を並列キャパシタとして扱うことは数学的に有用であるとともに，入口から出口にかけて空間平均された値を得ることが目的の場合には適切な方法である．

3.2.1　正弦波状の圧力および流量の解析的表現

　圧力または流量が正弦波状に時間変化する場合，流れの特性とその導関数との関係は特別な形式となる．これらの調和関数（正弦波と余弦波）は複素指数関数とも密接に関わっている．そのため，付録 G の G.3 節に詳述するように，本書では圧力や流量のような実際の値に対して**解析的表現**，すなわち**複素表現**を用いる．

76 第 3 章 流体回路解析

例題 3.2 流体抵抗 R_h とコンプライアンス C_h が並列に配置されている柔軟なマイクロ流路を考える．この回路に圧力損失 $\Delta p = \Delta p_0 \cos \omega t$ （$\Delta p > 0$）が作用する．

ただし，$\dfrac{dp}{dt}$ は $\dfrac{d\Delta p}{dt}$ で近似できるものとする．

$Q_R = \dfrac{\Delta p}{R_h}$ と $Q_C = C_h \dfrac{d\Delta p}{dt}$ および質量保存の式を用いて，流路全体の空間平均体積流量，流路膨張による流体ため込み率，回路を通過するまたは回路にため込まれる全体積を求めよ．解答は位相遅れのある余弦関数の形で示せ．

解 流路全体の空間平均流量は

$$Q_R = \frac{\Delta p}{R_h} = \frac{\Delta p_0}{R_h} \cos \omega t \tag{3.17}$$

となり，流路膨張による流体ため込み率は，$Q_C = C_h \dfrac{d\Delta p}{dt} = -C_h \Delta p_0 \omega \sin \omega t$，または

$$Q_C = C_h \Delta p_0 \, \omega \cos\left(\omega t + \frac{\pi}{2}\right) \tag{3.18}$$

となる．質量保存則より，流路を通過するまたは流路にため込まれる全体積は

$Q = \dfrac{\Delta p_0}{R_h} \cos \omega t - C_h \, \Delta p_0 \, \omega \sin \omega t$ である．これに三角関数の公式 $a \sin x + b \cos x = \sqrt{a^2 + b^2} \, \cos(x + \alpha)$ を適用すると （$\alpha = \mathrm{atan2}(a, b)$），

$Q = \dfrac{\Delta p_0}{R_h} \sqrt{1 + \omega^2 R_h^2 C_h^2} \cos\left[\omega t + \mathrm{atan2}\left(-C_h \Delta p_0 \omega, \dfrac{\Delta p_0}{R_h}\right)\right]$ となる．最終的に，流路を通過するまたは流路にため込まれる全体積は次式となる．

$$Q = Q_R + Q_C = \frac{\Delta p_0}{R_h} \sqrt{1 + \omega^2 R_h^2 C_h^2} \cos\left[\omega t + \tan^{-1}(-\omega R_h C_h) + 2\pi\right] \tag{3.19}$$

3.2.2 流体インピーダンス

流体要素のインピーダンスは，ハーゲン–ポアズイユの法則（$\Delta p = Q R_h$）を拡張して，正弦波状に時間変化する流れを（流れがつねに定常状態であるとみなせる範囲，すなわち無限長の管内ポアズイユ流における圧力と流量の関係式[1]や $\dfrac{dp}{dt}$ の $\dfrac{d\Delta p}{dt}$ による近似が成り立つ範囲で）扱うための複素量である．正弦波状の圧力と流量は以下の式で表される（Re は実部）．

$$\Delta p = \mathrm{Re}(\underline{\Delta p}) = \mathrm{Re}[\Delta p_0 \exp(j(\omega t + \alpha_p))] = \mathrm{Re}(\underline{\Delta p_0} \exp j\omega t) \tag{3.20}$$

---

[1] ここでは，加速により生じる流れの変化を無視している．非定常の流量分布は変数分離を用いて求めることができ，ベッセル関数の無限和となる．$\omega \ll \eta/(\rho R^2)$ であればこの変化の無視は妥当といえる．

$$Q = \mathrm{Re}(\underset{\sim}{Q}) = \mathrm{Re}\big[Q_0 \exp(j(\omega t + \alpha_Q))\big] = \mathrm{Re}(\underset{\sim}{Q_0} \exp j\omega t) \tag{3.21}$$

ここでは，圧力と流量の解析的表現 $\underset{\sim}{\Delta p}$ および $\underset{\sim}{Q}$ はそれぞれフェーザ $\underset{\sim}{\Delta p_0}$ および $\underset{\sim}{Q_0}$ を用いて定義した．アンダーチルダは，付録 G に記す特性をもった複素量を示している．これらの定義をもとに，回路要素に対する**流体インピーダンス**（hydraulic impedance）$\underset{\sim}{Z_{\mathrm{h}}}$ を定義でき，さらにこれを用いた複素方程式 $\underset{\sim}{\Delta p} = \underset{\sim}{Q}\,\underset{\sim}{Z_{\mathrm{h}}}$ またはフェーザ方程式 $\underset{\sim}{\Delta p_0} = \underset{\sim}{Q_0}\,\underset{\sim}{Z_{\mathrm{h}}}$ によって圧力と流量の関係を記述できる．それぞれの流体回路要素は，その回路の特性に対応する複素インピーダンスをもち，流体抵抗および流体キャパシタはそれぞれ式 (3.22) および式 (3.23) で表される．

- 流体抵抗の流体インピーダンス

$$\underset{\sim}{Z_{\mathrm{h}}} = R_{\mathrm{h}} \tag{3.22}$$

- 流体キャパシタンス（コンプライアンス）の流体インピーダンス

$$\underset{\sim}{Z_{\mathrm{h}}} = \frac{1}{j\omega C_{\mathrm{h}}} = \frac{1}{\omega C_{\mathrm{h}}} \exp\left(-j\frac{\pi}{2}\right) \tag{3.23}$$

3.2.3　流体回路の関係式

ハーゲン–ポアズイユの法則と流体インピーダンスの式は，ある要素を通過する体積流量またはその要素における圧力降下を記述している．これらの要素のネットワークで構成された回路においては，質量保存は複数流路内の流量比の決定に関係する．質量保存則を満たすには，流路の合流部（ノード）を出入りする正味の体積流量がゼロとなる必要があるので（**図 3.7**），式 (3.24) が導かれる．

- 流路ネットワークの合流部における質量保存

$$\sum_{\mathrm{channels}} Q = 0 \tag{3.24}$$

式 (3.24) においては，合流部に流入する Q の符号を正と定義している．この式とハーゲン–ポアズイユの法則および流体インピーダンスを組み合わせることにより，代数方程式による近似解を得ることができる．

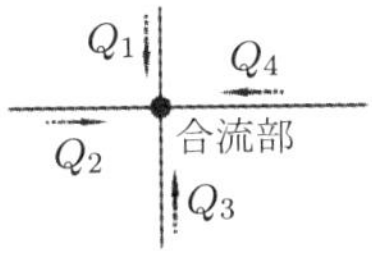

$$\sum Q = Q_1 + Q_2 + Q_3 + Q_4 = 0$$

図 3.7　四つの回路要素が接続する合流部における質量保存則の実装

78 第3章 流体回路解析

3.2.4 直列および並列要素の公式

回路要素の一般的なネットワーク内の流量と圧力を計算するにあたって必要なことは，質量保存のみである．しかし，いくつかの特別な例においては，質量保存を基礎的なネットワーク要素に適用することで経験則が編み出されている．

■直列流体回路の公式

直列に接続された二つの流体抵抗の値は，次式に示すようにそれぞれの流体抵抗の値の合計と等しくなる．

- 流体抵抗の直列関係

$$R_h = R_{h,1} + R_{h,2} \tag{3.25}$$

直列に接続された二つの流体キャパシタのコンプライアンスの逆数は，次式に示すように各コンプライアンスの逆数の合計に等しくなる．

- 流体キャパシタの直列関係

$$\frac{1}{C_h} = \frac{1}{C_{h,1}} + \frac{1}{C_{h,2}} \tag{3.26}$$

直列に接続された二つの流体インピーダンスの値は，次式に示すようにそれぞれの流体インピーダンスの値の合計と等しくなる．

- 流体インピーダンスの直列関係

$$\underset{\sim}{Z_h} = \underset{\sim}{Z_{h,1}} + \underset{\sim}{Z_{h,2}} \tag{3.27}$$

流体回路の直列関係を**図 3.8** に示す．

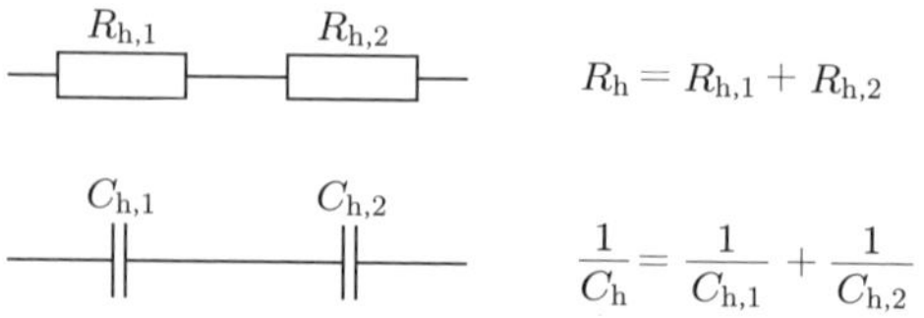

図 3.8 流体回路要素の直列関係

■並列流体回路の公式

並列に接続された二つの流体抵抗の逆数の値は，次式に示すようにそれぞれの流体抵抗の値の逆数の合計と等しくなる．

- 流体抵抗の並列関係

$$\frac{1}{R_{\mathrm{h}}} = \frac{1}{R_{\mathrm{h},1}} + \frac{1}{R_{\mathrm{h},2}} \tag{3.28}$$

並列に接続された二つの流体キャパシタのコンプライアンスは，次式に示すようにコンプライアンスの合計に等しくなる．

- 流体キャパシタの並列関係

$$C_{\mathrm{h}} = C_{\mathrm{h},1} + C_{\mathrm{h},2} \tag{3.29}$$

並列に接続された二つの流体インピーダンスの逆数の値は，次式に示すようにそれぞれの流体インピーダンスの逆数の値の合計と等しくなる．

- 流体インピーダンスの並列関係

$$\frac{1}{\underset{\sim}{Z_{\mathrm{h}}}} = \frac{1}{\underset{\sim}{Z_{\mathrm{h},1}}} + \frac{1}{\underset{\sim}{Z_{\mathrm{h},2}}} \tag{3.30}$$

流体回路の並列関係を図 3.9 に示す．

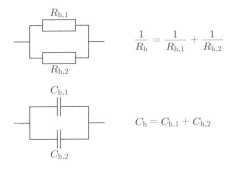

図 3.9 流体回路要素の並列関係

例題 3.3 流体抵抗 R_{h} とコンプライアンス C_{h} の並列配置でモデル化できる柔軟なマイクロ流路を考える．この回路に圧力損失 $\Delta p = \Delta p_0 \cos \omega t$（$\Delta p > 0$）が作用する．ただし，$\dfrac{dp}{dt}$ は $\dfrac{d\Delta p}{dt}$ で近似できるものとする．

圧力損失の解析的表現を示せ．また，$\underset{\sim}{Q} = \dfrac{\Delta p}{\underset{\sim}{Z_{\mathrm{h}}}}$ および複素流体インピーダンスの並列回路の公式を用いて，回路を通過するまたは回路にため込まれる全流量の解析的表現とフェーザ表現について解け．また，同様の関係を使用して，流路を通過するまたは流路内に蓄えられる個別の流量の解析表現とフェーザ表現を求めよ．これらを求めた後に，流量を実数表示せよ．

複素方程式については付録 G を参照すること．

80 第3章 流体回路解析

解 流路抵抗のインピーダンスは $\underset{\sim}{Z}_R = R_{\mathrm{h}}$ であり，流路コンプライアンスのインピーダンスは $\underset{\sim}{Z}_C = \dfrac{1}{j\omega C_{\mathrm{h}}}$ である．並列回路の公式を用いると，インピーダンスの合計は $\dfrac{1}{\underset{\sim}{Z}} = \dfrac{1}{R_{\mathrm{h}}} + j\omega C_{\mathrm{h}}$ すなわち $\underset{\sim}{Z} = \dfrac{R_{\mathrm{h}}}{1 + j\omega R_{\mathrm{h}} C_{\mathrm{h}}}$ となる．

圧力損失の解析的表現は $\underset{\sim}{\Delta p} = \Delta p_0 \exp j\omega t$ であり，フェーザ表現は $\underset{\sim}{\Delta p}_0 = \Delta p_0$ である．解析的表現におけるハーゲン–ポアズイユの法則は $\underset{\sim}{Q} = \dfrac{\underset{\sim}{\Delta p}}{\underset{\sim}{Z}_{\mathrm{h}}}$ であり，フェーザ表現は $\underset{\sim}{Q}_0 = \dfrac{\underset{\sim}{\Delta p}_0}{\underset{\sim}{Z}_{\mathrm{h}}}$ である．フェーザ方程式を用いると，流路を通過する流量の空間平均を表すフェーザは $\underset{\sim}{Q}_0 = \dfrac{\Delta p_0}{R_{\mathrm{h}}}$ となり，その大きさは $\dfrac{\Delta p_0}{R_{\mathrm{h}}}$，角度は $\mathrm{atan2}\left(0, \dfrac{\Delta p_0}{R_{\mathrm{h}}}\right) = 0$ である．同様に，流路膨張により流体がため込まれる流量のフェーザは $\underset{\sim}{Q}_0 = \Delta p_0 j\omega C_{\mathrm{h}}$ で，その大きさは $\Delta p_0 \omega C_{\mathrm{h}}$，角度は $\mathrm{atan2}(\Delta p_0 \omega C_{\mathrm{h}}, 0) = \dfrac{\pi}{2}$ である．全流量（流出入およびため込み）のフェーザは $\underset{\sim}{Q}_0 = \Delta p_0 \dfrac{1 + j\omega R_{\mathrm{h}} C_{\mathrm{h}}}{R_{\mathrm{h}}}$ で，その大きさは $\dfrac{\Delta p_0}{R_{\mathrm{h}}}\sqrt{1 + \omega^2 R_{\mathrm{h}}^2 C_{\mathrm{h}}^2}$，角度は $\mathrm{atan2}\left(\dfrac{\Delta p}{R_{\mathrm{h}}}\omega R_{\mathrm{h}} C_{\mathrm{h}}, \dfrac{\Delta p}{R_{\mathrm{h}}}\right) = \tan^{-1}(-\omega R_{\mathrm{h}} C_{\mathrm{h}}) + 2\pi$ である．実数に戻すと，流路全体の空間平均流量は $Q_R = \Delta p_0 R_{\mathrm{h}}\cos\omega t$，流路膨張によりため込まれる流量は $Q_C = \Delta p_0 \omega C_{\mathrm{h}}\cos\left(\omega t + \dfrac{\pi}{2}\right)$，流路を通過または流路にため込まれる全流量は $Q = \dfrac{\Delta p_0}{R_{\mathrm{h}}}\sqrt{1 + \omega^2 R_{\mathrm{h}}^2 C_{\mathrm{h}}^2}\cos(\omega t + \tan^{-1}(\omega R_{\mathrm{h}} C_{\mathrm{h}}) + 2\pi)$ である．

3.3 解法

流体回路を用いることで，記号操作や行列操作ソフトで直接計算することが可能な代数方程式を得ることができる．流路の流体インピーダンスが既知の場合，未知の値は N 個の合流部における圧力と M 個の流路内の流量である．この場合，システム全体の圧力と流量は，それぞれの合流部における質量保存の式 N 個とそれぞれの流路におけるハーゲン–ポアズイユの式 M 個で規定される．したがって，解を得るためには $(N + M) \times (N + M)$ 行列方程式を立てることになる．流路が抵抗だけで表現される場合，圧力と流量のフェーザは実数となる．流路がコンプライアンスを含む場合には，圧力と流量のフェーザは複素数となり，複素数の角度が応答の位相遅れを表現する．

例題 3.4 図 3.10 に示す流体回路を考える．未知の値 p_1, p_2, p_3, p_4, Q_1, Q_2, Q_3 を求めるための七つの式を書け．これらの式のうち三つが問題設定，一つが質量保存，三つがハーゲン–ポアズイユの式により与えられる．これらの式を行列方程式で表し，逆行列を求めて七つの未知数を求めよ．

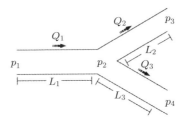

図 3.10 簡単な流体回路．すべての流路は断面の半径が $R = 20\,\mu\mathrm{m}$ の円管である．流路長さは，$L_1 = 0.5\,\mathrm{cm}$, $L_2 = 1\,\mathrm{cm}$, $L_3 = 2\,\mathrm{cm}$, 流路出入口における圧力は $p_1 = 0.11\,\mathrm{MPa}$, $p_3 = 0.1\,\mathrm{MPa}$, $p_4 = 0.1\,\mathrm{MPa}$ である．流体は粘度 $1\times 10^{-3}\,\mathrm{Pa\,s}$ の水とする．

解 はじめに，$R_\mathrm{h} = \dfrac{8\eta L}{\pi R^4}$ を用いて三つの流路の流体抵抗を求めると，7.96×10^{13}, 1.59×10^{14}, $3.18\times 10^{14}\,\mathrm{N/s\,m^5}$ を得る．

七つの式は

$$
\begin{aligned}
p_1 &= 0.11\mathrm{MPa}, & p_1 - p_2 &= Q_1 R_{\mathrm{h},1} \\
p_3 &= 0.1\mathrm{MPa}, & p_2 - p_3 &= Q_2 R_{\mathrm{h},2} \\
p_4 &= 0.1\mathrm{MPa}, & p_2 - p_4 &= Q_3 R_{\mathrm{h},3} \\
& & Q_1 &= Q_2 + Q_3
\end{aligned}
\tag{3.31}
$$

であり，これを行形列式で表すと，

$$
\begin{bmatrix}
1 & 0 & 0 & 0 & 0 & 0 & 0 \\
0 & 0 & 1 & 0 & 0 & 0 & 0 \\
0 & 0 & 0 & 1 & 0 & 0 & 0 \\
1 & -1 & 0 & 0 & -R_{\mathrm{h},1} & 0 & 0 \\
0 & 1 & -1 & 0 & 0 & -R_{\mathrm{h},2} & 0 \\
0 & 1 & 0 & -1 & 0 & 0 & -R_{\mathrm{h},3} \\
0 & 0 & 0 & 0 & 1 & -1 & -1
\end{bmatrix}
\begin{bmatrix} p_1 \\ p_2 \\ p_3 \\ p_4 \\ Q_1 \\ Q_2 \\ Q_3 \end{bmatrix}
=
\begin{bmatrix} 0.11\mathrm{MPa} \\ 0.1\mathrm{MPa} \\ 0.1\mathrm{MPa} \\ 0 \\ 0 \\ 0 \\ 0 \end{bmatrix}
\tag{3.32}
$$

となる．これを解くと，$p_2 = 0.1057\,\mathrm{MPa}$, $Q_1 = 54\times 10^{-12}\,\mathrm{m^3/s}$, $Q_2 = 36\times 10^{-12}\,\mathrm{m^3/s}$, $Q_3 = 18\times 10^{-12}\,\mathrm{m^3/s}$ を得る．この行列は，SI 単位系で計算するには（R_h が他の行列成分よりも数桁大きいことから）条件が悪いので，逆行列の計算を効果的に機能させるために，行列成分が同じオーダーとなる非 SI 単位系を選択したほうがよい．

3.4 まとめ

本章では流体回路中の流れの関係式について述べた．流体回路解析では，無限の長さをもつ管内のポアズイユ流の解を用いて，式 (3.33) のハーゲン-ポアズイユの式により流路内の圧力と流れの関係を近似する．

$$\Delta p = Q R_{\mathrm{h}} \tag{3.33}$$

なお，R_{h} は式 (3.34) により定義される流体抵抗である．

$$R_{\mathrm{h}} = \frac{8\eta L}{A\eta_{\mathrm{h}}^2} \tag{3.34}$$

流路の機械的コンプライアンスは，流体キャパシタンスまたはコンプライアンスを用いて微小圧力変動に対して記述され，正弦波入力に対する流路の正味の応答は，式 (3.35) に示す流体インピーダンスにより与えられる．

$$\underline{Z}_{\mathrm{h}} = R_{\mathrm{h}} + \frac{1}{j\omega C_{\mathrm{h}}} \tag{3.35}$$

時間変化する圧力と流量を扱うには，これらの解析的表現を導入し，回路要素の複素流体インピーダンスを用いて，以下に示すハーゲン-ポアズイユの法則の複素形式を導く．

$$\underline{\Delta p} = Q\,\underline{Z}_{\mathrm{h}} \tag{3.36}$$

導出した方程式は電気回路の方程式と類似しており，ハーゲン-ポアズイユの法則と連続の式はオームの法則とキルヒホッフの法則に置き換えることができる．長い流路中のポアズイユ流の流量と抵抗を流れる電流のアナロジーは優れているものの，柔軟な流路中にため込まれる流体とキャパシタを通る電流のアナロジーは正確ではなく，また本章で述べた流体キャパシタンスは，微小な正弦波摂動に対する流路平均応答を推定する場合にのみ使用可能なものである．

物理的に，流体システムを構成するポンプ，流路，マイクロ流路コンプライアンスは，電気回路を構成する電源，抵抗，キャパシタと同様の役割を担い，圧力，体積流量，流体抵抗は電圧，電流，そして電気抵抗に相当する．これらの流体回路解析技術は，マイクロ流体システムで一般的である流路ネットワーク内の流量の推定に有用である．

3.5 補足文献

Bruus [33] は管内流れの流体モデルおよび等価回路について，とくに回路モデルの適用性に関するストークス流れの基準について詳細にわたって議論している．White [22] は流体半径の計算における誤差について詳述している．

3.6 演習問題

3.1 断面が半径 R，濡れぶち長さ $\mathcal{P}$，断面積 A，微小距離 dz の円形検査体積を通過する定常ポアズイユ流を考える．圧力勾配 $\dfrac{\partial p}{\partial z}$ が存在するとき，検査体積に作用する正味の圧力を A，dz，$\dfrac{\partial p}{\partial z}$ を用いて表せ．また，壁面せん断応力を R と $\dfrac{\partial p}{\partial z}$ を用いて表せ．平衡状態においてはこれらの力の合計はゼロとなる．このことを利用して，R，A，および $\mathcal{P}$ の関係を示せ．

　流路断面が円形の場合は，R，A，および $\mathcal{P}$ の関係式は幾何形状に直接従うため，前述の解析は不要である．しかし，形状が不明で A と $\mathcal{P}$ が既知の場合には，前述の解析から流体半径 r_h を求めることができる．

　断面形状が不明で A と $\mathcal{P}$ が既知の場合について，上述の解析を実行せよ．これを行うためには，壁面せん断応力が $\tau_{tz} = \dfrac{r_h}{2}\dfrac{\partial p}{\partial z}$ で一様であることを**仮定しなければならない**．ここで，r_h は A と $\mathcal{P}$ を用いてどのように表されるか．

　この解析は，流体半径を用いた近似の要は壁面せん断応力が流路濡れぶちにわたって一様という仮定であることを示している．この仮定はどのような形状に対して好ましいだろうか．また，どのような形状に対しては好ましくないだろうか．

3.2 断面が半径 $R = 10\,\mu\mathrm{m}$ の円形で無限に硬い長さ $L = 10\,\mathrm{cm}$ の管内の水（$\eta = 1 \times 10^{-3}\,\mathrm{Pa\,s}$）を考える．標準的な温度と圧力のもとでの水の圧縮性は熱力学的な物性であり，おおよそ $5 \times 10^{-5}\,\mathrm{atm}^{-1}$ である．管と水からなる系における流体抵抗とコンプライアンスを計算せよ．

3.3 柔軟な材質でつくられた長く狭隘なマイクロ流路内の非圧縮流体の流れを考える．この流路を，風船が二つ取り付けられた流体抵抗 R_h の硬い管としてモデル化せよ（風船は入口と出口に一つずつ接続する）．それぞれの風船はコンプライアンス $\dfrac{C_h}{2}$ をもち，入口と出口における質量保存の式は次式で表される．

$$\Delta Q = -C_h \frac{dV}{dt} \tag{3.37}$$

入口における圧力が $\dfrac{1}{2}p\cos\omega t$ であり，出口における圧力が $-\dfrac{1}{2}p\cos\omega t$ であるとする．その他のすべての値も正弦波状であり，解の一部として決定される位相遅れをもつとする．

(a) 管内，入口部，出口部における流量を求めよ．また，それぞれの風船に取り込まれる流量を求めよ．

(b) この系を，抵抗 R_h の流体抵抗とコンプライアンス C_h の流体キャパシタの並列回路として解け．結果は (a) の場合とどのように異なるか．

3.4 片方の端部が閉じているマイクロ流路に，水が満たされ，体積 V の空気が流路端部

に閉じ込められている．水柱の流体抵抗は R_h である．この系を流体抵抗と流体キャパシタの直列回路としてモデル化し，正弦波圧力 $p = p\cos\omega t$ が印加された場合の $\mathcal{V}(t)$ を予測せよ．

3.5 回路解析において，電圧源が直列 RC 回路に接続された状況を考えることが多いが，**電流**源が並列 RC 回路に接続された状況もまた，コンプライアンスのある系の流体の流れとアナロジーがあるため，重要だといえる．

電気抵抗 R の抵抗とキャパシタンス C のキャパシタが並列に接続された電気回路を考える（電気回路の関係式は第5章参照）．

(a) 1 µA の定常電流源があるとき，抵抗およびキャパシタにはどれだけの電流が流れるか．

(b) 振動する電流源から $I = I_0 \cos\omega t$（$I_0 = 1$ µA）の電流が流れているとき，抵抗とキャパシタにはどれだけの時間依存性電流が流れるか．

ここで，長さ 2 cm，半径 10 µm の円管マイクロ流路に $\eta = 1$ mPa s の水が満たされているとする．図 3.11 に示すように，流路の中央で流路は 120° 折れ曲がっている．この流路に水を満たす際，圧力 1 atm，体積 $(200\,\mu\text{m})^3$ の気泡が折り返し部にトラップされた（おそらく作製時のちょっとしたミスのせいだろう）．出口における圧力は 1 atm である．水は非圧縮性であり，流路のコンプライアンスは無視できるとする．

(a) 気泡の体積が理想気体の状態方程式を用いて圧力の関数として表せるとき，1 atm の気泡の機械的コンプライアンスを求めよ．

(b) 簡単のために，気泡が圧縮されても機械的コンプライアンスが変化しないと仮定し（この仮定は圧力変化が小さい場合にのみ有効），気泡をキャパシタとして流路（抵抗）と並列に配置してモデル化せよ．入口から一定流量 Q_0 の流入があるとき，出口における体積流量を求めよ．

(c) 同様の状態で，入口流量が $Q_{\text{inlet}} = Q_0 \cos\omega t$ のときの出口流量を求めよ．入口の流量変動に対して，気泡のはたらきによって出口の流量変動が 1/2 に減衰する周波数はいくらか．

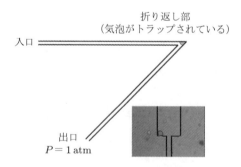

図 3.11　折り返し部に気泡がトラップされたマイクロ流路の概略図．右下：実際の流路内にトラップされた気泡の顕微鏡写真

3.6 四つのマイクロ流路で構成される十字形のマイクロ流体デバイスを考える（図3.12）．すべての流路が円形の断面形状をしており，すべての流れが層流でポアズイユ流で表現できるとする．流体の粘度は 1 mPa s であり，流路半径は 2 μm である．出口 4 における圧力は $p_4 = 100000$ Pa である．入口 1, 2, 3 にはポンプが接続されており，入口 1 における圧力は $p_1 = 400000$ Pa である．それぞれの流路長さは $L_1 = 1$ cm, $L_2 = 1.5$ cm, $L_3 = 9$ cm, $L_4 = 3$ cm である．

すべての入口からの体積流量が等しくなるためには，入口 2 および 3 における圧力をいくらに設定しなければならないか．またそのとき，交差点における圧力 p_5 はいくらになるか．

各流路の速度分布 $u(t)$ はどのようになるか．また，マイクロデバイスのどの領域においてこの速度が現実の速度分布のよい近似となるか．

この問題は，9 個ある未知数が 5 個の圧力 $p_1 \sim p_5$ と 4 個の流量 $Q_1 \sim Q_4$ であることに着目するともっとも簡単に解くことができる．これらを解くのに必要な九つの式は，(a) 四つの流路における $\Delta p = QR_h$ の式が四つ，(b) 交差点における質量保存の式が一つ，(c) 問題において設定されている 4 点（p_1, p_4, Q_1 と Q_2 の関係，および Q_1 と Q_3 の関係）に関する式である．このように，9 個の未知数に対する 9 式を立てることができるが，これらの式は行列形式 $Ax = b$ で表すこともできる．ここで，x は 9 個の未知数を含む 1×9 列のベクトルであり，A は 9×9 行列，b は 9 個の定数で構成される 1×9 列のベクトルである．数値計算的には，この計算は行列 A が適切な形式の場合に，すなわちすべての行列成分が同程度の大きさである場合にもっともよい結果を導く．そのような形式で計算するためには，圧力をパスカル [Pa]，流量を立方マイクロメートル毎秒 [μm^3/s]，流体抵抗をパスカル秒毎立方マイクロメートル [Pa s/μm^3] とするとよい．

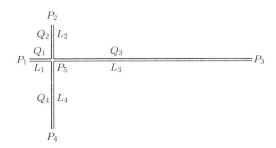

図 3.12　四つのポートをもつ，十字形状のマイクロ流路

3.7 マイクロ流体デバイス内のチャンバーで培養している内皮細胞に作用するせん断応力の効果を調べるためのデバイスを設計しているとする．デバイスは並列に配置された四つの細胞培養チャンバー（300 μm × 1000 μm）に，共通の流路入口から供給された流体が分配されるデザインとする．製作を容易にするために，デバイスのすべての流路高さは 40 μm とする．流体回路でモデル化が可能であり，かつ 4 個のチャンバーのせん断速

度が 1 : 3 : 10 : 30 になるような 2 次元マイクロ流路形状を設計せよ．この要求は，さまざまな形状で満たすことができる．

3.8 図 3.13 に示すマイクロ流路を考える．
(a) 入口および出口の圧力が 2 atm, 1 atm であるとする．流路断面形状は半径 10 μm の半円形である．12 個の流路の長さはすべて 1 mm で，流体は水である．これら 12 個の流路内の体積流量はそれぞれいくらになるか．
(b) 流路 4 が詰まり，流路 4 内の流量がゼロになったが，その他の流路は変化がなかったとする．それぞれの流路内の流量はそれぞれいくらになるか．

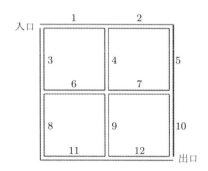

図 3.13 一つの入口，一つの出口，12 個の流路をもつマイクロ流体デバイスの概略図

3.9 流体回路を用いて，入口と出口がそれぞれ一つずつのマイクロデバイス形状を設計せよ．なお，デバイス内では，ある圧力条件下において（入口圧力と出口圧力．これらの値も自ら考えて設計することになる）流入した流体は断面平均流速の異なる四つの分岐流路（1 μm/s, 10 μm/s, 100 μm/s, 1 mm/s）を通る．設計仕様書には入口および出口圧力，そして指定された流速を得るために十分なデバイス形状の情報を含めよ．このデバイスには電場は作用しないものとする．

第4章
パッシブスカラー輸送：
分散，パターニング，混合

　多くのマイクロ流体システムは，物質の分布を操作するために用いられる．たとえば，化学分離では，混合物の成分を物理的に分離して，それぞれの成分量を分析したり，有用な物質の濃縮や精製を行ったりする．DNA マイクロアレイのような生化学分析の多くは，官能基を有する表面の全域で試薬が接触する，すなわちシステム内の試薬が十分に混合される必要がある．溶液内の均一系の反応を調べる研究においては，反応速度よりも短い時間スケールで系が十分に混合されることが要求される．これに対して，表面の化学的特性に空間的な変化をつけてある機能を付与する場合には，流体力学的な技術によっていかに表面の化学的特性をパターニングできるかということが重要になってくる．この場合には，溶液の構成物は**混ざらない**ままであることが要求される．

　これらのトピックはどれも**パッシブスカラー輸送方程式**（passive scalar transport equation）の議論の重要性を物語っている．この移流拡散方程式（convection–diffusion equation）は，流れに乗って運ばれ，流体とともに移動し，そしてその流れに影響を与えない保存量の輸送を支配している．物質と温度は，この方法で扱える二つの例である．これら二つの例は，(1) 化学物質の濃度や温度の変化が十分に小さく，密度や粘度といった輸送に関係する物性を一様とみなしても問題なく，(2) 物質が流れに追従しない移動を引き起こす電場の影響を無視できるかぎり，移流拡散方程式で扱うことができる．

　本章では，物質の輸送を記述するスカラー移流拡散方程式をはじめに扱い，混合の物理について議論する．そして，マイクロ加工技術および生化学分析システムで用いる物質の特性のために，物質を輸送するマイクロ流体システムの大部分は低レイノルズ数（層流）であるが高ペクレ数（拡散の影響がとても小さい）という極限に置かれることに言及する．このために，マイクロデバイス内では**層流パターニング**技術を適用して容易に物質を分離できる．なお，この技術は，第3章で述べた流体回路解析をわずかに拡張したシンプルな1次元的議論により解析することが可能である．ただ残念なことに，物質を混合する場合にはまさにこのことが問題となる（**マイクロ流体混合**問題）．これらのシステムにおける混合に関する難点に対処するために，物質の拡散のランダム効果を増幅できる**カオス的移流**（chaotic advection）が注目を浴びるようになった（カオス的移

流には，決定論的流れ場を用いてスカラー混合を指数関数的に増加させることが可能な特別な性質をもった流れが用いられる）．化学的分離システムにおいては，軸方向の混合が起こると化学的分離の解像度を落とすことにつながるため，この方向の混合は重要である．そこで，流れの分散特性により軸方向へのスカラー量の実効拡散が大幅に増加する**テイラー–アリス分散**（Taylor–Aris dispersion）について知ることが重要となってくる．

4.1 パッシブスカラー輸送方程式

　以下の項ではパッシブスカラー流束の発生源と，これらの流束が検査体積に作用した場合にどのようにスカラー量の保存方程式を導出するかについて述べる．

4.1.1 スカラー流束と構成特性

　スカラー流束が検査体積に出入りするメカニズムには，拡散と対流が存在する．拡散とは，流体システム中のランダムな熱のゆらぎによる流体物性の正味の移動のことである．通常，流体は連続体であり原子スケールの性質は無視できるとして扱うが，分子スケールでは分子は大きく動き，そしてこの動きが元来もつランダム性がパッシブスカラー（単に流体の流れに従って輸送されるスカラー量）の分布にランダムな変動をもたらす．正味の影響として，局所的なスカラー勾配と逆方向へのスカラーの流束が現れる．

　理想的な溶液の極限において（この条件は，マイクロ流体デバイスでもっともよく扱う温度およびほとんどの物質に適用可能である．B.3.5 項参照），スカラーの流束密度と溶液中でのスカラー勾配およびスカラー**拡散率**（diffusivity）を結びつける構成関係は，式 (4.1) に示すフィックの法則で表される．

- スカラー流束密度に関するフィックの法則

$$\vec{j}_{\mathrm{diff}} = -D\nabla c \tag{4.1}$$

ここで，$\vec{j}_{\mathrm{diff}}$ は拡散スカラー流束密度（拡散により表面を通過する単位面積，単位時間あたりの正味のスカラー量），$D\,[\mathrm{m^2/s}]$ は流体中のスカラー拡散率，そして c はスカラー量（本書においては物質の濃度 c_i であることが多い）である．フィックの法則は，熱ゆらぎに起因する物質のランダムな動きの全体としての効果を巨視的に表現したものである．フィックの法則は，温度勾配により生じる熱エネルギー流束を表現するフーリエの法則や，速度勾配により生じる運動量流束を表現するニュートン流体モデルと類似している（物質の拡散係数 D は，熱拡散率 $\alpha = \dfrac{k}{\rho c_p}\,[\mathrm{m^2/s}]$ および運動量拡散率 $\dfrac{\eta}{\rho}\,[\mathrm{m^2/s}]$

との類似性がある$^{訳注1)}$）．

熱によるスカラーのランダムなゆらぎに加えて，流体の対流によるスカラー量の決定論的輸送によっても物質の流束が生まれる．

- 対流スカラー流束密度

$$\vec{j}_{\text{conv}} = \vec{u}c \tag{4.2}$$

ここで，$\vec{j}_{\text{conv}}$ は対流スカラー流束密度（表面を通過する単位面積，単位時間あたりの正味のスカラー量）であり，$\vec{u}$ は流体の速度である．

4.1.2 スカラー保存方程式

前述の流束を用いて，スカラー量 c の保存方程式は次式で表される．

$$\frac{\partial}{\partial t} \int_V c \, dV = -\int_S \vec{j} \cdot \hat{n} \, dA \tag{4.3}$$

ここで，V は微小要素 dV の検査体積，S はその表面（微小要素 dA），$\hat{n}$ は外向きの単位法線ベクトル，そして $\vec{j}$ は拡散と対流によるスカラー流束密度の合計である．上述の流束を微小検査体積（たとえば，図 4.1 に示すデカルト座標系の検査体積）に適用すると，次式に示すスカラー移流拡散方程式の微分形式（D は一様）が導かれる．

- 流体物性が一様な場合のパッシブスカラー移流拡散方程式

$$\frac{\partial c}{\partial t} + \vec{u} \cdot \nabla c = D \nabla^2 c \tag{4.4}$$

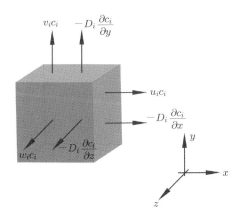

図 4.1 デカルト座標系の検査体積における物質流束

訳注 1）日本語において，物質の拡散に関しては（物質）拡散係数，熱の拡散に関しては熱拡散率という用語を用いることが多い．英語においてこれらに相当する用語は "(mass) diffusion coefficient"，"thermal diffusivity" であるが，日本語の場合とは異なり，"diffusivity"，"mass diffusivity"，"diffusion coefficient" のいずれの用語も物質拡散係数の意味で用いられる．

90 第4章 パッシブスカラー輸送：分散，パターニング，混合

運動量輸送のナビエ–ストークス方程式と比較すると，パッシブスカラー輸送方程式は $\vec{u}$ と線形関係にあり，圧力項がないためによりシンプルな形式となっている．定常境界条件が適用できる流れについてこの方程式を無次元化すると（E.2.2項参照），以下の形となる．

● 流体物性が一様な場合の無次元スカラー移流拡散方程式

$$\frac{\partial c^*}{\partial t^*} + \vec{u}^* \cdot \nabla^* c^* = \frac{1}{Pe} \nabla^{*2} c^* \tag{4.5}$$

式中のアスタリスクが付いた物性は無次元化されていることを表しており，$Pe = \dfrac{U\ell}{D}$ はペクレ数（Péclet number）である[訳注1]．この無次元形式は，拡散流束に対する対流流束の相対的な大きさがペクレ数に比例することを強調している．したがって，高ペクレ数の系においては拡散の影響は無視でき，スカラー量は主に流体の対流により移動し，低ペクレ数の系においては拡散の影響が強く，拡散によりスカラー分布が急速に広がる．

4.2 混合の物理

　混合過程を，パッシブスカラー移流拡散方程式で支配される二つの二次過程のそれぞれの観点から議論することは有用である．これらの現象は分離できるものではないが，その過程を分離してそれぞれの関数依存性を検討すると理解が深まる．そこで，以下においては混合を（1）スカラー勾配上での拡散，（2）流体の動きによる拡散距離スケールの短縮という2過程に分解して考える．これらの現象は支配方程式の拡散および対流の作用に相当する．

■ スカラー勾配上における拡散

　時刻 $t = 0$ におけるスカラー量が $x < 0$ の領域では $c = c_\infty$，$x > 0$ の領域では $c = 0$ である無限1次元領域を考える（**図 4.2**）．流体は静止しているとする．このパッシブスカラー拡散問題の支配方程式は次式で与えられる．

$$\frac{\partial c}{\partial t} = D \frac{\partial^2 c}{\partial x^2} \tag{4.6}$$

また，相似変換（演習問題4.5参照）を用いてこれを解くと，次式を得る．

$$c = \frac{1}{2} c_\infty \, \mathrm{erfc}\left(\frac{x}{2\sqrt{Dt}}\right) \tag{4.7}$$

この解は，拡散の影響により次第にスカラー勾配が消えていくことを示している．

訳注1) ペクレ数は，対流の速度（$\sim U$）と拡散の速度（$\sim D/\ell$）の大きさの比を表している．したがって，$Pe \ll 1$ の場合には拡散が，$Pe \gg 1$ の場合には対流が支配的となる．

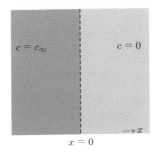

図 4.2 スカラー濃度の異なる二つの半無限領域の境界における1次元拡散の初期状態．領域の色の濃度は初期濃度を示す

$t \to \infty$ の極限においては，解はすべての領域において $c = \frac{c_\infty}{2}$ となる．この時間変化を図 4.3 に示す．距離 $\ell = \sqrt{Dt}$ は，最終的な平衡濃度の約半分の濃度である $\frac{1}{2}c_\infty \mathrm{erfc}\left(\frac{1}{2}\right) \simeq \frac{1}{4}c_\infty$ まで溶液が拡散した距離を表す．この $\ell = \sqrt{Dt}$ という表現は，通常，この系の**拡散距離スケール**（diffusion length scale）として用いられる．拡散距離スケールは，領域内において物質が時間経過とともにどれだけの距離を拡散していくのかを表している．ある時刻 t において，$\ell_\mathrm{diff} = \sqrt{Dt}$ は拡散が起こった代表長さを示す．同様に，サイズ R のタンク内にある2成分が拡散により混合するのに要する時間は $t_\mathrm{diff} = \frac{R^2}{D}$ に比例する．マイクロスケールのシステムにとっては，この時間はかなり長くなる．たとえば，ウシ血清アルブミン（ウシの血液中にあるタンパク質）溶液が静止した 100 μm の流路の端から端まで拡散するには2分を要するし，同じ流路の中で静止溶液中に希薄に懸濁された 10 μm の細胞の拡散時間を計測すると，その計測時間はおおよそ 30 年に

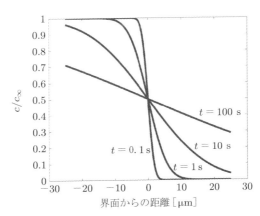

図 4.3 パッシブスカラー（拡散係数：1×10^{-11} m^2/s）の1次元拡散

なる．

　この1次元拡散問題は，われわれの興味の対象であるマイクロスケール流れと直接的に関係してくる．図4.4に示すような，2流体が接触し，流れに垂直な方向に拡散が起こる（流体は下流方向に流れていく）流動を考える．流路高さが流路幅と比較して小さい極限において，高さ方向に平均した物質の流路断面方向の分布は，以下のただ1点を除いて，上述の1次元拡散問題と同様となる．すなわち，この系は定常な物質分布をもつ**定常**流れであり，その分布は実験を開始してからの時間ではなく，$\frac{y}{U}$（流体が流路内に侵入してからの時間）によって変化する．

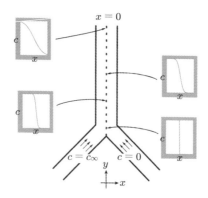

図4.4 二つの入口，一つの出口をもつマイクロ流路における，4.2節で求めた1次元拡散の解の再現．流路高さは流路幅と比較して小さいとする

■ **拡散距離スケールの短縮**

　1次元拡散の解は，$\ell_{\mathrm{diff}} = \sqrt{Dt}$ の距離で物質が混合されることを示している．ここから，スカラー量を距離 R にわたって混合するのに要する時間は $\frac{R^2}{D}$ に比例することがわかるが，その時間は現実のマイクロ流体システムにとってはかなり長いものとなる．図4.4に示す系では対流が発生するが，この対流は方向がスカラー勾配方向と直交しているため，流路断面方向の拡散には何ら影響を及ぼさない．したがって，図4.4の流路形状は，混合を**最小限に抑え**，二つの流体成分の分離を維持したい場合に理想的なものである．混合を**最大化**したい場合には，対流によって拡散距離スケールを短くして混合を促進しなければならない．対流と拡散は分離できないが，混合を（1）対流によって要素1および2の空間距離が代表長さ ℓ に減少するまでの時間 t にわたる撹拌，および（2）長さスケール $\sqrt{Dt}$ にわたるスカラー場の拡散，という二つの過程として考えるとわかりやすい．したがって，混合の時定数は，撹拌により生成される長さ ℓ が拡散距

離スケール$\sqrt{Dt}$と同じオーダーとなるような時間tで与えられる.対流がない場合には,この時間は$\frac{R^2}{D}$である.対流が流体を活発に攪拌して拡散が起こる長さスケールが急激に減少する場合には,混合時間は$\frac{R^2}{D}$よりもかなり短くなる.これが,われわれが何かを混合するとき(たとえば,コーヒーにクリームを加えるときや,牛乳にチョコレートシロップを加えるとき)にかき混ぜる理由である.スプーンによって生成される流体の流れは拡散距離スケールを短くし,混合時間を非常に短くできる.拡散距離スケールを短くする運動学的構造には2種類あり,ここではパイこね変換(引き伸ばしと折りたたみ,図4.5)およびねじれ写像あるいは渦(図4.6)を紹介する.また,図4.7に実験例を示す.いずれの場合においても,流体の動きによってスカラー領域の代表長さが減少する.これらの流動構造は高レイノルズ数領域では自然発生するが,低レイノルズ数領域の場合にはあまり発生しない.したがって,拡散距離スケールを短くするような流動構造を生み出すようにデザインされた流路形状をもたないかぎりは,マイクロ流体デバイス内の混合は往々にしてゆっくりと進む.

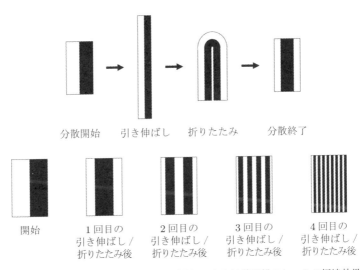

図4.5 パイこね変換の概略図,およびそれによる拡散距離スケールの短縮効果.引き伸ばし(引張りひずみ)や折りたたみ(回転)の繰り返しにより,細いシートが得られる.これにより,ほんの少しの長さスケールで拡散が起こるだけで流体を混合できる

94　第4章　パッシブスカラー輸送：分散，パターニング，混合

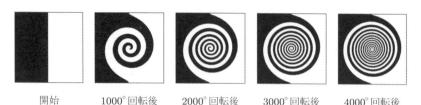

開始　　　1000°回転後　　2000°回転後　　3000°回転後　　4000°回転後

図4.6　渦または渦巻きの概略図，およびそれによる拡散距離スケールの短縮効果．この種の流れは，数学的にはねじれ写像により記述されることが多い．この場合にも，拡散に必要な距離が短い細いシートが得られていることがわかる

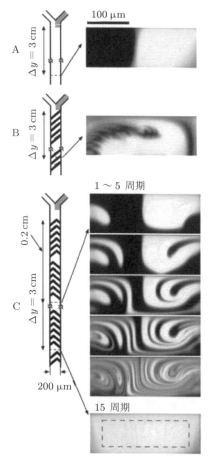

図4.7　ジグザグで時間依存性のある渦を生成するようにデザインされたマイクロ流路内における色素の断面内分布（文献[35]より）

4.3 混合の計測と定量化および関連パラメータ

混合の定量化は通常，スカラー分布の空間的な不均一性の評価を伴う．混合手法の有効性は，混合時間や混合距離を観察し（観察対象は用途ごとに選択する），この混合時間や距離がペクレ数にどのように依存しているのかを評価することによって測定される．

■拡散混合領域

一例として，幅 L の流路内を代表速度 U で流れる 2 種類の混ざり合う流体を考える．この流れのペクレ数は $\dfrac{UL}{D}$ である．拡散混合の時定数（前述の拡散方程式の解）は $\dfrac{L^2}{D}$ または $Pe\dfrac{L}{U}$，代表長さは $\dfrac{UL^2}{D}$ または PeL となる．つまり，純粋に拡散のみの混合過程においては，混合の代表長さと時定数はペクレ数に比例する．たとえば，ウシ血清アルブミン（$D = 1\times10^{-10}\,\mathrm{m^2/s}$）水溶液が幅 100 μm の流路を $\bar{u} = 100\,\mathrm{μm/s}$ で流れる場合，ペクレ数は $Pe = 100$ となり，流体は流路幅の 100 倍，すなわち 1 cm の距離を移動するまでの間，大部分が未混合のままであることを意味する．

■カオス混合領域

カオス混合は低レイノルズ数混合に関する論文でよく使用される用語であり，拡散が必要となる代表長さの指数関数的な減衰をもたらす流動を伴った混合過程のことを指す．**カオス混合**という用語は（1）流れの軌跡間の距離が時間とともに指数関数的に大きくなっていく，または（2）2 流体の界面面積が時間とともに指数関数的に増加する，という意味を含んでいる．そしてこれは，（巨視的なスケールでは本質的にランダムな）拡散の正味の効果が流れによって決定論的に増幅されることを示唆している．したがって，流動が分子拡散のランダム性を増幅する場合には，決定論的な**流動**がカオス的な**混合結果**をもたらす．カオス混合過程において，混合時定数や代表長さは $\ln Pe$ に比例する．この領域は壁面から十分に離れた位置においてのみ実現可能であり，したがってこのスケーリング則は，観察対象である混合の大部分が壁面から離れた位置で起こっている場合にのみ観察可能である．

■カオス的バチェラー領域

カオス的バチェラー領域は，流れが部分的にカオス的であるが，壁面近くの非カオス的な流れにより，最終的に混合が制限されるような状況を指す．この領域では，混合時定数や代表長さは $Pe^{1/4}$ に比例する．純粋な拡散とカオス混合（境界の有無にかかわら

96   第4章　パッシブスカラー輸送：分散，パターニング，混合

ず）の時定数の差は非常に大きいものの，カオス混合のペクレ数依存性に関する境界の影響は，工学的な観点からすると，ペクレ数の範囲が1×10^4以上の場合にのみ重要である．

4.4　低レイノルズ数，高ペクレ数の極限

前節では，ペクレ数が低い場合（拡散が素早く起こる）や，流れ場の運動が，拡散が作用する長さスケールを短くする反復過程を引き起こすような場合に，混合の効率が高くなることを見てきた．しかし，ペクレ数が高く，流れ場の運動構造が拡散長さスケールを短縮する効果がほとんどない場合には，混合は無視できる．シンプルな構造かつ定常境界条件が適用される低レイノルズ数流れにおいては，層流は運動学的に拡散距離スケールを短縮することはない．したがって，ほとんどのマイクロ流体デバイス内の流れは，特別なデザインを施さないかぎりは拡散距離スケールの短縮をもたらすことはない．

4.4.1　高ペクレ数の極限

E.2.2項では，希薄物質iの**物質移動ペクレ数**が$Pe = \dfrac{U\ell}{D_i}$で与えられることを述べている（D_iは物質iの溶液中での2成分拡散係数，ℓは代表長さ，Uは代表速度）．ここで，ℓは物質が拡散する必要のある距離を代表し，Uはこの拡散方向に直交する方向の速度を代表する．**表4.1**に，いくつかのイオン，分子や粒子の拡散係数を示す．この表から，粒子や高分子の拡散係数はとても小さいことがわかり，また実際に扱う物質の多くは大きくてゆっくりと拡散することから，これらの流れのペクレ数は高くなることが多いとわかる．

4.4.2　低レイノルズ数の極限

流れが代表的な方向をもち，それと直交する方向に物質の拡散が起こっているすべて

表4.1　25℃の水中における希薄物質の拡散係数.
粒子拡散係数はストークス–アインシュタイン方程
式 $D = \dfrac{k_B T}{6\pi\eta a}$　（aは粒子半径）から算出

物質	$D\,[\mathrm{m^2/s}]$
Na^+	1×10^{-9}
ウシ血清アルブミン，66 kDa	1×10^{-10}
10 nm 粒子	1×10^{-14}
1 μm 粒子	1×10^{-16}
10 μm 粒子	1×10^{-17}

の場合において，前節の結果が関係してくる．このような条件は，（多くのマイクロ流体チップの特徴である）長く細い流路内を乱れなく流れる層流においてまさに当てはまる．この場合，流れは一方向であり，ペクレ数が拡散を支配する．しかし，流れが代表的な方向をもたずに向きを変える，とりわけ流れが時間変動する場合には，物質の輸送は（1）拡散（物質移動ペクレ数で規定される），および（2）流れ自身（レイノルズ数で規定される）の両方の関数となる．ここで，付録Eに記述しているように，**レイノルズ数**は $Re = \dfrac{\rho U \ell}{\eta}$ で与えられることを指摘しておく（U は速度，ℓ は代表長さ，η と ρ は流体の粘度および密度）．マイクロ流体デバイス内においては，流れはほとんどつねに低レイノルズ数の極限，すなわち層流領域にある．これは，流れは安定していて，拡散距離スケールの短縮には幾何形状の複雑な境界条件が必要であるとともに，レイノルズ数が高くなる大きな系で発生するような流動不安定性は自然には起こらないことを意味する．

4.5 マイクロデバイス内における層流パターニング

高ペクレ数・低レイノルズ数の極限においては混合を伴わずに複数の溶液を接触させることができるので，物質の空間的な位置の制御に層流パターニングを用いることが可能である．マイクロ流路内では，それぞれの溶液が占める面積はそれぞれの流量に関するシンプルな議論によって規定される．これはマイクロスケール流れにおいて一般的であるが，ナノスケールの流れの場合にはペクレ数とレイノルズ数の両方が小さい値をとることが多い．

第3章で議論したように，マイクロ流路のシステムを抵抗ネットワークと合流部として考える．たがいに混ざり合う物質 A および物質 B を含む流体が，それぞれ別の流路内を流量 Q_1（物質 A の溶液），Q_2（物質 B の溶液）で流れて合流部で合流する．これらの物質の混合は遅く，幅に対して高さが小さい流路では，二つの流れの界面がはっきりと現れ，界面の位置はシンプルな流れの議論で予測できる．

流路の交差点から十分に離れた位置において，高さ方向に平均した速度は流路幅方向にわたって一様である（もちろん，高さ方向には大きく変化する）^{訳注1)}．この場合，物質の保存則を用いてそれぞれの流れの断面積を推測できる．このことから，物質 A が

訳注1) この記述は厳密には誤りである．流路側壁においてはもちろん速度はゼロとなり，壁面から離れるに従って速度が増加する．しかし，ここでは「流路幅 w は流路高さ h に対して大きい（10倍程度）」という前提があり，さらに側壁から流路中央方向において速度変化が起こる長さ w_b を，流路高さ方向において速度変化が起こる長さ（$h/2$ 程度）と同程度であると考えると，$w_b \ll w$ となり，流路幅方向における速度変化を無視できる．つまり，流路幅方向にわたって速度は一様とみなすことができる．

占める割合は $\dfrac{Q_1}{Q_1+Q_2}$ となる．同様の関係は他の物質に対しても求めることができる．図 4.8 にこのような構造の一例を示す．

　事実上，この結果はデバイスと流体が適切に設計されていれば，つまり流路幅が高さに対して大きく，レイノルズ数が低く，物質移動ペクレ数が高ければ，（流路高さ，流路幅，あるいは入力圧力を制御して）単純にそれぞれの流入流量を制御することで，流路内の物質の分布を制御できることを意味している．

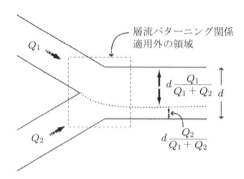

図 4.8　入口流量から予想される領域の形状

例題 4.1　高さ $10\,\mu\mathrm{m}$，幅 $100\,\mu\mathrm{m}$ の流路を考える．二つの流路入口があり，入口 1 からは脱イオン水，流路 2 からは拡散係数 $D=1\times 10^{-11}\,\mathrm{m^2/s}$ の物質の水溶液が流入してくる．主流路中での平均速度は $\overline{u}=100\,\mu\mathrm{m/s}$ とする．x 座標を主流路の入口からの距離とするとき，系の混合がおおよそ完了する距離 x を見積もれ．

解　この系のペクレ数は $\dfrac{\overline{u}\ell}{D}$ で与えられ，ℓ として採用する値は物質を混合する距離，つまり $100\,\mu\mathrm{m}$ である．したがって，$Pe=1000$ となる．系における混合は $x \gg Pe\,\ell$ あるいは $x \gg 10\,\mathrm{cm}$ で完了する．この長さは，多くのマイクロ流体チップのサイズよりも長い．

例題 4.2　直径 $d=10\,\mu\mathrm{m}$ の円形マイクロ流路内の流れのペクレ数およびレイノルズ数を計算せよ．流体は水 $\left(\dfrac{\eta}{\rho}=1\times 10^{-6}\,\mathrm{m^2/s}\right)$ とし，平均速度は $100\,\mu\mathrm{m/s}$ とする．流体中には低濃度の物質が存在し，その水中における 2 成分拡散係数は $D=1\times 10^{-12}\,\mathrm{m^2/s}$ とする．

解　$Pe=1\times 10^3$，$Re=1\times 10^{-3}$．この流動は高ペクレ数，低レイノルズ数極限にある．

マイクロ流体の分野では，層流パターニング（流量が直接的に界面位置を決定する極限における流路内の物質分布の制御）の意味合いで「層流」や「層流技術」という用語がよく用いられる．これはこの分野に浸透している省略表現であるが，以下に記す重要な区別を曖昧にしてもいる．**層流**は安定したシート状の流動構造で特徴づけられる低レイノルズ数特有の流れの状態を指すのに対し，**層流パターニング**は低レイノルズ数・高ペクレ数という条件下において長く細い流路内の流体の位置を制御する技術を指す．

4.6 テイラー–アリス分散

図 4.4 には，流れに直交する方向に勾配をもつ場合の 1 次元拡散が示されている．しかし，多くのマイクロ流体デバイスでは，たとえば化学分離などにおいて流体の塊を扱う．この場合，孤立した塊が長く細いマイクロ流路内を流れていくにつれて，どのように**軸方向の拡散と分散**が起こるのかが問題となる[訳注1)]．

このことについて考える場合，流路断面内速度が一様ではない影響と，それによって断面内で平均した濃度がどの程度影響を受けるのかという点が問題となる．この平均濃度は，たとえば電気泳動分離装置の検出器を用いて計測する．テイラー–アリス分散（Taylor–Aris dispersion）は，軸方向対流，軸方向拡散，そしてスパン方向拡散が合わさったときのマイクロ流路内の圧力駆動流による物質輸送を記述する．圧力駆動流によって起こる分散の模式図を**図 4.9** に示す．

長さ L，半径 R の円形マイクロ流路内のポアズイユ流を考える．この流れの特徴を表すパラメータはペクレ数 $Pe = \dfrac{\overline{u}R}{D}$ と長さの比 $\dfrac{L}{R}$ の二つである．記号 $\overline{u}$ はポアズイユ流の平均速度であり，（円形マイクロ流路の場合は）次式で表される．

$$\overline{u} = -\frac{R^2}{8\eta}\frac{dp}{dx} \tag{4.8}$$

ペクレ数は物質の拡散に対する対流の相対的な寄与を，長さの比は軸方向拡散に対する半径方向拡散の相対的な寄与を示す．

訳注1)「拡散」と「分散」という二つの言葉を大雑把に説明すると，「拡散（分子拡散）」は「分子が熱運動によってランダムに移動する現象」を，「分散」は「流れ（対流）の影響や分子拡散の影響を含めた，実際に目にする物質の移動現象」を表す．つまり，サイダーをコップに注ぐと炭酸ガスと砂糖の分散は似たようなものになるが，拡散の様子は異なる．また，本項において「実効拡散係数」という用語が出てくる．拡散係数が拡散の度合いを表す指標であるのに対して，実効拡散係数は広義の拡散，すなわち分散の度合いを表す指標である．

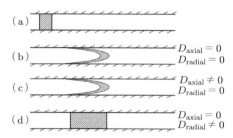

図 4.9 ポアズイユ流におけるテイラー–アリス分散．(a) 初期の流体の塊．(b) 拡散を伴わない場合の t 秒後の流体，(c) 軸方向に有限の拡散を伴う場合の t 秒後の流体．分布はわずかに広がるが，流れの分散効果と比較すると拡散の影響は小さい．(d) 軸方向およびスパン方向に有限の拡散を伴う場合の t 秒後の流体．半径方向の拡散により，スカラー量が動きの遅い領域と速い領域の両方に移動するため，分散効果が弱まる

■**純粋な対流**

$Pe \gg \dfrac{L}{R}$ の場合，図 4.9 (b) に示すように拡散は無視できる．このような場合（マイクロ流体デバイスでは一般的ではないが），単位面積あたり Γ モルの試料を含む薄い（流路軸方向の幅が狭い）塊を注入すると，式 (4.9) および式 (4.10) に示すように，塊の（流路軸方向の）幅 w は時間の経過とともに線形的に増加していき，塊の中の平均濃度は時間とともに減少していく．

$$w = 2\bar{u}t \tag{4.9}$$

$$\bar{c} = \frac{\Gamma}{w} \tag{4.10}$$

上記の 2 式は時間スケールが長い場合にのみ有効である．この流れは，速度のスパン方向の変化により断面平均スカラー分布が広がっていくという点で，本質的に分散的である．

■**移流拡散**

$Pe \ll \dfrac{L}{R}$ の場合には 2 次元移流拡散問題を解くことができ，平均した 1 次元方程式は次式で表される．

$$\frac{\partial \bar{c}}{\partial t} + \bar{u}\frac{\partial \bar{c}}{\partial x} = D_{\text{eff}}\frac{\partial^2 \bar{c}}{\partial x^2} \tag{4.11}$$

ここで，D_{eff} は式 (4.12) に示す実効拡散係数である．

4.7 まとめ　　101

● テイラー–アリス分散の極限における実効拡散係数

$$D_{\mathrm{eff}} = D\left(1 + \frac{Pe^2}{A}\right) \tag{4.12}$$

なお，式 (4.12) 中の A は流路形状と境界条件により決定される定数である．ハーゲン–ポアズイユ流の場合には $A = 48$，クエット流の場合には $A = 30$，そして流路形状によって変化するものの，標準的なマイクロ流路の場合にはこの定数は 50 程度となる．実効拡散係数より，塊の（流路軸方向の）幅の実効的な広がりは，次式で表されるように $w \propto t^{1/2}$ の関係となる．

● 分散による塊の幅の時間変化

$$w = 4\sqrt{\ln 2}\sqrt{D_{\mathrm{eff}}t} \tag{4.13}$$

式 (4.12) の括弧内の 1 は拡散成分であり，もう一つの項は分散成分である．この式では，拡散は二つの役割を果たす．軸方向拡散はこの式の係数 1 の項が担っており，実効拡散を増加させる（ただし，影響が現れるのは Pe が小さい場合のみ）．半径方向の拡散がある場合にはテイラー–アリス分散が起こり，塊の（流路軸方向の）幅の広がりは線形関係ではなく $w \propto t^{1/2}$ の関係となる．軸方向の拡散は塊の幅を広げるのに対し，半径方向の拡散は塊の幅の広がりを**抑制**する．半径方向の拡散により，試料分子はポアズイユ流の流速の遅い領域，速い領域の両方に移動するため，それぞれの分子は半径方向の位置によって大きく変化する速度ではなく，平均流速で移動する．

4.7　まとめ

本章では，以下に示すパッシブスカラー輸送方程式について述べた．

$$\frac{\partial c}{\partial t} + \vec{u} \cdot \nabla c = D\nabla^2 c \tag{4.14}$$

この式は以下のように無次元化できる．

$$\frac{\partial c^*}{\partial t^*} + \vec{u}^* \cdot \nabla^* c^* = \frac{1}{Pe}\nabla^{*2}c^* \tag{4.15}$$

この無次元形式は，拡散流束に対する対流流束の相対的な大きさを表すペクレ数 $Pe = \frac{Ul}{D}$ を含んでいる．

混合は拡散過程により進行し，その代表長さは $\sqrt{Dt}$ に比例する．流れを利用して拡散が起こる代表長さを短くすると，混合を容易にできる．しかし，マイクロ流体デバイスでは流動は一般に低レイノルズ数・高ペクレ数となるので，混合速度は遅い．したがって，正味の効果として，マイクロ流体システム内のスカラー量は，実験の時間スケール

102　第4章　パッシブスカラー輸送：分散，パターニング，混合

では混合が起こらないことが多い．この特性は層流パターニングを容易にするものの，混合が必要な過程にとっては難点となる．ただし，ナノスケールのデバイスの場合にはペクレ数も小さい値となるので，この点は異なってくる．混合が遅い場合には，カオス的移流を利用することによって必要な拡散距離スケールを短縮して混合を促進できるが，この種の移流はマイクロ流体構造がよくデザインされている場合にのみ生成できる．

スカラー量が円形マイクロ流路内を輸送される場合，実効的な軸方向拡散はテイラー–アリス分散に支配され，次式に示す実効拡散係数で表される．

$$D_{\text{eff}} = D\left(1 + \frac{Pe^2}{48}\right) \tag{4.16}$$

4.8　補足文献

本章は拡散の存在を仮定しているが，その原子論的な根拠については大部分を割愛している．文献 [33, 36] は，ランダムな移動過程の物理について，微視的な基礎から拡散係数の巨視的な理解を得たい読者に薦める．拡散係数そのものやフィックの法則は，系が希薄溶液の極限にあり，熱勾配が小さい場合に成り立つ拡散の近似モデルである．系が（a）濃度勾配と温度勾配を同時にもつ（熱拡散，すなわちソレー効果が起こる）場合や，（b）高濃度であり，拡散係数が全物質の濃度の関数となる（もはや物質と溶液の2成分で決まる特性ではない）場合には，拡散はより複雑なものとなる．文献 [37] では，これらを詳細に扱うマクスウェル–ステファンの式について議論している．物質は電場によっても輸送可能であり，ネルンスト–プランク方程式を用いて考えることができる．これらの事項は本章では触れなかったが，第11章において詳細に議論する．

混合の物理に関する文献は豊富に存在し，カオス的移流やその混合への応用を記述するためのさまざまな専門用語が存在する．本章では割愛したが，重要な専門用語として，カオス的軌跡が通過する空間の特性を表すポアンカレ写像（Poincaré map）と，軌跡が分離する指数関数的速度の特性を表すリアプノフ指数（Lyapunov exponent）の二つをあげておく．Ottino [38] は混合の運動学に関する標準的な文献であり，これらの用語やその他の重要な混合の概念について述べられている．Strogatz [39] は，非線形系のカオスについて広く興味をもっている読者にとって優れた書籍である．

本章では割愛した最近のマイクロ流体混合流路の形状については，文献 [3, 6, 7] やレビュー論文 [40, 41, 42] があるが，マイクロ流体混合 [35, 43, 44] や層流パターニング [45, 46] の論文を直接読んでみるのもよいだろう．混合に関連する研究では，DNAマイクロアレイ中の輸送 [47, 48, 49, 50, 51] が目下の関心事であり，この点において本章の議論は第14章の議論にも関わってくる．

4.9 演習問題 **103**

本章で述べた層流パターニングの記述はヘレ–ショウ（Hele–Shaw）流れの解析における特殊な例である．ヘレ–ショウ流れについては，第 8 章においてより一般的な議論をする．テイラー–アリス分散は Probstein [29] や Chang and Yeo [52] などの多くの文献で扱われる古典的なトピックである．演習問題でほんの少しだけ触れたせん断流における拡散のレベック問題（Lévêque problem）は，文献 [53, 54] において議論されている．

4.9 演習問題

4.1 以下の条件におけるペクレ数を計算せよ．

(a) $U = 100\ \mu\text{m/s}$, $\ell = 10\ \mu\text{m}$, $D = 1 \times 10^{-9}\ \text{m}^2/\text{s}$

(b) $U = 100\ \mu\text{m/s}$, $\ell = 10\ \mu\text{m}$, $D = 1 \times 10^{-11}\ \text{m}^2/\text{s}$

(c) $U = 100\ \mu\text{m/s}$, $\ell = 10\ \mu\text{m}$, $D = 1 \times 10^{-13}\ \text{m}^2/\text{s}$

4.2 長さ 5 cm の円形マイクロ流路内を水（$\rho = 1000\ \text{kg/m}^3$, $\eta = 1\ \text{mPa s}$）が流れる．流路が以下の直径の場合に，厳密に層流を保つことができる最大の圧力損失を求めよ．

(a) 5 μm

(b) 50 μm

(c) 50 nm

4.3 文献 [35, 43, 45] を読め．そして以下の問いに答えよ．

(a) 層流を考える．ペクレ数 Pe と代表長さ ℓ に対する比例関係を考慮すると，流路中を流動する二つの流れが混合されるまでにどれだけの距離が必要となるだろうか．

(b) Stroock ら [35] は，文献中の図 3E において Δy_{90} と $\ln Pe$ の関係をプロットしている．なぜこのような形式でプロットしたのだろうか．Δy_{90} と Pe の関係をプロットしなかったのはなぜだろうか．

(c) Song ら [43] が t_{mix} と $\dfrac{w}{U} \log Pe$ の関係をプロットしているのはなぜだろうか．これは Stroock らのアプローチとは異なるものだろうか．

(d) Takayama の論文 [45] に掲載されている図，流路サイズや実験条件と，本書から得られる情報や自分自身の研究データを総合すると，この流れのレイノルズ数とペクレ数はどのようなものになるだろうか．論文から読み取ることのできないパラメータについては工学的に見積もる必要がある．

4.4 演習問題 2.18 では，突然動き出した無限平板近くの流れの時間依存性を解くために相似変換を用いた．ここではパッシブスカラー拡散に関係する数学的に理想的な問題を考える．時刻 $t < 0$ において，パッシブスカラー濃度が $c = 0$ の静止流体がある．時刻 $t \geq 0$ においては，$x = 0$ において境界条件 $c = \dfrac{1}{2} c_\infty$ が適用される．$x = \infty$ における境界条件は $c = 0$ である．

(a) 演習問題 2.18 と同様のアプローチを用いて，スカラー分布を時間の関数として解け．

(b) $x = \ell = \sqrt{Dt}$ における濃度はつねに $\text{erfc}\left(\dfrac{1}{2}\right)$ と境界条件の積となることを示せ．

4.5 パッシブスカラーが初期状態 $t<0$ において $c=0$ の静止流体を考える．時刻 $t \geq 0$ において，$x=0$ における境界条件 $c = \dfrac{1}{2} c_\infty$ が適用される．流体は，x 方向に有限の値 d の領域を占め，境界条件は $x = d$ において $\dfrac{\partial c}{\partial x} = 0$ である．横軸 x，縦軸 $\dfrac{c}{c_\infty}$ のグラフを用意し，$t = 0\,\text{s},\ 0.1\,\text{s},\ 10\,\text{s},\ 100\,\text{s}$ のスカラー分布をプロットせよ．この問題を解くには，変数分離を用いてフーリエ級数として分布を求める必要がある．得られる結果は演習問題 2.17 によく似たものとなるだろう．

4.6 四つのマイクロ流路が十字に交差しているマイクロ流体デバイス（図 4.10）を考える．すべてのマイクロ流路の幅は高さよりも十分に大きいとする．また，流れはすべて層流で，ポアズイユ流の式で記述できるとする．流体の粘度は $1\,\text{mPa}\,\text{s}$ であり，流路高さは $2\,\mu\text{m}$，流路 1 と流路 3 の幅は $20\,\mu\text{m}$，流路 2 と流路 4 の幅は $200\,\mu\text{m}$ である．

流路 1，2，3 にポンプが取り付けられており，入口 1 における圧力は $p_1 = 150000\,\text{Pa}$，出口 4 における圧力は $p_4 = 100000\,\text{Pa}$ であった．四つの流路の長さは $L_1 = L_2 = L_3 = 1\,\text{cm}$，$L_4 = 3\,\text{cm}$ である．入口 1 および 3 から流入する流体は水であり，入口 2 から流入する流体は 2 成分拡散係数 $D = 2\,\mu\text{m}^2/\text{s}$ の色素溶液である．流路 4 において，流路中央から左に $40\,\mu\text{m}$ の位置を中心とする幅 $6\,\mu\text{m}$ の色素の流れを生成するために必要な入口 2 および入口 3 の圧力を求めよ．流路 4 におけるペクレ数を見積もり，色素がすぐに拡散するかどうか答えよ．

この問題は，9 個の「未知数」が 5 個の圧力 $p_1 \sim p_5$ と 4 個の体積流量 $Q_1 \sim Q_4$ であることに気づくともっとも容易に解くことができる．9 式の内訳は (a) 四つの流路に対応する $\Delta p = Q R_\text{h}$ の式が四つ，(b) 交差点における質量保存の式が一つ，(c) 問題で設定されている情報（p_1，p_4，Q_1 と Q_2 の関係および Q_1 と Q_3 の関係）から立てる式が四つである．これで 9 個の未知数に対して 9 式ができる．これら 9 式は行列式 $Ax = b$（x は九つの未知数で構成される 1×9 列ベクトル，A は 9×9 行列，b は 9 個の定数で構成さ

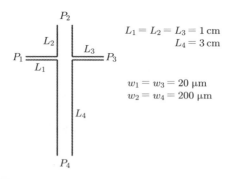

図 4.10 入口／出口が四つある十字形マイクロ流路

れる 1×9 列ベクトル）で表すことができる．数値計算的には，この逆行列演算は行列 A がよい状態のとき，つまり行列の各成分の大きさがすべて同じオーダーのときにもっともよい結果を得ることができる．このためには，圧力を Pa，流量を $\mu m^3/s$，流体抵抗を $Pa\,s/\mu m^3$ で計算すればよい．

4.7 マイクロ流路システムの上面図を考える（図4.11）．流路高さは一定とする．また，「交差点（形状が急激に変化する位置）」の間の距離は大きいとする．

(a) 流れが圧力駆動であり，流路高さが幅よりも**非常に小さい**とき，この系は**ヘレ-ショウ系**とよばれる．この場合，この流れの流線（全領域において瞬間速度に垂直な線）はこの系のポテンシャル流れの流線と一致する[1]．$Q_A = Q_B$ であり，流路高さが流路幅に対して非常に小さい場合の流線を描け（または，計算してプロットせよ）．なお，w_0, w_1, w_2 は自由に選んでよい．

(b) 引き続き，流路高さは流路幅に対して非常に小さいとする．拡散がないとすると，図4.11に示した「界面の」流線が流体Aと流体Bを隔てる．交差点から離れた位置において，w_0, w_1, w_2, Q_A, Q_B を用いて界面の流線の位置 y_1 および y_2 を計算せよ．

(c) 流路入口の任意の y_0 に位置する流体要素を考える．ある Q_A, Q_B および流路形状において，領域1および2における（交差点から離れた位置における）流体要素の y 座標を求めよ．

(d) 引き続き，拡散の影響を無視する．流体Aが，哺乳類細胞が空間的にランダムに分散した懸濁液であるとする．細胞の半径は $5\,\mu m$ から $20\,\mu m$ の範囲に分布している．細胞は流線に乗って流れる（つまり，ラグランジュ的な流体トレーサーである）が，細胞壁は硬く，半径 a の細胞の中心は流路側壁に距離 a より近づくことはないとする．

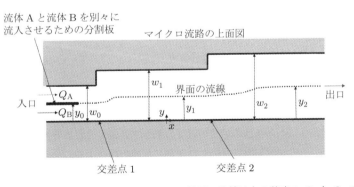

図4.11 マイクロ流路システムのデザイン．界面の流線はある特定の Q_A と Q_B の組み合わせの場合を示している．なお，ここでは $w_0 < w_1 < w_2$ の場合を示しているが，大小関係はどのように設定してもよい．また，この図はスケールを正確に表してはいない（各区間の長さは流路幅よりも**大きい**）．流路入口の分割板は流路中央に置かれている．

---

[1] ただし，速度の大きさと圧力勾配は同じではないことに注意．

106 第4章 パッシブスカラー輸送：分散，パターニング，混合

この形状を利用したセルサイズソーターを設計せよ．すなわち，Q_A，Q_B，w_0，w_1，w_2 を変更し，細胞の出口位置 y_2 が細胞半径に依存するが流路入口の y 位置に**依存しない**流路を設計せよ．流路幅が流路高さに対して非常に大きいという制限を課す必要はない（最終的にはそのような条件に落ち着くとしても）．また，**図 4.11** のような一つの出口の代わりに 16 個の出口を設けて，それぞれの出口から 1 μm 違いのサイズの細胞を回収できる流路（出口 1 からは 5 μm の細胞，出口 2 からは 6 μm の細胞というように）を設計せよ．さらに，以下の項目について**定量化**し，詳細について述べよ．

i．設計したデバイスは細胞サイズに対してどれだけ感度が高いだろうか．言い換えると，大きさの違う細胞は空間的にどれだけ離されるだろうか．

ii．Q_A，Q_B，w_0，w_1，w_2 の精度に対して，設計したデバイスはどのような感度をもつだろうか．ここでは，w_1 と w_2 は ±1 μm の精度（加工上の制限に由来）であり，Q_A と Q_B は ±10% の精度（低流量駆動時のシリンジポンプの不確かさに由来）であるとする．

iii．細胞懸濁液の希釈度はいくらか．

ソーターとして最適な設計は，入力誤差の影響が少なく，細胞懸濁液をできるかぎり希釈せずに高感度を得るものである．ただし，これらをすべて同時に最適化することは不可能である．これらの事項について，どのような指針に基づいて設計を行ったのかについて述べ，その有効性を主張せよ．

4.8 2 枚の無限平行平板間の 2 次元流れを考える（平板間距離は 50 μm）．z 方向は無限に広がっているとする．下側の平板が 100 μm/s で移動し，上側の平板は 200 μm/s で移動している．この平板間に，濃度 $c = 1 \times 10^{-3}$ M，$D = 1 \times 10^{-10}$ m^2/s の試料塊（幅 50 μm）が $t = 0$ で挿入される．

(a) (i) 軸方向，および (ii) スパン方向の拡散が無視できるとみなすことができるまでの経過時間を求めよ．

(b) 分散が主に対流により起こる場合の運動初期の解について，平均濃度 $\bar{c}(t)$ を求めよ．

(c) 軸方向拡散を無視して実効拡散係数を計算せよ．

(d) 軸方向拡散を考慮した場合の実効拡散係数を計算せよ．

4.9 幅 1000 μm，高さ 50 μm の流路の下面に細胞が並んで付着している．デバイスへ流入する二つの流体は，溶解性の物質の濃度勾配が空間的におおよそ線形になるように設計されており，この化学勾配に反応した細胞の移動を観察する．観察された細胞の付着はどのようなものになるだろうか．

4.10 壁面付近におけるスカラー量の拡散を考える．この領域では，流体の速度は壁面からの距離に応じて線形的に変化する．このような拡散は，マイクロ流路の高さが幅と比較して小さいといえない場合，**図 4.4** に示すマイクロ流路の上下壁面近くにおける混合と関連する．**図 4.4** の座標系を用いて，二つのスカラーの混合領域の幅が $\sqrt[3]{\dfrac{y}{u}}$ に比例することを示せ．また，これを高さが小さい流路の場合の結果と比較せよ．

4.11 層流パターニングの考え方は，さまざまな目的をもったマイクロ流路流れをつくり出すために繰り返し利用されている．たとえば，溶液中の細胞や粒子の数や特性を調べるのに用いるフローサイトメトリーでは，検出する細胞をつねに流路断面の同じ位置（中央）に流動させるために，しばしばシース流を利用する．混合の研究においても，拡散による混合が促進される流体の細い流れをつくり出すために，似たような考え方が用いられる．

四つの流路が中央で合流するマイクロ流路フローサイトメトリーを考える．それぞれの流路は高さや幅に対して十分な長さを有している．また，流路高さ，流路幅，流路長さはすべて等しいとする．流体は入口 1，2，3 から流入し，出口 4 から流出する．入口 1 および入口 3 からは流体のみ（シース流）が流入し，入口 2 からは検出する細胞の懸濁液が流入する．細胞の拡散係数から算出したペクレ数は無限大であるとする．流路 4 の幅は 100 μm であり，この流路の中央にスポット径 10 μm のレーザ光を照射して検出を行う．検出のためには，細胞懸濁液はこの 10 μm の領域を通過する必要がある．また，細胞分析の速度を最大化するためには，細胞懸濁液がこの 10 μm の領域を完全に占有する必要がある．

(a) 入口 2 からの流入体積流量が $2 \times 10^5 \, \mu m^3/s$ のとき，すべての細胞が検査領域を必ず通過する入口 1 および 3 の体積流量を計算せよ．

(b) レーザの焦点がずれて，流路側壁から 25 μm の位置に幅 15 μm のビームが照射される場合，シース流量（入口 1 および 3 の流量）をどのように設定し直さなければならないだろうか．

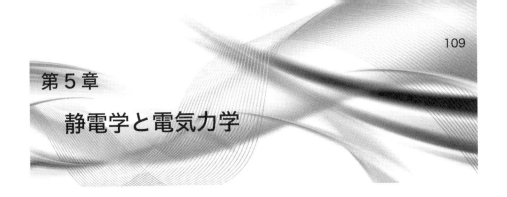

第5章
静電学と電気力学

　本書は主としてマイクロ・ナノシステム内での流体のふるまいを扱うものである．しかし，溶液中における拡散電荷や印加電場を扱うためには，流体の方程式と同時に電気力学の方程式を解く必要があり，その結果を体積力項として流体の方程式に組み込む．本章では，マイクロ流体デバイスでよく用いられる境界条件下における水溶液に着目しながら，静電学と電気力学の基礎方程式をまとめる．また，系を構成するそれぞれの静電学や電気力学を記述する電気回路についても述べる．

5.1 物質中の静電学

　静電学では，静止している電荷源や電場が試験電荷（正の単位電荷量をもつ電荷）とよばれる他の電荷に与える影響について記述している．そして，すべての電荷が静止して電流がゼロのときを仮定しており，静電学の式や境界条件はすべてクーロンの法則（Coulomb's law）から導くことができる．

　ここでは，**物質中**，通常は水溶液（電解質溶液ともよぶ）中や導体中の電荷について学ぶ．物質中のすべての静電相互作用を考慮するのは扱いづらいので，単純化のために**自由電荷**（free charge）と**束縛電荷**（bound charge）を分けて考え，自由電荷のみを詳細に考えることにする．自由電荷とは，原子スケールに比べて大きな距離を移動できる電荷を意味する．自由電荷は金属中の電子あるいは溶液中のイオンからなる．以降では，自由電荷のみを扱うことにする．束縛電荷は，原子の近傍，または原子スケール程度の距離（おおよそ1Å程度未満）を移動できる，大きさが同じで符号が反対の電荷を意味する．原子核の正電荷や電子雲の負電荷，異核2原子分子の共有結合における非一様な電荷，固体結晶中の固定イオンなどが束縛電荷の例である．ここでは，静電学の式を用いて束縛電荷を詳細に計算する代わりに，連続体の**誘電率**（electrical permittivity）を用いることで束縛電荷の影響を考える．

　マイクロスケールの流れは，往々にして電源からの電圧によって駆動されることから，まずは電位と電場についての説明から始める．

110   第 5 章　静電学と電気力学

5.1.1　電位と電場

ある点電荷 q, 他の電荷の存在によって点電荷が感じる力について考える. 空間中の
ある点における**電位** (electric potential) ϕ (**電圧** (voltage) ともよぶ) を定義する.
このとき, 基準点に対する点電荷が有する静電エネルギーは $q\phi$ で与えられる. 点電荷
q にはたらく力が $\vec{F} = q\vec{E}$ で与えられるように**電場** (electric field) $\vec{E}$ を次式で定義する.

● 電場の定義

$$\vec{E} = -\nabla\phi \tag{5.1}$$

5.1.2　クーロンの法則, ガウスの法則

線形で, 瞬時に応答する, 等方的で誘電率が $\varepsilon\,[\mathrm{C/(V\,m)}]$ の物質中の静止電荷源 $q\,[\mathrm{C}]$
が与えられたとき, クーロンの法則により, この電荷によって物質内に生じる電場は式
(5.2) のように求められる.

● 均質媒体内のクーロンの法則

$$\vec{E} = \frac{q}{4\pi\varepsilon}\frac{\vec{\Delta r}}{\Delta r^3} = \frac{q}{4\pi\varepsilon}\frac{\hat{r}}{\Delta r^2} \tag{5.2}$$

ここで, $\vec{\Delta r}$ は点電荷からの距離ベクトルで, $\hat{r}$ はこの方向の単位ベクトル $\left(\hat{r} = \dfrac{\vec{\Delta r}}{\Delta r}\right)$,
Δr はベクトルの大きさである. 同様に, 点電荷によって引き起こされる物質内の電位
は次式のように表すことができる.

$$\phi = \frac{q}{4\pi\varepsilon\Delta r} \tag{5.3}$$

これらの関係式は物質内の電荷に対するものであるため, 電荷源**および**その物質内のす
べての束縛電荷の応答が考慮されている. 媒体を線形で等方的としているので, 高電場
で見られる非線形効果やいくつかの結晶で観測される異方性は無視している. また, 式
(5.2) では瞬時に応答する物質を仮定している. 有限の応答時間については, 本章の後
半において準静電的な誘電率の周波数依存性を説明するところで触れる.

多数の点電荷による電場の流束を面積分することで, 電場に関するガウスの法則
(Gauss's law of electricity) [1] を導くことができる.

● 電場に関するガウスの法則

$$\int_S \varepsilon\vec{E}\cdot\hat{n}\,dA = \sum q \tag{5.9}$$

ここで, 積分はある閉曲面 S にわたって行われており, $\hat{n}$ は閉曲面の外向きの単位法線
ベクトルである. dA は閉曲面の微小面積, ε は物質の誘電率, $\sum q$ は閉曲面内部の電荷
総量 (単位は [C]) である. 発散定理を適用すると, 積分形式を微分形式にできる.

- ポアソン方程式（ガウスの法則の微分形式）

$$\nabla \cdot \varepsilon \vec{E} = \rho_E \tag{5.10}$$

ここで，ρ_E は物質の単位体積あたりの自由電荷総量（単位は $[\mathrm{C/m^3}]$）であり，電荷密度（charge density）とよばれる．

■電解質溶液の電荷密度

流体，とくに溶液における局所的な自由電荷総量に注目する．通常は電気的に中性である溶質を無視すると，自由電荷密度 ρ_E は次式で物質濃度と関連づけられる．

$$\rho_E = \sum_i c_i z_i F \tag{5.11}$$

ここで，c_i は物質 i のモル濃度，z_i は物質 i の原子価（電気素量で正規化された電荷），F はファラデー定数で $F = eN_A = 96485\ \mathrm{C/mol}$ である．よって，液中における自由電荷密度を可動イオンの電荷密度に対応づけることができる．なお，前述したとおり，束縛電荷は溶液をある誘電率を有する連続体として扱っている．外力がない場合には，均一に電荷が分布する場合に系のイオンがもつポテンシャルエネルギーが最小化される．そのため，ほとんどの溶媒は電気的に中性となる．すなわち，空間内部のあらゆる点において電荷密度はゼロとなり，すべての電荷は表面にのみ存在する．これは完全な導体のみに当てはまる．われわれが考えている流体系では，有限の導電性をもち，溶媒分子の熱エネルギー由来の拡散力の影響を受けるため，壁面近傍では流体はデバイ長 λ_D（第

---

1) ガウスの法則は，マクスウェル方程式とよばれる四つの方程式のうちの一つで，他の式は以下のように表すことができる．

1. 磁場に関するガウスの法則は，積分形式で以下のように与えられる．

$$\int_S \vec{B} \cdot \hat{n}\, dA = 0 \tag{5.4}$$

ここで，$\hat{n}$ は表面 S に対する外側に向かう単位法線ベクトルで，dA は表面の微小面積である．微分形式では以下のように表される．

$$\nabla \cdot \vec{B} = 0 \tag{5.5}$$

$\vec{B}$ は印加磁場であり，磁化と誘導磁場の透磁率を用いると，次のようになる．

$$\vec{B} = \mu_0(\vec{M} + \vec{H}) = \mu_0(1 + \chi_m)\vec{H} = \mu_{\mathrm{mag}}\vec{H} \tag{5.6}$$

ここで，$\vec{H}$ は誘導磁場，$\vec{M}$ は物質の総括的な磁化である．真空の透磁率 $\mu_{\mathrm{mag},0}$ は $4\pi \times 10^{-7}\ \mathrm{H/m}$ である．インダクタンスの単位 H はヘンリーで，$1\ \mathrm{H} = 1\ \mathrm{V\,s/A}$ である．物質の透磁率（単位 $[\mathrm{V\,s/A}]$）は，物質の磁化率 χ_m を用いて $\mu_{\mathrm{mag}} = \mu_{\mathrm{mag},0}(1 + \chi_m)$ で表される．磁場に関するガウスの法則は電場に関するガウスの法則と同じ形となるが，磁気単極子が存在しないため右辺はゼロとなる．

2. ファラデーの電磁誘導の法則

$$\nabla \times \vec{E} = -\frac{\partial}{\partial t}\vec{B} \tag{5.7}$$

3. アンペールの法則

$$\nabla \times \vec{H} = \vec{i} + \frac{\partial}{\partial t}\vec{D} \tag{5.8}$$

112　第 5 章　静電学と電気力学

9 章参照）で特徴づけられる，ゼロではない電荷密度をもつ．

電場をある閉曲面の周りで線積分することで，次式を得る．

$$\int_C \vec{E} \cdot \hat{t}\, ds = 0 \tag{5.12}$$

ここで，ds は微小線要素である．この式はストークスの定理を用いて次式のような微分形式に書き換えることができる．

- 渦なしの電場

$$\nabla \times \vec{E} = 0 \tag{5.13}$$

この式は電場の渦なし特性を表している．この特性は，電場の定義を考えると当然ともいえる．なぜなら，式 (5.1) で定義される電場がスカラー量としての電位の勾配であり，この勾配の回転は定義上ゼロであるためである．

ガウスの法則は次のように書くこともできる．

- 電気変位を用いたガウスの法則

$$\nabla \cdot \vec{D} = \rho_E \tag{5.14}$$

ここで，$\vec{D}$ は電気変位（electric displacement），あるいは電束密度（electric flux density）である．単位は $[\text{C/m}^2]$ であり，次のように定義される．

- 電気変位の定義

$$\vec{D} = \varepsilon \vec{E} \tag{5.15}$$

そして，式 (5.2) を用いて，次のように書くこともできる．

$$\vec{D} = \frac{q}{4\pi} \frac{\hat{r}}{\Delta r^2} \tag{5.16}$$

$\vec{E}$ と $\vec{D}$ は容易に変換可能であるが，解析の目的は大きく異なる．電場や分極などの**電荷源からの誘導現象**は，$\nabla \cdot \vec{D} = \rho_E$ の関係を用いて電気変位として記述され，**試験電荷から受ける影響**は，$\vec{F} = q\vec{E}$ の関係を用いて電場として記述される．真空中では両者はまったく同じ値となり，それ以外の物質中では異なる．

5.1.3　分極と誘電率

クーロンの法則と真空での誘電率 ε_0 で定義されるように，真空中の電荷源により電場が形成される．**真空の誘電率**（electrical permittivity in a free space）ε_0 は基礎物理定数で，$\varepsilon_0 = 8.85 \times 10^{-12}$ C/(V m) で与えられる．

物質内に置かれた電荷源から受ける影響は，(a) 連続体としての溶媒の分極，(b) 物質の分極とは関係なく存在する残留電場の 2 種類に分けることができる．そのため，物質内の電場はすべて残留電場と考えることができ，それ以外の場については物質の分極により相殺される．電場に関するガウスの法則は，電荷源の 2 種類の効果（分極と残

留電場）を電気変位という一つの項にまとめるものである.

物質の電気分極 $\vec{P}\,[\mathrm{C/m^2}]$ は単位体積あたりの双極子モーメントであり，束縛電荷の分極度合いの指標となる．溶媒の分極率は，物質の原子スケールの構造や温度の関数である電気感受率 $\chi_\mathrm{e}\,[-]$ を用いて次のように表される.

$$\vec{P} = \varepsilon_0 \chi_\mathrm{e} \vec{E} \tag{5.17}$$

物質の誘電率 $[\mathrm{C/(V\,m)}]$ は物質の分極応答と残留電場の総和で表され，$\varepsilon = \varepsilon_0(1 + \chi_\mathrm{e})$ で与えられる.

表5.1 にいくつかの物質の誘電率を示す．**相対誘電率**（relative permittivity）または**比誘電率**（dielectric constant）は次式で定義され，溶媒の電場に対する（分極と残留電場を含む）総合的な応答の比を示す.

$$\varepsilon_\mathrm{r} = \frac{\varepsilon}{\varepsilon_0} \tag{5.18}$$

表5.1　いくつかの物質の電気感受率と比誘電率

物質	χ_e	ε_r
真空	0	1
乾燥空気	5×10^{-4}	1.0005
ドデカン	1	2
ガラス	5	6
シリコン	11	12
イソプロパノール	17	18
エタノール	23	24
メタノール	32	33
アセトニトリル	36	37
水	79	80

ここでの用語のニュアンスは少しややこしい．**電気感受率**（electric susceptibility）は溶媒が電場の影響を受けてどの程度分極するかを表す．真空は分極せず，電気感受率はゼロとなるのに対し，水は双極子モーメントが大きく，電気感受率も大きくなる．**誘電率**（electric permittivity）は，電荷源によってどの程度電場が発生するかを示すもので，ガウスの法則により電場と電荷とを関連づけるのに役立つ．媒体の誘電率は，同じ電荷源に対して発生する電場が真空と比べてどの程度小さいかを意味している.

よくある誤解は，誘電率が，真空と比べて媒体がどの程度分極するかを示す指標だということである．これは正しくない理解で，なぜなら真空は分極しないからである．水の誘電率は 80 であるが，これは水が真空よりも 80 倍分極するということではない．水の誘電率は 80 であり，それは，水が分極する際に，水が分極しないとした場合に比べて残留電場が 1/80 になるためである．同様に，水の電気感受率は真空よりも 79 倍分

極することを示しているわけではなく，分極した水により発生する電場が残留電場より79倍大きいことを示している．

物質の分極を図示するために，水中に溶けているナトリウムイオンと塩化物イオンについて考えてみよう．図 5.1 にあるように，ナトリウムイオンは極性を有する水分子を電場方向に配向させ，陰イオン（塩化物イオンなど）に対する引力を発生させる．水分子は自身が分極してイオンが誘起する電場と逆方向の電場をつくり出しているため，水分子の存在によってイオンが誘起する電場を減少させている．正味の影響として，試験電荷（塩化物イオン）は引力を感じるが，その大きさはそのイオンが真空にある場合に比べるととても小さい．前述したように，クーロンの法則は個々の原子レベルでの**自由電荷**（ナトリウム，塩素）を扱うが，束縛電荷（水の OH 基）の影響を誘電率 ε をもつ連続体として組み込んでいる．5.3.1 項ではこれを拡張して，物質の有限時間での応答や誘電率の周波数特性を考慮する．

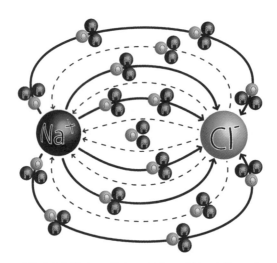

図 5.1 荷電イオンに応答する物質（この場合では水）の分極．太線：ナトリウムイオンと塩化物イオンが真空中にある場合に生成される電気力線．極性分子である水は，酸素原子（負の部分電荷をもつ）がナトリウム原子を，水素原子（正の部分電荷をもつ）が塩素原子のほうを向くように配向する．その配向により，破線で示されるような電場を自身で誘起し，溶質イオンが真空中にある場合と比べ，ほとんどの電場 $\left(\dfrac{\varepsilon_\mathrm{r}-1}{\varepsilon_\mathrm{r}}\right)$ を相殺する．その結果生じる正味の電場は，クーロンの法則で与えられる物質中の電荷（式 (5.2)）でよく近似される．なお，図中のイオンや分子のサイズは実際とは対応していない．また，分極の程度は誇張されており，式 (5.15) のような線形的な電気応答の仮定は，誘起された分極がわずかな摂動である場合にかぎり，物質の電場への応答を表す

5.1.4 誘電率の物質，周波数，電場依存性

電場中における物質は，式 (5.17) で表されるように分極する．分極は媒体中の束縛電荷が極性をもつ度合いを示すもので，正成分は電場の方向に，負成分は電場と反対の方向にそれぞれ引っ張られる．この現象には複数の機構が関与しており，それぞれが異なる時定数を有する．電場の存在下では，原子の電子雲は原子核に対して変位して**電子分極**（electric polarization）を引き起こし，原子結合が伸びて**原子分極**（atomic polarization）が発生する．100 V/cm の場合，この変位量は原子半径の約 10 億分の 1 である．これらの現象は高速で，$1 \times 10^{-15} \sim 1 \times 10^{-18}$ s の時定数で起こる．永久双極子をもつ分子は向きを変えて配向し（トルクのため，5.1.10 項参照），全体として**配向分極**（orientational porlarization）となる．この寄与が，水の誘電率を他の物質に比べて非常に大きくしている．原子分極には原子より小さな長さスケール（1 Å よりずっと小さい）の動きが必要だが，双極子の配向には原子スケール（1 Å あるいはそれ以上）の動きが必要で，時間を要する．たとえば，室温の水の実効的な回転緩和時間は約 8 ps である．配向による分極は，電場の周波数が 1×10^{12} Hz より低い場合にのみ起こる．

■準静電誘電率の周波数依存性についてのデバイ緩和モデル

式 (5.15) は，電場印加に対する溶媒（溶液）の応答が瞬間的であることを仮定している．しかし，現実の溶媒の分極には有限の時間が必要である．分極が瞬間的に起こると仮定できない系を静電方程式で記述するために，正弦波状の印加電場に対する溶媒の分極の応答の大きさを示す周波数依存の準静電誘電率 $\varepsilon(\omega)$ を定義する．この準静電誘電率を定義するにあたり，周波数依存の静電パラメータを使用することで，移動する束縛電荷の電磁力学的記述を回避している．分極の特性周波数より電場の周波数が十分に高いとき，分極の過程はほとんど効果がなく，そのためこの分極過程はその周波数での誘電率に寄与しない．したがって，$\varepsilon(\omega)$ はこれらの異なる物理的過程からの寄与の総和と考える．各過程はそれぞれの速度を表す時定数 τ をもち，たとえば原子分極の τ はおおよそ 1.0×10^{-15} s で，回転分極は約 1.2×10^{-11} s である．誘電率の**デバイモデル**（Debye model）では，分極過程 i の電気感受率への寄与は次のように表される．

$$\chi_{\mathrm{e},i}(\omega) = \frac{\chi_{\mathrm{e},i}(0)}{1 + (\omega \tau_i)^2} \tag{5.19}$$

ここで，ω は印加電場の周波数，$\chi_{\mathrm{e},i}(0)$ は定常電場における過程 i の分極への寄与，τ_i は分極過程 i の時定数である．この表現は，RC 回路のキャパシタにおける電力の周波数依存性の表現と類似している．したがって，ある物質の電気感受率は

$$\chi_{\mathrm{e}}(\omega) = \sum_i \frac{\chi_{\mathrm{e},i}(0)}{1 + (\omega \tau_i)^2} \tag{5.20}$$

116　第5章　静電学と電気力学

のように与えられ，誘電率は次式で与えられる．

$$\varepsilon(\omega) = \varepsilon_0 \left[1 + \sum_i \frac{\chi_{e,i}(0)}{1 + (\omega \tau_i)^2} \right] \tag{5.21}$$

たとえば，室温下の水では原子分極の $\chi_{e,i}$ は約5であり，配向分極の $\chi_{e,i}$ は約72であるので，室温の水の誘電率のデバイモデルによる近似は以下のようになる．

$$\varepsilon \simeq \varepsilon_0 \left[1 + \frac{5}{1 + (\omega \times 1 \times 10^{-15}\,\mathrm{s})^2} + \frac{72}{1 + (\omega \times 1.2 \times 10^{-11}\,\mathrm{s})^2} \right] \tag{5.22}$$

デバイモデルでは，媒質の応答が，配向に単一の応答時間をもつ相互作用のない双極子で構成されると仮定している．これはよい近似モデルではあるが，実験データを正しく予測するためには，より洗練されたモデルやより自由度の高いパラメータをもつモデルに置き換えなければならない．配向分極では，このデバイモデルは分子間相互作用やそれに伴う応答時間の広がりを考慮していない．原子分極や電子分極では，双極子は電場によって配向するというより電場によって双極子が形成されるため，デバイモデルは不正確である．したがって，式 (5.22) の予測は定性的と考えるべきである．

■誘電率の電場依存性

　前述したように，誘電率を使うことは，媒質が線形である，すなわち電場強度が2倍になると分極も2倍になることを意味する．これは水の電気分極や原子分極については正しい．そしてこの近似は，電場内にある各分子の固有の双極子モーメントの配向エネルギーが $k_B T$ と比べて小さい場合，すなわち分子の統計的な配向が小さい場合において成立する．ここで，k_B はボルツマン定数である（$1.38 \times 10^{-23}\,\mathrm{J/K}$）．水に $1 \times 10^9\,\mathrm{V/m}$ のオーダーの電場を印加する場合，配向エネルギーは系の熱エネルギーと同程度となり（$p_w E \simeq k_B T$），水分子は強く配向する．配向が顕著になると，物質の応答に対する線形モデルはもはや正確ではなくなる．電場の関数としての水の誘電率は，水分子の双極子モーメントの統計的なベクトル平均を近似するブリルアン関数を用いて近似的に与えられる．

$$\langle p \rangle = p_w \mathcal{B} \left(\frac{p_w E}{k_B T} \right) \tag{5.23}$$

ここで，p_w は個々の水分子の双極子モーメントの大きさ（2.95 D [訳注1]），$\langle p \rangle$ は水分子の双極子モーメントのアンサンブル平均，E は電場強度であり，$\mathcal{B}$ は二つの状態が可能な双極子配向を表すブリルアン関数，すなわち $\mathcal{B}(x) = 2 \coth 2x - \coth x$ である．式 (5.23) より，水分子のアンサンブル平均された双極子モーメント $\langle p \rangle$ は，小さな x で

訳注1) D は電気双極子モーメントの大きさを表す単位デバイ（debye）で，$1\,\mathrm{D} = 1/299792438 \times 10^{-21}$（$\approx 3.3 \times 10^{-30}$）Cm である．5.1.10 項参照．

は $\mathcal{B}(x) \simeq x$ となるため弱電場では E に対して線形的に変化するが，電場強度が無限大に近づくにつれて $\langle p \rangle = p_\mathrm{w}$ に近づく．アンサンブル平均された双極子モーメントは p_w より大きくなることはできないため，E が無限大に近づくと誘電率は $\dfrac{1}{E}$ に比例する．したがって，水の誘電率は以下のように近似できる．

$$\varepsilon_\mathrm{r}(E) = 6 + 72\,\frac{k_\mathrm{B}T}{p_\mathrm{w}E}\,\mathcal{B}\!\left(\frac{p_\mathrm{w}E}{k_\mathrm{B}T}\right) \tag{5.24}$$

ここで，6 と 72 という値は室温の水に対する近似値である[1]．定数の 6 は原子と電気の分極を含み，72 に比例する周波数依存項は配向分極に対応する．この関係は近似値であり，電歪などの非線形効果を無視している．

5.1.5 ポアソン方程式とラプラス方程式

ポアソン方程式とラプラス方程式は，時間変化する磁場が存在しない場合に適用されるガウスの法則の簡略形である．5.1.2 項より，電場に関するガウスの法則は次のように表される．

$$\nabla \cdot \vec{D} = \rho_\mathrm{E} \tag{5.25}$$

渦なしの電場（$\nabla \times \vec{E} = 0$）を考え，電場を電位勾配として表す（$\vec{E} = -\nabla\phi$）と，次のポアソン方程式が得られる．

$$-\nabla \cdot \varepsilon\nabla\phi = \rho_\mathrm{E} \tag{5.26}$$

上式は ε が非一様な場合であり，ε が一様な場合には次のように書き換えることができる．

- 均一物性をもつ流体のポアソン方程式

$$-\varepsilon\nabla^2\phi = \rho_\mathrm{E} \tag{5.27}$$

ρ_E をゼロと仮定すると，ポアソン方程式からラプラス方程式が導かれる．

- 電気的に中性な物質のラプラス方程式

$$\nabla^2\phi = 0 \tag{5.28}$$

この式は，壁から離れた位置の電解質水溶液に適用できる．

5.1.6 物質の種類による分類

物質は電場への応答性によっていくつかのカテゴリーに分類される．**理想的な誘電体**（ideal dielectirics），すなわち**完全な絶縁体**（perfect insulators）は自由電荷をもたない物質で，その電荷はすべて原子レベルで束縛されている．これらの物質は電流を流すことはできないので導電率 $\sigma = 0$ となるが，電場に応答して分極するため誘電率 ε をもつ．**完全導体**（perfect conductors），すなわち**理想的な導体**（ideal conductors）は，物質中

---

[1] $\lim_{x \to 0}\mathcal{B}(x) = x$ ではあるが，$x \to 0$ の極限で $\mathcal{B}(x)$ を評価することは数値的に難しい．

を自由に動くことができる電荷（通常は電子）をもつ．完全導体内部での電場や電荷密度はゼロであり，そのため，等電位で電気的に中性となる．外部から電場が与えられても，導体内の電荷は端部に集まって電場を完全に打ち消し，導体内の正味の電荷はすべて導体の**表面**に存在する．完全導体は $\sigma = \infty$ で，電場が存在しないために誘電率が定義されない．これらの2種類の間にある，有限の電流を流して有限の電場に応答する物質は，**弱導体**（weak conductors）あるいは**損失誘電体**（lossy dielectrics）とよばれる．これらは有限の導電率 σ と有限の誘電率 ε をもつ．電場を用いるマイクロ流体システムでは，デバイスの基板は通常は絶縁体（ガラスや樹脂など）または絶縁膜（シリコン上の酸化シリコン膜など），電極は導体，作動流体は損失誘電体として扱うことができる水溶液である．したがって，マイクロシステムの境界は絶縁体か完全導体である一方，弱導電性の液体を扱う支配方程式が使われる．

5.1.7 静電的境界条件

静電系（すべての電荷が時間変化がなく静的な系）では，二つの領域の境界に対してガウスの法則を適用して，電場の法線・接線成分の境界条件を決定できる．単位面積あたりに電荷 q'' を有する境界面が，誘電率 ε_1, ε_2 である領域1, 2で隔てられているとき，電場の法線成分の境界条件は次のようになる．

$$\varepsilon_2 \vec{E}_2 \cdot \hat{n} - \varepsilon_1 \vec{E}_1 \cdot \hat{n} = q'' \tag{5.29}$$

図 5.2 に示すように，$\hat{n}$ の方向は領域1から領域2への向きとする．境界での閉領域での線積分は，電場のあらゆる接線成分の境界条件を与える．

$$\vec{E}_1 \cdot \hat{t} = \vec{E}_2 \cdot \hat{t} \tag{5.30}$$

式 (5.30) は，表面上の任意の単位ベクトルに対して成立する．

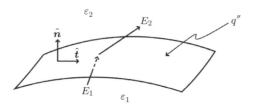

図 5.2 二つの領域の境界面．法線ベクトル $\hat{n}$ は，慣例的に領域1から領域2に向かう方向を指す．接線方向の境界条件は $\hat{n}$ に垂直な任意方向のベクトル $\hat{t}$ に対して適用される

■マイクロデバイスの壁面や入口での境界条件

絶縁体（樹脂やガラスなど）または導体（金属電極など）の表面における，弱導電性流体の電場に関する境界条件に着目する．マイクロデバイス内部の流路は，通常，導線が接続されている大きなリザーバーにつながっているため，デバイスの入口や出口を，

静電場の解析や数値計算時における境界として扱うことが多い.

表面電荷密度が q'' の絶縁壁の場合,壁面法線成分の電場（$\vec{E}_l$）はゼロと近似されるため,式 (5.29) は単純化される.よって,法線方向の境界条件は,表面電荷密度と法線方向の電位勾配を用いて与えられる.

$$\frac{\partial \phi}{\partial n} = -\frac{q''_{\text{wall}}}{\varepsilon} \tag{5.31}$$

ここで,n は法線方向の座標で,弱導電性流体側を正にとっている.

金属電極のような導電壁の場合,金属表面は定電位の境界条件を与える.

$$\phi_{\text{wall}} = V_{\text{electrode}} \tag{5.32}$$

マイクロ流路の入口や出口を厳密に扱うには,リザーバー全体の形状が必要となる.しかし,通常,リザーバーは流路に対して非常に大きいため,電極と流路入口の間における電圧降下を無視する.したがって,静電場の解析では境界条件を次のように与える.

$$\phi_{\text{inlet}} = V_{\text{inlet}} \tag{5.33}$$
$$\phi_{\text{outlet}} = V_{\text{outlet}} \tag{5.34}$$

図 5.3 にある一例のマイクロデバイスでの境界条件を示す.

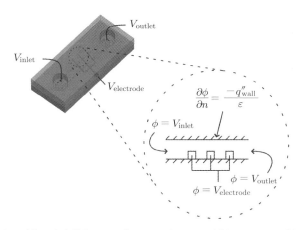

図 5.3　左上：ある電位の白金線を入口・出口のリザーバーに挿入したガラス製マイクロデバイスの模式図.流路によって入口と出口がつながっており,流路底面にはそれぞれ独立した電極パターンがある.右下：流体ドメインの模式図と,イオンや電流がない場合の静電場の境界条件.ガラス表面はある表面電荷密度の絶縁表面として扱われ,電極は導体として扱われるので等電位とし,入口と出口の電位はリザーバーに印加した電位と等しいと近似される

5.1.8　静電場の解

通常,静電場は数値的に解かれる.界面のみに電荷をもつと近似できる系では,ラプラス方程式が適用され,等角写像を使うことができる.流路断面が多角形形状で軸方向

120   第5章 静電学と電気力学

にゆっくり変化すると近似できるマイクロ流路系の場合は，シュワルツ–クリストッフェル変換（Schwartz–Christoffel transform）によって迅速に解析解を得ることができる（付録 G）．

5.1.9 マクスウェル応力テンソル

基本的に，磁場が定常で検査体積が高速に動いていなければ，粒子に作用する電気的な力は電荷と場の間のクーロン相互作用の単純和となる．マクスウェル方程式は電荷と場を関連づけるので，検査体積に作用する力は場のみの関数で表現できる．これは検査体積の表面に沿った電場が内部電荷分布よりもよくわかっている場合にはとくに有効である．ある検査体積の力を計算するには，マクスウェル応力テンソル $\vec{\vec{T}}$ を導入する．

- マクスウェル応力テンソルの定義

$$\vec{\vec{T}} = \varepsilon \vec{E}\vec{E} + \frac{1}{\mu_{\mathrm{mag}}}\vec{B}\vec{B} - \frac{1}{2}\vec{\vec{\delta}}\left(\varepsilon \vec{E}\cdot\vec{E} + \frac{1}{\mu_{\mathrm{mag}}}\vec{B}\cdot\vec{B}\right) \tag{5.35}$$

磁場がない場合には次のようになる．

- 磁場がない場合のマクスウェル応力テンソルの定義

$$\vec{\vec{T}} = \varepsilon \vec{E}\vec{E} - \frac{1}{2}\vec{\vec{\delta}}(\varepsilon \vec{E}\cdot\vec{E}) \tag{5.36}$$

これらの定義を用いて，ある検査体積に作用する力をマクスウェル応力テンソルで書くことができる．

- マクスウェル応力テンソルを用いて表される検査体積に作用する力

$$\vec{F} = \int_S (\vec{\vec{T}}\cdot\hat{\boldsymbol{n}})dA \tag{5.37}$$

マクスウェル応力テンソルは二項テンソルである（付録 C の C.2.6 項参照）．力とマクスウェル応力テンソルの関係は，第 17 章で印加電場の関数として微粒子に作用する力を求める際に使用する．

5.1.10 静電場が多極子に及ぼす影響

多重極理論（multipolar theory）は，数学的，物理的な理由から電磁場を記述するために適用される．数学的には，ラプラス方程式を解析的に解くために変数分離を使うことで多重極解（付録 F に記載）が自然に得られる．物理的には，それらの解のいくつかが，点電荷や磁気双極子など，電磁気において中心的な役割を果たすものに対応する．

ここで，単極子（点電荷）と双極子に作用する力とトルクの関係をまとめる．いずれの場合も，力は多極子の位置での印加電場の形で表される．**印加**電場とは，多極子が存在しない場合にその位置に存在したであろう電場を意味する．

■単極子（点電荷など）にはたらく電気力

点電荷に作用する電気力は次式で与えられる．

- 点電荷にはたらく力

$$\vec{F} = q\vec{E} \tag{5.38}$$

模式図を図5.4に示す．

図5.4　単極子（点電荷）にはたらく力

■双極子にはたらく電気力

非一様電場中の双極子にはたらく電気力は，構成する単極子への力の和で求められる．図5.5に模式図を示す．電気力は双極子モーメント $\vec{p}$ [C m]を用いて表すことができる．

- 電気双極子にはたらく力

$$\vec{F} = (\vec{p} \cdot \nabla)\vec{E} \tag{5.39}$$

双極子モーメントはC m あるいはデバイ（1 D ≈ 3.33×10^{-30} C m）の単位で与えられる．

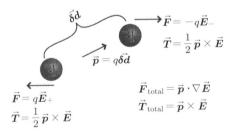

図5.5　電気双極子にはたらく力

■双極子にはたらく電気トルク

非一様電場中の双極子にはたらくトルクは，構成する単極子への力の和で求められる（図5.5）．

- 電気双極子にはたらくトルク

$$\vec{T} = \vec{p} \times \vec{E} \tag{5.40}$$

5.2　電気力学

電気力学は移動する電荷の物理を記述するものであり，水溶液に電場を印加すると溶液中の荷電イオンが移動して電流が流れるため，非常に重要である．幸いにも，電気力

122 第5章 静電学と電気力学

学のもっとも単純な側面である溶存イオンの移動に伴う電流のみを考えればよい．前述したように，マイクロ流体システムでは時間変化するような磁場はほぼ使われないため，磁場は一定であると仮定する．水溶液の電流はゆっくり動くイオンによって運ばれるため，移動する電荷にはたらく電磁力（$\vec{F} = q\vec{u}_{\text{ion}} \times \vec{B}$）も無視する．そのため，本章では電荷保存則のみを扱い，電気力学の分野の多くの内容には触れない．

5.2.1 電荷保存則

電荷保存則は積分形式で次のように表される．

$$\frac{d}{dt}\sum q + \int_S \vec{i} \cdot \hat{\boldsymbol{n}}\, dA = 0 \tag{5.41}$$

また，微分形式（発散定理を適用）では次のように表される．

$$\frac{\partial \rho_{\text{E}}}{\partial t} + \nabla \cdot \vec{i} = 0 \tag{5.42}$$

上式は電荷の**運動**を記述するものであり，静電気学というよりは電気力学の範疇である．記号 $\vec{i}$ は電流密度（電荷流束と等価）であり，水溶液では，流体に対するイオン輸送に由来するオーム電流と荷電の対流および拡散の両方が含まれる．オーム電流の流束（流体に対して相対的な自由電荷の移動による電流の流束）は，次式で与えられる．

$$\vec{i} = \sigma \vec{E} \tag{5.43}$$

ここで，σ は媒質の導電率である．マイクロ流体システムのほとんどの領域では，このオーム電流が対流や拡散によるイオン輸送よりも支配的となる．

5.2.2 電気力学の境界条件

電気力学の境界条件は，ガウスの法則と界面における電荷保存則の組み合わせで与えられる．法線方向の静電場に関する条件はそのまま適用できる．

$$\varepsilon_2 \vec{E}_2 \cdot \hat{\boldsymbol{n}} - \varepsilon_1 \vec{E}_1 \cdot \hat{\boldsymbol{n}} = q'' \tag{5.44}$$

接線方向の静電条件は同様に，

$$\vec{E}_1 \cdot \hat{\boldsymbol{t}} = \vec{E}_2 \cdot \hat{\boldsymbol{t}} \tag{5.45}$$

となる．これに次式で与えられる界面全体の電荷保存則が加わる．

- 界面での電荷の動的条件

$$\frac{\partial q''}{\partial t} = \vec{i}_1 \cdot \hat{\boldsymbol{n}} - \vec{i}_2 \cdot \hat{\boldsymbol{n}} \tag{5.46}$$

電流が厳密にオーム電流（すなわち，イオン輸送は電流によるもののみで，対流や拡散が無視できる場合）のみだとすると，次のようになる．

$$\frac{\partial q''}{\partial t} = \sigma_1 \vec{E}_1 \cdot \hat{n} - \sigma_2 \vec{E}_2 \cdot \hat{n} \tag{5.47}$$

ガウスの法則は電場の法線成分と界面の電荷密度を関係づける一方，電荷保存則は電場の法線成分と界面における電荷密度の時間微分を関連づける．

例題 5.1 誘電率 ε_1, ε_2, 導電率 σ_1, σ_2 をもつ 2 物質間の界面を考える．定常状態であるとする．

界面でガウスの法則を適用すると，界面法線方向の電束密度（電気変位ともよばれる）の境界条件を導くことができる．

$$\varepsilon_2 \vec{E}_2 \cdot \hat{n} - \varepsilon_1 \vec{E}_1 \cdot \hat{n} = q'' \tag{5.48}$$

イオンの拡散が無視できるとすると，オーム電流は $\vec{i} = \sigma \vec{E}$ で与えられる．定常状態の界面における電荷保存則は次のようになる．

$$\sigma_1 \vec{E}_1 \cdot \hat{n} - \sigma_2 \vec{E}_2 \cdot \hat{n} = 0 \tag{5.49}$$

したがって，電流が界面を通過する場合，平衡状態の溶液の表面には電荷密度が存在しなければならない．この界面の電荷密度を，物質のパラメータと $\vec{E}_2 \cdot \hat{n}$ を用いて表せ．

解 平衡状態における電荷保存則より，

$$\sigma_1 \vec{E}_1 \cdot \hat{n} = \sigma_2 \vec{E}_2 \cdot \hat{n} \tag{5.50}$$

となり，これより次式が導かれる．

$$\vec{E}_1 \cdot \hat{n} = \frac{\sigma_2}{\sigma_1} \vec{E}_2 \cdot \hat{n} \tag{5.51}$$

ガウスの法則より，

$$\varepsilon_2 \vec{E}_2 \cdot \hat{n} - \varepsilon_1 \vec{E}_1 \cdot \hat{n} = q'' \tag{5.52}$$

となり，式 (5.51) の $\vec{E}_1 \cdot \hat{n}$ を式 (5.52) に代入して，次式となる．

$$\varepsilon_2 \vec{E}_2 \cdot \hat{n} - \varepsilon_1 \frac{\sigma_2}{\sigma_1} \vec{E}_2 \cdot \hat{n} = q'' \tag{5.53}$$

これを整理すると，次式が得られる．

$$q'' = \left(\varepsilon_2 - \varepsilon_1 \frac{\sigma_2}{\sigma_1} \right) \vec{E}_2 \cdot \hat{n} \tag{5.54}$$

■電極の電流境界条件

導電性のある金属電極に電圧を印加すると，界面を通過する電流が誘起される．しかし，電流は金属では電子によって運ばれるのに対して，溶液ではイオンによって運ばれるため，界面は複雑である．よって，電流が電極を通過するには，電気化学反応が起こ

図 5.6 電極での電流と電位差

る必要がある．この反応は，図 5.6 に示すように，電極とそれに接する溶液との間の電位差によって駆動される．電流密度は以下のバトラー–ボルマー式（Butler–Volmer equation）で定義される[1]．

$$\vec{i}_1 \cdot \hat{n} = i_0 \left[\exp\left(\frac{-\alpha nF(\phi_2 - \phi_1)}{RT}\right) - \exp\left(\frac{(1-\alpha)nF(\phi_2 - \phi_1)}{RT}\right) \right] \quad (5.55)$$

ここで，n は化学反応で移動する電子数，F はファラデー定数，ϕ_1，ϕ_2 はそれぞれ溶液と電極表面の電位である．$R = k_B N_A$ は一般気体定数，T は温度，i_0 は交換電流密度[2]とよばれる定数，α は 0~1 の値をとるパラメータで ϕ_1，ϕ_2 への化学遷移の感度を表す．化学遷移状態に関する詳細な情報がないため，多くの場合には化学遷移状態が両電位に等しく感度をもつとして，α を $\frac{1}{2}$ と仮定する．

電位差が $\frac{RT}{nF}$（電子 1 個の反応で室温では約 25 mV）に対して小さい場合，バトラー–ボルマー式の 1 次のテイラー級数展開は次のようになる．

$$\vec{i}_1 \cdot \hat{n} = i_0 \frac{nF(\phi_1 - \phi_2)}{RT} \quad (5.56)$$

このとき，界面の実効的な抵抗は $\frac{RT}{i_0 nF}$ である．電流が増大して式 (5.55) 中の指数項が大きくなるにつれて，この実効抵抗は低下する．

5.2.3 基板での電気力線

完全な絶縁体や導体が弱導電性液体と接すると，図 5.7 に示すように，界面での電気力線の形状が明確になる．導体内部は接線方向の電場はゼロであるので，導体の外縁

---

[1] 式 (5.55) は，物質交換が無限に速く，電極表面のイオン濃度がバルク溶液と平衡状態にある場合に有効である．そうでない場合は物質移動も考慮する必要がある．
[2] 交換電流密度は，電位差がゼロの場合の電流密度である．

5.3 電気力学的諸量の解析的表現：複素誘電率と複素導電率　125

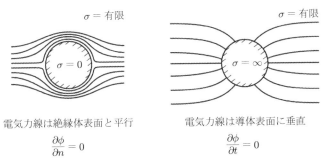

図 5.7　弱導電性液体と接する絶縁体と導体の電気力線の境界条件

近傍でも電場の接線成分はゼロとなり，導体のすぐ外側の電場は**法線**成分のみとなる．同様に，絶縁体の導電率はゼロであるため表面に対して法線方向の電流はゼロでなければならず，電場は絶縁体外縁部の**接線**方向成分のみとなる．

5.3　電気力学的諸量の解析的表現：複素誘電率と複素導電率

G.3 節では，電場が正弦波状に時間変化する場合，電圧とその微分との関係が特殊な形をとることに触れている．ここでは，実現象を複素関数に置き換えることができる正弦波信号に対する**解析的表現**を用いる．このアプローチにより，正弦波状の電場に対する系の応答の解析が非常に簡単になる．正弦波状の印加電場に対して，実際の電場 $\vec{E} = \vec{E}_0 \cos \omega t$ は解析的表現の $\vec{E} = \vec{E}_0 \exp j\omega t$ に，線形な電気力学の式は等価な解析的表現に置き換えることができる．印加周波数に応じて全パラメータが変わるようなこれらの線形システムでは，$\exp j\omega t$ を各項から落とすことができ，結果をフェーザ形式で厳密に書くことができる．たとえば，$\vec{D} = \varepsilon \vec{E}$ は次のように置き換えられる．

$$\vec{\underset{\sim}{D}} = \varepsilon \vec{\underset{\sim}{E}} \tag{5.57}$$

ここで，$\vec{\underset{\sim}{D}}$ は電束密度の解析的表現であり，また，以下のようにも書き換えられる．

$$\vec{D}_0 = \varepsilon \vec{E}_0 \tag{5.58}$$

ここで，$\vec{D}_0$ と $\vec{E}_0$ はそれぞれ電束密度と電場のフェーザである．

解析的表現を用いることで，電気変位の準静電的関係とオーム電流に関する電気力学的関係を組み合わせて使うことができる．そうすることで，静止媒質中の二つの電流源が一つの複素方程式にまとめられる．

- 電束密度とオーム電流の複素和

$$\vec{\underset{\sim}{D}} + \frac{\vec{\underset{\sim}{i}}}{j\omega} = \varepsilon \vec{\underset{\sim}{E}} + \frac{\sigma \vec{\underset{\sim}{E}}}{j\omega} = \underset{\sim}{\varepsilon} \vec{\underset{\sim}{E}} \tag{5.59}$$

ここで，$\underset{\sim}{\varepsilon}$ は以下のように定義される複素誘電率（complex permittivity）である．

- 複素誘電率の定義

$$\underset{\sim}{\varepsilon} = \varepsilon + \frac{\sigma}{j\omega} \tag{5.60}$$

この2種の電流（オーム電流と変位電流）を図 5.8 に示す．同様に，式 (5.59) を次式のように表すことができる．

$$\vec{\underset{\sim}{i}} + j\omega \vec{\underset{\sim}{D}} = \underset{\sim}{\sigma} \vec{\underset{\sim}{E}} \tag{5.61}$$

ここで，**複素導電率**（complex conductivity）は次のように与えられる．

$$\underset{\sim}{\sigma} = j\omega \underset{\sim}{\varepsilon} = \sigma + j\omega\varepsilon \tag{5.62}$$

この表現では，一つの複素パラメータ（通常は $\underset{\sim}{\varepsilon}$）が（自由電子の移動による）オーム電流と（束縛電荷の移動による）変位電流の両方を表している．複素表現であるために $\underset{\sim}{\varepsilon}$ と $\underset{\sim}{\sigma}$ にアンダーチルダが使われているが，これは他の正弦関数の解析的表現と混同しないようにするためである．これらは，変位電流とオーム電流を関係づける解析的表現を組み合わせる際に用いられる，時間非依存の複素変数である．

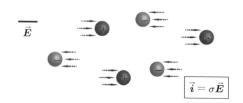

（a）オーム電流：自由電子の移動

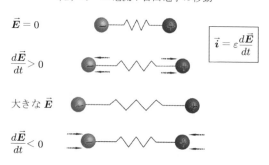

（b）変位電流：束縛電荷の移動

図 5.8 オーム電流と変位電流．(a) 電解質中のオーム電流は電場に応答する自由電子（イオン）の運動を記述するものである．電流は電場に比例し，導電率 σ が構成定数である．(b) 変位電流は電場に応答する束縛電荷（共有結合，原子核や電子軌道などの部分電荷）の運動を記述するものである．変位電流は電場の時間微分に比例し，誘電率 ε が構成定数である

5.3.1 誘電損失の複素表現

先の記述と 5.1.4 項の記述はどちらも不完全である．これらを組み合わせることで，

オーム電流の電気力学的記述と損失を無視した変位電流の準静電的な記述の両方を説明できる．現実の系では，振動する束縛双極子のエネルギーが吸収されて熱に変換される誘電損失が発生する．物質が示す準静電的な分極応答（**誘電率の実部**）には ε' を使うのが一般的であり，これは印加電場と同位相である．そして，振動分極の熱への変換（**誘電率の虚部**あるいは**誘電損失**^{訳注1)}）には ε'' を使うのが一般的であり，この変換は分極の微分と同位相となるので，印加電場とは $90°$ の位相差をもつ．有限の誘電損失をもつ物質に正弦的電場を与える場合，複素誘電率 ε は次のようになる．

$$\varepsilon = \varepsilon' + \frac{\varepsilon''}{j} + \frac{\sigma}{j\omega} = \varepsilon' - j\left(\varepsilon'' + \frac{\sigma}{\omega}\right) \tag{5.63}$$

物質応答を表すデバイモデルでは，ε' は

$$\varepsilon'(\omega) = \varepsilon_0\left[1 + \sum_i \frac{\chi_{e,i}(0)}{1 + (\omega\tau_i)^2}\right] \tag{5.64}$$

となり，ε'' は次のようになる．

$$\varepsilon''(\omega) = \varepsilon_0\left[\sum_i \frac{\chi_{e,i}(0)\omega\tau_i}{1 + (\omega\tau_i)^2}\right] \tag{5.65}$$

デバイモデルは，物質の応答を双極子の配向として扱うものであり，このモデルは水の配向分極を表現するのに適している．

これらの関係から，ε' は媒質がどの程度配向するかの指標であり，そして ε'' は相対的な媒質応答と $\omega\tau_i$ との積であることがわかる．高周波では，媒質が配向する時間がなく電場から媒質にエネルギーが伝わらないために，エネルギー散逸は小さい．低周波では媒質が各サイクル中に分極するが，サイクル数が少ないためにエネルギー散逸は小さい．一方，$\frac{1}{\tau_i}$ に近い周波数では，媒質は非常に強く分極し（定常状態の半分の分極），サイクル数も多い．したがって，サイクルごとに大きなエネルギーが媒質に伝わるうえ，1秒間あたりのサイクル数も多い．全体としての熱へのエネルギー変換量は $\frac{\sigma}{\omega} + \varepsilon''$ に比例する．

本書では直接使わないが，複素量 $\varepsilon' + \frac{1}{j}\varepsilon''$ は解析関数[1]であり，ε' と ε'' は付録Gで説明されているクラマース–クローニッヒの式（Kramers–Krönig relations）で関連づけられる．

訳注1）複素誘電率の実部と虚部に関して，原著ではそれぞれ reactive permittivity, dissipative permittivity (or dielectric loss) という表現が用いられている．本書では読者が理解しやすいように，より一般的な表現を採用している．

1) $\varepsilon' + (1/j)\varepsilon''$ を複素誘電率とよぶこともあるが，本書ではこの用語は $\varepsilon = \varepsilon' + (1/j)\varepsilon'' + \sigma/(j\omega)$ に使用する．

$$\varepsilon'(\omega) = \frac{2}{\pi} \int_0^\infty \frac{\varpi \varepsilon''(\varpi)}{\varpi^2 - \omega^2} d\varpi \tag{5.66}$$

$$\varepsilon''(\omega) = -\frac{2}{\pi} \int_0^\infty \frac{\omega \varepsilon'(\varpi)}{\varpi^2 - \omega^2} d\varpi \tag{5.67}$$

これらの関係式は厳密ではあるが，直感的な理解をすぐに得られるものではない．デバイモデルにおける誘電率を表すシグモイド関数の場合は，次の関係が成立し，この関係は $\omega = \frac{1}{\tau_i}$ では厳密に，$\omega = \frac{1}{\tau_i}$ の近くでは近似的に成立する．

$$\varepsilon'' \simeq -\frac{1}{\tau_i} \frac{\partial \varepsilon'}{\partial \omega} \simeq -\omega \frac{\partial \varepsilon'}{\partial \omega} = -\frac{\partial \varepsilon'}{\partial (\ln \omega)} \tag{5.68}$$

片対数グラフにプロットすると，この誘電損失は分極応答の微分に対しておおよそ比例する．よって，エネルギー散逸が顕在するのは，誘電率が ω とともに減少する周波数と一致する．誘電率と誘電損失の周波数依存性を図 5.9 に示す．

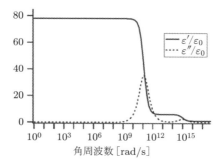

図 5.9 全モードについてデバイモデルで求められた誘電率と誘電損失の周波数依存性

5.4 電気回路

電気回路において，理想化された要素と電圧と電流を関連づける単純な関係について考える．以下では回路の構成要素を列挙し，インピーダンスやフェーザなどの表記について説明し，回路の関係式をまとめる．ここでは，電気特性が明確に定義された離散化した各要素に対する静電場や電気力学の記述について説明する．

5.4.1 構成要素と性質

理想的な回路の主要な構成要素には，電圧源（voltage sources），導線（wires），抵抗（resistors），キャパシタ（capacitors），インダクタ（inductors）が含まれる．電圧

源はある地点に電圧 $V\,[\mathrm{V}]$ を規定するものである．理想的な導線は同じ電圧 V または電位[1]の空間領域を接続する．理想的な抵抗（図 5.10）は，抵抗値[2] $R\,[\Omega]$ で定義される．電荷の移動に対して有限の抵抗値をもち，電圧と電流の関係は次式で与えられる．

$$\Delta V = IR \tag{5.69}$$

理想的なキャパシタ（図 5.11）は，キャパシタンス $C\,[\mathrm{F}]$ で与えられる．電荷を運ぶ有限の容量をもち，電圧と電流の関係は $I = C\dfrac{d}{dt}\Delta V$ で与えられる[3]．理想的なキャパシタは誘電体で隔てられた 2 枚の導体で構成される．2 枚の導体はそれぞれ電圧が印加されており，内部の誘電体の分極によって導体表面に電荷が発生する[4]．キャパシタを電子が直接通過するわけではないが，キャパシタの両側の相対的な電子の移動が電流となる．理想的なインダクタ（図 5.12）はインダクタンス $L\,[\mathrm{H}]$ をもち，電圧と電流の間に $\Delta V = L\dfrac{d}{dt}I$ の関係をもつ[5]．電圧源とこれらの抵抗，キャパシタ，インダクタを導線で接続して電気回路を構築する．

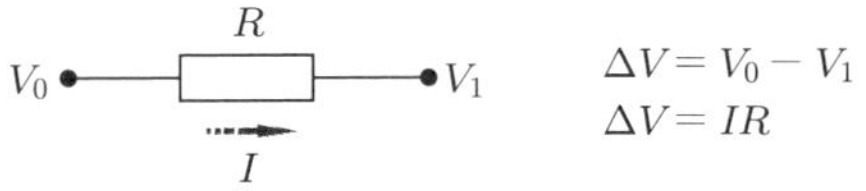

図 5.10 抵抗の記号と電圧−電流の関係

図 5.11 キャパシタの記号と電圧−電流の関係

---

[1] 電気回路の接点の電圧は V を用いて表すが，連続体中の空間分布を考える際には電位を表す ϕ を用いる．
[2] 本書では抵抗値と半径のどちらにも記号 R を用いている．また，抵抗値の逆数をコンダクタンス G と定義する（$G = 1/R$）．
[3] 本書では C はキャパシタンス，c はモル濃度を表す．
[4] キャパシタンスの定義に関わるのでキャパシタの定義は重要であるが，他の回路要素と比べてわかりにくい．第 16 章ではより複雑な系での等価キャパシタンスを定義する際に重要となる．キャパシタのキャパシタンスを評価するために，キャパシタにおける電圧降下をプラス側の導体からマイナス側の導体の電位を引いたものとして定義し，またキャパシタに蓄えられる電荷をマイナス側の導体に蓄えられる電荷で定義する．これらはどちらも正の値をとるため，キャパシタンス（電圧降下に対する蓄積電荷の比と定義）もその定義から正である．単一の導体のキャパシタンスについて述べることがあるが，これは無限大の半径で電圧がゼロの第 2 の導体からなるシェルを仮定している．この単一導体に蓄えられた電荷は，マイナス側の導体の電荷として定義されるため，単一導体に正の電圧を印加すると，キャパシタに蓄積される電荷の符号はその導体の電荷とは逆になる．
[5] 本書ではインダクタンスについて論じることはほとんどないため，L は長さを表すために使う．

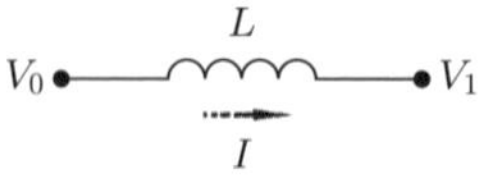

130 第 5 章 静電学と電気力学

$$V_0 \circ\!\!-\!\!\overbrace{}^{L}\!\!-\!\!\circ V_1 \qquad \Delta V = V_0 - V_1$$

$$\Delta V = L \frac{d}{dt} I$$

図 5.12 インダクタの記号と電圧−電流の関係

例題 5.2 抵抗値 R の抵抗とキャパシタンス C のキャパシタの並列回路を考える．この回路に $(\Delta V_0 > 0)$ で電圧 $\Delta V = \Delta V_0 \cos \omega t$ が印加されている．

電流保存則，および $I_R = \dfrac{\Delta V}{R}$ と $I_C = C \dfrac{d}{dt} \Delta V$ の関係を用いて，抵抗を流れる電流，キャパシタを流れる電流，回路を流れる全電流を求めよ．解答は位相遅れを伴う余弦関数（コサイン）の形で記すこと．．

解 抵抗を流れる電流は，

$$I_R = \frac{\Delta V}{R} = \frac{\Delta V_0}{R} \cos \omega t \tag{5.70}$$

キャパシタを流れる電流は，$I_C = C \dfrac{d}{dt} \Delta V = -C \Delta V_0 \, \omega \sin \omega t$，つまり，

$$I_C = C \Delta V_0 \omega \cos\left(\omega t + \frac{\pi}{2}\right) \tag{5.71}$$

となる．電流保存則より，回路を流れる全電流は $I = \dfrac{\Delta V_0}{R} \cos \omega t - C \Delta V_0 \, \omega \sin \omega t$ となる．三角関数の関係式 $a \sin x + b \cos x = \sqrt{a^2 + b^2} \cos(x + \alpha)$（ただし，$\alpha = \mathrm{atan2}(a, b)$）を用いると，$I = \dfrac{\Delta V_0}{R} \sqrt{1 + \omega^2 R^2 C^2} \cos\left[\omega t + \mathrm{atan2}\left(-C\Delta V_0 \, \omega, \dfrac{\Delta V_0}{R}\right)\right]$ となり，したがって，

$$I = \frac{\Delta V_0}{R} \sqrt{1 + \omega^2 R^2 C^2} \cos[\omega t + \tan^{-1}(-\omega RC)] \tag{5.72}$$

となる．関数 atan2 の定義によれば，一つめの引数が負であるため，位相差は $\tan^{-1}(-\omega RC) + 2\pi$ で与えられる．なお，式 (5.72) では 2π は省略している．

5.4.2 インピーダンス

回路素子のインピーダンスは，オームの法則（$V = IR$）を交流回路に拡張した複素量である．電流と電圧が正弦関数の場合の解析的な表現は，次のようになる．

$$V = \mathrm{Re}(\underset{\sim}{V}) = \mathrm{Re}\{V_0 \exp[j(\omega t + \alpha_V)]\} = \mathrm{Re}(V_0 \exp j\omega t) \tag{5.73}$$

$$I = \mathrm{Re}(\underset{\sim}{I}) = \mathrm{Re}\{I_0 \exp[j(\omega t + \alpha_I)]\} = \mathrm{Re}(I_0 \exp j\omega t) \tag{5.74}$$

そして回路要素に対して，電圧と電流の間に $\underset{\sim}{V} = \underset{\sim}{I} \, \underset{\sim}{Z}$ または $V_0 = I_0 \underset{\sim}{Z}$ と表される**インピーダンス $\underset{\sim}{Z}$** を定義する．ε や σ の場合と同様，インピーダンス $\underset{\sim}{Z}$ はオーム電流とキャパシタの電流を組み合わせた複素数である．各回路要素はそれぞれの特性に対応した複素インピーダンスをもつ．

5.4 電気回路 131

- 抵抗のインピーダンス

$$Z = R \tag{5.75}$$

- キャパシタのインピーダンス

$$Z = \frac{1}{j\omega C} = \frac{1}{\omega C} \exp\left(-j\frac{\pi}{2}\right) \tag{5.76}$$

- インダクタのインピーダンス

$$Z = j\omega L = \omega L \exp\left(j\frac{\pi}{2}\right) \tag{5.77}$$

5.4.3 回路の関係式

オームの法則とインピーダンスの関係から，要素を通過する電流や要素での電圧降下を求めることができる．これら要素のネットワークで構成される回路では，電流保存則を用いたキルヒホッフの電流の法則（Kirchhoff's current law）によって，この回路ネットワークの要素が結びつけられる（**図 5.13**）．

- 電流保存のキルヒホッフの法則

$$\sum_{\text{channels}} I = 0 \tag{5.78}$$

ここでの I は，接点に**向かう**向きが正と定義される．回路ネットワークは，オームの法則と回路要素のインピーダンスの関係より構築される代数方程式系として解くことができる．

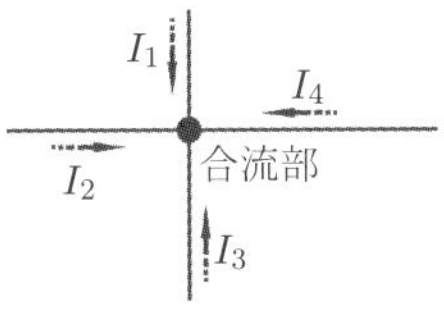

$$\sum I = I_1 + I_2 + I_3 + I_4$$
$$= 0$$

図 5.13 4 回路要素をつなぐ接点におけるキルヒホッフの法則

5.4.4 直列と並列に関する規則

並列・直列回路でのキルヒホッフの法則は，回路要素の組み合わせの応答を決めるために使われる．

■直列回路における規則

直列に接続された二つの抵抗の抵抗値は，それぞれの抵抗値の和と等しい．

- 抵抗の直列回路則
$$R = R_1 + R_2 \tag{5.79}$$

直列に接続された二つのキャパシタのキャパシタンスの逆数は，各キャパシタンスの逆数の和と等しい．

- キャパシタの直列回路則
$$\frac{1}{C} = \frac{1}{C_1} + \frac{1}{C_2} \tag{5.80}$$

直列に接続された二つのインダクタのインダクタンスは，その和と等しい．

- インダクタの直列回路則
$$L = L_1 + L_2 \tag{5.81}$$

そして，二つのインピーダンスを直列に接続したときのインピーダンスは，その和と等しい．

- インピーダンスの直列回路則
$$\utilde{Z} = \utilde{Z_1} + \utilde{Z_2} \tag{5.82}$$

これらの直列接続の関係を図 5.14 に示す．

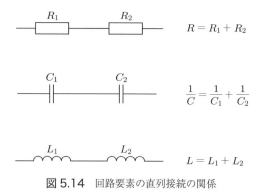

図 5.14　回路要素の直列接続の関係

■並列回路における規則

並列に接続された二つの抵抗の抵抗値の逆数は，各抵抗値の逆数の和と等しい．

- 抵抗の並列回路則
$$\frac{1}{R} = \frac{1}{R_1} + \frac{1}{R_2} \tag{5.83}$$

並列に接続された二つのキャパシタのキャパシタンスは，各キャパシタンスの和と等しい．

- キャパシタの並列回路則

$$C = C_1 + C_2 \tag{5.84}$$

並列に接続された二つのインダクタのインダクタンスの逆数は，それぞれのインダクタンスの逆数の和と等しい．

- インダクタの並列回路則

$$\frac{1}{L} = \frac{1}{L_1} + \frac{1}{L_2} \tag{5.85}$$

そして，二つのインピーダンスを並列に接続したときのインピーダンスの逆数は，それぞれのインピーダンスの逆数の和と等しい．

- インピーダンスの並列回路則

$$\frac{1}{\underline{Z}} = \frac{1}{\underline{Z}_1} + \frac{1}{\underline{Z}_2} \tag{5.86}$$

これらの並列接続の関係を図 5.15 に示す．

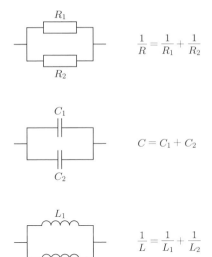

図 5.15　回路要素の並列接続の関係

5.5　電解質で満たされたマイクロ流路内の等価回路

　マイクロ流路内の流体と電荷の輸送を完全に記述するには，通常は比較的複雑な解析が必要だが，1 次元（1 D）モデルは直感的理解やシステム設計の指針となる近似解をもたらしてくれる．マイクロ流路を 1 次元要素，流路の交差部を接点とみなし，電気と

134 第 5 章 静電学と電気力学

流体の特性をどちらも回路要素でモデル化する.

この方法は，いくつかの理由から，マイクロ流体デバイスの解析にとても適している．まず，マイクロ流路は直径に比べてはるかに長いため，完全に発達した流れの仮定がよく成立することである．次に，複雑な流路ネットワークは，マイクロシステムのいたるところに見られることである．

5.5.1 流体要素と等価電気回路

1 次元モデルを用いてマイクロシステムの電流や電圧を記述するために，マイクロ流路を等価な電気要素を用いて表現し，システムを電気回路で置き換える．流路を抵抗で，合流部を接点で，電極をキャパシタとしてモデル化する．支配方程式は，オームの法則（$\Delta V = IR$ あるいは $\Delta V = I Z$）で，境界条件は各接点でのキルヒホッフの法則[1]で与えられる．

■流路の等価電気回路

マイクロ流路の 1 次元モデルは，流路形状と流体の導電率 σ で定められる抵抗値 R の抵抗である．

● マイクロ流路中の流体の抵抗

$$R = \frac{L}{\sigma A} \tag{5.87}$$

ここで，L は流路長さ，σ は流体の導電率，A は流路の断面積である．導電率の SI 表記はオームとメートルの逆数 $[\Omega^{-1}\,\mathrm{m}^{-1}]$ だが，マイクロジーメンス毎センチメートル $[\mu\mathrm{S/cm}]$ あるいはミリジーメンス毎メートル $[\mathrm{mS/m}]$ のほうが一般的に用いられている．なお，ジーメンスはオームの逆数である（$1\,\mathrm{S} = 1\,\Omega^{-1}$）[2]．

断面積が急に変化するようなマイクロ流路は，複数の抵抗を用いて表す．連続的かつ徐々に断面積や導電率が変化するような系については，1 次元の積分形式を用いる．

$$R = \int_{x_1}^{x_2} \frac{1}{\sigma(x)A(x)} dx \tag{5.88}$$

ここで，x_1，x_2 はそれぞれ流路の始点と終点である（$L = x_2 - x_1$）．σ と A は x の関数とする．

---

1) 電圧を $\Delta V = V_{\mathrm{inlet}} - V_{\mathrm{outlet}}$ と定義する．また，入口から出口に流れる電流 I を正と定義する．
2) 式 (5.87) は，追加のコンダクタンスを与える表面効果については考えていない．この内容については演習問題 11.9 参照.

■流路の交差部分の等価電気回路

1次元モデルでは，流路の交差部を接点として扱ってキルヒホッフの法則を適用する．

- 電流保存のキルヒホッフの法則

$$\sum_{\text{channels}} I = 0 \tag{5.89}$$

ここで，I は接点に**向かう**電流を表す．

■電極の等価電気回路

電極は，固体の導体と電解質溶液の界面を指す．リザーバーに挿入された金属導線やデバイス表面に設置された金属電極に電圧源を接続して，電場を印加する[1]．このとき，界面（第 16 章で詳説）は以下のように近似されるキャパシタンスをもつ．

- 電気二重層をもつ金属電極のキャパシタンス

$$C = \frac{\varepsilon A_{\text{electrode}}}{d_{\text{electrode}}} = \frac{\varepsilon A_{\text{electrode}}}{\lambda_{\text{D}}} \tag{5.90}$$

ここで，C はキャパシタンス，$A_{\text{electrode}}$ は**電極表面積**，ε は溶液の誘電率，λ_{D} は溶液のデバイ長（Debye length）で，第 9 章で定義するがおおよそ 1〜100 nm である．電極で起こる反応（電解質でのイオンを消費または発生する化学反応を通じて，電子を消費または発生させる）もまた実効的な抵抗となるが，これは電極の触媒挙動の関数であり（5.2.2 項），電極の速度論モデルで予測できる．しかし，マイクロ流体システムは高い抵抗値をもつため，電極の抵抗は通常は無視できる．

以上の関係より，マイクロ流路に作用する電位は，抵抗とキャパシタの系に作用する電位のようにモデル化できる（マイクロ流路が 1 次元モデルでよく近似できる場合）．4 ポートのマイクロ流体デバイスの例を図 5.16 と図 5.17 に示す．

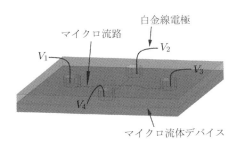

図 5.16 単純なマイクロ流体デバイス

---

[1] すべての電極が金属である必要はないが，金属電極がもっとも一般的である．

136　第 5 章　静電学と電気力学

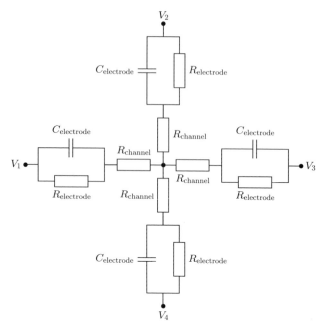

図 5.17　図 5.16 のデバイスに対応する回路

例題 5.3　抵抗値 R の抵抗とキャパシタンス C のキャパシタによる並列回路を考える．この回路に電圧 $\Delta V = \Delta V_0 \cos \omega t\,(\Delta V_0 > 0)$ が印加されている．

　この回路の電圧降下を解析的表現で記せ．また，$I = \dfrac{\Delta V}{Z}$ の関係と並列回路での複素インピーダンスの規則を用いて，この回路を流れる全電流の解析的表現とフェーザ表示を求めよ．次に，同様の関係式を用いて回路の各要素を流れる電流の解析的表現およびフェーザ表示を示せ．それらの値を求めたら，電流を実数で記せ．　複素数の関係式については，必要に応じて付録 G を参照せよ．

解　抵抗のインピーダンスは $Z_R = R$，キャパシタのインピーダンスは $Z_C = \dfrac{1}{j\omega C}$ である．並列回路の規則を用いると，全インピーダンスは $\dfrac{1}{Z} = \dfrac{1}{R} + j\omega C$ すなわち $Z = \dfrac{R}{1+j\omega RC}$ となる．

　電圧の解析的表現は $\Delta V = \Delta V_0 \exp j\omega t$ で，フェーザ表示は $\Delta V_0 = \Delta V_0$ となる．解析的表現およびフェーザ表示に対するオームの法則は，それぞれ $I = \dfrac{\Delta V}{Z}$ と $I_0 = \dfrac{\Delta V_0}{Z}$

である．抵抗を通過する電流のフェーザ表示は $I_0 = \dfrac{\Delta V_0}{R}$ となり，その大きさは $\dfrac{\Delta V_0}{R}$，角度は $\operatorname{atan2}\left(0, \dfrac{\Delta V_0}{R}\right) = 0$ である．同様に，キャパシタを通過する電流のフェーザ表示は $I_0 = \Delta V_0 j\omega C$ であり，その大きさは $\Delta V_0 \omega C$，角度は $\operatorname{atan2}(\Delta V_0 \omega C, 0) = \dfrac{\pi}{2}$ である．回路全体を通過する電流のフェーザ表示は $I_0 = \Delta V_0 \dfrac{1 + j\omega RC}{R}$ であり，その大きさは $\dfrac{\Delta V_0}{R}\sqrt{1 + \omega^2 R^2 C^2}$，角度は $\operatorname{atan2}\left(V_0 \omega C, \dfrac{V_0}{R}\right) = \tan^{-1}(\omega RC)$ である．実際の物理量に戻ると，抵抗，キャパシタの電流はそれぞれ $I_R = \Delta V_0 R \cos \omega t$ および $I_C = \Delta V_0 \omega C \cos\left(\omega t + \dfrac{\pi}{2}\right)$ そして回路全体の電流は $I = \dfrac{\Delta V_0}{R}\sqrt{1 + \omega^2 R^2 C^2} \cos\left[\omega t + \tan^{-1}(\omega RC)\right]$ である．

例題 5.4 誘電率 ε，導電率 σ の媒質を内包する平行平板キャパシタを考える．周波数 ω の正弦波状の電場を印加すると仮定する．この系を理想キャパシタと抵抗の並列回路としてモデル化せよ．ただし，キャパシタ特性は媒質の誘電率で，抵抗特性は媒質の導電率で定義されるとする．

この電場に対して，角周波数 ω，キャパシタ面積 A，間隔 d，誘電率 ε，導電率 σ を用いて，キャパシタの複素インピーダンスを表せ．そして，この複素インピーダンスを実効誘電率（このキャパシタ−抵抗の回路が単一のキャパシタであったと仮定した場合の複素インピーダンスを与える誘電率）を用いて表し，この実効誘電率が複素誘電率によって $\underset{\sim}{\varepsilon} = \varepsilon + \dfrac{\sigma}{j\omega}$ と与えられることを示せ．

解 平行平板キャパシタのキャパシタンスは $C = \dfrac{\varepsilon A}{d}$，平行平板の抵抗は $R = \dfrac{d}{\sigma A}$ であり，キャパシタの複素インピーダンスは $\underset{\sim}{Z} = \dfrac{1}{j\omega C}$，抵抗の複素インピーダンスは $\underset{\sim}{Z} = \dfrac{d}{\sigma A}$ である．したがって，全体の複素インピーダンスは次式で与えられる．

$$\frac{1}{\underset{\sim}{Z}} = \frac{j\omega \varepsilon A}{d} + \frac{\sigma A}{d} \tag{5.91}$$

$$\frac{1}{\underset{\sim}{Z}} = \frac{j\omega \underset{\sim}{\varepsilon} A}{d} = \frac{j\omega A}{d}\left(\varepsilon + \frac{\sigma}{j\omega}\right) \tag{5.92}$$

そして，実効誘電率は次のようになる．

$$\underset{\sim}{\varepsilon} = \varepsilon + \frac{\sigma}{j\omega} \tag{5.93}$$

138   第 5 章　静電学と電気力学

5.6　まとめ

　本章では，電解質溶液の静電場と電気力学に関する基礎的な関係について述べた．もっとも重要な静電場の関係式は，電場に関するガウスの法則

$$\nabla \cdot \vec{D} = \rho_{\mathrm{E}} \tag{5.94}$$

であり，この式は電気変位の発散と瞬間的な電荷密度を関連づける．ガウスの法則は，ポアソン方程式や静電境界条件の基礎となる．電気力学で重要な関係式は電荷保存則

$$\frac{\partial \rho_{\mathrm{E}}}{\partial t} + \nabla \cdot \vec{i} = 0 \tag{5.95}$$

であり，電荷の運動と正味の電荷密度の関係を記述する．これら 2 式はマイクロ流体分野の問題における電気的な要素を規定する．これらの関係式を用いて，（ほとんどのマイクロ流路基板やすべての電極表面で見られる）界面上の正味の電荷密度，あるいは（基板表面近傍やナノ流体システム全体で見られる）流体中の正味の体積電荷密度など，電荷による電場分布を求めることができる．多くのマイクロ流体システムでは，流体の正味電荷密度に対するクーロン力の効果を通じて電場が中心的な役割を果たす．

　また，本章では，電気的要素が離散化できる場合において解析を単純化する，電気回路の解析についても触れている．電気回路での重要な支配方程式は，オームの法則

$$\Delta V = I\,Z \tag{5.96}$$

ならびにキルヒホッフの法則である．

$$\sum_{\mathrm{channels}} I = 0 \tag{5.97}$$

これらの関係式は，特定の回路要素の電流と電圧の関係と組み合わさることで，電気回路のシステムを一連の代数方程式で与えることができる．複素数を用いた数学的扱いが正弦波信号に対する解析を簡単にするため，ここでは電圧と電流の解析的表現を導入した．

5.7　補足文献

　本章の内容は古典物理学であり，電磁気学の教科書に十分に含まれている．Griffiths [55] は優れた入門書で，Jackson [56] はもう少し発展的である．Haus and Melcher [57] の電子版はパブリックドメイン（著作権が発生していない書籍）である．電極の電気化学的な関係式は一般に電磁気の教科書の対象外であるので，電気化学に焦点を当てた教科書 [58, 59] がもっとも有用である．交流界面動電現象に関する Morgan and Green の教科書 [60] や粒子への電気力学に関する Jones の教科書 [61] は，粒子に対する電磁気

的効果に焦点を当てており，どちらも本章に関連した内容を含んでいる．Pethig [62] は多くの関連する材料の電気物性について議論している．電場の関数としての水の誘電率モデルについては文献 [26] に記載されている．電気回路については，電気回路に関する入門的教科書（たとえば文献 [63]）が有用である．

本書の他章は，本章の内容をふまえて書かれている．第6章では，純粋な電気浸透流はラプラス方程式の解を用いて近似できることを示す．さらに，電荷保存則は，とくに誘導電荷流（16.3節）につながる電気二重層のダイナミクス（第16章），誘電泳動による粒子操作（第17章）など，多くの応用において重要である．本章では，電荷保存則を考える場合のオーム電流に焦点を当てている．対流や拡散の効果については，イオン輸送という観点から11.3.1項で触れる．

5.8 演習問題

5.1　$-q$ に帯電した負の単極子と q に帯電した正の単極子から構成される強度 $\vec{p} = q\vec{d}$ の双極子を考える．$\vec{d}$ は負電荷から正電荷へのベクトルである．この双極子が空間的に変化する電場 $\vec{E}$（$\vec{E}$ は双極子がない場合における電場）の中に存在する．

双極子の重心周りの電場が線形とみなすことができるほど単極子間距離が十分短いとして，二つの単極子への力を考えて $\vec{F} = (\vec{p} \cdot \nabla)\vec{E}$ の関係を導け．

5.2　$-q$ に帯電した負の単極子と q に帯電した正の単極子から構成される強度 $\vec{p} = q\vec{d}$ の双極子を考える．$\vec{d}$ は負電荷から正電荷へのベクトルである．この双極子が空間的に変化する電場 $\vec{E}$（$\vec{E}$ は双極子がない場合における電場）の中に存在する．

双極子の重心周りの電場が線形とみなすことができるほど単極子間距離が十分短いとして，二つの単極子への力とトルクを考えて $\vec{T} = \vec{p} \times \vec{E}$ の関係を導け．なお，トルクは $\vec{T} = \vec{r} \times \vec{F}$ で表される．

5.3　原点に存在する正の点電荷が形成する電場を計算せよ．$z = 0$ の平面における電場の等値面を記せ．

5.4　$x = 0.5\,\mathrm{m}$ の位置にある $1\,\mathrm{C/m}$ の正の線電荷と $x = -0.5\,\mathrm{m}$ の位置にある $-1\,\mathrm{C/m}$ の負の線電荷が形成する2次元電場を計算して（ベクトル図で）描画せよ．

5.5　強度 $p = 1$ の双極子が形成する電場を計算せよ．電場の等値面と，$z = 0$ の平面内の電場の向きと強度を示す矢印とを合わせて記せ．

5.6　誘電率 ε の完全誘電体（すなわち導電率がゼロ）で隔てられた平行平板キャパシタを考える．角周波数 ω の正弦波状の電場が印加されるとする．このとき，キャパシタの複素インピーダンスを，ω，キャパシタ面積 A，板間距離 d，誘電率 ε を用いて表せ．

5.7　2枚の導体の板が，導電率 σ の媒質で隔てられた抵抗を考える．角周波数 ω の正弦波状の電場が印加されるとする．このとき，抵抗の複素インピーダンスを，ω，断面積 A，板間距離 d，導電率 σ を用いて表せ．

140　第5章　静電学と電気力学

5.8　2枚の導体の板が，誘電率 ε，導電率 σ の媒質で隔てられた抵抗を考える．角周波数 ω の正弦波状の電場が印加されるとする．これを，完全なキャパシタと並列に接続された抵抗としてモデル化せよ．ただし，抵抗の特性は媒質の導電率で，キャパシタの特性は媒質の誘電率で定義されるとする．

　このとき，抵抗の複素インピーダンスを，ω，抵抗の面積 A，板間距離 d，誘電率 ε，導電率 σ を用いて表せ．また，この複素インピーダンスを実効導電率（このキャパシタ-抵抗の回路が単一の抵抗であったと仮定した場合の複素インピーダンスを与える導電率）の形で書き直し，実効導電率が複素導電率 $\sigma = \sigma + j\omega\varepsilon$ で与えられることを示せ．

5.9　電子レンジは，通常 2.45 GHz の周波数の電場を水に印加することで，水を加熱する．水の配向緩和時間が 8 ps だとして，この周波数における誘電損失の大きさを推定せよ．なぜ 2.45 GHz は 2.45 MHz よりよいのだろうか．なぜ 2.45 GHz は 125 GHz よりよいのだろうか．

5.10　微分形式のガウスの法則は，電気変位 $\vec{D}$ と正味の電荷密度を関連づける．

$$\nabla \cdot \vec{D} = \rho_{\mathrm{E}} \tag{5.98}$$

ここで，$\vec{D} = \varepsilon \vec{E}$ である．

　同様に，電荷保存則はオーム電流とオーム電流密度 $\vec{i}$ を正味の電荷密度と関連づける．

$$\nabla \cdot \vec{i} = -\frac{\partial \rho_{\mathrm{E}}}{\partial t} \tag{5.99}$$

ここで，電荷の拡散と流体の対流が無視できる場合は $\vec{i} = \sigma \vec{E}$ である．

　正弦波状の電場に対して，複素量 $\underset{\sim}{\vec{D}} + \dfrac{\vec{i}}{j\omega}$ を考える．この複素量は複素誘電率 ε と類似したものである．

　(a) 電場 $\vec{E}$ と複素量 $\underset{\sim}{\vec{D}} + \dfrac{\vec{i}}{j\omega}$ との間にどのような関係があるか．

　(b) $\underset{\sim}{\vec{D}} + \dfrac{\vec{i}}{j\omega}$ の発散を求めよ．

5.11　導電率と誘電率がそれぞれ σ_1, σ_2, ε_1, ε_2 の2媒質間の界面を考える．正弦波状の電場が印加されるとする．また，界面の正味の電荷も正弦波状に変化するとする（界面の正味の電荷は電場によって誘起されることを意味する）．複素電荷密度を用いたガウスの法則の積分形式を使って，境界条件が次式で表されることを示せ．

$$\varepsilon_1 \frac{\partial \underset{\sim}{\phi_1}}{\partial n} = \varepsilon_2 \frac{\partial \underset{\sim}{\phi_2}}{\partial n} \tag{5.100}$$

ここで，n は界面に対して法線方向の座標を意味する．

5.12　高さ 50 µm，幅 100 µm のマイクロ流路を考える．流路の底面に，幅 20 µm の電極が，それぞれ中心から 25 µm ずつ離れて設置されている．すべての形状は流路方向に一定であるため，この系は2次元と仮定できる．右側の電極には 1 V の電圧が印加され，もう一方の電極は接地されている．シュワルツ-クリストッフェルマッピング（G.5 節参照）

を用いて，マイクロ流路の電位を求めよ．

5.13 厚さが d，正味の体積電荷密度が $\frac{q''}{d}$ の薄い絶縁境界を考える．この層に対してポアソン方程式を積分して，荷電層端部における電位勾配を求めよ．ここでは $d \to 0$ の極限をとって式 (5.31) を導出せよ．

5.14 $\omega = \frac{1}{\tau_i}$ における配向の寄与が，$\omega = 0$ のときの半分になることを示せ．

5.15 デバイ緩和を受ける配向による誘電損失が $\omega = \frac{1}{\tau_i}$ で最大になることを示せ．

5.16 価数 z のイオンを考える．真空中でこのイオンにより形成される電場と，電場の関数としての水の誘電率を考え，イオン近傍での水の誘電率の式を求めよ．イオンからの半径方向距離の関数として誘電率を計算して図示せよ．

5.17 均一な高さ $10\,\mu\text{m}$，断面積 $20\,\mu\text{m}^2$ に作製されたマイクロ流路を考える．単一の接合部で4本の流路が接続されており，システム全体は十字形である（図 5.18）．4本の流路長さはそれぞれ L_1，L_2，L_3，L_4 である．各流路の入口には V_1，V_2，V_3，V_4 の電圧が印加されている．流体は均質で導電率は $100\,\mu\text{S/cm}$ である．

以下の場合について，交差部の電圧と各入口から接合部に流れる電流を計算せよ．もちろん，接合部から入口に向かって流れる電流も存在し，その場合は負で表すこととする．

(a) $L_1 = L_2 = L_3 = 1\,\text{cm}$，$L_4 = 3\,\text{cm}$，$V_2 = 1\,\text{kV}$，$V_3 = 1\,\text{kV}$，$V_1 = V_4 = 0\,\text{V}$
(b) $L_1 = L_2 = L_3 = 1\,\text{cm}$，$L_4 = 3\,\text{cm}$，$V_2 = 1\,\text{kV}$，$V_3 = 0\,\text{kV}$，$V_1 = V_4 = 0\,\text{V}$

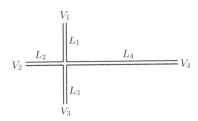

図 5.18 四つの入口が単一接合部で接続される十字形マイクロ流路の上面図

5.18 等価回路を用いて，入口と出口をそれぞれ一つずつもつマイクロデバイスを設計せよ．入口と出口それぞれにある電圧（電圧値は自由に決めてよい）が与えられ，入口は4本の流路に分岐しており，それぞれの流路での電場の大きさは異なる（$1\,\text{V/cm}$，$10\,\text{V/cm}$，$100\,\text{V/cm}$，$1000\,\text{V/cm}$）とする．設計には，入口と出口の電圧と各分岐流路が指定された電場となるようなデバイス形状の情報を含むこと．なお，デバイス内部での圧力勾配は存在しないとする．

第6章
電気浸透流

キャピラリーやマイクロ流路に電場を印加すると，流体全体の移動が見られる．この移動速度は印加電場に比例し，（a）マイクロ流路を構成する材料，および（b）流路壁に接する流体の双方に依存する．この移動は**電気浸透流**（electroosmosis）とよばれ，水溶液に接する壁近傍の薄いイオンの層である**電気二重層**（electrical double layer：EDL）内のイオンに作用する電気力に起因する．たとえば光学顕微鏡などにより，流路内の流れをマイクロメートルの空間分解能で観察すると，均一な断面の流路内の流れは均一に見える．この流速をナノメートルの空間分解能で観察する（実験的には難しい）と，壁から離れた場所では流速は均一だが，約 0.5〜200 nm の範囲の長さスケール λ_D にわたり，壁面に近づくにつれてゼロへと減衰していくことがわかる．図 6.1 は電気浸透流の流速分布を示している．

小型の機械式圧力ポンプを組み込んで制御することに比べて，電極に電圧信号を印加するほうが実験的にははるかに容易なことが多いため，この流れはマイクロ流体システムでは非常に有用である．しかし，この流れには現象に由来する複雑さを伴う．すなわち，この速度分布は圧力駆動流とは異なること，界面の化学的性質に敏感なこと，電場の印

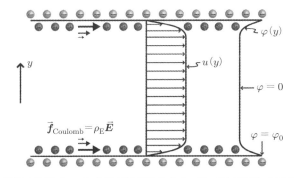

図 6.1　電気二重層（EDL）と電気浸透流のイメージ．負に帯電した壁が，正に帯電した薄い電気二重層とともに生じる．電気二重層中のクーロン力により，電気二重層の外側ではほぼ均一な流れが誘起される．電気二重層の厚さ（通常はナノスケール）は図中では誇張して描かれている．局所的な電位とバルク流体の電位の差は φ で表される．この値は壁面から遠方ではゼロだが，壁近傍ではゼロではない

144　第6章　電気浸透流

加によって粒子が流体に対して移動したり流体全体のジュール熱（抵抗加熱）を引き起こしたりすることなどである．

　流体の流れの印象が観察における空間分解能に依存して変わるように，この系に対する数学的表現も，どの程度の詳細さを要するかに依存して異なる形をとる．流動の完全な表現には，ナビエ-ストークス方程式に壁面近傍の正味の電荷密度によるクーロン力の体積力項を加え，この体積力の空間分布を求めるために，ポアソン方程式をイオンの平衡ボルツマン分布と組み合わせて解くことが必要である．この扱いによっては流速を完全に詳細に記述することができる．しかし，このレベルの詳しさはマイクロメートルの分解能で電気浸透流を記述する際には必要なく，したがって，まず電気浸透流を，壁面の性質に依存するが壁面近傍の流れは無視するような，より単純な関係式で記述することから始める．このより単純な関係式を構築する際，壁面近くの流れを積分してこの流れの**外側**の解，すなわち壁面から離れた地点での解を導く．本章では，この流動の**内側**の解の詳細，すなわち壁面近傍の解については踏み込まない．

　本章のアプローチは，電気二重層の1次元積分を用いて固液界面の**電気浸透移動度**（electroosmotic mobility）と，壁面物質と電解質溶液の化学的特性である壁面電位（**表面電位**（surface potential）とよばれる）とを関連づけるというものである．この電気浸透移動度は，壁面近傍の流速分布を無視した場合における，壁面での**見かけ上のすべり**を表現している．

　外部解を得るためには，電気二重層が境界層（boundary layer）であること，すなわち流れ場全体に比べて比較的薄いことを仮定することが必要であるが，本章で示す解は，電気二重層の大きさ，その物理的根拠や構造についての情報をもたらすことはない．しかし，この単純化にもかかわらず，1次元解析は純粋に電気浸透的に駆動される流動について，以下のいくつかの重要な結論を導く．(1) 壁面近傍の速度はその地点と壁との電位差に比例する．(2) 境界層（電気二重層を指す）端部の速度は局所電場とバルク流体-壁間の電位差に比例する．(3) 液体の導電率と電気浸透移動度が一様ならば，壁面から離れたあらゆる地点での速度は均一であるため，壁から遠い速度場は渦なしとなる．

6.1　電気浸透流の接合漸近法

　薄い電気二重層の仮定は電気二重層とバルク流体とをスケールで分離することを意味するため，接合漸近法で電気浸透流を解析することが有用である．この場合，次の二つの漸近解が得られる．すなわち，(1) クーロン力やその結果としての速度勾配や渦度を詳細に記述するが，外部電場は均一であるとする電気二重層に対応する**内部解**，(2) 流体は電気的に中性で渦なしであるとみなすが，外部電場は空間的に変化させる**外部解**で

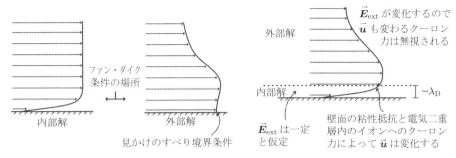

図 6.2 左図:電気浸透流の内部解と外部解.内部解は電気二重層内では有効だが,バルクでは使えない.外部解はバルクでは有効だが,電気二重層内と壁では使えない.右図:内部解と外部解をなめらかにつなげる複合解

ある(図 6.2).内部解は電気二重層内で有効だが,外部電場が壁から離れると変化する場合には,壁面から遠いところでは誤った結果をもたらす.外部解は電気二重層外部で有効だが,壁近傍で誤った結果を与え,すべりなし条件に反する.

6.2 電気二重層におけるクーロン力の積分解析法

さまざまなプロセス(たとえば,イオン吸着や酸塩基反応など)によって,水溶液中の固体表面に表面電荷密度が現れ,この電荷のために壁の電位はバルクとは異なる.表面の付近では,壁面の電荷は,**電気二重層**(electrical double layer)とよばれる逆符号の電荷をもつ対イオンの薄い雲によって打ち消される.正味の電荷密度 ρ_E がゼロの**電気的中性**であるバルク溶液とは異なり,電気二重層内の溶液は正味の電荷密度がゼロではない.この電気二重層はおおよそ λ_D で表される有限の厚さをもつ.電気浸透流は,このイオン雲のために,壁面近傍の流体が受ける正味のクーロン力から生じる.

この現象を説明するために,まずは**二重層電位**(double-layer potential)$\varphi = \phi - \phi_{bulk}$ を定義することから始める.定義上,バルクでは φ はゼロである[1].φ の値は,壁から離れたバルクとどのくらい電位が異なるかを示している.壁とバルクとの電位差は φ_0 で表す.**外部**電場[2]が印加されると,壁近くのイオンに電場が与える力が系内に

---
[1] この定義は,電気二重層が薄く,バルクがよく定義されている場合に便利である.バルクがうまく定義できない場合には,イオンの電気化学ポテンシャルが電荷に依存しないような仮想的な場所としてバルクを定義する必要がある.
[2] 「外部」とは,電源を用いて電場が外から与えられることを意味する.外部電場は,壁面電荷によって発生する**内部**電場とは区別される.内部電場は電気二重層内の電荷に対応する.もし内部電場がなければ,イオンは存在せず二重層に正味のクーロン力は発生しない.これらの電場は,この単純化された形状ではたがいに垂直で大きさが大きく異なるため,分離可能である.

流動を引き起こす．本節では，バルク流動を予測するためには，バルク流体と壁面との電位差のみが必要であることを示す．

外部電場によって引き起こされる流れは，静電力項 $\rho_E \vec{E}_{ext}$ を考慮したナビエ-ストークス方程式の積分によって記述できる．図 6.3 に，対象とする領域を示す．積分範囲は壁面から流体において電位が $\varphi = 0$ と近似できる地点までで，その点は通常 λ_D よりもかなり離れた場所である．上面（$\varphi = 0$）と底面（$\varphi = \varphi_0$）における φ，底面の流速（$u = 0$）の三つの物理量は既知であるとする．また，この領域は十分小さいので，外部電場 $\vec{E}_{ext}$ が均一と仮定する．次に，積分解析により上面の速度を求める．

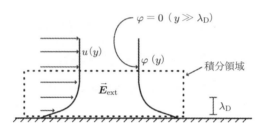

図 6.3　電気二重層に作用するクーロン力の積分解析のための積分領域

壁面近くの薄い領域について，静電体積力 $\rho_E \vec{E}_{ext}$ を含む一様粘性のナビエ-ストークス方程式は次式で与えられる．

- 静電力項を伴うナビエ-ストークス方程式

$$\rho \frac{\partial \vec{u}}{\partial t} + \rho \vec{u} \cdot \nabla \vec{u} = -\nabla p + \eta \nabla^2 \vec{u} + \rho_E \vec{E}_{ext} \tag{6.1}$$

ここで，$\vec{E}_{ext}$ は外部電源によって発生し，電気二重層内部では $\vec{E}_{ext,wall}$ で均一とする．内部電場 $E_{int} = -\dfrac{\partial \varphi}{\partial y}$ は固体表面に化学的に発生し，不均一である．

x 方向の壁面に沿って，速度や電場の勾配が y 方向のみに存在する定常の等圧流れを考えると，式 (6.1) は x 方向運動量の保存則となる．

$$0 = \eta \frac{\partial^2 u}{\partial y^2} + \rho_E E_{ext,wall} \tag{6.2}$$

この単純化された形状では $\vec{E}_{ext,wall}$ は壁の接線方向になる．一様誘電率のポアソン方程式 (5.26) を思い出そう．

$$-\varepsilon \nabla^2 \phi = \rho_E \tag{6.3}$$

式 (6.3) の ρ_E を式 (6.2) に代入して y 方向勾配のみを考えると，次式が得られる．

$$0 = \eta \frac{\partial^2 u}{\partial y^2} - \varepsilon \frac{\partial^2 \varphi}{\partial y^2} E_{ext,wall} \tag{6.4}$$

内部電場は，速度と電位の y 方向勾配において式 (6.4) に影響を及ぼす一方，外部電場は式 (6.4) に明確に影響を与える．整理すると次式のようになる．

$$\varepsilon E_{\text{ext,wall}} \frac{\partial^2 \varphi}{\partial y^2} = \eta \frac{\partial^2 u}{\partial y^2} \tag{6.5}$$

ここで，壁面 ($y = 0$) から電気二重層の外側の点 ($\varphi = 0$ となる $y \gg \lambda_\text{D}$) まで積分すると，次式が得られる．

$$\eta u = \varepsilon E_{\text{ext,wall}} \varphi + C_1 y + C_2 \tag{6.6}$$

すべりなし境界条件を壁面に適用して，$y = \infty$ での速度を拘束すると次のようになる．

$$u = \frac{\varepsilon E_{\text{ext,wall}}}{\eta} (\varphi - \varphi_0) \tag{6.7}$$

ここで，φ_0 は壁面 ($y = 0$) における φ の値である．

■ 内部解

式 (6.7) は電気浸透流の**内部解**であり，これをわかりやすくするために添字をつけて書く．

- 均一な流体物性下での電気浸透流の 1 次元内部解

$$u_{\text{inner}} = \frac{\varepsilon E_{\text{ext,wall}}}{\eta} (\varphi - \varphi_0) \tag{6.8}$$

この内部解は，$E_{\text{ext,wall}}$ を均一と仮定できる壁面近くでのみ有効である．

電気二重層内部では，速度と内部電位は**類似**している（比例の関係）．したがって，電位の空間的変化は速度のそれと同じである．φ の空間分布はまだ求められていないので，式 (6.8) はある未知数（速度）を別のある未知数（電場）で記述できるだけである．速度分布とそれに関連する電位の分布やせん断力，クーロン力についての，電気二重層で予想される定性的な描像を図 6.4 に示す．この平衡速度分布は，壁面近傍における相殺された (a) せん断力と (b) クーロン力を含む．このせん断力は速度勾配に関係し，

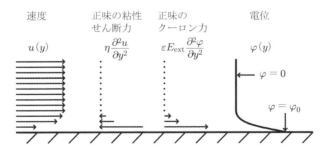

図 6.4　電気浸透流における速度，せん断力，クーロン力，電位

148 第6章 電気浸透流

壁面からの距離が増えると減少する．同様に，クーロン力は正味の電荷密度によって引き起こされ，これも壁からの距離が増えると減少する．

6.3 薄い電気二重層条件での電気浸透流のためのナビエ－ストークス方程式の解法

前節では，電位分布を用いて電気浸透流の**内部解**を求め，電気二重層内の流れについて直感的に理解した．**外部解**は電気二重層の外側の流れを記述するもので，顕微鏡で容易に観察できる流れである．どちらの場合も，電気二重層厚さは流路サイズと比べて小さいという基本的な仮定を解析に用いる．

6.3.1 外部解

壁からの距離が λ_D よりかなり離れた地点（定義上 φ がゼロ）での流れでは，$\varphi = 0$ を式 (6.8) に代入することで，次のヘルムホルツ－スモルコフスキー式（Helmholtz–Smoluchowski equation）が導かれる．

- 壁から離れた電気浸透流のヘルムホルツ－スモルコフスキー解

$$u = -\frac{\varepsilon \varphi_0}{\eta} E_{\text{ext,wall}} \qquad (6.9)$$

式 (6.9) は内部解の外部境界条件である．電荷密度がゼロであるバルク流体に関するナビエ－ストークス方程式を考慮し，式 (6.9) を内部境界条件として用いることで，電気浸透流の外部解を求める．外部流れの支配方程式は次のとおりである．

- 均一な流体物性の電気的中性な液体のナビエ－ストークス方程式

$$\rho \frac{\partial \vec{u}_{\text{outer}}}{\partial t} + \rho \vec{u}_{\text{outer}} \cdot \nabla \vec{u}_{\text{outer}} = -\nabla p + \eta \nabla^2 \vec{u}_{\text{outer}} \qquad (6.10)$$

そして内部境界条件は，

- 電気浸透流の外部解を記述するのに用いられる実効的なすべり条件

$$u_{\text{outer}}(y = 0) = -\frac{\varepsilon \varphi_0}{\eta} E_{\text{ext,wall}} \qquad (6.11)$$

である．式 (6.11) は**ファン・ダイク整合条件**（Van Dyke matching condition）[34] の一例である．内部解が電気二重層内部の流れを示して外部解が電気二重層外部の流れを示すという考えに基づいて，ファン・ダイク整合条件では中間地点でそれらを一致させる．外部解は電気二重層内部では有効ではなく，壁面でのすべりなし条件に反するが，電気二重層外部の速度分布をよく表している．均一断面積の直線流路では，電気二重層外部の速度はどこでもこの有効すべり速度と等しい．

6.3 薄い電気二重層条件での電気浸透流のためのナビエ–ストークス方程式の解法　　149

電気二重層は薄くて調べることが困難であるため，先述した外部解は，ほとんどの場合で流れのもっとも重要な領域となる，電気二重層外部の電気浸透流の速度分布を与える．本節では，どのように一般的な電気浸透流が単純化され，比較的簡単な式で解くことができるかについて説明する．

6.3.2　電気二重層の有効すべり境界条件への置換

先述した漸近解法では，電気二重層の電荷密度を電気二重層外部の流れの境界条件として含めた．式 (6.11) のファン・ダイク条件では，壁面に十分近いときの外部解の流速の極限が，壁の電位，流体の誘電率や粘性率，壁面近傍の電場強度の関数として与えられることを規定している．したがって，（電気的中性な流体についての）外部解だけを得たい場合，電位については次のラプラス方程式

- 電気的中性なバルク溶液の電位に関するラプラス方程式

$$\nabla^2 \varphi = 0 \tag{6.12}$$

を解き，次の外力項なしのナビエ–ストークス方程式を解くことで流動を記述できる．

- 電気的中性かつ均一な流体物性のナビエ–ストークス方程式

$$\rho \frac{\partial \vec{u}_{\text{outer}}}{\partial t} + \rho \vec{u}_{\text{outer}} \cdot \nabla \vec{u}_{\text{outer}} = -\nabla p + \eta \nabla^2 \vec{u}_{\text{outer}} \tag{6.13}$$

このとき，次の電気浸透すべり速度を与える．

- 電気浸透すべり速度

$$\vec{u}_{\text{outer,wall}} = -\frac{\varepsilon \varphi_0}{\eta} \vec{E}_{\text{ext,wall}} \tag{6.14}$$

電気浸透すべり速度を求めるには，φ の解である壁面の電場に関する情報が必要である．したがって，この系を考える場合，ラプラス方程式を解き，その電場の解を用いて有効すべり境界条件を設定し，そのすべり条件を用いてナビエ–ストークス方程式を解く．

6.3.3　ナビエ–ストークス方程式のラプラス方程式への置換：流れと電流の類似性

いくつかの条件が満たされたとき，速度の外部解は渦なしである．その場合は流れ場を求めるために，質量保存と運動量保存の式（通常は連続の式とナビエ–ストークス方程式）を解く代わりに，ラプラス方程式だけを解けばよい．これらの条件（演習問題 6.5 参照）は，単一材料でつくられた多くのマイクロデバイスにおいて，圧力勾配がないかぎり満たされる．これは，電気浸透流を考えるうえで非常に大きな単純化である．これらのシステムでは，**壁から離れた地点での速度は局所電場と電気浸透移動度の積に比例する**（図 6.5）．

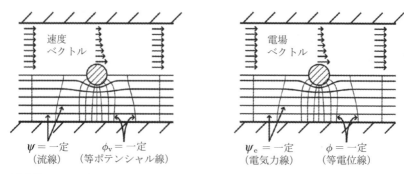

図 6.5 円形の絶縁壁を有する流路における流れと電流の類似性．導電率と表面電位 φ_0 が均一であれば流速は局所電場に比例し，そのため (a) 電気力線は流線と同様になり，(b) 等速度線は等電位線と同様になる．

$$\vec{u} = -\frac{\varepsilon\varphi_0}{\eta}\vec{E}_{\text{ext}} \qquad (6.15)$$

これはポテンシャル流れで，速度ポテンシャルと電位はともにラプラス方程式を満たす．絶縁壁では電場が無電流条件を満たすため，壁面での不透過条件を満たす．また，壁面での電気浸透のすべり条件を満たし，これはあらゆる形状に適用できる．

この条件における電気浸透流がかなり簡単に計算できるので，式 (6.15) は非常に重要である．また，ポテンシャル流れの解析解は，電気浸透流が駆動する系における流れ場についての物理的な理解を与えてくれる．このポテンシャル流れについては，第 7 章で詳細に説明する．

■**実験への適用性**

システム設計がより簡単になるため，式 (6.15) に求められる仮定を満たすような実験が設計されることが多い．液体がよく混ざりジュール熱（流体を通過する電流による流体の加熱）が微小だと，均一な導電率を得られる．デバイスを単一の材料で作製して表面を清浄にすることで，均一な表面電位が得られる．圧力場を除去するには，静水圧とリザーバーでの界面曲率をモニターする必要がある．これらの要件を満たすように注意すれば，系で発生する流れはモデル化しやすく，さまざまな用途で有利である．たとえば，ここで説明したポテンシャル流れは，キャピラリー電気泳動の分離に最適な性能をもたらす低分散な輸送につながる．

6.3.4 すべりなし条件の渦なし流れへの対応

薄い電気二重層の外側の電気浸透流は，あらゆる場所で局所電場に比例する速度をもつ渦なし流れで記述される．壁面では渦度が発生するが，この壁面の渦度とちょうど同

6.4 電気浸透移動度と界面動電ポテンシャル 151

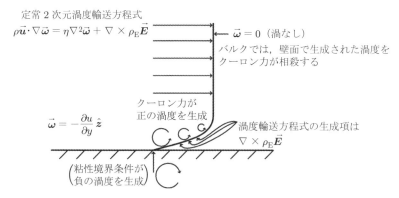

図 6.6 電気二重層内における渦度の生成と相殺

じ強さをもち符号が反対の渦度が，電気二重層内の電荷密度にはたらく静電力によって生成される（図 6.6）．したがって，二重層の**内側**の渦度は大きいが，**外側**の渦度は完全にゼロとなる．

6.4 電気浸透移動度と界面動電ポテンシャル

電気浸透流で見られる有効すべり条件は，電気浸透移動度を用いることで**現象論的**に表すことができる．

- 電気浸透移動度の定義

$$\vec{u}_{\text{outer,wall}} = \mu_{\text{EO}} \vec{E}_{\text{ext,wall}} \tag{6.16}$$

水溶液系で見られる μ_{EO} の大きさは，典型的には $1 \times 10^{-8}\,\text{m}^2/(\text{V s})$ のオーダー（**表 6.1** 参照）である．式 (6.16) と式 (6.14) を比較すると，流体物性が一様な場合には，次のような関係が得られる．

- 均一流体物性，単純な界面における電気浸透移動度

$$\mu_{\text{EO}} = -\frac{\varepsilon \varphi_0}{\eta} \tag{6.17}$$

表 6.1 代表的な電気浸透移動度

壁材料	流体	$\mu_{\text{EO}}\,[\text{m}^2/(\text{V s})]$
ガラス	pH 7, 1 mM NaCl	3×10^{-8}
ガラス	pH 5, 1 mM NaCl	1×10^{-8}
シリコン	pH 7, 1 mM NaCl	3×10^{-8}
PDMS	pH 7, 1 mM NaCl	1.5×10^{-8}
ポリカーボネート	pH 7, 1 mM NaCl	2×10^{-8}

注）pH と濃度は付録 B で定義している．

152　第 6 章　電気浸透流

そして，電気浸透移動度から推定される**ゼータ電位**（zeta potential）あるいは**界面動電位**（electrokinetic potential）を測定値とするのが一般的である．

● 電気浸透流における界面動電位（ゼータ電位）の定義

$$\zeta = -\frac{\mu_{EO}\eta_{bulk}}{\varepsilon_{bulk}} \tag{6.18}$$

ζ は実験的に観察される物理量で，ボルト [V] の単位をもつ．流体が一様の ε と η をもつ場合，測定される ζ は φ_0 と等しい．電気二重層内で流体の誘電率 ε や粘性率 η が変わる場合，ζ を φ_0 と関連づけるための別の積分解析を行う必要がある．

6.4.1　電気浸透流の界面動電連成行列

本章で取り扱う解析（薄い電気二重層，均一な流体物性）では，$u = -\left(\dfrac{\varepsilon\zeta}{\eta}\right)E$ というバルク流速は，界面動電位が ζ の管内平均速度が $\bar{u} = -\left(\dfrac{\varepsilon\zeta}{\eta}\right)E$ であることを意味する．第 3 章で述べた界面動電連成行列

$$\left[\begin{array}{c} Q/A \\ I/A \end{array}\right] = \chi \left[\begin{array}{c} -dp/dx \\ E \end{array}\right] \tag{6.19}$$

を思い出すと，薄い電気二重層をもつ流路内の電気浸透流は $\chi_{12} = -\dfrac{\varepsilon\zeta}{\eta}$ と与えることで記述できる．

6.5　界面動電ポンプ

ある圧力勾配下の平均速度が流路寸法が小さくなるにつれて遅くなるようなポアズイユ流（第 2 章）とは異なり，薄い電気二重層近似が成立するかぎり，電気浸透流の平均速度は流路の長さスケールに依存しない．これは，長さスケールが減少すると，圧力勾配と比べてより効果的に電場が流動を誘起できることを意味する．この性質は，流路に沿って電場を印加して流れや圧力を発生させる，電気浸透ポンプ（electroosmotic pump）または界面動電ポンプ（electrokinetic pump）の性能にとって重要となる．これは単純な流れではあるが，長さスケールが流動現象にどの程度相対的な重要性をもつかを強く示すものである．

6.5.1　平面型界面動電ポンプ

高さ $2d$，幅 w，長さ L で流路断面積 $A = 2wd$ の両端が開放された矩形流路に電場 E

$= \dfrac{\Delta V}{L}$ が印加される系を考える．$\lambda_{\mathrm{D}} \ll d \ll w \ll L$ で，圧力勾配は与えられていないと仮定する．前述したように，境界条件は $\vec{u}_{\mathrm{wall}} = \mu_{\mathrm{EO}} \vec{E}$ でモデル化できる．マイクロ流路の断面積が一定だとすると，流路内の電気浸透流速度は一定となる（これは，両壁が同じ速度で動くクエット流の派生形である）．流路内の圧力損失 Δp，流路断面の速度分布，系の総流量 Q_{tot} をまとめると，次のようになる．

$$\Delta p = 0 \tag{6.20}$$

$$u_{\mathrm{EO}} = u_{\mathrm{wall}} = \mu_{\mathrm{EO}} E \tag{6.21}$$

$$Q_{\mathrm{tot}} = u_{\mathrm{EO}} A \tag{6.22}$$

ここで，流路の下流側のポートを閉じて，そこに圧力変換器を取り付けるとする．簡単のために（そして $L \gg w$ なので），流路の両端から離れた領域だけを考え，流れはすべて x 方向のみであるとする．この場合，ポートが閉じているので，どの断面を通過する正味の流れもゼロであるべきである．電気浸透流の式はまだ成立するが，圧力勾配がゼロという仮定が成立しない．実際，逆圧力勾配と逆向きのポアズイユ流が電気浸透流に対抗することで質量保存則を満たす必要がある．

2 次元系（距離 $2d$ だけ離れた幅 w の板，ただし $w \gg d$ とする）では，流れへの電気浸透現象と圧力駆動の寄与は次のようになる．

$$Q_{\mathrm{EOF}} = w \int_{-d}^{d} u_{\mathrm{wall}} \, dy \tag{6.23}$$

$$Q_{\mathrm{PDF}} = w \int_{-d}^{d} \frac{1}{2\eta}\left(-\frac{\partial p}{\partial x}\right)\left(d^2 - y^2\right) dy \tag{6.24}$$

積分して正味流量をゼロとすると，流れによる圧力差は次のように与えられる．

- 薄い電気二重層近似での平行平板界面動電ポンプによって発生する圧力

$$\frac{\Delta p}{\Delta V} = -\frac{3\mu_{\mathrm{EO}}\eta}{d^2} \tag{6.25}$$

薄い電気二重層条件のもとでは，閉じたマイクロ流路の電場は印加電圧に比例し，流路高さの 2 乗に反比例するような下流への圧力を発生させる．半径 R の円形キャピラリーにおいても同様の関係が導かれる．

- 薄い電気二重層近似での円形キャピラリー型界面動電ポンプによって発生する圧力

$$\frac{\Delta p}{\Delta V} = -\frac{8\mu_{\mathrm{EO}}\eta}{R^2} \tag{6.26}$$

154 第6章 電気浸透流

例題 6.1 高さ $2d$, 幅 w, 長さ L, 断面積 $A = 2wd$ の両端が開放された矩形流路に電圧が印加される系を考える. $d \ll w \ll L$ で圧力勾配は与えられていないとする. 壁面の電気浸透移動度が与えられるとき, このポンプで得られる単位電圧あたりの圧力を求めよ.

解 電気浸透流と圧力駆動流の流量はそれぞれ

$$Q_{\mathrm{EOF}} = w \int_{-d}^{d} u_{\mathrm{wall}} dy \tag{6.27}$$

$$Q_{\mathrm{PDF}} = w \int_{-d}^{d} \frac{1}{2\eta}\left(-\frac{\partial p}{\partial x}\right)\left(d^2 - y^2\right) dy \tag{6.28}$$

と与えられる. 積分すると次式が得られる.

$$Q_{\mathrm{EOF}} = 2wu_{\mathrm{wall}}d \tag{6.29}$$

$$Q_{\mathrm{PDF}} = \frac{2w}{3\eta}\left(-\frac{\partial p}{\partial x}\right)d^3 \tag{6.30}$$

$Q_{\mathrm{tot}} = Q_{\mathrm{EOF}} + Q_{\mathrm{PDF}} = 0$ とおくと, 以下の関係を得る.

$$2wu_{\mathrm{wall}}d + \frac{2w}{3\eta}\left(-\frac{\partial p}{\partial x}\right)d^3 = 0 \tag{6.31}$$

Δp を $p_{\mathrm{inlet}} - p_{\mathrm{outlet}}$, ΔV を $V_{\mathrm{inlet}} - V_{\mathrm{outlet}}$ と定義し, u_{wall} を $\mu_{\mathrm{EO}}E$ で, E を $\dfrac{\Delta V}{L}$ で, $\dfrac{\partial p}{\partial x}$ を $-\dfrac{\Delta p}{L}$ で置き換えると, 次式を得る.

$$2w\frac{\Delta V}{L}\mu_{\mathrm{EO}}d + \frac{2w}{3\eta}\left(-\frac{\Delta p}{L}\right)d^3 = 0 \tag{6.32}$$

そして,

$$\Delta p = -\frac{3\mu_{\mathrm{EO}}\eta\Delta V}{d^2} \tag{6.33}$$

となる. これより, 発生した圧力は ΔV に比例することがわかり, 単位電圧あたりに発生する圧力を次のように定義できる.

$$\frac{\Delta p}{\Delta V} = -\frac{3\mu_{\mathrm{EO}}\eta}{d^2} \tag{6.34}$$

以上では, 発生流量が最大となるが発生圧力がゼロとなる開放流路, 発生流量がゼロで発生圧力が最大となる閉鎖流路の二つの限定された場合について考えた. Q_{tot} や Δp がゼロではない一般的な場合は, **図 6.7** に示すように, 解はこれら二つの解の線形結合となる. このとき, 平面型界面動電ポンプの流量は次のように書くことができる.

$$Q = 2wu_{\mathrm{wall}}d + \frac{2w}{3\eta}\left(-\frac{dp}{dx}\right)d^3 \tag{6.35}$$

6.5 界面動電ポンプ

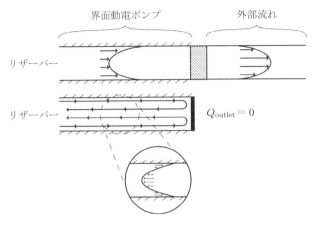

図 6.7 界面動電ポンプ内部の流れ場

そしてこれを整理すると，次式となる．

$$Q = Q_{\max}\left(\frac{\Delta p_{\max} - \Delta p}{\Delta p_{\max}}\right) \tag{6.36}$$

ここで，$Q_{\max}$ は以下で定義される最大流量（$\Delta p = 0$ における）で，

$$Q_{\max} = 2wd\mu_{\mathrm{EO}}\frac{\Delta V}{L} \tag{6.37}$$

また，$\Delta p_{\max}$ は以下で与えられる．

$$\Delta p_{\max} = -\frac{3\mu_{\mathrm{EO}}\eta\Delta V}{d^2} \tag{6.38}$$

ポンプ動力は $\Delta p Q$ で与えられるため，式 (6.36) を最大動作点を求めるために使うことができる．界面動電ポンプの投入電力は $\Delta V I$ であるため，熱力学的効率は次のように定義できる．

• 界面動電ポンプの熱力学的効率

$$\xi = \frac{\Delta p Q}{\Delta V I} \tag{6.39}$$

ここで，電流 I は $I = \dfrac{\Delta V}{R}$，抵抗 R はバルク導電率の仮定[1]のもとでは $\dfrac{L}{\sigma A}$ でそれぞれ与えられる．実際の界面動電ポンプの効率はおおよそ 0.01%から 5%である．

---

[1] ここで，σ はバルク流体の導電率，A は流路断面積，L はデバイスの長さである．この関係は界面現象が全体の導電率に影響がない場合にのみ成立する．

6.5.2 界面動電ポンプの形式

これまでの解析は単一流路についてであるが，単一管 [64]，管のアレイや微粒子が充填された管 [65, 66, 67]，平面的な微細加工が施された構造，多孔質ポリマーモノリスなどの形状にも解析的に拡張できる．図 6.8 に 2 例を示す．これらのデバイスは化学分離 [67] や多くの他の用途で用いられている．

実験的には，印加電圧を変化させて流量や圧力をモニターすることでポンプの性能を評価できる．

図 6.8　左図：粒子充填ガラスチップ，右図：多孔質ポリマーモノリスでつくられた界面動電ポンプ（Sandia National Labs）

例題 6.2　断面積 $200\,\mu m^2$ で表面の電気浸透移動度が $2\times 10^{-8}\,m^2/(V\,s)$ のマイクロ流路を考える．$100\,V/cm$ の電場が印加されるとき，発生する流速と体積流量はいくらになるか．

解　流速は

$$u = \mu_{EO} E \tag{6.40}$$

で与えられるので，

$$u = 2\times 10^{-8}\,m^2/(V\,s) \times 1\times 10^4\,V/m = 2\times 10^2\,\mu m/s \tag{6.41}$$

となる．したがって，体積流量は次のようになる．

$$Q = 2\times 10^2\,\mu m/s \times 200\,\mu m^2 = 4\times 10^4\,\mu m^3/s \tag{6.42}$$

例題 6.3　距離 $2h$ だけ離れた 2 枚の無限に広い平行平板が水溶液で満たされているマイクロデバイスを考える．上板が電気浸透移動度 $4\times 10^{-8}\,m^2/(V\,s)$ のガラス，下板が電気浸透移動度 $2\times 10^{-8}\,m^2/(V\,s)$ のテフロンである．$150\,V/cm$ の電場が印加されたときの流速を求めよ．また，この速度は式 (2.40) の速度とどのように関連するか．

解　$y=h$ の上板での速度は次のように与えられる．

$$u = 4\times 10^{-8}\,m^2/(V\,s) \times 150\,V/cm = 6\times 10^2\,\mu m/s \tag{6.43}$$

そして，$y=-h$ の下板の速度は次のようになる．

$$u = 2 \times 10^{-8}\,\mathrm{m}^2/(\mathrm{Vs}) \times 150\,\mathrm{V/cm} = 3 \times 10^2\,\mathrm{\mu m/s} \tag{6.44}$$

この流れは，式 (2.40) で表されるクエット流である．したがって，次のようになる．

$$u = \left(4.5 \times 10^2 + \frac{y}{h} 1.5 \times 10^2\right)\mathrm{\mu m/s} \tag{6.45}$$

6.6　まとめ

　本章では，電気二重層内部の流れの詳細についてはほとんど触れず，電気二重層がバルクの流れに与える影響のみに注目し，薄い電気二重層条件での電気浸透流について述べた．電気二重層がナノスケールの厚さであるために，この条件は多くの場合にマイクロデバイスに適用できる．電気二重層が薄い場合，電気二重層内部では均一な外部電場を仮定して電気二重層外部のクーロン力が無視される，接合漸近法を使って系を解くことができる．この場合，以下の電気浸透移動度で定義される有効すべり速度の境界条件で電気二重層を置き換えることができる．

$$\vec{u}_{\mathrm{outer,wall}} = \mu_{\mathrm{EO}}\,\vec{E}_{\mathrm{ext,wall}} \tag{6.46}$$

均一流体物性で単純な界面である場合，電気浸透移動度は次式のようになる．

$$\mu_{\mathrm{EO}} = -\frac{\varepsilon \varphi_0}{\eta} \tag{6.47}$$

界面と流体の物性が均一で圧力勾配が与えられない場合には，純粋な電気浸透流は流速が局所電場に比例するポテンシャル流になる．

$$\vec{u} = -\frac{\varepsilon \varphi_0}{\eta}\,\vec{E}_{\mathrm{ext}} \tag{6.48}$$

これらの関係は界面電位と系内の流速を関連づける．マイクロデバイス内の流動は有効すべり境界条件を用いることで，比較的簡単なシミュレーションで計算できる．

6.7　補足文献

　バルクの電気浸透流速度を壁面のゼータ電位の関数として記述する積分解析は，多くの文献で見られる [29, 68, 69, 70, 71, 72]．Li [72] はいくつかの界面動電流の詳細な扱いについて紹介している．より厳密な数学的手法を用いて電場と流速の類似性について議論した研究 [73, 74, 75, 76, 77] は多くあり，非定常電場での電気浸透流のダイナミクス [78] について議論している．

　関連する文献としては，非一様なゼータ電位により界面動電的に発生した圧力 [79]，界面動電ポンプ [64, 65]，界面動電ポンプにおける誘電率の影響 [66]，本章で使用し

158 第6章 電気浸透流

た多くの単純化の仮説なしでの界面動電ポンプの詳細な計算 [80, 81]，湾曲壁での電気二重層に関する議論 [52] などがある．

達成できたこととできなかったことを明示することは重要である．壁の電位を既知だと仮定すると，壁面から離れた地点の流速を積分解析で評価できる．壁面から離れた位置の流速は壁とバルク流体との電位差，すなわち φ_0 に依存するが，φ の空間依存性には依存しない．しかし，多くの重要な問題が未解決のまま残されている．マイクロデバイスの壁面の化学は，表面電荷密度 q''_{wall} に関連する．この表面電荷密度がわかれば，壁面への電気力や流体への体積力を知ることができる．しかし，第9章でモデル化する帯電した壁近傍のイオン分布の詳細なしには，これらパラメータのいずれも評価できない．1次元系での体積力分布についての考察（たとえば演習問題2.12）により，これら系の速度が体積力の**分布**の関数であることがわかる．内部解の詳細な情報なしに外部速度を得ることができるのは，ある一致，すなわちバルク速度（正味の電荷密度へのクーロン力の二重空間積分）と壁面電位（正味の電荷密度の二重空間積分）の数学的形式が同じであるためである．われわれの内部解の結果では，ある一つの未知数（u_{inner}）を別の未知数（φ）で単純に表している．しかしながら，φ_0 を実験的に計測することで，この関係によって純粋な電気浸透流を予測できる．

本章で用いた表面電位と流速を関連づける積分表記は，簡単で直感的なものであるが，流体物性が均一で界面が単純であるという仮定の有効性に疑問があるため，実験と一致させるには議論の余地がある．このことは第10章でより詳細に述べる．

6.8 演習問題

6.1 $\mu_{EO} = 2.6 \times 10^{-8}\,\mathrm{m^2/(V\,s)}$ であるポリカーボネート製マイクロ流路の1次元系を考える．この流路では，領域1と領域2で断面積が急に変わるものとする．全体の導電率は σ で均一である．領域1および2の電場はそれぞれ E_1, E_2 とし，断面積はそれぞれ $A_1 = 200\,\mathrm{\mu m^2}$, $A_2 = 400\,\mathrm{\mu m^2}$，流路長さはそれぞれ $L_1 = 1\,\mathrm{cm}$, $L_2 = 1.5\,\mathrm{cm}$ とする．流路には $\Delta V = 300\,\mathrm{V}$ の電位差が印加される．

(a) 第3章の手法を利用し，与えられた変数を用いて各領域の抵抗と電位差を求め，E_1 と E_2 を求めよ．

(b) 両領域の電場強度 E_1 と E_2 を求め，各領域の流速を計算せよ．

(c) この速度解は質量保存則を満たすか．この流れにおける質量保存則と電流保存則はどうなるか．

6.2 図6.9に示すように，$L = 1\,\mathrm{cm}$ のガラス製マイクロ流路内の水溶液（$\varepsilon = 80\,\varepsilon_0$, $\eta = 1 \times 10^{-3}\,\mathrm{Pa\,s}$）の流れを考える．流路の断面積は一定で長さは幅と比べて十分に長く，1次元と仮定できるとする．ガラスを絶縁体として，ガラスと溶液の界面には，バルクと

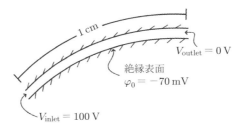

図 6.9　マイクロ流路の概略図

比べて 70 mV だけ低い表面電位が存在し，表面電荷密度 $q''_{wall} = -0.05\ \mathrm{C/m^2}$ とする．流路入口の電圧を $V_1 = 100$ V，出口の電圧を $V_2 = 0$ V とする．

(a) この問題を解くための電位と流速の支配方程式と境界条件を，壁面近くと遠くについて記せ．この式は解かなくてもよい．
(b) 壁面近くの境界層について 1 次元積分解析を実行して，電気二重層外部の流れを記述する有効すべり条件を求めよ．
(c) 有効すべり境界条件が与えられたとき，以下の問題を解け．
 ⅰ．この系における流れ場の外部解の支配方程式を定めよ．
 ⅱ．電場を用いて流れ場の外部解の境界条件を定めよ．
 ⅲ．この系の電場分布を求めるための支配方程式と境界条件を求めよ．
 ⅳ．この系の速度分布の外部解を求めよ．

6.3　電気浸透流により有効すべりを導く際，表面**電位**が既知だと仮定し，結果として外部の流速の有効すべりを予測している．表面**電荷密度**が既知だが電位が未知と仮定した場合，本章で紹介した 1 次元積分解析で有効すべりを予測できるか．

6.4　帯電壁近くの境界層周りに検査体積を描け．本章で導出した速度分布が与えられたとき，壁面における単位長さあたりの抗力を q''_{wall} を用いて求めよ．電気二重層内のイオンに対して単位長さあたりに作用する静電力を評価するために，検査領域内のクーロン力を積分せよ．これより粘性抗力と全クーロン力の関係について何がいえるか．また，壁面の電荷密度と境界層の体積電荷密度の関係について何がいえるか．

6.5　溶液や電気が壁を通じて漏れない（絶縁の）流路内での電気浸透流の外部解が渦なしであることを保証するために必要な条件は，以下のとおりである．
 (a) 流れが準定常である（すなわち，印加電場や表面の化学的性質の変化が特性周波数 $\dfrac{\eta}{\rho R^2}$ に比べて遅いこと）
 (b) 流体物性が均一である
 (c) 表面の電気浸透移動度が一定である
 (d) 電気二重層が薄い
 (e) よどみ圧力はすべての入口と出口で等しい
 (f) 入口と出口の流速は $\vec{u} = \mu_{EO}\vec{E}$ で与えられる
 (g) レイノルズ数が小さい

それぞれの条件について，その条件に反する流れが外部解のゼロではない渦度につながるかどうか説明せよ．

6.6 最大圧力条件で界面動電ポンプの関係式を求める際に，流量はゼロと仮定する．ポンプ内部に設定された検査体積に質量保存則を適用して，流量がゼロとなることを示せ．

6.7 曲がりのあるマイクロ流路におけるラプラス方程式の解を計算すると，曲がり部内側の電場が外側より高くなるために，流れ場が非一様になることがわかる．一様な電気浸透流が得られるような（入口に一様流の流入があり，それが出口でも一様流となるように変化し，その変化が明確に定義された境界で起こるような），曲がり部をもつマイクロデバイスを設計するよう依頼されたとする．ここでは，流路の高さ（z軸方向）を境界の片側で d_1，もう一方で d_2 のように変化させることで実現する．この高さ変化は流路形状の xy 平面での適切な制御と組み合わせることで，各区間で均一な流れを実現しようとする．

図 6.10 のような流路形状を考える．このデバイスが機能する（すなわち，曲がり部前後で均一な流れとなる）と仮定して，関係式を求める．

(a) 左側の流速を u_1，右側を u_2 とするとき，流路 1, 2 の流速と流路高さ，幅を関連づける質量保存則を書け．

(b) 幅 w_1, w_2 は，二つの流路が境界を共有しているために，角度 θ_1, θ_2 と関係がある．その関係式を求めよ．

(c) 境界を出入りする流れは，境界に垂直方向と平行方向に分解できる．平行方向速度は境界を通じて連続的である．平行方向速度の連続性を保証するような，u_1, u_2, θ_1, θ_2 を関連づける式を記せ．

(d) これらの関係式を組み合わせて，以下の二つの関係が満たされる場合に，流れが各領域では均一になることを示せ．

$$\frac{\tan\theta_1}{d_1} = \frac{\tan\theta_2}{d_2} \tag{6.49}$$

$$u_1 \sin\theta_1 = u_2 \sin\theta_2 \tag{6.50}$$

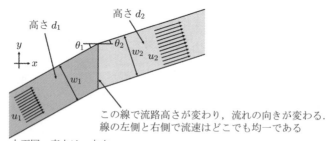

図 6.10 高さ変化と曲がりをもち，各区間で均一な電気浸透流を発生させる流路の上面図

(e) $\dfrac{d_1}{d_2}$ が与えられるとき，θ_2 を θ_1 の関数として，$\theta_1 = 0$ から $\theta_1 = \dfrac{\pi}{2}$ の範囲で図示せよ．$\dfrac{d_1}{d_2}$ は 1，2，4，8，16，32，64 とする．

(f) $\dfrac{d_1}{d_2}$ が与えられるとき，$\dfrac{u_2}{u_1}$ を曲がり角度（$\theta_1 - \theta_2$）の関数として，$\theta_1 = 0$ から $\theta_1 = \dfrac{\pi}{2}$ の範囲で図示せよ．$\dfrac{d_1}{d_2}$ は 1，2，4，8，16，32，64 とする．この関数が二価関数であることに注意せよ．

6.8 マイクロチップでの電気泳動分離の基本的な課題は，流れに起因する分散を除去することである．直管内の電気浸透流は分散が起こらないが，曲がり部があると場所によって移動時間が変わるために大きな分散が生じる．したがって，マイクロチップ内に単に折り返し部を設けることで長い流路を効率よく製作しようとすると，一般には低い分離性能になってしまう．

　流路高さが境界で変化して入口と出口の流路が適切な関係を満たす場合，境界前後の各領域で一様な電気浸透流が得られることを思い出そう．領域内で一様な流れは，その流路内を移動している間は分散がない．しかし，境界では流速に依存して試料のバンドが回転する．よって，流れに垂直な試料のバンドは，境界を通過後は流れに垂直ではなくなる．この回転によってバンドは広がってしまう．

　この問題では，分散が**なく**，バンドが流速に依存して回転**しない**ような曲がり部をもつマイクロ流路を設計する．そのためには，分散のない解が得られるように，流路高さと曲がり部の角度を設計する必要がある．理論的には，この設計で「完璧な」マイクロ流路の曲がり部を得ることができる．

(a) 図 6.11 の 1 番目の境界を考える．この境界では，例題 6.7 に示したように，入口流路（流路 1）の物質線が出口流路（流路 2）で異なる角度に回転する．したがって，入口流路内の流れに垂直な物質線は出口流路の流れでは垂直ではない．θ_1 と $\dfrac{d_1}{d_2}$ の関数として，領域 2 の流れに垂直な物質線の角度を求めよ．

(b) 領域 1 と同じ高さの領域 3 を追加して，二つの境界を有する流路を考える．これを図 6.11 に示す．2 番目の境界で，境界に垂直な線と入口・出口流路とがなす角度をそれぞれ θ_3，θ_4 と定義する．θ_1 と $\dfrac{d_1}{d_2}$ の関数として，領域 1 で流れに垂直な物質線を領域 3 で流れに垂直にするような θ_3 の値を二つ求めよ．解の一方は入口流れと平行な出口流れにつながるもので現実的ではなく，もう一方は平行では**ない**出口流れにつながるものである．このもう一方の解はマイクロ流路の曲がり部の設計に使うことができる．このとき，θ_1 と $\dfrac{d_1}{d_2}$ の関数としての正味の曲がり角 α を求めよ．

(c) $\dfrac{d_1}{d_2} = 12$ とする．電気浸透流が 45° 回転し，物質線が流れに垂直であることが出口部で維持されるような，二つの境界を有する流路の設計に必要な θ_1，θ_2，θ_3，θ_4 を

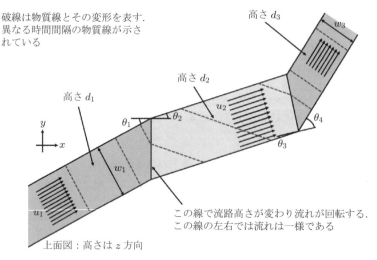

図 6.11 高さ変化と二つの境界をもつ曲がり流路の模式図．各区間内での電気浸透流速度は一様で，流速ベクトル変化に伴って物質線（入口流れでスパン方向に引いた直線の流跡線に相当）が回転しない

求めよ．この問題には四つの解の組み合わせが存在する．これらのマイクロ流路の形状のうち一つを図示せよ．流路幅の比 $\dfrac{w_3}{w_1}$ はいくつになるか．

(d) $\dfrac{d_1}{d_2} = 12$ とする．電気浸透流が 90° 回転し，出口部で物質線が流れに垂直であることが維持され，流路幅が変化しない $\left(\dfrac{w_5}{w_1} = 1\right)$ ような，四つの境界を有する流路の設計に必要な θ_1, θ_2, θ_3, θ_4, θ_5, θ_6, θ_7, θ_8 を求めよ．この流路形状を図示せよ．$d_1 = d_3 = d_5$ かつ $d_2 = d_4$ とする．

(e) 低分散で曲がり部をもつマイクロ流路を提案している文献 [82, 83] のいずれかを読め．本問題では分散**なし**の曲がり部をモデル化してきた．文献の設計をこの演習で設計されたものと比較して，適用可能性についてコメントせよ．文献 [82, 83] のモデル化手法とこれまでの解にはどのような制約があるか．どちらの解がよりよいか．より詳細なモデル化を実施することの相対的な利点をどのように解釈するか．

6.9 粘性散逸（粘性による運動エネルギーから熱への変換）の重要性について，代表長さ L の，形状を特定しない電気浸透流におけるジュール熱と比較して考える．ここでは電気浸透流を壁面のすべり速度としてモデル化し，壁近くで何が起こっているかについては考えない．

大きさ E の電場が印加され，流体の導電率と粘性率はそれぞれ σ, η とする．電気浸透移動度は μ_EO とする．流路内での粘性散逸のジュール熱に対する比を与えるスケーリング則（簡単で代数的な導出ができるような適切な近似）を求めよ．このとき，局所的な粘性散逸が $2\eta|\nabla \vec{u}|^2$ で与えられることに注意せよ．

求めたスケーリング則を，$\eta = 1 \times 10^{-3}\,\mathrm{Pa\,s}$, $\sigma = 100\,\mathrm{\mu S/cm}$, $L = 20\,\mathrm{\mu m}$, $\mu_{EO} = 4 \times 10^{-8}\,\mathrm{m^2/(V\,s)}$ の系について評価せよ．

6.10 図 6.12 に示すような，2 枚の板の間の電気浸透流の発生について考える．距離 $2d$ だけ離れた 2 枚の平行平板が $y = \pm d$ の位置にある．$t < 0$ では流体や板は動かず，$t = 0$ で電場 E が印加される．変数分離を用いて，外部解 $u_{\mathrm{outer}}(y, t)$ を求めよ．

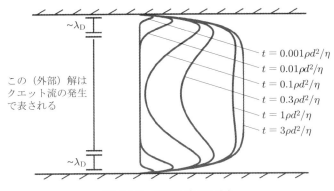

図 6.12 電気浸透流の発生

6.11 振動的な電気浸透流を考える．距離 $2d$ だけ離れた 2 枚の平行平板が $y = \pm d$ の位置にある．ここで，電場 $E\cos\omega t$ を印加する．変数分離を用いて $u_{\mathrm{outer}}(y, t)$ を求めよ．

6.12 式 (6.26) のゼロ流量電気浸透ポンプの関係を導出せよ．

6.13 平面 (2 次元) 電気浸透ポンプの最大効率を，粘性率，導電率，誘電率などの流体物性と電気浸透移動度の関数として求めよ．系全体の導電率はバルク流体の導電率で与えられるとする (壁面の導電率は無視する)．

6.14 電気浸透流が電解液の誘電率に依存するため，導電率は界面動電ポンプの熱力学的効率に影響を与える．文献 [66] を読んで以下の項目をまとめよ．
(a) 流量の誘電率への依存性
(b) 発生する圧力の誘電率への依存性
(c) 熱力学的効率の誘電率によるスケーリング
また，以下の問いに答えよ．
(d) どのように液体の誘電率を変えられるか．少なくとも二つの方法をあげよ．一つは文献 [66] にまとめられている．
(e) 上の方法を使うと，他の溶液物性はどのように変化するか．これらの変化に付随して熱力学的効率は増加あるいは減少する傾向にあるのか．
(f) 本章で扱われていないどのような概念や記号，定義がその論文にあるか．

6.15 6.5 節で導いた単純な関係式は，界面動電ポンプの熱力学的効率を完璧に記述してはいない．文献 [81] を読み，以下の問いに答えよ．
(a) 6.5 節の単純な関係式に使われている重要な仮定は何か．

164　第6章　電気浸透流

(b) これらの仮定はどのようなときに崩れるか. 電解質濃度, 系の導電率や系の代表長さの観点から答えよ.

(c) 単純な関係式は性能を過大評価あるいは過小評価しているか. より詳細なモデリング手法が用いられるとどの程度変化するか.

6.16　文献 [65, 66] で書かれている界面動電ポンプを考える. これらの系は, 6.5 節の単純な関係式を求める際に使われた理想化された形状からどう異なっているか. 性能を予測するための簡易モデルを用いるために, 文献 [65] ではどの実験パラメータが測定されているか.

6.17　側壁に電気浸透すべり条件が与えられ, 閉じたすべりなしの端部をもつ, 長い2次元流路内の流れを数値シミュレーションで求め, 流線を図示せよ.

6.18　$y = \pm d$ の板の間に流動がある平面界面動電ポンプを考え, 流速がゼロとなる y 方向の位置を求めよ.

第 7 章
ポテンシャル流れ

本章ではポテンシャル流れ（potential fluid flow）とマイクロ流体デバイス内の流れの物理的な関連性について議論し，ポテンシャル流れの解を得るための解析ツールについて述べる．さらに，面対称の 2 次元ポテンシャル問題に複素解析を利用することについても着目する．マイクロ流路は流路幅に対して流路高さが小さいため，高さ方向の平均値を 2 次元解析でよく近似できることが多いので，面対称流れはマイクロシステムに関連している．

これらの流れの工学的な重要性，および数値計算に対する解析の相対的な重要性については，とくに重視していく．ラプラス方程式はどちらかというと数値的に解くほうが簡単であり，したがってほとんどのラプラス方程式系にとっては数値シミュレーションが最適なアプローチである．たとえば，複雑な形状をしたマイクロデバイス内の電気浸透流については，解析的手法で解くことができないのでシミュレーションが用いられるだろう．このように数値計算は重要である一方で，解析的手法は物理的な解釈をもたらしたり，重要なケース（たとえば，球周りのポテンシャル流れ）における単純な解析解を用いてより複雑な問題の近似解を得られたりするという点で重要である．一例をあげると，荷電粒子懸濁液の電気泳動の研究では，球周りのポテンシャル流れの解析解から派生した手法を用いた解析が行われることがほとんどで，ラプラス方程式の詳細かつ大がかりな数値解法は**用いられない**．

7.1 ナビエ-ストークス方程式のポテンシャル流れの解を見つけるための手法

渦なし流れにおいては，**速度ポテンシャル**（velocity potential）の勾配から速度場を定義できる．これにより質量保存則と運動量保存則を満足するシンプルな方法（図 7.1）が導かれるが，一方で境界条件を満足させようとする際には問題が生じる．

境界条件または自由流れ条件が与えられた場合，ラプラス方程式を解くことで質量保存則を満たすことができる．この方法は，数値計算的にも解析的にも，ナビエ-ストークス方程式を解く方法と比較して容易である．壁面に適用する境界条件は不透過条件

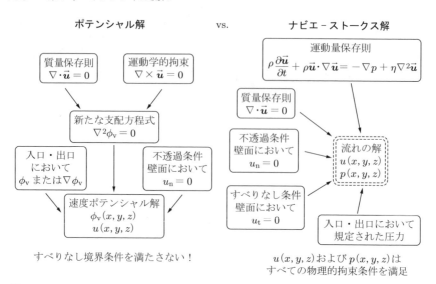

図7.1 ポテンシャル流れとナビエ–ストークス解による解法の比較．ナビエ–ストークス解法は質量および運動量保存を主とした解法である一方，ポテンシャル流れは運動学を主とした解法である．ポテンシャル流れにおいては，運動量保存則はラプラス方程式を解いた後に初めて，圧力場を決定する際にのみ適用される

(no-penetration condition)，すなわち固体境界における法線方向速度がゼロというものである．自由流れ中もしくは入口においては，境界条件は特定の速度である．ラプラス方程式の解によって，境界を含めて，流れのあらゆる速度場を規定できる．これにより速度場が既知となるので，ナビエ–ストークス方程式を書き換えて，圧力を空間の関数として解くことで，運動量保存則が満足される（ただし，マイクロスケールの渦なし流れの場合には圧力はあまり有用ではなく，滅多に計算されない）．

残念ながら，この解は壁面における不透過条件を満足するにもかかわらず，一般に壁面におけるすべりなし条件を満たさない．したがって，（適切な圧力場と組み合わせた）ラプラス方程式は質量保存，ナビエ–ストークス方程式，そして境界条件のうちの**一つ**（不透過条件）を満足するが，その他の境界条件（すべりなし条件）を満足しない．よって，ポテンシャル流れの解は壁面からかなり遠く離れた位置の流れの記述に有用であり，渦が存在する領域がこの解において対象としない，あるいは個別に扱いたい領域内に局在している場合に意味をもつ．第6章は，このような流れの重要な例である（電気浸透流では，渦は薄い電気二重層の中に形成される）．

7.2 速度ポテンシャルと流れ関数のラプラス方程式

本節では，ラプラス方程式の解を利用して，速度ポテンシャルあるいは流れ関数（stream function）を用いて流動方程式を解く方法を説明する．

7.2.1 速度ポテンシャルのラプラス方程式

扱う流れの領域が渦なし，つまり速度がスカラー勾配によって定義できる[1]とき，速度は次式で表される．

$$\vec{u} = \nabla \phi_{\mathrm{v}} \tag{7.3}$$

したがって，質量保存則は式 (7.3) を連続の式 ($\nabla \cdot \vec{u} = 0$) に代入することによって満足される．これにより

$$\nabla \cdot \nabla \phi_{\mathrm{v}} = 0 \tag{7.4}$$

または

- 速度ポテンシャルのラプラス方程式

$$\nabla^2 \phi_{\mathrm{v}} = 0 \tag{7.5}$$

を得る．式 (7.5) は速度ポテンシャルのラプラス方程式である．

■ラプラス方程式：壁面境界条件

壁面に適用される流れの境界条件は不透過条件，つまり壁面において $u_{\mathrm{n}} = 0$（u_{n} は壁面法線方向の速度）である．速度ポテンシャル ϕ_{v} および壁面法線方向の座標軸 n を用いると，次式を得る．

$$\frac{\partial \phi_{\mathrm{v}}}{\partial n} = 0 \tag{7.6}$$

■ラプラス方程式：入口および自由流れ中の境界条件

自由流れ中または入口においては通常，境界条件は次式に示すように特定の速度である．

$$\nabla \phi_{\mathrm{v}}|_{\mathrm{inlet}} = \vec{u}_{\mathrm{inlet}} \tag{7.7}$$

式 (7.5) ～ (7.7) によって，ϕ_{v} についての問題を完全に記述できる．

---

1) 多くのパラメータがスカラー勾配として定義可能である．その一例が次式に示す速度ポテンシャルである．

$$\vec{u} = \nabla \phi_{\mathrm{v}} \tag{7.1}$$

他の例として，次式に示す電位が当てはまる．

$$\boldsymbol{E} = -\nabla \phi \tag{7.2}$$

慣例的に，これら二つの式の符号は反対となっている．

168   第 7 章　ポテンシャル流れ

その他の方法として，流れ関数 ψ を次の 2 式のように定義できる．

- デカルト座標系における流れ関数の定義 1

$$u = \frac{\partial \psi}{\partial y} \tag{7.8}$$

- デカルト座標系における流れ関数の定義 2

$$v = -\frac{\partial \psi}{\partial x} \tag{7.9}$$

この定義により $\dfrac{\partial u}{\partial x} + \dfrac{\partial v}{\partial y} = 0$ が与えられるため，この記述では自動的に連続の式が得られる．

ここで，渦なし条件を満足するために，$\nabla \times \vec{u} = 0$ とおくと（これにより 2 次元においては $\dfrac{\partial v}{\partial x} - \dfrac{\partial u}{\partial y} = 0$ ），

$$\frac{\partial}{\partial x}\left(-\frac{\partial \psi}{\partial x}\right) - \frac{\partial}{\partial y}\frac{\partial \psi}{\partial y} = 0 \tag{7.10}$$

または

$$\frac{\partial^2}{\partial x^2}\psi + \frac{\partial^2}{\partial y^2}\psi = 0 \tag{7.11}$$

を得る．先ほどと同様にラプラス方程式（この場合は流れ関数のラプラス方程式）を解くことで，直接的に速度場を得ることができる．

ここで紹介した二つの手法は等価である．速度ポテンシャルはより一般的であり，2 次元と 3 次元のどちらの場合にも適用できる．流れ関数は通常は 2 次元にのみ用いられるが，それによって流線（流れ関数の等高線）という非常に有用なものを得ることができる．

■ラプラス方程式の解法

ラプラス方程式は，数値的に解くにあたって非常に明快であり，微分方程式ソルバーによって容易に解を得ることができる．数値的な手法の重要な制約は，物体周りの 2 次元流れにおいてラプラス方程式の解は一意的ではなく，循環量が異なる無数の解が存在しうる点である[1]．したがって，ラプラス方程式を解く以前に循環について規定しておかなければならない．2 次元空気力学理論（2 次元ポテンシャル流れのもっとも一般的な流体工学的応用例）において，循環は，流線が鋭利な後縁から発生しなければならないという粘性条件であるクッタ条件（Kutta condition）により規定される．電気浸

---

[1] 閉じた輪郭に沿った循環 Γ は $\Gamma = \displaystyle\int_C \vec{u} \cdot \vec{t}\, ds = \int_S \vec{\omega} \cdot \hat{n}\, dA$ と定義され，囲まれた領域内の正味の剛体回転を定義する．1.2.1 項参照．

透により駆動されるマイクロ流れにおいては，流れは電場に比例し，循環はないため，電気浸透ポテンシャル流れの循環は厳密にゼロである．幸運なことに，数値解法では通常は初期条件を循環なしとするため，解の循環はゼロとなる．

解析的な手法は特定の形状にしか適用できないが，そこから得られる結果には価値があり，多くの工学的に重要な電場の解と類似している．ラプラス方程式は線形方程式なので，解の重ね合わせを適用できる．そして，解の重ね合わせにより特定の境界条件や循環の制約を満たすことができる．本章ではこれらの解法（わき出し，二重わき出し，渦や一様流）について議論する．面対称なケースでは解を明解に記述したり複素代数を効果的に利用したりすることができるので，ここでは2次元平板流れを扱う．

7.2.2 すべりなし条件

残念なことに，ϕ_v または ψ のラプラス方程式の解はナビエ–ストークス方程式および壁面における不透過条件を満足する速度場を与えるが，壁面のすべりなし条件は満足しない．したがって，この解法は壁面における流れ場の正しい記述**ではない**．壁面近傍の流れを規定する場合には，ポテンシャル流れの解に境界層理論（boundary-layer theory）を繰り込まなくてはならない．ポテンシャル流れの空間的な適用範囲は，境界層理論により示される．電気浸透流においては，この境界層は電気二重層である．

7.3 面対称のポテンシャル流れ

面対称のポテンシャル流れには，翼理論やマイクロ流体デバイス内の流動予測を含む多くの応用先がある．ここであげた二つの例において，ある方向（たとえば，マイクロ流路高さ）の変化は他の方向の変化と比較して小さいとみなす．それにより，流れを2次元に近似できる．2次元渦なし流れにおいて，速度ポテンシャルと流れ関数は直交する調和関数（harmonic function）である．等ポテンシャル線は流線に直交し，これら二つの関数は複素代数を用いることで組み合わせて操作できる．

本節では，一様流（uniform flow），渦（vortex），わき出し（source），吸い込み（sink），二重わき出し（doublet）などの基本要素から流れの解を導出する．わき出し，吸い込み，そして二重わき出しは流れの解の多重極展開の構成要素である（それらの一般解については付録Fで述べる）．以下においては，はじめに変数の表現においてどのように複素代数が利用されているかに触れ，その後基本要素について述べ，最後にこれらの要素がどのように重ね合わされるのかを議論する．これは支配方程式の解へのグリーン関数法のアプローチである．

170 第 7 章 ポテンシャル流れ

7.3.1 複素代数およびその面対称ポテンシャル流れへの適用

本項においては，面対称ポテンシャル流れの数学的な煩雑さを軽減するために複素代数を用いる．複素変数の代数は，表 7.1 にまとめているように，正弦関数を用いた回路解析と同様の理由によって速度ポテンシャルおよび流れ関数を記述する際に有用である．

表 7.1 正弦関数の操作における複素代数の役割と面対称ポテンシャル流れを扱う際の複素代数の役割の類似性

パラメータ	正弦関数	面対称ポテンシャル流れ
重要な関数	$\sin t,\ \cos t$	$\phi_{\mathrm{v}}(x,\ y),\ \ \psi(x,\ y)$
関数どうしの関係	$\sin t = \cos\left(t - \dfrac{\pi}{2}\right)$ たがいの関数は位相が 90° ずれる	ϕ_{v} と ψ の等高線はたがいに空間的に直交—xy 平面内で 90° 回転
関数が満足する方程式	$f'' + f = 0$ 二次の同次常微分方程式	$\nabla^2 f = 0$ 二次の同次偏微分方程式
関数を単純化する際の複素代数の役割	$\exp j\omega t = \cos t + j\sin t$ 関数は単純化されない	$\underset{\sim}{\phi}_{\mathrm{v}} = \phi_{\mathrm{v}} + j\psi$ 二つの関数が組み合わせられる
導関数を単純化する際の複素代数の役割	$\dfrac{\partial}{\partial t}(\exp j\omega t) = j\omega \exp j\omega t$ 微分方程式が代数方程式に変換される	導関数は単純化されない
解を単純化する際の複素代数の役割	方程式の解は**つねに** $A \exp j(\omega t + \alpha)$ の形式となる	方程式の解は**つねに** $\underset{\sim}{\phi}_{\mathrm{v}} = f(\underset{\sim}{z}\,\text{のみ})$ の形式となる

■複素距離

xy 平面上において x 方向に $\Delta x = x_2 - x_1$，y 方向に $\Delta y = y_2 - y_1$ だけ離れた 2 点があるとき，**複素距離**（complex distance）$\underset{\sim}{z}$ は式 (7.12) で定義される．

- デカルト座標系における複素距離の定義

$$\underset{\sim}{z} = \Delta x + j\Delta y \tag{7.12}$$

ここで，$j = \sqrt{-1}$ である．この複素距離は x 方向および y 方向の両方の距離情報をもった複素数である．アンダーチルダは二つの実物理量の複素表現であることを示すために用いられている．この距離は，円筒座標系と同様の方法を用いて，長さと角度により表すこともできる．

- 円筒座標系における複素距離の定義

$$\underset{\sim}{z} = \Delta\mathit{r} \exp j\Delta\theta \tag{7.13}$$

なお，$\Delta\mathit{r} = \sqrt{\Delta x^2 + \Delta y^2}$ であり，$\Delta\theta = \mathrm{atan2}(\Delta y,\ \Delta x)$ である[1]．ここで，$\Delta\mathit{r}$ は 2 点

---

[1] 記号 $\Delta\mathit{r}$ と $\Delta\theta$ は**距離**の動径座標成分および角度座標成分を表している．これらは，ある点の原点を基準とした動径座標および角度座標を表す r と θ とは異なる．

7.3 面対称のポテンシャル流れ　171

間の距離であり，$\Delta\theta$ は点 1 と点 2 を結ぶ直線と x 軸がなす角度である．本書で用いる atan2 の値[1] は 0 から 2π の間の値をとり，$\cos\Delta\theta$ は $\dfrac{\Delta x}{\sqrt{\Delta x^2 + \Delta y^2}}$ と等しく，$\sin\Delta\theta$ は $\dfrac{\Delta y}{\sqrt{\Delta x^2 + \Delta y^2}}$ と等しい．また，オイラーの公式より $\exp j\alpha = \cos\alpha + j\sin\alpha$ である．

■回転

xy 平面における距離の複素表現の使用例として真っ先に思い浮かぶのは，距離を容易に回転できることである．複素距離 z は $\exp j\alpha$ を掛けることにより角度 α だけ回転させることができる．流れを角度 α で回転させるためには，ϕ_v の式において $\underset{\sim}{z}$ を $\underset{\sim}{z}\exp(-j\alpha)$ で置き換える．

例題 7.1　複素代数を用いて，x 方向のベクトルは角度 $\dfrac{\pi}{2}$ 回転させることで y 方向を向くことを示せ．具体的には，複素距離 $z = 1 + 0j$ に $\exp\left(j\dfrac{\pi}{2}\right)$ を掛けると $0 + 1j$ となることを示せ．

解　z に $\exp\left(j\dfrac{\pi}{2}\right)$ を掛けることで次式を得る．

$$(1 + 0j)\exp\left(j\frac{\pi}{2}\right) \tag{7.15}$$

これを整理すると次式となる．

$$\exp\left(j\frac{\pi}{2}\right) \tag{7.16}$$

ここでオイラーの公式を用いると，

$$\cos\frac{\pi}{2} + j\sin\frac{\pi}{2} \tag{7.17}$$

となるので，最終的に次式を得る．

$$0 + 1j \tag{7.18}$$

---

[1] ここでは atan2 は四象限逆正接であり，その値は Δy および Δx の符号ならびに $\dfrac{\Delta y}{\Delta x}$ の値に依存する．具体的には，$\tan^{-1}$ が $-\dfrac{\pi}{2}$ と $\dfrac{\pi}{2}$ の間の値をとるとすると，atan2 は式 (7.14) で与えられる．

$$\mathrm{atan2}(\Delta y, \Delta x) = \begin{cases} \tan^{-1}(\Delta y/\Delta x) & \text{if} \quad \Delta x > 0,\ \Delta y > 0 \\ \tan^{-1}(\Delta y/\Delta x) + \pi & \text{if} \quad \Delta x < 0 \\ \tan^{-1}(\Delta y/\Delta x) + 2\pi & \text{if} \quad \Delta x > 0,\ \Delta y < 0 \\ \pi/2 & \text{if} \quad \Delta x = 0,\ \Delta y > 0 \\ 3\pi/2 & \text{if} \quad \Delta x = 0,\ \Delta y < 0 \end{cases} \tag{7.14}$$

172　第7章　ポテンシャル流れ

■複素速度ポテンシャル

複素速度ポテンシャル ϕ_v を式（7.19）で定義する．

- 複素速度ポテンシャルの定義

$$\phi_v = \phi_v + j\psi \tag{7.19}$$

ここで，ϕ_v は速度ポテンシャルであり，ψ は流れ関数である．この式は速度ポテンシャルと流れ関数を組み合わせた複素関数である．直交する x 方向と y 方向を表現するのに複素変数 z が便利なように，複素数 ϕ_v は直交する ϕ_v と ψ の表現に便利である．

■複素速度

複素速度 u を次式で定義する．

- デカルト座標系における複素速度の定義

$$u = u + jv \tag{7.20}$$

ここで，u および v は x および y 方向の速度成分である[1]．

　流れの中心が原点にある場合，半径方向速度 u_r と反時計回りの円周方向速度 u_θ を用いて流れを記述する方法が有用である．この場合，複素速度は円筒座標系を用いて式（7.21）により定義される．

- 円筒座標系における複素速度の定義

$$u = (u_r + ju_\theta)\exp j\theta \tag{7.21}$$

速度成分 u_r および u_θ は原点に対して定義されており，距離 r および θ も同様である．反対に，距離 Δr および $\Delta\theta$ は対象の点からの距離をとる．

■複素速度，距離，および速度ポテンシャルに関する表現

　複素速度，距離，および速度ポテンシャルに関する表現は，$\vec{u} = \nabla\phi_v$ の関係と類似している．

- 複素ポテンシャルと複素速度の間の関係式

$$u^* = u - jv = \frac{\partial\phi_v}{\partial z} \tag{7.22}$$

ここで，アスタリスクは複素共役を表している．z に関する導関数は次式のように書くこともできる．

$$\frac{\partial\phi_v}{\partial z} = \frac{\partial\phi_v}{\partial x} = -j\frac{\partial\phi_v}{\partial y} \tag{7.23}$$

---

1) 複素速度を $u + jv$ ではなく $u - jv$ と定義することも多い．本書では，複素速度ポテンシャルと複素距離の定義との類似性を示すために $u + jv$ を用いる．この定義を用いる場合には，式（7.22）において複素速度の複素共役を用いなければならない．

7.3 面対称のポテンシャル流れ　173

より詳細な複素微分については付録 G を参照すること.

■ラプラス方程式の解

複素変数の使用は,単にエレガントな結果を得る以上のものをもたらす.**すべての素性のよい（すなわち,適切に微分可能な）z のみの関数である複素速度ポテンシャル ϕ_v $= \phi_v(z)$ は自動的にラプラス方程式を満足し,したがってそれは流体力学方程式の解である.** この数学的な概念は G.1.2 項において議論されているが,本項でも述べておく. **任意の $\phi_v(z)$ はラプラス方程式を満足するので,** $\phi_v = z$,$\phi_v = z^3$,$\phi_v = \ln z$,そして $\phi_v = \sqrt[14]{z}$ は微分可能な領域においてすべてラプラス方程式を満足する. このことは,任意の $\phi_v(x, y)$ を指定した場合には**当てはまらない**. たとえば,$\phi_v = x^2$,$\phi_v = y^{-1}$,$\phi_v = x^3 + y^3$,そして,$\phi_v = yx \ln x$ はいずれもラプラス方程式を満足しない. 複素変数の解法が有効なのは,複素変数の微分可能な関数の使用により,x と y の導関数の間に特定の空間的関係が生じるためである.

このことにより,グリーン関数法のアプローチ（つまり,まず支配方程式の解を探し,その後にそれらを組み合わせて境界条件について解く）がシンプルになる. すべての複素速度ポテンシャル $\phi_v(z)$ はすでに解であり,したがってこれから必要となるのは,ラプラス方程式を直接解くことではなく,対象となる境界条件に合致するように関数を組み合わせることである. ラプラス方程式は線形かつ同次（斉次）であるため,境界条件に合致するように解を重ね合わせることができる. これらの例のうちのいくつかを以下の項で紹介する.

7.3.2　単極流れ：単位奥行長さ Λ あたりの体積流出を伴う面対称（線）わき出し

原点に位置する,単位奥行長さ Λ あたりの体積流出を伴う面対称のわき出しは,速度ポテンシャル $\phi_v = \dfrac{\Lambda}{2\pi} \ln z$ および流れ関数 $\psi = \dfrac{\Lambda}{2\pi}\theta$ により記述され,$u_t = \dfrac{\Lambda}{2\pi t}$ という半径方向速度のみをもつ. わき出しは**単極**,すなわち周囲の場に流れを誘起する特異点である（F.1.2 項参照）.

より一般的には,式 (7.24) で表される複素速度ポテンシャルは流体の点わき出しにより誘起される流れに相当し,Λ は**わき出しの強さ** (strength)[1] すなわち単位奥行あたりの体積流量 $[\mathrm{m^2/s}]$ であり,z はわき出しからの複素距離である.

- 強さ Λ の点わき出しにより誘起される流れの複素速度ポテンシャル

$$\phi_v = \frac{\Lambda}{2\pi} \ln z \qquad (7.24)$$

---

[1] Λ がマイナスとなるわき出しは**吸い込み**（sink）とよばれる.

ϕ_v を複素微分して実部に着目すると式 (7.25)，虚部に着目すると式 (7.26) を得る．

- 強さ Λ の点わき出しにより誘起される流れの x 方向速度

$$u = \frac{\Lambda}{2\pi} \frac{\Delta x}{(\Delta x^2 + \Delta y^2)} \tag{7.25}$$

- 強さ Λ の点わき出しにより誘起される流れの y 方向速度

$$v = \frac{\Lambda}{2\pi} \frac{\Delta y}{(\Delta x^2 + \Delta y^2)} \tag{7.26}$$

これはわき出し点から放射状に流出する流れに相当する．速度の大きさは（すべての単極流れでそうであるように）わき出しからの距離に反比例し，全方向で一様である．速度ポテンシャルは式 (7.27) で表され，流れ関数は式 (7.28) で表される．

$$\phi_v = \frac{\Lambda}{2\pi} \ln(\Delta \ell) = \frac{\Lambda}{2\pi} \ln\sqrt{\Delta x^2 + \Delta y^2} \tag{7.27}$$

$$\psi = \frac{\Lambda}{2\pi} \Delta\theta = \frac{\Lambda}{2\pi} \operatorname{atan2}(\Delta y, \Delta x) \tag{7.28}$$

したがって，等ポテンシャル線はわき出しを中心とした同心円となり，流線はわき出しから放射状に伸びる（図 7.2）．

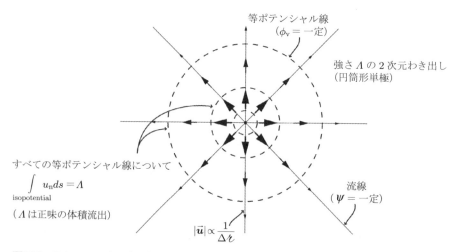

図 7.2 強さ Λ の 2 次元点わき出しにおける等ポテンシャル線，流線，速度の大きさおよび正味の体積流出

7.3 面対称のポテンシャル流れ 175

例題 7.2 面対称わき出しの速度成分を $\phi_{\underline{v}} = \dfrac{\Lambda}{2\pi} \ln \underline{z}$ の複素微分で評価せよ.

解 わき出しは $\phi_{\underline{v}}$ の微分により記述できる.定義により,

$$u^* = \frac{\partial \phi_{\underline{v}}}{\partial \underline{z}} \tag{7.29}$$

であり,$\phi_{\underline{v}} = \dfrac{\Lambda}{2\pi} \ln \underline{z}$ を微分することにより,

$$\underline{u}^* = \frac{\Lambda}{2\pi \underline{z}} \tag{7.30}$$

を得る.分母を実数にするために,右辺の分母と分子に $\underline{z}^*$ を掛けると

$$\underline{u}^* = \frac{\Lambda \underline{z}^*}{2\pi \underline{z}\,\underline{z}^*} = \frac{\Lambda \underline{z}^*}{2\pi |\underline{z}|^2} \tag{7.31}$$

となり,両辺の複素共役をとると,

$$\underline{u} = \frac{\Lambda \underline{z}}{2\pi |\underline{z}|^2} \tag{7.32}$$

となる.ここで,実部について見ると

$$u = \frac{\Lambda}{2\pi} \frac{\Delta x}{(\Delta x^2 + \Delta y^2)} \tag{7.33}$$

を得る.また,虚部について見ると次式を得る.

$$v = \frac{\Lambda}{2\pi} \frac{\Delta y}{(\Delta x^2 + \Delta y^2)} \tag{7.34}$$

■原点に位置する面対称わき出し

わき出しが原点に位置する特別な例においては,$\Delta x = x$,$\Delta y = y$,$\Delta \underline{r} = \underline{r}$,そして $\Delta \theta = \theta$ となる.したがって,$|\underline{z}|^2 = \underline{r}^2$,$\underline{z} = \underline{r} \exp j\theta$ となる.また,

$$\underline{u} = \frac{\Lambda \underline{z}}{2\pi |\underline{z}|^2} \tag{7.35}$$

であるので,

$$\underline{u} = \frac{\Lambda}{2\pi \underline{r}^2} \underline{r} \exp j\theta = \frac{\Lambda}{2\pi \underline{r}} \exp j\theta \tag{7.36}$$

を得る.また,$\underline{u} = (u_{\underline{r}} + j u_\theta) \exp j\theta$ から,式 (7.37) および (7.38) を得る.

● 強さ Λ の点わき出しにより誘起される半径方向速度

$$u_{\underline{r}} = \frac{\partial \phi_{\underline{v}}}{\partial \underline{r}} = \frac{1}{\underline{r}} \frac{\partial \psi}{\partial \theta} = \frac{\Lambda}{2\pi \underline{r}} \tag{7.37}$$

176　第7章　ポテンシャル流れ

- 強さ Λ の点わき出しにより誘起される円周方向速度

$$u_\theta = -\frac{\partial \psi}{\partial r} = \frac{1}{r}\frac{\partial \phi_{\mathrm{v}}}{\partial \theta} = 0 \tag{7.38}$$

7.3.3　単位奥行長さあたりの反時計回りの循環 Γ を伴う面対称の渦

原点に位置する，単位奥行長さあたりの反時計回りの循環 Γ を伴う面対称の渦は，速度ポテンシャル $\phi_{\mathrm{v}} = \dfrac{\Gamma}{2\pi}\theta$ および流れ関数 $\psi = -\dfrac{\Gamma}{2\pi}\ln r$ により記述され，$u_\theta = \dfrac{\Gamma}{2\pi r}$ という円周方向速度を得る．

より一般的には，次式で表される複素速度ポテンシャルは流体の面対称な点渦により誘起される流れに相当し，Γ は**渦の強さ**または単位奥行あたりの循環 $[\mathrm{m^2/s}]$ であり，z は渦からの複素距離である．

- 強さ Γ の点渦により誘起される流れの複素速度ポテンシャル

$$\phi_{\mathrm{v}} = -j\frac{\Gamma}{2\pi}\ln z \tag{7.39}$$

2次元の渦（図7.3）は，2次元わき出しの複素ポテンシャルと類似した表現となるが，わき出しの式に $\dfrac{1}{j}$ を掛ける必要がある．この点において，**渦は虚数の強さをもつ単極である**．

面対称な渦により誘起される流動は，ϕ_{v} を微分してその実部と虚部を見ることで式（7.40）および（7.41）のように規定できる．

- 強さ Γ の点渦により誘起される流れの x 方向速度

$$u = \frac{\Gamma}{2\pi}\frac{-\Delta y}{(\Delta x^2 + \Delta y^2)} \tag{7.40}$$

- 強さ Γ の点渦により誘起される流れの y 方向速度

$$v = \frac{\Gamma}{2\pi}\frac{\Delta x}{(\Delta x^2 + \Delta y^2)} \tag{7.41}$$

これは渦の周囲を反時計回り（Γ が正の場合）に回転する流れに相当する．速度の大きさは渦からの距離に反比例し，全方向で一様である．

速度ポテンシャルは式（7.42）で表され，流れ関数は式（7.43）で表される．

$$\phi_{\mathrm{v}} = \frac{\Gamma}{2\pi}\Delta\theta = \frac{\Gamma}{2\pi}\mathrm{atan2}(\Delta y, \Delta x) \tag{7.42}$$

$$\psi = -\frac{\Gamma}{2\pi}\ln(\Delta r) = -\frac{\Gamma}{2\pi}\ln\sqrt{\Delta x^2 + \Delta y^2} \tag{7.43}$$

これらの式から，等ポテンシャル線（渦から放射状に伸びる線）と流線（渦周りの同心円）の構造が決定される．

7.3 面対称のポテンシャル流れ　177

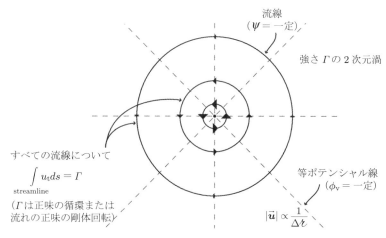

図 7.3　強さ Γ の 2 次元点渦における等ポテンシャル線，流線，速度の大きさおよび正味の剛体回転

■ **原点に位置する面対称渦**

　渦が原点に位置する場合には，$\Delta x = x$，$\Delta y = y$，$\Delta r = r$，そして $\Delta \theta = \theta$ となる．したがって，$|z|^2 = r^2$，$z = r \exp j\theta$ となる．また，

$$\underline{u} = j \frac{\Gamma \underline{z}}{2\pi |\underline{z}|^2} \tag{7.44}$$

であるので，

$$\underline{u} = j \frac{\Gamma}{2\pi r^2} r \exp j\theta = j \frac{\Gamma}{2\pi r} \exp j\theta \tag{7.45}$$

を得る．また，$\underline{u} = (u_r + j u_\theta) \exp j\theta$ から，次の 2 式を得る．

- 強さ Γ の点渦により誘起される半径方向速度

$$u_r = \frac{\partial \phi_v}{\partial r} = \frac{1}{r} \frac{\partial \psi}{\partial \theta} = 0 \tag{7.46}$$

- 強さ Γ の点渦により誘起される円周方向速度

$$u_\theta = -\frac{\partial \psi}{\partial r} = \frac{1}{r} \frac{\partial \phi_v}{\partial \theta} = \frac{\Gamma}{2\pi r} \tag{7.47}$$

例題 7.3　流れ関数を評価するか，直接的に速度ポテンシャルを用いるかして，面対称渦により誘起される速度を評価せよ．

178 第 7 章 ポテンシャル流れ

解 複素速度ポテンシャルは,

$$\underline{\phi}_{\mathrm{v}} = -j\frac{\Gamma}{2\pi}\ln\underline{z} = -j\frac{\Gamma}{2\pi}\ln(\Delta\ell\exp j\Delta\theta) \tag{7.48}$$

$$\underline{\phi}_{\mathrm{v}} = -j\frac{\Gamma}{2\pi}\ln(\Delta\ell) - j\frac{\Gamma}{2\pi}\ln(\exp j\Delta\theta) \tag{7.49}$$

$$\underline{\phi}_{\mathrm{v}} = \frac{\Gamma}{2\pi}\Delta\theta - j\frac{\Gamma}{2\pi}\ln(\Delta\ell) \tag{7.50}$$

であるので, 速度ポテンシャルに関して,

$$\phi_{\mathrm{v}} = \frac{\Gamma}{2\pi}\Delta\theta = \frac{\Gamma}{2\pi}\mathrm{atan2}(\Delta y, \Delta x) \tag{7.51}$$

を得る. また, 流れ関数に関しては

$$\psi = -\frac{\Gamma}{2\pi}\ln(\Delta\ell) = -\frac{\Gamma}{2\pi}\ln\sqrt{\Delta x^2 + \Delta y^2} \tag{7.52}$$

を得る. このことから, 次の 2 式を得る.

$$u = \frac{\partial\phi_{\mathrm{v}}}{\partial x} = \frac{\partial\psi}{\partial y} = -\frac{\Gamma}{2\pi}\frac{\Delta y}{(\Delta x^2 + \Delta y^2)} \tag{7.53}$$

$$v = \frac{\partial\phi_{\mathrm{v}}}{\partial y} = -\frac{\partial\psi}{\partial x} = \frac{\Gamma}{2\pi}\frac{\Delta x}{(\Delta x^2 + \Delta y^2)} \tag{7.54}$$

7.3.4 双極流れ:双極子モーメント κ の面対称二重わき出し

　面対称の二重わき出しは, 無限小距離だけ離れた (強さが等しく無限の) 一組のわき出しと吸い込みと数学的に等価である[1]. いま, わき出しから吸い込みの方向に二重わき出しのベクトル双極子モーメントを定義する. 二重わき出しは, 無限小距離で隔てられた符号が反対で無限の強さをもつ二つの単極の組み合わせの数学的な極限である**双極**である (F.1.2 項参照).

　原点に位置し, x 方向に配列された**二重わき出し強さ**または**双極子モーメント** κ をもつ面対称の二重わき出しは, 速度ポテンシャル $\phi_{\mathrm{v}} = \dfrac{\kappa x}{2\pi\left(x^2 + y^2\right)}$ および流れ関数 $\psi = -\dfrac{\kappa y}{2\pi\left(x^2 + y^2\right)}$ により記述される. ここから, 半径方向速度 $u_\ell = -\dfrac{\kappa}{2\pi\ell^2}\cos\theta$ および円周方向速度 $u_\theta = -\dfrac{\kappa}{2\pi\ell^2}\sin\theta$ が求められる.

　面対称二重わき出しの一般的な複素速度ポテンシャルは, 次式で表される.

---

1) 数学的には, 二重わき出しはたがいに無限小距離だけ離れ, 双極子モーメントと 90° 異なる反対向きの強さをもつ二つの渦, つまり虚数距離だけ離れた虚数の大きさをもつ二つの単極と考えることもできる.

- 強さ κ の点二重わき出しにより誘起される流れの複素速度ポテンシャル

$$\phi_{\text{v}} = \frac{\kappa}{2\pi z \exp(-j\alpha)} = \frac{\kappa}{2\pi z} \exp(j\alpha) \tag{7.55}$$

ここで，κ は単位奥行長さあたりの双極子モーメント $[\text{m}^3/\text{s}]$ である．また，z はわき出しからの距離であり，α は x 軸の正の方向から反時計回りにとったベクトル双極子モーメントの角度である．したがって，双極子モーメントは $\kappa\cos\alpha$ および $\kappa\sin\alpha$ の成分をもつ．面対称な二重わき出しにより誘起される流れは ϕ_{v} を微分することで求めることができる．その実部に着目すると，

- 強さ κ の点二重わき出しにより誘起される流れの x 方向速度

$$u = \frac{-\kappa}{2\pi(\Delta x^2 + \Delta y^2)}\left[\cos\alpha\left(\frac{\Delta x^2 - \Delta y^2}{\Delta x^2 + \Delta y^2}\right) + \sin\alpha\left(\frac{2\Delta x \Delta y}{\Delta x^2 + \Delta y^2}\right)\right] \tag{7.56}$$

そして虚部に着目すると，

- 強さ κ の点二重わき出しにより誘起される流れの y 方向速度

$$v = \frac{-\kappa}{2\pi(\Delta x^2 + \Delta y^2)}\left[-\sin\alpha\left(\frac{\Delta x^2 - \Delta y^2}{\Delta x^2 + \Delta y^2}\right) + \cos\alpha\left(\frac{2\Delta x \Delta y}{\Delta x^2 + \Delta y^2}\right)\right] \tag{7.57}$$

を得る．これは二重わき出しのすぐ左側の点から流れが生じ，周囲を循環して，二重わき出しのすぐ右側の点に戻る流れに相当する（κ が正の場合）．速度の大きさは（すべての双極流れがそうであるように）二重わき出しからの距離の 2 乗に反比例し，全方向で一様である．

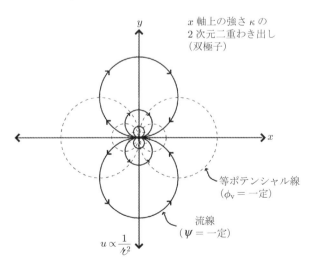

図 7.4　強さ κ の 2 次元二重わき出しにおける等ポテンシャル線，流線，速度の大きさ

180 第 7 章 ポテンシャル流れ

速度ポテンシャルは式 (7.58) で表され，流れ関数は式 (7.59) で表される．

$$\phi_{\mathrm{v}} = \frac{\kappa}{2\pi(\Delta x^2 + \Delta y^2)}(\Delta x \cos\alpha + \Delta y \sin\alpha) \tag{7.58}$$

$$\psi = \frac{-\kappa}{2\pi(\Delta x^2 + \Delta y^2)}(-\Delta x \sin\alpha + \Delta y \cos\alpha) \tag{7.59}$$

二重わき出しの流線は，二重わき出しの軸に接する円を描き，等ポテンシャル線は二重わき出しの軸の垂線に接する円を描く（図 7.4）．

■ 原点に位置し，x 軸の正の方向に配置された双極子モーメントをもつ面対称二重わき出し

二重わき出しが原点に位置し，その双極子モーメントが x 軸の正の方向に配置されている場合には，$\Delta x = x$, $\Delta y = y$, $\Delta \ell = \ell$, そして $\Delta \theta = \theta$ となる．したがって，$|\underline{z}|^2 = \ell^2$, $\underline{z} = \ell \exp j\theta$ となる．また，

$$\underline{u} = \frac{-\kappa}{2\pi\Delta\ell^2}\exp[j(-\alpha + 2\Delta\theta)] \tag{7.60}$$

に対して $\alpha = 0$, $\Delta\ell = \ell$, $\Delta\theta = \theta$ とすると，

$$\underline{u} = \frac{-\kappa}{2\pi\ell^2}\exp j2\theta \tag{7.61}$$

を得る．この流れは原点を中心としているので，極座標系による表現が有用である．ここで，速度を $\underline{u} = (u_\ell + ju_\theta)\exp j\theta$ の形式で求めると，次式となる．

$$\underline{u} = \frac{-\kappa}{2\pi\ell^2}(\cos\theta + j\sin\theta)\exp j\theta \tag{7.62}$$

この結果から，次の 2 式を得る．

- 強さ κ の二重わき出しにより誘起される半径方向速度

$$u_\ell = \frac{\partial\phi_{\mathrm{v}}}{\partial\ell} = \frac{1}{\ell}\frac{\partial\psi}{\partial\theta} = \frac{-\kappa}{2\pi\ell^2}\cos\theta \tag{7.63}$$

- 強さ κ の二重わき出しにより誘起される円周方向速度

$$u_\theta = -\frac{\partial\psi}{\partial\ell} = \frac{1}{\ell}\frac{\partial\phi_{\mathrm{v}}}{\partial\theta} = \frac{-\kappa}{2\pi\ell^2}\sin\theta \tag{7.64}$$

例題 7.4　2 次元ポテンシャル流れを考える．$-20 < x < 20$, $-20 < y < 20$ の領域において，原点に位置し，双極子モーメントが x 方向に配置されている強さ 50π の二重わき出しの流線をプロットせよ．

解 図 7.5 参照.

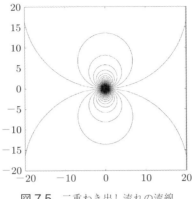

図 7.5 二重わき出し流れの流線

7.3.5 速度 U の一様流

x 方向に速度 U で流れる一様流は,単純に $\phi_{\mathrm{v}} = Ux$ および $\psi = Uy$ で与えられる.一様流は,ラプラス方程式のルジャンドル多項式解の縮退したケースである($A_0 = U$).

より一般的には,式 (7.65) で表される複素速度ポテンシャルは x 軸の正の方向から反時計回りに角度 α だけ回転した方向に速度 U で流れる一様流,すなわち x 方向および y 方向速度成分が $U\cos\alpha$ および $U\sin\alpha$ の流れに相当する.

- x 軸に対する角度 α の方向への速度 U の一様流の複素速度ポテンシャル

$$\phi_{\mathrm{v}} = U\underset{\sim}{z}\exp(-j\alpha) \tag{7.65}$$

この流れは定義により空間的に一様であり,したがって,ここでは $\underset{\sim}{z}$ はあらゆる任意の点からの距離とすることができる.通常は,$\underset{\sim}{z}$ は原点からの距離とおく.

■一様流:複素微分を用いた速度の表現

ϕ_{v} の微分により,次の 2 式に示すように,一様流は簡単に表現できる.

- x 軸に対する角度 α の方向への速度 U の一様流の x 方向速度

$$u = U\cos\alpha \tag{7.66}$$

- x 軸に対する角度 α の方向への速度 U の一様流の y 方向速度

$$v = U\sin\alpha \tag{7.67}$$

速度ポテンシャルは式 (7.68) で表され,流れ関数は式 (7.69) で表される.

$$\phi_{\mathrm{v}} = U(\Delta x\cos\alpha + \Delta y\sin\alpha) \tag{7.68}$$

$$\psi = U(\Delta y\cos\alpha - \Delta x\sin\alpha) \tag{7.69}$$

この流れの流線は x 軸に対して角度 α だけ傾き,等ポテンシャル線は y 軸に対して角度 α だけ傾く.

■一様流：$\alpha = 0$

$\alpha = 0$（左から右への流れ）の場合には，αにゼロを代入して，

- x軸方向への速度Uの一様流の速度ポテンシャル

$$\phi_v = Ux \tag{7.70}$$

- x軸方向への速度Uの一様流の流れ関数

$$\psi = Uy \tag{7.71}$$

を得る．また，速度は次の2式となる．

$$u = U \tag{7.72}$$
$$v = 0 \tag{7.73}$$

7.3.6 コーナー周りの流れ

原点から角度$\theta = \theta_0$の方向に$r \to \infty$まで壁面があり，第二の壁面がx軸方向（$\theta = 0$）に$r \to \infty$まで存在する系を考える．ここで，$\theta = \theta_0$の壁面に沿って流れ，x軸に沿って流出していく流れを考える（図7.6）．

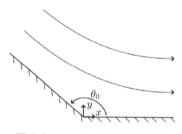

図7.6 コーナーを通過する流れ

この流れは，前項で扱った一様流と密接に関係している．実際，前項の解は$\theta_0 = \pi$の解を表している．$0 < \Delta\theta < \theta_0$の領域において，この流れの解は次式で与えられる（$A$は定数）．

$$\phi_v = Az^{\pi/\theta_0} \tag{7.74}$$

この流れのコーナー部は（zを任意の点からの距離とすることで）任意の位置にとることができる．さらに，この流れは回転させることもできるので，$\Delta\theta = \theta_0 + \alpha$に沿って流入し，$\Delta\theta = \alpha$に沿って流出する流れにも適用可能である．この一般形において，複素速度ポテンシャルは次式で与えられる．

- 角度θ_0のコーナーを通過する流れの複素速度ポテンシャル

$$\phi_v = A[z\exp(-j\alpha)]^{\pi/\theta_0} \tag{7.75}$$

ここで，zはコーナーの位置からの距離である．

この流れの速度ポテンシャルは次式で与えられる．

- 角度 θ_0 のコーナーを通過する流れの速度ポテンシャル

$$\phi_v = A\Delta\ell^n \cos[n(\Delta\theta - \alpha)] \qquad (7.76)$$

ここで，$n = \dfrac{\pi}{\theta_0}$ であり，この流れの流れ関数は次式で与えられる．

- 角度 θ_0 のコーナーを通過する流れの流れ関数

$$\psi = A\Delta\ell^n \sin[n(\Delta\theta - \alpha)] \qquad (7.77)$$

コーナー流れは，鋭利なコーナーをもつマイクロデバイス内でよく見られる．図 7.7 に示すように，ラプラス方程式の解によると，鋭利な凹部においてはよどみ（速度がゼロ）が発生し，鋭利な凸部では速度が無限大になる．実際の系においてはもちろん，コーナーは有限の曲率をもつ．したがって，有限の曲率半径をもつ凹面を形成するコーナーにおける速度は遅いが有限の値をとり，有限の曲率半径をもつ凸面を形成するコーナーにおける速度は速いが有限の値をとる．これらのコーナーがデバイ長よりも小さい曲率半径をもつ場合には，ラプラス方程式により境界層の外側の流れを記述することはできない．

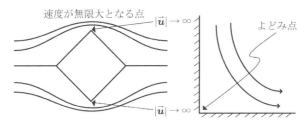

図 7.7　左図：鋭利な凸部における無限大の速度．右図：鋭利な凹部におけるよどみ

7.3.7　円柱周りの流れ

同じ方向に配置された強さ κ の二重わき出しと速度 U の一様流を重ね合わせることで，半径 $a = \sqrt{\dfrac{\kappa}{2\pi U}}$ の円柱周りのポテンシャル流れを次式のように記述できる．

$$\phi_v = Uz\exp(-j\alpha) + \dfrac{\kappa}{2\pi z}\exp(j\alpha) \qquad (7.78)$$

このような流れは，円柱形の障害物をもつマイクロデバイスで見られる．

7.3.8　等角写像

面対称ポテンシャル流れにおいては，特定の写像関数を用いることによって，運動学的関係式および質量保存式を満足したまま問題を空間的に変換し，解きやすい形にできる．面対称ポテンシャル流れの場合にラプラス方程式を満足させるために必要となるの

184　第7章　ポテンシャル流れ

は ϕ_v が z のみの関数であることのみなので，さまざまな変換手法を用いることができる．面内の回転（7.3.1 項）はもっともシンプルな変換手法であり，これにより流動を軸方向に向けることができる．おそらくこれらの写像関数のなかでもっともよく知られているものは，円すい曲線の族を写像するジューコフスキー変換（Joukowski transform）であろう（G.5 節参照）．この変換は，円形物体周りの流れを写像して楕円や直線状の障害物周りの流れを予測するのにとくに有用である．また，シュワルツ–クリストッフェル変換は複素平面の上側半分を任意の多角形に写像するものであり，任意の多角形形状をした流路内の面対称ポテンシャル流れを容易に計算できる．ラプラス方程式の数値解が比較的容易に得られることから，これらのより高度な変換はエンジニアにはあまり用いられないが，変換が適用可能な場合には解析を大幅に単純化できる．

7.4　球座標系における軸対称のポテンシャル流れ

　球座標系における軸対称流れは，平面ポテンシャル流れと比較して，(a) 一般に等ポテンシャル線と流線が直交しない，(b) 計算の煩雑さが複素数により軽減されないという点ではっきりと異なる．軸対称流れにおいては，軸対称多重極解（付録 F 参照）を用いることができる．

　軸対称流れは，次の 2 式で定義されるストークスの流れ関数により記述される．

$$u_r = \frac{1}{r^2 \sin\vartheta} \frac{\partial\psi}{\partial\vartheta} \tag{7.79}$$

$$u_\vartheta = -\frac{1}{r \sin\vartheta} \frac{\partial\psi}{\partial r} \tag{7.80}$$

速度ポテンシャルは次の 2 式で与えられる．

$$u_r = \frac{\partial\phi_v}{\partial r} \tag{7.81}$$

$$u_\vartheta = \frac{1}{r} \frac{\partial\phi_v}{\partial\vartheta} \tag{7.82}$$

　軸対称ポテンシャル流れには，一様流および吸い込み，わき出しや二重わき出しのような多重極解が含まれる．球や楕円体のような**ランキン固体**周りの流れはこれらの組み合わせによって表現できる．たとえば，球周りのポテンシャル流れは一様流（速度ポテンシャル $\phi_v = Ur\cos\vartheta$）と強さ $\frac{1}{2}Ua^3$ の二重わき出し（速度ポテンシャル $\frac{1}{2}\frac{Ua^3}{r^2}\cos\vartheta$）を組み合わせた次式で表される．

$$\phi_{\mathrm{v}} = Ur\left(1 + \frac{1}{2}\frac{a^3}{r^3}\right)\cos\vartheta \tag{7.83}$$

この解からただちに導かれるのは，球周りのポテンシャル流れの最大速度は自由流の3/2倍だということである．同様のことは，もちろん，球周りの電場の大きさについてもいえる．式 (7.83) は荷電粒子の相対的な運動（電気泳動）を考える際に重要である．

複雑な構造については，通常はラプラス方程式を数値的に解く．幸い，ラプラス方程式は扱いやすく，楕円方程式であり，そして数値シミュレーションは容易である．

3次元ポテンシャル流れは物理的に2次元ポテンシャル流れと同一であり，流動の振る舞いの一般的性質も同一である．その解はやはりラプラス方程式の解であるが，解の3次元性により，解法テクニックや流線および等ポテンシャル線の解釈には変化が現れる．

例題 7.5 2次元ポテンシャル流れを考える．$-20 < x < 20$，$-20 < y < 20$ の領域において，原点に位置する半径5の円柱周りをx方向に流れる一様流の流線をプロットせよ．

解 図 7.8 参照．

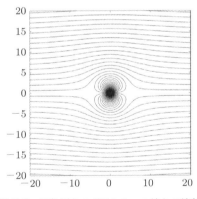

図 7.8 円柱周りのポテンシャル流れの流線

7.5 まとめ

本章では渦なし流れの解法を用いて電気浸透流を記述することの物理的な根拠について議論し，渦なし流れの解を求めるために，次式に示すラプラス方程式にグリーン関数の解を重ね合わせる解析手法について述べた．

$$\nabla^2 \phi_{\mathrm{v}} = 0 \tag{7.84}$$

純粋な電気浸透流の場合には，渦は電気二重層の内側にのみ存在することから，渦なし

186 第7章 ポテンシャル流れ

流れの解法は電気二重層の外側の全領域に適用できる．これらの，わき出し，渦，二重わき出し，そして一様流のような解は，付録Fで触れているように，ラプラス方程式の変数分離により求めることができる．（球周りの流れのような）重要な例における単純な解析解は，粒子どうしが相互作用するような複雑系における流れを理解する手掛かりとなる．

7.6 補足文献

流体のポテンシャル流れは古典的なテーマであり，Panton [21]，Batchelor [24]，Kundu and Cohen [23]，そしてCurrie [84]といった一般的な流体力学の教科書において，ポテンシャル流れの解析テクニックが簡潔に述べられている．空気力学において，付着流れによって翼にはたらく揚力が2次元ポテンシャル流れの記述とベルヌーイの式による圧力の組み合わせによってよく予測できることから，流体のポテンシャル流れについては，空気力学分野で微に入り細を穿つ議論が繰り広げられてきた．この目的で，Kuethe, Schetzer, and Chow [85] や Anderson [86] といった空気力学の教科書では（これらの文献では本書とは異なる用語が用いられているが），分布した多重極解も含めたポテンシャル流れが詳細にわたって取り上げられている．空気力学分野と電気浸透流のポテンシャル流れで大きく異なる点は，空気力学の場合には循環が存在する点である．空気力学的解析ではしばしば揚力との関係のために循環に着目するのに対して，ゼータ電位ζが一様な純粋な電気浸透流には循環がない．

大多数のエンジニアが市販の微分方程式ソルバーを用いて比較的小規模なラプラス方程式の系を解いているが，大規模なシミュレーションではしばしばより専門的なアプローチが必要となる．ラプラス方程式の数値解法はKundu and Cohen [23]やChapra and Canale [87]など多くの教科書で扱われている．本章では，円柱周りの流れなどの確立された解法を用いて楕円体周りの流れなど他の系を解くための変換テクニックについて述べた．シュワルツ–クリストッフェル変換を含むより詳細な変換テクニックについては文献 [23] を参照されたい．

7.7 演習問題

7.1　面対称のわき出しの速度成分について，$\phi_{\underline{v}} = \dfrac{\Lambda}{2\pi} \ln \underline{z}$の速度ポテンシャル（実部）成分と流れ関数（虚部）成分を調べて求めよ．

7.2　$\phi_{\underline{v}}$を微分して，面対称の渦により誘起される速度場を求めよ．

7.3　$\phi_{\underline{v}}$を微分して，面対称の二重わき出しにより誘起される速度を求めよ．

7.4 ϕ_v から直接的に流れ関数と速度ポテンシャルを求め，それらを微分して，強さが κ の二重わき出しにより誘起される速度を求めよ．

7.5 $\phi_v = Uz \exp(-j\alpha)$ の複素微分を用いて，速度 U，傾斜角 α の一様流により誘起される速度を求めよ．

7.6 流れ関数および速度ポテンシャルならびにそれらの微分である速度を求め，複素ポテンシャル $\phi_v = Uz \exp(-j\alpha)$ により誘起される流れを求めよ．

7.7 $\vec{\varepsilon}$ の大きさによって，流れの問題を解く際のポテンシャル流れの方程式の適用可否が決まるのはなぜだろうか．$\vec{\omega}$ についてはどうだろうか．

7.8 空間内の点を定義し，その点において流体が速度をもつと仮定する．二つの三角形を描き，それぞれを用いて速度を u と v，u_r と u_θ に分解せよ．また，この図と三角関数の関係式を用いて次式の関係を示せ．

$$u + jv = (u_r + ju_\theta)\exp j\theta \qquad (7.85)$$

7.9 渦のある流れ場が角度 α だけ回転することによって，複素ポテンシャルは変化するが速度場は変化しないことを示せ．

7.10 わき出しのある流れ場が角度 α だけ回転することによって，複素ポテンシャルは変化するが速度場は変化しないことを示せ．

7.11 2次元ポテンシャル流れを考える．$-20 < x < 20$，$-20 < y < 20$ の領域において，x 軸に沿って流れる一様流の流線をプロットせよ．

7.12 2次元ポテンシャル流れを考える．$-20 < x < 20$，$-20 < y < 20$ の領域において，x 軸に対して 0.2 ラジアンの角度をつけて流れる一様流の流線をプロットせよ．

7.13 2次元ポテンシャル流れを考える．$-20 < x < 20$，$-20 < y < 20$ の領域において，x 軸に対して $\dfrac{\pi}{5}$ ラジアンの角度をつけて流れる一様流の流線をプロットせよ．

7.14 2次元ポテンシャル流れを考える．$-20 < x < 20$，$-20 < y < 20$ の領域において，$(5, 2)$ に位置する強さ 32π の二重わき出しの流線，および x 軸に対して $\dfrac{\pi}{5}$ ラジアン回転した双極子モーメントをプロットせよ．

7.15 2次元ポテンシャル流れを考える．$-20 < x < 20$，$-20 < y < 20$ の領域において，$(5, 2)$ に位置する半径 4 の円柱周りを x 軸に対して $\dfrac{\pi}{5}$ ラジアン傾いて流れる一様流の流線をプロットせよ．

7.16 2次元ポテンシャル流れを考える．$-20 < x < 20$，$-20 < y < 20$ の領域において，$(5, 2)$ に位置する強さ $\Gamma = -16\pi$ の渦の流線をプロットせよ．

7.17 2次元ポテンシャル流れを考える．$-20 < x < 20$，$-20 < y < 20$ の領域において，$(-4, -4)$ に位置する強さ $\Lambda = 4\pi$ のわき出しの流線をプロットせよ．

7.18 2次元ポテンシャル流れを考える．$-20 < x < 20$，$-20 < y < 20$ の領域において，$(-4, -4)$ に位置する強さ $\Lambda = 4\pi$ のわき出しと，x 軸に対して 0.2 ラジアン傾いて流れる一様流を重ね合わせた場合の流線をプロットせよ．

188   第7章　ポテンシャル流れ

7.19　2次元ポテンシャル流れを考える．$-20 < x < 20$，$-20 < y < 20$ の領域において，縁が原点にあり，x 軸に対して $\frac{\pi}{4}$ 傾いている半無限平板周りの流れの流線をプロットせよ．（**ヒント**：この流動は角度 2π の鋭角コーナーの流れである．）

7.20　2次元ポテンシャル流れを考える．$-20 < x < 20$，$-20 < y < 20$ の領域において，x 軸方向にのびる壁に沿った左から右への流れがある．$(3, -4)$ において急激に壁の方向が角度 $\frac{\pi}{5}$ だけ変わるとき，流れの流線をプロットせよ．（**ヒント**：この流動は角度 $\frac{4\pi}{5}$ の鋭角コーナーの流れである．この流れもまた $\frac{\pi}{5}$ だけ回転している．）

7.21　式 (7.60) および (7.61) の解が，$\nabla \cdot \vec{u} = 0$ の円筒座標系形式に組み込むことで質量保存則を満たすことを示せ．

7.22　次式を証明せよ．

$$u^* = u - jv = \frac{\partial \phi_v}{\partial z} \tag{7.86}$$

7.23　$z = \Delta x + j\Delta y$ および $E = E_x + jE_y$ とする．ここで，E は複素平面内の2次元定常電場の複素数表現であり，E_x は電場の x 方向成分，E_y は電場の y 方向成分である．また，複素電場ポテンシャルを $\phi = \phi + j\psi_e$ とする．ψ_e は次の2式で定義される電場の流れ関数である．

$$E_x = \frac{\partial \psi_e}{\partial y} \tag{7.87}$$

$$E_y = -\frac{\partial \psi_e}{\partial x} \tag{7.88}$$

これらの関係を用いると，次式の関係が導かれることを示せ．

$$E = -\frac{\partial \phi}{\partial z} \tag{7.89}$$

式 (7.89) は式 (7.22) とは異なる．それはなぜか．

7.24　単位長さあたり q' の電荷をもつ正の線電荷の ϕ を書け．

7.25　単位長さあたり p' の双極子モーメントをもち x 方向に配置された正の二重わき出しの ϕ を書け．

7.26　ポテンシャル電気浸透流内に置かれた物体を考える．物体がある領域においてファラデーの法則を積分し，速度と電流の類似性を用いて物体周りの循環を求めよ．時間変動場がゼロと仮定できるとき，物体周りの循環はどのようになるべきか．

7.27　式 (7.90) のナビエ–ストークス方程式から出発し，この方程式の回転をとると式 (7.91) になることを示せ．なお，この場合には，圧力項は消去されて**渦伸長項** $\vec{\omega} \cdot \nabla \vec{u}$ に置き換えられることに留意せよ．

$$\rho \frac{\partial \vec{u}}{\partial t} + \rho \vec{u} \cdot \nabla \vec{u} = -\nabla p + \eta \nabla^2 \vec{u} \tag{7.90}$$

$$\rho \frac{\partial \vec{\omega}}{\partial t} + \rho \vec{u} \cdot \nabla \vec{\omega} = \rho \vec{\omega} \cdot \nabla \vec{u} + \eta \nabla^2 \vec{\omega} \tag{7.91}$$

7.28 非圧縮かつ粘度一定のナビエ-ストークス方程式（体積力項はゼロ）の回転をとり，ナビエ-ストークス方程式の2次元速度-渦度形式である次式を導け．ここで，$\vec{\omega} = \nabla \times \vec{u}$ である．

$$\rho \frac{\partial \vec{\omega}}{\partial t} + \rho \vec{u} \cdot \nabla \vec{\omega} = \eta \nabla^2 \vec{\omega} \tag{7.92}$$

この式において，渦生成項の有無について答えよ．また，この項の有無は電気浸透流が渦なしであることとどのように関係しているか．文献 [74] を読み，流れと電流の類似性という点から，渦生成項の役割について説明せよ．

7.29 付録 F において，線形の2次元円筒多重極展開を行い，$\ln\tilde{z}$ に比例するポテンシャルおよび $\tilde{z}^{-k}$ に比例する解（k は整数）を得ている．しかし，7.3.6 項では z^{π/θ_0} に比例する複素ポテンシャルを得ており，これは $\dfrac{\pi}{\theta_0}$ が整数であることは**要求されていない**．この矛盾について説明せよ．

7.30 ポテンシャル流れの解によって再循環流れを表現できるだろうか．それはなぜか．このことによって，界面動電ポンプ内の最大圧力点において生じる流動パターンの解釈はどのような影響を受けるだろうか．

7.31 マイクロ加工された高さ d の流路内の純粋な電気浸透流を考える．図 7.9 に示すように，流路は 90°曲がっており，その角の内側が原点に位置している．この問題では外部の流れ，すなわち電気二重層の外側の流れを考える．コーナー部から離れた位置においては流れは流路幅方向に一様とし，流路幅は十分に広く，コーナー内側付近の流れは無限の空間内のコーナー内側の流れとして近似できるとする．式 (7.74) をもとに，**コーナー内側付近**の速度分布を表す式を求めよ．また，**コーナー外側付近**の速度分布を表す式も求めよ．両方の場合において，式には入口および出口の流速に比例する未知の定数が含まれているだろう．

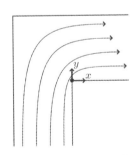

図 7.9 90°のコーナーをもつマイクロ流体デバイス内の流動

7.32 x 方向に速度 U で流れる楕円体周りの一様流を考える．楕円体は中心が原点に位置し，長さ 1 の短軸が y 方向に，長さ 2 の長軸が x 方向に配置されている．この解を円周りの一様流に変換するために必要なジューコフスキー変換のパラメータを定義し，この流れの速度ポテンシャルの式を書け．

第8章
ストークス流れ

　ナビエ-ストークス方程式の一般解は，現在まで解析的に解かれておらず，単純な形状（たとえば，第2章で述べた1次元流れのような）の場合のみ解析解を得ることができる．そのため，流れの問題を解析的に解く際には，特別な条件で適用可能な単純化した方程式を解くというアプローチがよく採用される．そのような単純化した方程式の例として，ストークス方程式（マイクロ流体デバイスの大半が該当する低レイノルズ数の場合に適用可能）やラプラス方程式（ある極限における純粋な界面動電流れのような渦なし流れに適用可能）があげられる．これらの単純化した方程式は，流体システムの工学的解析に役立つ．

　本章では，レイノルズ数がとても低く，慣性に対して粘性が支配的な場であるストークス流れ（**クリープ流れ**ともよばれる）について述べる．はじめにナビエ-ストークス方程式を近似して得られるストークス方程式を示し，そして解析結果について議論する．マイクロ・ナノ流体システム中の微小な粒子に作用する流体力を表現するための解は，ストークス方程式から得られる．なぜなら，これらの粒子は，ストークス方程式によって解析的に解くことのできる（球のような）単純な形状でよく近似できるからである．また，流路幅が広く，高さが小さいマイクロ流路内の流れ（ヘレ-ショウ流れ）の解もストークス方程式より得ることができる．

8.1　ストークス方程式

　ストークス方程式は，低レイノルズ数の条件において，次に示すナビエ-ストークス方程式から非定常項と対流項を無視することで得られる．

$$\rho \frac{\partial \vec{u}}{\partial t} + \rho \vec{u} \cdot \nabla \vec{u} = -\nabla p + \eta \nabla^2 \vec{u} \tag{8.1}$$

式 (8.1) において，圧力を $\dfrac{\eta U}{\ell}$ で無次元化すると，（定常境界条件の）次式を得る．

$$Re \frac{\partial \vec{u}^*}{\partial t^*} + Re \, \vec{u}^* \cdot \nabla^* \vec{u}^* = -\nabla^* p^* + \nabla^{*2} \vec{u}^* \tag{8.2}$$

192   第8章　ストークス流れ

ここで，Re は $Re = \dfrac{\rho U \ell}{\eta}$ で定義されるレイノルズ数，η および ρ は流体の粘度と密度，そして U および ℓ は境界条件として与えられる速度と代表長さである．この無次元化の詳細については付録 E の E.2.1 項において述べている．式 (8.2) から，$Re \to 0$ の場合には非定常項と対流項を無視できる．

　ストークス流れの近似は $Re \ll 1$ の条件において有効であり，この近似においては非定常項と対流項を無視できるので，ナビエ–ストークス方程式は次式となる．

- 低レイノルズ数流れに用いるストークス方程式

$$\nabla p = \eta \nabla^2 \vec{u} \tag{8.3}$$

式 (8.3) が**ストークス方程式**である．この方程式は速度と圧力の両方に対して線形関係にあり，ナビエ–ストークス方程式と比較して解くのが非常に容易である．非定常項を無視できるので，ストークス流れは**瞬時性**（時間変化する境界条件を除いて時間依存性がない）と**時間可逆性**（時間を逆方向に進めても流れがストークス方程式を満足する）という特性をもつ．時間可逆性という特性はまた，対称形の物体周りのストークス流れはその物体の通過前後で対称な流動構造を形成することを示唆している．また，非線形項が無視できるため，ストークス流れは圧力と速度に関して**重ね合わせ可能**という特性ももつ．

　実在する流れはすべて有限のレイノルズ数をもつため，ストークス方程式は実在する流れの近似でしかない．この近似が適用できるしきい値は流れに依存するものの，経験的には $Re < 0.1$ の条件において，ストークス流れの解はよい近似を示す．

8.1.1　ストークス方程式の別形式

　式 (8.3) は圧力と速度の両方の関数であり，ときに扱いづらいことがある．だが幸運なことに，ストークス方程式は圧力場または速度場のみの関数となる形式に変換できる．まず，ストークス方程式の発散をとると次式となる．

$$\nabla \cdot \nabla p = \nabla \cdot \eta \nabla^2 \vec{u} \tag{8.4}$$

また，式 (C.80) より，$\vec{u}$ のラプラシアンの発散は $\vec{u}$ の発散のラプラシアンと等しくなるため，次式を得る．

$$\nabla^2 p = \eta \nabla^2 (\nabla \cdot \vec{u}) \tag{8.5}$$

さらに，流れは非圧縮であるので $\nabla \cdot \vec{u} = 0$ であり，したがって次式を得る．

- 圧力のストークス方程式

$$\nabla^2 p = 0 \tag{8.6}$$

ストークス流れにおいては，圧力はラプラス方程式を満足する．ストークス方程式のこの形式は，境界条件が圧力のみによって規定されている場合に有用である．今度は，ス

トークス方程式の回転をとってみると次式となる.

$$\nabla \times \nabla p = \nabla \times \eta \nabla^2 \vec{u} \tag{8.7}$$

ベクトル場の勾配の回転はゼロとなるので，この式の左辺は消去できる．また，式(C.81)より，ラプラシアンの回転は回転のラプラシアンと等しくなるため，次式を得る.

- 渦度のストークス方程式

$$\nabla^2 (\nabla \times \vec{u}) = \nabla^2 \vec{\omega} = 0 \tag{8.8}$$

この形式のストークス方程式は，境界条件が速度のみによって規定されている場合にもっとも有用である.

ストークス方程式は流れ関数を用いても記述できる．面対称な2次元流れの場合，ストークス方程式は次式となる.

- デカルト座標系における流れ関数のストークス方程式

$$\nabla^4 \psi = \nabla^2 (\nabla^2 \psi) = 0 \tag{8.9}$$

ここで，ψ は式(1.3)および(1.4)で定義されている．この式は**重調和方程式**とよばれ，∇^4 は**重調和作用素**である．軸対称流れにおいて，式(1.9)および(1.10)で定義されるストークス流れ関数の式は，次のように表される.

- 球座標系におけるストークス流れ関数のストークス方程式

$$E^4 \psi_S = E^2 (E^2 \psi_S) = 0 \tag{8.10}$$

ここで，E^2 は二次の微分作用素 $\dfrac{\partial^2}{\partial r^2} + \dfrac{\sin\vartheta}{r}\dfrac{\partial}{\partial \vartheta}\dfrac{1}{\sin\vartheta}\dfrac{\partial}{\partial \vartheta}$ を表す．この作用素はラプラシアン作用素と似たようなはたらきをするが，曲線座標系で用いるという点でわずかに異なる.

8.1.2 ストークス流れ方程式の解析解と数値解

ストークス方程式は線形であり，数値的に簡単に解くことができる．したがって，複雑な形状における低レイノルズ数流れを扱う際には，通常，エンジニアは数値計算コードを用いてストークス方程式を数値的に解く．しかし，いくつかのモデル問題においては，マイクロデバイス内の流れにそのまま応用できるような方法でストークス方程式を解析的に解くことができる．8.2節および8.3節では，薄い流路内の流れと球周りの流れの解析解を扱う.

8.2 境界を含むストークス流れ

境界を含む流れ（すなわち，有限領域内の流れ）において，ストークス近似の適用可否を決定するレイノルズ数に用いる代表流速は流路中の平均流速であり，代表長さには

流路径または高さを用いる．この節では，マイクロ加工を用いて作製した流路に典型的な，広く薄い流路に適用される解析解であるヘレ-ショウ解について述べる．

8.2.1 ヘレ-ショウ流れ

マイクロ流体デバイスに関係するもので，解析的に解が得られる形状の一つがヘレ-ショウのセルである．ヘレ-ショウのセルは，z方向に高さが一様で小さいdと，それと比較して非常に大きなxy方向の大きさをもつ領域で構成される．歴史的には，これらのデバイスは2枚の平板をスペーサーを挟んで向かい合わせるという方法で作製されてきた．マイクロ・ナノ流体デバイスでは，多くの場合においてエッチングにより表面に薄い溝を作製した平板を別の平板と重ね合わせて流路を作製するので，xy方向に$5\,\mu\mathrm{m}\sim 1\,\mathrm{cm}$，$z$方向に一様な$10\,\mathrm{nm}\sim 100\,\mu\mathrm{m}$程度の溝をもったヘレ-ショウのセルの形状に自ずとなる．

デバイスの高さが一様であり，他の方向の長さと比較して十分に小さいとき，$\vec{u}$の変数を分離してzの関数とxyの関数の積として表すことで，$p = p(x,y)$と考えることができる．このとき，高さdで壁面の位置が$z=0$および$z=d$の流路において次式を得る．

- ヘレ-ショウのセルにおける速度分布

$$\vec{u} = -\frac{1}{2\eta}z(d-z)\nabla p \tag{8.11}$$

任意のzにおいて，xy平面内の速度の解は2次元のポテンシャル流れ（速度ポテンシャルがpに比例する）となる．同様のことはz方向に平均した速度に関してもいえる．ヘレ-ショウ流れはz方向の渦度をもたず，ヘレ-ショウ流れの流線はポテンシャル流れのそれと同一である．しかし，これら二つの圧力分布は異なる．ヘレ-ショウ流れにお

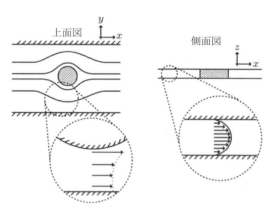

図 8.1 円形スペーサー周りのヘレ-ショウ流れ．上方から見た速度分布は（流路高さと比較して側壁からの距離が大きいので），全域にわたってポテンシャル流れとなる

ける z 軸方向の速度分布は，平板間の圧力駆動流に特有の放物線状となる．

ヘレ–ショウ流れの計算には圧力について解いた 2 次元ラプラス方程式が必要であり，その際に速度場の計算に式 (8.11) を用いることができる．障害物周りのヘレ–ショウ流れの流線の一例を**図 8.1** に示す．

8.2.2 一般的な境界を含むストークス流れの数値解

境界を含む流れ，すなわち固体壁に囲まれた流体の流れにおいて，マイクロ流体デバイス内の流量を予測するためにエンジニアがとるアプローチは 8.1.2 項で述べたものから大幅には変わっていない．流路形状が（第 2 章の例のように）直接積分で解を得られるような非常にシンプルなものでないかぎり，一般的にマイクロ流路内のストークス流れは数値計算手法によって解かれる．

8.3 境界を含まないストークス流れ

境界を含まない流れ（すなわち，物体周りの流れ）もまたレイノルズ数によって特徴づけられるが，この場合には代表速度 U および代表長さ ℓ は物体の速度および大きさで決まる．数値計算が一般的である境界を含む流れの場合とは異なり，境界を含まない流れは一般に解析的に扱われ，モデル問題の解が一般的な系において非常に大きな価値をもたらす．たとえば，マイクロ流体デバイスは，血液や細胞懸濁液を流すために使用されることがある．この場合，流れを隅から隅まで計算することは困難だろうが，粒子がもたらす効果を解析的に記述したシンプルな方法を用いることができるので，そのような計算はほとんど不要であるといえる．また，（拡散率のような）高分子や粒子のダイナミクスの大部分は，球周りの流れや一点に作用する力により生成される流れの解析解によって説明される．物体周りの流れが与えられたとき，物体周りで積分した表面応力は，物体が流体中を移動する場合に物体に作用する抗力となる．この抗力は粒子の沈降時間や電気泳動および誘電泳動の速度の計算に用いられ，マイクロシステムにおける粒子画像流速測定法（particle-image velocimetry：PIV）の測定精度の算出にも利用される．本節では（直接解くことができる）無限領域内の球周りにおけるストークス流れの議論から出発する．

8.3.1 無限領域内の球周りのストークス流れ

半径 a の球周りを流れる速度 U の低レイノルズ数軸対称流れを考える（**図 8.2**）．ここで，レイノルズ数を慣例的に，球の直径 $d = 2a$ を用いて $Re = \dfrac{\rho U d}{\eta}$ と定義する．支

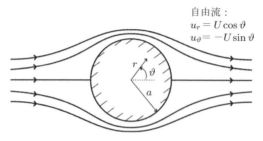

図 8.2 球周りのストークス流れ

配方程式はストークス方程式であり，境界条件は $r=a$ において速度がゼロ，そして $r\to\infty$ において速度が U である．

この流れの解はさまざまな方法で得られるが，もっとも簡単なものは，結果が $\dfrac{a}{r}$ のべき級数で表されると仮定する方法である．速度の解は次の2式のようになる．

- ストークス流れ中の球周りの流れにおける動径方向速度

$$u_r = U\cos\vartheta\left(1 - \frac{3}{2}\frac{a}{r} + \frac{1}{2}\frac{a^3}{r^3}\right) \tag{8.12}$$

- ストークス流れ中の球周りの流れにおける余緯度方向速度

$$u_\vartheta = -U\sin\vartheta\left(1 - \frac{3}{4}\frac{a}{r} - \frac{1}{4}\frac{a^3}{r^3}\right) \tag{8.13}$$

また，自由流に対する圧力の変化 Δp は次式で与えられる．

- ストークス流れ中の球周りの流れにおける圧力変化

$$\Delta p = -\eta U \frac{3}{2}\frac{a}{r^2}\cos\vartheta \tag{8.14}$$

そして，球に作用する表面力を積分することで，球に作用する全抗力を求めることができる．

- 球に作用するストークス抵抗

$$F_{\text{drag}} = 6\pi\eta U a \tag{8.15}$$

ストークス方程式の瞬時性により，この定常解は時間変化する U に対しても適用できる．有限のサイズおよびレイノルズ数をもつ粒子について，ストークス粒子が周囲の流体中で平衡に到達する（周囲の流体と同じ速度で運動するようになる）までの時定数を計算し，それを実験の時間スケールと比較することにより，この近似の有効性を確認できる．つまり，粒子の遅延時間 $\tau_p = \dfrac{2a^2\rho_p}{9\eta}$ と比較して時間スケールが長い場合には，流れ自体が非定常であったとしても，系は疑似的な定常状態にある．すなわち方程式中の非定常項は小さいとみなすことができる．

8.3 境界を含まないストークス流れ 197

例題 8.1 高密度な粒子（流体よりも密度の高い粒子）が，静止している粘性流体中を（重力のような何らかの力によって）速度 U で移動する．時刻 $t=0$ においてこの力が取り去られ，移動している粒子が静止した．レイノルズ数は小さく，系はストークス流れで記述でき，全時刻にわたって球周りの定常ストークス流れの解が適用できるとする．また，時刻 $t>0$ において，球には表面力を除くいかなる力も作用していないとする．以上の仮定のもとで，流体が静止するまでの速度の履歴を求め，$\tau_\mathrm{p} = \dfrac{2a^2 \rho_\mathrm{p}}{9\eta}$ がこの系の平衡に到達する時定数であることを示せ．また，水中に懸濁された直径 $1\,\mu\mathrm{m}$ の粒子（密度は水の 5 倍）の平衡に到達する時定数を計算せよ．

解 ストークス流れの解より，粒子に作用する力は次式で与えられる．

$$F = 6\pi u \eta a \tag{8.16}$$

この力は粒子を減速させる方向に作用する．粒子の質量 m は次式で表される．

$$m = \frac{4}{3}\pi a^3 \rho_\mathrm{p} \tag{8.17}$$

なお，粒子の密度は流体と比較して大きいため，仮想質量や付加質量は無視できる．粒子の運動方程式から，加速度は力を質量で除すことで次のように得られる．

$$\frac{\partial u}{\partial t} = -\frac{18\eta}{4\rho_\mathrm{p} a^2} u \tag{8.18}$$

式 (8.18) から，指数関数形の解として次式が導かれる．

$$u(t) = U \exp\left(-\frac{t}{\tau_\mathrm{p}}\right) \tag{8.19}$$

ここで，τ_p は次のようになる．

$$\tau_\mathrm{p} = \frac{2a^2 \rho_\mathrm{p}}{9\eta} = 1.1\,\mu\mathrm{s} \tag{8.20}$$

例題 8.2 流体によって固体の物体に作用する正味の力は，表面にわたって表面力を積分することで次式で与えられる．

$$\vec{F} = \int_S \vec{\vec{\tau}}\, dA \tag{8.21}$$

ここで，$\vec{\vec{\tau}}$ の法線方向成分は圧力であり，$\vec{\vec{\tau}}$ の接線方向成分は壁面粘性応力 $\eta\,\dfrac{\partial u_\vartheta}{\partial r}$ である．無限領域内の球周りの流れのストークス解が式 (8.12) および (8.13) で与えられるとき，これらを積分して全抗力を求めよ．

198　第8章　ストークス流れ

解　任意の ϑ における単位面積あたりの抗力は次式で与えられる.

$$F''_{\mathrm{drag}} = -\cos\vartheta(\Delta p) - \sin\vartheta\left(\eta\,\frac{\partial u_\vartheta}{\partial r}\right) \tag{8.22}$$

ここで，F''_{drag} は単位面積あたりの局所抗力である（これはまた，表面応力と流れ方向の単位ベクトルの内積にも等しい）．角度の項はそれぞれ，内向きの法線方向の圧力と流れ方向の単位ベクトルの内積，および $\hat{\vartheta}$ と流れ方向の単位ベクトルの内積である．垂直抗力が一様に作用している場合，任意の閉じた表面における垂直抗力の積分はゼロになるので，圧力 p の代わりに周囲との圧力差 Δp を用いることができる．式 (8.22) に u_ϑ の導関数と Δp を代入すると，次式を得る.

$$F''_{\mathrm{drag}} = -\cos\vartheta\left(-\eta U\cos\vartheta\,\frac{3}{2}\,\frac{a}{a^2}\right) - \sin\vartheta\left(-\eta U\sin\vartheta\,\frac{3}{2}\,\frac{a}{a^2}\right) \tag{8.23}$$

さらにこれを整理すると次のようになる.

$$F''_{\mathrm{drag}} = \frac{3}{2}\frac{\eta U}{a} \tag{8.24}$$

球周りの単位面積あたりの抗力は一様である．したがって，この力に単純に表面積 $4\pi a^2$ を掛けることで，次のように全抗力を求めることができる.

$$F_{\mathrm{drag}} = 6\pi\eta U a \tag{8.25}$$

　球周りの流れのストークス解には，付録 F において述べている多重極解に関係した三つの項がある．そのうちの定数項は一様な自由流の流速を表している．これは粒子がなかった場合に観察されるであろう流れである．$\frac{a}{r}$ に比例する項は**ストークスレット**（Stokeslet）項である．これは流体に対して，球の中心の位置に大きさ $6\pi\eta U a$ の力を作用させた際の流れの応答に対応する．流れ場のこの成分を図8.3に示す．ストークスレット項は，粒子表面におけるすべりなし条件に対する流体の粘性応答を記述しており，この項には粒子の粘性挙動により引き起こされるすべての渦度が含まれる．$\frac{a^3}{r^3}$ に比例する項は**ストレスレット**（stresslet）項である．これは式 (F.6) で表される．この項は渦なし流れに関係する．渦なし流れは球の粘性力には関係せず，球の有限の大きさによって引き起こされる．流れ場のこの成分を図8.4に示す．ストークスレット項が r^{-1} に比例して減衰するのに対して，ストレスレット項は r^{-3} に比例して減衰するため，粒子の主要な長距離効果はストークスレットにより誘起される．したがって，球から遠く離れた位置の流れを求めるためには，球のサイズや速度よりも，**球により誘起され流体に作用する正味の力**が必要となる．球から離れた位置におけるストークス流れにおいては，速度 U で移動する半径 $2a$ の粒子と速度 $2U$ で移動する半径 a の粒子がもたらす効果の

8.3 境界を含まないストークス流れ 199

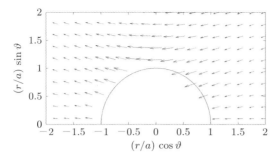

図 8.3 球周りのストークス流れのストークスレット項（粒子は x 軸方向に右から左へ移動）

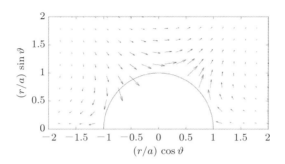

図 8.4 球周りのストークス流れのストレスレット項（粒子は x 軸方向に右から左へ移動）．図 8.3 と比較して，球表面からの距離が離れると急速に速度が減衰していく

間に（両者は同じ大きさの抗力を誘起するので）違いはない．これらの粒子の近傍では，もちろん両者は異なり，その違いはストレスレット項に現れる．

慣習的に，式 (8.15) の抗力は，式 (8.26) に示すように自由流の動圧と球の断面積の積によって無次元化された抗力係数で表される（粒子が静止するような座標系における自由流を考える）．

$$C_{\mathrm{D}} = \frac{F_{\mathrm{drag}}}{\frac{1}{2}\rho u^2 A_p} = \frac{24}{Re_d} \tag{8.26}$$

ここで，$A_p = \pi a^2$ は球の断面積であり，$Re_d = \dfrac{\rho u d}{\eta}$ は球の**直径**を代表長さにとったレイノルズ数である[1]．

---

[1] C_{D} の定義は流体工学の伝統に従っているが，ストークス流れの場合には誤解を招くおそれがある．なぜなら，ストークス流れでは流れはレイノルズ数から独立しているとするのに対して，C_{D} は Re^{-1} に比例するからである．この見かけ上の矛盾は，この力を無次元化する際に $(1/2)\rho U^2$ を用いていることに由来する．これの代わりに $\dfrac{\eta U}{\ell}$ を用いれば，C_{D} は定数となる．

200 第8章 ストークス流れ

マイクロシステム内での粒子挙動を予測するためには，式 (8.15) の抗力が必要となるが，その他の流れの詳細は必要ではない．マイクロ粒子は即座に平衡に到達するので，球状のマイクロ粒子に力を作用させると，抗力と駆動力が同じ大きさで反対方向に作用するような速度の粒子の動きが誘起される．したがって，ストークス流れ中で力 $\vec{F}$ を加えられたマイクロ粒子（半径 a）の定常速度は次式で与えられる．

$$\vec{u} = \frac{\vec{F}}{6\pi\eta a} \tag{8.27}$$

式 (8.27) は，力と**加速度**ではなく**力**と**速度**を関係づけている．このような関係は，定常流の関係式において典型的なものである．

小さいが有限の値のレイノルズ数の系において，ストークス数 Sk を計算することによって粒子の応答の瞬時性を定量化できる．ストークス数は流れが変化する場合の，変化の時定数に対する粒子の遅延時間を示すものである．流れの時定数は非定常境界条件や，非一様流の定常境界条件における代表長さと速度の比 $\frac{a}{U}$ に由来する．後者の場合，ストークス数は次式で求められる．

$$Sk = \frac{U\tau_{\mathrm{p}}}{a} = \frac{2a\rho_{\mathrm{p}}U}{9\eta} \tag{8.28}$$

ストークス数が $Sk \ll 1$ となるような粒子は，先述の理想的な解によって与えられる局所的な速度場において，つねに定常状態にあるとみなすことができる．

8.3.2 無限領域内の球周りのストークス流れの一般解

前述の解は，速度 U の一様流中の静止した球に適用されるものである．マイクロシステムにおいては通常，見かけ上は流体が静止して粒子が動いていると考えるほうが一般的である．さらに，粒子の動きと用いる座標系の向きがそろっていることはほとんどなく，また複数の粒子が存在する場合にはすべての粒子の動きと座標系の向きをそろえることは不可能である．このような場面では一般解が有用である．一般解は，流体力学的相互作用テンソル $\vec{\vec{G}}$ を用いて表現する．次式に示すように，速度場は流体力学的相互作用テンソルと粒子に作用する力の内積で求められる．

$$\vec{u} = \vec{\vec{G}} \cdot \vec{F} \tag{8.29}$$

先述のとおり，粒子に力 $\vec{F}$ が作用することにより粒子には $\dfrac{\vec{F}}{6\pi\eta a}$ の速度が誘起される．これと同じ力が流体の速度場 $\vec{\vec{G}} \cdot \vec{F}$ を誘起する．球の場合，流体力学的相互作用テンソル $\vec{\vec{G}}$ は次式で与えられる．

$$\vec{\vec{G}} = \frac{1}{8\pi\eta\Delta r}\left[\left(\vec{\vec{\delta}} + \frac{\Delta\vec{r}\,\Delta\vec{r}}{\Delta r^2}\right) + \frac{a^2}{\Delta r^2}\left(\frac{1}{3}\vec{\vec{\delta}} - \frac{\Delta\vec{r}\,\Delta\vec{r}}{\Delta r^2}\right)\right] \tag{8.30}$$

この式において，$\vec{\Delta r}$ は球の中心から流体の位置までの距離ベクトルを表し，Δr はその距離の大きさを表す．$\vec{\vec{\delta}}$ は恒等（単位）テンソルであり，$\vec{\Delta r}\vec{\Delta r}$ の項は二項積なので，$\vec{\vec{G}}$ は二項テンソルである．速度の一般解は内積を計算することで求めることができる．$\vec{\Delta r}\vec{\Delta r}\cdot\vec{F}=\left(\vec{\Delta r}\cdot\vec{F}\right)\vec{\Delta r}$ であることから，次式が導かれる．

$$\vec{u}=\vec{\vec{G}}\cdot\vec{F}=\frac{1}{8\pi\eta\Delta r}\left[\left(\vec{F}+\frac{(\vec{\Delta r}\cdot\vec{F})\vec{\Delta r}}{\Delta r^2}\right)+\frac{a^2}{\Delta r^2}\left(\frac{1}{3}\vec{F}-\frac{(\vec{\Delta r}\cdot\vec{F})\vec{\Delta r}}{\Delta r^2}\right)\right] \quad (8.31)$$

この式の第 1 項はストークスレット項であり，第 2 項はストレスレット項である．Δr が大きくなるにつれてストレスレット項の寄与は小さくなるので，流体力学的相互作用テンソルはしばしば式 (8.32) に示す**オセーン–バーガーステンソル**（Oseen–Burgers tensor）[1] に単純化される．

$$\vec{\vec{G}}_0=\frac{1}{8\pi\eta\Delta r}\left(\vec{\vec{\delta}}+\frac{\vec{\Delta r}\vec{\Delta r}}{\Delta r^2}\right) \quad (8.32)$$

ストレスレット項を無視することによって，オセーン–バーガーステンソルは球により誘起される流れではなく，$\Delta r=0$ に作用する**力**により誘起される流れを表現する．$\frac{\Delta r}{a}$ が大きい場合には，$\vec{\vec{G}}$ と $\vec{\vec{G}}_0$ は同じ結果を返す．

次に，同じ半径 a の剛体球形粒子が力 $\vec{F}$ で移動している状態において，粒子の挙動により引き起こされる圧力変化と周囲の流動について考える．この圧力変化 Δp は次のように表現できる．

$$\Delta p=\vec{P}\cdot\vec{F} \quad (8.33)$$

ここで，$\vec{P}$ は圧力相互作用テンソル（階数 1）であり，式 (8.34) で表される．

$$\vec{P}=\frac{1}{4\pi\Delta r^3}\vec{\Delta r} \quad (8.34)$$

最終的に，半径 a の粒子が速度 $\vec{u}$ で移動することによって生じる圧力変化は次式で表される．

$$\Delta p=\frac{3}{2}\eta\frac{a}{\Delta r}\frac{\vec{u}\cdot\vec{\Delta r}}{\Delta r^2} \quad (8.35)$$

次項以降では，粒子の形状が異なったり粒子が他の物体に近接していたりする場合に抗力や抗力係数，粒子速度がどのように変化するのかについて述べる．

---

1) この用語は定数の選び方によって名前が変わる．式 (8.32) は多くの場合オセーン–バーガーステンソルとよばれるが，係数 $\frac{1}{8\pi\eta}$ を除外したテンソルは**オセーンテンソル**とよばれる．反対に，式 (8.32) をオセーンテンソルとよぶ場面も散見される．

202　第8章　ストークス流れ

▌例題 8.3　球形粒子の表面における $\vec{\vec{G}}$ が $\dfrac{1}{6\pi\eta a}\vec{\vec{\delta}}$ に等しいことを示せ.

解　$\vec{\vec{G}}$ は次のように表すことができる.

$$\vec{\vec{G}} = \frac{1}{8\pi\eta\Delta r}\left[\left(\vec{\vec{\delta}} + \frac{\vec{\Delta r}\vec{\Delta r}}{\Delta r^2}\right) + \frac{a^2}{\Delta r^2}\left(\frac{1}{3}\vec{\vec{\delta}} - \frac{\vec{\Delta r}\vec{\Delta r}}{\Delta r^2}\right)\right] \tag{8.36}$$

ここで，$\Delta r = a$ とおくと，

$$\vec{\vec{G}} = \frac{1}{8\pi\eta a}\left[\left(\vec{\vec{\delta}} + \frac{\vec{\Delta r}\vec{\Delta r}}{a^2}\right) + \left(\frac{1}{3}\vec{\vec{\delta}} - \frac{\vec{\Delta r}\vec{\Delta r}}{a^2}\right)\right] \tag{8.37}$$

となるので，

$$\vec{\vec{G}} = \frac{1}{8\pi\eta a}\left(\frac{4}{3}\vec{\vec{\delta}}\right) \tag{8.38}$$

となり，最終的に次式を得る.

$$\vec{\vec{G}} = \frac{1}{6\pi\eta a}\vec{\vec{\delta}} \tag{8.39}$$

8.3.3　楕円体周りの流れ

　楕円体粒子の場合，流れは粒子の向きと軸長さの関数となるため，抗力もこれらのパラメータの関数となる．この力は，流れに垂直な断面の面積 A_p と**実効**粒子直径から算出する抗力係数 C_D の両者の変化によって表現される．軸が a_1, a_2, a_3 （$a_1 > a_2 > a_3$）の楕円体においては，実効粒子直径には断面の実効直径（流れが長軸方向の場合は $2\sqrt{a_2 a_3}$）をとる．また，長球（$a_1 > a_2 = a_3$）のような特殊な場合（棒状粒子に似ているので重要である）は，長軸方向の流れにより誘起される抗力は次式で表される.

$$C_{\text{D,ellipse}} \simeq \frac{24}{Re}\frac{8}{3}\frac{1}{\sqrt{1-e^2}}\frac{e}{(1+e^2)\ln\dfrac{1+e}{1-e} - 2e} \tag{8.40}$$

ここで，離心率[1] は $e = \sqrt{1 - \dfrac{a_2^2}{a_1^2}}$ で与えられる.

8.3.4　有限領域内の粒子周りのストークス流れ

　移動している粒子が壁面に近づくと，壁面のすべりなし条件のために，粒子の移動により生じる流体の速度場が減速する．したがって，粒子にある力が加えられているとき，粒子の移動速度は壁面に近づくにつれて遅くなる．半径 a の球が壁面から距離 d の位置にあるとき，壁面垂直方向の力と速度の関係は次のように近似される.

---

[1] ここで用いる離心率 e は，本書の電気力学のパートで用いた電気素量 e とは異なる.

$$\frac{1}{6\pi\eta a}\frac{\vec{F}\cdot\hat{n}}{\vec{u}\cdot\hat{n}} = 1 + \frac{9}{8}\frac{a}{d} \tag{8.41}$$

また，壁面接線方向の力と速度の関係は，次のように近似される．

$$\frac{1}{6\pi\eta a}\frac{\vec{F}\cdot\hat{t}}{\vec{u}\cdot\hat{t}} = 1 + \frac{9}{16}\frac{a}{d} \tag{8.42}$$

どちらの場合も，$d > 10a$ の領域では壁面の影響は小さい．

8.3.5 複数の粒子周りのストークス流れ

粒子どうしが近接している場合には，粒子に作用する抗力および粒子の速度は粒子間相互作用の影響を受ける．壁面近傍の流れの場合と同様に，孤立粒子の関係式は，粒子間の距離が粒子直径の 10 倍を超える場合を正確に表現する．粒子どうしに作用する力は流体力学的相互作用テンソルを用いて求めることができるので，力や粒子の速度も予測できる．

8.4 マイクロ PIV

マイクロスケールの流体の流れを可視化する際には，PIV がよく用いられる．PIV は低レイノルズ数の粒子懸濁液の流れが関係することが多いので，ストークス流れおよびストークス流れ解析の重要な例であるといえる．PIV は以下の手順で行う．まず，流れにトレーサー微粒子を混入させる．マイクロシステムの場合には，蛍光ポリスチレン粒子を用いることが多い．次に，時間的に連続した（微小時間差の）2 枚の粒子画像を撮影する．時間分解能を高めて撮影するために，顕微鏡にダブルパルスレーザを導入して粒子に照射し，粒子から発せられる蛍光を CCD カメラにより撮影する手法がよく用いられる．図 8.5 にマイクロ PIV の装置の例を示す．最後に，撮像した 2 枚の画像の相関をとる．二つの像が分かれている場合には，この工程は相互相関（cross-correlation）とよばれる．二つの像が 1 枚の画像に収められている場合には，この過程は自己相関（autocorrelation）とよばれる．像 1 が輝度 $f(i,j)$ の $q \times p$ 配列であり，像 2 が $g(i,j)$ であるとき，相互相関 $\varPhi$ は次式で与えられる．

$$\varPhi(m,n) = \sum_{i=1}^{q}\sum_{j=1}^{p} f(i,j)g(i+m,j+n) \tag{8.43}$$

そして，1 枚の画像 f の自己相関は次のように与えられる．

$$\varPhi(m,n) = \sum_{i=1}^{q}\sum_{j=1}^{p} f(i,j)f(i+m,j+n) \tag{8.44}$$

ここで，m および n は i および j 方向へのピクセルの変位量を示す．つまり，相互相関

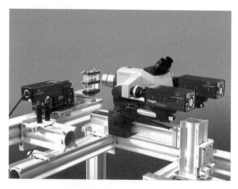

図 8.5 マイクロ PIV システムの外観図[訳注1]（LaVision 社 https://www.lavision.de より）．パルスレーザ発振器により発振された二つのレーザパルスは，落射蛍光顕微鏡に接続された高開口数の対物レンズによって集光されてマイクロ流路内の粒子に照射される．蛍光粒子からの蛍光信号は，対物レンズを通してデュアルフレーム CCD カメラにより撮像される．z 方向の解像度は対物レンズの焦点深度により決まる[訳注2]

は（変位量の関数として）二つの像がたがいにどれだけ合致するかの指標である．図 8.6 に相互相関のアルゴリズムを示す．変位量 m および n によって二つの像が可能なかぎり完全に重なる場合に相互相関 Φ は高くなり，像が重ならない場合には相互相関は低くなる．二つの画像を撮影する間の時間に流体が移動したと考えられるもっともらしい距離は，Φ が最大となるピクセル変位量に等しい．相互相関の最大値を検出するプロセスは，1 枚の紙に一つの像を印刷し，別の透明なシートに二つめの像を印刷することに似ている．これら 2 枚のシートをたがいに動かすことで，二つの像がきれいに重なり合う変位量を見つけることができる．完全な流動場を取得するには，画像中の小さな**検査領域**（interrogation region）の一つひとつを解析してその領域の速度を求め，それらの

訳注1) 高速度カメラの技術的な進展に伴い，マイクロ PIV においては励起光の光源には必ずしもパルスレーザが用いられるわけではなくなっている（詳細は専門書にゆずるが，パルスレーザは時間分解能を高める目的で用いられるので，励起光が連続照射されていたとしても十分な時間分解能があれば PIV は可能である．たとえば，マイクロ流路中を 1 mm/s で移動している粒子を高速度カメラで撮影することを考える．カメラのフレームレートが 100 fps であったとき，時間的に連続した 2 枚の画像間の時間差は 10 ms であるので，この間に粒子は 10 μm 移動することになる．画像の視野を 100 μm × 100 μm とし，直径 1 μm の粒子が視野内に一様に分散していたとすると，1 枚目の画像に写っている粒子の 90 % 程度が 2 枚目の画像にも写っていると考えられるので，十分に相互相関をとることができる）．近年では，連続発振（CW）レーザや LED 光源を光学フィルタと組み合わせて PIV に用いる例も多い．したがって，近年は顕微鏡に光源，光学フィルタブロック，高速度カメラを組み込んだだけのシンプルな実験装置もよく見られる．

訳注2) 対物レンズの焦点深度は数マイクロメートル程度なので，通常の PIV における z 方向の分解能は数マイクロメートル程度となる．この分解能は，共焦点顕微鏡を用いることでサブマイクロメートル程度まで向上させることができる．

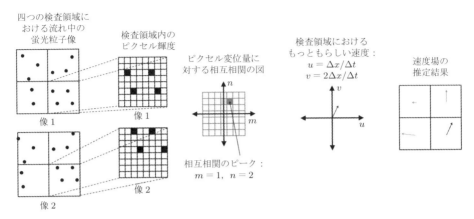

図 8.6 PIV の相互相関アルゴリズム

速度を体系的に評価しなければならない．そのような空間的な相関関係は，高速フーリエ変換を用いることで容易に求めることができる．

8.4.1 決定論的な粒子の遅延

PIV は**粒子の**速度場を計測する．これを流体の速度場の推定に使用する場合，ストークス流れの議論によって粒子の速度場と流体の速度場の関係を明らかにし，以下に述べる二つの重要な誤差要因を避けなければならない．第一の誤差要因は，粒子に作用する重力や電場のような体積力が流体に対する相対的な粒子の速度を生み出す点である．そして第二の要因は，粒子が大きすぎたり高密度すぎたりする場合，あるいは速度勾配が急峻すぎる場合に，慣性の影響により粒子が流れに追従しなくなる点である．第一の点は，マイクロ PIV は電場がない場合にもっとも適しており，流体と密度が近い粒子を用いるとよいことを示している．第二の点は，粒子のストークス数を計算することで避けることができる．ストークス数が小さければ粒子は流れに追従し，粒子の速度は流体の速度の推定に用いることができる．このような粒子は，**ラグランジュ流体トレーサー**とよばれる．

8.4.2 ブラウン運動

マイクロ粒子のブラウン運動（Brownian motion）は，粒子に作用する流体力の統計的な性質に起因するランダムな運動である．粒子が小さくなるにつれてブラウン運動の重要性が増し，個々の粒子–流体間の衝突の重要性も増す．ブラウン運動に起因する PIV 計測の二乗平均平方根誤差は粒子の拡散係数 D に関係しており，次式で求められる．

206 第8章 ストークス流れ

● ブラウン運動に起因する PIV 速度誤差

$$\langle \Delta u \rangle^2 = \frac{2D}{\Delta t} \tag{8.45}$$

ここで，Δt は撮像時間間隔であり，ストークス流れ中における微小粒子の拡散係数は式 (8.46) に示すストークス−アインシュタイン式により求められる（a は粒子半径，k_B はボルツマン定数，T は温度）.

● ストークス極限における球の拡散係数を表すストークス−アインシュタイン式

$$D = \frac{k_B T}{6\pi\eta a} \tag{8.46}$$

式 (8.45) では，露光時間（1 枚の画像を撮影する時間）は無限に短く，誤差は**撮像時間間隔**の間のランダムな速度変動により生じるということを仮定している．露光時間が長い場合には画像はぼやけ，露光時間の**間**のブラウン運動が速度場の測定に誤差をもたらすことになる．

8.5 まとめ

ストークス方程式は，レイノルズ数がゼロに近づく極限におけるナビエ−ストークス方程式であり，非定常項および対流項を無視できる．ストークス方程式は線形であり，その解は**瞬時性**，**時間可逆性**，**線形性**，そして**重ね合わせ可能**という性質をもっている．一般に，ストークス方程式は以下の三つの形式で表される．

$$\nabla p = \eta \nabla^2 \vec{u} \tag{8.47}$$

$$\nabla^2 p = 0 \tag{8.48}$$

$$\nabla^2 (\nabla \times \vec{u}) = \nabla^2 \vec{\omega} = 0 \tag{8.49}$$

境界を含むストークス流れは多くの場合は数値的に解かれるが，ヘレ−ショウ流れの場合には変数分離とラプラス方程式によって解くことができる．境界を含まないストークス流れは多重極ストークスレット解を用いて解析的に扱うことができる（付録 F 参照）．とくに，球周りの流れは，粒子に作用する力に対する流体の応答を記述するストークスレットと，表面に完全すべり条件を適用した球が流れ中に存在する場合の渦なし応答を記述するストレスレットを用いて表現できる．速度と作用する力の関係は，次に示す流体力学的相互作用テンソルを用いて表される．

$$\vec{\vec{G}} = \frac{1}{8\pi\eta\Delta r}\left[\left(\vec{\vec{\delta}} + \frac{\vec{\Delta r}\vec{\Delta r}}{\Delta r^2}\right) + \frac{a^2}{\Delta r^2}\left(\frac{1}{3}\vec{\vec{\delta}} - \frac{\vec{\Delta r}\vec{\Delta r}}{\Delta r^2}\right)\right] \tag{8.50}$$

粒子からの距離が離れている場合には，ストレスレット項は無視できることが多く，流体力学的相互作用テンソルは式 (8.51) に示すオセーン−バーガーステンソルに書き直

すことができる.

$$\vec{\vec{G}}_0 = \frac{1}{8\pi\eta\Delta r}\left(\vec{\vec{\delta}} + \frac{\vec{\Delta r}\vec{\Delta r}}{\Delta r^2}\right) \tag{8.51}$$

オセーン-バーガーステンソルは,微粒子集団の粒子どうしまたは壁面との流体力学的な相互作用を記述するための基本的な方法である.特定の条件におけるこれらの関係の修正も可能であり,たとえば楕円体粒子や粒子が壁面近傍に位置する場合などを考えることができる.

8.6 補足文献

より込み入った概念については,関連文献で触れられている.ストークスおよびホワイトヘッドのパラドックスや円柱周りの流れのオセーン線形化を含めた低レイノルズ数流れについて,文献 [24, 34, 88] では摂動展開の視点から論じている.ファクセンの法則(Faxén law)は文献 [30, 32, 88, 89] で取り上げられている.流れ関数によるストークス方程式の記述と微分作用素(∇^4 と E^4)に関しては文献 [30] で議論されている.ローレンツの相反定理については文献 [89] で触れられている.ストークス流れ場の速度や応力に関係するさまざまな定理については文献 [24, 32, 89] で議論されている.文献 [32] では粒子のブラウン運動の確率的な記述をしており,高分子の場合の類似の記述は文献 [90] に見られる.界面活性剤効果を含む液滴挙動については文献 [30] に記述されている.

熱力学的な観点からは,ストークス流れは,系が平衡からほんの少しだけ外れた流体力学的領域であるといえる.そのため,平衡からわずかに外れた非可逆過程の熱力学 [91, 92] を適用することが可能であり,第 9,10,13,15 章において重要となる流体の流れとイオンの流れの関連づけに際して相反関係を適用することができる.

本章で扱った粒子輸送の議論に関連した特定の例における結果は,文献 [32, 93, 94, 95, 96, 97] を参照されたい.また,PIV に関連した特定の例での結果については,マクロスケール流れに関しては文献 [98] で,マイクロスケール流れに関しては文献 [7] で議論されている.

8.7 演習問題

8.1 ストークス流れは低レイノルズ数の極限であり,その式 (8.12) および (8.13) はレイノルズ数から独立している.それならば,式 (8.26) において,なぜ抗力係数はレイノルズ数に依存するのだろうか.また,抗力係数がレイノルズ数の関数とならないようにす

208 第 8 章 ストークス流れ

るためには，抗力係数をどのような式で定義すればよいだろうか．

8.2 無限領域内に半径 a の粒子と x 軸方向に速度 U の自由流が存在するとき，粒子周りの速度を解け．なお，解は軸対称であるとし，解の形は式 (8.12) および (8.13) と同様に軸対称速度成分 u_r と u_ϑ で表されるとする．

(a) 球座標系における連続の式を書き，方位角方向速度 u_φ または φ の導関数が関係する項を削除し，連続の式が次式で表されることを示せ．

$$\frac{\partial u_r}{\partial r} + \frac{2u_r}{r} + \frac{1}{r}\frac{\partial u_\vartheta}{\partial \vartheta} + \frac{u_\vartheta \cot \vartheta}{r} = 0 \tag{8.52}$$

(b) 式 (D.16) に従って球座標系の動径方向の運動量方程式を書き，ストークス近似に基づいて左辺を削除し，方位角方向速度 u_φ または φ の導関数が関係する項を削除し，ストークス流れの動径方向運動量方程式が次式で表されることを示せ．

$$0 = -\frac{\partial p}{\partial r} + \eta\left(\frac{\partial^2 u_r}{\partial r^2} + \frac{2}{r}\frac{\partial u_r}{\partial r} - \frac{2u_r}{r^2} + \frac{1}{r^2}\frac{\partial^2 u_r}{\partial \vartheta^2} + \frac{\cot \vartheta}{r^2}\frac{\partial u_r}{\partial \vartheta} - \frac{2}{r^2}\frac{\partial u_\vartheta}{\partial \vartheta} - \frac{2u_\vartheta \cot \vartheta}{r^2}\right) \tag{8.53}$$

(c) 式 (D.16) に従って球座標系の余緯度方向の運動量方程式を書き，ストークス近似に基づいて左辺を削除し，方位角方向速度 u_φ または φ の導関数が関係する項を削除し，ストークス流れの余緯度方向の運動量方程式が次式で表されることを示せ．

$$0 = -\frac{1}{r}\frac{\partial p}{\partial \vartheta} + \eta\left(\frac{\partial^2 u_\vartheta}{\partial r^2} + \frac{2}{r}\frac{\partial u_\vartheta}{\partial r} - \frac{u_\vartheta}{r^2 \sin^2 \vartheta} + \frac{1}{r^2}\frac{\partial^2 u_\vartheta}{\partial \vartheta^2} + \frac{\cot \vartheta}{r^2}\frac{\partial u_\vartheta}{\partial \vartheta} + \frac{2}{r^2}\frac{\partial u_r}{\partial \vartheta}\right) \tag{8.54}$$

(d) 動径方向および余緯度方向速度が以下の形で表されるとする．

$$u_r = U\cos\vartheta\left(1 + \frac{C_1}{r} + \frac{C_2}{r^2} + \frac{C_3}{r^3}\right) \tag{8.55}$$

$$u_\vartheta = -U\sin\vartheta\left(1 + \frac{C_4}{r} + \frac{C_5}{r^2} + \frac{C_6}{r^3}\right) \tag{8.56}$$

これらの 6 個の定数は，（ i ）二つの制約（壁面における速度のそれぞれの成分）をもたらす $r = a$ における境界条件，（ ii ）三つの制約（速度の仮定形式の各項）をもたらす連続の式，（ iii ）一つの新たな制約（合計二つだが，そのうち一つは連続の式から得られるものと重複する）をもたらすナビエ-ストークス方程式，から求めることができる．これらの定数を求め，解を完成させよ．

8.3 静止流体中を x 軸方向左向きに低レイノルズ数で移動している粒子の流れが

$$u_r = U\cos\vartheta\left(-\frac{3}{2}\frac{a}{r} + \frac{1}{2}\frac{a^3}{r^3}\right) \tag{8.57}$$

$$u_\vartheta = -U\sin\vartheta\left(-\frac{3}{4}\frac{a}{r} - \frac{1}{4}\frac{a^3}{r^3}\right) \tag{8.58}$$

で表され，球に作用する抗力が

$$F_{\text{drag}} = 6\pi\eta U a \tag{8.59}$$

で表されるとき，抗力一定の条件下で $a \to 0$ の極限をとり，1 点に作用する力に対する流

れの応答を求めよ．

8.4 式 (8.40) は $e \to 0$ のとき $C_D = \dfrac{24}{Re}$ と単純化できることを示せ．

8.5 固体の体積分率が ξ で均一な半径をもつ固体微粒子の溶液中における，粒子半径に対する平均粒子間距離の比を求めよ．また，粒子間相互作用をおおよそ無視するためにこの比を 10 以上にとろうとしたとき，ξ をどの程度小さくとらなければならないだろうか．

8.6 半径 a，密度 ρ_p の粒子が粘度 $\eta = 1 \times 10^{-3}$ Pa s，密度 $\rho_w = 1$ kg/m^3 の流体中に存在するとき，地球の重力下（重力加速度は 9.8 m/s^2）における粒子の終端速度を求めよ．また，直径 20 μm のマイクロ流路の軸が重力と直交する方向に配置され，内部が以下の(a)～(d) の粒子の懸濁液で満たされている場合において，粒子が流路底部に到達するまでに要する時間を求める式を導出し，粒子速度と沈降時間を求めよ．

(a) 直径 10 nm のポリスチレン粒子（$\rho_p = 1300$ kg/m^3）
(b) 直径 1 μm のポリスチレン粒子（$\rho_p = 1300$ kg/m^3）
(c) 直径 2.5 μm のポリスチレン粒子（$\rho_p = 1300$ kg/m^3）
(d) ヒトの白血球（直径 12 μm，$\rho_p = 1100$ kg/m^3）

8.7 図 8.7 に示すような，高さが d で一様であり，90°のコーナーをもつ薄いマイクロ流路（原点は内側の角部）がある．角部から離れた位置における流れは流路幅方向に一様であり，流路幅は十分に広いため，内側の角部付近の流れは無限領域中の角周りの流れとみなすことができるとする．式 (7.74) を用いて圧力分布の式を導出し，そこからさらに速度分布の式を導出せよ．どちらの式も，解は入口および出口流速に比例する定数が未知数として残ることになる．

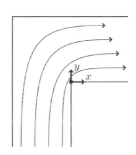

図 8.7 90°のコーナーをもつマイクロ流体デバイス内の流動

8.8 演習問題 7.31 および演習問題 8.7 は同じ形状を扱っており，密接に関係しているが，いくつかの重要な点で異なる解が得られる．これら二つを比較し，異なる点について述べよ．

8.9 図 8.8 に示すような，患者の血液から細胞を捕捉するためのマイクロデバイスを考える．マイクロ流路の幅は 1 cm，高さは 100 μm で，円柱状の障害物の直径は 150 μm である．このデバイス内を 1 mL の血液が 30 分間循環する．血液を直径 8 μm の剛体球を含む懸濁液として，流れ中の球のストークス数を計算せよ．

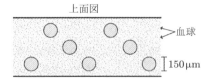

図 8.8 直径 150 μm の円柱状の障害物があるマイクロ流体デバイス．流路は血液で満たされている．障害物の大きさは流路サイズに対して強調して示している．

8.10 ストークス流れ中を x 軸方向の右から左に速度 U で移動する半径 a の粒子を考える．球が原点に位置する瞬間を考えると，$\vec{\Delta r} = \vec{r}$ であり，$\Delta r = r$ である．オセーン–バーガーステンソルを用いて球の効果をモデル化し，速度ベクトル場表現を書け．また，この速度場と $\dfrac{\vec{r}}{r}$ の内積をとり，u_r 場を求め，その結果を式 (8.12) と比較せよ．

8.11 剛体球形粒子が x 軸の負の方向に移動している．粒子が原点に位置する瞬間を考えると，$\vec{\Delta r} = \vec{r}$ であり，$\Delta r = r$ である．式 (8.35) のストークス粒子の移動に対する圧力場の応答の一般表現を用いて，粒子の移動により生じる圧力変化を計算し，それが式 (8.14) で与えられる値と同一であることを示せ．

8.12 原点に位置する剛体球周りのストークス流れを考える．粒子の半径で正規化した場合，ストレスレット項の寄与がストークスレット項のそれの 10% 未満になるためには，粒子表面からどれだけの距離を離れないといけないだろうか．1% 未満の場合はどうだろうか．

8.13 血液中の希少細胞を捕捉するために使用されるマイクロデバイスは，多くの場合，細胞捕捉用に化学修飾された壁面と細胞が接触する際に細胞に加わるせん断応力を念入りに最適化している．

(a) 半径 a の球形の細胞がヘレ–ショウ流れ中を壁面に沿ってすべっているとき，ヘレ–ショウのセルの高さ d，細胞半径 a，局所的な勾配 $\dfrac{dp}{dx}$ の関数として，細胞の中心に作用するせん断応力を計算せよ．

(b) x 軸方向を左から右に流れるように設計されたヘレ–ショウ流路において，x 軸方向のせん断応力が入口から出口にかけて線形的に変化する xy 形状を設計せよ．簡単のために，準 1 次元仮定，すなわち流れは x 軸方向のみであるという仮定を用いてよい．この仮定は確かに完全に正しくはないが，x 軸方向の流量の妥当な近似を与えるので，中心線上のせん断応力についても妥当な近似を得られる．

8.14 図 8.9 に可視化した流れを考える．この流れは，高さ 10 μm の流路中を流速 1.09 mm/s で流動している油の中に直径 $a \approx 50$ μm の水滴を含んでいる．

(a) 油の流れをヘレ–ショウ流れでモデル化せよ．油の流れは液滴の速度よりも速く，さらに油水界面では完全すべり条件が適用できるとする．このとき，2 次元速度場はポテンシャル速度場となることを示せ．

(b) 一つの液滴により形成される 2 次元速度ポテンシャル場は，次式に示すように一様

図 8.9 油中における水の液滴の流れ．スケールバーは 100 µm（文献 [99] より）

流と点双極子の重ね合わせとなることを示せ．

$$\phi_v = Ux + R^2(U-u)\frac{\vec{r}}{r^2} \tag{8.60}$$

(c) ある液滴が別の液滴に及ぼす力は次式で表されることを示せ．

$$F = \frac{8\pi\eta R^2}{h}\nabla\phi_v(\vec{r}_1 - \vec{r}_2) \tag{8.61}$$

(d) 単一の液滴が 295 µm/s で移動することが実験的に確かめられているとき，液滴中心間の距離が d で無限に連続する液滴列の速度を求める式を導出せよ．

(e) 上述の速度の関係をもとに，無限に連続した液滴列中の一つの液滴に摂動が加わり，前後の液滴に近づいた場合に何が起こるのかを予測せよ．

(f) 無限に連続した液滴列中の一つの液滴に摂動が加わり，流れと垂直な方向に液滴が移動した場合に何が起こるのかを予測せよ．

8.15 単純なせん断流，すなわち速度が $u = U + \dot{\gamma}y$ で与えられる流れ中において，角速度 ω で回転する球を考える．$Re \to 0$ とするとき，球に作用する揚力を求めよ．

8.16 実験において，ポアズイユ流中に置かれた小球が流路半径方向のある平衡点に移動する現象が確認されている [100, 101]．ストークス流れの議論を用いて，この移動を説明せよ．あるいは，それが不可能な場合には，ストークス流れの議論ではなぜこの現象が説明できないのか述べよ．この問題を考える際には，ストークス方程式の線形性が担う役割について考えよ．

8.17 静止流体中を半径 a の球形液滴が速度 U で移動している．液滴の形状は変化しないとする．液滴の内側および外側の流れの流れ関数を求め，それぞれ式 (8.62) および (8.63) で表されることを示せ（下付きの数字は，1 が周囲流体，2 が液滴の物性であることを示す）．

$$\psi_S = \frac{Ua^2 \sin^2\vartheta}{4}\frac{\left(\frac{r}{a}\right)^2 - \left(\frac{r}{a}\right)^4}{\frac{\eta_2}{\eta_1}+1} \tag{8.62}$$

$$\psi_S = \frac{Ua^2 \sin^2\vartheta}{2}\left[-\frac{r^2}{a^2} + \frac{r}{a}\frac{3\frac{\eta_2}{\eta_1}+2}{2\left(\frac{\eta_2}{\eta_1}+1\right)} - \frac{\frac{\eta_2}{\eta_1}}{2\left(\frac{\eta_2}{\eta_1}+1\right)}\frac{a}{r}\right] \tag{8.63}$$

8.18 角速度 ω で回転する球により生まれる流れは，式 (8.64) で表されることを示せ．

212 第 8 章 ストークス流れ

$$\vec{u} = \omega \times \vec{r} \, \frac{a^3}{r^3} \tag{8.64}$$

8.19 直径 10 nm，100 nm，1 μm のポリスチレン粒子を用いて室温の水の流速を計測する際の，粒子緩和時間と速度不確かさを計算せよ（2 枚の画像間の時間間隔は $t = 33$ ms とする）．

8.20 室温の水で満たされたマイクロ流路内の圧力駆動流において，直径 1 μm のポリスチレン粒子が約 100 μm/s で移動している場を PIV 計測する．撮像視野は半径 500 μm の円形領域である．移動量を計測するために 2 枚の画像を取得するとき，以下の問いに答えよ．

(a) ブラウン運動に起因する誤差を 3% 未満にするには，2 枚の画像間の時間間隔をどの程度長くとればよいか．

(b) PIV で計測した速度が実際の速度のよい近似となるには，2 枚の画像間の時間間隔をどの程度短くすればよいか．つまり，この時間間隔内の粒子の経路が線形になるためには，どの程度短い時間間隔とすればよいか．

(c) 実験において上述の制約を二つとも満足することは可能か．

8.21 無限領域内の粘度 η の静止流体中に存在する半径 a，密度 ρ_p の粒子が x 軸方向に力 $F \cos \omega t$ で駆動される．流体の流れはストークス方程式で記述されるが，粒子の慣性力は無視できないとするとき，粒子速度の変動 Δx が次式で表されることを示せ．

$$\Delta x = \frac{F}{6\pi a \eta} \frac{1}{\sqrt{1 + (2\omega\tau_p)^2}} \tag{8.65}$$

ただし，

$$\tau_p = \frac{2a^2 \rho_p}{9\eta} \tag{8.66}$$

である．

第 9 章
電気二重層の拡散構造

電気浸透流を考える際に，第 6 章では**外部解**，すなわち境界から離れた流れに焦点を当てた．そのなかでは，有効すべり境界条件 $\bar{u}_{\text{wall}} = \mu_{\text{EO}} \bar{E}$ を用いて電気浸透流を記述した．表面の 1 次元積分モデルでは，流体物性が均一で壁面電位がバルクと φ_0 だけ異なるとき，μ_{EO} は $\mu_{\text{EO}} = -\varepsilon \dfrac{\varphi_0}{\eta}$ で与えられる．速度の内部分布や電位を決める必要はない．

本章では，帯電した壁近くの電気二重層（EDL．デバイ層ともよぶ）について触れ，電気二重層内部の電荷や電位の空間的変化を評価する．この空間的変化が，電気浸透流が発生する系での壁面近傍における**平衡**状態での速度境界層構造を決定し，壁面近傍の速度の空間的変化を記述する．その過程で，クーロン力（全体の壁面電荷密度に関連）とその分布（デバイ長に関連）を速度分布と関連づける．その結果得られる流れは，電気浸透流問題の**内部解**になる．全体として，平衡状態における電気二重層内のイオンと電位の分布を解くことによって，電気的に駆動され，平衡状態を乱さないマイクロ／ナノ流体システムでの流動と電流の予測が可能になる．本章ではイオン濃度を詳細に議論するので，必要に応じて付録 A，B にある用語と変数を復習してほしい．

9.1 グイ–チャップマン電気二重層モデル

平衡状態において，固体表面はイオン化と吸着のために表面電荷密度 $q''\,[\text{C/m}^2]$ をもつ．表面の固定された電荷は，移動できる拡散的な体積電荷密度 $[\text{C/m}^3]$ と平衡状態でつりあう．等価的に，壁と同符号電荷のイオン（共イオン）は壁近くの領域から反発し，壁と逆符号電荷のイオン（対イオン）は壁近くに引き寄せられる．イオンと電位の分布は，静電気力と熱的ブラウン運動との平衡を用いて記述する．第 6 章の積分の結果（バルク電気浸透流速度）を改良することで，マイクロデバイスの壁面近傍の速度分布を得る．

このグイ–チャップマンモデル（Guoy-Chapman model. 概念図を**図 9.1** に示す）は，対イオンの分布の拡散的性質を考慮し，全体にバルク流体の物性を使うとともに，イオンと溶媒を理想的なものとして扱い，界面物性を与えられたものとしている．本章の後

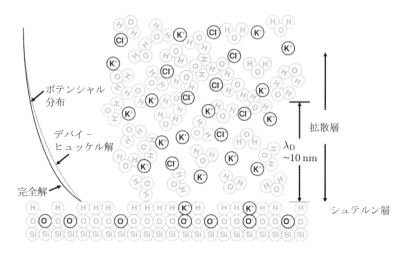

図 9.1 電気二重層は正味の電荷密度がゼロでない界面近傍領域で構成される．バルク溶液と比べて，対イオン（壁面と逆符号の電荷をもつイオン）が高濃度で，共イオン（壁面と同符号の電荷をもつイオン）が低濃度で存在する

半でこの理論の修正について説明する．まずは，グイ-チャップマンモデルでの電気二重層における，イオンと電位の分布を導出する．

9.1.1 理想的イオン条件におけるボルツマン統計

統計熱力学では，温度 T で単一イオンあたりの平均エネルギー e_1 をもつある特定の状態にある場合の尤度は，以下の量に比例する[1]．

$$\exp\left(-\frac{e_1}{k_B T}\right) \tag{9.1}$$

ここで，k_B はボルツマン定数 $(1.38 \times 10^{-23}\,\mathrm{J/K})$[2] である．イオンに関しては，「系」はそのイオンを，「状態」はその場所を意味する．イオンが，連続体での平均場溶液に分散する相互作用のない点電荷として扱われる**理想溶液**（ideal solution）では，式 (9.1) は，イオンが特定の場所にある尤度がその場所の静電ポテンシャルエネルギーの関数であることを意味する．

同じ関係を 1 モルあたりで書くと次のようになる．

---

[1] 本節で用いるボルツマンの関係式は，点電荷近似が可能なときのみ成立する．なぜなら，有限の大きさのイオンが近接しているとき，(a) イオンの大きさによって最大イオン濃度が限定される，(b) とくに多価イオンでは高次のイオン-イオン間相互作用が起こりうることから，この関係が崩れるためである．

[2] エネルギーの逆数 $\beta = \dfrac{1}{k_B T}$ は多くの文献で定義され，式中の $k_B T$ の代わりに用いられることもある．本書では使わないが，この表記は一般的であり，その普遍性のために文献ではとくに定義されないこともある．

$$\exp\left(-\frac{\hat{e}_1}{RT}\right) \tag{9.2}$$

ここで，$\hat{e}_1 = e_1 N_A$ は 1 モルあたりのエネルギーで[1]，R は次式で表される一般気体定数 $[\mathrm{J/(mol\ K)}]$ である．

$$R = k_B N_A \tag{9.3}$$

N_A はアボガドロ定数（$6.022 \times 10^{23}\ \mathrm{mol}^{-1}$）である．本書では，通常，モルを用いた表記を用いる．

したがって，イオンの分布はイオンのポテンシャルエネルギーに支配される．

$$\hat{e}_1 = zF\phi \tag{9.4}$$

ここで，z はイオン価数，F はファラデー定数で $F = eN_A = 96485\ \mathrm{C/mol}$ と与えられ，e は電子の電荷量（$e = 1.6 \times 10^{-19}\ \mathrm{C}$），$\phi$ は局所電位である．この関係は，壁面と化学的相互作用がなく静電相互作用のみをもつ**中性イオン**にも適用される．

9.1.2 イオン分布とポテンシャル：ボルツマンの関係式

まず，あらゆる壁から離れたバルク溶液を考える．水溶液には多くの溶解したイオン種が含まれており，これを添字 i で表す．それぞれのイオンはバルク濃度 c_i，価数あるいは荷電数 z_i をもつ．たとえば，NaCl の 1 mM 溶液では，$c_{\mathrm{Na}^+} = 1\ \mathrm{mM}$，$c_{\mathrm{Cl}^-} = 1\ \mathrm{mM}$，$z_{\mathrm{Na}^+} = 1$，$z_{\mathrm{Cl}^-} = -1$ である．壁から遠いバルクの性質は添字「bulk」あるいは ∞ を使って定義する．さらに，二重層電位を以下のように定義する．

$$\varphi = \phi - \phi_{\mathrm{bulk}} \tag{9.5}$$

バルクでは φ はゼロとなる．φ の値は，ある地点の電位が壁から離れたバルクの電位とどのくらい異なるかを規定する．界面がなめらかと仮定できるとき，すなわちバルク電位の勾配が局所的に表面に平行とみなすことができるときに φ の使用が可能だが，これはほとんどの系に当てはまる．ボルツマン統計[2]より，一般に次のように書くことができる．

$$c_i = c_{i,\infty} \exp\left(-\frac{z_i F\varphi}{RT}\right) \tag{9.6}$$

バルク（$\varphi = 0$）では，式 (9.6) は $c_i = c_{i,\infty}$ となる．そして，局所の電荷密度 ρ_E を局所

---

1) ここの記号 e_1 は一重項エネルギーであり，その場所に基づくイオンのエネルギーを意味する．この表記は後に，**一重項エネルギー** e_1 と**対ポテンシャル** e_2 を区別する際により意味をもつ．この区別は，液体の状態理論や分子動力学では重要となる．また，この表記は e_1（イオンのエネルギー）と電子の電荷量 e を明確に区別することにもなる．本書では，記号 $\hat{e}_1$ はほとんど使わず，1 モルあたりのエネルギーは $zF\phi$ と表記する．

2) 式 (9.6) は，平衡状態での溶液中の化学ポテンシャル $\overline{g_i} = g_i^\circ + RT\ln\frac{c_i}{c_i^\circ} + z_i$ が均一であることと等しい．

216　第9章　電気二重層の拡散構造

電位の関数として表すことができる.

$$\rho_E = \sum_i c_i z_i F \tag{9.7}$$

または，式 (9.6) を代入して次式が得られる.

● 電気二重層内部の電荷密度

$$\rho_E = \sum_i c_{i,\infty} z_i F \exp\left(-\frac{z_i F \varphi}{RT}\right) \tag{9.8}$$

式 (9.8) で与えられるボルツマン統計の理想解は，ポアソン方程式と組み合わせることで，二重層内部の電場（またはイオン分布）の支配方程式を求めることができる. 通常は電位の式を立てて解き，その解と式 (9.8) を用いて物質濃度を計算することが多い.

9.1.3　イオン分布とポテンシャル：ポアソン-ボルツマン方程式

電位を局所電荷密度と関連づけるポアソン方程式（5.1.5 項参照）は，均一な ε の場合には以下のように書くことができる.

$$\nabla^2 \phi = -\frac{\rho_E}{\varepsilon} \tag{9.9}$$

式 (9.8)，(9.9) を組み合わせることで，溶液が平均場でイオンが点電荷とモデル化する場合の電気二重層を記述する，ポアソン-ボルツマン方程式（Poisson–Boltzmann equation）を導くことができる.

● 均一流体物性でのポアソン-ボルツマン方程式

$$\nabla^2 \varphi = -\frac{F}{\varepsilon} \sum_i c_{i,\infty} z_i \exp\left(-\frac{z_i F \varphi}{RT}\right) \tag{9.10}$$

式 (9.10) は**ポアソン-ボルツマン方程式**の一般式である. この式は E.2.3 項の正規化によって単純化できる. この操作によって，濃度はバルクにおけるイオン強度で正規化され，電位は以下のように熱電圧（thermal voltage）で正規化される.

$$\varphi^* = \frac{F\varphi}{RT} \tag{9.11}$$

この熱電圧 $\dfrac{RT}{F}$ は，電気素量に熱エネルギーと同程度のオーダーのポテンシャルエネルギーを与える電圧の指標である（室温では約 25 mV）. 長さは以下で与えられる**デバイ長**（Debye length）λ_D で正規化される.

● デバイ長の定義

$$\lambda_D = \sqrt{\frac{\varepsilon RT}{2F^2 I_c}}\bigg|_{bulk} \tag{9.12}$$

デバイ長は電気二重層に関する本書の議論で重要な役割をもつ. 電解質溶液の性質であるデバイ長は, バルクに向かって減衰する壁面での過電圧の特性長さの大まかな指標となる. また, デバイ長はバルクのイオン強度から計算されるため, バルク流体のパラメータである. ポアソン-ボルツマン方程式を無次元化して表すと次式となる.

● 無次元ポアソン-ボルツマン方程式

$$\nabla^{*2}\varphi^* = -\frac{1}{2}\sum_i c_{i,\infty}^* z_i \exp(-z_i\varphi^*) \tag{9.13}$$

例題 9.1 以下の条件で λ_D を計算せよ. それぞれの場合, 系は指定された価数 z と濃度 c の対称な電解質で近似されていると仮定する.

1. $z = 1$, $c = 1 \times 10^{-7}$ M の電解質溶液. これは脱イオン水（DI 水）を表す.
2. $z = 1$, $c = 2 \times 10^{-6}$ M の電解質溶液. これは溶解した CO_2 と平衡状態の HCO_3^- が存在し, 空気と平衡状態にある水を表す.
3. $z = 2$, $c = 1 \times 10^{-3}$ M の電解質溶液. これは 1 mM のエプソム塩（硫酸マグネシウム）を表す.
4. $z = 1$, $c = 0.18$ M の電解質溶液. これは, 生化学分析や創傷洗浄, 細胞の一時保存によく用いられるリン酸緩衝生理食塩水（PBS）を表す.

解 λ_D の定義を思い出そう.

$$\lambda_D = \sqrt{\frac{\varepsilon RT}{2F^2 I_c}} \tag{9.14}$$

ここで, I_c が SI 単位, すなわち mM でなければならないことに注意してほしい.

20℃ において, DI 水では $\lambda_D = 960$ nm, 空気と平衡状態の水では $\lambda_D = 215$ nm, エプソム塩では $\lambda_D = 4.8$ nm, PBS では $\lambda_D = 0.72$ nm となる.

9.1.4 非線形ポアソン-ボルツマン方程式の簡易形式

非線形ポアソン-ボルツマン方程式は, 電荷密度項の和をとることとその強い非線形性のために, 解析的に解くことは難しい. そのため, 一般的には数値計算が必要となる. しかし, この式を単純化することで得られる解析解は, 重要な物理的概念をよく表しており, それにより物理的な理解を深めることができる.

■非線形ポアソン-ボルツマン方程式の簡易形式：1 次元

壁面の曲率が小さい場合（壁の局所曲率半径が λ_D に比べて大きい場合）, 1 次元の形を考えることで式（9.13）を単純化できる. y 軸に垂直な無限壁を仮定すると, 次式を得る.

218 第 9 章　電気二重層の拡散構造

- 1 次元ポアソン-ボルツマン方程式

$$\frac{\partial^2 \varphi^*}{\partial y^{*2}} = -\frac{1}{2} \sum_i c_{i,\infty}^* z_i \exp(-z_i \varphi^*) \tag{9.15}$$

■非線形ポアソン-ボルツマン方程式の簡易形式：1 次元，対称電解質

　溶液が対称電解質からなる場合，$c_1 = c_2 = c_\infty$ に着目して $|z_1| = |z_2| = z$ を定義すると，式 (9.15) は次のように単純化できる（演習問題 9.2 参照）.

- 1 次元ポアソン-ボルツマン方程式，対称電解質の場合

$$\frac{\partial^2 \varphi^*}{\partial y^{*2}} = \frac{1}{z} \sinh(z\varphi^*) \tag{9.16}$$

■非線形ポアソン-ボルツマン方程式の簡易形式：1 次元線形ポアソン-ボルツマン方程式

　$z_i \varphi^*$ が 1 より小さい場合，式 (9.13) または (9.15) の指数項を 1 次のテイラー級数展開で $\exp(x) = 1 + x$ と置き換えることができる. よって，式 (9.15) から次式が得られる.

$$\frac{\partial^2 \varphi^*}{\partial y^{*2}} = \frac{1}{2} \sum_i c_{i,\infty}^* z_i^2 \varphi^* \tag{9.17}$$

イオン強度の定義と式 (E.15) の物質濃度の正規化によって，次のようになる.

- 1 次元ポアソン-ボルツマン方程式，デバイ-ヒュッケル近似

$$\frac{\partial^2 \varphi^*}{\partial y^{*2}} = \varphi^* \tag{9.18}$$

演習問題 9.3 を参照してほしい. この近似はデバイ-ヒュッケル近似（Debye-Hückel approximation）とよばれ，式 (9.18) は**線形化ポアソン-ボルツマン方程式**の 1 次元形である（非線形項が含まれていることを明示するために，ポアソン-ボルツマン方程式は**非線形ポアソン-ボルツマン方程式**とよばれる場合がある）. この線形化ポアソン-ボルツマン方程式は φ^* が小さいすべての領域で有効である. φ_0^* が 1 より小さい場合，この関係は流れ場全域で有効で，この線形化によって解析が単純になる. そのため本書では，定性的な考察をするために，系をデバイ-ヒュッケル近似のもとで解析することがよくある. さまざまな二重層パラメータでのデバイ-ヒュッケル近似の精度に関する議論は 9.4 節で示す.

9.1.5　ポアソン-ボルツマン方程式の解

　ポアソン-ボルツマン方程式の解を学ぶには，まずは（解析解に従うような）単純なものから始め，（数値解析が必要となるような）完全解へと進めるのがよいだろう. 得

9.1 グイ-チャップマン電気二重層モデル　219

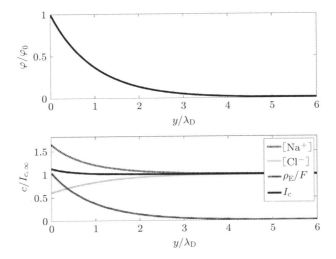

図 9.2 表面電位が $-12\,\mathrm{mV}$ で（希薄な）$10\,\mathrm{mM}$ の NaCl バルク溶液における電気二重層内の電位，物質濃度，イオン強度，電荷密度．濃度，$\frac{\rho_E}{F}$ と I_c はバルクの I_c で正規化されている．ここで，壁面の電圧は熱電圧以下で，物質濃度はデバイ-ヒュッケル近似の予測からわずかにずれている．デバイ-ヒュッケル近似では，バルクと等しくなる局所イオン強度は壁近傍ではわずかに増加する

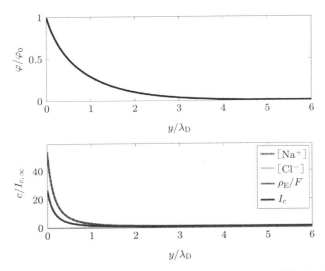

図 9.3 表面電位が $-100\,\mathrm{mV}$ の（希薄な）$10\,\mathrm{mM}$ の NaCl バルク溶液における，ポアソン-ボルツマン方程式で予測される電気二重層内の電位，物質濃度，イオン強度，電荷密度．濃度，$\frac{\rho_E}{F}$ と I_c はバルクの I_c で正規化して表示している．濃度分布に強い非線形が見られ，ナトリウム対イオンの数は 50 倍も増加する

られた結果に対しては用いた近似を満足するかをつねに確認しなければならない．図 9.2, 9.3 に，線形解が正しい場合とそうでない場合の二つの例を示す．

■ 線形化 1 次元ポアソン-ボルツマン解—半無限領域

半無限領域近似は，電気二重層が薄い場合，すなわち λ_D が流路の高さや幅に比べて小さい場合に適用できる．この場合，バルク流体の長さスケールは無限大であるとして扱うことができる．線形化ポアソン-ボルツマン方程式 (9.18) の解は指数関数で表される．原点を**壁面上**に定義して，$y^* = \infty$ では $\varphi^* = 0$，$y^* = 0$ では $\varphi^* = \varphi_0^*$ の境界条件を適用すると，次のようになる．

$$\varphi^* = \varphi_0^* \exp(-y^*) \tag{9.19}$$

次元付きの形式に戻すと，次式となる．

- デバイ-ヒュッケル近似における半無限領域の 1 次元ポアソン-ボルツマン方程式

$$\varphi = \varphi_0 \exp\left(-\frac{y}{\lambda_D}\right) \tag{9.20}$$

これは図 9.4 に示した解のうちの一つである．φ^* について解いたので，物質濃度についての解も次のように書き表すことができる．

- デバイ-ヒュッケル近似における電位 φ_0 の表面周辺の半無限領域での濃度分布

$$c_i = c_{i,\infty} \exp\left(-z_i \varphi_0^* \exp(-y^*)\right) \tag{9.21}$$

壁面の電位ではなく，電荷密度 q'' が既知の場合，デバイ-ヒュッケル近似下での電位分布は次のようになる（演習問題 9.16）．

- 表面電荷密度 q'' の表面周辺の半無限領域での電位

$$\varphi^* = -q'''^* \exp(-y^*) \tag{9.22}$$

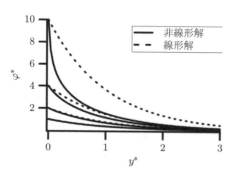

図 9.4 非線形，線形化ポアソン-ボルツマン方程式でモデル化した，半無限の対称電解質における電気二重層内の電位分布（$z = 1$）．$\varphi_0^* \to \infty$ では，壁から離れた地点での電位分布は，$z\varphi_0 = 4$ の線形解に近づく（演習問題 9.10 で導出する）．ポアソン-ボルツマン方程式は，φ^* が大きくなるについて精度が低下する

ここで，$q''^* = \dfrac{q''}{\sqrt{2\varepsilon RTI_c}}$ である．

　概してこの線形解は，大きな壁面電位では定量的に成立しないが，定性的にはほとんどの絶縁壁周りの電気二重層をよく表現している．

■線形化 1 次元ポアソン－ボルツマン方程式の解—平行平板間

　半無限領域の解は，電気二重層が薄いあらゆる場合（流路の代表長さを d として $\lambda_\mathrm{D} \ll d$ の場合）に適用可能である．この場合，それぞれの壁面近傍の溶液は他の壁面とは独立している．二重層が薄くない場合は，他の壁の存在を考慮して解を求める必要がある．これは特定の形状に対してのみ適用が可能である．

　原点（$y = 0$）を中心として距離 $2d$ だけ離れた 2 枚の平板が与えられている．線形化ポアソン－ボルツマン方程式 (9.18) の双極線余弦解は境界条件を満たす．$y^* = -d^*$ と $y^* = d^*$ で $\varphi^* = \varphi_0^*$ の境界条件を適用して $y^* = 0$ での対称性を考慮すると，次式が得られる．

$$\varphi^* = \varphi_0^* \frac{\cosh(y^*)}{\cosh(d^*)} \tag{9.23}$$

ここで，$d^* = \dfrac{d}{\lambda_\mathrm{D}}$ である．有次元形式で表すと次式のようになる．

- デバイ－ヒュッケル近似における $y = \pm d$ で電位 φ^* の無限平行平板間における電位分布

$$\varphi = \varphi_0 \frac{\cosh(y/\lambda_\mathrm{D})}{\cosh(d/\lambda_\mathrm{D})} \tag{9.24}$$

この解は両表面が近づいた際の効果を表している．電位でなく表面の電荷密度が既知の場合，$y^* = -d^*$ と $y^* = d^*$ で $q''^* = q_0''^*$ の境界条件を適用して次式を得る．

$$\varphi^* = \frac{q_0''^*}{\tanh(d^*)} \frac{\cosh(y^*)}{\cosh(d^*)} \tag{9.25}$$

ここで，$d^* = \dfrac{d}{\lambda_\mathrm{D}}$ である．有次元形式で表すと次式のようになる．

- デバイ－ヒュッケル近似における $y = \pm d$ で表面電荷密度 q'' の無限平行平板間における電位分布

$$\varphi = \frac{q_0'' \lambda_\mathrm{D}}{\varepsilon} \frac{\cosh(y/\lambda_\mathrm{D})}{\sinh(d/\lambda_\mathrm{D})} \tag{9.26}$$

壁面電位は次式のようになる．

- デバイ－ヒュッケル近似における距離 $2d$ の平行平板の壁面における表面電荷密度と表面電位

$$\varphi_0 = \frac{q_0'' \lambda_\mathrm{D}}{\varepsilon} \coth\left(\frac{d}{\lambda_\mathrm{D}}\right) \tag{9.27}$$

222　第9章　電気二重層の拡散構造

式 (9.27) は，2 枚の平行平板の間隔が λ_D より相対的に小さい場合，短距離で表面電荷がつりあうような電荷密度を誘起するには，表面電位が大きくなければならないことを表している．この関係から，表面電位が大きくなければならないことが予見されるが，デバイ-ヒュッケル近似は大きな壁面電位では成立しないため，定量的には正しくない．

■対称電解質の 1 次元ポアソン-ボルツマン方程式の解―半無限領域

　1 次元での対称電解質のポアソン-ボルツマン方程式 (9.16) の解は，指数関数よりも急峻な電位分布となる．$y^* = \infty$ で $\varphi^* = 0$，$y^* = 0$ で $\varphi^* = \varphi_0^*$ の境界条件を適用すると，次式を得る（演習問題 9.7 参照）．

- 電位 φ_0 の半無限領域の表面周りにおける 1 次元電位分布

$$\frac{\tanh(z\varphi^*/4)}{\tanh(z\varphi_0^*/4)} = \exp\left(-y^*\right) \tag{9.28}$$

$\tanh^{-1}(x) = \dfrac{1}{2}\ln\dfrac{1+x}{1-x}$ の関係を用いると，この式は次のように書くこともできる．

- 電位 φ_0 の半無限領域の表面周りにおける 1 次元電位分布

$$\varphi^* = \frac{2}{z}\ln\left(\frac{1 + \tanh(z\varphi_0^*/4)\exp\left(-y^*\right)}{1 - \tanh(z\varphi_0^*/4)\exp\left(-y^*\right)}\right) \tag{9.29}$$

式 (9.28) は，双曲線正接関数を除けば式 (9.19) の線形解と似ており，$\dfrac{z\varphi_0^*}{4} \ll 1$ のときに両者は等しくなる．多くの電解質は対称電解質か，あるいはそのように（対称電解質であると）近似してもよいため，この解は定量的に有用で適用可能である．

　線形解と比べると，非線形解には次のような相違点がある．

（a）壁面から離れるにつれて電位の減衰が，指数関数よりもより急峻である．この違いは φ^* が 1 より相対的に大きい場合に顕著である．

（b）λ_D は局所的な φ^* が小さくなる遠方でも減衰距離を特徴づけるが，壁面近傍での減衰距離を一般的に記述するわけではない．

（c）壁近傍の共イオンと対イオンの勾配が線形解よりも大きい．

　図 9.5 は，高表面電位の際に，ポアソン-ボルツマン方程式の解が純粋な指数関数からどの程度離れるかを対数軸で示したものである．

■一般的な 1 次元ポアソン-ボルツマン解

　一般的な電解質の場合，式 (9.10) または (9.13) が示すように，ポアソン-ボルツマン方程式には解析解が存在せず，数値的に解く必要がある．

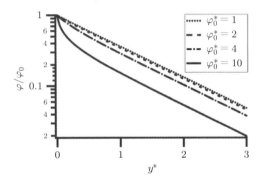

図 9.5 表面電位が増加した場合に，ポアソン−ボルツマン方程式の解が指数関数的ふるまいから逸脱する様子．すべての場合で，壁から遠いところでは完全な指数関数（片対数軸では線形）になる．ここに示す解はすべて $z=1$ の場合である．ポアソン−ボルツマンの方程式は φ^* が大きくなると不正確になる

9.2 グイ−チャップマン電気二重層下の流れ

第 6 章では，純粋な電気浸透流の内部解を次式のように与えた．

- 電位 φ_0 の壁面での電気浸透流速度の内部解

$$u_{\text{inner}} = -\frac{\varepsilon E_{\text{ext,wall}}}{\eta}(\varphi_0 - \varphi) \tag{9.30}$$

この内部解は，$\vec{E}_{\text{ext}}$ が二重層厚さの長さスケールで一様であることを仮定しているため，壁近傍でのみ有効である．

さまざまな条件での φ の空間分布をすでに求めており，流速分布も同様に求めることができる．たとえば，デバイ−ヒュッケル近似では，速度の内部解は次のようになる．

- デバイ−ヒュッケル近似における電気浸透流速度の内部解

$$u_{\text{inner}} = -\frac{\varepsilon E_{\text{ext,wall}}}{\eta}\varphi_0[1 - \exp(-y^*)] \tag{9.31}$$

そして，他の流動条件についても同様の関係式を求めることができる．たとえば，$y = \pm d$ に位置する平板間の流れは以下のようになる．

- デバイ−ヒュッケル近似における $y = \pm d$ に位置する平板間の電気浸透流速度

$$u_{\text{inner}} = -\frac{\varepsilon E_{\text{ext,wall}}}{\eta}\varphi_0\left(1 - \frac{\cosh(y/\lambda_{\text{D}})}{\cosh(d/\lambda_{\text{D}})}\right) \tag{9.32}$$

この解は，線形化された系にのみ有効ではあるが，平板間電気浸透流の定性的な様子をよく表している．図 9.6 にいくつかの解の例を示す．電気二重層のグイ−チャップマンモデルから計算した内部解を用いて，マイクロ流路での電気浸透流を接合漸近解で記述できる（演習問題 9.15 参照）．

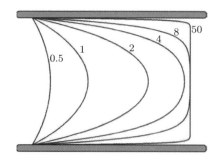

図 9.6 電気浸透流の正規化された速度分布,すなわち,線形化ポアソン−ボルツマン方程式で予測される,$y = \pm d^*$ に位置する平行平板間での $\dfrac{u(y)}{\mu_{\mathrm{EO}} E}$ (壁面電位が $\dfrac{RT}{zF}$ より小さい場合の代表的な流れ場).いくつかの d^* の値の速度分布を示している.$d^* = 50$ の速度分布は,薄い電気二重層近似が流れ分布に対して正確に適用できる代表的な条件である

例題 9.2 薄い電気二重層近似では,流路の代表深さ d が λ_D と比べて大きい(たとえば $d > 100\,\lambda_\mathrm{D}$)ことが必要だと仮定すると,1 mM の NaCl 溶液では,この近似が成立するためには流路高さはどのくらい必要か.また,0.01 mM,100 mM ではどうか.

解 1 mM では λ_D は 9.6 nm なので,d は 0.96 μm 以上であることが必要である.100 mM では λ_D は 0.96 nm なので d は 96 nm,0.01 mM では λ_D は 96 nm なので d は 9.6 μm である.

9.3 対流表面導電率

電解質溶液本来のバルク導電率に加えて,電気二重層内部のイオン濃度分布の乱れによって,表面に垂直な外部電場を印加した際に,二つの電流源が生じる.この非帯電表面に存在する電流を超える過剰電流は**表面電流**(surface current)とよばれ,その表面の特性は表面導電率または表面コンダクタンスとして表される.正味電荷密度と流体の流れが組み合わさると対流電流が発生し,イオン濃度の変化が電気二重層内の流体の導電率を変化させる.本節では前者に焦点を当てる.対流表面電流はデバイ−ヒュッケル近似下では存在するが,導電性の表面電流はゼロである.そして表面電位が大きい場合にはどちらも存在する.

帯電表面に平行に外部電場が印加されると,電気二重層内での電荷密度の存在と電気浸透流により,正味の電流が発生する.一般に,(壁に平行で電場に垂直な単位長さあたりの)対流電流は次式で与えられる.

$$I'_{\mathrm{conv}} = \int_{y=0}^{\infty} u\rho_\mathrm{E}\,dy \tag{9.33}$$

ここで，I' は単位長さあたりの電流である．濡れぶち長さ $\mathcal{P}$ の流路では対流表面電流は $\mathcal{P}I'$ となる．デバイ–ヒュッケル近似と薄い二重層仮定のもとでは，式 (9.33) の積分を評価することで，単位長さあたりの対流電流 I' が次式で与えられることがわかる．

- デバイ–ヒュッケル近似，薄い電気二重層近似，単純な表面，均一流体物性における対流表面電流

$$I' = \frac{\varepsilon^2 \varphi_0^2}{2\lambda_{\mathrm{D}}\eta} E \tag{9.34}$$

この現象による電流の相対的変化を定量化するために，（流路断面積で正規化した）対流表面電流の印加電場に対する比を表面導電率 σ_{s} と定義する．

$$\sigma_{\mathrm{s}} = \frac{I}{AE} \tag{9.35}$$

水力半径が $r_{\mathrm{h}} = \dfrac{2A}{\mathcal{P}}$ であることを使うと，デバイ–ヒュッケル近似下での薄い電気二重層内の対流表面導電率は次式のようになる．

$$\sigma_{\mathrm{s}} = \frac{\varepsilon^2 \varphi_0^2}{\lambda_{\mathrm{D}}\eta r_{\mathrm{h}}} \tag{9.36}$$

これより，表面電位の 2 乗に比例し，水力半径とデバイ長に反比例することがわかる．したがって，表面電位が大きく流路が小さいと，対流表面電流が大きくなると予想される．

第 3 章で説明した，界面動電連成行列を思い出そう．

$$\begin{bmatrix} Q/A \\ I/A \end{bmatrix} = \chi \begin{bmatrix} -dp/dx \\ E \end{bmatrix} \tag{9.37}$$

電気二重層が薄くデバイ–ヒュッケル近似下では，以下のようにおくことで対流表面導電率を考慮できる．

$$\chi_{22} = \sigma + \frac{\varepsilon^2 \varphi_0^2}{\lambda_{\mathrm{D}}\eta r_{\mathrm{h}}} \tag{9.38}$$

第 1 項はバルク導電率，第 2 項は対流表面導電率の寄与である．

9.4 理想溶液とデバイ–ヒュッケル近似の精度

本章で重要な二つの近似は，デバイ–ヒュッケル近似（熱電圧と比べて壁面電位が小さい）と理想溶液近似（点電荷，平均場）である．本節ではこれらの近似の精度について述べる．

例題 9.3 次の二つの条件において，電位分布 φ^* の表面電荷密度への依存性を計算して図示せよ．

(1) $q''^*_{\text{wall}} = 0.0125,\ 0.025,\ 0.05,\ 0.1,\ 0.2$（低表面電荷密度に相当）

(2) $q''^*_{\text{wall}} = 0.5,\ 1,\ 2,\ 4,\ 8$（高表面電荷密度に相当）

解 図 9.7, 9.8 を参照．

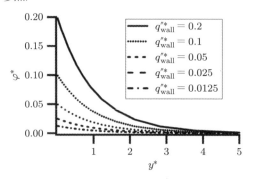

図 9.7 低表面電荷密度における電位分布の表面電荷密度への依存性．低表面電荷密度の極限では，正規化された壁面電位と正規化された表面電荷密度は等しい

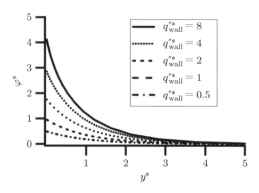

図 9.8 高表面電荷密度における電位分布の表面電荷密度への依存性．壁面電荷密度が増加すると，壁面電位の増加は小さくなる

9.4.1 デバイ-ヒュッケル近似

系が非線形性をもつこと，およびここで考えられている電気二重層のパラメータが広範にわたることを考えると，デバイ-ヒュッケル近似が適用できるかには疑問が残る．数学的に厳密というわけではないが，デバイ-ヒュッケル近似は $z\varphi^*$ が 1 と比べて小さくない場合によく用いられており，この近似がいつ適用できるのかを理解する必要がある．条件や用途に依存して，壁面電位 φ_0, $c(y)$, ρ_E, 二重層キャパシタンス，壁面の法線方向電場を関連づける関係式に注目しよう．これらの異なるパラメータについて，

9.4 理想溶液とデバイ–ヒュッケル近似の精度　　227

表9.1　デバイ–ヒュッケル近似をポアソン–ボルツマン方程式に適用した際の各種パラメータの予測精度. 溶液の誘電率と粘性は一様で, 界面電位 φ_0 あるいは電荷密度 q_0'' が既知の場合について記している

パラメータ	φ_0 が既知	q_0'' が既知
$\lvert\varphi_0\rvert$	正しく予測	大幅な過大予測
$\lvert u_{\mathrm{bulk}}\rvert$	正しく予測	大幅な過大予測
$\lvert u(y)\rvert$	若干の過小予測	大幅な過大予測
$\lvert\varphi(y)\rvert$	若干の過大予測	大幅な過大予測
流動電位の大きさ	若干の過小予測	中程度の過大予測
$\lvert\rho_E(y)\rvert$	大幅な過小予測	y に依存
二重層キャパシタンス	大幅な過小予測	正しく予測
$\left.\dfrac{\partial u}{\partial y}\right\rvert_{\mathrm{wall}}$	大幅な過小予測	正しく予測
壁面垂直方向の電場	大幅な過小予測	正しく予測
壁面でのナビエのすべり速度	大幅な過小予測	正しく予測
$\lvert q_0''\rvert$	大幅な過小予測	正しく予測

注)　とくに壁面近傍では, 積分値は φ_0, 微分値は q_0'' に強く関係する. 誤差の大きさは φ_0^* と $q_0''^*$ の大きさの関数である. 本表は相対的な予測精度の大小関係を示している.

デバイ–ヒュッケル近似が同等に成立するわけではない. **表9.1** にいくつかのパラメータとデバイ–ヒュッケル近似による誤差の大きさを定性的に示す. デバイ–ヒュッケル近似によって発生する誤差は φ_0^* の大きさの関数であるので, この表は厳密には定性的である. しかし, この表からどのようなときにデバイ–ヒュッケル近似が成立するかについての目安が得られる. 表から得られる結論は以下のとおりである. ある φ_0^* が与えられると, バルク電気浸透流速度における二重層の総合的な影響は, 二重層内の電位の変化を表すために用いるモデルとは無関係である. 実際, 第6章では二重層のモデルを用いることなくバルク速度を求めている. 速度と電位の変化は, デバイ–ヒュッケル近似による電荷密度の誤差が低速領域で生じるため, デバイ–ヒュッケル近似の影響を少ししか受けず (**図9.4** 参照), 流動電位も同様である (10.6.3 項参照). しかし, 電荷密度, 壁での電位と速度の法線微分, ナビエのすべりモデルで予測される壁面速度 (1.6.4 項), 壁面電荷密度, 二重層のキャパシタンス (16.2.1 項) はデバイ–ヒュッケルモデルでは予測が難しい. 実際, これらのパラメータは希薄な緩衝液中の中性 pH のガラス表面では 100 倍程度の誤差を生じうる.

　φ_0 が与えられた場合, 積分値 (u_{bulk}) を考えるとデバイ–ヒュッケル近似はある程度正確だが, 微分値 $\left(\left.\dfrac{\partial u}{\partial y}\right\rvert_{\mathrm{wall}}\right)$ を考えるとかなり不正確になる. q_{wall}'' が与えられた場合には上記とは逆になり, 微分値はある程度正確だが積分値は不正確である.

9.4.2 理想溶液近似の限界

界面に既知の電位が与えられたとき，電気二重層のグイ-チャップマンモデルは，壁近傍の平衡電位分布とバルク電場とのみ相互作用する理想化された点電解質の分布を記述する．このように，グイ-チャップマンモデルは，溶媒構造，イオンの大きさ，イオン間相互作用，イオンのダイナミクスを考慮せず，平衡，平均場，点電荷の場合について定式化を行うものである．

以下では，グイ-チャップマン二重層の平均場や点電荷の側面をとり上げ，その適用の限界と適用性拡大のための修正について述べる．デバイ-ヒュッケル近似と同様に，ボルツマン近似によって生じる誤差は，微分値では顕著で積分値では比較的小さくなる．

9.5 修正ポアソン-ボルツマン方程式

修正ポアソン-ボルツマン方程式（Modified Poisson-Boltzmann equation）は，ポアソン-ボルツマン方程式に何らかの修正を加えてその制限を改善している式の総称である．ここでは，ある種の修正式（立体補正，すなわちイオンの有限空間を考慮する補正）を示す．

9.5.1 理想溶液の統計量に対する立体補正

理想溶液の統計量を用いてイオン集団を記述するには，イオン半径が無限小の点電荷としてモデル化する必要がある．式 (9.6) で与えられる濃度には上限がなく，ポアソン-ボルツマン方程式は表面電位が無限大の場合には無限の濃度を与える．これはイオンの大きさが有限であること（このために高電位表面ではクラウディング（図 9.9）が起こる）と矛盾している．

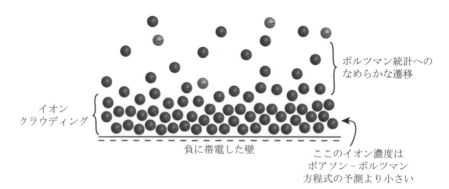

図 9.9　高電位界面でのイオンクラウディング

イオンを剛体球としてモデル化すると，**剛体球補正**を適用でき，イオンの大きさが有限であることを説明できる．イオンの大きさを定量的に定義することは難しいが，イオン直径（≈1Å）や水和殻をもつイオン直径（≈3Å）を用いて近似できる．最大イオン数密度が $n_{\max} = \lambda_{\mathrm{HS}}^{-3}$ で最大イオン濃度が次式となるような**有効**剛体充填距離 λ_{HS} を定義する．

$$c_{\max} = \frac{1}{\lambda_{\mathrm{HS}}^3 N_{\mathrm{A}}} \tag{9.39}$$

この λ_{HS} の大きさは現象論的なものではあるが，ポアソン–ボルツマン方程式を修正して実験データにより合う結果を得るために利用できる．

まず，ボルツマン統計の理想溶液の結果を思い出そう．

$$c_i = c_{i,\infty} \exp\left(-\frac{z_i F \varphi}{RT}\right) \tag{9.40}$$

イオンが占める空間を考慮し，分母に補正係数を加えて式 (9.40) を変形すると，次式を得る．

- 電位の濃度依存性に関するボルツマン関係式への立体補正

$$c_i = \frac{c_{i,\infty} \exp\left(-\dfrac{z_i F \varphi}{RT}\right)}{1 + \displaystyle\sum_i \frac{c_{i,\infty}}{c_{i,\max}} \left[\exp\left(-\frac{z_i F \varphi}{RT}\right) - 1\right]} \tag{9.41}$$

ここで，分母の第2項は正規化したバルクからの偏差を表す．$c_{i,\infty}$ を掛けて i で和をとると，バルクからの濃度差になる．これを $c_{i,\max}$ で割ったものは，濃度変化によってイオンが占有する体積の追加分に相当する．分母は $1 +$ 追加項の形になっており，この追加項はイオンがバルクと比べてどの程度多くの体積を有するかを表している．

上記の関係式はいくつかの極限のもとで考えることができる．

- $\varphi \to 0$：このときは すべての指数関数は1になり，$c_i = c_{i,\infty}$ である．
- $c_{\max} \to \infty$ あるいは $\lambda_{\mathrm{HS}} \to 0$：これは点電荷の極限で，分母は1に等しく，理想溶液としてのボルツマン統計は電位に依存せず成立する．
- **対称電解質**．どちらのイオンに対しても $c_{\max}$ が同じと仮定する場合には便利であり，解析がシンプルになる．対称電解質では次式のようになる．

$$c_i = \frac{c_\infty \exp\left(-\dfrac{z_i F \varphi}{RT}\right)}{1 + \xi \left[\cosh\left(-\dfrac{z F \varphi}{RT}\right) - 1\right]} = \frac{c_\infty \exp\left(-\dfrac{z_i F \varphi}{RT}\right)}{1 + 2\xi \sinh^2\left(-\dfrac{z F \varphi}{2RT}\right)} \tag{9.42}$$

230 第9章 電気二重層の拡散構造

ここで，（溶質に応じた λ_{HS} をもつ対称電解質では）バルク中のイオン体積分率である充填パラメータを $\xi = \dfrac{2c_\infty}{c_{\max}} = 2c_\infty N_A \lambda_{HS}^3$ と定義している．mM 程度の濃度の小さなイオンに対して ξ はおおよそ 1×10^{-5} だが，大きなイオンや高表面電位などの高濃度ではこの分母が大きくなる．

・**対称電解質**で $\varphi \to \infty$．ここでは $\cosh(x) \to \dfrac{1}{2}\exp(x)$ となり，定数項を落とすことができる．共イオンについては

$$c = 0 \tag{9.43}$$

対イオンについては

$$c = \dfrac{c_\infty \exp\left(-\dfrac{z_i F \varphi}{RT}\right)}{\dfrac{\xi}{2}\exp\left(-\dfrac{z_i F \varphi}{RT}\right)} = \dfrac{2c_\infty}{\xi} = \dfrac{1}{N_A \lambda_{HS}^3} = c_{\max} \tag{9.44}$$

であり，これはまさに先に定義した最大充填率である．したがって，無限大の電位では，無限大の濃度ではなく立体制限された濃度が得られる．

9.5.2 修正ポアソン–ボルツマン方程式

式 (9.41) のような各種溶質濃度を用いて，新たな修正ポアソン–ボルツマン方程式を書くことができる．

$$\nabla^2 \varphi = -\dfrac{\rho_E}{\varepsilon} = -\dfrac{\sum_i z_i c_i F}{\varepsilon} \tag{9.45}$$

これは次式のようになる．

● 立体補正ポアソン–ボルツマン方程式

$$\nabla^2 \varphi = -\dfrac{F}{\varepsilon} \dfrac{\sum_i z_i c_{i,\infty} \exp\left(-\dfrac{z_i F \varphi}{RT}\right)}{1 + \sum_i \dfrac{c_{i,\infty}}{c_{i,\max}}\left[\exp\left(-\dfrac{z_i F \varphi}{RT}\right) - 1\right]} \tag{9.46}$$

無次元化してさらに 1 次元にすると，次式となる．

$$\dfrac{\partial^2 \varphi^*}{\partial y^{*2}} = \dfrac{\sum_i z_i c_{i,\infty}^* \exp(-z_i \varphi^*)}{1 + \sum_i \dfrac{c_{i,\infty}^*}{c_{i,\max}}[\exp(-z_i \varphi^* - 1)]} \tag{9.47}$$

溶質に応じた λ_{HS} の対称電解質については，前述の式をより簡単に書くことができる．

$$\nabla^2 \varphi = \frac{zFc_\infty}{\varepsilon} \frac{2\sinh\left(\dfrac{zF\varphi}{RT}\right)}{1 + 2\xi \sinh^2\left(\dfrac{zF\varphi}{2RT}\right)} \tag{9.48}$$

式 (9.16) で行ったように無次元化してさらに 1 次元にすると，次式を得る．

- 対称電解質に対する 1 次元の無次元化された立体補正ポアソン–ボルツマン方程式

$$\frac{\partial^2 \varphi^*}{\partial y^{*2}} = \frac{\dfrac{1}{z}\sinh(z\varphi^*)}{1 + 2\xi \sinh^2\left(\dfrac{z\varphi^*}{2}\right)} \tag{9.49}$$

式 (9.47) の修正ポアソン–ボルツマン方程式の一例を図 9.10 に示す．

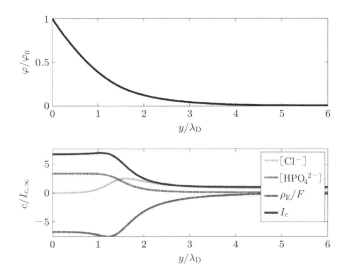

図 9.10　修正ポアソン–ボルツマン方程式で表される，表面電位 250 mV，バルク濃度 100 mM NaCl/10 mM MgHPO$_4$ の（希薄）溶液における，電気二重層内の電位，濃度，イオン強度，電荷密度．濃度，$\dfrac{\rho_E}{F}$ と I_c はバルクの I_c で正規化されたものを図示している．この電圧条件は熱電圧よりは大きく，修正ポアソン–ボルツマン方程式では，最高価数の対イオン（ここでは HPO$_4{}^{2-}$）が限界まで充填される．イオン濃度が均一となる大きな領域が予測される．また，ある対イオンの濃度が単調増加していない**が，これは，立体障害によって低価数の対イオンが排斥されるためである

232 第 9 章 電気二重層の拡散構造

9.5.3 ポアソン-ボルツマン方程式の修正の重要性と限界

修正ポアソン-ボルツマン方程式は高 φ 極限では良好な解を導く．電解質濃度の上限を考慮しなければ，ポアソン-ボルツマン方程式は，無限大の壁面電場や無限大の壁面キャパシタンス（電気二重層のキャパシタンスについての議論は第 16 章参照）を含む，高 φ 極限で多くの非物理的な結果を予測する．ここで示した補正（立体障害に関してのみ）は，解を有限にする簡単な修正であるが，その精度に立体モデル自体の限界や $c_{\max}$ が既知である精度，その他の要因による限界がある．また，この補正は，積分理論（H.2 節参照）とは異なり，分布関数の詳細な構造も予測できない．ポアソン-ボルツマン方程式の修正の効果は，電気二重層の平衡状態でなく動的挙動を検討する際にとくに強く現れる．

9.6 シュテルン層

グイ-チャップマン理論は，二重層を拡散（グイ-チャップマン）領域と壁面近傍の凝縮（シュテルン）領域に分割することで修正するのが一般的である．そうすることで，壁近くの凝縮領域は，流体力学的には直接はほとんど影響を与えないが，二重層キャパシタンスや表面での化学反応と壁面電位 φ_0 との関係には影響を与える．ある意味，このシュテルンモデルは，本章で議論した修正ポアソン-ボルツマンモデルの単なる極限にすぎないともいえる．

9.7 まとめ

ポアソンとボルツマンの関係式は，イオンを点電荷として，溶媒を連続体としてモデル化して，平衡電気二重層内の電位とイオン分布を予測するものである．この二つの関係の組み合わせにより次式のようなポアソン-ボルツマン方程式が導かれる．

$$\nabla^2 \varphi = -\frac{F}{\varepsilon} \sum_i c_{i,\infty} z_i \exp\left(-\frac{z_i F \varphi}{RT}\right) \tag{9.50}$$

デバイ長はマイクロデバイス表面の曲率に比べて小さいことが多いため，この式は通常は 1 次元の形で解かれる．一般解を求めることは不可能だが，線形化して対称電解質を仮定することで解析的に扱える形となる．

デバイ-ヒュッケル近似は二重層の解析でよく使われるため，とくに重要である．壁面電位が既知で二重層を積分した結果がほしい場合，あるいは表面電荷が既知で二重層を微分した結果がほしい場合には，線形化によって満足のいく解を得られる．他の場合ではこの近似はまったく使えない．

第6章で，電気二重層内の電位分布によって壁面近くの電気浸透流速度を求めている．これは平衡電気二重層における電気浸透流の内部解である．

グイ–チャップマン 電気二重層では有限なイオンの大きさや壁近くでのイオン凝縮を無視しているため，大きな壁面電位ではポアソン–ボルツマン方程式は発散する．ポアソン–ボルツマン方程式の修正がこれまでに多く提案されている．本章では，次式のような発散を改善する立体障害の補正について示している．

$$\nabla^2 \varphi = -\frac{F}{\varepsilon} \sum_i z_i \frac{c_{i,\infty} \exp\left(-\dfrac{z_i F \varphi}{RT}\right)}{1 + \displaystyle\sum_i \frac{c_{i,\infty}}{c_{i,\max}} \left[\exp\left(-\dfrac{z_i F \varphi}{RT}\right) - 1\right]} \tag{9.51}$$

この修正によって電気二重層はより詳しく記述されるようになるが，境界条件（たとえば φ_0 や q_0''）が既知であることを仮定している．

9.8 補足文献

本章では，拡散的な電気二重層を記述するグイ–チャップマンモデルに焦点を当てた．ここで示した二重層理論は，第6章で示した電気浸透流の記述と合わせて，化学平衡にある表面を通過する流動を弱連成（one-way coupling. たとえば，電気二重層は流れを引き起こすが，流れは電気二重層に影響を与えない）で記述する第一歩となるものである．この記述は，線形界面動電学の古典理論を初めて示したもので，多くの著者によるいくつかの有用な資料において紹介されている．グイ–チャップマン二重層の理論は，初期にこれを発表した Guoy [102] と Chapman [103] にちなんで名付けられている．電気二重層は Probstein の物理化学流体 (physicochemical hydrodynamics) の文献 [29] と Hunter による文献 [69, 70] で電解質溶液の流動の観点から述べられている．Bard と Faulkner [59] は，電気化学と電極上における電気二重層の観点から電気二重層を記述している．Israelachvili [104] は表面力の一般的な観点から電気二重層を述べており，同じ物理現象を別の視点から示している．Russel ら [32]，Hunter [70]，Lyklema [71] などのコロイド科学の文献では，表面–表面力，コロイド安定性，コロイド分析のための界面パラメータ測定に使われる実験技術などの観点から，詳細な二重層の情報を提供している．Anderson のレビュー [105] は界面現象による粒子挙動に焦点を当てている．

また，溶液物性（とくに誘電率と粘性率）が全体に均一であることを仮定している．この仮定の限界とこれを考慮したモデルの提案（たとえば，電気で粘性が変化するようなモデリング）に関する記述は Overbeek [106] や Lyklema [107] の論文や Hunter による文献 [58] に見つけることができる．電気化学の文献（たとえば [58] など）では，

234 第9章 電気二重層の拡散構造

電気二重層内の誘電率変化を調査するために差動キャパシタンス測定が使用される. より詳細な電気二重層の構造とそのダイナミクスについては第10章と第16章で説明する.

Stern [108] は, シュテルン層の概念と修正ポアソン–ボルツマン理論から得られる初期の式を紹介している. 格子アプローチを用いたポアソン–ボルツマン方程式の立体補正は一般には Bikerman [109] によるものとされており, より最近には Borukhov ら [110] によって説明されている. Kilic らは, 電極や金属表面での非平衡電気二重層における流動を理解するために, この補正を詳細に利用している [111, 112]. 対称格子ではなく, 液体の状態理論（カーナハン–スターリング状態方程式（Carnahan-Starling equation of state）） も高密度イオン充填に適用されている [113, 114, 115, 116]. 他のポアソン–ボルツマンモデルの修正には, イオン間 [117, 118] や壁面 [118, 119, 120, 121] の短距離力を含むものがある. ポアソン–ボルツマン理論の補正は数多くあり, 多くの総説が存在する [122, 123, 124, 125].

9.9 演習問題

9.1 デバイ–ヒュッケル二重層における正規化流速を y^* の関数で図示せよ.

9.2 式 (9.15) から式 (9.16) を導け.

9.3 式 (9.13) から式 (9.18) を導け.

9.4 式 (9.18) から式 (9.19) を導け.

9.5 式 (9.18) から式 (9.23) を導け.

9.6 式 (9.25) を導け.

9.7 式 (9.16) から式 (9.28) を導け. これには複数のステップが必要である.

(a) 両辺に $2\left(\dfrac{d\varphi^*}{dy^*}\right)$ を掛ける.

(b) ダミー変数 φ' と y' を用いて, バルクのある点 $(\varphi' = 0;\ y' = \infty)$ から二重層内のある点 $(\varphi' = \varphi^*;\ y' = y^*)$ まで積分して $\left(\dfrac{d\varphi^*}{dy^*}\right)^2$ に関する式を得る.

(c) $-1 + \cosh x = 2\sinh^2\left(\dfrac{x}{2}\right)$ となることに注意して $\dfrac{d\varphi^*}{dy^*}$ を求める.

(d) $\sinh x = 2\sinh\left(\dfrac{x}{2}\right)\cosh\left(\dfrac{x}{2}\right)$ に注意し, $\tanh\left(\dfrac{z\varphi^*}{4}\right)$ と $\tanh\left(\dfrac{z\varphi^*}{4}\right)$ の y^* 微分を用いて式を書き直す.

(e) この ODE（常微分方程式）を解き, $\tanh\left(\dfrac{z\varphi^*}{4}\right)$ の関係を得て式 (9.16) を導く.

9.8 xz 平面に沿った無限平板の近くの，室温における 1 mM の NaCl 溶液を考える．次の (a)〜(f) の関係を図示せよ．それぞれに対し，φ_0 が $-150\,\mathrm{mV}$，$-100\,\mathrm{mV}$，$-25\,\mathrm{mV}$，$-5\,\mathrm{mV}$ の場合について考え，すべての φ_0 での曲線を一つのグラフに収めること．

(a) $\dfrac{\varphi^*}{\varphi_0^*}$ と y^*　　(b) φ^* と y^*　　(c) φ と y

(d) c_{Na^+} と y（対数軸）　　(e) c_{Cl^-} と y（対数軸）　　(f) ρ_{E} と y

9.9 デバイ-ヒュッケル近似**されない**対称電解質に対して正規化された壁電荷密度 $q_0''^*$ が与えられるとき，壁面電位を評価せよ．式 (9.16) のポアソン-ボルツマン方程式から始めて，φ^* と壁におけるその微分との関係を求めよ．

(a) 両辺に $2\left(\dfrac{d\varphi}{dy}\right)$ を掛ける．

(b) 一方には $\left(\dfrac{d\varphi}{dy}\right)^2$ が，もう一方には $d\varphi$ がくるように微分形を並び替えて両辺を積分する．

(c) $\dfrac{d\varphi}{dy}$ を評価するため，ダミー変数（右辺，左辺で φ' あるいは y' のいずれか）について，バルク（$y' = \infty$；$\varphi' = 0$）から二重層内のある点（$y' = y$；$\varphi = \varphi'$）まで積分する．

(d) φ^* と壁でのその微分との関係を導く．

この結果を受けて，電荷密度と電位勾配の関係についての境界条件を用いて，正規化壁面電位 φ_0^* を正規化壁面電荷密度 $q_0''^*$ で表せ．その際，$\sinh^{-1} x = \ln\!\left(x + \sqrt{x^2 + 1}\right)$ の式を用いよ．そして，この結果とデバイ-ヒュッケル近似で得られる解とを比較せよ．$q_0''^*$ が既知の場合，デバイ-ヒュッケル近似は φ_0^* を過大評価するか過小評価するか．

9.10 1 次元半無限領域と対称電解質を考える．$z\varphi_0^* \to \infty$ としたとき，壁から離れると φ^* が $\dfrac{4}{z}\exp\!\left(-y^*\right)$ に近づくことを示せ．

9.11 半径 a で正規化表面電位 φ_0^* の球周りの電位分布を φ_0^*，r，λ_{D} の関数として求めよ．$\varphi_0^* \ll 1$ で電解質は対称であるとする．$\varphi_0^* r^*$ を求めるように解き始めると解析が容易になる．

9.12 半径 a で正規化表面電位 φ_0^* の無限長円柱周りの電位分布を，φ_0^*，r，λ_{D} の関数として求めよ．$\varphi_0^* \ll 1$ で電解質は対称であるとする．支配方程式を操作して修正ベッセル関数を得る必要がある．

9.13 表面電荷が $-40\,\mathrm{mV}$ の無限平板に接し，$50\,\mathrm{V/cm}$ の電場が外部より印加されている $10\,\mathrm{mM}$ の KCl 溶液が与えられるとき，平衡状態における速度分布 $u(y)$ を求めよ．

9.14 $y = \pm 40\,\mathrm{nm}$ の位置にある平行平板が，デバイ長 $\lambda_{\mathrm{D}} = 10\,\mathrm{nm}$ の溶液で隔てられている．上板が $\varphi_0 = 4\,\mathrm{mV}$ の電位をもち，下板が $\varphi_0 = -2\,\mathrm{mV}$ の電位をもつとき，平衡状態の速度分布 $u(y)$ を求めよ．

9.15 原点にその中心があり，固定された半径 $a = 1\,\mathrm{cm}$ のガラス円柱に $E_\infty = 100\,\mathrm{V/cm}$

236　第9章　電気二重層の拡散構造

の x 方向電場を印加する際に生じる面対称の電気浸透流を考える．界面動電位が $\zeta = \varphi_0$ $= -10\,\mathrm{mV}$ で，電解質は $1\,\mathrm{mM}$ の NaCl 水溶液とする．これらの値は計算には必要ないが，これらの値があることで近似値を知ることができる．

　この問題では，直交座標系 $(x,\ y)$ と円柱座標系 $(\imath,\ \theta)$ の両方を用いる．$x = \imath \cos \theta$，$y = \imath \sin \theta$ である．

　比較的単純な接合漸近法を用いて，$x = 0$ における x 方向速度の複合漸近展開を計算する．こうすることで，電荷密度がゼロと仮定できて電場が空間的に変化する外部解，ならびに電荷密度がゼロでなく電場が均一と仮定できる内部解を求めることができる．

　絶縁された円柱周りの電位分布は，均一場の電位（7.3.5 項参照）

$$\phi = -E_\infty x \tag{9.52}$$

および線状双極子の電位分布（7.3.4 項参照）

$$\phi = -E_\infty x \frac{a^2}{\imath^2} \tag{9.53}$$

を重ね合わせることで計算でき，全体の電位分布は次式となる（7.3.7 項参照）

$$\phi = -E_\infty x \left(1 + \frac{a^2}{\imath^2} \right) \tag{9.54}$$

(a) 電気浸透流の外部解が次式で与えられることを思い出そう．

$$\vec{u}_{\mathrm{outer}} = -\frac{\varepsilon \zeta}{\eta} \vec{E} \tag{9.55}$$

ここで，界面動電位は $\zeta = \varphi_0$ である．電気浸透流の**外部解**として $\phi_{\mathrm{v}}(x,\ y)$ の関係を求めよ．

(b) 簡単のために $x = 0$ の線上のみを考える．**外部**変数 $y^*_{\mathrm{outer}} = \dfrac{y - a}{a}$ と正規化速度 $\vec{u}^* = -\dfrac{\vec{u}\eta}{\varepsilon \zeta E_\infty}$ を定義する．y^*_{outer} の関数として 0 から 10 の範囲における u^*（正規加速度の x 成分）を図示せよ．その外部解は $y = a$ では正しい答えを与えるか．また $y = \infty$ ではどうか．

(c) 電気浸透流速度の**内部解**が，次式で与えられることを思い出そう．

$$u_{\mathrm{inner}} = \frac{\varepsilon E_{\mathrm{wall}}}{\eta} (\varphi - \zeta) \tag{9.56}$$

　(a) 同様 $\zeta = \varphi_0$ である．E_{wall} は壁面接線方向成分の電場強度（均一と仮定）で，式（9.54）の $r = a$ での電場を評価することで得られる．再度 $x = 0$ の線上のみを考え，内部変数 $y^*_{\mathrm{inner}} = \dfrac{y - a}{\lambda_{\mathrm{D}}}$ を定義する．y^*_{inner} の関数として 0 から 10 における u^* を図示せよ．その内部解は $y = a$ では正しい答えを与えるか．また，$y = \infty$ ではどうか．

(d) ここで，次の加法公式を用いて複合漸近解を形成する．

$$u_{\mathrm{composite}}(y) = u_{\mathrm{inner}}(y) + u_{\mathrm{outer}}(y) - u_{\mathrm{inner}}(y = \infty) \tag{9.57}$$

　この式は支配方程式のすべてを**厳密**に満たすわけではないが，内部解（壁に接する電場が均一であるかぎり厳密に正しい）から外部解（電荷密度がゼロであるかぎり

厳密に正しい）へとなめらかに遷移する解析解を得るための数学的手法である。$u^*_{\text{composite}}$, u^*_{inner}, u^*_{outer} を図示せよ。線形軸で 1 から 10 の範囲の y_{outer}, あるいは対数軸で 1×10^{-3} から 1×10^9 の範囲の y_{inner}（あるいは両方）を用いよ。複合解は $y = a$ では正しい答えを与えるか。また，$y = \infty$ ではどうか。

9.16 電荷密度 q'' の壁面を考え，式 (5.31) における壁面の境界条件を用いる。無次元電荷密度 q''^* を次式で定義する。

$$q''^* = \frac{q''/\varepsilon}{RT/F\lambda_{\text{D}}} = \frac{q''}{\sqrt{2\varepsilon RTI_{\text{c}}}} \tag{9.58}$$

デバイ–ヒュッケル近似では $\varphi^* = -q''^* \exp(-y^*)$ であることを示し，$\sqrt{2\varepsilon RTI_{\text{c}}}$ の重要性を物理的に説明せよ。

9.17 x 軸に平行な帯電壁に沿った定常状態の電気浸透流を考える。流体の粘性率と誘電率，$E_{\text{ext,wall}}$, q''_{wall} の関数として，(a) 壁でのせん断応力 $\left(\eta \dfrac{\partial u}{\partial y}$ に相当$\right)$，(b) 壁面の電荷密度に対する正味の静電気力を評価せよ。これらはたがいにどのような関係にあるか。

9.18 平衡状態にある静的な電気二重層内では，ある点の圧力を次式で書けることを示せ。

$$p_{\text{edl}} = p_{\text{bulk}} + RT(C - C_\infty) \tag{9.59}$$

ここで，$C = \sum_i c_i$ である。積 RTC は浸透圧（osmotic pressure）とよばれる。電気二重層内の圧力はバルクより低いか高いか。電気二重層のデバイ–ヒュッケル近似は浸透圧の発生を予測できるか。

9.19 式 (9.33) を積分して式 (9.34) を導け。デバイ–ヒュッケル近似を用いて半無限領域を仮定せよ。

9.20 室温の水におけるビエルム長（Bjerrum length）を求めよ。ビエルム長 λ_{B} はイオン–イオン間の基本的な長さスケールで，クーロン相互作用のポテンシャルエネルギーが熱エネルギーと等しくなる距離 l である。

次のように進めよ。距離 l だけ離れた二つの素電荷（たとえば二つの陽子）を考える。クーロンの法則を用いて両者間の静電引力を l の関数で求め，引力が距離 l のポテンシャルエネルギーの微分になるような静電ポテンシャルエネルギーを定義する。$l \to \infty$ でのポテンシャルエネルギーがゼロになるように積分定数を定めて，クーロン相互作用のポテンシャルエネルギーが熱エネルギー $k_{\text{B}}T$ に等しくなる距離 l を求める。

9.21 ボルツマン統計を用いてイオンの集団を記述するには，イオンが他のイオンとではなく平均場と相互作用する必要がある。それはボルツマン式で使われるエネルギーがイオン電荷と平均場ポテンシャルとの相互作用のみを含んでいるためである。

ビエルム長 λ_{B} よりはるかに長いイオン間隔では，イオンは他イオンとではなく主にそのイオン周りの水と相互作用すると仮定でき，平均場近似は妥当である。イオン間隔が λ_{B} と同程度かそれより短い場合，イオンはたがいに直接相互作用しており，ボルツマン関係が成り立たなくなり，イオン–イオン相互作用を解析に取り入れることが有用となる。

238 第9章 電気二重層の拡散構造

全体の数密度が n のイオンに関して，平均イオン間距離 ℓ_0 は $\dfrac{1}{\sqrt[3]{n}}$ で与えられる．全体の数密度は（1:1電解質溶液の）濃度と $c = \dfrac{n}{2N_A}$ の関係がある．平均イオン間隔がビエルム長と等しいときの c を求め，室温の水での濃度を求めよ．

9.22 表面電位 $-170\,\text{mV}$ のガラス壁に接触している $10\,\text{mM}$ の NaCl 溶液を考える．ナトリウムの λ_{HS} は $1\,\text{Å}$ でよく近似されているとする．ボルツマン統計で予測されるガラス表面のナトリウムイオン濃度を評価し，剛体充填限界が重要であるかどうかについて述べよ．

9.23 塩化ナトリウム，リン酸バリウム，クエン酸アルミニウムを $100:10:1$ の割合で混合したイオン強度 $1\,\text{mM}$ の溶液を考える．すべての塩が完全に解離しているとし，これら6種のイオンの価数，直径は次表のとおりであるとする．

イオン	z	λ_{HS}
Na^+	$+1$	$1\,\text{Å}$
Cl^-	-1	$2\,\text{Å}$
Ba^{2+}	$+2$	$4\,\text{Å}$
HPO_4^{2-}	-2	$2\,\text{Å}$
Al^{3+}	$+3$	$7\,\text{Å}$
$C_3H_5O(COO)_3^{3-}$	-3	$2.5\,\text{Å}$

式 (9.47) を次の条件で数値的に解け．

（ⅰ）$\varphi_0 = 1\,\text{V}$

（ⅱ）$\varphi_0 = 0.25\,\text{V}$

（ⅲ）$\varphi_0 = -0.25\,\text{V}$

次の質問に答えよ．

（a）条件（ⅱ）と（ⅲ）を比較せよ．なぜ異なるのか．

（b）条件（ⅰ）について，ポアソン-ボルツマン方程式を用いると，壁面における $C_3H_5(COO)_3^{3-}$ の濃度はどうなるか．

（c）ポアソン-ボルツマン方程式では，壁に近づくにつれて対イオン濃度が単調増加して共イオン濃度が単調減少する．上の条件での予測はそうなっているか．ポアソン-ボルツマン方程式の立体補正におけるどのパラメータが，イオンの非単調な分布をもたらしているのか．

（d）高電圧，低電圧条件での電位分布を比較せよ．電位分布は異なっているか．修正ポアソン-ボルツマン方程式は，電位や濃度の分布を求める際に重要か．

9.24 ポアソン-ボルツマン方程式を $c_i = \exp \gamma_i$ として γ_i の項で書き直して変形せよ．変形された式はなぜ数値解よりも簡単に扱うことができるのか．

9.25 $1:z$, または $z:1$ の電解質に対するポアソン-ボルツマン方程式の一般解を求めよ．

9.26 デバイ-ヒュッケル近似下において，無限平板に沿った流れの速度分布，せん断応力，渦度，静電気力の y 方向分布を求めよ．

9.9 演習問題 **239**

9.27 第6章で行った，均一な η，ε，E_{ext} でのバルク流速の積分について考える．これらパラメータ（η，ε，E_{ext}）が均一でない場合について，バルク流速を求めよ．バルク流速は一般に次式で与えられることを示せ．

$$u_{\text{bulk}} = \int_{\varphi_0}^{0} \frac{\varepsilon E_{\text{ext}}}{\eta}\, d\varphi \tag{9.60}$$

9.28 デバイ–ヒュッケル近似ができない一般的な（対称ではない）電解質について，表面電荷と表面電位の関係を，次のように壁面電位の微分を評価することで求める．

(a) ポアソン–ボルツマン方程式の両辺に $2\left(\dfrac{d\varphi}{dy}\right)$ を掛ける．

(b) 一方に $\left(\dfrac{d\varphi}{dy}\right)^2$ が，もう一方には $d\varphi$ がくるように並び替えて両辺を積分する．

(c) $\dfrac{d\varphi}{dy}$ を評価するため，ダミー変数（右辺，左辺で φ' あるいは y' のいずれか）について，バルク（$y' = \infty$；$\varphi' = 0$）から二重層内のある点（$y' = y$；$\varphi = \varphi'$）まで積分する．

(d) 壁面での $-\varepsilon\dfrac{d\varphi}{dy}$ を評価する．

表面電荷が以下のグラハムの式

$$q'' = \text{sgn}(\varphi_0)\sqrt{2\varepsilon R T I_c \sum_i c_{i,\infty}^* \left[\exp\left(-\frac{z_i F \varphi_0}{RT}\right) - 1\right]} \tag{9.61}$$

あるいは

$$q''^* = \text{sgn}(\varphi_0)\sqrt{\sum_i c_{i,\infty}^* \left[\exp(-z_i \varphi_0^*) - 1\right]} \tag{9.62}$$

で与えられることを示せ．

9.29 100 mM の NaCl 水溶液を考える．ナトリウムイオンは $\lambda_{\text{HS}} = 1$ Å，塩化物イオンは $\lambda_{\text{HS}} = 3.6$ Å とする．それぞれのイオンは周囲に6個の水分子で囲まれているとする．壁あるいは個々のイオンからの電場によって局所誘電率が変化するとして，壁面電位が1 V のときの電気二重層内の誘電率を，壁表面からの距離の関数で求めよ．

9.30 NaCl 水溶液を考え，ナトリウムイオンは $\lambda_{\text{HS}} = 1$ Å，塩化物イオンは $\lambda_{\text{HS}} = 3.6$ Å とする．それぞれのイオンは周囲に6個の水分子で囲まれているとする．イオンの電場による水和殻内の水分子の誘電率を計算せよ．イオンや水和殻内の水，自由水の体積割合を計算してそれぞれの誘電率を体積平均することで，NaCl の誘電増分を推定せよ．

第10章

マイクロ流路でのゼータ電位

これまでの章では，電気二重層で電位差が発生し，それが表面化学反応で壁面の溶質が電離するという事実と一致することを述べてきた．ここで，より詳細にこの内容について説明する．われわれの目標は，マイクロ流体デバイスの界面における平衡表面電位を，デバイス材料や溶液条件などの関数として予測できるようになることである．本章では，この問題を体系立て，関連するパラメータを記述し，実験データを解釈するために使われるいくつかのモデルについて説明する．まずは定義と表記を明確にするところから始める．そして，ネルンスト表面と非ネルンスト表面の表面電荷の化学的起源について述べ，界面動電位を測定して修正する手法を説明し，マイクロ流体デバイスの基板で測定されたゼータ電位についてまとめる．最後に，電気二重層理論がどのようにゼータ電位の解釈と関連しているか，ならびに ζ と φ_0 の関係について述べる．

10.1 定義と表記

ここでは，ゼータ電位，界面動電位，界面電位，二重層電位，表面電位などの用語を明確に定義しておく必要がある．これらの用語は文献によりいろいろな意味で使われている．特定のモデルを使って界面を記述する際には同じ意味をもつが，別のモデルを使用する際には異なる意味をもつものもある．

表面電位（surface potential，界面電位（intefracial potential）または二重層電位（double-layer potential）も同義）は，一般には電気的に中性なバルク溶液の電位と壁面の電位との差を意味する．ここでの壁面は，固相が終わる点として定義される．本書では φ_0 と表記するが，他の文献では ϕ_0 や ψ，ψ_0，ζ として表記されることもあるので注意が必要である．電気二重層が薄い場合は，界面効果がバルク電場のあらゆる空間的な変化に比べて短距離で減衰するため，表面電位はうまく定義される．この場合，（a）壁面と同じ外部電場を受けるとみなすことができる程度に壁面に近く，（b）正味電荷密度がゼロで電位の界面効果を無視できるとみなすことができる程度に壁から十分離れている場所を"バルク"と定義する．表面電位は，無限平板上や微小粒子周りの流れのように，バルクの電場が一様な場合にもうまく定義される．この場合は，二重層が厚く

242 第10章 マイクロ流路でのゼータ電位

てもバルクは簡単に定義できる. 二重層が厚く外部電場が不均一なときは, 表面電位の定義はより困難になる.

界面動電位(electrokinetic potential. ゼータ電位(zeta potential)も同義)は, 電気浸透流や電気泳動などの現象に特有のものである. 電気浸透流においては, 界面動電位は $-\dfrac{\mu_{EO}\eta_{bulk}}{\varepsilon_{bulk}}$ で与えられ, これを式(6.14)のようなヘルムホルツ−スモルコフスキー型の式に代入して実験的に観察される流れを説明できる. ここでは, この界面動電位を ζ [V] と表記する. この電位は, 定義上は電圧の単位をもつが, 物理的な電位や電位差と対応させる必要はない.

界面動電位と表面電位の区別は非常に重要である. 表面電位 φ_0 は界面電位の指標であるのに対し, ζ は流体や粒子の流れの指標である. しかし, 用語や記号の使い方が大きく異なることと, 第6章で扱った一定物性と積分解析を用いると両物理量は等しくなるという事実によって, この区別は紛らわしい. **界面動電位**, **ゼータ電位**, **二重層電位**, **表面電位**, **界面電位**は混同して用いられることがあり, そのために意味は曖昧になりがちである. **表面電位**, **界面電位**, 二重層電位や記号 φ_0 は, バルク溶液と壁−溶液界面との電位差を表すために用いられ, **ゼータ電位**, **界面動電位**や記号 ζ は, 電気浸透流では $\zeta = -\dfrac{\mu_{EO}\eta_{bulk}}{\varepsilon_{bulk}}$ を, 電気泳動では $\dfrac{\mu_{EP}\eta_{bulk}}{\varepsilon_{bulk}}$ を表すために用いられる.

第6章では, 均一な流体物性でイオン分布がボルツマン統計で記述される系における, 平板上の電気泳動のバルク流速は, $\mu_{EO} = -\dfrac{\varepsilon\varphi_0}{\eta}$ で与えられたことを思い出そう. このことは以下を意味する.

- 単純界面, 均一物性における, 表面電荷と界面動電位の等価性

$$\zeta = \varphi_0 \tag{10.1}$$

しかし, イオン凝集や付着によってボルツマン統計の適用が制限され, また, 強電場や高イオン濃度では第6章の均一物性仮定が破綻する可能性がある.

10.2 平衡表面電荷の物理化学的起源

界面電荷は, もっとも単純には流体に接する2電極を設けて, 電極間に電位を印加して表面電荷を生成することで発生する. この場合, 系全体に電位が印加され, 電位の一部は電極上の電気二重層で, 一部はバルク溶液で降下する. しかし, 表面の導電性によって定常的な電気浸透流を駆動する定常的な水平方向の外部電場が発生しないため, 導体上の二重層は**定常的な**流動の**平衡的な**記述には無関係である.

平衡状態の絶縁体表面上では, 通常は(a)荷電溶質の界面での付着, あるいは(b)

10.2 平衡表面電荷の物理化学的起源　243

表面での化学反応によって界面電荷が発生する．この界面電荷は平衡状態の関係式で記述できる．とくに，電気化学ポテンシャルは便利な方法で平衡状態を定義し，それによって，界面電位を測定する際に調べなければならないパラメータを構成するのに役に立つ，電位決定イオンの議論につながる．

10.2.1　電気化学ポテンシャル

ある物質のモル化学ポテンシャル（または部分モルギブス自由エネルギー）g_i［J/mol］は，理想溶液においては以下のように定義される．

- 理想溶液での化学ポテンシャルの定義

$$g_i = g_i^\circ + RT \ln \frac{c_i}{c_i^\circ} \tag{10.2}$$

g_i° は濃度 c_i° における化学ポテンシャルである．ここで，物質（化学種，species）という用語は化学的，物理的状態の両方を意味し，固体，液体，水溶液や表面に結合した状態はすべて異なるものとして扱われる．

電位降下と化学反応をともに扱う系では，以下の電気化学ポテンシャル $\overline{g_i}$ を用いた理想溶液下において平衡状態が定義される．

- 理想溶液での電気化学ポテンシャルの定義

$$\overline{g_i} = g_i + z_i F \varphi = g_i^\circ + RT \ln \frac{c_i}{c_i^\circ} + z_i F \varphi \tag{10.3}$$

全物質の電気化学ポテンシャルが均一のとき，系は平衡となる．電気化学ポテンシャルが不均一であれば，化学変化を引き起こす駆動力が存在することになる．電気化学ポテンシャルによって化学的性質をポテンシャルとが関連づけられる．よって，微分方程式（ポアソン–ボルツマン方程式など）を解いてマイクロスケールでの流体力学に直接影響を与えるパラメータ（電気浸透移動度など）を得るために使用する静電境界条件と化学とが結びつくことになる．

理想溶液条件下での電気化学ポテンシャルの定式化は，前述したポアソン–ボルツマン方程式の導出と一致する．式（9.6）で与えられる二重層中における物質濃度分布のボルツマン予測は，$\overline{g_i^\circ}$ を定数とすることで式（10.3）から導くことができる．電気化学ポテンシャルには，結合や化学反応，他の界面変化に端を発する現象を扱うことができるという利点がある．理想溶液近似を行わない場合の平均場における電気化学ポテンシャルは次式で与えられる．

- 濃厚溶液での電気化学ポテンシャルの定義

$$\overline{g_i} = g_i + z_i F \varphi = g_i^\circ + RT \ln \frac{a_i}{a_i^\circ} + z_i F \varphi \tag{10.4}$$

ここで，a_i と a_i° は物質 i の現濃度および基準濃度における活性（すなわち有効濃度）である．式 (10.3) が低濃度でのみ適用されるのに対し，式 (10.4) はあらゆる濃度の溶液に適用される．ここでは平均場電位を用いており，高濃度や壁面近傍の単分子層に存在する構造化を無視している．高濃度や表面から 1～2 原子半径以内では，平均場電位よりも平均力電位（H.2.1 項参照）を用いなければならない．

10.2.2　電位決定イオン

一般に，固液界面での平衡状態を記述するために，全物質 i でバルクと表面における電気化学ポテンシャルは等しいとする．

$$\overline{g_{i\,\mathrm{bulk}}^\circ} = \overline{g_{i\,\mathrm{wall}}^\circ} \tag{10.5}$$

したがって，式 (10.5) は，基準状態の化学ポテンシャル g_i と電位 φ の違いが平衡活性 a_i と濃度 c_i を制御することを意味する．

絶縁表面の荷電状態を決定する際に，式 (10.5) は，基準状態の化学ポテンシャルが表面に結合した物質と溶液中とで異なるときに，優先的に表面に吸着するか脱離するかのどちらになるかを示している．溶液中の物質が電荷を運ぶときに，この吸着，あるいは脱離過程は表面電荷を制御する．同様に，表面における化学反応が表面の荷電状態の変化をもたらすとき，その反応平衡が表面電荷を決定する．

例として，塩化ナトリウムと塩化バリウムの水溶液に接するガラス製マイクロ流路を考えてみよう．系内のナトリウム，バリウム，塩化物，ヒドロニウムイオンの平衡を記述するために電気化学ポテンシャルの考え方を用いることができる．一般に（つねではないが），ナトリウムと塩化物はガラス表面と接しているときに不活性電解質[訳注1]（indifferent electrolytes）として扱われる．すなわち，両イオンに対して次の関係が成立する．

- 不活性電解質の電気化学ポテンシャルの関係

$$g_{i\,\mathrm{bulk}}^\circ = g_{i\,\mathrm{wall}}^\circ \tag{10.6}$$

したがって，不活性電解質の近似では，ナトリウムイオンおよび塩化物イオンとガラス表面との相互作用は，化学的親和性を伴わないバルクの静電相互作用であることを仮定している．この場合，ナトリウムイオンと塩化物イオンの平衡状態は次のように与えられる．

- 特異吸着電解質の電気化学ポテンシャルの関係

$$RT \ln \frac{a_i}{a_i^\circ} + z_i F \varphi = \mathrm{constant} \tag{10.7}$$

そして，理想溶液条件下では以下のようになる．

訳注1）支持電解質（supporting electrolytes）ともよばれる．

$$RT \ln \frac{c_i}{c_i^\circ} + z_i F \varphi = \text{constant} \tag{10.8}$$

c_i° を $c_{i,\infty}$ と定義して定数をゼロとすると，式 (10.8) から式 (9.6) のボルツマン分布が得られる．

　一方，ガラス表面のバリウムは**特異的に吸着するイオン**の一例であり，このときの電気化学ポテンシャルは次のようになる．

$$g_{i\,\text{bulk}}^\circ \neq g_{i\,\text{wall}}^\circ \tag{10.9}$$

これは，バリウムはガラス表面に対し，溶媒である水分子との親和性とは異なる化学的親和性をもつことを意味する．この場合，式 (9.6) のボルツマン統計は，バルクにおけるバリウムイオン分布を表すことができるが，壁面上の濃度は記述できない．壁での濃度は吸着エネルギーによって決まり，平衡定数を用いて次のように記述される．

$$\text{Ba}_{\text{bulk}}^{2+} \xleftrightarrow{\ K_{\text{eq}}\ } \text{Ba}_{\text{wall}}^{2+} \tag{10.10}$$

実際に，すべての物質は一般に，界面ではバルクと異なる基準状態での化学ポテンシャルをもつ．この現象は流体力学の多くの場面で見られ，たとえば，界面におけるギブス自由エネルギーの変化を，第 1 章では表面張力の基礎として説明した．よって，全物質がある程度界面活性剤としてふるまう．不活性電解質とは，このエネルギー変化とそれに伴う影響が無視できるほど小さな電解質を指す．

　ナトリウムやバリウムの陽イオンとは対照的に，溶液中のプロトン（ヒドロニウムイオン）はガラス表面と化学的に反応する．水と接するケイ酸塩の表面にはシラノール（SiOH）基が多く存在し，これらの官能基は付録 B にあるように酸解離を引き起こす．

$$\text{SiOH} \xleftrightarrow{\ K_{\text{a}}\ } \text{SiO}^- + \text{H}^+ \tag{10.11}$$

ここで，K_{a} は酸解離定数で，pK_{a} と書かれることが多く，$pK_{\text{a}} = -\log K_{\text{a}}$ で定義される．式 (10.11) の反応は壁面の H^+ 濃度と，SiOH と SiO^- の相対的な表面電荷とを関連づける．OH^- と H^+ の濃度は水の解離によって関連づけられるので，SiO^-，H^+，OH^- の濃度は，ヘンダーソン–ハッセルバルヒの式（Henderson–Hasselbalch equation）で表されるように，すべて化学平衡で関連している．理想溶液では，pK_{a} は濃度の関数で単一の値をとる．高濃度の実際の系では pK_{a} は活性で評価されなければならず，各場所のイオン濃度分布に基づいて統計的に変化する．

　表面電荷密度が式 (10.11) のような単一の酸解離反応で支配される場合，理想溶液における表面電荷密度 q'' は次のように予測される．

$$q'' = -e\Gamma \frac{10^{\text{pH}-\text{p}K_{\text{a}}}}{1 + 10^{\text{pH}-\text{p}K_{\text{a}}}} \tag{10.12}$$

ここで，Γ は SiO^- と SiOH サイトの密度 $[\text{m}^{-2}]$，e は電気素量，pK_{a} はそのサイトの酸解離定数である．一般的な表面では，場所によってある幅をもった pK_{a} の値を示し，

246　第 10 章　マイクロ流路でのゼータ電位

表面電荷密度はより正確には以下の関係式で表される.

$$q'' = -e\Gamma \frac{10^{\alpha(\mathrm{pH}-\mathrm{p}K_\mathrm{a})}}{1 + 10^{\alpha(\mathrm{pH}-\mathrm{p}K_\mathrm{a})}} \qquad (10.13)$$

ここで, α は $\mathrm{p}K_\mathrm{a}$ のばらつきを表す 0 から 1 の値で, 1 は単一の $\mathrm{p}K_\mathrm{a}$ を示し, 1 より小さい値は $\mathrm{p}K_\mathrm{a}$ のばらつきに対応する. この値は 0.3 から 0.7 が一般的である.

ほとんどの系は, **電荷決定イオン**（charge-determining ions）あるいは**電位決定イオン**（potential-determining ions）とよばれる, 小さなイオン群によって支配されている. 先の例では, 表面電荷は主にシラノール基のプロトン化と脱プロトン化の影響を受けるため, 電荷は H^+ と OH^- イオンによって決定される. したがって, H^+ と OH^- はガラスの主要な電荷決定イオンであり, ガラス表面の界面動電位は pH の関数である. 不活性電解質を電解質溶液に加えても表面の電荷密度は変化せず（表面電位を変化させる）デバイ長のみが変化し, 十分な高濃度で存在する場合には（界面動電位を変化させる）流体物性が変化する. 表面と反応する特異的な吸着物質や物質によって, 表面電荷密度は直接変化する. 電荷決定イオンを定義することで, 二重層電位を決定する系を非常に簡単に定義できる.

10.2.3　ネルンスト表面と非ネルンスト表面

壁に接する溶液中のイオンに関して, 平衡状態では一般に次の関係式が成立する.

$$\left[g_i^\circ + RT \ln \frac{a_i}{a_i^\circ} + z_i F\varphi \right]_\mathrm{wall} = \left[g_i^\circ + RT \ln \frac{a_i}{a_i^\circ} + z_i F\varphi \right]_\mathrm{bulk} \qquad (10.14)$$

ここで, a_i は活性度, a_i° は基準状態での活性度である. 理想溶液では $a_i = c_i$ となる. この式は平衡状態を規定するものではあるが, 壁面でのイオンの g_i° や a_i がわからないため, この形ではほとんど使われない. しかし, この式はいくつかの実験パラメータが既知であれば有用な形に変形できる. 壁面の φ がゼロである状態を考える.

$$\left[g_i^\circ + RT \ln \frac{a_i(\mathrm{pzc})}{a_i^\circ} \right]_\mathrm{wall} = \left[g_i^\circ + RT \ln \frac{a_i(\mathrm{pzc})}{a_i^\circ} \right]_\mathrm{bulk} \qquad (10.15)$$

ここでの略語 pzc は**電荷零点**（point of zero charge）のことで, 界面電位がゼロとなる溶液濃度を表す. 一般関係式である式 (10.14) から界面電位がゼロの場合の式 (10.15) を差し引き, φ_0 について解くと, 次式を得る.

$$\varphi_0 = \frac{RT}{z_i F} \left[\ln \frac{a_i}{a_i(\mathrm{pzc})} \bigg|_\mathrm{bulk} - \ln \frac{a_i}{a_i(\mathrm{pzc})} \bigg|_\mathrm{wall} \right] \qquad (10.16)$$

この式は, pzc と与えられた実験条件において, 表面電位をバルクと表面のイオン活性とを関係づけるものである.

式 (10.16) は, それ自体は $a_i(\mathrm{pzc})$ を特定するものではなく, どの条件においても表

面の a_i を与えるものではない．しかし，この式は，知りたいパラメータ（φ_0）を，直接制御可能なパラメータ（$a_{i,\text{bulk}}$，溶液のイオン濃度を変えることで）および簡単に計測できるパラメータ（pzc での $a_{i,\text{bulk}}$，表面電荷がゼロになるようにイオン濃度を変化することで），そして残念なことに一つの未知パラメータ（$a_{i,\text{wall}}$）を用いられている．

ネルンスト表面では，問題となる一つの未知パラメータが実験によって一定だと知られているため，式 (10.16) が単純化される．ネルンスト表面は，$a_{i,\text{wall}}$ が $a_{i,\text{bulk}}$ に依存しない表面であり，表面イオン活性，すなわち有効表面イオン濃度を変化させることなくバルク溶液にイオンを加えられることを意味する．このことは，表面イオン濃度の変化が，界面動電的に表面電荷を求める際には重要だが，表面化学反応におけるイオンの役割には**影響を与えない**ことを意味する．ヘンダーソン–ハッセルバルヒの式のような酸解離反応を導く際には，水の濃度が酸解離によって変化しない，という似たような仮定が使用される．[H_2O] が [H^+] と比べて多く，また [H^+] の変化が [H_2O] にほとんど影響を与えないため，酸解離でこの仮定は成立する．この仮定は，表面イオン濃度が溶液中のイオン濃度に対して大きい場合に有効で，そのため，典型的なネルンスト表面は AgI（ヨウ化銀）のような弱溶解性のイオン結晶である．これらの表面活性はバルクの活性には依存しない．なぜなら，表面を多くのイオンが覆うため，バルク活性の変化により表面に吸収あるいは吸着する少数のイオンが実質的な表面イオン濃度に対してわずかな影響しか与えないためである．この場合，$a_{i,\text{wall}} = a_{i,\text{wall}}(\text{pzc})$ で，したがって

$$\varphi_0 = \frac{RT}{z_i F}\left[\ln \frac{a_i}{a_i(\text{pzc})}\bigg|_{\text{bulk}}\right] \tag{10.17}$$

となり，10 を底とする常用対数 log を用いて書き直すと次式が得られる．

● ネルンスト表面の表面電荷を表すネルンストの式

$$\varphi_0 = \frac{RT \ln 10}{z_i F}\left[\log \frac{a_i}{a_i(\text{pzc})}\bigg|_{\text{bulk}}\right] \tag{10.18}$$

このとき，$a_i(\text{pzc})$ が実験で与えられるかぎり，φ_0 は a_i の関数であると予測される．たとえば，室温での AgI の pzc は $pAg = -\log[Ag^+] = 5.5$ である．室温における理想溶液の AgI に対する式 (10.18) は以下のように表される．

$$\varphi_0 = -\frac{RT \ln 10}{z_i F}(pAg - 5.5) \tag{10.19}$$

式 (10.18) は**ネルンストの式**（Nernst equation）として知られており，ある表面が電気化学平衡によってどの程度強く帯電できるかの上限を定める．室温における 1 価イオンの $\frac{RT \ln 10}{z_i F}$ は約 57 mV であり，よって表面が到達できる最大界面電位は，pzc からの濃度変化 1 桁あたり約 57 mV である．

248 第 10 章　マイクロ流路でのゼータ電位

例題 10.1　ヨウ化銀（AgI）で覆われたマイクロ流体デバイスを考える（ガラスのデバイスの表面を銀で覆い，ヨウ化カリウムと反応させることで作製できる）．流路が 1 mM の硝酸銀溶液で満たされているとき，第 6 章の電気浸透に関する積分モデルを使うと表面の電気浸透移動度はどのようになるか．そして，適量の酸を加えるとどう変わるか．塩化ナトリウムだとどうなるか．

解　ヨウ化銀はネルンスト表面で表されるため，表面電荷は以下のように与えられる．

$$\varphi_0 = \frac{RT \ln 10}{z_i F}(\mathrm{pAg} - 5.5) = \frac{RT \ln 10}{z_i F}(3 - 5.5) = 145\,\mathrm{mV} \tag{10.20}$$

電気浸透移動度は次式となる．

$$\mu_{\mathrm{EO}} = -\frac{\varepsilon \varphi_0}{\eta} = -10.3 \times 10^{-8}\,\mathrm{m^2/(V\,s)} \tag{10.21}$$

AgI の電荷決定イオンは $\mathrm{Ag^+}$ と $\mathrm{I^-}$ であるため，酸が表面を腐食しないかぎり，酸を加えても表面電荷は変化しない．塩化ナトリウムは λ_{D} を変化させるが φ_0 は変化させない．

　（壁面のイオン活性がバルクのイオン濃度に依存しないため）式 (10.18) でうまく記述される系はネルンスト系とよばれ，（壁面のイオン活性が壁面イオン濃度の関数で，バルクイオン濃度の関数となるので）式 (10.18) でうまく記述されない系は非ネルンスト系とよばれる．ネルンスト表面（たとえば AgCl，AgBr，AgI，$\mathrm{CaPO_4}$ など）は，表面における唯一必要なパラメータが pzc における電位決定イオンのバルク濃度で，溶液濃度が既知であればこのパラメータから異なる濃度での表面電位が予測可能であるため，解析が比較的容易である．この関係は，表面電位が薄い二重層のマイクロシステムで観察されるバルクの電気浸透流や電気泳動の速度と密接に関係するため，とくに便利である．ネルンスト表面ではネルンストの式によって表面電位が決まり，薄い二重層の場合にはバルク流速が求まるため，表面電荷を計算する必要がない．表面電荷を計算する必要がある場合は，第 9 章で説明した電気二重層モデルを用いた表面電位と組み合わせることでこれを予測できる．

　残念ながら，微細加工されたシステムに存在する表面のほとんど（酸化物やポリマーなど）は，イオンの壁への吸着や壁との反応が壁面における物質の有効濃度や活性を大きく変化させるため，ネルンスト的ではない．したがって，流体や粒子の速度を求めたいのであれば，表面電荷密度の計算は省略できない．非ネルンスト表面では，化学平衡を利用して界面の表面電荷密度を求め，電気二重層モデルを利用して表面電荷密度と表面電位，あるいは直接的に流れと関係づけなければならない．さらに，反応や吸着が表面活性に影響するため，非ネルンスト表面の表面電位は，電位決定イオンの濃度変化 1 桁あたりの変化がネルンスト表面よりも小さく観察される．この過程の複雑さと反応や

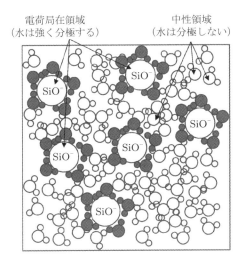

図 10.1 上面から見た $6\,\mathrm{nm}^{-2}$ の表面における電荷サイトの概念図．ガラス面では主な電荷サイトは SiO^- である．表面との相互作用によって強く分極した水分子を灰色，していない水分子を白で表す．この不均一性は，他のほとんどのモデルでは無視される電気二重層の3次元的な性質を浮き彫りにしている

吸着のギブスエネルギーの不確かさから，非ネルンスト表面の表面電位は直接計測する必要がある．この観察や計測については本章の後半で詳しく説明する．

ほとんどのマイクロデバイスの基板の非ネルンスト性は，電荷サイト密度の観点からも理解できる．高 pH でのガラス表面の電荷サイト密度は通常約 $6\,\mathrm{nm}^{-2}$ と報告されている．このようなサイト密度を図 10.1 に示しており，この図からサイト密度が比較的低く，表面電位が実際に表面内で不均一であることがわかる．このように，電気二重層を1次元モデルで記述する場合には注意が必要である．

10.3 表面電荷密度，表面電位，ゼータ電位に関する表現

電気二重層のグイ－チャップマンモデルでは，固体壁にいたるまでの全液体領域でポアソン－ボルツマン方程式が適用できると仮定している．また，すべりなし条件および，均一な流体物性を仮定し，q'' と φ_0，ζ の関係が単純な場合について考える．q'' と φ_0 の関係は，電位分布に関するポアソン－ボルツマンの関係と組み合わせて，次のような静電境界条件で決定される．

$$q''_{\mathrm{wall}} = -\varepsilon \left.\frac{\partial \varphi}{\partial n}\right|_{\mathrm{wall}} \tag{10.22}$$

この結果は，グラハムの式を用いて一般に書くことができ，ポアソン－ボルツマンの式

250 第10章 マイクロ流路でのゼータ電位

を変形し，壁での q'' について解く（演習問題9.28参照）ことで得られる．

$$q'' = \text{sgn}(\varphi_0) \sqrt{2\varepsilon R T I_c \sum_i c_{i,\infty}^* \left[\exp\left(-\frac{z_i F \varphi_0}{RT} \right) - 1 \right]} \tag{10.23}$$

ここで，$\text{sgn}(x) = \dfrac{x}{|x|}$ は符号関数で，I_c はイオン強度である．このグラハムの式は，対称電解質については次式のように表される．

$$q''_{\text{wall}} = \frac{\varepsilon \varphi_0}{\lambda_D} \left[\frac{2}{z\varphi_0^*} \sinh\left(\frac{z\varphi_0^*}{2} \right) \right] \tag{10.24}$$

両式ともデバイ-ヒュッケル近似下では $q''_{\text{wall}} = \dfrac{\varepsilon \varphi_0}{\lambda_D}$ と単純化できる．すべりなし条件下で，かつ流体物性が均一でバルクと壁面が同じとすると，$\zeta = \varphi_0$ となる．

　これまでにいろいろと述べてきたが，マイクロ流路に用いられる材料の表面電位や表面電荷の予測は研究者によって広く行われてきたわけではない．これまでの説明では，q'' や φ_0，ζ の予測はやや単純であるような印象を受けるだろう．ポアソン-ボルツマンの拡散二重層理論は，表面電位や電荷密度が特定されイオン濃度が低い場合には，電気二重層の正しい記述としてよく確立されている．さらに，第6章の均一な流体物性による解析も，電気二重層によって引き起こされる流れの記述としては，単純で直感的なものである．しかし，表面電荷の直接計測（本章で後述する電荷滴定など）を第6章の解析と組み合わせると，理論による予測は，定性的には妥当ではあるが，界面動電効果による流速を過大に評価してしまい，定量的には精度が低い．

　実験で得られた q'' や φ_0，ζ の関連性を説明するために，ポアソン-ボルツマン方程式，均一流体物性，すべりなし条件，といった仮定を修正するような物理モデルが複数導入されてきた．とくに，これらのモデルは，流体物性が均一，あるいは全電解質が表面に対して不活性という仮定から逸脱する部分を記述している．第9章では電気二重層の拡散成分について説明したが，本節では吸着や凝縮に焦点を当てる．

10.3.1　拡張界面モデル：φ_0 の修正

　界面動電系での流体の速度は表面電位，さらには表面電荷密度と関連している．しかし，実験的に計測された表面電荷密度からは，実際の観察よりもはるかに高い電気浸透流速度を予測してしまう．拡張界面モデルでは，この不一致を解決するために，流速を低くするように界面に付加構造を仮定する．

　もっとも一般的なモデルは**シュテルン層モデル**（Stern layer model）で，表面近くの対イオンが非常に強く結合しており，界面に対して流体が移動できないことを仮定しているものである．この層はシュテルン層と名づけられている．このモデル壁とシュテルン層の間の界面に相当する内部ヘルムホルツ面を定義し，シュテルン層と拡散電気二重

層との間の界面に相当する外部ヘルムホルツ面を定義している. シュテルン層では通常, 外部ヘルムホルツ面では流体の境界条件を $\vec{u} = 0$ と定義し, 内部ヘルムホルツ面では化学平衡を解く. この意味では, シュテルン層が流体力学的にもつ影響は, 単に「有効な」表面電荷を減らすことであり, それにより電荷滴定と界面動電学的なデータ間の不一致を調整している. 同様の考えは, 多くの界面活性高分子による ζ の抑制を説明するために用いられる.

10.3.2 非均一流体モデル：φ_0 と ζ の関係

電気二重層の流体特性を記述するために多くのモデルが使われてきており, そこでの重要な物性は流体の誘電率と粘性率である. これらモデルのなかには, シュテルン層のような拡張界面モデルを置き換えることを目的としたものがあり, 一方では拡張界面記述の一部として考えられているものもある.

まずは第6章の積分解析を再考するところから始める. 電位 φ_0 を有し, 水平な外部電場が印加された表面を考える. 壁面近くの薄い領域に関するナビエ–ストークス方程式（非均一粘性）は, 静電体積力 $\rho_E \vec{E}_{\mathrm{ext}}$ を考慮すると次式のようになる.

- 静電体積力を伴うナビエ–ストークス方程式

$$\rho \frac{\partial \vec{u}}{\partial t} + \rho \vec{u} \cdot \nabla \vec{u} = -\nabla p + \nabla \cdot \eta \nabla \vec{u} + \rho_E \vec{E}_{\mathrm{ext}} \tag{10.25}$$

前と同じく, $\vec{E}_{\mathrm{ext}}$ が外力によるものであり, 電気二重層内で一定で $\vec{E}_{\mathrm{ext,wall}}$ と同じと仮定する. 固有電場 $E_{\mathrm{int}} = -\dfrac{\partial \varphi}{\partial y}$ は非一様である. y 方向にのみ速度や電位勾配を有し, x 方向に沿った壁における定常かつ等圧の流れでは, 式 (10.25) は x 方向の運動量保存の式となる.

$$0 = \frac{\partial}{\partial y} \eta \frac{\partial u}{\partial y} + \rho_E E_{\mathrm{ext,wall}} \tag{10.26}$$

そして, 次の非一様な誘電率でのポアソン方程式を用いる.

$$-\nabla \cdot \varepsilon \nabla \varphi = \rho_E \tag{10.27}$$

式 (10.27) を ρ_E に代入し, y 方向勾配のみを考えると, 次のようになる.

$$0 = \frac{\partial}{\partial y} \eta \frac{\partial u}{\partial y} - \frac{\partial}{\partial y} \varepsilon \frac{\partial \varphi}{\partial y} E_{\mathrm{ext,wall}} \tag{10.28}$$

この式を積分すると次式が得られる.

$$\int_{y=0}^{y=\infty} \frac{\partial u}{\partial y} \, dy = \int_{y=0}^{y=\infty} \frac{C_1}{\eta} \, dy + E_{\mathrm{ext,wall}} \int_{y=0}^{y=\infty} \frac{\varepsilon}{\eta} \frac{\partial \varphi}{\partial y} \, dy + C_2 \tag{10.29}$$

すべりなし条件と有界性から C_1 と C_2 がゼロとなる必要があり, 結果として次のよう

になる.

●非一様な ε と η に対する電位浸透流の外部解

$$u_{\text{bulk}} = E_{\text{ext,wall}} \int_{\varphi=\varphi_0}^{\varphi=0} \frac{\varepsilon}{\eta} d\varphi \qquad (10.30)$$

式（10.30）は二重層内部で ε と η が変化する場合のバルク流速を記述する.この式は,二重層内の ε と η がバルクと同じだと仮定すると $u_{\text{bulk}} = \dfrac{-\varepsilon_{\text{bulk}}\varphi_0 E_{\text{ext,wall}}}{\eta_{\text{bulk}}}$ となる.したがって,誘電率と粘性率が局所電位の関数として与えられる場合には,数値積分によってバルクの電気浸透流速度を求めることができる.

電気二重層内や壁近傍の流れに関連する極限条件下での水の物性を記述するために,電場や高イオン密度の影響を含むいくつかのモデルが提案されている.**電気粘性モデル**（viscoelectric model）は,水の粘性率が電場の関数であるとしている.とくに,二重層内の大きな固有電場は表面に対して法線方向に並んでいるのに対し,二重層に誘起される流れは接線方向であるため,粘性のもっとも重要な成分は固有電場に対して法線成分である.電気粘性モデルでは,電場に垂直な粘性率が次のように与えられる.

$$\eta = \eta_{\text{bulk}}(1 + k_{\text{ve}}E^2) \qquad (10.31)$$

ここで,k_{ve} は電気粘性係数で,$1 \times 10^{-15}\ \text{m}^2/\text{V}^2$ のオーダーと報告されている [107].このモデルでは,大きな電場（$k_{\text{ve}}^{-1/2}$ のオーダー）を印加すると,電場と垂直方向に粘性率が増加する.

デバイ–ヒュッケル近似を用い,二重層が薄く誘電率が均一と仮定し,式（10.31）のような粘性率を定義すると,表面での電気浸透流速度の積分は解析的に扱うことができ,次式のようになる.

$$\zeta = \varphi_0 \frac{\tan^{-1}\left(\dfrac{\sqrt{k_{\text{ve}}}\,\varphi_0}{\lambda_{\text{D}}}\right)}{\dfrac{\sqrt{k_{\text{ve}}}\,\varphi_0}{\lambda_{\text{D}}}} \qquad (10.32)$$

式（10.32）は $\dfrac{\sqrt{k_{\text{ve}}}\,\varphi_0}{\lambda_{\text{D}}}$ の関数である補正項を除くと,界面動電位 ζ と表面電位 φ_0 が等しいことを示している.補正項は表面電位が低いときには 1,表面電位が無限大に近づくにつれて 0 となる.この関係から,電気二重層内での電気粘性的な流体物性がもたらす効果について,すぐに定性的に推定できる.しかし,マイクロ流体実験で一般的に用いられるイオン濃度では,この補正項は,デバイ–ヒュッケル近似が無効となる表面電位の範囲においてのみ 1 から離れるので,電気二重層内の流れについての数値積分を実施する必要がある.

10.3 表面電荷密度，表面電位，ゼータ電位に関する表現 **253**

　この電気粘性モデルは粘性に対する電場効果を含めようとするものであるが，イオン濃度の役割を無視しており，粘性をモデル化するために希薄溶液モデルを維持している．この理論を実証する実験や計算結果はほとんどないが，希薄な電解質と適度な界面電位において観察される界面動電位をこの理論によって説明できる．これまでに提唱されてきた電気粘性モデルについてもっとも強い懸念点は，モデル内における水の電気粘性係数の大きさ（$1 \times 10^{-15}\,\mathrm{m^2/V^2}$）では，$3 \times 10^7\,\mathrm{V/m}$ の電場において粘性率が大きく変化することで，この程度の電場では水がわずかに配向するだけである．$\dfrac{pE}{kT}$ は $E = 3 \times 10^7\,\mathrm{V/m}$ でおおよそ 0.03 で，したがって，水のアンサンブル平均双極子モーメントはこの電場では 0.03 のオーダーとなる．このわずかな配向変化が大きな粘性変化を引き起こすことは物理的にまだ解明されていない．

　また，粉流体のジャミング転移からヒントを得て，高濃度電解質や高界面電位で生じる複雑な問題に対処するモデルが提案されている．粉流体のジャミング転移は，系のエネルギーと粒子密度の関数として，液体的挙動から固体的挙動への変化に相当する．身の回りの例として，コーヒーの粉，砂や雪などの挙動をあげることができる．コーヒーの粉はゆるく詰められた場合には液体のようにふるまうので，液体のように袋から注ぐことができる．しかし，コーヒー粉の真空パックを買うと，袋は固体のようにふるまう．同様に，地面の上の砂山は，（重力エネルギーが大きいとき）最初は液体のように流れるが，重力エネルギーが砂粒を詰まった状態から押しのけるには十分ではなくなったところで，静止した円錐形に落ち着く．雪崩は系にエネルギーが突然加えられて詰まった状態から流動状態への転移に相当する．

　イオン濃度が高い場合，電解質溶液の粘性率は次のように与えられる．

$$\frac{1}{\eta} = \frac{1}{\eta_{\mathrm{bulk}}} \left[1 - \left(\frac{c_i}{c_{i,\max}} \right)^\alpha \right]^\beta \tag{10.33}$$

ここで，c_i は支配的な対イオン濃度，$c_{i,\max}$ はその立体許容濃度（sterically limited concentration）である．式（10.33）はガラス転移に近い高密度懸濁液のレオロジー特性評価に基づいており，パラメータ α と β はレオロジー評価においては通常 1 のオーダーである．この関係式は，イオンが静電力で密に詰まっており，その電子軌道がこれ以上の崩壊を防ぐ唯一の斥力となっているような状態のときには，真空パックされたコーヒーの粉のようにふるまうことを物理的に意味する．イオンが高度に密集した水溶液のレオロジーデータがないため，式中の α と β がどうあるべきかについてほとんど言及できず，そのため $c_{i,\max}$ もおおよそしかわからない．このモデルの重要性は，電解液がある最大濃度に達すると粘性率が無限大に近づくと予測していることである．

二重層内での水の誘電率は，電場依存性とイオン濃度依存性の両方の観点からのもう一つの関心事である．水の誘電率は $E = 1 \times 10^9$ V/m 付近で急激に低下し，イオン濃度が増加するにつれて低下する．水の誘電率についての詳細は 5.1.4 項を参照されたい．

10.3.3 すべり，混相界面モデル：疎水表面

第1章で述べたように，界面における接線方向の境界条件には，通常すべりなし条件が使われる．このすべりなし条件は第6章で紹介した積分解析で重要なものであり，親水性表面に関連する．しかし，疎水性表面でも界面動電現象は起こり，その場合は積分解析を見直す必要がある．速度境界条件がすべり長さ b のナビエのすべり条件に置き換わる場合，デバイ-ヒュッケル解析により次式が得られる．

$$\zeta = \varphi_0 \left(1 + \frac{b}{\lambda_D} \right) \tag{10.34}$$

一方，対称電解質についてのポアソン-ボルツマン解だと，次式のようになる．

$$\zeta = \varphi_0 \left[1 + \frac{b}{\lambda_D} \left(\frac{2}{z\varphi_0^*} \sinh \frac{z\varphi_0^*}{2} \right) \right] \tag{10.35}$$

10.4 マイクロ流路基板で計測される界面動電位

前節までに，界面動電位が他のパラメータとどのように関連づけられるかについて述べてきたが，残念ながら界面電位を求めるために必要な基本的なパラメータはほとんどが未知である．そのため，通常は界面動電位は直接計測される．界面動電位は，壁の材質や内部の不純物，壁に対する化学反応，pH，電解質の濃度，価数，大きさ，壁への溶解度，界面活性剤，さらには表面の履歴を含む，固体表面と液体双方の関数である．本節では，マイクロ流路で用いられるさまざまな基板について，界面動電位の不活性電解質濃度や pH への依存性について説明する．

10.4.1 電解質濃度

不活性電解質の役割は，デバイ長を決定し，表面電荷密度と表面電位の関係を変化させることである．対称電解質では，ポアソン-ボルツマンの関係から表面電荷密度と表面電位に関して次のような関係が与えられる．

$$q'' = \frac{\varepsilon \varphi_0}{\lambda_D} \frac{2}{z\varphi_0^*} \sinh \frac{z\varphi_0^*}{2} \tag{10.36}$$

電荷決定イオンと壁面との化学平衡によって表面電荷密度が規定される場合，不活性電解質の添加によって λ_D が減少することで φ_0 が低下する．デバイ-ヒュッケル近似下に

おいて，式 (10.36) では表面電位はデバイ長に比例し，そのため $\frac{1}{\sqrt{c_\infty}}$ に比例する．低濃度では，式 (10.36) の非線形性からこの依存性は低下する．

実験では，対イオン濃度が増加するにつれてゼータ電位の大きさが低下することが計測されている（図 10.2）．さらに，ゼータ電位を対イオン濃度の総和の負の対数である pC に対してプロットすると線形となり，原点の切片が一致する．この切片には物理的意味はないが（事実，この切片は濃度の単位に依存する），切片が一致することは便利である．ゼータ電位と pC が線形関係をもつため，代わりに $\frac{\zeta}{\mathrm{pC}}$ を使い，対イオン濃度の影響を排除しながら他のパラメータを調べることができる．たとえば，図 10.3 はガラス表面上でのゼータ電位の pH 依存性を示しており，正規化して異なる濃度のデータを一つのグラフにまとめている．

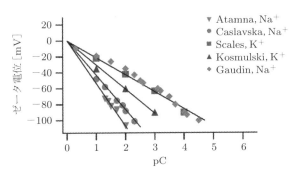

図 10.2 電解質濃度の違いによるゼータ電位の変化．pC は対イオン濃度の総和の負の対数として定義される（文献 [126] より．文献データは [127, 128, 129, 130, 131] を使用）

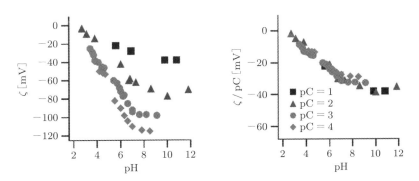

図 10.3 異なる電解質濃度で測定されたゼータ電位の正規化．左：正規化前，右：正規化後（文献 [126] より．文献 [129] のデータを使用）

10.4.2 pH依存性

マイクロ流路基板の電荷決定イオンはH^+とOH^-で，このζのpHへの依存性は滴定曲線でうまく表される．すなわち，ゼータ電位はpHが低下するとより正に，pHが増加するとより負になり，これは式 (10.13) に一致する．イオン化可能な酸性表面（ガラス）やイオン化不可能な表面（テフロン）でも同様の傾向が見られるが，後者は電荷の化学的な起源はあまりよくわかっていない．図10.4にテフロンの例を示す．

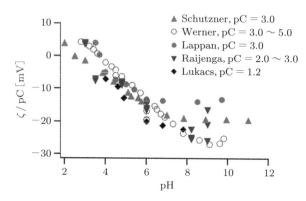

図10.4　テフロンにおけるpHの関数としての正規化ゼータ電位（文献 [137] より）

10.5　ゼータ電位の制御

マイクロ流路内のゼータ電位は，塩濃度の変化や界面活性剤の添加，表面の化学修飾など，多くの方法で変化させることができる．

10.5.1　不活性電解質濃度

前述したように，ほとんどの酸化物や高分子の表面では，塩濃度を上げると界面動電位は低下する傾向がある．これは，1価イオンの場合は単に帯電した表面への遮蔽の増加や非特異吸着によるものである．多価イオンの場合，特異吸着やより複雑なイオン間の相互作用によって引き起こされる．

10.5.2　界面活性物質

界面活性剤（surfactant）とは，表面に作用してその性質を変える分子やイオンの総称である．ドデシル硫酸ナトリウム（SDS），セルロースエステルや高分子電解質など，酸化物や高分子の界面動電位を変化させる多くの活性剤が知られている．

■イオン性界面活性剤：SDS

イオン性界面活性剤は，通常，疎水性アルキル基と親水性荷電基から構成される両親媒性分子（疎水・親水領域を両方もつ分子）である．疎水性の末端は疎水性表面に吸着し，荷電した親水基末端を伸ばす．もっともよく使われるイオン性界面活性剤はドデシル硫酸ナトリウム（SDSやラウリル酸ナトリウムともよばれる）であり，荷電したOSO_4^-基と結合した$C_{12}H_{25}$の直鎖アルキル基を有する．この界面活性剤の固形物はNa^+との塩である．疎水性表面に使用するとSDSは表面を覆い，強い負の表面電荷をもたらす．図10.5はドデシル硫酸ナトリウムが疎水性表面に付着した際の負の壁面電位を示している．

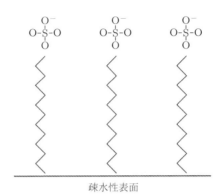

図10.5 疎水性表面へのドデシル硫酸ナトリウムの付着によって生じる負の壁面電位

■セルロースエステル

セルロースエステル（ヒドロキシプロピルメチルセルロース，セルロース，メチルセルロースなど）はマイクロ流路壁面の界面動電位を少なくとも1桁は低下させ，この用途でよく利用される．この分子は表面と結合し，二重層内のイオンの移動を制限する．

■高分子電解質

高分子電解質（ポリスチレンスルホン酸など）は，静電的に荷電表面に付着する多価のアニオンやカチオンである．これらは表面の電荷を反転させることができるが，その寿命は有限である．図10.6に，高分子電解質の作用によって負に帯電した表面を正へと変化させる例を示す．

10.5.3 化学的機能化

表面は多くの方法で化学的に機能化することが可能である．表面を酸化させるために

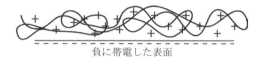

図 10.6 ポリスチレンスルホン酸のような正の高分子電解質の作用による負に帯電した壁面電荷の反転

プラズマや UV 源が使用され，多くの場合，表面の負電荷を増加させる．アルコキシシリル基やクロロシリル基を有する化学物質は，ガラスやシリコン表面と化学的に結合させるために利用され，それぞれアルコールや塩酸を放出する．これらの物質は，シロキサン結合を用いて化学基を壁面に共有結合させる．たとえば，トリメトキシシリルプロピルアミンはガラスと反応し，シロキサン結合を用いてプロピルアミン基を壁へと結合させる．この手法を用いて，さまざまな官能基をガラスやシリコン表面に結合させることができる．自己組織化単分子膜のプロセス（トリメトキシシリルプロピルアクリレートの結合など）とフリーラジカル重合や原子移動重合と組み合わせることで，高分子を表面に結合させることもよくある．

10.6 界面物性を測定する化学的・流体力学的手法

表面を評価するための分光的手法に加え，化学やマイクロ流体を用いて ζ を計測する手法が多く存在する．計測された界面動電位 ζ と表面電位 φ_0 の関係は，壁面や二重層内部の物理に依存する．

10.6.1 電荷滴定

H^+ と OH^- が電位決定イオンである系では，H^+ や OH^- が添加されたときの流体のpH 変化を測定することで，高い比表面積の系における，pH の関数としての表面電荷が推定できる．式（10.13）に従う系では，x モルの H^+ を加える前後の pH から，単位体積あたりのプロトン吸着量は次式で与えられる．

$$A\Gamma\left[\frac{10^{\alpha(pK_a-pH_{final})}}{10^{\alpha(pK_a-pH_{final})}+1} - \frac{10^{\alpha(pK_a-pH_{initial})}}{10^{\alpha(pK_a-pH_{initial})}+1}\right] = N_A(10^{-pH_{initial}}V - 10^{-pH_{final}}V + x)$$

(10.37)

ここで，A は（既知の）表面積，Γ は表面でのサイト密度である．この測定では，表面の弱酸性サイトの緩衝能を測定し，x の関数としての pH から Γ, α, pK_a が得られる．

10.6.2 電気浸透流

マイクロ流路に電圧を印加し,薄い電気二重層近似下における流れを観察することで,固液界面の電気浸透移動度が計測でき,前述した均一物性仮定を用いることで,電気浸透移動度から界面動電位 ζ を求めることができる.本項では,空間平均電気浸透移動度を計測する手法について説明する.

■電流モニタリング

電流モニタリングは,固液界面の電気浸透移動度を計測し,界面動電位を計算するための一般的な手法である.電流モニタリングでは,二つのリザーバー(容積が無限大で電気抵抗がゼロと仮定)をマイクロ流路で接続する.両リザーバーには導電率がわずかに異なる流体を入れる.電場が印加されると,一方のリザーバーの流体が流路内部の流体を移動させ,系の電気抵抗はそのリザーバー内の流体に支配される(図 10.7 参照).電場の向きを変えると,もう一方のリザーバーの流体で流路が満たされ,結果として電気抵抗が変化する.このように交互に向きが変わる電場を印加すると電流が上昇または下降し,定常に到達するまでの時間から平均流速が特定できる.電流モニタリングは,電圧源と電流計があればよいため測定が比較的簡単で安価であり,測定の自動化も容易であるため,有用な技術である.制約としては,拡散や圧力勾配,ジュール加熱に伴う不確かさ,電気浸透流がきわめて遅い場合に精度が低下する,などがあげられる.

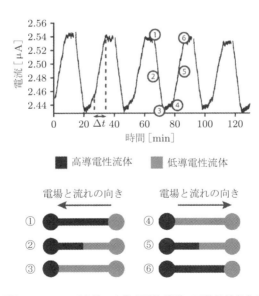

図 10.7 電流モニタリング実験.上段が電流波形,下段が対応する流体の概形

■中性マーカーの溶出

流速を計測するもう一つの方法は，キャピラリー電気泳動（第12章でキャピラリー電気泳動分離について述べる）での非帯電トレーサーの溶出時間を計測することである．キャピラリー電気泳動による分離に焦点を当てた研究で通常使用され，検出系が入手しやすいため計測が容易ではある．

10.6.3　流動電流と電位

長さ L，断面積 A の帯電したマイクロ流路に圧力勾配 $\dfrac{dp}{dx}$ を与えると流動が発生し，正味の電荷密度をもつ電気二重層が存在する場合にはこの流れが正味の電流を引き起こす．薄い電気二重層，単純な界面，均一物性のとき，電場がない場合の定常電流密度は次のように与えられる．

$$\frac{I_{\mathrm{str}}}{A} = -\frac{\varepsilon\varphi_0}{\eta}\left(-\frac{dp}{dx}\right) \tag{10.38}$$

この現象は流動電流（streaming current）と名づけられ，薄い電気二重層近似下での次式の電気泳動と類似している．

$$u = -\frac{\varepsilon\varphi_0}{\eta}E \tag{10.39}$$

また，2式の類似性を強調すると，次のようになる．

$$\frac{Q}{A} = -\frac{\varepsilon\varphi_0}{\eta}\left(-\frac{\partial\phi}{\partial x}\right) \tag{10.40}$$

この現象は，第3章での界面動電連成行列を用いて表すことができる．電気二重層がない場合，流れと電流は無関係である．帯電表面や電気二重層がない場合における電解質溶液の電場や圧力勾配に対する応答は，次式で書くことができる．

- 非帯電壁の界面動電連成式

$$\begin{bmatrix} Q/A \\ I/A \end{bmatrix} = \begin{bmatrix} r_{\mathrm{h}}^2/8\eta & 0 \\ 0 & \sigma \end{bmatrix}\begin{bmatrix} -dp/dx \\ E \end{bmatrix} \tag{10.41}$$

電気二重層が存在する場合，（流動電流により）圧力勾配が電場を，（電気浸透により）電場が流れを発生させ，行列を用いた関係式は次式のように表される．

- 単純界面，薄い電気二重層，均一物性での界面動電連成行列

$$\begin{bmatrix} Q/A \\ I/A \end{bmatrix} = \begin{bmatrix} r_{\mathrm{h}}^2/8\eta & -\varepsilon\varphi_0/\eta \\ -\varepsilon\varphi_0/\eta & \sigma + \varepsilon^2\varphi_0^2/(\lambda_{\mathrm{D}}\eta r_{\mathrm{h}}) \end{bmatrix}\begin{bmatrix} -dp/dx \\ E \end{bmatrix} \tag{10.42}$$

この 2×2 結合行列の構造により，この系の基本的な性質が示される．結合行列は対称であり，そのため，この系は平衡に近い多くの物理系に見られる性質であるオンサーガーの相互関係を示すといわれる．これは，2 現象がたがいに等しく影響を及ぼし合う交差性を有することを表すものである．

流動電流の実験から得られる界面動電位 ζ は，次式で与えられる．

- デバイ-ヒュッケル近似，均一流体物性における，流動電流実験でのゼータ電位

$$\zeta = \frac{\eta L I_{\mathrm{str}}}{\varepsilon \Delta p} \tag{10.43}$$

ζ は低インピーダンスの電流計で電流を測定することで計測できる．残念ながら，この形式での測定は，電流計と電極が低インピーダンスであるときにのみ正確である．このことは，式 (5.55) の j_0 が大きくなり，電極の実効抵抗がゼロとなるような触媒を検出電極がもたなければならないことを意味する．これは一般には実現が難しい．

実験的には，高インピーダンスの電圧計での電圧計測がより容易である．リザーバー間が電気的に絶縁されている系に圧力勾配を与えると，$-\dfrac{dp}{dx}$ が決まり $I = 0$ となる．この場合，界面動電連成行列の関係式を次式のように解くことができる．

$$E = -\frac{\chi_{21}}{\chi_{22}} \left(-\frac{dp}{dx} \right) \tag{10.44}$$

この式により，測定電場と圧力場を関連づけることができる．**図 10.8** に流動電位実験での平衡状態における速度と電流分布を示す．実験では通常，電圧や圧力の勾配よりも差を測定する．そのため**流動電位**（streaming potential）ΔV は，式 (10.44) を実験値で評価することで与えられる．

- 流動電位，一般的な記述

$$\Delta V = -\frac{\chi_{21}}{\chi_{22}} \Delta p \tag{10.45}$$

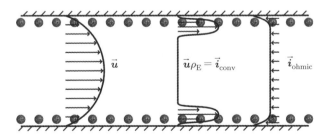

図 10.8　流動電位実験中の平衡状態における流速と電流分布

262　第 10 章　マイクロ流路でのゼータ電位

薄い電気二重層，デバイ－ヒュッケル近似，表面の電気伝導が無視できるという条件下で，流動電位計測で得られる界面動電位は次式で与えられる．

● 薄い電気二重層，デバイ－ヒュッケル近似，表面の電気伝導無視という条件下での流動電位計測によるゼータ電位

$$\zeta = \frac{\Delta V}{\Delta p} \frac{\sigma \eta}{\varepsilon} \tag{10.46}$$

この計測では系が定常であることが必要であるが，マイクロ流路の形状に依存せず，白金黒電極や銀塩化銀電極などの電気化学で使われる一般的な電極を用いることができる．ΔV の典型的な値はボルトのオーダーである．たとえば，ガラス上の 1 mM の KCl 溶液では，$\sigma = 180\ \mu\mathrm{S/cm}$，$\zeta = -60\ \mathrm{mV}$ が計測され，$\Delta p = 5\ \mathrm{atm}$ では $\Delta V = -1.2\ \mathrm{V}$ となる．流動電位は等温で計測され，薄い電気二重層近似下ではマイクロ流路の寸法に依存しない．

　流動電位の測定は，すぐに平衡に到達して信号強度が高くなるような，ある程度の電解質濃度（通常 0.1 mM〜100 mM の範囲）の場合に制限される．二重層が薄くない場合，流路のコンダクタンスを実験的に計測する必要がある．

例題 10.2　距離 $2d$ だけ離れた 2 枚の無限平行平板を考える．板間の流体は 1 価の対称電解質を含む水（$\varepsilon = 80\,\varepsilon_0$，$\eta = 1\ \mathrm{mPa\ s}$）で，バルクの導電率は $\sigma_{\mathrm{bulk}} = \sum_i c_i \Lambda_i$ である．電解質のカチオンとアニオンはどちらも同じモル伝導率 Λ をもつ．d^* が大きく φ_0^* が小さく，薄い電気二重層とデバイ－ヒュッケル近似が成立することを仮定する．圧力勾配 $\dfrac{dp}{dx}$ が系に与えられた場合における，流れが誘起する電荷移動によって発生する正味電流（荷電流束）$I = \displaystyle\int_S u\rho_{\mathrm{E}}\,dA$ を導け．また，系の両端のリザーバーは開放回路と接続されており，電流が流れないと仮定して，定常状態の電場勾配を計算せよ．

解　$I = I'h$ と与える．ここで，h は流路高さ，I' は単位高さあたりの電流である．流れによる I' を求める．

$$I' = 2\int_0^d u\rho_{\mathrm{E}}\,dy = 2\lambda_{\mathrm{D}}\int_0^{d^*} u\rho_{\mathrm{E}}\,dy^* \tag{10.47}$$

$$u(y) = \frac{-1}{2\eta}\frac{dp}{dx}(d^2 - y^2) = \frac{-1}{2\eta}\frac{dp}{dx}(d^{*2} - y^{*2})\lambda_{\mathrm{D}}^2 \tag{10.48}$$

$$\rho_{\mathrm{E}} = \sum_i c_i z_i F = F c_\infty \left[\exp(-\varphi^*) - \exp(\varphi^*)\right] \tag{10.49}$$

デバイ－ヒュッケル近似下では $\rho_{\mathrm{E}} = -2F c_\infty \sinh(\varphi^*) = -2F c_\infty \varphi^*$ となり，

$$I' = 2\frac{Fc_\infty \lambda_D^3}{\eta}\frac{dp}{dx}\int_0^{d^*}\varphi^*(d^{*2}-y^{*2})dy^* \quad \text{と} \quad \varphi^* = \varphi_0^*\frac{\cosh y^*}{\cosh d^*} \quad \text{となる. 単位高さあたりの電}$$
流は積分で求められる.

$$I' = 2\frac{Fc_\infty \lambda_D^3 \varphi_0^*}{\eta \cosh d^*}\frac{dp}{dx}\int_0^{d^*}(d^{*2}\cosh y^* - y^{*2}\cosh y^*)dy^* \tag{10.50}$$

ここで，$\int x^2 \cosh x = (x^2+2)\sinh x - 2x\cosh x$ に注意して部分積分を行うと次式を得る.

$$I' = 2\frac{Fc_\infty \lambda_D^3 \varphi_0^*}{\eta \cosh d^*}\frac{dp}{dx}(2d^*\cosh d^* - 2\sinh d^*) \tag{10.51}$$

(1) 1 価の対称電解質では $\lambda_D^2 = \dfrac{\varepsilon RT}{2F^2 c_\infty}$ であること，また (2) $\tanh d^* \ll d^*$ であることから，次式となる.

$$I = \frac{2h\varepsilon\varphi_0 d}{\eta}\frac{dp}{dx} \tag{10.52}$$

正味の電流がゼロだと $I' = 2\sigma Ed = -2\sigma\lambda_D d^*\dfrac{dV}{dx}$ で，流れが誘起する電流とオーム電流の和がゼロとすると次式が得られる.

$$\frac{dV}{dx} = \frac{dp}{dx}\frac{\varepsilon\varphi_0}{\sigma\eta} \tag{10.53}$$

10.7 まとめ

　本章では，マイクロ流体デバイスの界面での平衡表面電荷をデバイス材料と溶液の状態の関数として推定する手法について述べ，表面電荷と界面動電位とを関係づけた. また，とくに界面電位（界面とバルク流体の間での電位差の指標）と界面動電位（流速や粒子速度，流動電流，流動電位などの界面動電現象で観察される指標）などの用語を区別した. 本章ではまた，以下の電気化学ポテンシャル $\overline{g_i}$ を紹介した.

$$\overline{g_i} = g_i + z_i F\varphi = g_i^\circ + RT\ln\frac{c_i}{c_i^\circ} + z_i F\varphi \tag{10.54}$$

そして，表面の電気化学ポテンシャルと表面電荷を制御するための電解質に重きをおき，不活性電解質，特異吸着した電解質，電荷決定電解質について議論した. ネルンスト表面では，次のようにネルンストの式を用いて表面電位を直接表現できる.

$$\varphi_0 = \frac{RT\ln 10}{z_i F}\left(\log\frac{a_i}{a_i(\text{pzc})}\bigg|_{\text{bulk}}\right) \tag{10.55}$$

この式は表面電位と pzc からのバルク濃度の差を関連づける. 非ネルンスト表面では，

264   第 10 章　マイクロ流路でのゼータ電位

表面電荷は化学平衡（ほとんどが未知）を用いて記述する必要があり，表面電位はその
ために次のグラハムの式で関連づけることができる.

$$q'' = \text{sgn}(\varphi_0)\sqrt{2\varepsilon RTI_c \sum_i c_{i,\infty}^* \left[\exp\left(-\frac{z_i F \varphi_0}{RT}\right) - 1\right]} \tag{10.56}$$

測定された表面電荷密度と界面動電位との不一致は，イオンの濃縮領域（シュテルン領
域），流体物性の変化（粘弾性モデル）あるいは水平方向における界面速度（すべりモ
デル）などの拡張界面モデルを用いることで説明されるが，いずれも広範な実験データ
に満足する精度で一致するものではない．そのため，界面動電位はいまでも直接計測で
決定されることが多く，界面動電位と表面電位との関連性については議論がなされてい
る．したがって，本章では界面動電位の計測技術について述べ，マイクロ流体デバイス
の界面における界面動電位についてまとめた．ゼータ電位の測定には流動電位が一般に
用いられるため，流動電流，電気浸透流におけるオンサーガーの相互関係について述べ，
単純な界面，薄い電気二重層下での界面動電連成式について示した.

$$\begin{bmatrix} Q/A \\ I/A \end{bmatrix} = \begin{bmatrix} r_h^2/8\eta & -\varepsilon\varphi_0/\eta \\ -\varepsilon\varphi_0/\eta & \sigma \end{bmatrix} \begin{bmatrix} -dp/dx \\ E \end{bmatrix} \tag{10.57}$$

この関係は電気浸透流と流動電位の相互関係を示し，導電率計測と組み合わせた流動電
位がどのようにゼータ電位を決定するかを明らかにしている.

　また，ゼータ電位を制御したい場合も多いため，電解質や界面活性剤の添加や表面の
化学修飾などのゼータ電位を変更する手法についても解説した.

10.8　補足文献

Russel ら [32]，Hunter [69, 70]，Lyklema [71] などのコロイド科学の文献はゼータ
電位とその計測の入口となり，文献 [69] はゼータ電位にもっとも焦点を絞っている.
これらはマイクロデバイスの表面に特化しておらず，古典的なコロイドに重点を置いて
いる．本書とこれらの重複点はシリカであり，マイクロデバイスとコロイドの両方に関
係がある．マイクロデバイス表面に焦点を当てた文献としては文献 [126, 132, 133,
134] があり，ゼータ電位の総説としては文献 [135] がある．ゼータ電位の制御につい
ては文献 [136] がある.

　本章は平衡状態の二重層での流体力学な問題に焦点を当てているが，物理モデルには
他の応用もある．たとえば，絶縁表面の界面動電移動度に関する記述で触れたシュテル
ン層は，二重層キャパシタンスのポアソン–ボルツマン的記述と実験との不一致を調整
するための手段として提案されている．これについては本書の第 16 章や多くの電気化

学の文献（たとえば文献 [59]）で触れている．一般的な流れと力の界面動電学的な関連性については文献 [137] で示され，文献 [91, 92] では平衡からわずかに外れた熱力学系に関する相反仮説についての熱力学の基礎について述べている．

残念ながら，実験データに十分に一致する電気二重層のモデルは存在せず，本章であげたモデルはすべて何らかの重要な点で欠陥がある．簡単に観測できる電気浸透流速度や流動電位などの値は複数のパラメータの組み合わせで構成される値であるため，物理的起源が怪しいものも含め，多くの異なるモデルが既存データの一部に適合できる．さらに，モデルをもっとも効果的に検証できるパラメータ範囲は，実験が困難な条件であるため，検証は難しい．電気二重層に関する流体物性モデルは一般的にはあまり確立されていない．電気粘性モデルは，文献 [107] では成功，文献 [69] ではうまくいかないとされている．これらのモデルにとっての重要な課題は，今日までに，複数の相互依存する変数なしでモデルとの比較可能なデータとなるような実験データが存在しないことである．

残念ながら，水は詳細なモデル化が難しい分子である．それは，有限の計算資源と，すべての関連する性質を定義するために必要な時空間分解能を有するような計測ができないためである．そのため，界面と高電場下における水の特性についてはいまも議論されている．付録 H では，水のふるまいを予測するために使われるさまざまなモデルに関するいくつかの考え方を示している．

10.9 演習問題

10.1 マイクロ流路の界面動電位は，$MgSO_4$ の濃度と pH の関数として測定される．$MgSO_4$ 濃度が低いとき，電位は pH の関数として変化し，低 pH では正，高 pH では負となる．低 pH で大量の $MgSO_4$ を添加すると界面動電位が低下するが正のままである．高 pH で大量の $MgSO_4$ を添加すると電位の符号は正へと変わる．H^+，OH^-，Mg^{2+}，SO_4^{2-} の 4 種のイオンのうち，電荷決定イオンはどれか．中性はどれか．どれが特異吸着するか．

10.2 デバイ–ヒュッケル近似下で，電気粘性応答を示す系での電気浸透流分布を積分して式 (10.32) を導け．

10.3 電気粘性モデルを用いて，$k_{ve} = 1 \times 10^{-14}$，$3 \times 10^{-15}$，$1 \times 10^{-15}$，$3 \times 10^{-16}$，$1 \times 10^{-16}$，0 の場合における表面電位への界面動電位依存性を計算してプロットせよ．$\varphi_0 = 5\,\mathrm{mV}$，$50\,\mathrm{mV}$，$500\,\mathrm{mV}$ を用いよ．

10.4 流体物性を均一と仮定して φ_0，λ_D，すべり長さ b の関数として ζ を求めよ．デバイ–ヒュッケル近似は用いないこと．

10.5 電気粘性モデルと組み合わせたナビエのすべりモデルについて考える．第 1 章で述

べたナビエのすべり条件は，流体の粘性率が空間的に変化する場合を物理的に理解できるよう示されているか．界面を記述する基本性質としてすべり長さを定義するよりも，どのような記述が適切か．

10.6 壁面にナビエのすべり条件をもつ電気二重層の積分解析によって，式 (10.34) を導け．

10.7 式 (10.36) で示した，電荷密度と表面電位の関係を考える．$0.1 \sim 0.001$ M の範囲で1価の対称電解質の濃度に対する表面電位の依存性を予測せよ．この結果を現象論的関係である $\zeta \propto pC$ と比較してコメントせよ．

10.8 反応サイト密度が 6×10^{18} site/m^2 のガラス表面を考える．表面が pK_a が 4.5 の弱酸としてモデル化され，表面サイトのふるまいが理想溶液モデル化されていると仮定する．pH の関数として表面電荷密度を予測せよ．

10.9 図 10.3 左のデータについて考える．この系で $\zeta = \varphi_0$ を仮定し，表面電位を記述するモデルを考えよ．このモデルは負の表面サイト密度，pK_a，pK_a 周辺に $pK_a{}'$ の広がりを記述するパラメータ α を含む．

10.10 電位決定イオン A$^-$ で表面電荷が規定されるネルンスト表面を考える．NaCl も溶液中に不活性電解質として存在しており，NaCl 濃度は他のイオンの濃度よりはるかに高いものとする．理想溶液を仮定し，pzc が pA $= 6$ の場合について考える．[A$^-$] とバルク中の NaCl 濃度の関数として q''_{wall} を求めよ．

10.11 一定半径 R の円管を流れる圧力駆動流を考える．デバイ–ヒュッケル近似を使い表面コンダクタンスを無視して，流れによって生じる流動電荷流束の総和を評価してこれをオーム電流で相殺するために必要な電位を求めることで，定常状態で観察される流動電位を求めよ．

10.12 流動電位の変化は簡単に計測できるが，絶対値の計測は電極表面の電気化学的性質の影響を受ける．流動電位計測を単純にする一つの方法は，正弦波状に圧力を変化させて時系列で流動電位を観測する，位相計測を行うことである．この場合，圧力と電位の波形のフーリエ変換は駆動周波数でピークを示し，このピークの大きさを流動電位の式に用いることができる．流動電位の関係が成立するような系は平衡でなければならないため，測定が正しく行われるように周波数の基準を決定する．これが速すぎると，測定値にどのような誤差となるかを導き，この誤差を修正するために位相差をどのように使用できるかを示せ．

10.13 断面積 A，長さ L で，リザーバーの導電率がそれぞれ σ_1, σ_2 の流路を用いた電流モニタリング実験を考える．薄い二重層を仮定して，両リザーバー内の液体間での混合や撹拌は考えない．ζ は系全体で均一だと仮定する．マイクロ流路は $t = 0$ では σ_1 の流体で満たされており，電場 E を $t = 0$ で印加すると，流路内は σ_1 の流体から σ_2 の流体へと入れ替わる．

(a) σ_2 と σ_1 がわずかに異なる場合，時間の関数として電流 I の式を書け．

(b) σ_2 と σ_1 が近い値でない場合の電流の一般式を書け．

10.14 ポリスチレン製のデバイスを使用し，電気浸透移動度がゼロとなるような pH で動作させたいとする．どの pH で動作させるとよいか．ゼータ電位については文献の近似値を用いること．

10.15 pH が 3 から 10 の範囲で直線的な勾配をもつ両性電解質混合液（総イオン濃度が 100 mM）で満たされた，直径 10 μm，長さ 7 cm のガラス製マイクロ流路を考える．溶液の粘性率は 1 mPa s である．100 V/cm が印加されたときの流路に沿った圧力分布を推定せよ．その際，あらゆる場所での流れがクエット流（電気浸透流による）とポアズイユ流（界面動電的に発生した圧力による）の重ね合わせとなるような厳密な 1 次元解析を用いよ．ここでは，1 次元の質量保存則を満たすが 2 次元のナビエ－ストークス方程式は満たさないことに注意すること．ゼータ電位は文献の近似値を用いること．

10.16 pH = 7 のガラス製マイクロ流路内の電気浸透移動度をほぼゼロにする方法を 2 通り述べよ．それぞれの方法を用いた論文を一つずつ探し，論文の著者らが何をなぜ行ったのかについて簡潔に述べよ．

10.17 表面電位 φ_0，すべり長さ b でデバイ－ヒュッケル近似下の表面を考える．

(a) 電気浸透流速度を計測して $u_{EO} = -\dfrac{\varepsilon \zeta_a}{\eta} \vec{E}$ の式を用いるとき，φ_0 と b，その他の流体や界面のパラメータの関数としての見かけ上のゼータ電位 ζ_a はいくらか．ε は水の誘電率，ζ_a は見かけ上のゼータ電位，η は粘性率，$\vec{E}$ は外部電場である．表面電位 φ_0 は二重層での電位差で，見かけ上のゼータ電位は $u_{EO} = -\dfrac{\varepsilon \zeta_a}{\eta} \vec{E}$ の式を用いて実験的に推定されるものであることに注意すること．表面電位は真の電位だが，推定される見かけ上のゼータ電位は実験とモデルが正しい場合にのみ正確な近似値である．

(b) 流動電位を計測して $\dfrac{\Delta V}{\Delta p} = \dfrac{\varepsilon \zeta_a}{\sigma \eta}$ の式を用いるとき，φ_0 と b，その他の流体や界面のパラメータの関数としての見かけ上のゼータ電位 ζ_a はいくらか．ΔV は $V_{inlet} - V_{outlet}$，Δp は，$p_{outlet} - p_{inlet}$，σ はバルクの導電率である．表面コンダクタンスを無視し，薄い二重層を仮定する．表面電位 φ_0 は二重層での電位差で，見かけ上のゼータ電位は実験的に推定されるものであることに注意すること．表面電位は真の電位だが，推定される見かけ上のゼータ電位は実験とモデルが正しい場合にのみ正確な近似値である．

(c) これらの関係式を使うことで，薄い電気二重層とデバイ－ヒュッケル近似下で電気浸透流速度と流動電位を同時に計測し，b と φ_0 を独立して計測することは可能か．

10.18 表面がある電荷密度 q'' をもち，対称電解質と接しているとする．電解質は不活性で，表面吸着は起こらず，グイ－チャップマン理論で予測されるようにイオンがふるまう場合，電解質濃度が変化した際に表面電位 φ_0 と電気浸透移動度がどのように変化するかを，壁面での表面電荷と電位勾配の関係に着目して（定量的に）推定せよ．

10.19 原子レベルでなめらかなシリコン表面に，同じく原子レベルでなめらかな酸化膜

268 第10章 マイクロ流路でのゼータ電位

がある場合を考える．表面の SiO^- の密度は $6 \times 10^{-18}\,m^{-2}$ とする．負の点電荷としてサイトをモデル化し，ある密度でのサイト間の平均距離を計算せよ．対イオンの存在は無視し，荷電表面をサイト間平均距離の半分の長さと等しい半径をもつ円形と仮定する．水を半径 $1\,\text{Å}$ の球とモデル化し，単位荷電サイトあたりいくつの水分子が表面上の単分子層に平均的に存在するかを計算せよ．荷電サイト近傍での水の誘電率を連続的に表す式を導出し，イオンからの半径方向距離の関数として水の誘電率を計算して図示せよ．どの程度の水分子がバルクと比べて 20%以上低い誘電率を示すか．

第11章
物質と電荷の輸送

本章では，物質と電荷の輸送の一般的な枠組みについて説明する．これは，**非平衡系**（nonequilibrium systems）でどのように電場が流れと関連づけられるかを理解するのに役立つ．以下では，まず**物質（化学種）**流束の基本について述べる．この構成方程式には拡散，電気泳動移動度，粘性移動度が含まれる．物質流束をある検査体積に適用すると，物質保存則である**ネルンスト-プランク方程式**（Nernst-Plank equation）が導かれる．次に**電荷**流束について考え，電荷流束の構成式を導き，導電率やモル伝導率などのパラメータを定義する．（金属導体における電子とは対照的に）電解質溶液中の電荷はイオンによって運ばれるため，電荷輸送と物質輸送の式は密接に関係する．実際，電荷輸送方程式は，単にイオンの価数で重みづけしてファラデー定数を掛けた物質輸送方程式の総和にすぎない．本章では輸送に関わるパラメータである D, μ_{EP}, μ_i, σ, Λ はすべて密接に関係することを示し，これらパラメータを結びつけるためのネルンスト-アインシュタインの式などについて述べる．

イオン輸送はマイクロ流体システム内での流れと関連して影響を及ぼすため，これらの問題はマイクロ流体デバイスに影響を与える．さらに，多くのデバイスは，濃縮，分離やその他の目的で，溶解した対象物質の分布を操作・制御するように設計される．

11.1 物質輸送の形態

物質は，以下に述べるように，流体システム内を拡散と移流（対流）により移動する．化学反応は省略する．

11.1.1 物質拡散

拡散は，系内におけるブラウン運動による物質の正味の移動を指す．系内での熱エネルギーは，ランダムな方向への物質の移動をもたらし，その速度は時間的に変化して，大きさは系内のエネルギーに比例する（そのため RT に比例する）．その結果，高濃度領域から低濃度領域への物質移動が起こる．

11.1.2 対流

　熱運動に起因する物質のランダムなゆらぎに加えて，流体の流れや電場による決定論的な移動（対流）も，流体の動きに合わせて物質が運ばれるために物質流束を引き起こす．物質を受動的なスカラー量（単純に流体の動きに合わせて輸送されるスカラー変数としてのパラメータ）と考えると，パッシブスカラー拡散方程式 (4.6) が得られ，これは電場がない場合の物質の拡散を表している．

　電場がある場合，電場中で受けるクーロン力に応じて荷電イオンが移動し，これを電気泳動（electrophoresis）とよぶ．電場によってイオンにはたらく力は次のようになる．

$$\vec{F}_E = ze\vec{E} \tag{11.1}$$

ここで，e は電気素量（$e = 1.6 \times 10^{-19}$ C）で，z はイオンの電荷数すなわち価数（たとえば Na^+ は $z = 1$ で，SO_4^{2-} は $z = -2$）である．イオンの定常的な応答は，二つの大きさが等しく反対方向の力，すなわち電場によるクーロン力と溶媒分子による抗力がバランスしたときに起こる．この抗力は詳細な分子動力学計算なしには正確に予測できないが，イオンをその大きさに見合った半径を有するストークス流れ内の球として次式でモデル化すれば，ほとんどのイオンで同程度のオーダーの結果を得られる．

$$\vec{F}_{\mathrm{drag}} \simeq -6\pi \vec{u}_i \eta r_i \tag{11.2}$$

ここで，$\vec{u}_i$ はイオン i の速度で，r_i はイオンの水和半径（イオンとそれに結合している水分子の平衡状態での半径）である．ストークス方程式がイオンの長さスケールでは**適用されない**ことは明らかだが，同様のスケーリングは成立し，モデルが正確ではないにもかかわらず，「抗力」の大きさは驚くほど近い．より物理的に正確なアナロジーは，粉体の流れ中を移動する物体，たとえば砂の中を移動する球体などの抗力である．粉体流では，物体の動きが粉体を押しのけて，圧縮力によって粒の動きを妨げる特定位置に物体を固定しようとする際に粉体が硬くなる局所的なジャミングを引き起こすため，物体には運動に抵抗する応力がはたらく．

　定常状態（イオンの場合には実質的に瞬間的に達する）では，電場によって引き起こされる物質 i の電気泳動速度は次式のように書かれる．

- イオンの電気泳動移動度の定義

$$\vec{u}_{\mathrm{EP},i} = \mu_{\mathrm{EP},i}\vec{E} \tag{11.3}$$

ここで，$\mu_{\mathrm{EP},i}\,[\mathrm{m^2/(V\,s)}]$ は物質 i の**電気泳動移動度**（electrophoretic mobility）とよばれる．電気泳動移動度の例を**表 11.1** に示す．溶媒に対するイオンの動きが与えられたときのイオンの移動速度 $\vec{u}_i$ は，以下のようになる．

- 流体の流れと電場があるときのイオンの移動速度

$$\vec{u}_i = \vec{u} + \vec{u}_{\mathrm{EP},i} \tag{11.4}$$

ここで，$\vec{u}$ は流体の速度，$\vec{u}_i$ はイオンの速度である．

表11.1 各種イオンの水中における 298 K での電気泳動移動度

イオン	$\mu_{EP}[m^2/(V\,s)]$	イオン	$\mu_{EP}\,[m^2/(V\,s)]$
H^+	36.3×10^{-8}	OH^-	-20.5×10^{-8}
Mg^{2+}	7.3×10^{-8}		
K^+	5.1×10^{-8}		
Na^+	5.2×10^{-8}	Br^-	-8.1×10^{-8}
Li^+	4.0×10^{-8}	Cl^-	-7.9×10^{-8}
Ca^{2+}	3.1×10^{-8}	NO_3^-	-7.4×10^{-8}
Cu^{2+}	2.8×10^{-8}	HCO_3^-	-4.6×10^{-8}
La^{3+}	2.3×10^{-8}	SO_4^{2-}	-4.1×10^{-8}

注) 値は文献 [138] から計算した. H^+ と OH^- の電気泳動移動度は有効移動度である. これらのイオンは水中ではグロッタス機構などの反応性機構で伝搬できるため, 観察される有効移動度は異常に高くなる. 電気浸透移動度は同程度のオーダーで, たとえば, ガラス-水の界面で μ_{EO} はおおよそ $4 \times 10^{-8}\,m^2/(V\,s)$ である.

11.1.3 拡散係数と電気泳動移動度の関係:粘性移動度

物質の拡散係数と電気泳動移動度は流束についての異なる用語であるが, 両者は密接に関係した現象であり, (小さなイオンの場合は) 簡単な式からたがいに計算できる. 拡散係数は熱によるランダムな分子運動によって物質がランダムに移動する能力の尺度であり, 拡散流束を記述するために用いられる. 電気泳動移動度は電場に対して物質が移動する能力の尺度であり, 移流項成分である. これらの運動を制限するのは同じ分子衝突である. 違いは駆動力で, 熱運動(イオン 1 mol あたりの熱エネルギーに比例し, そのため RT に比例する)とクーロン力(イオン 1 mol あたりの電荷 zF に比例する)である. このことと合致するように, 小さなイオンの拡散係数と電気泳動移動度は以下のネルンスト-アインシュタインの式(Nernst-Einstein relation)でたがいに関連づけられる.

$$\mu_i = \frac{D_i}{k_B T} = \frac{\mu_{EP,i}}{z_i e} \tag{11.5}$$

1 mol あたりでは, 等価的に次のように表される.

- ネルンスト-アインシュタインの式

$$\frac{\mu_i}{N_A} = \frac{D_i}{RT} = \frac{\mu_{EP,i}}{z_i F} \tag{11.6}$$

$\mu_i\,[m/(N\,s)]$ を物質 i の**粘性移動度**(viscous mobility)とよぶ[1]. 粘性移動度は, 物

---

1) この話題は, 広くさまざまな用語や表記で扱われている. 多くの文献では単に**移動度**(mobility)とよんでいる. また, この逆数 $1/\mu_i$ を**摩擦係数**や**粘性摩擦係数**と名づけて使用する. 移動度を $D/(RT)$ や $\mu_{EP}/(zF)$ と定義する文献もあり, これは概念的には同じだが, 数値的にはアボガドロ定数異なっており, そのため単位は $[mol\,m/s]$ となる.

272 第11章 物質と電荷の輸送

質の速度とその運動の駆動力との比に相当する．それはイオンと溶媒の性質であり，$\dfrac{1}{\mu_i}$[N s/m] はマクロスケールの物体で定義される抗力係数の分子スケール版である．実際に，粘性移動度は，マクロスケールの物体，たとえばストークス流れ中の半径 a の球体（8.3.1 項参照）では，$\mu = \dfrac{1}{6\pi\eta a}$ で定義される．

ネルンスト–アインシュタインの式は，対象物質が点電荷としてモデル化できる場合には厳密に適用できる．点電荷の仮定は小さなイオンでは成立し，タンパク質でもおおよそ成立する（ただし，タンパク質の電荷は分布をもつ）[1]．

11.2 物質保存則：ネルンスト–プランク方程式

本節では物質の流束につながる現象について述べる．ある検査体積における物質流束を考えることで，ネルンスト–プランク方程式が導かれる．

11.2.1 物質流束と保存量

化学反応がない場合，検査体積への流入と流出と引き起こす 2 種類の機構は拡散と対流である．

■拡散

希薄溶液下で熱拡散効果（ここでいう熱拡散効果とは温度分布を駆動源とした物質の運動のことで，高温領域から低温領域に熱エネルギーが伝わる熱拡散現象とは異なる）が無視できるとき（マイクロ流体で使用される条件では，多くのイオン種に対しては壁から離れたところで適用される），フィックの法則によって，濃度勾配と溶媒中の拡散係数に比例する物質流束が定義される．

- 濃度勾配下での物質流束に関するフィックの法則

$$\vec{j}_{\text{diff},i} = -D_i \nabla c_i \tag{11.7}$$

ここで，$\vec{j}_{\text{diff},i}$[mol/(s m^2)] は拡散物質流束（拡散によって単位面積あたりの面を横切る物質 i の量），D_i は溶媒（通常は水）における物質 i の拡散係数，c_i は物質 i の濃度である．フィックの法則は熱ゆらぎによる物質のランダムな運動の総和を表現する巨視的な方法である．フィックの法則は，温度勾配による熱流束を表すフーリエの法則や，

---

[1] より細かな点として，拡散と電気泳動の電場に対する依存性の存在があげられる．印加電場によって分子の配向状態が変化する．このとき，電気泳動移動度は**電場方向では**拡散係数に比例し，分子の統計的サンプリングで観察される等方的な拡散係数とは異なる可能性がある．通常これは小さな補正であり，点電荷の近似が不十分な系でのみ重要となる．

速度勾配による運動量流束を表すニュートンの法則と類似しており，物質拡散係数 D_i は熱拡散率 $\alpha = \dfrac{k}{\rho c_p}$ や運動量拡散率（動粘性係数）$\dfrac{\eta}{\rho}$ と類似している．

■対流

熱運動によるランダムなイオンのゆらぎに加え，流体の動きや電場による決定論的なイオンの動き（すなわち対流）もまた物質流束につながる．

- 流れによる対流物質流束

$$\vec{j}_{\mathrm{conv},i} = \vec{u}_i c_i \tag{11.8}$$

ここで，$\vec{j}_{\mathrm{conv},i}\,[\mathrm{mol/(s\,m^2)}]$ は対流物質流束（対流によって単位面積あたりの面を横切る物質 i の量）で，$\vec{u}_i$ は物質 i の速度である．式 (11.4) で表したように，物質 i の流速は，$\vec{u}$（流体の速度）と $\vec{u}_{\mathrm{EP},i}$（流体に対するイオンの電気泳動速度）のベクトル和で以下のように与えられる．

$$\vec{u}_i = \vec{u} + \vec{u}_{\mathrm{EP},i} \tag{11.9}$$

物質濃度には mol/L の単位を用いることが多いため，物質流束を SI 単位で表記する場合には，濃度を $\mathrm{mol/m^3}$ に変換する必要がある．

11.2.2 ネルンスト-プランク方程式

一般に，化学反応がない場合における物質 i の輸送は，ネルンスト-プランク方程式を用いて表すことができる．

- ネルンスト-プランク方程式

$$\frac{\partial c_i}{\partial t} = -\nabla \cdot [-D_i \nabla c_i + \vec{u}_i c_i] \tag{11.10}$$

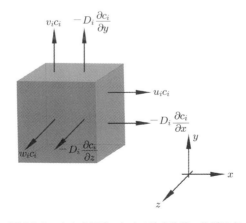

図 11.1　直交座標系における検査体積の物質流束

ここで，D_i は物質 i の拡散係数で，$\vec{u}_i$ は物質 i の速度である．記号 $\vec{u}_i$ は流体の速度 $\vec{u}$ と電気泳動速度 $\mu_{\mathrm{EP},i}\vec{E}$ のベクトル和を表す．括弧内の第 1 項は拡散流束で，第 2 項は対流流束である．この形式のネルンスト–プランク方程式は物質濃度の変化を物質流束の発散に関連づけている．この式は，微分検査体積を用意して物質流束を評価することで導ける．検査体積（直交座標系）を図 11.1 に示す．

例題 11.1　静止した水中にある静止したナトリウムイオンを考える．時刻 $t = 0$ で電場 100 V/cm が印加される．

1. 式 (11.1) を用いてイオンにはたらく電気泳動力を計算せよ．
2. $t = 0$ でのイオンの加速度はいくらか．
3. 既知の電気泳動移動度（表 11.1）が与えられたとき，イオンの終端速度はいくらか．
4. 終端速度に到達するまでの時間を，終端速度と $t = 0$ での加速度の比と仮定する．この時間を求めよ（正確には終端速度に到達する時間ではなく，速度変化の減衰時間である）．
5. イオンの移動過程についてどのようなことがいえるか．イオンの動きは電場に応答して瞬間的であると仮定してもよいか，あるいは終端速度に達するまでにかなりの慣性遅延が存在するか．

解　ナトリウムイオンにはたらく力は次式で与えられる．

$$F = zeE = 1.6 \times 10^{-15}\,\mathrm{N} \tag{11.11}$$

ナトリウムイオンの質量は $23 \times 1.66 \times 10^{-27}\,\mathrm{kg} = 3.8 \times 10^{-26}\,\mathrm{kg}$ である．したがって，加速度は

$$a = \frac{F}{m} = \frac{1.6 \times 10^{-15}}{3.8 \times 10^{-26}} = 4 \times 10^{10}\,\mathrm{m/s^2} \tag{11.12}$$

終端速度は次式で求められる．

$$u = \mu_{\mathrm{EP}}E = 5.2 \times 10^{-8} \times 1 \times 10^4 = 5.2 \times 10^{-4}\,\mathrm{m/s} \tag{11.13}$$

よって，加速時間は次のようになる．

$$t = \frac{u}{a} = 1.3 \times 10^{-14}\,\mathrm{s} \tag{11.14}$$

実際には，イオンは電場に応答して瞬間的に終端速度に達すると考えてよい．

■ネルンスト–プランク方程式，移流拡散方程式，ナビエ–ストークス方程式の比較

式 (11.10) は，パッシブスカラーの移流拡散方程式やナビエ–ストークス方程式と同

様な形式へと書き換えられる．たとえば，等方性拡散を仮定して積の微分公式 $\nabla(\vec{u}_i c_i)$ $= \vec{u}_i \nabla c_i + c_i \nabla \cdot \vec{u}_i$ を用いると次式を得る．

$$\frac{\partial c_i}{\partial t} + \vec{u}_i \cdot \nabla c_i + c_i \nabla \cdot \vec{u}_i = D_i \nabla^2 c_i \tag{11.15}$$

非圧縮性流体の運動量輸送に関するナビエ–ストークス方程式と比較すると，ネルンスト–プランク方程式（ここでは化学反応は考えない）は生成（外力）項と圧力項をもたない．ナビエ–ストークス方程式およびパッシブスカラーの移流拡散方程式と比較すると，ネルンスト–プランク方程式は物質速度の発散に比例する追加項（$c_i \nabla \cdot \vec{u}_i$）を有する．非圧縮性流体の流れでは，質量保存のため流速の発散 $\nabla \cdot \vec{u}$ はゼロだが，電場を伴う系や導電率が非一様な系では物質速度場における発散が有限となるため，一般にゼロだということはできない．

■ **例題 11.2**　拡散係数が一様な場合，式（11.10）を整理して式（11.15）を導け．

解　次式から始める．

$$\frac{\partial c_i}{\partial t} = -\nabla \cdot [-D_i \nabla c_i + \vec{u}_i c_i] \tag{11.16}$$

物質流束を分離し，一様な拡散係数を仮定すると次式が得られる．

$$\frac{\partial c_i}{\partial t} = D_i \nabla^2 c_i + \nabla \cdot (\vec{u}_i c_i) \tag{11.17}$$

対流項で積の微分公式を用いて左辺へ移動させると，次のようになる．

$$\frac{\partial c_i}{\partial t} + \vec{u}_i \cdot \nabla c_i + c_i \nabla \cdot \vec{u}_i = D_i \nabla^2 c_i \tag{11.18}$$

11.3　電荷の保存

　本節では，すべての物質 i についてネルンスト–プランク方程式を $z_i F$ で重みづけをして総和をとり，**電荷保存則**（charge conservation equation）を得る．その際，自然に導電率 σ やモル伝導率 Λ が得られる．

11.3.1　電荷保存則

　ネルンスト–プランク方程式（11.10）は，物質濃度の変化を物質流束密度の発散と関連づける．物質 i の価数は z_i で与えられ，物質 i の 1 mol の電荷は $z_i F$ で与えられるため，各物質の保存則はそれぞれの電荷輸送も記述する．全物質の総和をとると次式が得られる．

- 電荷保存則

$$\sum_i z_i F \frac{\partial c_i}{\partial t} = -\nabla \cdot \left[-\sum_i z_i F D_i \nabla c_i + \sum_i z_i F \vec{u}_i c_i \right] \tag{11.19}$$

この式の電荷流束を図 11.2 に示す．式 (11.19) は次のように整理できる．

$$\frac{\partial \rho_E}{\partial t} + \vec{u} \cdot \nabla \rho_E = -\nabla \cdot \left[-\sum_i z_i F D_i \nabla c_i + \sigma \vec{E} \right] \tag{11.20}$$

流速 $\vec{u}$ がイオンの電気泳動速度 $\mu_{EP,i}\vec{E}$ と比べて小さい場合には，$\vec{u}\cdot\nabla\rho_E$ の項は無視でき，次式のようになる．

$$\frac{\partial \rho_E}{\partial t} = -\nabla \cdot \left[-\sum_i z_i F D_i \nabla c_i + \sigma \vec{E} \right] \tag{11.21}$$

また，もし全物質の拡散係数が等しく D である場合には，式 (11.20) は以下のように書ける．

- 全物質の拡散係数が等しい際の電荷保存則

$$\frac{\partial \rho_E}{\partial t} + \vec{u} \cdot \nabla \rho_E = -\nabla \cdot [-D \nabla \rho_E + \sigma \vec{E}] \tag{11.22}$$

そして，式 (11.21) は次のようになる．

- 対流が無視できて全物質の拡散係数が等しい際の電荷保存則

$$\frac{\partial \rho_E}{\partial t} = -\nabla \cdot [-D \nabla \rho_E + \sigma \vec{E}] \tag{11.23}$$

前式において，$\sigma [\mathrm{C/(V\,m\,s)}]$ は $\sigma = \sum_i c_i z_i F \mu_{EP,i}$ と定義される導電率で，電荷密度

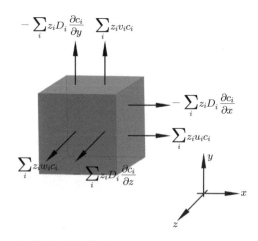

図 11.2　直交座標系における検査体積の電荷流束

ρ_E は $\rho_\mathrm{E} = \sum_i c_i z_i F$ と定義される.したがって,導電率は電荷保存則から自然に求められ,$\mu_{\mathrm{EP},i}$ と直接的に関係する.これは物理的に,電解質溶液中でイオンの移動によって電荷が伝搬するという考え方と一致している.すなわち,イオン成分の電気泳動移動度が高いほど溶液の導電率も高くなる.

11.3.2 拡散率,電気泳動移動度とモル伝導率

モル伝導率 $\Lambda\,[\mathrm{C/(V\,m\,s)}]$ は次式で定義される.

- モル伝導率の定義

$$\sigma = \sum_i c_i \Lambda_i \tag{11.24}$$

物質輸送方程式を電荷保存則と同時に解く場合,モル伝導率は有用である.モル伝導率は電気泳動移動度に比例する.これは予想されることで,オームの法則による導電率は,荷電イオンが電場に反応して移動する能力に由来するからである.

- モル伝導率とイオンの電気泳動移動度との関係

$$\Lambda = zF\mu_\mathrm{EP} \tag{11.25}$$

z と μ_EP はつねに同じ符号をもつため,モル伝導率はつねに正である.

11.4 ネルンスト–プランク方程式の対数変換

以下のネルンスト–プランク方程式

$$\frac{\partial c_i}{\partial t} = -\nabla \cdot [-D_i \nabla c_i + \vec{u}_i c_i] \tag{11.26}$$

は,マイクロ流体システムでは荷電物質の変動(たとえば帯電壁近く)が一般的に指数関数的でその微分の扱いが難しいため,数値的に解くことが難しい.特別な注意を払わずに数値シミュレーションを行うと,負の濃度や数値的不安定性などの非物理的な解を導くことが多い.これらの問題は,高電場印加下における電気二重層のダイナミクスを予測する際によく見られる.これは,共イオン濃度が極端に小さくなり,数値誤差により計算されたイオン濃度がゼロ付近で振動するためである.この問題は,印加電場に対する c_i の非線形応答が原因で起こる.c_i がとても小さい条件(たとえば電気二重層内の共イオン)では,物理的に妥当な大きさの c_i(きわめて小さい正の値)が,数値計算では物理的に妥当ではない大きさ(たとえば負の値)になってしまう.これに対処するために $c_i = \exp(\gamma_i)$ と置き換え,次式を得る.

278 第 11 章 物質と電荷の輸送

● 対数変換されたネルンスト–プランク方程式

$$\exp(\gamma_i)\frac{\partial \gamma_i}{\partial t} = -\nabla \cdot [-D_i \exp(\gamma_i)\nabla \gamma_i + \vec{u}_i \exp(\gamma_i)] \tag{11.27}$$

この変換された式には二つの重要な利点がある. まず, 濃度 c_i が指数関数的に変化するとき, 濃度の対数 (γ_i) は線形的に変化するので, γ_i は規則的な格子で数値的に解くのに適している. さらに, あらゆる γ_i に対して c_i は正の値となるため, γ_i の数値誤差により非物理的な解が導かれることはない.

11.5 マイクロ流体の応用：スカラー画像流速測定法

スカラー画像流速測定法 (scalar-image velocimetry：SIV) はマイクロスケールの速度場を計測する手法である. 保存されたスカラー (たとえば染料) を複数点にて時系列で可視化し, 計算アルゴリズムを用いて, その画像の変化を生じさせるために存在するであろう速度場を推測する. 厳密には, この手法は時空間分解された 4 次元情報 (3 次元の空間情報と時間情報) を必要とする. マイクロシステムでは, 本手法は通常, 時間の関数として計測された 2 次元空間情報を用いており, z 軸の速度勾配がほとんどないか速度を平均して扱うことができることを仮定している. ほとんどの SIV は分子タグ流速測定法のアプローチを使用しており, これはある技術 (通常はレーザー) を用いて染料に変化を与え, その動きから速度を推定する. 次の 2 項では 2 種類の手法について述べる.

11.5.1 ケージド分子を用いた SIV

ケージド染料 (caged dye) は光分解するまで蛍光を発しない染料である [139]. UV 光分解パルスの後に染料の流れを連続的に可視化する. この手法の長所は, 高い SN 比と比較的簡単に実施できることである. 短所は (a) 非ケージド染料 (光分解後の染料) は通常帯電しているので界面動電流には不向きであること, (b) 染料が時間経過で急激に分解することである. 図 11.3 はケージド染料を用いた流れの可視化結果である.

11.5.2 光退色を用いた SIV

光退色とは, 強力な光パルスを用いて特定箇所の蛍光トレーサーを「退色」させることを意味する. ほとんどの染料は, 光にさらされると, 項間交差, 光分解や他の量子効果によって蛍光量子収率 (吸収光子あたりの放出光子) が低下する. したがって, 流れ中の局所領域が退色されると, その空間的特徴の動きから速度を推定できる. 光退色は通常は低 SN 比の手法である. 図 11.4 に光退色を用いた結果を示す.

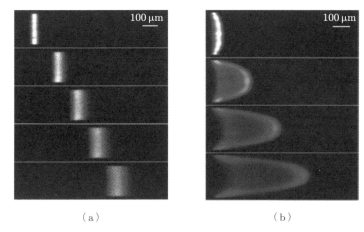

図 11.3 マイクロ流路内の (a) 電気浸透流と (b) 圧力駆動流をケージド染料でイメージングした結果(文献 [140] より)

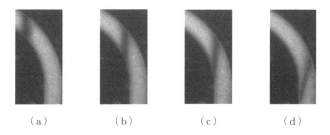

図 11.4 フルオレセインの光退色で可視化した，曲がり部を通過する電気浸透流の時間履歴 [141]

11.6 まとめ

本章では，拡散係数，電気泳動移動度，粘性移動度などの構成式を含む物質流束の基礎について説明した．ある検査体積の物質流束を考えることで，基本的な物質保存則であるネルンスト–プランク方程式が導かれる．

$$\frac{\partial c_i}{\partial t} = -\nabla \cdot [-D_i \nabla c_i + \vec{u}_i c_i] \tag{11.28}$$

この式を全物質について総和をとり価数で重みづけすることで，以下の電荷保存式が得られる．なお，ここでは流体の流れが無視でき，すべての物質の拡散係数が等しいとしている．

280 第 11 章 物質と電荷の輸送

$$\frac{\partial \rho_E}{\partial t} = -\nabla \cdot [-D\nabla \rho_E + \sigma \vec{E}] \tag{11.29}$$

これらの式によって，次のネルンスト–アインシュタインの式で関係づけられる輸送パラメータ D, μ_{EP}, μ_i, σ, Λ を考察できる．

$$\frac{\mu_i}{N_A} = \frac{D_i}{RT} = \frac{\mu_{EP,i}}{z_i F} \tag{11.30}$$

導電率やモル伝導率の定義についても触れた．これらは，非平衡界面動電流やマイクロ流体システムを用いた物質操作において非常に重要となる．

11.7 補足文献

Probstein [29] は荷電物質の輸送を詳細に扱って化学反応速度論について論じているが，この内容は本書では省略している（電極反応については第 5 章で簡単に述べている）．

本書では，熱拡散を無視して希薄溶液を仮定した簡単な形式でフィックの法則を記述している．拡散は，(a) 濃度勾配が温度勾配と同時に存在し，熱拡散，すなわちソレー効果が起こる場合，(b) 系が希薄溶液でなく，拡散係数が溶媒と溶質で決まる値ではなく全成分の濃度の関数である場合，いっそう複雑になる．本書で対象とする系にはほとんど影響を与えないため，ここではこれらの現象は無視する．

本章で用いたネルンスト–アインシュタインの式は，点電荷に対しては正しい．しかし，分子の構造によって，拡散の流体力学的効果や電気泳動の静電効果が異なるふるまいをする場合には成立しない．たとえば，高分子電解質の流体挙動と静電相互作用が異なるため，DNA のような荷電高分子の拡散と電気泳動移動度を関連づけるために用いることはできない．DNA の静電，流体相互作用については，第 14 章において，すぬけ高分子と非すぬけ高分子に関する箇所で説明する．

SIV はマクロスケール流れについては文献 [141, 142] で，マイクロスケール流れについては文献 [140, 141] で説明されている．

11.8 演習問題

11.1 表 11.1 の電気泳動移動度と式 (11.2) の近似式を用いて，以下のイオンの水和半径を求めよ．
(a) Na^+　(b) La^{3+}　(c) Cl^-　(d) SO_4^{2-}

11.2 表 11.1 の電気泳動移動度と式 (11.5) のネルンスト–アインシュタインの式を用いて，以下のイオンの水中での拡散係数を求めよ．

(a) Ca^{2+}　(b) NO_3^-　(c) HCO_3^-

11.3 **表 11.1** の電気泳動移動度と式 (11.24) のモル伝導率の定義を用いて，以下のイオンの水中でのモル伝導率を求めよ．

(a) H^+　(b) OH^-　(c) Li^+　(d) SO_4^{2-}

11.4 1 次元電位場 $\varphi(y)$ における価数 z のイオンの濃度分布を考える．次の手順でアインシュタインの式を導け．

・平衡状態でのイオン濃度分布 $c(\varphi)$ を求める．

・y 方向のイオン輸送に関する 1 次元のネルンスト–プランク方程式を求める．

・平衡状態で流束ゼロとなるためにはアインシュタインの式が成立する必要があることを示す．

11.5 物質 i についての 1 次元イオン流束を考える．

$$j_i = -D_i \frac{\partial c_i}{\partial x} + u_i c_i \tag{11.31}$$

正規化流束 $\dfrac{j_i}{c_i}$ が電気化学ポテンシャル $\overline{g_i} = g_i^\circ + RT \ln \dfrac{c_i}{c_i^\circ} + z_i F \varphi$ の空間勾配に比例することを示せ．

11.6 **図 11.1** のような直交座標での検査体積を用いて，式 (11.10) のネルンスト–プランク方程式を導け．

11.7 式 (11.10) のネルンスト–プランク方程式のような一般的な物質保存則を考える．全物質 i についてネルンスト–プランク方程式の総和をとり，F を掛けて式 (11.23) の電荷保存則を得よ．とくに流速に注意せよ．電荷保存則から流速を省略するためにはどのような仮定が必要か．

11.8 複数物質を含む溶液を考える．全物質の拡散係数が等しく D で与えられるとき，バルクでは $\dfrac{\sigma}{D} = \dfrac{\varepsilon}{\lambda_D^2}$ となることを示せ．

11.9 マイクロ流路の電気抵抗は $R = \dfrac{L}{\sigma A}$ と定義されることが多い．この表現は二重層の影響を無視できるときには正しい．二重層を考慮してこの関係を修正する方法の一つは，過剰な表面導電率，あるいは**表面コンダクタンス** G_s を導入することである[1]．表面コンダクタンスはジーメンスの単位をもち，電気二重層内の過剰なイオン濃度による付加的なコンダクタンスを表す．この表面コンダクタンスがある場合，マイクロ流路の電気抵抗は次式で与えられる．

$$R = \frac{L}{\sigma A + G_s \mathcal{P}} \tag{11.32}$$

ここで，$\mathcal{P}$ は流路の濡れぶち長さである．電気二重層にはグイ–チャップマンモデルを考え，二重層内でもバルクと同じように全イオンが同じモル伝導率をもつと仮定する．これらの仮定のもとで，流れを無視した場合の過剰表面コンダクタンスは次のようになる．

---

[1] 表面コンダクタンスを σ_s で表す文献が多いが，本書では導電率に σ を用い，コンダクタンスに G を用いる．

282　第11章　物質と電荷の輸送

$$G_\mathrm{s} = \int_{y=0}^{\infty} \sum_i (c_i - c_{i,\infty}) \Lambda_i \, dy \tag{11.33}$$

バルク溶液が 10 mM の KCl で表面電位 $\varphi_0 = -50\,\mathrm{mV}$ のとき，ガラス表面の表面コンダクタンスを求めよ．

11.10 デュキン（Dukhin）数は，バルクの導電率と比べて表面導電率の相対的な重要性を示す無次元数である．マイクロ流路では，次のように定義される．

$$Du = \frac{G_\mathrm{s}\mathscr{P}}{\sigma A} \tag{11.34}$$

ここで，$\mathscr{P}$ は流路の濡れぶち長さ，A は断面積である．

　微粒子に関して，デュキン数は一般的に次のように定義される．

$$Du = \frac{G_\mathrm{s}}{a\sigma} \tag{11.35}$$

ここで，a は粒子半径である．デュキン数が小さいとき，表面コンダクタンスは無視できる．デュキン数が 1 より大きいとき，表面コンダクタンスは重要である．

(a) 半径 $R \gg \lambda_\mathrm{D}$，表面電位 φ_0 の円管マイクロ流路を考える．グイ-チャップマン二重層にデバイ-ヒュッケル近似を用いるとき，マイクロ流路のデュキン数はいくらか．

(b) 半径 $a \gg \lambda_\mathrm{D}$，表面電位 φ_0 の粒子を考える．グイ-チャップマン二重層にデバイ-ヒュッケル近似を用いるとき，粒子のデュキン数はいくらか．

11.11　静止流体に対するネルンスト-プランク方程式を考える．対称な $z:z$ 電解質を考え，全物質の拡散係数は D とする．

(a) c_i を $c_{0,i} + \delta c_i$ に置き換えることで，式を線形化せよ．ここで，$c_{0,i}$ は定常値，δc_i は微小摂動である．δc_i は対流項では無視できるほど十分小さいと仮定する．

(b) 電荷密度は $\rho_\mathrm{E} = \sum_i z_i F c_i = \sum_i z_i F \delta c_i$ となる．線形化された 2 式（カチオンとアニオン）を差し引き，ρ_E の輸送方程式を導け．ネルンスト-アインシュタインの式とポアソン方程式，次式のデバイ長の定義を用いること．

$$\frac{1}{D}\frac{\partial \rho_\mathrm{E}}{\partial t} = \nabla^2 \rho_\mathrm{E} - \frac{\rho_\mathrm{E}}{\lambda_\mathrm{D}^2} \tag{11.36}$$

この式はデバイ-ファルケンハーゲン式（Debye-Falkenhagen equation）とよばれ，印加電圧が低く電荷密度と濃度の変化が小さい場合に適用できる．

11.12　系内の流れを計測する SIV について考える．電場がない圧力駆動流の計測において，可視化されたスカラーの輸送性質はどのように影響を与えるか．圧力勾配がない電場駆動流ではどうなるか．

第12章
マイクロチップを用いた化学的分離

　化学的分離技術は，分析化学や合成化学において重要な要素である．マイクロチップでは，流路内で各成分を異なる速度で移動させることで，複数物質からなる試料を各成分に分離する．この概念図を図 12.1 に，実験結果を図 12.2 に示す．マイクロ流路に試料となる流体塊を注入し，物質ごとに異なる速度をもつような物質移動を誘起し，検出器の位置を通過（到着）する際に時間の関数として物質濃度を検出することで分離が行われる（図 12.1）．マイクロ流体的な分離はキャピラリーやカラムを用いた技術を改良したもので，より最適な流体の移動，熱散逸，統合化などの利点がある．化学的分離の一例は電気泳動分離で，電気泳動移動度の異なる物質を分離するために用いられる．この場合，マイクロ流路の軸（流れ方向）に沿った電場を印加することで電気浸透流と電気泳動を誘起し，物質移動を引き起こす．本手法は電場を印加するだけでよいので，マイクロシステムの設計に容易に組み込むことができ，1995 年以降に開発されたマイクロチップ分析の大部分がマイクロチップ電気泳動を利用している（図 12.3 に一例を示す）．これはタンパク質分析（12.5 節）と DNA 分析・シーケンス（第 14 章）の両方に当てはまる．本章ではマイクロチップ分離を実現するための実験装置と技術について概説し，分離の種類や関連する輸送の問題について説明する．とくに，どのようにして

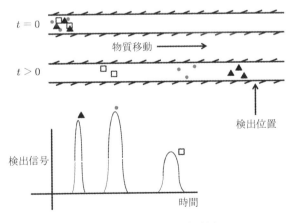

図 12.1　化学的分離の概念図

284　第12章　マイクロチップを用いた化学的分離

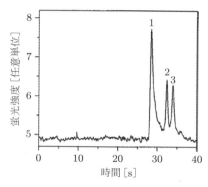

図12.2 レーザー誘起蛍光で定量化した，複数タンパク質の電気泳動分離．y 軸は注入部の下流にある検出器で計測された瞬間的な濃度（に対応した蛍光強度）を表す．ピーク1はもっとも高い界面動電移動度をもつ物質に相当し，ピーク3はもっとも低い物質に相当する（文献 [144] より）．

図12.3 キャピラリーゾーン電気泳動とキャピラリーゲル電気泳動を用いたタンパク毒素分離用に設計された Sandia MicroChemLab のチップ

離散的な流体塊が長い直管を移動するかということと，その流体塊の流れに拡散や分散が及ぼす影響について議論する．ここでは分離における流体力学的な影響に注目するため，分離そのものの意義については軽く触れるにとどめ，これまでの章の内容を化学的分離が関連する流体現象への適用を促すために演習を用いる．

12.1　マイクロチップ分離：実験による実証

輸送の問題に触れる前に，マイクロチップ分離の実験の要件について説明する．マイクロ流路内に試料塊をつくり，圧力や電圧で液体を駆動し，何らかの検出器で試料物質の存在を検知することでマイクロチップ分離が実現される．たとえば，電気泳動分離では，エッチングやスタンプでチップ上に製作したマイクロ流路のリザーバーに高電圧電源を接続する．電圧シーケンスと電気浸透流を用いて試料塊を分離流路に注入し，各種物質 i はそれぞれの正味の界面動電移動度 $\mu_{EK,i} = \mu_{EO} + \mu_{EP,i}$ で移動する．一般には検

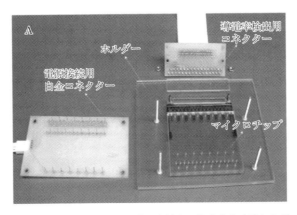

図 12.4 電気泳動分離と導電率検出の複合化を実現した並列デバイス（文献 [145] より）

出器（電気化学，レーザー誘起蛍光，あるいは吸光）が分離流路の端部に設置され，通過する物質を計測する．一例（導電率検出をあわせて行う）を図 12.4 に示す．

12.1.1 サンプル注入

キャピラリーと比較して，マイクロ流体チップではサンプル注入はより高度であり，効率的なサンプル注入は分離用マイクロデバイスの重要な利点である．マイクロデバイスは異なる機能を統合化できるため，複数流路を用いて，分離と化学反応や培養などの他工程と統合化できる．また，マイクロデバイスでは流体の注入シーケンスを制御することで，試料塊の大きさを精緻に制御することが可能である．典型的な注入は，図 12.5 に示す切り取り型界面動電注入である．

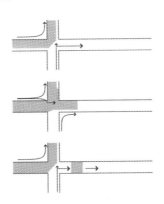

図 12.5 交差型マイクロ流体チップにおけるサンプルの充填と注入．複数流路を組み合わせることが容易なため，マイクロデバイスでは注入は容易である．典型的な注入では，一つのリザーバーからもう一方へと送液し，電圧を短時間切り替えて元の電圧に戻す

12.1.2　分解能

　x 方向に長いマイクロ流路を考える．ここでは，拡散と流体の流れを無視して問題を 1 次元として扱う．時刻 $t = 0$ で $x = 0$ が中心となる幅 w_0 の，n 種の物質を含む流体塊を考える．時刻 $t = 0$ で，これらの物質は流路内を速度 u_i で移動するように導入される．これは，電気泳動あるいは対流，またはその両方によるものである．時刻 t で，物質 i の流体塊は位置 $x = u_i t$ を中心とする位置にある．速度が Δu だけ異なるあらゆる 2 種類の物質に対して，流体塊の位置は $\Delta u t$ だけ離れ，$\Delta u t > w_0$ になると，流体塊は空間的に分離する．ここで，**分解能**（resolution）R を次のように定義する．

- 分離分解能の定義

$$R = \frac{中心間距離}{塊幅} = \frac{\Delta u t}{w(t)} \tag{12.1}$$

$w(t)$ は時間の関数としての塊幅である．この幅は拡散や分散によって一般的には増加する．分離システムの設計の多くでは，この R を最大化することに重点をおいている．

12.2　1 次元的なバンドの拡大

　分離には多くの形式が存在し，それぞれにおいて大きな，あるいは特徴的な Δu となるようにさまざまなアプローチが使用される．$w(t)$ を予測する現象の多くは一般的であるため，まずはこれらのバンド拡大現象に関して，分離手法と分解能の制限を比較しつつ説明する．この拡大現象は試料輸送中における分散と拡散を含むため，これらの物質輸送現象について考える．モデルケースであるマイクロチップ電気泳動分離に関して，以降では，物質拡散や電気泳動を伴う拡散，そして圧力駆動流や湾曲した形状などの分散効果を伴う場合の拡散と電気泳動分離について考える．

12.2.1　試料の輸送：静止流体，電場がない場合

　まずは静止流体を考え，どのように試料バンドが分離や分散なしで拡散するかについて記述する．時刻 $t = 0$ で $x = 0$ を中心とする，初期濃度 c_0 で幅 w_0 の試料塊の，濃度 c の 1 次元分布を考える．単位面積あたりの試料の総モル数は $\Gamma = c_0 w_0$ である．

　物質濃度の時間発展に関する支配方程式は，以下のネルンスト－プランク方程式である．

$$\frac{\partial c_i}{\partial t} = -\nabla \cdot [-D_i \nabla c_i + \vec{u}_i c_i] \tag{12.2}$$

流れと電場がない場合では $\vec{u}_i$ はゼロであることに注意し，1 次元に単純化すると次式を得る．

$$\frac{\partial c_i}{\partial t} = D_i \frac{\partial^2 c_i}{\partial x^2} \tag{12.3}$$

これは単なる1次元のパッシブスカラー拡散方程式にすぎない。ある大きな時刻 t における c の分布は次のようになる。

● 点物質源の拡散の解

$$c(x,t) = \frac{\Gamma}{\sqrt{\pi}\sqrt{4Dt}} \exp\left(-\frac{x^2}{4Dt}\right) \tag{12.4}$$

$w_0 \to 0$ の極限をとると Γ は定数となり，この解はすべての時刻 t で成立する．この解は，積分可能な ODE（常微分方程式）を得るために PDE（偏微分方程式）を変形するのと同様にして得ることができる．この解から，ピーク濃度が $\sqrt{t}$ に比例して減少し，幅が $\sqrt{t}$ に比例して広くなることがわかる．とくに FWHM（全値半幅）w は $w = 4\sqrt{\ln 2}\sqrt{Dt}$ で，ピーク濃度は $\dfrac{\Gamma}{\sqrt{\pi}\sqrt{4Dt}}$ で与えられる．したがって，拡散は次の二つの点において分離に影響を与える．まず，ピーク濃度の依存性のために，試料を実験的に検出する能力は $\sqrt{t}$ に比例して低下する．次に，分離手段において $\sqrt{t}$ よりも速く物質を分離しなければならず，さもないと拡散により分離が不明瞭になる．

12.2.2　試料の輸送：電気浸透流と電気泳動

　これまでの純粋な拡散の結果をふまえて，今度は分離を加えて，電気泳動分離の理想的な解を求める．ここでは，電気泳動による分離と電気浸透流による定速流を引き起こすような薄い電気二重層条件で，電場印加の作用を考える．

　薄い電気二重層下での電気浸透流が一様な速度 u_{EO} で与えられ，試料の対流による輸送が正味の界面動電速度 $u_{\mathrm{EK}} = u_{\mathrm{EO}} + u_{\mathrm{EP}}$ で与えられるとき，空間 u_{EK} による以外は式 (12.4) と同じになる．

● 薄い電気二重層下での電気浸透流と電気泳動による物質輸送の解

$$c(x,t) = \frac{\Gamma}{\sqrt{\pi}\sqrt{4Dt}} \exp\left(-\frac{(x - u_{\mathrm{EK}}t)^2}{4Dt}\right) \tag{12.5}$$

薄い電気二重層下での電気浸透流速は一様なため，ピークの減少や広がりは電気浸透流の影響を受けない．そのため，薄い電気二重層下では電気浸透流は試料の分散を引き起こすことが**ない**．

　前述の関係から，薄い電気二重層下で電場を印加すると，全試料が界面動電的に移動し，正味の移動度に基づく分離にいたることがわかる．それぞれの試料塊中心の分離は $\Delta\mu_{\mathrm{EP}}Et$ で与えられる．拡散により試料塊幅は時間とともに広がり，大きな t では $4\sqrt{\ln 2}\sqrt{Dt}$ で与えられる．バンド幅は $\sqrt{t}$ でスケーリングでき，分解能も同様に $\sqrt{t}$ に比例して増加する．これは理想的な解で，例を**図 12.6** に示す．

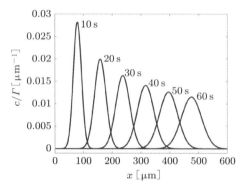

図 12.6 電気泳動による移動と拡散によるバンド幅の広がりをもつ濃度分布の経時変化

■圧力駆動流の影響

4.6 節で述べたように,圧力駆動流はテイラー–アリス分散をもたらし,平均速度 $\bar{u}(x)$ の圧力駆動流は試料の正味の移動と有効拡散の増加につながる.これらの効果は空間や時間に依存して変化し,解は次のように書ける.

- テイラー–アリス分散を伴う物質輸送の解

$$\bar{c}(x,t) = \frac{\Gamma}{\sqrt{\pi}\sqrt{4D_{\text{eff}}t}} \exp\left(-\frac{\left(x - \int_0^t (u_{\text{EK}} + \bar{u})\,dt\right)^2}{4D_{\text{eff}}t}\right) \tag{12.6}$$

ここで,式 (4.12) より $D_{\text{eff}} = D\left(1 + \dfrac{Pe^2}{48}\right)$ である.12.4.1 項ではマイクロシステムの圧力駆動流について議論する.

12.3 マイクロチップ電気泳動:背景と実験

マイクロチップが電気泳動分離に使われるのにはさまざまな理由がある.
1. 小型装置で少量の液体を分析できる.
2. 長さスケールが小さく,キャピラリーよりもジュール熱を逃しやすいため,高電場を用いることができる.
3. (これまでは当然とされてきた) 初期状態をつくるための試料塊の注入技術は,マイクロ流体デバイスではより高度である.
4. 注意深い形状設計が必要ではあるが,マイクロ流体デバイスでは長距離の分離流路をコンパクトに折り畳むことができる.

この一部は以降で説明する.

12.3.1 放熱性

マイクロチップはキャピラリーと比べて熱容量が大きいため，一般にマイクロチップでは放熱性がよい．ガラスやシリコンは良熱伝導体であるが，マイクロ流体デバイスに用いられる高分子は熱伝導性が低い．

12.3.2 小型で折り畳まれた長距離流路

試料バンドの分離分解能は $\ell^{1/2}$ に比例して増加するため，距離が長くなるほどよく分離できる．マイクロ流路の利点の一つは，小さな面積で長い流路を簡単に設計できることである．たとえば，幅 20 μm，長さ 1 m 以上の流路が 1 cm×1 cm の面積で製作できる．このような流路の製造に関する時間的，金銭的コストは，短い流路の場合と比べてもそれほど増加するわけではない．これは魅力的な利点だが，特殊な形状で低分散の湾曲部をもつ設計をすることによってはじめて実現できる（12.4.2 項参照）．

12.4　実験での難しさ

マイクロスケールでの分離における難しさは，（a）静水圧，界面曲率，界面動電位の差による圧力駆動流，（b）1 次元ではない電気浸透流によって引き起こされる試料の分散の 2 点である．

12.4.1 圧力駆動流

12.2 節では，圧力駆動流はテイラー–アリス分散をもたらすが，電気浸透流ではそうではないことを述べた．このため，電気浸透流を用いて試料（拡散係数が小さい大きな分子）を動かし，電気泳動で分離する．しかし，電気浸透流でも圧力駆動流が発生して，その性能を低下させることがある．

■周囲圧力勾配

マイクロチップでは，リザーバー間の静水圧差やリザーバー内部界面の曲率半径差に起因する圧力勾配が存在することが多い．この影響は，圧力損失の大きい部品を使用することで抑えることができる．

■界面動電的な圧力勾配

前述したように，界面動電ポンプでは，物理障壁や流動抵抗のために，電気浸透流の関係式が連続性を満たすことがない．同様に，界面動電位 ζ の非一様な分布によって，不連続な質量流量の電気浸透流が発生する．これらの流れもまた圧力勾配やポアズイユ

流を誘起する．そのため，マイクロチップ電気泳動分離では，均一なゼータ電位が非常に重要である．図12.7に上下位置やx方向で異なる界面動電位がどのように分散に影響を与えるかについて示す．

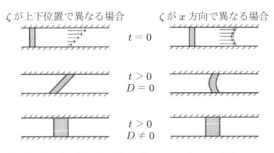

図12.7 非一様な界面動電位によって起こる分散

12.4.2 湾曲部や拡大部での試料バンドの広がり

1次元のマイクロ流路では分散のない電気浸透流での輸送が可能であるのに対し，残念ながら，2次元流路では不可能である．たとえば，湾曲部では，内側の試料は高い電場（高速）と短い移動距離となるために分散が発生する．そのため，分散を最小限にするための湾曲流路を特別に設計することによって対処している．図12.8は，レーストラック効果とよばれるこの現象を，設計が不十分な流路とこの効果を大幅に改善するよう最適化された流路の場合において示している．この問題に対するさまざまな解決策は文献 [82, 83, 146, 147] に記されている．

流路拡大部や断面積の変化，電気浸透移動度の空間分部なども分散効果を引き起こす．

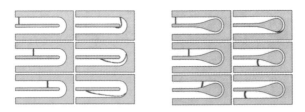

図12.8 慎重に設計されたマイクロ流路の湾曲部におけるレーストラック効果とその低減のシミュレーション．左は通常のマイクロ流路，右は最適化された流路（文献[82]より）

例題 12.1 長さL，半径Rで$L \gg R$の長く細いキャピラリー管内における，水溶液（$\eta = 1\,\text{mPa·s}$，$\dfrac{\varepsilon}{\varepsilon_0} = 78$）の流れに対する外部解を考える．管壁はガラス（$\varphi_0 = -70\,\text{mV}$）とまたはアルミナ（$\varphi_0 = +40\,\text{mV}$）で，図12.9のように同じ長さで連続的に

図 12.9 2 領域からなるキャピラリー管. ガラス (左) とアルミナ (右)

接続される. 100 V/cm の電場が x 方向に印加される. 電気二重層は薄いと仮定する. $\dfrac{r}{R}$ を用いてそれぞれの断面における速度分布を求めよ. なお, この式は, 出入口や接合部から十分離れた場所での流れを記述するものである.

解 左をノード 1, 右をノード 3, 境界をノード 2 とする回路モデルを考える. 定義から $p_1 = p_3$ とする. x 方向の流れを正と定義する. ノード 1 と 2 の間の流路を流路 1, ノード 2 と 3 の間の流路を流路 2 とよぶ. 印加電場 E が両流路に電気泳動を発生させる. 単純な界面を考え, $\zeta = \varphi_0$ とする. 流路 1 では $Q_{\mathrm{EOF}} = -\dfrac{\pi R^2 \varepsilon \zeta_1 E}{\eta}$ で, 流路 2 では $Q_{\mathrm{EOF}} = -\dfrac{\pi R^2 \varepsilon \zeta_2 E}{\eta}$ となる. ノード 2 における質量保存則は $Q_{\mathrm{EOF},1} + Q_{\mathrm{PDF},1} = Q_{\mathrm{EOF},2} + Q_{\mathrm{PDF},2}$ となり, これは $p_2 \neq p_1$ のときのみ成立する. 流動抵抗の関係を用いて $\dfrac{p_2 - p_1}{L}$ について解くと $\dfrac{p_2 - p_1}{L} = \dfrac{4\varepsilon E}{R^2}(\zeta_2 - \zeta_1)$ が得られ, これは, 特定のゼータ電位では流路中心の圧力が界面動電流によって増加することを意味している. この圧力勾配をポアズイユ流の式に代入すると, $u_{\mathrm{PDF},1} = -\dfrac{\varepsilon E}{\eta}(\zeta_2 - \zeta_1)\left(1 - \dfrac{r^2}{R^2}\right)$ および $u_{\mathrm{PDF},2} = -\dfrac{\varepsilon E}{\eta}(\zeta_1 - \zeta_2)\left(1 - \dfrac{r^2}{R^2}\right)$ を得る. したがって, 全体の流速分布は $u_1 = -\dfrac{\varepsilon E}{\eta}\left[(\zeta_2 - \zeta_1)\left(1 - \dfrac{r^2}{R^2}\right) + \zeta_1\right]$ および $u_2 = -\dfrac{\varepsilon E}{\eta}\left[(\zeta_1 - \zeta_2)\left(1 - \dfrac{r^2}{R^2}\right) + \zeta_2\right]$ となる. 与えられたパラメータを用いると, 次式のようになる.

$$u_1 = -7\,\mu\mathrm{m/(mV\,s)}\left[110\,\mathrm{mV}\left(1 - \dfrac{r^2}{R^2}\right) - 70\,\mathrm{mV}\right] \tag{12.7}$$

$$u_2 = -7\,\mu\mathrm{m/(mV\,s)}\left[-110\,\mathrm{mV}\left(1 - \dfrac{r^2}{R^2}\right) + 40\,\mathrm{mV}\right] \tag{12.8}$$

ノードで発生する圧力は $\dfrac{L}{R^2}$ に比例するが, **速度分布形状は L に依存しない**.

292 第12章 マイクロチップを用いた化学的分離

12.5 タンパク質やペプチドの分離

タンパク質は細胞が機能するうえで主要な役割を担うため,タンパク質の測定,定量,分離は生化学分析において重要性が高い.タンパク質の濃縮やイムノアッセイなど,数多くの分析が生物分析化学において重要である.ここではマイクロ流体デバイスを用いたタンパク質の分離に焦点を当てる.また,主に酵素分解で得られるタンパク質の一部であるペプチドの分離も含む.

まず,分離に関係する輸送の問題に影響を与えるタンパク質の性質について述べ,分離手法について説明し,最後に分離性能を向上させるための組み合わせアプローチを紹介する.

12.5.1 タンパク質の性質

タンパク質は輸送に影響を与えるいくつかの性質をもつ.タンパク質は帯電し,すべてのアミノ酸はアミノ基（$pK_a \simeq 8$）とカルボキシ基（$pK_a \simeq 4$）をもつ.さらに,多くのアミノ酸（たとえばリジンやアルギニン）はイオン化できる側鎖を有する.そのため,一般にタンパク質は,pHや濃度の関数である電気泳動移動度や,電気泳動移動度がゼロとなるpHである等電点などの性質が測定可能である.水溶性タンパク質の多くはおおよそ球状で自然状態では硬い構造であるため,水和半径が1〜10 nmのオーダーの剛体球と（近似的に）考えられる.水和半径とは,タンパク質に結合している水分子層を含んだ特性半径を意味する.タンパク質は分析のために変性させることができる.すなわち,分子構造を破壊して,硬い球体ではなく長い鎖としてふるまうようにすることができる.これは通常はドデシル硫酸ナトリウム（SDS）を用いて行われる.SDSによって変性されたタンパク質は直鎖状で強く帯電し,DNA（第14章参照）のようにふるまう.変性した状態では,タンパク質は半径よりも長さで特徴づけられる.変性状態では,タンパク質は測定可能な性質,たとえば液体中での電気泳動移動度（すべてのタンパク質でほぼ同じ）や,ゲル中での電気泳動移動度（タンパク質のサイズの関数で,小さいものほど速く移動する）などを示す.タンパク質を構成するアミノ酸は疎水性や帯電状態が変化するため,どの程度疎水的あるいは親水的か,また,どの程度強くあるいは弱く帯電しているかに依存して異なる吸着特性を有する.これら性質のそれぞれが異なるタンパク質の特性に関連しており,そのため以降に述べる分離方法も異なってくる.

12.5.2 タンパク質の分離技術

前述した性質に基づいてタンパク質を分離する多くの技術が存在する（そして,マイクロ流体デバイスに応用されている）.

■キャピラリーゾーン電気泳動

キャピラリー電気泳動(capillary electrophoresis：CE)またはキャピラリーゾーン電気泳動(capillary zone electrophoresis)は，本章で前述した手法であり，電荷が印加された流路に試料塊を注入する手法である．各物質 i は次式に示す正味の電気泳動速度で移動する．

- 電場誘起流での正味イオン速度

$$u_i = u_{\mathrm{EO}} + u_{\mathrm{EP},i} \tag{12.9}$$

物質が異なると速度が異なるため，各物質の溶出時間 t は異なる．マイクロチップでは，サンプルは一般的に切り取り型界面動電注入を用いて注入され，レーザー誘起蛍光または電気化学で検出される．

マイクロチップ CE は，一般にマクロスケールの CE よりも以下の二つの理由で高性能である．まず，CE 分離は高電場が印加されると速く機能する点があげられる．マイクロチップは高電場で利用可能であり，それは(a)長さスケールが短く小容量の高圧電源でも高電場をつくり出せるため，(b)キャピラリーと比べてマイクロチップは優れたヒートシンクであり試料を過度に加熱しすぎることなく高電場を印加できるためである．次に，切り取り型界面動電注入を用いて微量(〜100 pL)のサンプルを注入できる点があげられる．これにより，高分解能での迅速な分離が可能となる．これまでにさまざまな電気泳動法が提案されている(たとえば図 12.10 参照)．

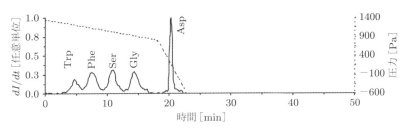

図 12.10 5 種のアミノ酸の勾配溶出移動境界電気泳動(gradient-elution, moving-boundary electrophoresis：GEMBE)分離．大きな分子の場合は圧力が分離性能を低下させることが多いが，小さな分子では，圧力勾配の存在下でもペクレ数が小さくテイラー－アリス分散の影響が比較的小さいため，分離が可能である．そのため GEMBE 分離は小さな分子の分離に適している(文献 [148] より)

■液体クロマトグラフィー

液体クロマトグラフィーでは，試料塊を流路に注入し，圧力によって液体を駆動させる．流路表面や移動相(タンパク質試料を運ぶために使われる液体)は，タンパク質が表面に付着するように選択される．タンパク質は，その表面に対する化学的親和性に応じて異なるタイミングで溶出する(分離カラムの端部から排出される)．たとえば，疎

水性の壁面コーティングを施した流路では，疎水性タンパク質のほうが親水性と比べて遅く溶出する．

一般に，クロマトグラフィーはマクロな HPLC システムを用い，多孔質体で満たされた流路で行われるため，体積に対する表面積の比（比表面積）が大きい．この多孔質体には高い圧力勾配が必要で，この技術は高速液体クロマトグラフィー（high-performance liquid chromatography），あるいは高圧液体クロマトグラフィー（high-pressure liquid chromatography）とよばれる．どちらの用語も意味は同じで，HPLC と略される．HPLC をマイクロチップに統合化することは難しい．これは，チップ内に表面機能性多孔質体を充填することが難しいため，マクロスケールの装置（キャピラリーなど）との高圧での接続が困難なため，高圧下での流量制御と注入が難しいためである．このような困難さがあるが，マイクロチップでの HPLC 分離（図 12.11 と図 12.12）は一般的になっている．

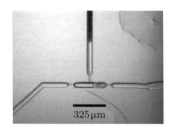

図 12.11　光重合逆相 HPLC 分離カラムと組み合わせた高圧ピコリットル HPLC 注入（文献 [149] より）

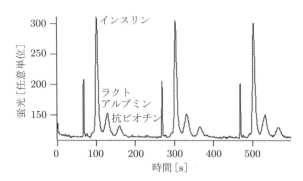

図 12.12　3 種の生体分子（インスリン，ラクトアルブミン，抗ビオチン）の高速マイクロチップ HPLC 分離

■等電点電気泳動

すべてのタンパク質は**等電点**（pI），すなわちタンパク質の電荷平均がゼロとなる pH をもつ[1]．等電点電気泳動（isoelectric focusing：IEF）では，タンパク質を pH 勾配と電場に同時にさらすことでタンパク質の濃縮と分離を行う（**図 12.13** 参照）．タンパク質はその帯電状態に応じて移動する．正に帯電したタンパク質はカソード側に移動し，より高い pH 環境にさらされ，より負に帯電する．負に帯電したタンパク質はアノード側に移動し，より低い pH 環境にさらされ，より正に帯電する．定常状態の溶液は，それぞれの pI の位置で固定化されてサンプル中の全分子が含まれる，複数のタンパク質分離バンドをもつ．pH 勾配をつくるためには，複数の高分子電解質からなる**両性担体**を用いる必要がある．

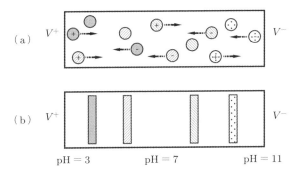

図 12.13 等電点電気泳動．(a) タンパク質の混合物が pH 勾配と電場にさらされる．(b) 定常状態ではそれぞれの pI の位置でバンドを示す

12.6　多次元分離

化学的分離は，物理的性質を空間的位置へと変換する技術だと考えることができる．そして，この空間的位置はその物理的性質を示す軸に沿った位置であると考えられる．たとえば，電気泳動で物質を分離して点検出器で物質を記録するとき，得られるエレクトロフェログラム（電気泳動図）は濃度と電気泳動移動度のプロットだと考えることができる．このように，成分が μ_{EP} 軸上に分離される．

想像できるように，複数の軸で成分を分離できれば，複雑なサンプルもよりよく分解することができる．**多次元分離**は，2 次元以上の分離を行うことによって各成分の分離性能を向上させる．

---

[1] 他では，pI という表記はヨウ素濃度の負の対数を示すのに使われることがある．ここでのその意味とは異なり，ネルンスト面を考える際に重要となるものである．

296　第12章　マイクロチップを用いた化学的分離

分離の説明に用いられる言葉は線形代数のものと似ている．二つの分離手法が，ほとんど関連のない物理的性質に基づいて分離を行う場合（たとえば，一方の手法での移動速度がもう一方とほとんど関連性がない場合），**直交**するといわれる．分離の**直交度**に言及する場合もあり，これは，分析対象の二つの溶出時間の相関係数を意味する．

12.7　まとめ

本章では，基本的なマイクロチップ分離技術について概説し，これらを用いて関連する輸送問題について述べた．とくに，離散的な流体塊が長い直管をどのように移動するかに注目した．拡散と分散が分離の分解能を低下させ，この分散をなくすために多くのマイクロチップが設計されている．

12.8　補足文献

有用な分離のテキストは文献 [150, 151, 152] である．これらには，本章で触れなかった重要な分離技術に関する有用な情報が含まれている．触れていない重要な分析技術には，複数の緩衝液を用いることでタンパク質を分離して濃縮する等速電気泳動（isotachophoresis：ITP）や電場増幅試料スタッキング，クロマトグラフィー充填材で満たされた流路内で試料を電気的に移動させるキャピラリー電気クロマトグラフィー（capillary electrochromatography：CEC），DNA のアガロースゲル分離と同様にサイズに基づいてタンパク質を分離する SDS-PAGE（sodium dodecyl sulfate-polyacrylamide gel electrophoresis，ドデシル硫酸ナトリウム−ポリアクリルアミド電気泳動）などがある．SDS はタンパク質に付着して変性させる界面活性剤で，硫酸基によってタンパク質を大きな負電荷をもつ細長い形状にする．もっとも一般的なマクロの2次元分離は，IEF の後，SDS で変性させて PAGE を用いて垂直方向に分離する IEF/SDS-PAGE ゲルである．タンパク質試料はポリアクリルアミドゲル上で複数の斑点に分離され，たとえば質量分析などのために，これを切り取りタンパク質サンプルを抽出することができる．マイクロチップでの2次元分離に関して，分離モードとして MEKC/CE [144, 153] や IEF/CE [154, 155]，CEC/CE [156] などがある．

電気浸透流の低分散の湾曲部については文献 [82, 83, 146, 147] に記述がある．マイクロチップ HPLC は文献 [149] で，高圧治具を用いたものは文献 [157] で述べられている．

12.9 演習問題

12.1 $t = 0$ から $t = 60\,\mathrm{s}$ の範囲のいくつかの時刻で，式 (12.5) を用いて物質濃度分布をプロットせよ．物質の総量に依存しないようにプロットは正規化せよ．電気浸透流はなく，初期幅 $w = 20\,\mathrm{\mu m}$ と仮定する．価数は 2 で拡散係数は $D = 1 \times 10^{-11}\,\mathrm{m^2/s}$，電場 $100\,\mathrm{V/cm}$ が印加されると仮定する．式 (11.30) のネルンスト–アインシュタインの式を使ってもよい．

12.2 演習問題 12.1 を式 (12.6) を用いて行え．試料塊は平板型（2 次元の）マイクロ流体界面動電ポンプの中央に $\mu_{\mathrm{EO}} = 1 \times 10^{-4}\,\mathrm{m^2/V\,s}$ で導入され，流路高さは $d = 10\,\mathrm{\mu m}$ とする．ポンプは最大圧力で動作する．

12.3 長く，半径が $10\,\mathrm{\mu m}$ で二つの領域，長さ（ℓ_1 でゼータ電位 ζ_1 の領域 1 と長さ ℓ_2 でゼータ電位が ζ_2 の領域 2）からなるマイクロ流路を考える．流路半径に比べて二重層は薄いと仮定する．端部での圧力は等しく，流体は粘性率 $\eta = 1\,\mathrm{mPa\,s}$ の水で拡散係数 $D = 1 \times 10^{-11}\,\mathrm{m^2/s}$ の核酸を含んでいる．

(a) マイクロ流路内の十分発達した領域（2 領域の境界近くの地点を無視して）の 1 次元速度分布を求めよ．

(b) 印加電場 $100\,\mathrm{V/cm}$，$\zeta_1 = -50\,\mathrm{mV}$，$\zeta_2 = 0$，$\ell_1 = 1\,\mathrm{cm}$，$\ell_2 = 5\,\mathrm{cm}$ のとき，領域 1 と 2 における速度分布をプロットせよ．

(c) 上のパラメータを用いて，それぞれの領域での核酸の有効拡散係数を計算せよ．2 領域での分散の間にどのような違いが見られるか．

12.4 不均一電場が存在するが圧力勾配がない，半径 R の円形断面をもつマイクロ流路内の流れを考える．この電場は，実験的には複数電極やイオン透過膜などでつくり出すことができる．電場が長さ方向 L に対して線形的に $E = \dfrac{E_0 x}{L}$ と変化するとき，速度分布を求めよ．ただし，液体の粘性を η，表面の界面動電位を ζ とする．

12.5 電場勾配濃縮では，電場の勾配を用いて，試料を電気泳動移動度の関数となるマイクロ流路内のある位置に集束させる．非一様な電場が与えられて逆方向の圧力勾配 $\dfrac{dp}{dx} > 0$ となる，半径 R の円形断面をもつマイクロ流路内の流れについて考える．電場が長さ方向 L に対して線形的に $E = \dfrac{E_0 x}{L}$ と変化するとき，以下の問いに答えよ．

(a) 液体の粘性が η で表面の界面動電位が ζ のとき，断面平均流速を求めよ．

(b) 断面平均流速のみを考慮し，電気泳動移動度 μ_{EP} の電解質の平衡位置がもしあるなら求めよ．

(c) 流れ場による分散を考え，濃度分布の幅を価数の関数として記述せよ．

(d) 電場が時間の関数として変化する場合を考える．（制御不可な）異なる電気泳動速度をもつ 2 種類の試料が $x = 0.3\,L$ と $x = 0.7\,L$ の位置で分離されて保持され，この系の目標がこの分布幅の最小化だとする．いつでも試料の位置を確認できるとすると

き，この目標を達成するための時間の関数としての電場の分布を求めよ．

12.6 勾配溶出移動境界電気泳動（GEMBE）では，電気泳動移動度の関数として，試料がマイクロ流路内を時間とともに輸送される．二つの大きなリザーバーに接続された，x軸に沿った長さ 1 mm の円形断面のマイクロ流路があり，左端は濃度 0.1 mM で電気泳動移動度が 0.2, 0.5, 1.0, 1.5, 2.5×10^{-8} m^2/(V s) の5種のカチオン電解質である．逆圧力勾配 $\left(\dfrac{dp}{dx} > 0\right)$ が与えられ，右から左のリザーバーへの流れを発生させる．また，正の電場（$E = 250$ V/cm）が印加され，x正方向へのイオン輸送が発生する．

(a) $\dfrac{dp}{dx} = (60 - t) \times 1 \times 10^3$ Pa と表される関係式に従い，$\dfrac{dp}{dx}$ を 1 分間線形的に減少させる．時間の関数としてどの物質がマイクロ流路内に存在するかを述べよ．

(b) マイクロ流路の導電率は時間の関数としてどのようになるか．

12.7 温度が変わる系では，緩衝液の導電率は次の2種類の現象により変化する．(1) 高温での水の粘性摩擦係数の低下によりイオンの移動しやすさ（以降，モル伝導率）が温度とともに増加する，(2) 温度の増加により溶液中のイオン数を増加または減少させるような化学反応が起こる．

分析対象のタンパク質を多く含む系の pH を制御する緩衝液を仮定する．緩衝液の濃度はタンパク質よりも高いとする．イオンの電気泳動移動度が，0°C の値から1°C 離れるにつれて係数 α ずつ増加する $\left(\dfrac{\mu_{EP}}{\mu_{EP,0}} = 1 + \alpha T\right)$ と仮定する．また，イオン濃度の上昇により，緩衝液の導電率が 1°C あたりさらに係数 β ずつ増加すると仮定する．

$$\dfrac{\sigma}{\sigma_0} = 1 + (\alpha + \beta)T \tag{12.10}$$

$\sigma_0 = 2$ S/m で，1 S = Ω^{-1} である．

半径 R の円形断面をもつマイクロ流路を考え，ヒーターに接続されて流路内には一定温度勾配（$x = 0$ で $T = T_1$，$x = L$ で $T = T_2$，なお流動によってこの温度勾配は変化しない）が形成されるとする．$x = 0$ から $x = L$ まで電流 I が与えられる．電気浸透流は無視する．図 12.14 を参照すること．

(a) 実験パラメータの関数として，マイクロ流路内での x 方向の電場の関係を求めよ．

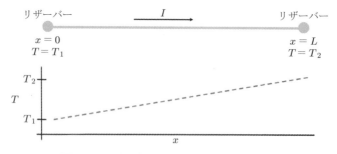

図 12.14　温度勾配と電流がある流路の概念図

12.9 演習問題 **299**

(b) $\mu_{EP,0}$ と実験パラメータの関数として,x方向の試料の電気泳動移動度の関係を求めよ.

(c) ここで,マイクロ流路に圧力勾配 $\dfrac{dp}{dx}$ が与えられたとする.$\dfrac{dp}{dx}$ と x を用いて,正味流速がゼロとなるときの $\mu_{EP,0}$ を求めよ.$R = 10\,\mu\mathrm{m}$,$\dfrac{dp}{dx} = 1 \times 10^4\,\mathrm{Pa/m}$,$\eta = 1\,\mathrm{mPa\,s}$,$I = 15\,\mu\mathrm{A}$,$\alpha = 0.02°\mathrm{C}^{-1}$,$\beta = 0.03°\mathrm{C}^{-1}$,$T_1 = 30°\mathrm{C}$,$T_2 = 70°\mathrm{C}$,$L = 5\,\mathrm{cm}$ のときの結果を計算してプロットせよ.

(d) 前の結果より,試料が $x = x_0$ で濃縮されて停滞する(正味の速度がゼロとなる)と仮定する.平衡状態における停滞位置 x_0 での試料の濃度分布はガウス分布 $\bar{c}(x) = A\exp\left(-B(x-x_0)^2\right)$ で与えられるとする.断面平均濃度 $\bar{c}$ についての1次元輸送方程式を書き,平衡状態でのガウス分布の FWHM w を求めよ.前のパラメータを用いて計算し,$w(x)$ をプロットせよ.

(e) 任意位置 x における試料の局所濃度を計測する検出器が $x = 0$ に設置されている.$\dfrac{dp}{dx}$ は時間とともに線形的に 0 から $5 \times 10^4\,\mathrm{Pa/m}$ まで変化し,検出器の信号を記録する.信号が時間とともにどのように変化するかを定性的に述べよ.また,この信号はシステムの試料の観点からどのような意味をもつか.

12.8 エッチングされた流路をもつガラスウェハから電気泳動分離デバイスをつくることを考える.このデバイスを完成させるためには,カバーを製作してエッチングされたガラスに貼り付ける必要がある.材料はガラス,アルミナ,PMMA から選択する.(コストや製作の容易さなどではなく)輸送現象のみを考えた場合,3種の材料のどれがもっとも優れた性能を示すのか.答えを簡潔に,定性的に説明せよ.

12.9 高 pH では中性だが $\mathrm{p}K_\mathrm{a} = 8$ の反応でプロトンを得られるアミンと,低 pH で中性だが $\mathrm{p}K_\mathrm{a} = 4$ の反応でプロトンを失うカルボン酸の二つの電荷サイトをもつタンパク質を考える.$T = 25°\mathrm{C}$ とする.

(a) ヘンダーソン–ハッセルバルヒの式を用いて,pH の関数としてタンパク質の平均全電荷を計算せよ.この関係をプロットし,等電点,すなわち総電荷がゼロとなる pH を決定せよ.分子は瞬間的な部分電荷をもつことができないが,時間平均的な分子運動の観点から見ると十分速く電荷を得たり失ったりするので,あたかも部分電荷をもつようにふるまう.

(b) このタンパク質が IEF 分離に用いられるマイクロ流路に導入されるとする.pH が空間的に pH = 3 から pH = 10 まで線形的に分布する,すなわち $x = 0$ で pH = 3,$x = 1\,\mathrm{cm}$ で pH = 10 となるように流路が両性担体で満たされると仮定する.$100\,\mathrm{V/cm}$ の電場が印加されるとき,タンパク質がマイクロ流路内の特定位置で濃縮されるためには,電場の符号はどうなるべきか.適当な符号の電場が印加されたときどこにタンパク質は安定に留まるか.

(c) タンパク質の濃度分布について1次元のネルンスト–プランク方程式を考える.簡単のために,等電点近くでのタンパク質の電気泳動移動度が線形だと考える.この

300 第12章 マイクロチップを用いた化学的分離

近似を用いて，定常状態の濃度分布が満たすべき式を書け．

(d) 定常状態の濃度分布の式はガウス分布となる．その濃度分布の半値半幅はいくつか．すなわち，等電点からどのくらいの距離で濃度が $\frac{1}{2}$ まで低下したか．

(e) 電場が2倍の場合，半値半幅はどうなるか．

(f) 2種類の反応の pK_a が8と4でなく6.5と5.5のとき，半値半幅（FWHM の半分の値）はどのように変化するか．

12.10 電気泳動分離を考える．分散なしの輸送の場合，分離分解能は流路長さと印加電場に対してどのような依存性をもつか．

12.11 HPLC 分離の多孔質体を通過する圧力駆動流を考える．$1\,cm \times 1\,cm$ の設置面積で $1\,m$ の長さをもつ流路形状を設計せよ．

12.12 半径 $R = 10\,\mu m$ の均一な円形断面をもつ長い流路内の流れを考える．集束したレーザー光による光退色を用いて流体の平均速度が測定され，ガウス分布状の厚みをもつ（退色した）流体塊の FWHM は，$t = 0$，$x = 0$ で $w = 10\,\mu m$ で，この退色流体分布の時間変化が可視化される．$t = 0$ と $t = 2\,s$ における z で平均された退色流体分布の x 位置を比較することで速度を推定する．この実験は流れの，1次元 SIV 計測であり，その結果得られる画像は**図 11.4** を連想させるものである．

スカラー分布の位置を特定する能力が，実験における SN 比に依存する．実験での SN 比が，流体分布のピーク位置をガウス分布の FWHM の30%の精度で測定できると仮定する．この手法を用いた場合の速度計測の精度はどのくらいか．

第13章
粒子の電気泳動

電気泳動は電場に比例した荷電体の移動である．**分子**の電気泳動について述べた第11章とは異なり，本章では荷電**粒子**の移動について述べる．電気泳動は，マイクロ流体デバイス内で位置決めや分離のために粒子を操作する簡単な手法である．電場を何らかの目的で用いる場合には，この手法は広く用いられる．

粒子と分子は，物体が周囲の電場をどう乱すのかという観点で異なる．小さな分子は点電荷とみなすことができ，連続的な電気二重層を形成するのに十分な対イオンをもつことができない．一方で，粒子は電荷が十分大きいため，連続的な電気二重層で覆われる．大きな粒子では，電気泳動は，境界条件の違いはあるにせよ電気浸透流と同様の解析を用いて記述できる．小さな粒子では，薄い電気二重層の仮定が崩れるため，その大きさに依存した電気泳動速度を示す．全体を通じて，流体の速度分布とバルク流体に対する粒子の速度の両方について議論する．

13.1 電気泳動の基礎：移動境界と静止流体での電気浸透流

粒子の電気泳動と流体の電気浸透流は，どちらも同じ物理現象で引き起こされる．壁面と二重層にはたらく静電気力は，定常状態では流体の粘性力や固体の弾性力で打ち消される．この二つの力の重要な違いは，仮定されている境界条件のみである．すなわち，固体の弾性力によって壁が固定された基準となり流体の動きを記述する際には**電気浸透流**を用い，液体の粘性力によって無限遠流体が動かない基準となり粒子や液滴の動きを記述する際には**電気泳動**を用いる．本節では，粒子の電気泳動の議論の準備として，移動境界を伴う電気浸透流を説明する．

移動電荷密度の総和が $-q''$ である電気二重層に覆われた，有限の表面電荷密度 q'' をもつ表面に関する電気浸透流の記述を思い出そう．電場が印加されると，壁と二重層は大きさが同じで逆向きの静電気力（$q''E_{ext}$ と $-q''E_{ext}$）を感じる．しかし，壁が動かないと仮定すると，機械的な力が壁を定位置に保持すると考えることができ，その力の大きさは $-q''E_{ext}$ となる．よって，帯電壁と静止した電気二重層にはたらく正味の力は $-q''E_{ext}$ に等しく，平衡状態では，クーロン力を打ち消し，粘性により壁に作用するせ

ん断力の大きさが $q''E_\text{ext}$ となるように電気二重層内で電気浸透流が発生する．全体が中性の系に電場を印加すると，壁面の電気的な力が機械的な外力で打ち消されるときに流れが発生する．

同じ方程式を，流体でなく壁が動くという境界条件で解くことができる．この場合，無限遠流体が動かずに固体壁が動くような系に電場を印加すると，**固体壁**が動く．液体の動きは電気二重層内のみで起こる．

表面電荷密度が q'' で界面電位が φ_0 であり，$y = 0$ にある移動できる無限平板を考える．電気二重層は単位面積あたりの電荷が $-q''$ の拡散電荷で構成される．初期状態では，静止流体中にこの平板が浮いている場合は，クーロン力により流体と固体壁の双方が動くことになる．

第6章のように，x 方向に置かれている壁に沿った，y 方向にのみ速度と電位の勾配がある定常等圧流れを考えると，ナビエ–ストークス方程式は x 方向の運動量保存則に単純化できる．

$$0 = \eta \frac{\partial^2 u}{\partial y^2} + \rho_\text{E} E_\text{ext,wall} \tag{13.1}$$

誘電率が一定のポアソン方程式と組み合わせて y 方向の勾配のみを考えると，次式のようになる．

$$0 = \eta \frac{\partial^2 u}{\partial y^2} - \varepsilon \frac{\partial^2 \varphi}{\partial y^2} E_\text{ext,wall} \tag{13.2}$$

ここで，移動する壁（ただし，遠方では $u = 0$）を仮定する．上式を整理して壁（$y = 0$，流体と壁の速度が等しい）から二重層外のある位置（$y \gg \lambda_\text{D}$ で，定義より $\varphi = 0$ で，バルク流体は動かないと仮定しているので $u = 0$ となる場所）まで積分すると，次式を得る．

$$u = \frac{\varepsilon E_\text{ext,wall}}{\eta} \varphi \tag{13.3}$$

y が大きいとき，$\varphi = 0$ で流体は動かない．壁面では $\varphi = \varphi_0$ なので，壁の速度は次のように与えられる．

$$u_\text{wall} = \frac{\varepsilon E_\text{ext,wall}}{\eta} \varphi_0 \tag{13.4}$$

電気二重層内の電位分布について，たとえばデバイ–ヒュッケル近似を仮定して，$\varphi = \varphi_0 \exp\left(-\dfrac{y}{\lambda_\text{D}}\right)$ を仮定すると，流速分布は以下のようになる．

$$u = \frac{\varepsilon E_\text{ext}}{\eta} \varphi_0 \exp\left(-\frac{y}{\lambda_\text{D}}\right) = \frac{q'' \lambda_\text{D} E_\text{ext}}{\eta} \exp\left(-\frac{y}{\lambda_\text{D}}\right) \tag{13.5}$$

ここで，$\varphi_0 = \dfrac{q''\lambda_D}{\varepsilon}$ というデバイ–ヒュッケル近似の結果も用いている．壁が静止してバルク流体が移動する場合の結果と比較すると，この定常流は速度のオフセットのみに違いがある．つまり，二つの速度は $\dfrac{\varepsilon E_{\text{ext}}\varphi_0}{\eta}$ だけ異なっている．さらに，定常状態における静止流体に対する板の速度 $\left(\dfrac{\varepsilon E_{\text{ext}}\varphi_0}{\eta}\right)$ は，第 6 章で求めた，静止壁に対する流速と大きさが同じだが符号が異なる．電気泳動の定常解は電気浸透流と座標変換のみに違いがある一方，図 13.1 に示すように，電気泳動の立ち上がりの速度分布は電気浸透流とは異なる．移動しない壁のときと同様に，壁面の局所電場と速度分布の関係は，電気二重層が粒子表面の曲率に比べて薄いときには 1 次元解析で扱うことができる．

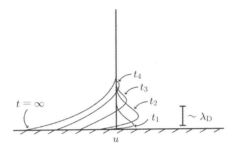

図 13.1　移動する荷電壁における電気泳動の立ち上がり

13.2　粒子の電気泳動

1 次元 1 方向の解析では，静止流体中に浮いている移動可能な無限平板に，壁面接線方向に $E_{\text{ext,wall}}$ の電場を印加すると，その板は定常状態で速度 $u = \dfrac{\varepsilon \varphi_0 E_{\text{ext,wall}}}{\eta}$ で移動する．より一般的には，電気二重層が薄いと，外部印加電場が一様な流体中に挿入されたあらゆる形状のストークス粒子は，E_0 を粒子がない場合の電場とすると $u = \dfrac{\varepsilon \varphi_0 E_0}{\eta}$ の速度で移動する．この関係は電気浸透流における速度と電場の類似性から導かれる．

まず，適切な条件下（準定常，すなわち印加電圧や表面の化学的性質の変化が特性周波数 $\dfrac{\eta}{\rho a^2}$ より遅く，流体物性や電気浸透移動度が均一で，電気二重層が薄く，無限遠では圧力が均一，無限遠流速が $\vec{u} = \mu_{\text{EO}} \vec{E}_0$）にある静止ストークス粒子（$Re \ll 1$）を考える．このとき，流れ場は $\vec{u} = \mu_{\text{EO}} \vec{E}$ で与えられる．無限遠の境界条件を（無限遠では $\vec{u} = 0$ となるように）変えて同じ系を考えてみると，流れ場は渦なしであり，以下の一

304   第13章 粒子の電気泳動

意の定常解が得られる.

$$\vec{u} = \mu_{EO}\vec{E}\ \mu_{EO}\vec{E}_0 \tag{13.6}$$

粒子表面のあらゆる場所で，表面に垂直方向にゼロではない速度 $\vec{u} = \mu_{EO}\vec{E}_0 \cdot \hat{n}$（$\hat{n}$は表面垂直方向の単位ベクトル）をもつため，この流れは粒子が速度 $\vec{u} = \mu_{EO}\vec{E}_0$ で移動しているときのみ発生する.

　非静止流体では，ストークス方程式は線形で重ね合わせ可能なため，粒子のみによって引き起こされる流れについて考え，それと粒子なしの流れを重ね合わせることができる. 粒子と壁との距離が λ_D と比べて大きい場合，周囲流れは粒子が存在しない場合と同じように計算できる. 粒子存在下で電場によって引き起こされる流れは式 (13.6) で与えられ，これを周囲流れの解に加えることができる.

例題 13.1　半径 $R = 20\,\mu\text{m}$，$\mu_{EO} = 4\times10^{-8}\,\text{m}^2/(\text{V s})$ で円形断面をもつマイクロ流路を考える. この流路が x 方向に沿って設置されており，中心線が原点を通るものとする. 半径 $a = 1\,\mu\text{m}$，$\mu_{EO} = 2\times10^{-8}\,\text{m}^2/(\text{V s})$ の移動できる球体が流路の中心線上に置かれている. 電場 $100\,\text{V/cm}$ が印加される. 粒子の動きは定常状態で，粒子が原点に位置するとき，流路内の速度分布はどうなるか. 粒径と比べて二重層厚さは薄いと仮定してよい.

解　粒子なしの流れ場と粒子によって発生する，流れ場の重ね合わせが可能なストークス流れでモデル化する. 粒子がないとき，均一な流れ場となる.

$$\vec{u} = \mu_{EO}\vec{E} = 400\,\hat{x}\,\mu\text{m/s} \tag{13.7}$$

球座標系を用いて書くと以下のようになる.

$$\vec{u} = 400\,\mu\text{m/s}(\hat{r}\cos\vartheta - \hat{\vartheta}\sin\vartheta) \tag{13.8}$$

粒径が流路と比べて小さいため，粒子周りの流れは無限流体中の粒子周りの流れでよく近似されるとみなせる. 移動する粒子が引き起こす流れ場は以下のように書ける.

$$\vec{u} = \mu_{EO}(\vec{E} - \vec{E}_0) \tag{13.9}$$

$a \ll R$ の場合の粒子周りの電位は，均一な電位と軸対称の双極子 $\left(B_1 = -\dfrac{\vec{E}_0 a^3}{2}\right)$ の重ね合わせで近似でき，以下のようになる.

$$\vec{E} = E_0\left[-\cos\vartheta\left(1 - \frac{a^3}{r^3}\right)\hat{r} + \sin\vartheta\left(1 + \frac{1}{2}\frac{a^3}{r^3}\right)\hat{\vartheta}\right] \tag{13.10}$$

よって，最終的には流速分布は次のように近似される.

$$\vec{u} \simeq 200\,\mu\text{m/s}\left[-\cos\vartheta\left(\frac{a^3}{r^3}\right)\hat{r} + \sin\vartheta\left(\frac{1}{2}\frac{a^3}{r^3}\right)\hat{\vartheta}\right] + 400\,\mu\text{m/s}(\hat{r}\cos\vartheta - \hat{\vartheta}\sin\vartheta) \tag{13.11}$$

この結果は流路壁での非透過条件を厳密に満たすものではないが，おおよそ条件を満足

している。（わずかな）違いは、球周囲の電場に無限媒質の解を用いていることに起因する.

粒子の電気泳動移動度 μ_{EP} を以下のように定義する.

$$\vec{u}_{\mathrm{particle}} = \mu_{\mathrm{EP}} \vec{E}_0 \tag{13.12}$$

薄い二重層をもつ粒子では，前述した解析で次式が得られる.

$$\mu_{\mathrm{EP}} = -\mu_{\mathrm{EO}} = \frac{\varepsilon \varphi_0}{\eta} \tag{13.13}$$

E_0 と $E_{\mathrm{ext,wall}}$ の区別と同様に，μ_{EO} と μ_{EP} の区別は重要である．電気浸透移動度 μ_{EO} は**壁近くの外部流速**を壁近くの電場 $E_{\mathrm{ext,wall}}$ と関連づけるが，μ_{EP} は**粒子速度を印加電場** E_0（粒子がないときに粒子中心の位置に存在する電場）と関連づける.

粒子については，薄い電気二重層近似は，粒径 a が λ_{D} より十分に大きいことを意味する．$a \gg \lambda_{\mathrm{D}}$ であり，流体に対する粒子の平衡状態における速度は以下で与えられる.

$$\vec{u} = \frac{\varepsilon \vec{E}_0}{\eta} \varphi_0 \tag{13.14}$$

ここで，$\vec{E}_0$ は粒子位置の電場，より正確には粒子がない場合での粒子中心の位置における電場である．興味深いことに，電気二重層が薄いときには電場中の粒子速度はそのサイズや形状に依存せず，界面電位 φ_0 にのみ依存する．電気浸透流と類似の方法で，電気浸透移動度 μ_{EP} を $\vec{u}_{\mathrm{EP}} = \mu_{\mathrm{EP}} \vec{E}_0$ となるように定義する．前述した関係より，μ_{EP} は次式のようになる.

$$\mu_{\mathrm{EP}} = \frac{\varepsilon \varphi_0}{\eta} \tag{13.15}$$

例題 13.2 デバイ–ヒュッケル近似の表面電荷となるような表面電荷密度 q'' の無限に薄い平板の電気泳動を考える．無限遠流速をゼロと仮定するとき，流速分布と板の速度を求めよ.

解 対称性を仮定して $y \geq 0$ の板上部のみを考える．板上のクーロン力は $q''E$ となる．壁面のせん断応力は $\eta \left. \dfrac{\partial u}{\partial y} \right|_{\mathrm{wall}}$ である．これらの総和がゼロとすると，平衡状態における境界条件が得られる.

$$\left. \frac{\partial u}{\partial y} \right|_{\mathrm{wall}} = -\frac{q''E}{\eta} \tag{13.16}$$

電気浸透流で行ったのと同様に支配方程式を解析すると，次式となる.

306 第13章 粒子の電気泳動

$$u = \frac{\varepsilon E}{\eta}\varphi + C_1 y + C_2 \tag{13.17}$$

ここで，流速を有限にすると $C_1 = 0$ であり，また $\varphi = 0$ となる無限遠では速度がゼロより $C_2 = 0$ となり，結果として次式を得る．

$$u = \frac{\varepsilon E}{\eta}\varphi \tag{13.18}$$

デバイ–ヒュッケル近似下の二重層では，$\varphi = \varphi_0 \exp\left(-\dfrac{y}{\lambda_\mathrm{D}}\right)$ となることが既知である．壁面の境界条件 $\left(\varphi_0 = \dfrac{q''\lambda_\mathrm{D}}{\varepsilon}\right)$ より，最終的な解は次のようになる，

$$u = \frac{q'' E \lambda_\mathrm{D}}{\eta}\exp\left(-\frac{y}{\lambda_\mathrm{D}}\right) \tag{13.19}$$

よって，板の速度は次式となる．

$$u_\mathrm{wall} = \frac{q'' E \lambda_\mathrm{D}}{\eta} \tag{13.20}$$

13.3　電気泳動速度の粒子サイズ依存性

前節では，流れが1方向のみ（そのため $\vec{E}_\mathrm{ext}$ は均一）あるいは電気二重層が薄い（そのため二重層内でも $\vec{E}_\mathrm{ext}$ は均一）という条件のため，解析は単純であった．どちらの場合でも，$\nabla \rho_\mathrm{E}$ が $\vec{u}$ と直交するため，移流項 $\vec{u} \cdot \nabla \rho_\mathrm{E}$ は無視できる．マイクロ流体デバイス内で操作する粒子（通常は球形，あるいはほぼ球形とみせる形状）では，粒子周りの流れは1方向ではなく，通常は半径5 nm程度の小さい粒子を扱っている．この場合，局所的な流体の流れはつねに ρ_E の勾配に直交するわけではないので，$\vec{u} \cdot \rho_\mathrm{E}$ はゼロではない．よって，小さな粒子の電気泳動は，流れが（$\vec{u} \cdot \nabla \rho_\mathrm{E}$ 項を介して）電気二重層内のイオン分布を変化させるような双方向カップリングを示す，もっとも単純で一般的な界面動電流の例である．

電気二重層厚さと比べて粒子半径が大きいと仮定できないような一般的な場合，電気二重層全域で $\vec{E}_\mathrm{ext}$ は均一だと仮定することはできない．これが解析をより複雑なものにしている．前述したように，大きな粒子，単純な界面，薄い電気二重層の場合（**図13.2**）の電気泳動速度は，電気浸透流の結果に似ている．

- 薄い電気二重層，単純な界面における粒子の電気泳動速度

$$\vec{u}_\mathrm{EP} = \frac{\varepsilon \varphi_0}{\eta}\vec{E} \tag{13.21}$$

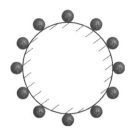

図 13.2　薄い電気二重層の粒子（$a \gg \lambda_D$）

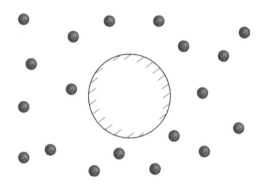

図 13.3　厚い電気二重層の粒子（$\lambda_D > a$）

粒子半径が λ_D よりはるかに大きいとはかぎらない粒子（図 13.3）を表現するためには，式 (13.21) を補正係数を用いて書き直す．

- 単純な界面で補正係数付きの場合における粒子の電気泳動速度

$$\vec{u}_{\mathrm{EP}} = f \frac{\varepsilon \varphi_0}{\eta} \vec{E} \tag{13.22}$$

ここで，f は 1 のオーダーの乗数で，電気二重層全域の局所電場の変化を説明するものである．次項ではこれら結果について詳細に議論する．

13.3.1　スモルコフスキー速度：大きな粒子で小さな表面電荷の場合

電気浸透流では，二重層厚さと比べて表面の曲率が大きく，局所的には表面は平坦だと扱うことができる．二重層の効果がすべり速度としてモデル化されることを思い出そう．同様の議論は，粒子周りの流れをモデル化する際に有用である．無限遠流体の中の移動しない粒子を考えると，電気浸透現象によって，粒子に対して流体が電気浸透流速度で相対的に移動するような流動を引き起こす．前述したように，粒子が動き流体が動かないように座標の変換を行うと，粒子速度は次式で表される．

308 第13章 粒子の電気泳動

● 大きな粒子の電気泳動速度に関するスモルコフスキー式

$$\vec{u}_{\mathrm{EP}} = \frac{\varepsilon\varphi_0}{\eta}\vec{E} \tag{13.23}$$

これは**スモルコフスキー式**（Smoluchowski equation）であり，二つの仮定を必要とする．すなわち（1）表面の曲率半径がデバイ長よりもはるかに大きい，（2）二重層の電位 φ_0 は小さい，である．これはイオン分布（局所導電率，局所電場）がわずかに乱されるにすぎないということを意味する．次項では，この仮定から外れると何が起こるかについて述べる．

13.3.2 ヘンリー関数：小さな φ_0 の場合における有限な二重層の影響

スモルコフスキー式は，二重層が薄く，二重層のイオンから見える電場は粒子表面の電場の外部解によって予測されることを仮定している．そうでない場合には電気泳動移動度は変化する．

ここで，二重層が有限の厚みをもつが φ_0 は小さいと仮定する．φ_0 が小さいため，二重層内の導電率の変化は無視でき，粒子周りの電場は二重層の影響を受けない．重要な違いは，二重層内の余剰イオンが局所電場の変化の影響を受けることである．これは，電気二重層に垂直な座標に沿って E_{ext} を一定だと扱うことができないことを意味する．そして，粒子表面から垂直方向に離れるにつれて $\rho_{\mathrm{E}}\vec{E}$ の電場方向成分がより小さくなるために，粒子速度が低下する．この系は，ストークス流れと流れの影響を受けない二重層の平衡状態とを組み合わせた解析で解くことができる．この近似解は（a）イオン分布はバルク値からわずかに異なるだけであり，（b）イオン移動が拡散と比べて遅い，という小さな壁電位の場合に適切である．この近似により次式が得られる．

● デバイ–ヒュッケル近似下でのヘンリー関数の定義

$$\vec{u}_{\mathrm{EP}} = f_0\frac{\varepsilon\varphi_0}{\eta}\vec{E} \tag{13.24}$$

ここで，f_0 は**ヘンリー関数**（Henry's function）を表すのに使われる記号である．半径 a の球形粒子について，無次元半径 a^* を $\dfrac{a}{\lambda_{\mathrm{D}}}$ で定義する[1]と，ヘンリー関数は次式で与えられる．

● 無次元半径の関数としての球形粒子のヘンリー関数

$$f_0 = 1 - \exp(a^*)[5E_7(a^*) - 2E_5(a^*)] \tag{13.25}$$

---

[1] 多くの文献ではデバイ遮蔽パラメータ κ を $\kappa = 1/\lambda_{\mathrm{D}}$ と定義しており，本書の無次元半径 a^* は κa と書かれている．

ここで，E_n は次数 n の指数積分[1]である．式 (13.25) は次の関係でよく近似される．

$$f_0 \approx \frac{2}{3}\left[1 + \frac{\frac{1}{2}}{\left(1 + \frac{2.5}{a^*}\right)^3}\right] \tag{13.27}$$

この式はより実用的である．

小さな粒子の極限（$a^* \to 0$）では $f_0 = \dfrac{2}{3}$ で，このときの電気泳動移動度をヒュッケルの式（Hückel's equation）とよぶ．

● 厚い電気二重層近似下での電気泳動速度を表すヒュッケルの式

$$\vec{u}_{\mathrm{EP}} = \frac{2}{3}\frac{\varepsilon \varphi_0}{\eta}\vec{E} \tag{13.28}$$

電場に垂直に置かれた無限に長い円柱について，類似の関係を書くことができる．これは本質的には式 (13.25) の 2 次元版である．厳密な式はやや複雑[2]だが，次のような近似式がある[3]．

$$f \approx \frac{1}{2}\left[1 + \frac{1}{\left(1 + \frac{2.5}{a^*}\right)^2}\right] \tag{13.30}$$

┃ **例題 13.3**　室温で pH = 3 の 1 mM KCl 水溶液中にある，半径 9.6 nm で表面電位
┃ $\varphi_0 = -5$ mV のシリカ粒子を考える．粒子の電気泳動移動度はいくらか．

解

$$\mu_{\mathrm{EP}} = f_0 \frac{\varepsilon \varphi_0}{\eta} \tag{13.31}$$

$\varepsilon = 80 \times 8.85 \times 10^{-12}$ C/(V m) は既知で，水の η は 1×10^{-3} Pa s で与えられる．題意より $\varphi_0 = -5 \times 10^{-3}$ V なので，デバイ–ヒュッケル近似が成立する．あとは，f_0 を求めればよい．1 mM の単価イオンでは，デバイ長は室温では 9.6 nm である．よって，無

---

1) 次数 n の指数積分は次のように定義される．

$$E_n(x) = \int_1^\infty \frac{\exp(-xt)\,dt}{t^n} \tag{13.26}$$

2) 厳密な式は次式で与えられる．

$$f_0 = 1 - \frac{4a^{*4}}{K_0(a^*)}\int_{a^*}^\infty \frac{K_0(a')}{a'^5}\,da' + \frac{a^{*2}}{K_0(a^*)}\int_{a^*}^\infty \frac{K_0(a')}{a'^3}\,da' \tag{13.29}$$

ここで，K_0 は 0 次の第 2 種ベッセル関数で，a' は積分のダミー変数である．これは球形での式 (13.25) とよく似ているが，指数関数がベッセル関数に置き換わっている．

3) 2.5 でなく 2.55 を使うとこの関係はより正確になる．また，球，円柱どちらも項を追加するとより正確になるが，ここではこれらの詳細は省略する．

310 第13章 粒子の電気泳動

次元半径 $a^* = 1$ である．これを次式に代入する．

$$f_0 \approx \frac{2}{3}\left[1 + \frac{\dfrac{1}{2}}{\left(1 + \dfrac{2.5}{a^*}\right)^3}\right] \tag{13.32}$$

すると，$f_0 = 1.01 \times \dfrac{2}{3}$ となる．したがって，$a^* = 1$ では，厚い電気二重層近似が成立する．結果として，電気泳動移動度は次のように求められる．

$$\mu_{\mathrm{EP}} = 0.24 \times 10^{-8}\,\mathrm{m}^2/(\mathrm{V\ s}) \tag{13.33}$$

13.3.3　大きな表面電位―対イオン分布の効果

前項での関係式は小さなゼータ電位で成立し，この場合は電気二重層が弱連成（電場が二重層に力を作用させるが，この力は二重層のイオン分布に影響を与えない，あるいは二重層の存在がバルクの電場に影響を与えない）を示す．大きな表面電位の場合は，対流によるイオン移動が拡散に比べて無視できず，ヘンリーの式 (13.25) の f_0 が粒子の電気泳動を正確に記述できないため，これは成立しなくなる．とくに，二重層厚さ λ_{D} が粒子半径と同オーダーの場合，二重層を通過するイオンの動きが，印加電場の多くを打ち消して電気泳動を遅らせる[1]ような，二重層の変形につながる．緩和によって引き起こされる二重層の非対称性の模式図を図 13.4 に示す．この非対称な対イオン雲の効果により，図 13.5 に示すように，$a^* = 1$ に近い領域で補正係数 f が小さくなる．

一般に，大きな φ_0 での補正係数の値は数値計算でのみ求めることができる．この数値計算の結果の例を図 13.6 に示す．微分方程式を解くことを避けたい場合には，価数 z で $a^* \gg 10$ の対称電解質に対する解析近似解が文献 [160] で導出されている[2]のでそれを利用することができる．

$$\begin{aligned}
f = \Bigg\{ 1 - \frac{2FH}{\hat{\zeta}(1+F)} + \frac{1}{\hat{\zeta}\,a^*}\Bigg[&-12K\left(t + \frac{t^3}{9}\right) + \frac{10F}{1+F}\left(t + \frac{7t^2}{20} + \frac{t^3}{9}\right) \\
&- 4G\left(1 + \frac{3}{\zeta_{\mathrm{EP}}^{\mathrm{co}}}\right)\left[1 - \exp\left(-\frac{\hat{\zeta}}{2}\right)\right] + \frac{8FH}{(1+F)^2} + \frac{6\hat{\zeta}}{1+F}\left(\frac{G}{\zeta_{\mathrm{EP}}^{\mathrm{co}}} + \frac{H}{\zeta_{\mathrm{EP}}^{\mathrm{ctr}}}\right) \\
&- \frac{24F}{1+F}\left(\frac{G^2}{\zeta_{\mathrm{EP}}^{\mathrm{co}}} + \frac{H^2}{(1+F)\zeta_{\mathrm{EP}}^{\mathrm{ctr}}}\right)\Bigg]\Bigg\}
\end{aligned} \tag{13.34}$$

---

1) この現象を**電気粘性**効果とよぶこともある．

2) この式は見た目は複雑だが簡単に評価できる．しかし，この結果はポアソン–ボルツマン分布の仮定から生じており，高い ζ での予測は非物理的に仮定された壁近くのイオン分布のために正確ではない．元文献では $a^* > 10$ で正確だと述べているが，実際には $a^* \gg 10$ までは精度が低い．

13.3 電気泳動速度の粒子サイズ依存性　311

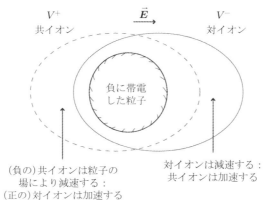

図 13.4　表面電位によって起こる二重層の非対称性の模式図．ここでは，負に帯電した粒子が電場中を右から左へと動く．表面電位の影響により，粒子の前面では対イオンが加速され，後面では減速される．結果として，後面の対イオン濃度は前面より高くなる．その逆は（数の少ない）共イオンで，このイオン分布は印加電場の一部を打ち消すような 2 次電場をもたらす

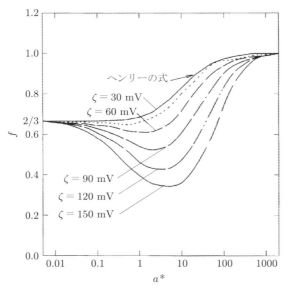

図 13.5　a^*（横軸）の関数としての電気泳動補正係数（縦軸）とゼータ電位．ゼータ電位の影響は $a^* = 100$ でも見られる（文献 [158] より改変）

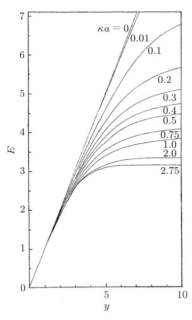
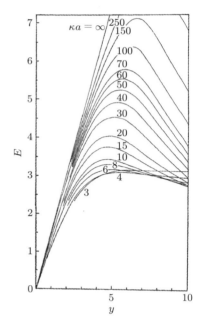

図 13.6 文献 [159] の重要な結果. 文献内の表記では, 正規化電気泳動移動度 E が無次元ゼータ電位 y に対してプロットされている. 本書では, E は $\dfrac{3f\hat{\zeta}}{2}$ に, y は $\hat{\zeta}$ に対応する. そして, デバイ長に対する粒子半径の比 κa (本書では a^*) に対してプロットしている. 文献 [159] の $\dfrac{E}{y}$ は式 (13.24) の $\dfrac{3f}{2}$ に対応する. 低 ζ の場合はヘンリーの式が成立し, E は y に比例する. 高 ζ の場合は, 粒子やその動きによる電場の不均一性によって非線形効果が現れる

ここで, $\hat{\zeta}$ はイオン価数を含めた正規化ゼータ電位の絶対値である.

$$\hat{\zeta} = \frac{zF|\zeta|}{RT} \tag{13.35}$$

$\zeta_{\mathrm{EP}}^{\mathrm{co}}$ と $\zeta_{\mathrm{EP}}^{\mathrm{ctr}}$ は, それぞれ共イオンと対イオンの無次元イオン移動度[1]である.

$$\zeta_{\mathrm{EP},i} = \frac{3\eta F z^2 |\mu_{\mathrm{EP},i}|}{2\varepsilon RT} \tag{13.36}$$

また, t, F, G, H, K は以下で与えられ, 式 (13.34) の表記を簡略化するために用いられる.

---

[1] ヒュッケルの式 $\mu_{\mathrm{EP}} = 2\varepsilon\zeta/(3\eta)$ を用いて, 観測されたイオンの電気泳動移動度を有効ゼータ電位について書き直すとき, 無次元イオン移動度は, 有効ゼータ電位に z^2 を掛けて RT/F で正規化して書き表すことができる. すなわち, これらの値は無次元拡散係数として $\zeta_{\mathrm{EP},i} = \dfrac{D_i}{\left(\dfrac{RT}{F}\right)^2 |z^3| \dfrac{2\varepsilon}{3\eta}}$ と記述できる.

13.3 電気泳動速度の粒子サイズ依存性

$$t = \tanh\left(\frac{\hat{\zeta}}{4}\right) \tag{13.37}$$

$$F = \frac{2}{a^*}\left(1 + \frac{3}{\zeta_{EP}^{ctr}}\right)\left[\exp\left(\frac{\hat{\zeta}}{2}\right) - 1\right] \tag{13.38}$$

$$G = \ln\left(\frac{1 + \exp\left(\frac{-\hat{\zeta}}{2}\right)}{2}\right) \tag{13.39}$$

$$H = \ln\left(\frac{1 + \exp\left(\frac{\hat{\zeta}}{2}\right)}{2}\right) \tag{13.40}$$

$$K = 1 - \frac{25}{3(a^* + 10)}\exp\left(-\frac{a^*\hat{\zeta}}{6(a^* + 6)}\right) \tag{13.41}$$

この解析的近似を用いて求めた,さまざまな a^* での電気泳動移動度をゼータ電位の関数として図 13.7 に示す.同様に,さまざまな a^* でのゼータ電位の関数としての補正係数を図 13.8 に,さまざまな $\hat{\zeta}$ での a^* の関数としての補正係数を図 13.9 に示す.

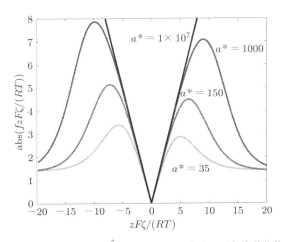

図 13.7 いくつかの a^* に対する $\hat{\zeta}$ の関数としての無次元電気泳動移動度 ($f\hat{\zeta}$).遅く移動するイオンでは緩和効果がより重要となる.この例は H^+ と HCO_3^- イオンで,両者のイオン移動度は 10 倍近く異なる(図 13.6 参照)

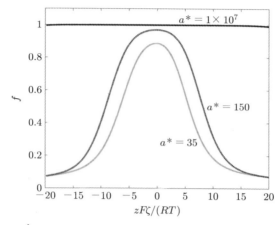

図 13.8 $\hat{\zeta}$ の関数としての補正係数. パラメータは図 13.7 と同じである

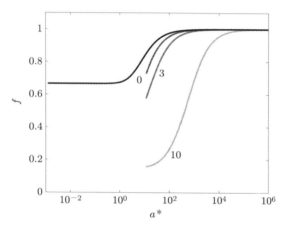

図 13.9 a^* の関数としての補正係数(a^* が大きい場合の解析式より計算).図 13.5 と比較してみよう

13.4 まとめ

　本章では,粒子の電気泳動が電気浸透流と同じ物理からなることを強調しており,主な違いは(1)粒子でなく流体が動かない座標系であること,(2)二重層が薄くない場合には界面の曲率が無視できないこと,(3)表面電位が大きいとき電気二重層が流れと強連成を示すことである.粒子の電気泳動は,弱連成(薄い二重層の電気浸透流)による平衡界面動電学と,動的な電場(たとえば誘導電荷現象など,第 16 章)や強連成(流路断面が変化するナノ流体デバイスなど)による界面動電学の間で解析的に遷移する.

表面電位が小さく二重層が薄い場合，任意形状粒子の電気泳動移動度は同材質壁の電気浸透移動度と同じである．すなわち，定常状態では座標変換を除いて両者は同じである．

$$\vec{u}_{\mathrm{EP}} = \frac{\varepsilon \varphi_0}{\eta} \vec{E} \tag{13.42}$$

表面電位は小さいが二重層が有限な場合，二重層が拡大することで，薄い場合と比べて二重層内の正味の電荷密度が局所電場を下げるため，電気泳動速度が減少する．表面電位が小さく有限の二重層の球形粒子に対して，ヘンリー関数

$$f_0 = 1 - \exp(a^*)[5E_7(a^*) - 2E_5(a^*)] \tag{13.43}$$

が補正係数を記述し，これは二重層が厚くなると薄い場合と比べて電気泳動速度が $\frac{2}{3}$ に低下することを表す．表面電位が高い粒子では，系は強連成となる．つまり，流れが電気二重層内のイオン分布を変化させ，イオン分布がバルク電場を変化させる．この場合，対イオンと共イオンの動きが局所電場を抑制し，さらには電気泳動移動度を減少させる．球の場合はこれは数値的に詳細に計算され，近似式が示されている．より複雑な形状では，電気泳動移動度はポアソン方程式，ネルンスト－プランク方程式，ナビエ－ストークス方程式を用いてイオン輸送を完全に解析することではじめて計算できる．

13.5　補足文献

粒子の電気泳動はコロイド科学の中心的話題で，本章の内容は物理化学流体力学やコロイド科学の文献 [29, 68, 69, 70, 71] でも議論されている．Anderson の総説 [105] は界面現象による粒子運動に焦点を当て，熱泳動や他の効果を含めて展開している．ヘンリー関数の進化とその補正に触れた初期の論文は，文献 [161, 162, 163, 164] に記述されている．

粒子の電気泳動移動度の詳細な数値計算は文献 [159, 165] に，測定は文献 [158] に，近似式は文献 [160, 166] に記載されている．これらはすべて基本的には平衡状態である．Dukhin による総説 [167] は，本章にもある平衡の仮定と，平衡からの逸脱がどのようにコロイドの動きや表面特性に影響を与えるかについて焦点を当てている．

本章で述べた解析は，無限空間中の孤立粒子に対するものである．有限空間（流路など）内の粒子や，粒子間相互作用が存在するような有限密度の粒子に対しては補正を加える必要がある．懸濁液については文献 [30, 32, 88, 89] で述べられている．

本章では固体粒子の電気泳動に焦点を当てているが，液滴も同様に解析できる．関連する結果は文献 [24, 30, 168] に示されている．

316　第 13 章　粒子の電気泳動

二重層の厚さ λ_D が粒子や流路のサイズと同等になる場合に，界面動電現象がもっとも複雑になることがよく観察されている．本章では粒子について述べており，これは第 15 章での解析の動機づけとなるものである．

13.6　演習問題

13.1　電場に垂直に設置された薄い二重層をもつ円柱の電気泳動に対する**スモルコフスキー仮定**（薄い電気二重層）は以下のとおりになる．

$$\vec{u}_{\mathrm{EP}} = \frac{\varepsilon \varphi_0}{\eta} \vec{E} \tag{13.44}$$

一方，電場に垂直に設置された厚い二重層をもつ円柱の電気泳動に対する**ヒュッケル仮定**（厚い電気二重層）は次のようになる．

$$\vec{u}_{\mathrm{EP}} = \frac{1}{2} \frac{\varepsilon \varphi_0}{\eta} \vec{E} \tag{13.45}$$

絶縁された円柱周りの電場（一様電場と双極子の重ね合わせ）を考え，バルク電場に対する表面の最大電場を評価せよ．薄い二重層の場合，この最大電場が二重層内のイオンに印加され，流体に対する粒子の運動を発生させる．厚い二重層の場合，二重層内のイオンに作用する電場は，ほとんどの場合はバルク電場である．これら二つの場合の模式図を描き，電気泳動速度がなぜ $\frac{1}{2}$ 異なるのかを説明せよ．

13.2　球と円柱のヘンリー関数の厳密式と近似式をプロットせよ．a^* を 1×10^{-2} から 1×10^3 まで対数スケールでプロットせよ．近似式の最大誤差を推定せよ．

13.3　電場に垂直に設置された無限に長い円柱のヘンリー関数の近似式は，式 (13.30) で与えられる．円柱が電場と同方向にあるとき，電場の歪みがないためヘンリー関数は 1 となる．ランダムに向きを変えて置かれた無限に長い円柱の時間平均的な電気泳動移動度は，直交 3 方向に置かれた円柱の電気泳動移動度の平均に等しい．このことを用いて，ランダムに配向した無限に長い円柱に対する時間平均ヘンリー関数を導け．次の場合におけるヘンリー関数の近似的結果を，a^* の関数として一つのグラフにプロットせよ．

(a) 電場に垂直に置かれた円柱

(b) 電場と平行に置かれた円柱

(c) 電場に対してランダムに置かれた円柱

(d) 球形粒子（すなわち式 (13.27)）

1×10^{-2} から 1×10^3 までの対数スケールで a^* をプロットせよ．

13.4　電場に垂直に置かれた無限に長い円柱周りの電場（2 次元の円の周りの電場）をプロットせよ．粒子端の電場は解析解ではバルクの 2 倍となることを用いてよい．$a^* = 10, 1, 0.1$ での二重層外縁を示す．$r = 1.1a$, $r = 2a$, $r = 10a$ の円を描け．これら 3 通りの球周りの高電場領域に見られる二重層の割合について定性的に述べ，この結果を

これら a^* の値での近似ヘンリー関数と関連づけよ.

13.5 ここでは，電気泳動における円柱のヘンリー関数を漸近展開法を用いて推定する.

原点を中心とした半径 a の固定されて動かないガラス製円柱に，x 方向に E_∞ の電場が印加されたときに生じる 2 次元電気浸透流を考える. 負で小さい界面動電位 ζ と電解質溶液によるデバイ長 λ_D を仮定する.

絶縁円柱周りの電位場は，一様電位場

$$\phi = -E_\infty x \tag{13.46}$$

と線状双極子の電位場

$$\phi = -E_\infty x \frac{a^2}{r^2} \tag{13.47}$$

を重ね合わせることで計算でき，全体の電位場を得ると次のようになる.

$$\phi = -E_\infty x \left(1 + \frac{a^2}{r^2}\right) \tag{13.48}$$

(a) 均一物性で単純な界面での電気浸透流の**外部**解が次のように与えられるとする.

$$\vec{u}_{\text{outer}} = -\frac{\varepsilon \varphi_0}{\eta} \vec{E} \tag{13.49}$$

この電気浸透流の外部解 $\phi_v(x, y)$ の関係を導け.

(b) 簡単のために，$x = 0$ に対応する線のみを考える. 外部変数 $y^*_{\text{outer}} = \dfrac{y - a}{a}$ を定義し，正規化速度 $\vec{u}^* = -\dfrac{\vec{u}\eta}{\varepsilon \zeta E_\infty}$ を求めよ.

(c) 電気浸透流速度の**内部**解は次式で表すことができるとする.

$$u_{\text{inner}} = \frac{\varepsilon E_{\text{wall}}}{\eta} (\varphi - \varphi_0) \tag{13.50}$$

ここで，E_{wall} は壁の接線方向の電場の大きさ（一様と仮定）で，式 (13.48) で与えられる電場を $r = a$ で評価することで得られる. 再度 $x = 0$ に対応する線のみを考え，内部変数 $y^*_{\text{inner}} = \dfrac{y - a}{\lambda_D}$ を定義する. このとき，$u^*_{\text{inner}}(y^*_{\text{inner}})$ を示せ.

(d) 次の乗法公式を用いた合成漸近解を構築せよ.

$$u_{\text{composite}}(y) = \frac{u_{\text{inner}}(y) * u_{\text{outer}}(y)}{u_{\text{outer}}(y = a)} \tag{13.51}$$

この乗法関係は支配方程式のすべてを**厳密**に満たすわけではないが，内部解（壁に接する局所場が一様であるかぎり厳密に正しい）から外部解（電荷密度がゼロであるかぎり厳密に正しい）へとなめらかに移行する解析解を求めるための数学的ツールである. 加法による漸近解は薄い二重層に対してのみよい解を与えるが，乗法はすべての場合によい解を与える.

(e) $a^* = \dfrac{a}{\lambda_D}$ とし，$a^* = 0.1$, $a^* = 10$, $a^* = 100$ のときを考える. それぞれの a^* に対して，$u^*_{\text{composite}}$, u^*_{inner}, u^*_{outer} をプロットせよ. 独立変数には対数軸で 1×10^{-3} から 1×10^9

318 第13章 粒子の電気泳動

の範囲の y_{inner} を用いよ.

(f) $a^* = 0.1$ から $a^* = 1000$ までのいくつかの a^* について,合成展開の最大値を数値的に評価せよ.結果を $a^* \to \infty$ の値で正規化せよ.これらを $a^* = 0.1$ から $a^* = 1000$ の片対数軸でプロットし,結果を式 (13.30) の f と比較せよ.

(g) 以上の結果を使って,ヘンリー関数を物理的に説明せよ.二重層や円柱のサイズがどのように作用して電気泳動速度を粒子サイズの関数とするかについて述べよ.(a) 薄い二重層のとき,(b) 厚い二重層のとき,(c) $a = \lambda_D$ のとき,二重層内のイオンの電場はどうなるか.

13.6 文献を調査し,(a) 哺乳類細胞,(b) 細菌細胞,(c) ウイルスのゼータ電位のおおよその値を示せ.

13.7 対称軸に沿って動く長い円柱の電気泳動速度はデバイ長に依存しないことを示せ.このような円柱にランダムな方向の電場が印加されたとき,向きやすい配向が存在するかどうかを説明せよ.

第14章
DNA の輸送と分析

デオキシリボ核酸（DNA）を分析するマイクロデバイスは生化学分析で多く見られ，マイクロチップで DNA を分析する技術は分析化学の文献でよく知られている．高分子物理を研究するためにナノ流路を用いることも一般的になってきている．DNA は生物学的に非常に重要なため，その化学的性質は十分に研究され，DNA 化学分析用の実験ツールも数多くある．DNA はどこにでもあり，入手しやすいため，物理的性質についても広く研究されている．したがって DNA は，どのようにマイクロシステムが分析を容易にするかを理解し，さらに線状高分子電解質の分子輸送においてナノ構造をもつデバイスがもたらす効果を検証するモデルとして素晴らしい例だといえる．DNA を蛍光標識するための化学物質は比較的安価で購入できるため，蛍光顕微鏡による DNA の可視化観察が広く行われている．単一 DNA 分子を蛍光標識してその巨視的な形状を 1 μm の分解能で観察することは容易なので，簡単な実験により分子構造に関する疑問に答えることができる．

DNA（および他の理想化された線状高分子）は，小さな分子（理想化された点のようにふるまう）と粒子（硬い連続体固体のようにふるまう）の中間のような物理的挙動を示す．観察される挙動（およびこの挙動を記述するモデル）には点と粒子の特徴が含まれ，輸送の種類によってその挙動は異なる．DNA 分子の代表サイズと比べて小さい空間（マイクロ流路やナノ流路など）の DNA の挙動を考える場合，表面での相互作用を新たに考慮してモデルを拡張しなければならない．つまり，分子と狭隘空間の境界との相互作用の記述には，通常のバルク中での性質を記述する物理モデルでは不十分である．

本章ではまず，線状高分子電解質の基本骨格の数学的記述に注目しつつ，DNA の物理化学的構造について説明する．この線状高分子電解質の扱いは，DNA だけでなく分岐構造をもたない広範な他の分子にも適用される．次に DNA のバルク特性の実験結果について述べ，この結果を DNA 運動の物理モデルの観点から解釈する．これらのモデルは狭隘空間における DNA の挙動の議論につながる．この DNA の挙動は，マイクロ・ナノ流体デバイスの応用に直結する．バルク拡散はマイクロアレイでの DNA ハイブリダイゼーションの性能に，ゲル電気泳動度はマイクロ流路での DNA の長さ分離に，狭

隘空間での DNA 挙動は DNA 分離・操作用ナノ流体デバイスに影響する．

14.1　DNA の物理化学的構造

DNA は A-DNA，B-DNA，Z-DNA などの 2 本鎖や 1 本鎖の形で存在する．本章と本書の全般では，（もっとも一般的な）B-DNA の 2 本鎖に注目し，1 本鎖 DNA については簡単に触れるにとどめる．したがって本章では，とくに断りのないかぎり「DNA」や「dsDNA」は 2 本鎖 B-DNA を意味する．

2 本鎖 B-DNA の物理的性質はよく研究されており，（分岐がない）線状高分子の原型的な分子である．したがって，これは高分子物理学の入門モデルといえる．図 14.1 は DNA におけるいくつかの長さスケールでの特徴を示している．巨視的には，水溶液中の DNA は代表半径 $\langle r_g \rangle$ のスパゲッティのような線状高分子として見える．10〜100 nm の長さスケールでは，高分子鎖の局所的配向を詳細に見ると，高分子鎖の相対的な剛性が持続長 ℓ_p で計測される．10 nm 未満の長さスケールでは，高分子は直径が約 2 nm で，外側は負に帯電した糖構造，内側は相補的塩基対の水素結合をもつ 2 重らせんの分子構造である．ℓ_p と $\langle r_g \rangle$ の数学的定義は 14.1.2 項で示す．

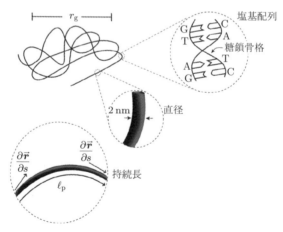

図 14.1　いくつかの長さスケールにおける dsDNA 分子の構造

14.1.1　DNA の化学構造

DNA 分子は，負に帯電したリン酸基の親水性の糖（デオキシリボース）骨格と窒素塩基配列をもつ．この配列はアデニン（A），グアニン（G），シトシン（C），チミン（T）の塩基から構成される．生物学的にはこの塩基配列が生物のタンパク質配列をコードし

ている．A–T 塩基の水素結合と C–G 塩基の水素結合が相補的配列 DNA の 2 本鎖となり，これらが自発的に結合して 2 重らせん構造を形成する．その内部では窒素塩基がたがいに水素結合を形成し，外部にはリン酸基が配置される．水溶液中でこの構造が安定であるため，2 本鎖 DNA は生体内で比較的高い化学的安定性を示す．

DNA の 2 本鎖をつくり出す水素結合は，熱エネルギーによって外れる．この過程を**融解**（melting）または**変性**（denaturing）という．これが起こると，DNA の 2 本鎖はばらばらになり，化学的な安定性が大幅に劣る 1 本鎖 DNA（ssDNA）になる．融解が起こる温度を**融解温度**（melting temperature）とよび，この温度は配列と溶液の状態によるが，一般には 45～60°C である．

融解は可逆的である．熱エネルギーが下がり再び水素結合が可能になると，2 本の 1 本鎖分子どうしが結合して 2 本鎖を形成する．この過程を**アニーリング**（annealing）とよぶ．また，アニーリングにおいてそれぞれの 1 本鎖分子の由来が異なる場合には，この過程は**ハイブリダイゼーション**（hybridization）とよばれる．未知の ssDNA やリボ核酸（RNA）を既知の ssDNA 分子とハイブリダイゼーションさせることで，未知のサンプルの遺伝情報が得られる．ハイブリダイゼーションにはサザンブロット法，ノーザンブロット法，DNA マイクロアレイ法などの方法があり，強力な分析解析ツールとなっている．

14.1.2　DNA の物理的性質

2 本鎖 DNA は典型的な直鎖高分子であり，多くの物理的性質と代表長さをもつ．それらについては以下で説明するとともに，**図 14.2** と**表 14.1** にも示す．ここでは，DNA を良溶媒中の希薄成分であると考え，DNA と溶媒の相互作用のみを考える．水や水溶液は DNA にとっては「良い」溶媒であるため，本章では良溶媒中における線状高分子のダイナミクスを暗に扱う．非極性有機溶媒などの貧溶媒中での DNA のふるまいは大きく異なるだろう．注目すべきは，塩基（A，T，C，G）の違いが DNA の物理

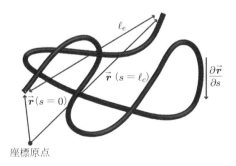

図 14.2　線形高分子での座標の定義

322　第14章　DNAの輸送と分析

表14.1　DNAの物理的性質および長さスケールの観察・計算手法

記号	物性	観察手法	計算手法
d	直径	X線結晶構造解析	DNA構造の分子モデルから計算
ℓ_c	輪郭長	直接計測不可	塩基対数から計算
ℓ_K	クーン長（モデリングの節を参照）	物理的長さではない	理想モデルが実験と合うように選択
ℓ_e	末端間距離	蛍光染色した末端の顕微鏡観察	変動する．モデルからは $\langle \ell_e \rangle$ のみが予測可能
$\langle \ell_e \rangle$	末端間距離のアンサンブル平均	蛍光染色した末端の顕微鏡観察	モデルから予測
ℓ_p	持続長	直接計測不可	一部モデルから予測
$\langle r_g \rangle$	回転半径	光散乱または蛍光顕微鏡観察 [169]	モデルから予測
D	拡散係数	拡散分子の蛍光顕微鏡観察 [170, 171]	$\langle r_g \rangle$ とジム動力学を用いて輪郭長との関係式を構築
μ_{EP}	電気泳動移動度	電気浸透流速度が既知で差し引くことが可能なら，電気泳動速度から直接計測可能	二重層理論とルース動力学を用いて表面電荷密度との関係式を構築

的性質にほとんど影響しないことである[1]．ほとんどのDNA分子では，高分子の性質は塩基配列とは独立であると近似できる．DNAの**物理的**性質は，ほとんどの場合，DNA鎖の**長さ**のみの関数である．

本節ではまず，柔軟な（分岐のない）線状高分子電解質に関する物理的・数学的用語を定義する．これらは，高分子特有の性質（配列，輪郭長）と観察される輸送特性（拡散係数，電気泳動移動度）を関連づけるモデルを構築する際に有用である．

■線状（分岐のない）高分子の性質と長さスケールの定義

DNAのような線状高分子を空間内の理想的な曲線として数学的にモデリングし，この曲線の性質と長さスケールを記述するところから始める．直感的に，DNA分子は水中に浮遊するスパゲッティの小片のようなものだと考えることができる．この近似では，化学骨格の曲線以外のすべての化学構造の詳細を無視し，すべての化学的性質を持続長や回転半径などの，後に議論する曲線パラメータに置き換える．（骨格の輪郭で定義される）DNA分子の形状は，系の熱ゆらぎのために時々刻々と変化する．そのため，瞬間的な（ゆらぐ）性質と（ゆらがない）時間平均やアンサンブル平均の両方で分子の状態を定義する．

DNAの主要な長さスケールや定義には，直径，輪郭長，持続長，末端間距離，回転半径などがある．dsDNAは約2nmの均一な直径をもつ．DNAは大きな負電荷をもつ

---
1) DNAのA/Tリッチな領域とG/Cリッチな領域との差は計測できるが，その差はわずかである．

ため，DNA 周囲の電気二重層は高分子要素間の静電反発を引き起こし，実効直径はもっと大きくなる．

DNA 分子の**輪郭長**（contour length）ℓ_c は，曲線骨格の弧の長さ，すなわち，**曲がった骨格に沿って分子の端から端まで移動する際の移動距離**である．dsDNA では，塩基対間隔は約 0.34 nm なので，N_{bp} 個の塩基対をもつ DNA 分子の輪郭長は $\ell_c \simeq 0.34$ nm $\times N_{bp}$ である．DNA 分子の長さは数塩基対（これらの分子は通常オリゴマーとよばれる）から数十万，数十億の塩基対にわたる（**表 14.2** 参照）．輪郭長と塩基配列はその DNA 分子に固有の唯一のパラメータであり，配列は物理的性質にほとんど影響を与えないため，輪郭長が水溶液中の DNA の物理的性質に影響を及ぼす唯一の分子パラメータである．

表 14.2 一般的な生物種におけるおおよそのゲノムサイズ

生物	ゲノムサイズ（塩基対数）	DNA 全長
ウイルス（λ バクテリオファージ）	50 kbp	17 μm
腸内細菌（*Escherichia coli*）	4 Mbp	1.4 mm
イースト（*Saccharomyces cerevisiae*）	20 Mbp	6.8 mm
昆虫（キイロショウジョウバエ，*Drosophila melanogaster*）	130 Mbp	44 mm
哺乳類（ホモサピエンス，*Homo sapiens*）	3.2 Gbp	1 m

注）ゲノムサイズはバラエティに富んでいるが，種の複雑さとはゆるやかに関係しているにすぎない．

ここで，座標系と表記を以下のように定義する．スカラー s を弧長（高分子骨格に沿った長さで，$s = 0$ が一端で $s = \ell_c$ が他端に相当する．ℓ_c は前述した**輪郭長**である）とする．s_1 と s_2 は高分子上の特定の 2 点とし，この 2 点間の弧長 Δs を $|s_1 - s_2|$ と定義する．高分子輪郭は通常曲がっているため，弧長は 2 点間の直線距離と同じではない．また，座標原点から骨格上のある点へと向かう位置ベクトルを $\vec{r}(s)$ と定義する．高分子骨格の接線方向の単位ベクトルは $\dfrac{\partial \vec{r}}{\partial s}$ で，骨格の局所曲率の大きさと向きを定量化するベクトルは $\dfrac{\partial^2 \vec{r}}{\partial s^2}$ に比例する．

持続長（persistence length）ℓ_p は線状高分子の剛性の指標であり，DNA 高分子上の 2 点が統計的に無相関な向きになるために必要な距離である．ここで統計的な指標を用いるのは，水溶液中の DNA の位置と向きが熱ゆらぎによりつねに変化しているためである．持続長は高分子骨格の剛性の指標となる．骨格が硬いとき（茹でていないスパゲッティを想像してみてほしい）には，大部分において骨格要素は同じ方向を向いている．骨格が柔軟なとき（茹でたスパゲッティを想像してみてほしい）には，高分子骨格は各

324　第 14 章　DNA の輸送と分析

場所でランダムな方向を向いている.

持続長には正確な数学的定義がある.

$$\ell_{\mathrm{p}} = \frac{-\Delta s}{\ln\left\langle \left.\frac{\partial \vec{r}}{\partial s}\right|_{s_1} \cdot \left.\frac{\partial \vec{r}}{\partial s}\right|_{s_2} \right\rangle} \tag{14.1}$$

ここで，山括弧は変動する値の時間平均を表す．持続長 ℓ_{p} は Δs に依存しない場合にのみ意味をもつ．この持続長は等価的に次のように定義できる.

$$\left\langle \left.\frac{\partial \vec{r}}{\partial s}\right|_{s_1} \cdot \left.\frac{\partial \vec{r}}{\partial s}\right|_{s_2} \right\rangle = \exp\left(-\frac{\Delta s}{\ell_{\mathrm{p}}}\right) \tag{14.2}$$

この関係は高分子骨格に沿って距離 Δs だけ離れた 2 点を比較するものである．式 (14.2) は，2 点それぞれの高分子骨格に対する単位接線ベクトルをとり，これらベクトルを内積の計算により比較（実質的には 2 接線間の角度の余弦を評価）した結果を時間平均している．この式より，時間平均した角度のコサインは，2 点間の弧長が長くなるにつれて，指数関数的に減衰することがわかる．近接した 2 点には完全に相関があり，それらの接線がなす角はゼロで，単位接線ベクトル間の内積は 1 になる．弧長が十分に離れた 2 点には相関がなく，それらのなす角のコサインは−1 から 1 でランダムに変化し，最終的な平均はゼロになる．両者の中間の条件の場合には，2 点間の弧長が増加するにつれて，接線角の相関は指数関数的に減衰する．持続長はこの指数減衰の代表長さである．たとえば dsDNA では，室温の高濃度電解質溶液中では持続長は約 50 nm である．構造的な生体分子はより硬く，持続長も長い（たとえば，F−アクチンの持続長は 17 μm と測定されている [172]）.

　DNA の輸送特性と高分子固有の性質や溶液条件とを関連づける式を構築する際に，持続長は重要である．持続長は，DNA の構造，すなわち輪郭長や外部環境の関数としての DNA 分子の形状の理解に役立つ．DNA のような線状高分子はわかりやすい ℓ_{p} をもつが，これらの高分子を記述する多くのモデルではそうではない.

　DNA 分子の**末端間距離**（end-to-end length）ℓ_{e} は，あらゆる瞬間における 2 末端間の**直線**距離（弧長ではなく）を表すスカラー量であり，以下のように書くことができる.

$$\ell_{\mathrm{e}} = |\vec{r}(s = \ell_{\mathrm{c}}) - \vec{r}(s = 0)| \tag{14.3}$$

ここで，縦棒はベクトルの大きさを表す．多くの場合で重要となるのは，次式に示す時間平均した末端間距離 $\langle \ell_{\mathrm{e}} \rangle$ である.

$$\langle \ell_{\mathrm{e}} \rangle = \langle |\vec{r}(s = \ell_{\mathrm{c}}) - \vec{r}(s = 0)| \rangle \tag{14.4}$$

　DNA 分子の**回転半径**（radius of gyration）$\langle r_{\mathrm{g}} \rangle$ は，骨格上の異なる点間の直線距離の統計値である．したがって，$\langle r_{\mathrm{g}} \rangle^3$ は DNA 分子を内包する体積の近似値である．ある範囲内の溶液中の DNA 分子からの光散乱は $\langle r_{\mathrm{g}} \rangle$ に比例するという特徴があるため，

回転半径は溶液中の DNA の物性値として一般にもっとも測定しやすいものである.回転半径 $\langle r_\mathrm{g} \rangle$ は,骨格要素と高分子の重心との直線距離の二乗平均平方根の時間平均で定義される.

$$\langle r_\mathrm{g} \rangle^2 = \frac{1}{\ell_\mathrm{c}^2} \int_{s_2=0}^{\ell_\mathrm{c}} \int_{s_1=0}^{s_1=s_2} \left\langle \left| \vec{r}(s_1) - \vec{r}(s_2) \right|^2 \right\rangle ds_1 \, ds_2 \tag{14.5}$$

マイクロ流路サイズを $\langle r_\mathrm{g} \rangle$ と比較することで,水溶液中での DNA 分子の構造が流路の影響を受けるかどうかがわかる.

14.2 DNA の輸送

バルクやゲル,ナノ構造をもつ流路内での DNA の輸送特性は,DNA 分析用流体デバイスの性能を予測するために必要である.本節では,これら特性を実験的に計測する手法についてまとめる.

14.2.1 バルク水溶液中での DNA の輸送

まずは,壁から離れたバルク水溶液中の DNA 輸送(拡散とエレクトロマイグレーションも含む)について考える.DNA 分子は大きいので,小さい分子と比べて DNA の拡散係数は小さい.DNA の電気泳動移動度は,糖骨格が強く帯電しているためにほとんどの高分子と比べて非常に大きい.なお,DNA の拡散係数は後述するように高分子の長さに依存するが,電気泳動移動度は高分子長さにはほとんど依存しない.

■バルクでの DNA の拡散

第 4 章で小さな分子に関して議論したように,拡散は熱エネルギーが引き起こすブラウン運動の巨視的な記述である.高分子では,並進拡散や回転拡散などのいくつかのタイプの拡散がある.本章では,並進拡散,すなわち DNA 分子の重心の拡散に厳密に焦点を当てる.並進拡散は熱エネルギーに比例するため,$k_\mathrm{B}T$ と実効粘性移動度 μ に比例する.バルク水溶液中の DNA の流体力学的拡散は,DNA を**ジム動力学**(Zimm dynamics)に従う**非素抜け高分子**[訳注1](nondraining polymer)として扱うとよく表現できる.この仮定は,高分子付近の水の動きを記述している.すなわち,高分子領域における水分子の動きが DNA 分子の存在によって大きく抑制されることを意味する.

ジム動力学の近似は,高分子のさまざまな箇所の挙動に関係しており,それらの挙動

訳注 1)非素抜け(nondraining)という語は,高分子が存在する領域において流体が高分子を素抜け(素通り)せずに回り込む条件を指す.反対に,素抜け(draining もしくは free-draining)モデルの場合には,流体はそこに高分子が存在しないかのようにふるまう.

326　第 14 章　DNA の輸送と分析

が粘性結合により相互に密接に関係し合っていることを仮定している．ジム動力学近似（または非素抜け近似）では，粘性結合によって，DNA と周辺の水はあたかも固体のように拡散する[1]．実験では，ジムモデルは十分に正確で，DNA の拡散がおよそ $\dfrac{\langle r_g \rangle}{3}$ の半径をもつ剛体球としてモデル化することでよく近似できることが確認されている．

比較のために，第 8 章を思い出そう．粘性率 η の液中における半径 a のマクロな粒子の移動度 μ は，ストークス流れの関係から式 (14.6) で与えられ，ここから，式 (14.7) に示す粒子拡散のストークス –アインシュタインの式が得られる．

$$\mu = \frac{1}{6\pi\eta a} \tag{14.6}$$

$$D = \frac{k_B T}{6\pi\eta a} \tag{14.7}$$

また，水和半径 a のイオンの粘性移動度は式 (14.8) で近似できるので，イオンの水和半径と拡散係数の間には式 (14.9) の近似関係が成り立つ．

$$\mu \simeq \frac{1}{6\pi\eta a} \tag{14.8}$$

$$D \simeq \frac{k_B T}{6\pi\eta a} \tag{14.9}$$

ジム動力学モデル，そして（測定から推測されるように）DNA の固体粒子としての実効半径を $\dfrac{\langle r_g \rangle}{3}$ とする仮定を用いると，DNA の拡散係数を次のように近似できる．

- DNA の拡散係数のストークス近似

$$D \simeq \frac{k_B T}{2\pi\eta \langle r_g \rangle} \tag{14.10}$$

$a \simeq \dfrac{\langle r_g \rangle}{3}$ の関係は，剛体球周りの流れの巨視的な関係を高分子の輸送に適用する際の仮定を大まかに補正する近似値である．DNA の拡散と固体粒子の拡散のアナロジーのもっとも重要な点は，固体粒子の拡散係数が半径 a に比例するのと同様に，DNA の拡散係

---

1) このことは，移動度行列を用いてより数学的に厳密に記述できる．高分子を多数の要素に離散化し，各要素に加わる一連の力を行列に掛け合わせることで，各要素の運動を計算できる．希薄で孤立した粒子の集合では，移動度行列は対角成分のみ値をもち，このことは各粒子の運動はその粒子にはたらく外力のみに依存することを表している．**ルース動力学**に従う**素抜け高分子**では，移動度行列は孤立粒子と同じである．つまり，分子の各部分は他部分の存在の影響を受けないことを仮定している．**ジム動力学**に従う**非素抜け高分子**では，移動度行列は高分子要素の距離に反比例する非対角成分を含み，典型的には式 (8.32) のような形をしている．もし移動度行列の非対角成分がゼロなら，高分子の異なる部位の速度は関連しないことになる．移動度行列の非対角成分が大きい場合（非素抜け高分子を仮定），高分子の異なる場所の速度が大きく影響する．固体物質は，物体の各部位の挙動に関係する非対角成分が無限に漸近する極限と考えることができる．

数が $\langle r_g \rangle$ に比例するという点である．ジム動力学は，DNA 分子の各箇所は水の存在によってすべて流体力学的につながっており，分子が一つのまとまりのある物体として拡散するという事実を説明している．つまり，**バルク溶液中**の DNA は（少なくとも近似的には）半径がおよそ $\frac{\langle r_g \rangle}{3}$ の固体粒子のような拡散的な挙動を示す．自由溶液中の拡散係数 D は，DNA の塩基配列と印加電場の有無に依存しない．溶液の状態は，回転半径や粘性率にわずかな影響を及ぼす程度にしか考慮する必要がない．

本章で後ほど述べるように，$\langle r_g \rangle$ を ℓ_c やその他の物性値の関数として予測するさまざまなモデルが提案されている．モデルの複雑さや溶媒の役割に依存して，これらのモデルでは通常 $\langle r_g \rangle$ は $\ell_c^{1/2}$ または $\ell_c^{3/5}$ に比例し，これはバルクでの拡散係数が $\ell_c^{-1/2}$ または $\ell_c^{-3/5}$ に比例して他のパラメータにはほとんど依存しないということを示唆している．水中の DNA の場合，理論的な考察から $\langle r_g \rangle$ は $\ell_c^{-3/5}$ に比例すると結論づけられる[1]．実験では通常，指数は約 −0.57（図 14.3 参照）となり，次式のような近似関係

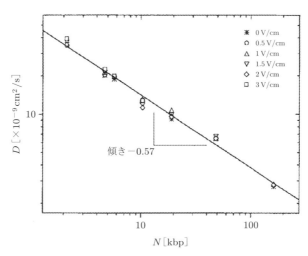

図 14.3 1×TAPS 緩衝液中の dsDNA のバルク拡散係数と高分子長さの関係．各記号は異なる電場条件を表し，それらが単一の曲線でフィッティングできることから，拡散係数 D がバルク溶液中の電場に依存しないことがわかる（文献 [173] より）

---

[1] 本章で後述するように，理想化されたモデルでは高分子骨格自身の相互作用は無視しており，$\langle r_g \rangle$ が $\ell_c^{1/2}$ に比例すると予測する．水中の希薄な DNA 分子に対しては定性的にしか正しくはないが，単純にするために理想化モデルを考える．これらの理想化モデルは溶媒のない高分子溶融体やいわゆる**シータ溶媒**では正確である．これらのケースでは，高分子が自身と相互作用するエネルギーと高分子が環境と相互作用するエネルギーが同じであるため，（これらのエネルギーを無視したモデルである）理想化されたモデルで正しい結果が得られる．より詳細なモデルは高分子骨格自身の相互作用を加味しており，高分子が溶解している溶媒の影響も表現できる．このようなモデルから，（水中の希薄 DNA 溶液のような）良溶媒中の希薄高分子は $\langle r_g \rangle \propto \ell_c^{3/5}$ の関係があることが予測される．

328 第14章 DNA の輸送と分析

が導かれている.

● バルク中の DNA の拡散係数の実験式(輪郭長の関数)

$$D \simeq 3 \times 10^{-12} \left(\frac{\ell_c}{1\,\mu\mathrm{m}} \right)^{-0.57} \simeq 3 \times 10^{-10} N_{bp}^{-0.57} \mathrm{m}^2/\mathrm{s} \tag{14.11}$$

なお,この式は自由溶液中の DNA のデータ [173] から導かれたものであり,その他の緩衝液中では $D \simeq 2\sim5\times10^{-12}\,\mathrm{m}^2/\mathrm{s}\left(\frac{\ell_c}{1\,\mu\mathrm{m}}\right)^{-0.57}$ の範囲の値をとる.

■バルクでの DNA の電気泳動移動度

第 11, 13 章で述べたように,電気泳動は,帯電した分子や粒子,そしてもし存在するならその電気二重層にはたらくクーロン力によって引き起こされる,分子の正味の電気的移動である.DNA の流体力学的拡散とは異なり,バルク水溶液中での長い DNA 分子の電気泳動は,**ルース動力学**(Rouse dynamics)に従う**素抜け高分子**(free-draining polymer)として DNA を扱うと(少なくとも電解質濃度が典型的な値の場合には)よく表現できる.素抜け高分子の仮定とは,高分子付近において水分子の挙動が高分子に影響されないことを意味する.このことは,流体速度勾配が減衰する距離 λ_D が高分子の成分間の隙間よりも小さく,そのため高分子に対して水が自由に動けることを意味する.また,ルース動力学では,高分子の要素間の結合が弱いことを仮定する.これにより,あたかもすべての高分子要素が独立して電気泳動するかのように DNA が電気泳動する[1].

DNA の電気泳動を支配する物理は複雑だが,実験的には比較的シンプルな関係を見いだすことができる.バルク電解質溶液中での長い DNA の電気泳動移動度は,一般には $\mu_{EP} \simeq 2\sim5\times10^{-8}\,\mathrm{m}^2/(\mathrm{V\,s})$ の範囲にあり,この値は電解質濃度と価数の関数だが,$N_{bp} > 400$ では輪郭長に依存しない(**図 14.4**).しかし,このシンプルな関係は,(a) λ_D が大きくなるような低い塩濃度,(b) 高分子の間隔が減少しうるような狭い幾何形状,(c) 多くの幾何的な近似が成立しない DNA オリゴマーでは破綻する.また,粒子の電気泳動移動度やマイクロデバイス壁面の電気浸透移動度の場合と同様に,電解質濃度や多価のカチオンが増加すると,DNA 電気泳動移動度は低下する(**図 14.5**).

---

1) ルースおよびジムモデルの移動度行列の数学的定式化についての議論は,拡散の項を参照されたい.電気泳動では,行列の非対角成分は $1/r$ ではなく $\exp(-r/\lambda_D)$ に比例する.高分子要素間の距離は通常 λ_D と比べて長いために,これら非対角成分はほぼゼロである.したがって,電気泳動中の DNA はルース動力学に従う**素抜け高分子**である.

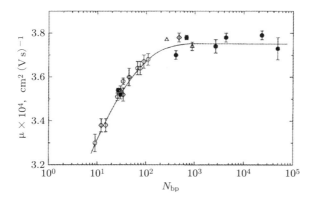

図 14.4 自由溶液中（1×TAE（Tris-acetate-EDTA）緩衝液）の dsDNA の電気泳動移動度と高分子長さの関係．各記号は異なる DNA を表す．これらのデータより，DNA 鎖が 100 塩基対以上の長さになると，DNA 電気泳動移動度はほぼ一定となることがわかる．また，100 塩基対以下においても電気泳動移動度の変化は小さく，20 塩基対の電気泳動移動度は 2000 塩基対のそれと比較して 10％低いにすぎない（文献 [174] より）

■高分子電解液でのネルンスト−アインシュタイン関係の破綻

電気泳動移動度のサイズ依存性と拡散係数のサイズ依存性の区別は重要である．高分子の場合は，点電荷の拡散係数と電気泳動移動度を結びつけるネルンスト−アインシュタイン式 (11.30) と矛盾する．

点電荷としてモデル化されたイオンでは，イオンを動かす力（クーロン力または溶媒の熱運動によるランダムなゆらぎ）と，溶媒中を動く際にイオンが受ける「抗力」とがつりあっている．この抗力は運動の種類には依存しないので，ネルンスト−アインシュタイン式は電気泳動移動度（をイオン 1 mol の電荷を表す zF で正規化したもの）が拡散係数（を RT で正規化し，イオン 1 mol の熱エネルギーと関連づけたもの）と等しいことを示している．平均場，点電荷の仮定は各イオンが独立して運動することを意味する．

DNA の場合は，DNA 分子の各部分を粒子または棒の束として考えることができ，その流体力学的な挙動は，近接したストークス粒子の集合体の挙動と類似している．すなわち，周辺の水はかなりの程度，粒子とともに移動する．一方で，DNA 分子のすべての部分の電気泳動は粒子群の電気泳動と類似しており，周囲の水は粒子とともには移動しない．これは，電気二重層内部のイオンに作用するクーロン力によって，流体力学的な摂動が代表長さ λ_D というスケールで減衰するためである．そのため，骨格のそれぞれの部位の電荷成分は，たがいにほとんど影響を及ぼさず，すべての部分がほぼ干渉なしに同じ大きさ，同じ向きの電気泳動力を受ける．これらの違いから，DNA の拡散のふるまいは電気泳動とは大きく異なる．また，これらの違いから，新たな DNA 分離

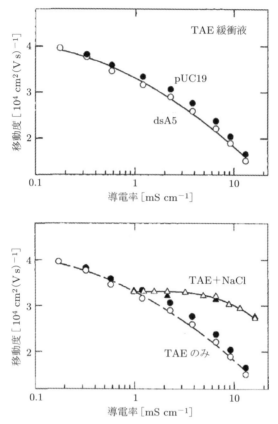

図 14.5　2 種類の異なる高分子長さ（dsA5: N_{bp} = 20, pUC19: N_{bp} = 2686）をもつ dsDNA の自由溶液中での電気泳動移動度と，緩衝液および塩濃度との関係（導電率として表示）．緩衝液は Tris-acetate-EDTA（エチレンジアミン四酢酸）．これらのデータより，DNA 鎖が異なる 2 種類の高分子が，イオン強度に対して同様の依存関係を示していることがわかる．図 14.4 で見たように，DNA 鎖長は電気泳動移動度にわずかに影響するので，N_{bp} = 2686 の高分子の電気泳動移動度（●）は，N_{bp} = 20 のそれ（○）よりもわずかに大きくなっている（文献 [175] より）

技術の多くの可能性が生まれている．たとえば，拡散には依存するが電気泳動には依存しないという輪郭長の特徴を利用したナノフィルタ（第 15 章参照）などがある．

14.3　バルクでの DNA の性質を記述するための理想鎖モデル

これまでに，バルクでの DNA の性質の実験的観察について説明し，理想化した高分子骨格を記述する重要なパラメータをあげてきた．これらをもとに，高分子骨格の各性質を相互に，そして DNA 解析に重要なバルク輸送特性に関連づけるいくつかの簡単なモデルについて議論する．

14.3.1 バルクでのDNAの性質の理想化モデル

　まずは，DNA分子のさまざまな部分が他部分の近傍で受ける静電的反発力を無視した，いくつかの理想高分子モデルを説明する．次に反発力，すなわち高分子骨格の二つの部位が1箇所に同時に存在しないように「自己回避」する性質を表現するためのモデルの拡張について説明する．これらのモデルは，先述した並進拡散と電気泳動移動度の実験的観測と関連する．

　理想高分子モデルとして，分子固有の性質である輪郭長 ℓ_c と，バルク溶液中の分子配置に関する計測可能な性質である回転半径 $\langle r_g \rangle$ を基本的な入力とするモデルを開発しよう．その開発するモデルは，$\langle r_g \rangle$ が ℓ_c から適切に予測されるような特性をもつ．また，持続長 ℓ_p，末端間距離 ℓ_e の確率分布と平均値，閉じ込めのエントロピーと閉じ込めによって引き起こされる力などの他のパラメータも予測したい．微視的なモデルパラメータが既知の ℓ_c と $\langle r_g \rangle$ をどのようにつなぐのかがわかれば，これらのモデルパラメータを用いて，たとえば ℓ_c とともに $\langle r_g \rangle$ がどう変化するか，したがって ℓ_c とともに D がどう変化するかを予測することができる．さらに，これらのモデルは，高分子がナノ流路に閉じ込められた際に輸送性質がどう変化するのかを予測できる．これらのモデルは高分子の性質や挙動の大まかな予測を可能にするが，DNAの物理的性質の完全な記述は，ここで説明する理想化モデルの範囲を超えている．

■DNA のクラツキー‐ポロド（みみず状鎖）モデル

　クラツキー‐ポロドモデル（Kratky-Porod model），または**みみず状鎖モデル**（wormlike chain model）ともよばれるモデルは，高分子を巨視的な円柱状の梁のような要素で理想化している（**図14.6**）．この記述法は，共有結合と水素結合が局所的な変形を制限する2重らせん構造そのものの物理を連想させる．このモデルにおいては，原子スケールの力はヤング率と慣性モーメントで与えられる連続体記述のなかに組み込まれて大幅に単純化されており，糖骨格が折り曲げられる際に受ける静電反発力も無視されている．それにもかかわらず，このモデルは（輪郭長が持続長よりも十分に長いような）長いDNA分子の性質をよく再現できる．上述のとおり，このモデルでは高分子を梁として扱うが，その曲げ剛性はヤング率 $Y\,[\mathrm{Pa}]$ と断面2次モーメント $I\,[\mathrm{m^4}]$ の積 $YI\,[\mathrm{N\,m^2}]$ として次式で表される[1]．

---

1) たいていの固体力学の教科書ではヤング率は E で表されるが，本書では電場 $\bar{E}$ との混同を避けるために Y を用いる．断面2次モーメント I は $I = \int_S r^2 dA$ で与えられ，$[\mathrm{m^4}]$ の単位をもつ．電流を表すのに用いられる I とは別物である．

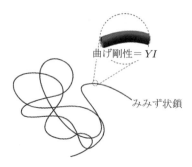

図 14.6 DNA のクラッキー–ポロドモデル

- DNA 分子（$\ell_c \gg \ell_p$）の実効曲げ剛性と回転半径の関係

$$YI = \frac{3\langle r_g \rangle^2 k_B T}{\ell_c} \tag{14.12}$$

室温では，**任意の長さ**の DNA 分子の構造は，高分子骨格が以下の曲げ剛性をもつようにモデル化することでよく記述される．

- 高濃度水溶液中の DNA 分子の実効曲げ剛性

$$YI \simeq 2 \times 10^{-28}\,\mathrm{Nm^2} \tag{14.13}$$

このように，DNA の性質は ℓ_c と YI のみから予測できる．なお，観察から得られる $\langle r_g \rangle$ と YI の推測値の関係を表す一般表現は複雑な形をしている．

クラッキー–ポロドモデルでは，曲げた梁が曲げの内部エネルギー（ひずみエネルギー）をもつことに着目することで，DNA の末端間距離，回転半径や輪郭長を予測する．単位長さあたりの局所ひずみエネルギーは $\frac{1}{2}YI\left|\frac{\partial^2 \vec{r}}{\partial s^2}\right|^2$ と与えられ，全ひずみエネルギー $\mathcal{U}_{\mathrm{bend}}\,[\mathrm{J}]$ は次のようになる．

$$\mathcal{U}_{\mathrm{bend}} = \frac{1}{2}YI \int_{s=0}^{s=\ell_c} \left|\frac{\partial^2 \vec{r}}{\partial s^2}\right|^2 ds \tag{14.14}$$

したがって，系の全ひずみエネルギーは，高分子骨格の曲率の 2 乗 $\left|\frac{\partial^2 \vec{r}}{\partial s^2}\right|^2$ の積分に比例する．また，ボルツマン統計によると，特定の配座の尤度は $\exp\left(-\frac{\mathcal{U}_{\mathrm{bend}}}{k_B T}\right)$ に比例する．ボルツマン解析から（ここでは示さないが），以下の結論が導かれる．

- **持続長**．クラッキー–ポロド高分子の持続長は次式で表される．つまり，高分子の実効曲げ剛性に単純に比例する．

14.3 バルクでの DNA の性質を記述するための理想鎖モデル **333**

● みみず状鎖高分子の持続長

$$\ell_{\mathrm{p}} = -\frac{\Delta s}{\ln\left\langle \left.\dfrac{\partial \vec{r}}{\partial s}\right|_{s_1} \cdot \left.\dfrac{\partial \vec{r}}{\partial s}\right|_{s_2}\right\rangle} = \frac{YI}{k_{\mathrm{B}}T} \tag{14.15}$$

・ **末端間距離**. クラッキー–ポロド高分子の二つの末端は，平均して直線距離で式（14.16）または（14.17）で表される距離だけ離れている（演習問題 14.3 参照）.

● みみず状鎖高分子の平均末端間直線距離

$$\langle \ell_{\mathrm{e}} \rangle = \sqrt{2\frac{YI}{k_{\mathrm{B}}T}\ell_{\mathrm{c}} - 2\left(\frac{YI}{k_{\mathrm{B}}T}\right)^2\left[1 - \exp\left(-\frac{\ell_{\mathrm{c}}k_{\mathrm{B}}T}{YI}\right)\right]} \tag{14.16}$$

● みみず状鎖高分子の平均末端間直線距離

$$\langle \ell_{\mathrm{e}} \rangle = \sqrt{2\ell_{\mathrm{p}}\ell_{\mathrm{c}} - 2\ell_{\mathrm{p}}^2\left[1 - \exp\left(-\frac{\ell_{\mathrm{c}}}{\ell_{\mathrm{p}}}\right)\right]} \tag{14.17}$$

式（14.17）には 2 種類の簡単な極限がある. $\ell_{\mathrm{p}} \ll \ell_{\mathrm{c}}$ のとき（柔らかく茹でたスパゲッティのような高分子）は，次のようになる.

$$\langle \ell_{\mathrm{e}} \rangle = \sqrt{2\ell_{\mathrm{c}}\ell_{\mathrm{p}}} = \sqrt{2\ell_{\mathrm{c}}\frac{YI}{k_{\mathrm{B}}T}} = \sqrt{6}\,\langle r_{\mathrm{g}} \rangle \tag{14.18}$$

なお，比較的複雑な形をしている式（14.17）を用いて YI に関する $\langle r_{\mathrm{g}} \rangle$ の一般的な関係式を書き下すのは困難が伴うので，式（14.18）の DNA が長い極限の結果を用いて式（14.12）を書く. $\ell_{\mathrm{p}} \gg \ell_{\mathrm{c}}$ のとき（金属梁のような剛体棒）は，式（14.17）は次のようになる.

$$\langle \ell_{\mathrm{e}} \rangle = \ell_{\mathrm{c}} \tag{14.19}$$

ここで，実験的に観察される DNA 分子の持続長は約 50 nm なので，柔軟な高分子の極限は $\ell_{\mathrm{c}} \gg 50$ nm あるいは $N_{\mathrm{bp}} \gg 150$ の DNA 分子に適用されることがわかる. 剛体棒の極限はオリゴマーにのみ適用される.

例題 14.1 ある水溶液中において，輪郭長 500 μm の DNA 分子の $\langle r_{\mathrm{g}} \rangle$ を計測したところ，2.8 μm であった. この水溶液中において，みみず状鎖モデルを用いて輪郭長 $\ell_{\mathrm{c}} = 100$ nm の DNA 分子の $\langle \ell_{\mathrm{e}} \rangle$ を求めよ.

解 水溶液の種類が不明なため，DNA のこの水溶液中での持続長は不明である. しかし，輪郭長と回転半径が与えられているため，まず持続長，そして次に平均末端間距離が求められる.

みみず状鎖モデルの $\ell_{\mathrm{p}} \ll \ell_{\mathrm{c}}$ の極限において，回転半径は輪郭長と持続長に依存し，$\sqrt{6}\,\langle r_{\mathrm{g}} \rangle = \sqrt{2\,\ell_{\mathrm{c}}\ell_{\mathrm{p}}}$ という関係がある. したがって，持続長 ℓ_{p} は次式に示すように 40 nm となる.

$$\ell_p = \frac{3\langle r_g \rangle^2}{\ell_c} = 40\,\text{nm} \tag{14.20}$$

持続長がわかれば，分子の $\langle \ell_e \rangle$ は次式を使って予測できる．

$$\langle \ell_e \rangle = \sqrt{2\ell_p\ell_c - 2\ell_p^2\left[1 - \exp\left(-\frac{\ell_c}{\ell_p}\right)\right]} \tag{14.21}$$

結果として，

$$\langle \ell_e \rangle = 69\,\text{nm} \tag{14.22}$$

となる．この結果は，$\langle \ell_e \rangle$ がほとんど ℓ_c と同じ大きさ，すなわち輪郭長 100 nm の DNA 分子が比較的硬いことを示している．

クラツキー－ポロドモデルは，対象とする長さスケールが 10 nm 以上の場合に DNA の構造をよく記述するが，10 nm 未満の場合には高分子の詳細な構造を捉えることはできない．また，このモデルは持続長を簡単に求め，そこから高分子の硬さの直感的な指標を示すこともできる．持続長に関しては，クラツキー－ポロドモデルが予測する値は $\langle r_g \rangle$ と D の観測結果とよく一致する（ただし，モデルが示す持続長への依存性（$\langle r_g \rangle \propto \ell_c^{1/2}$，$D \propto \ell_c^{-1/2}$）は実験結果（$\langle r_g \rangle \propto \ell_c^{0.58}$，$D \propto \ell_c^{-0.57}$）よりわずかに小さい）．また，$YI$ の値の一例を式 (14.13) に示したが，クラツキー－ポロドモデルとデータとの整合性がとれる YI の値は電解質濃度と温度に依存する．とくに，電解質濃度が低い場合には，電気二重層が厚くなり DNA 分子はより硬くなるため，より大きな YI の値を用いるとモデルとデータが一致する．ところで，クラツキー－ポロドモデルは物理的に高分子の角度と曲率からモデリングされているため，（持続長を介しての）高分子の方向の予測には向いているが，高分子のある点から別の点までの直線距離の予測には適していない．これに対して，他のモデル（とくに，ガウスビーズ－スプリングモデル）は距離はよく予測できるが，角度と持続長の予測には向いていない．

■理想化された自由連結鎖

自由連結鎖モデルは微視的な分子モデルであり，実験的に得られた回転半径 $\langle r_g \rangle$ から DNA の構造とバルク拡散係数を予測する．クラツキー－ポロドモデルと同様に，このモデルは実験観察結果 $\langle r_g \rangle$ からモデルのパラメータ（ℓ_K）を導出し，そこから DNA の性質と ℓ_c との関係を予測していく．自由連結鎖モデルは，剛体棒がリンク機構で自由に連結したものの連なりとして高分子をモデル化している．剛体棒の長さは**クーン長**（Kuhn length）[1] とよばれ，次式で与えられる．

---

[1] クーン長は他の書籍では a や b の記号で表されることが多い．また，輪郭長 ℓ_c の代わりにクーン長が用いられることも多い．

- 自由連結高分子のクーン長

$$\ell_K = \frac{6\langle r_g \rangle^2}{\ell_c} \tag{14.23}$$

クーン長は本章で説明する他の長さとは異なり，物理的な長さでは**なく**，DNA の性質を記述するためにデザインされたパラメータである．クーン長を用いたモデルは，クーン長のスケールでは DNA の性質を適切に表現できないが，DNA の巨視的な挙動を記述できる．また，クーン長は物理的な長さではないが，回転半径や末端間距離などの物理的な長さと関係づけることができる[1]．

図 14.7 に自由連結鎖の構造を示す．鎖のリンク機構は自由，つまりナノスケールのボールジョイントのようなはたらきをする．クラッキー–ポロドモデルとは違い，このモデルは個々の要素の方向や曲率については何ら情報をもたらさない．事実，このモデルは ℓ_K より長距離では向きの相関がないとしている．また，このモデルの微視的構造は物理的な意味をもたないが，高分子の異なる要素間の相対的な直線距離を予測するための数学的な枠組みを与える．そのため，このモデル（や他の連結モデル）は高分子の閉じ込めの物理を扱うのに適している．

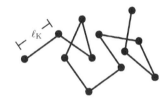

図 14.7 DNA の自由連結鎖モデル（わかりやすいように 2 次元的に描かれている）

自由連結鎖モデルを用いて，高分子の幾何形状の統計的予測が（ランダムウォーク過程の数学的解析によって）行われる．このモデルによる予測は次のとおりである．

- **持続長**．自由連結鎖モデルでは持続長は定義されない．ビーズ部分（リンク機構）は自由に連結しているため，距離 ℓ_K より離れた位置での骨格の接線については相関がない．
- **末端間距離**．平均末端間距離 $\langle \ell_e \rangle$ は次式で示される．
  - 自由連結鎖高分子の平均末端間直線距離

$$\langle \ell_e \rangle = \sqrt{6}\langle r_g \rangle = \sqrt{\ell_c \ell_K} \tag{14.24}$$

---

[1] アルカンのようないくつかの高分子の場合は，自由連結鎖モデルと自由回転鎖モデルはナノメートルスケールの物理的精度で類似している（そのような高分子をモデリングすることが，これらのモデルのそもそもの起源である）．DNA の場合，鎖モデルは回転半径や拡散係数などは十分によく予測できるが，ナノメートルスケールでの物理的な妥当性は担保されない．

そして，ℓ_e の確率密度関数は次のように与えられる．

● 自由連結鎖高分子の末端間距離の確率密度関数

$$\mathcal{P}(\ell_e) = 4\pi\ell_e^2 \left[\frac{1}{4\pi\langle r_g \rangle^2} \right]^{3/2} \exp\left(-\frac{\ell_e^2}{4\langle r_g \rangle^2} \right) \tag{14.25}$$

この関係は $\ell_e \ll \ell_c$ かつ $\ell_K \ll \ell_c$ の場合にのみ有効である．ここで書いたように，また以前に定義したように，ℓ_e は**スカラー**距離である．スカラーを用いるのは，このモデルやほとんどのバルク DNA モデルでは，高分子の任意の 2 箇所がとあるベクトル $\overline{\Delta r}$ だけ離れる確率は，距離 Δr のみの関数であるためである．また，確率分布は末端間のスカラー距離を用いて表現されているので，この分布には二つの項が関係する．式 (14.25) 中のガウシアン項は，末端間ベクトル距離のもっともらしさ（もっとも確率が高いのは距離が最小のもの）を表す．$4\pi\ell_e^2$ の項はビーズの表面積，すなわちスカラー距離 ℓ_e に対応するベクトル距離の数である．したがって，もっとも可能性の高いベクトル距離はゼロベクトルだが，もっとも可能性の高い末端間スカラー距離はゼロではない．

· **高分子の 2 点間の直線距離**．弧長 $\Delta s \gg \ell_K$ だけ離れた高分子のある 2 点[1] が与えられた際，その 2 点間の平均直線距離は次式で与えられる．

● 自由連結鎖高分子の要素間の平均直線距離

$$\langle \Delta r \rangle = \sqrt{\frac{6\Delta s}{\ell_c}} \langle r_g \rangle \tag{14.26}$$

そして，Δr の確率密度関数は次のようになる．

● 自由連結鎖高分子の要素間直線距離の確率密度関数

$$\mathcal{P}(\Delta r) = 4\pi\Delta r^2 \left[\frac{\ell_c}{4\pi\Delta s\langle r_g \rangle^2} \right]^{3/2} \exp\left(-\frac{\ell_c\Delta r^2}{4\Delta s\langle r_g \rangle^2} \right) \tag{14.27}$$

ここでも，この関係は $\ell_e \ll \ell_c$ かつ $\ell_K \ll \ell_c$ の場合にのみ有効である．式 (14.26)，(14.27) の Δs に ℓ_c を代入すると，高分子の末端間距離の平均値と PDF（確率密度関数）が得られる．

· **ℓ_K と他モデルとの関係**．式 (14.24) から，自由連結鎖モデルの ℓ_K がクラッキー–ポロドモデルにおける ℓ_p の 2 倍であることがわかる．このことから，室温の高濃度溶液中の DNA が $\ell_K \simeq 100\,\mathrm{nm}$ の自由連結鎖モデルでよく近似できることがわかる．

---

1) 定義より，自由連結鎖モデルにおいて Δs は ℓ_K の整数倍となる．

14.3 バルクでの DNA の性質を記述するための理想鎖モデル **337**

■例題 14.2 $\langle r_g \rangle$ を既知としたとき，自由連結鎖モデルにおいてもっとも確率が高い末端間スカラー距離を求めよ．

解 もっとも可能性の高い距離を求めるために，Δr に関する確率密度関数の導関数をゼロとおく．ここでは簡単のために，$\mathcal{P}(\Delta r)$ を $\mathcal{P}(\Delta r) = A\,\Delta r^2 \exp(B\,\Delta r^2)$ の形で表す．この式の Δr についての導関数を求め，それがゼロに等しいとすると，次式を得る．

$$\Delta r = \sqrt{-\frac{1}{B}} \tag{14.28}$$

式 (14.25) から，自由連結鎖での B は $-\dfrac{1}{4\langle r_g \rangle^2}$ で与えられるので，もっとも可能性の高い距離は次のように求められる．

$$\Delta r = 2\langle r_g \rangle \tag{14.29}$$

クラッキー–ポロドモデルとは異なるアプローチを用いているにもかかわらず，自由連結鎖モデルとクラッキー–ポロドモデルでは，観測された $\langle r_g \rangle$ や D のデータの ℓ_c 依存性が同程度の精度で一致する．なお，クラッキー–ポロドモデルの場合と同様に，電解質濃度が低い場合には，厚い電気二重層により DNA 分子が硬くなるため，モデルとデータを一致させるために ℓ_K を調整する必要がある．

自由連結鎖モデルは DNA の微視的な構造をあまりよく記述できず，持続長を得ることもできない．またこのモデルでは，骨格に沿った距離が比較的大きい場合にのみ，高分子上の 2 点間の距離がガウス分布に従う．

■理想化された自由回転鎖

自由連結鎖モデルと同様に，自由回転鎖モデルは微視的なモデルであり，実験的に得られたバルクにおける回転半径 $\langle r_g \rangle$ と既知の輪郭長 ℓ_c から DNA の性質を予測する．

自由回転鎖モデルでは，高分子を剛体棒で接合された一連の接点群として扱う．ここでは，接点は特定の余緯度角 ϑ をもつが，方位角方向については自由に回転できる．このモデルはアルカン高分子の構造からヒントを得て，その性質を予測するために用いられてきた．連結の長さ（クーン長 ℓ_K）は次のように与えられる．

- 自由回転鎖高分子のクーン長

$$\ell_K = \frac{6\langle r_g \rangle^2}{\ell_c}\frac{1-\cos\vartheta}{1+\cos\vartheta} \tag{14.30}$$

この構造を**図 14.8** に示す．このモデルは自由連結鎖モデルと似た予測を示す．

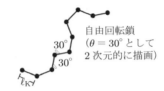

図 14.8 DNA の自由回転鎖モデル

- **持続長**. 他の連結鎖モデルとは異なり，自由回転鎖モデルでは，ℓ_K と比べて Δs が大きい場合に持続長が与えられる．

$$\ell_p = \frac{1}{2} \ell_K \frac{1+\cos\vartheta}{1-\cos\vartheta} \tag{14.31}$$

- **末端間距離**. 自由回転鎖モデルでの平均末端間距離 $\langle \ell_e \rangle$ は次式で示される．

  - 自由回転鎖高分子の平均末端間直線距離

$$\langle \ell_e \rangle = \sqrt{6} \langle r_g \rangle = \sqrt{\frac{1+\cos\vartheta}{1-\cos\vartheta} \ell_c \ell_K} \tag{14.32}$$

そして（$\ell_e \ll \ell_c$ かつ $\ell_K \ll \ell_c$ の場合の）ℓ_e の確率密度関数は次のように与えられる．

  - 自由回転鎖高分子の末端間距離の確率密度関数

$$\mathcal{P}(\ell_e) = 4\pi \ell_e^2 \left[\frac{1}{4\pi \langle r_g \rangle^2}\right]^{3/2} \exp\left(-\frac{\ell_e^2}{4\langle r_g \rangle^2}\right) \tag{14.33}$$

- **高分子の 2 点間の直線距離**. 高分子骨格上で弧長 $\Delta s \gg \ell_K$ だけ離れた 2 点[1]において，2 点間の平均直線距離 $\langle \Delta r \rangle$ は次式で与えられる．

  - 自由回転鎖高分子の要素間の平均直線距離

$$\langle \Delta r \rangle = \sqrt{\frac{6\Delta s}{\ell_c}} \langle r_g \rangle = \sqrt{\frac{1+\cos\vartheta}{1-\cos\vartheta} \Delta s \ell_K} \tag{14.34}$$

そして，Δr の確率密度関数は次のようになる．

  - 自由回転鎖高分子の要素間の平均直線距離の確率密度関数

$$\mathcal{P}(\Delta r) = 4\pi \Delta r^2 \left[\frac{\ell_c}{4\pi \Delta s \langle r_g \rangle^2}\right]^{3/2} \exp\left(-\frac{\ell_c \Delta r^2}{4\Delta s \langle r_g \rangle^2}\right) \tag{14.35}$$

式 (14.34) と式 (14.35) の Δs に ℓ_c を代入すると，高分子の末端間距離の平均と PDF（確率密度関数）が得られる．

- **ℓ_K と他モデルとの関係**. 式 (14.31) から，自由回転鎖モデルで用いられる ℓ_K はクラッキー–ポロドモデルにおける ℓ_p に対して ϑ に依存する係数を掛けたものであ

---

[1] 定義より，Δs は ℓ_K の整数倍となる．

ることがわかる．$\vartheta \to 0$ ではある ℓ_K に対応する ℓ_p は無限大となる．$\vartheta \to 90°$ では，ℓ_K と ℓ_p の関係は自由連結鎖のときと同じになる．

これまでの議論から，自由回転鎖モデルは自由連結鎖モデルと非常によく似ていることがわかる．また，さまざまな式に ϑ が登場することと，ℓ_K が ϑ に依存することから，自由回転鎖やその他の剛体接点モデルの微視的な構造はかなり恣意的であることがわかるが，それでも結果をよく予測できる．なぜなら，多くのランダムウォーク過程は，熱ゆらぎのもとでの多くの結合のひずみエネルギーを求めることと数学的に等価であることがわかっているからである．したがって，高分子が長い場合には，その微視的な構造は $\langle r_g \rangle$ や $\langle \ell_e \rangle$ の予測にはほとんど影響しない．そのため，DNA 特性の予測には，次項に述べる理想化されたビーズ–スプリングモデルが一般に用いられる．このモデルは，原子レベルでは自由連結モデルのなかでもっとも物理的に不正確ではあるが，分子レベルにおいては数学的に扱いやすい．

■理想化されたガウス（ビーズ–スプリング）鎖

ビーズ–スプリングモデルは，自由に連結したリンク機構（ビーズ）がばねで接続された複合体として高分子をモデル化している（図 14.9）．ばねの平均長さ ℓ_K は式（14.36）で与えられ，ばね定数 k は式（14.37）で与えられる．

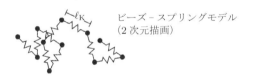

図 14.9 DNA のビーズ–スプリングモデル

- ビーズ–スプリング鎖のクーン長

$$\ell_K = \frac{6 \langle r_g \rangle^2}{\ell_c} \tag{14.36}$$

- ビーズ–スプリング鎖のビーズ間のばね定数

$$k = \frac{3 k_B T}{\ell_K^2} = \frac{k_B T \ell_c^2}{12 \langle r_g \rangle^4} \tag{14.37}$$

このモデルは，ビーズ間の距離の確率密度関数が，ばねの存在によりすべての Δs においてガウス関数となる点が自由連結鎖モデルとは異なる（自由連結鎖モデルではガウス関数となるのは Δs が大きい場合に限られる）．このモデルでは，Δs が大きいと仮定する必要がないこと以外は自由連結鎖と同一の予測をもたらす．

- **持続長**. ビーズ–スプリングモデルでは持続長は定義されない. ビーズ(リンク機構)は自由に連結しているため, 骨格の接線は ℓ_K より長距離では相関がない.
- **末端間距離**. 平均末端間距離 $\langle \ell_e \rangle$ は, 定義上, 直鎖高分子で次のように与えられる (演習問題 14.5 参照).
  - ビーズ–スプリング鎖の平均末端間距離

$$\langle \ell_e \rangle = \sqrt{6}\,\langle r_g \rangle = \sqrt{\ell_c \ell_K} \tag{14.38}$$

そして, ℓ_e の確率密度関数は次のように与えられる.
  - ビーズ–スプリング鎖の末端間距離の確率密度関数

$$\mathcal{P}(\ell_e) = 4\pi \ell_e^2 \left[\frac{1}{4\pi \langle r_g \rangle^2} \right]^{3/2} \exp\left(-\frac{\ell_e^2}{4\langle r_g \rangle^2} \right) \tag{14.39}$$

- **高分子の 2 点間の直線距離**. 高分子骨格上で弧長 $\Delta s \gg \ell_K$ だけ離れた 2 点[1]において, 2 点間の平均直線距離 $\langle \Delta r \rangle$ は次式で与えられる (演習問題 14.6 参照).
  - ビーズ–スプリング鎖の要素間平均直線距離

$$\langle \Delta r \rangle = \sqrt{\frac{6\Delta s}{\ell_c}}\,\langle r_g \rangle \tag{14.40}$$

そして, Δr の確率密度関数は次のようになる.
  - ビーズ–スプリング鎖の要素間直線距離の確率密度関数

$$\mathcal{P}(\Delta r) = 4\pi \Delta r^2 \left[\frac{\ell_c}{4\pi \Delta s \langle r_g \rangle^2} \right]^{3/2} \exp\left(-\frac{\ell_c \Delta r^2}{4\Delta s \langle r_g \rangle^2} \right) \tag{14.41}$$

式 (14.40) と式 (14.41) の Δs に ℓ_c を代入すると, 高分子末端間距離の平均と確率密度関数が得られる.

- **ℓ_K と他モデルとの関係**. 式 (14.38) から, ビーズ–スプリングモデルで用いられる ℓ_K はクラッキー–ポロドモデルにおける ℓ_p の 2 倍であることがわかる.

ビーズ–スプリングモデルは DNA の微視的な構造を記述するためのものではない. たとえば, DNA には明確な持続長が存在するが, ビーズ–スプリングモデルにはそれは存在せず, また, 伸長した DNA の微視的なばね定数は式 (14.37) では近似できない. しかし, このモデルでは高分子の**あらゆる** 2 点間の距離が式 (14.41) に示すガウス確率密度関数に従うので, 解析的にシンプルであるという特徴がある. このため, このモデルを用いると**直線距離**を容易に求めることができる (ただし角度に関する情報は得られない). また, 式 (14.36) に示すようにクーン長は回転半径を記述するパラメータだが,

---

1) 定義より, Δs は ℓ_K の整数倍となる.

その値は一意に決まるものではなく，ℓ_K は DNA 分子長さの関数である[1]．

■理想モデルのまとめ

クラツキー–ポロドモデルは DNA を二つの物性値（ℓ_c および実効曲げ剛性 $YI = 2 \times 10^{-28}\,\text{N m}^2$）で表現し，溶液の影響についても多少の考慮がされている．これにより，このモデルは平均末端間距離 $\langle \ell_c \rangle$ を，任意の輪郭長に適用可能な形でもっとも完全に記述している．また，このモデルは ℓ_p を得ることもできるため，DNA 分子の硬い・柔らかい極限を考えることもできる．さらに，このモデルでは方向に関する情報も容易に得られるが，距離に関しては方向の積分という形でしか得られない．

自由連結鎖モデルは二つの物性値（ℓ_c およびクーン長 ℓ_K）をもつ．ビーズ–スプリングモデルの場合，ℓ_K は溶液の状態に多少依存し，室温の濃厚溶液中では約 100 nm である．自由連結モデルは非物理的にモデル化されているため，それが影響しないような長い DNA への適用がもっとも適している．これらのモデルは原子レベルでは物理的に不正確ではあるが，分子レベルでは高分子の挙動を精度よく記述する（このことは，自由連結鎖モデルと自由回転鎖モデルが同じ値を返すことからもわかる）．ビーズ–スプリングモデルは数学的にもっとも扱いやすく，またもっとも一般的に利用されているモデルである．ガウス鎖を用いると高分子要素間の直線距離を簡単に求めることができるが，方向に関する情報は得られない．また，$\langle r_g \rangle$ を入力値として用いるのではなく，$\langle r_g \rangle$ の**予測値を求める**ためにこれらのモデルを利用する場合には，YI または ℓ_K を定めるモデルの構築が必要となる．通常は，ある条件下での測定結果といくつかの簡単な議論から他の条件での値を推測する（たとえば YI または ℓ_K を定数とする）．

例題 14.3 未知の溶液中における輪郭長 60 µm の DNA 分子の回転半径は 1.1 µm であった．ビーズ–スプリングモデルを用いて，この溶液中の DNA 分子をモデル化するのに必要となる適切なクーン長を推定せよ．

    1. この溶液中に輪郭長 240 µm の DNA が懸濁されているとき，回転半径はいくらか．

---

[1] 本章では $\langle r_g \rangle$ を既知とし，その値を得るためにモデルが必要とする性質を見てきた．ビーズ–スプリング鎖モデルは $\langle r_g \rangle$ を正確に予測できるが，そのためには ℓ_c に合わせて ℓ_K を調整しなければならない．ほとんどの高分子の教科書（たとえば，文献 [90, 176]）ではモデルパラメータの説明（ℓ_K と ℓ_c）が先にあり，モデルが予測する $\langle r_g \rangle$ について議論している．このアプローチをとると，ビーズ–スプリングモデルの場合は $\langle r_g \rangle \propto (\ell_c/\ell_K)^{1/2}$ という関係を得る．一方，DNA のような実際の高分子は，回転半径が $\langle r_g \rangle \propto \ell_c^{0.57}$ という関係を示すことが実験的に明らかになっている．ビーズ–スプリングモデルにおいてこれを考慮するためには，ℓ_K は ℓ_c に合わせて異なる値をとらなければならない．物理的には，これはビーズ–スプリングモデルが高分子の自己回避，すなわち高分子骨格の静電反発力を考慮していないためである．

2. 本章で前述した拡散係数の実験データより，回転半径は $\langle r_{\mathrm{g}} \rangle \propto \ell_{\mathrm{c}}^{0.57}$ の関係でより正確に与えられると推測できる．この関係を利用して，輪郭長 240 μm の DNA 分子の回転半径はいくらになるかを再計算せよ．

解 $\ell_{\mathrm{c}} \gg \ell_{\mathrm{K}}$ となる直鎖高分子では次式が成立する．

$$\sqrt{6}\,\langle r_{\mathrm{g}} \rangle = \sqrt{\ell_{\mathrm{c}}\ell_{\mathrm{K}}} \tag{14.42}$$

指定された値に対しては，

$$\ell_{\mathrm{K}} = \frac{6\langle r_{\mathrm{g}} \rangle^{2}}{\ell_{\mathrm{c}}} = 121\,\mathrm{nm} \tag{14.43}$$

であり，$\ell_{\mathrm{c}} = 240$ μm の高分子の回転半径は次のとおりとなる．

$$\langle r_{\mathrm{g}} \rangle = \sqrt{\frac{\ell_{\mathrm{c}}\ell_{\mathrm{K}}}{6}} = 2.2\,\mathrm{\mu m} \tag{14.44}$$

$\langle r_{\mathrm{g}} \rangle \propto \ell_{\mathrm{c}}^{0.57}$ の関係を用いると，

$$\langle r_{\mathrm{g}} \rangle = 1.1\,\mathrm{\mu m} \times \left(\frac{240\,\mathrm{\mu m}}{60\,\mathrm{\mu m}} \right)^{0.57} \tag{14.45}$$

となり，最終的には次のようになる．

$$\langle r_{\mathrm{g}} \rangle = 2.42\,\mathrm{\mu m} \tag{14.46}$$

14.3.2 輸送特性の輪郭長への依存性

すでに議論したように，電気泳動中の DNA は素抜け分子なので，μ_{EP} は DNA 構造の記述に用いるモデルの関数ではない．しかし，拡散中の DNA は非素抜け分子なので，$\langle r_{\mathrm{g}} \rangle$ を求めることで D を求めることもできる．ここで先述のモデルを見てみると，すべてのモデルにおいて，DNA の特性を ℓ_{c} の関数として予測するための 2 番目の物性値（YI または ℓ_{K}）が存在していることがわかる．そして，この YI や ℓ_{K} が ℓ_{c} から独立していると仮定すると，（らせん構造が十分に長い場合には）回転半径 $\langle r_{\mathrm{g}} \rangle$ は $\sqrt{\ell_{\mathrm{c}}}$ に比例することが予測されるので，DNA の拡散係数は $\ell_{\mathrm{c}}^{-1/2}$ または $N_{\mathrm{bp}}^{-1/2}$ に比例すると予測される．このように，バルク溶液中の DNA の拡散係数はストークス–アインシュタイン型の関係式（14.10）を用いて容易に予測できる．

上述のスケーリングの結果と式（14.11）に示す実験結果（$\ell_{\mathrm{c}}^{-0.57}$ または $N_{\mathrm{bp}}^{-0.57}$ に比例）を比較してみると，モデルの予測精度の限界が見えてくる．理想化モデルの重大な物理学的欠点は，高分子の要素間での静電反発力（要素間の距離がおよそ λ_{D} 以下になると発生する）による自己回避が考慮されていない点である．この自己回避により，実際の $\langle r_{\mathrm{g}} \rangle$ はモデルよりわずかに強い ℓ_{c} 依存性を見せる．そのため，YI や ℓ_{K} が ℓ_{c} から独立していると仮定するモデルは，分子の大部分の構造的特徴を捉えることができるが，そ

14.3 バルクでの DNA の性質を記述するための理想鎖モデル　343

れは完全ではない．各理想化モデルの特徴を**表 14.3** にまとめる．

表 14.3　DNA の物理的性質と長さスケールおよび各モデルとの関係

モデル	みみず状鎖（クラッキー–ポロド）	自由連結鎖（FJC）
物理および入力パラメータ	曲げ剛性 YI の棒	2軸周りに自由に回転できるリンク機構で連結した長さ ℓ_K の剛体棒
長所	ℓ_p が容易に計算可能 ℓ_c, ℓ_p の極限において $\langle \ell_e \rangle$ を予測可能	$\Delta s \gg \ell_K$ のとき，連結間距離の計算が容易
短所	高分子要素間の距離の計算が困難 自己回避が考慮されていない	ℓ_p を正しく予測できない 自己回避が考慮されていない
ℓ_K	不使用	$\ell_K = 6\langle r_g \rangle^2 / \ell_c$
$\langle r_g \rangle$ を用いた $\langle \ell_e \rangle$ の表現	$\ell_c \gg \ell_p$ のとき，$\langle \ell_e \rangle = \sqrt{6}\langle r_g \rangle$ その他の条件では計算困難	$\ell_c \gg \ell_K$ のとき，$\langle \ell_e \rangle = \sqrt{6}\langle r_g \rangle$ その他の条件では計算困難
モデルパラメータを用いた $\langle \ell_e \rangle$ の表現	$\langle \ell_e \rangle = \sqrt{2\ell_p \ell_c - 2\ell_p^2\left[1 - \exp\left(-\dfrac{\ell_c}{\ell_p}\right)\right]}$	$\ell_c \gg \ell_K$ のとき，$\langle \ell_e \rangle = \sqrt{\ell_c \ell_K}$
モデルパラメータを用いた $\langle r_g \rangle$ の表現	$\ell_c \gg \ell_p$ のとき，$\langle r_g \rangle = \sqrt{\dfrac{\ell_c YI}{3k_B T}}$	$\ell_c \gg \ell_K$ のとき，$\langle r_g \rangle = \sqrt{\dfrac{\ell_c \ell_K}{6}}$
ℓ_p	$\ell_p = YI/(k_B T)$	未定義

モデル	自由回転鎖	ガウス（ビーズ–スプリング）
物理および入力パラメータ	1軸周りに自由に回転できる角度 ϑ のリンク機構で連結した長さ ℓ_K の剛体棒	2軸周りに自由に回転できるリンク機構で連結した長さ ℓ_K，ばね定数 k の棒
長所	自由連結鎖と同様（多少物理学的）	自由連結鎖と同様だがすべての ℓ_c および Δs について統計的整合性を保つ 解析的にもっとも扱いやすい
短所	ℓ_p を正しく予測できない 自己回避が考慮されていない	ℓ_p を正しく予測できない 自己回避が考慮されていない
ℓ_K	$\ell_K = \dfrac{6\langle r_g \rangle^2}{\ell_c}\dfrac{1 - \cos\vartheta}{1 + \cos\vartheta}$	$\ell_K = \dfrac{6\langle r_g \rangle^2}{\ell_c}$
$\langle r_g \rangle$ を用いた $\langle \ell_e \rangle$ の表現	$\ell_c \gg \ell_K$ のとき $\langle \ell_e \rangle = \sqrt{6}\langle r_g \rangle$ その他の条件では計算困難	すべての ℓ_c で，$\langle \ell_e \rangle = \sqrt{6}\langle r_g \rangle$
モデルパラメータを用いた $\langle \ell_e \rangle$ の表現	$\ell_c \gg \ell_K$ のとき， $\langle \ell_e \rangle = \sqrt{\ell_c \ell_K \dfrac{1 + \cos\vartheta}{1 - \cos\vartheta}}$	$\langle \ell_e \rangle = \sqrt{\ell_c \ell_K}$
モデルパラメータを用いた $\langle r_g \rangle$ の表現	$\ell_c \gg \ell_K$ のとき， $\langle r_g \rangle = \sqrt{\dfrac{\ell_c \ell_K}{6}\dfrac{1 + \cos\vartheta}{1 - \cos\vartheta}}$	$\langle r_g \rangle = \sqrt{\dfrac{\ell_c \ell_K}{6}}$
ℓ_p	$\Delta s \gg \ell_K$ のとき，$\ell_p = \dfrac{1}{2}\ell_K \dfrac{1 + \cos\vartheta}{1 - \cos\vartheta}$	未定義

344 第 14 章 DNA の輸送と分析

14.4 現実的な高分子モデル

前節で述べた理想化モデルからは，鎖配座のシンプルな統計的記述が得られたが，これは外力に対する高分子の応答の，厳密に**エントロピー的**な記述である．理想化モデルを用いたバルク中の DNA の挙動予測は，工学的な目的のうえではかなり有用であるといえる．確かに，DNA の拡散係数は実験的には $\ell_c^{-0.57}$ に比例するという結果が得られるのに対し，理想化モデルは $\ell_c^{-1/2}$ に比例することを予測してはいるが，それでもなお，理想化モデルは DNA の挙動を素早く妥当に見積もることができるといえる．

しかし残念ながら，理想化モデルはナノスケールの流路に閉じ込められた DNA の挙動はうまく予測できない．これは，分子の複数の要素が同時に同じ場所に存在できるという理想化が，DNA 分子配座の**エネルギー的な観点**を無視しているからである．それでも，バルク中ではこの理想化は大きな誤差にはつながらないが，狭隘空間においては結果に大きく影響する．

■自己回避効果

自己回避は，高分子の 2 点が同時に同じ場所には決して存在しないという高分子の性質である．この性質は自明だが，その影響はそれほど自明ではない．

モデリングの項で見てきたように，理想化された高分子はひずみエネルギーやナノスケールのボールジョイントのランダムウォークを用いてモデル化されている．そして，そのどちらの場合も，高分子が折れ曲がって自身に重なることを除外していないし，$\langle r_g \rangle$ は $\sqrt{\ell_c}$ に比例するとされていた．

すでに述べたように，$\langle r_g \rangle$ と ℓ_c のべき乗則は実験結果と完全には一致しない．理想化モデルは数学的にシンプルで，DNA の（とくにバルク中での）挙動を直観的に理解するのに役立つが，さらなる正確性を求めてモデルをより観察結果に近づけるためには（それが狭隘空間での観察結果ならばとくに）自己回避を考慮することは必要不可欠となる．これを考慮に入れるためには，**自己回避ウォーク**（self-avoiding walk）の数学を用いて結合鎖モデルを修正する方法がもっともよくとられる．これにより以下のような変更が加わる．

- $\mathscr{P}(\ell_e)$. 自己回避高分子の確率分布は，末端間ベクトルが短い場合にとくに低くなる．自己回避高分子の一端がもう一方の端の近くにいる可能性は理想的な高分子よりも低い．自己回避高分子では，この尤度は ℓ_e^2 ではなく $\ell_e^{7/3}$ に比例する．さらに，大きな ℓ_c の場合，指数関数項は $\exp(-\ell_e^2)$ ではなく $\exp(-\ell_e^{5/2})$ に比例して減衰する [176]．

- $\langle r_g \rangle(\ell_c)$. 自己回避高分子の回転半径 $\langle r_g \rangle$ と平閉末端間距離 (ℓ_e) は，平衡状態にお

いて自身から受ける正味の静電反発力がエントロピーによる圧縮力とつりあうことを仮定すると（後述），理論的には $\ell_c^{3/5}$ に比例する [176, 177]．このモデルは，理想化モデルよりは精度が高いが，まだいくらか極端な近似が残っている．

例題 14.4 1価の塩が $1\,\mu$M 溶解した溶液に懸濁されたクラツキー－ポロド分子の回転半径は $4\,\mu$m であった．この溶液に塩を加えて $100\,$mM の NaCl 溶液となった場合の分子の回転半径を求めよ．

解 標準温度における，1価の塩 $1\,\mu$M 溶液のデバイ長は $304\,$nm である．これを溶液中の DNA の ℓ_p を近似するのに用いると，式 (14.18) より輪郭長を推定でき，

$$\ell_c = \frac{3\langle r_g\rangle^2}{\ell_p} = 158\,\mu\text{m} \tag{14.47}$$

となる．$100\,$mM 溶液では，デバイ長はおよそ $1\,$nm であるので，持続長はおよそ $50\,$nm となる．回転半径は次式で与えられ，

$$\langle r_g\rangle = \sqrt{\frac{\ell_p\ell_c}{3}} \tag{14.48}$$

結果として，次のようになる．

$$\langle r_g\rangle = 1.6\,\mu\text{m} \tag{14.49}$$

■荷電と電気二重層が高分子の性質へ及ぼす影響

高分子骨格の電荷は DNA の配座に影響する．これは，実験においては $\langle r_g\rangle$ と ℓ_c の変化として観察され，理論においてはモデルパラメータ ℓ_K と YI としてモデル化されている．デバイ長 λ_D は電荷により誘起される電位が減衰する代表距離を表すので，これを用いて静電効果の空間的規模を見積もることができる．

DNA 高分子の柔軟性は λ_D に影響を受ける．λ_D が小さい場合は，静電効果は短距離で遮断されるので，DNA の ℓ_p は二重らせんを形成する共有結合と水素結合の配座により決定される．このときの ℓ_p は約 $50\,$nm であり，これは DNA「自然な」持続長とよばれる．一方，λ_D が自然な ℓ_p と比較して大きい場合には，共有結合や水素結合ではなく静電反発力の影響が柔軟性において支配的となり，ℓ_p は λ_D にほぼ等しくなる．また，このときは $\langle r_g\rangle$ と $\langle \ell_e\rangle$ も大きくなる．とくに，$\lambda_D \gg \ell_c$ の場合には $\ell_p \gg \ell_c$，$\ell_e \simeq \ell_c$ となるので，DNA は剛体棒として考えることができる．

排除体積効果が強くなると，電気二重層の重要性がとても高くなる．DNA 分子の直径は約 $2\,$nm だが，その有効直径はおよそ $2\,$nm$+2\lambda_D$ となる．したがって，電解質濃度が低く，有効直径が大きい場合に DNA が占める体積は大きくなる．この影響は，DNA がナノスケールの空間に閉じ込められる場合にさらに重要となる．

14.5 狭隘空間における dsDNA

マイクロ・ナノ流路をもつデバイスを用いて，DNAのような分子を制御下で閉じ込めることができる．これにより，境界条件が明確ななかで個別の分子の観察が可能になるため，分子の集合体から得られた従来の結果を補完する測定が実現可能となる．

これまでに議論してきたバルク溶液中のDNAのモデルは，流路サイズが分子の回転半径と比較して大きい場合に適用可能である．これに対して，流路サイズが回転半径より小さい，または壁面や位置制御された粒子にDNAの端部が接着されて制御されている場合には，これらの外力により分子の配座が影響を受ける．図14.10に，ナノ流路内に閉じ込められて構造が変化しているDNA高分子の模式図を示す．

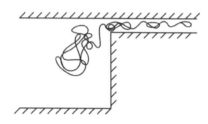

図14.10 ナノ流路に閉じ込められたDNA

狭隘空間におけるDNAダイナミクスの重要性は，以下の三つの点に集約される．第一に，分子の回転半径に比べて小さい寸法により，DNAの操作，選別，分離の性能が向上する可能性がある．第二に，性質がよくわかっている高分子をこのような空間で調べることは，高分子物理の基礎研究の進展に寄与する．第三に，DNAは生細胞中で狭隘空間に存在することが多いので，そのような空間はDNAの生物学的な機能に重要な意味をもっている可能性がある．

14.5.1 制御下での高分子伸長のエネルギーとエントロピー

DNA分子の端部は表面やマイクロビーズに接着でき，そのビーズに外力を作用させることで末端間距離を制御できる（図14.11）．そのような実験により，DNAのエントロピー的なばね定数が調べられる．このばね定数は個々の結合のばね定数やビーズ–スプリングモデルで用いられたばね定数とは異なる．むしろ，このばね定数はDNA分子全体に作用するエントロピー的な力を表している．

ビーズ–スプリングモデルを考える．ℓ_eの分布より，DNA分子の瞬時のエントロピーSはボルツマンの原理（エントロピーの関係式）を用いて次式で与えられる．

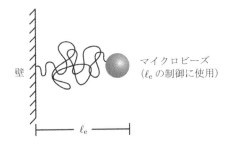

図 14.11 一端が壁に接着制御された DNA 分子のマイクロビーズによる操作

$$S(\ell_e) = S(0) - \frac{3k_B \ell_e^2}{2\ell_c \ell_K} \tag{14.50}$$

この関係式は，エントロピーがどのように分子の末端間距離と関係しているかを表している．また，DNA 分子を強く引っ張った場合には $\ell_e = \ell_c$ となるので，ℓ_e^2 は $\ell_c \ell_K$ よりもはるかに大きくなり，右辺第 2 項が大きくなるためエントロピーは低くなる．これは，強く引っ張られた DNA は 1 自由度（座標軸方向）しかもたないためである．反対に，$\ell_e = 0$ の場合は非常に自由度が高いため，エントロピーが高い．なお，高エントロピー状態がもっとも尤度が高い．

求めたエントロピーは，配座の自由エネルギーを考えることで，分子を引っ張る外力に対抗する力に変換できる．すなわち，自由エネルギーの微分を計算し，外力とのつりあいを考える．この過程ではまず，$\Delta A = \Delta U - T\Delta S$ の関係を用いて，次式で表される配座のヘルムホルツ自由エネルギーを求める．

$$A(\ell_e) = A(0) - T[S - S(0)] = A(0) + \frac{3k_B T \ell_e^2}{2\ell_c \ell_K} \tag{14.51}$$

ここで，分子の内部エネルギー U は配座によらない．次に，分子末端に生じる瞬時の復元力 F を求めるために，式 (14.51) を ℓ_e で微分する．

- ビーズ–スプリング鎖のエントロピー的なばね力

$$F = -\frac{\partial A}{\partial \ell_e} = -\frac{3k_B T \ell_e}{\ell_c \ell_K} \tag{14.52}$$

エントロピー的な力は分子を縮ませる方向にはたらく．理想的な高分子の場合，この配座のばね定数は厳密にエントロピー的であり，分子要素間の静電相互作用（すなわち，エネルギー的な作用）は考慮していない．

以上の議論から，DNA 分子を両端がばねでつながった分子と考えることができ，そのばねの復元力は $F = -k\ell_e$ と表される．ここで，k はばね定数であり，次式で与えられる．

348 第14章　DNAの輸送と分析

● ビーズ-スプリング鎖のエントロピー的なばね定数

$$k = \frac{3k_BT}{\ell_c \ell_K} \tag{14.53}$$

クーン長 ℓ_K そのものは温度と溶液濃度の関数である．一般に，式（14.53）は任意の輪郭距離 Δs を用いて $k = \dfrac{3k_BT}{\Delta s \ell_K}$ と表すこともでき，このことはエントロピーが分子の要素どうしを引き寄せるばねのように作用することを示している．そして，この作用が，要素どうしを遠ざける作用をもたらす熱ゆらぎおよび自己回避とつりあっている．

例題 14.5　$\ell_c = 250\,\mu\mathrm{m}$ の DNA 分子の一端をデバイス壁面に，もう一端を直径 $5\,\mu\mathrm{m}$ のポリスチレンビーズ（$\rho_p = 1500\,\mathrm{kg/m^3}$）につなぐ．系の温度は 300 K である．集光レーザ光（光ピンセット）を用いて，ポリスチレンビーズを壁から $200\,\mu\mathrm{m}$ の距離まで引っ張る．レーザを止めると系は平衡状態に戻る．高分子をクーン長 $\ell_K = 100\,\mathrm{nm}$ のビーズ-スプリング鎖でモデル化して粒子の運動方程式を立てよ．ただし，ビーズのブラウン運動は無視できるものとする．

解　壁からの距離を x と定義すると，DNA 分子のエントロピーばね力は $F = -\dfrac{3k_BT}{\ell_c \ell_K}x$ で与えられ，問題の値では，

$$F = -5.0 \times 10^{-10}\,\mathrm{kg/s^2} \times x \tag{14.54}$$

となる．高分子には流体抵抗が作用するが，ビーズに作用する抵抗と比較すると（とくに，高分子が引き伸ばされている場合には）十分に小さいとみなせる．したがって，ここで重要となる流体力学的な力はビーズに作用するストークス抵抗であり，これはバルク中のストークス流れの式で $F = -6\pi\eta ua$ と表される（壁面からの距離は粒子半径の 10 倍以上あるので，バルクとみなしてよい）．なお，u はビーズの速度であり，この関係式は流体により粒子に作用する抵抗力を表しているので負の符号が付く．水中にある半径 $2.5\,\mu\mathrm{m}$ のビーズの場合，抗力は次式で与えられる．

$$F = -4.7 \times 10^{-8}\,\mathrm{kg/s} \times \frac{dx}{dt} \tag{14.55}$$

また，粒子の加速度は合力を粒子質量で割ったもので与えられる．粒子質量は式（14.56）で求められるので，粒子の運動方程式は式（14.57）となる．

$$m = \frac{4}{3}\pi a^3 \rho_p = 9.8 \times 10^{-14}\,\mathrm{kg} \tag{14.56}$$

$$\frac{d^2x}{dt^2} = -4.8 \times 10^5 \frac{dx}{dt} - 5.1 \times 10^3 x \tag{14.57}$$

14.5 狭隘空間における dsDNA　349

なお，ばね定数の表現は $\ell_c = 250\ \mu\text{m}$ のビーズ–スプリング鎖には適用可能だが，自由連結鎖には適用できない．なぜなら，この運動方程式はビーズが速度 $-2\ \mu\text{m/s}$ 近くまで加速されて壁面に向かうと予測しているが，実際には，ビーズが壁面に向かって移動すると速度は距離に応じて減少するからである．そして，ビーズが壁面近くまで来るとストークスの関係が破綻する．さらに，現実の系においては高分子の決定論的な動きにブラウン運動のランダムな動きが加わる．

14.5.2　理想的な高分子における閉じ込めのエネルギーとエントロピー

　ビーズ–スプリング分子は，DNA が狭隘空間に閉じ込められた際の効果を記述できる．このことは，自身の $\langle r_g \rangle$ より寸法が小さいナノ流路内における DNA の動きを考えるような場合にとくに重要となる．DNA をナノ流路に閉じ込める理由はさまざまで，(1) 空間形状が既知で環境が制御された状態における DNA の挙動観察を通しての DNA 動的モデルの有効性確認，(2) この長さスケールで現れる輸送特性の輪郭長依存性を利用した DNA の物理的分離，(3) DNA を伸長させ，その配列や化学的組成を調べる，などである．上にあげたような関係はここでは直接取り上げないが，その結果については簡潔に紹介する．理想的な矩形の箱（3 辺の長さ L_x, L_y, L_z）に閉じ込められたビーズ–スプリング鎖の性質は，分配関数の変化，すなわちエントロピーの変化として調べることができる．

　箱に閉じ込められたビーズ–スプリング鎖の場合，成分 i $(i = x,\ y,\ z)$ の分配関数は次式で与えられる．

$$Z_i = \frac{8}{\pi^2} L_i \sum_{p=0}^{\infty} \frac{1}{(2p+1)^2} \exp\left(-\frac{\pi^2 \langle r_g \rangle^2 (2p+1)^2}{L_i^2}\right) \tag{14.58}$$

ここで，$\langle r_g \rangle$ は高分子の**バルク中**での平均回転半径である．また，系全体の分配関数および全エントロピーはそれぞれ次の 2 式で与えられる．

$$Z = Z_x Z_y Z_z \tag{14.59}$$

$$S = k_B \ln Z = k_B \ln Z_x + k_B \ln Z_y + k_B \ln Z_z \tag{14.60}$$

ここでは，分配関数（つまりエントロピー）を二つの極限において評価する．一つめは，$\langle r_g \rangle \ll L_i$，すなわち高分子が閉じ込められていない場合であり，$Z_i = L_i$ を得る．二つめは，$\langle r_g \rangle \gg L_i$，すなわち高分子が顕著に閉じ込められている場合であり，次式を得る．

$$Z_i = \frac{8}{\pi^2} L_i \exp\left(-\frac{\pi^2 \langle r_g \rangle^2}{L_i^2}\right) \tag{14.61}$$

この式から，1 次元での有限の $\langle r_g \rangle$ により生じるエントロピーの差 ΔS は負であり，次式で与えられることがわかる．

350 第 14 章　DNA の輸送と分析

- 理想高分子の，1 次元閉じ込めによるエントロピー減少

$$\Delta S = -k_B \frac{\pi^2 \langle r_g \rangle^2}{L_i^2} \tag{14.62}$$

また，有限の $\langle r_g \rangle$ により生じるヘルムホルツ自由エネルギーの差 ΔA は正であり，次式で与えられる．

- 理想高分子の，1 次元閉じ込めによる過剰ヘルムホルツ自由エネルギー

$$\Delta A = k_B T \frac{\pi^2 \langle r_g \rangle^2}{L_i^2} \tag{14.63}$$

慣例的に，高分子物理の分野では閉じ込めが 1 次元（高さはナノスケールだが幅が広い流路）の系を**ナノスリット**（nanoslit），2 次元（高さも幅もナノスケール）の系を**ナノチャネル**（nanochannel）とよぶが，他のさまざまな分野ではこのような区別をしていないことが多い．

ナノ流体系において，通常は DNA を長くて狭いナノチャネルに閉じ込める．流路長さが $\langle r_g \rangle$ よりはるかに長く，流路断面が 1 辺の長さが d の正方形であるとき，DNA は 2 次元で閉じ込められ，その場合の自由エネルギーの変化は次式で表される．

- 理想高分子の，2 次元閉じ込めによる過剰ヘルムホルツ自由エネルギー

$$\Delta A = 2k_B T \frac{\pi^2 \langle r_g \rangle^2}{d^2} \tag{14.64}$$

この式から，DNA を長く狭いチャネルに閉じ込めるために必要な力を自由エネルギーから求められることがわかる．また，この力によって DNA は狭隘空間から寸法の大きい箇所へと移動するが，第 15 章で議論する多くの分離技術（たとえば文献 [178]）はこの力を利用している．

以上の関係式は，理想化したビーズ-スプリング高分子鎖にのみ焦点を当てている．これをさらに拡張して，自己回避や排除体積の効果を組み込むことで，より精度を向上させることができる．たとえば，実験では一つの方向に閉じ込められた高分子が別の方向に膨張する現象が観察されるが，理想化モデルではこれを再現できないのに対して，自己回避モデルではそれが可能である．

14.5.3　狭隘空間における DNA 輸送

前述したように，閉じ込めにより DNA の形状が変化し，DNA の輸送特性も変化する．なかでも注目すべきは，回転半径よりも小さな寸法に閉じ込められた DNA はもはや回転半径を代表直径にもつ球体として流体力学的に考えることができなくなり，むしろ分子は引き伸ばされて非球形形状となることである．この場合，この引き伸ばされた分子の粘性移動度と拡散係数は輪郭長に反比例する（$D \propto \ell_c^{-1}$）[170, 171]．一方，ナノスリッ

トの高さ h に対する拡散係数の依存性については，現在議論の最中である．これを予測するモデルとしてブロブモデルや反射棒モデルなどが提案されているが，モデルによって得られる結果が異なる．また，実験観察においても，その結果は $D \propto h^{1/2}$ から $D \propto h^{2/3}$ までの範囲でばらつきがみられる．なお，DNA は電気泳動中には素抜け分子となるので，DNA 電気泳動移動度に対する閉じ込めの影響は電気二重層の重なりと関連しており，類似の関係式で記述できる．

14.6 DNA 解析手法

前述したように，DNA は生物学的に非常に重要であり，その解析は多くの生物学研究の中心である．これらの分析手法はよくマイクロ流体チップで用いられるので，次項以降ではいくつかの DNA 分析技術について簡単に説明する．

14.6.1 DNA 増幅

DNA は，ポリメラーゼ連鎖反応（polymerase chain reaction：PCR）などの技術で増幅できるという特殊な性質がある．PCR による増幅には以下の三つのプロセスがある．（1）プライマー（primer），すなわち，配置が既知であり，特定の DNA 配列の複製を開始させるように設計された DNA 鎖の添加，（2）ポリメラーゼやオリゴヌクレオチドなどの化学物質の添加，（3）DNA サンプルの加熱・冷却サイクルの実施．これらの過程を適切に実施すると，一つの DNA 鎖が百万にも増幅され，容易に検出できる．マイクロ流体の観点からは，PCR の実施には試薬とサイクル温度の制御が必要となる．

14.6.2 DNA 分離

巨視的には，DNA はアガロースやポリアクリルアミドのゲル中における電気泳動によってサイズごとに分離されるのが一般的である．この過程においては，DNA サンプル（および長さが既知の DNA 群）のゲルへの挿入，電場の印加，分離後の DNA バンドの染色が行われる．微視的には，DNA はゲル中の隙間を蛇行しながら引き伸ばされるため，長い DNA ほどゆっくりと移動する（文献 [179, 180] 参照）．ここで，DNA はバルク中では素抜けの性質があるので，電気泳動移動度はバルク溶液における輪郭長には依存しないが，ゲル中での溶出は分子の伸長と閉じ込めに影響されるため，分子サイズによる分離が可能となる．マイクロ流体デバイスにおいては，識別可能な電気泳動速度をもつ分子をバルク中で分離するのと同じように，DNA をゲル中で分離する．**図 14.12** に PCR 増幅および DNA 分離を行うためのマイクロデバイスの例を示す．これらの操作にはナノ流体デバイスも用いられている [178, 181, 182]．シークエンシング

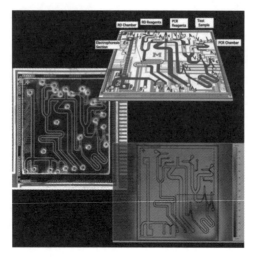

図 14.12 PCR 増幅と DNA 分離用マイクロチップ（ミシガン大学の Mark Burns 研究室より）

（塩基配列の決定）には異なる化学反応が必要となるが，この場合もまた，反応物の電気泳動分離が行われる（文献 [183] 参照）．

■サンガーシークエンス

サンガーシークエンシング（Sanger sequencing）は，(1) DNA ポリメラーゼおよび蛍光ラベリングしたヌクレオチドを用いた DNA の複製，および (2) DNA の塩基配列を推測するための電気泳動による分離を組み合わせたものである．複製された DNA はオリゴマープライマー，DNA ポリメラーゼ，そして遊離ヌクレオチド（(少量の) 蛍光ラベリングされたものと（多量の）ラベリングされていないものを添加する）とともに培養される．それぞれの分子では培養によって重合が進むが，蛍光ラベリングされたヌクレオチドはそのジデオキシ配列によって重合を停止させる役割をもっている（つまり，蛍光色素分子が接着した時点で重合が終わる）．また，蛍光ラベリングにはヌクレオチドの種類（A, C, T, G）に対応した四つの色を用いる．これによって，さまざまな長さをもつ DNA が複製されるとともに，その末端の蛍光標識から塩基の種類を知ることができる．たとえば，配列が ACTGATT の DNA オリゴマーがラベリングされていないヌクレオチド A, C, T, G およびラベリングされたヌクレオチド A*, C§, T†, G‡ のなかでシークエンス解析された場合，重合されうるオリゴマーの配列は A*, AC§, ACT†, ACTG‡, ACTGA*, ACTGAT†, ACTGATT† である．これら 7 種類のオリゴマーをゲル電気泳動により分離すると，もっとも短いオリゴマーがもっとも早く，もっとも長いオリゴマーがもっとも遅く溶出するので，この溶出ピークの色を

14.7 まとめ 353

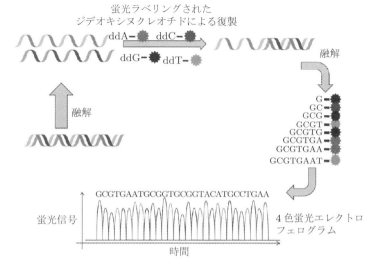

図 14.13 サンガーシークエンシング．DNA を融解し，重合過程を終了させる少量の蛍光ジデオキシヌクレオチドを添加して PCR 複製が行われる．複製後，端部に蛍光標識をもつ分子を長さに基づいて分離し，配列を解読する

モニターすることによって DNA の配列を推測できる．なお，以上の議論から明らかなように，サンガーシークエンシングの性能は DNA 分子の分離速度と分解能に依存する．図 14.13 に，サンガーシークエンシングプロセスの模式図を示す．

14.6.3 DNA マイクロアレイ

DNA マイクロアレイは，DNA や RNA のさまざまな箇所の相補 DNA（cDNA）鎖を大規模な（＞1000）アレイ状に平坦表面上に配置したものである．生体系由来の溶液とインターカレーティング色素とともにマイクロアレイを培養すると，各スポットの蛍光信号からサンプル中の DNA や RNA の量がわかる．図 14.14 にこのプロセスの概略図を示す．マイクロアレイ中での輸送とハイブリダイゼーションに関わる拡散の時間スケールが非常に大きい点が，流体力学的に解決すべき課題である．これに関しては，低レイノルズ数におけるカオス混合システムの適用によるハイブリダイゼーション効率の向上が図られている［47, 48, 49, 50, 51］．

14.7 まとめ

本章では，マイクロ流体デバイス内での DNA 水溶液の操作を念頭におきながら，DNA の物理化学的構造，その輸送特性，そして物理モデルについて述べた．物理モデ

354　第14章　DNAの輸送と分析

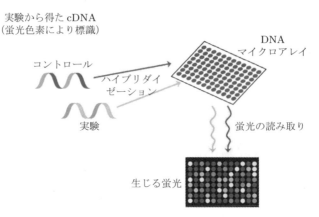

図14.14 遺伝子発現の比較研究に用いられるDNAマイクロアレイ．二つのソース（通常はコントロールと不明のソース）からの相補DNAを2種の異なる色素で標識し，マイクロアレイ上のスポットに固定化されたDNA鎖にハイブリダイズさせ，スポットからの蛍光を読み取って定量化する．このようなマイクロアレイを運用するうえでは，サンプルのすべてのDNAがスポットに到達するのにかかる時間（第4章参照）が重要な問題となる

ルに関しては，DNAの配座や輸送特性（とくに拡散）を説明するためのさまざまなモデルを紹介した．なお，ほとんどのDNA解析はゲル中で行われるが，ゲル中におけるDNA輸送には本章では触れていない．本章ではバルク水溶液中におけるDNAの特性について議論し，DNA拡散の実験式および電気泳動移動度がそれぞれ次の2式で与えられることを見てきた．

$$D \simeq 3 \times 10^{-12}\,\mathrm{m^2/s} \left(\frac{\ell_c}{1\,\mu\mathrm{m}}\right)^{-0.57} \tag{14.65}$$

$$\mu_{\mathrm{EP}} \simeq 4 \times 10^{-8}\,\mathrm{m^2/(V\,s)} \tag{14.66}$$

非素抜けまたはジム動力学を仮定した理想高分子モデルではDは$\ell_c^{-1/2}$に比例し，自己回避高分子モデルではDは$\ell_c^{-3/5}$に比例する．また，素抜けまたはルース動力学を仮定すると，μ_{EP}はℓ_cに依存しない．理想高分子のナノチャネル内への閉じ込めについても，熱力学的なDNA応答の予測およびナノチャネル・ナノスリット内DNAダイナミクスの最新の研究に触れながら議論した．

14.8　補足文献

Flory [177]，Doi [184][訳注1]，Doi and Edwards [90]，de Gennes [176]は，高分子

訳注1) 土井正男は日本の物理学者であり，日本語の著書には土井・小貫「高分子物理・相転移ダイナミクス」（岩波書店）や土井「ソフトマター物理学入門」（岩波書店）がある．

動力学の背景についても述べられている素晴らしい文献である．とくに，Doi and Edwards [90] は高分子の移動度行列と分離関数の関係式についての記述があるので，本章で扱ったいくつかの概念のより詳細な解析に有用である．上述の文献では直鎖高分子の古典的モデルが扱われているが，それらは本章とはアプローチが異なっている．Rubinstein and Colby [36] には，多くの関係式の導出や $\langle r_g \rangle$ を測定するための実験手法の記述を含む入門的な内容が記載されている．本章ではランダムウォーク過程の物理にはほとんど触れていないが，これは高分子特性および動力学のほとんどの記述の基礎をなしている．ランダムウォーク過程に関する議論は文献 [33, 36] を参照されたい．

（14.6.2 項で紹介したサンガーシークエンシングを含む）数多くのバイオ分析技術において DNA の分離を扱うが，分離には DNA 生来の性質に依存する DNA 輸送特性の理解が必要となる．DNA の拡散係数は DNA 輪郭長に依存するが，一般的にこの物性を利用した分離は難しい．一方，電気泳動移動度は比較的分離に利用しやすい（第 12 章参照）が，DNA 分子が小さい場合にのみ DNA 分子の長さに対する依存性を示す．そのため，バルクにおいて誘電泳動を用いた DNA 分離を行うことは稀である．

バルク電気泳動移動度の輪郭長依存性は比較的低い．しかし，ゲルの中では DNA はゲルの分子構造の隙間を移動するため，電気泳動移動度が DNA のサイズに依存するようになる．これを利用して，200 塩基対を超えるような DNA の分離はアガロースゲルやポリアクリルアミドゲル中で行われる．

DNA のゲル電気泳動分離は，実験的に非常に成功した基礎技術である．しかし，ゲル中における DNA の移動度の予測は次の三つの理由から難易度が高い解析となっている．すなわち，(1) ゲル構造の不均一性，(2) 複雑で相互依存的な物理現象，(3) 塩基対と DNA の配座および輸送の関係を明らかにする実験データの不足，という 3 点が課題である．この分野の研究やモデリングに関する総説には文献 [179] がある．DNA 輪郭長の電気泳動移動度への影響は複雑なため，ほとんどの実験では輪郭長が既知のサンプルを用意して，実験と同時にキャリブレーションを行う．

ナノ流体デバイスの最近の発展および DNA 物理の研究におけるインパクトは，DNA の物理に関する研究を大きく進展させている．そのほんの数例として文献 [171, 185, 186, 187, 188, 189] をあげる．

マイクロ・ナノ構造やゲル内部での DNA の分離に関しては多くの総説論文があり，たとえば文献 [179] は高分子動力学，文献 [180] はシステム実装の観点から研究がまとめられている．ナノ流体 DNA 分離・解析アプリケーションについては Edel and de Mello [190] で議論されており，その他の例としては文献 [178, 181, 182] などがある．

DNA の生化学的性質については文献 [191] で議論されている．

356 第 14 章 DNA の輸送と分析

14.9 演習問題

14.1 水中の dsDNA の（a）3 kbp の鎖，（b）30 bp の鎖の模式図を描け.

14.2 1 価の電解質溶液が $1\,\mathrm{M}$ から $1\times10^{-5}\,\mathrm{M}$ に変化した場合における，バルク溶液中の DNA 分子の $\langle r_\mathrm{g}\rangle$ と D の相対的な変化を予測せよ.

14.3 明確な持続長 ℓ_p をもつ DNA 鎖がある．$\langle\ell_\mathrm{e}\rangle$ は式（14.67）で表されるので，角度を積分することで式（14.68）のように求めることができる.

$$\langle\ell_\mathrm{e}\rangle^2 = \left\langle\left|\vec{r}(s=\ell_\mathrm{c})-\vec{r}(s=0)\right|^2\right\rangle \tag{14.67}$$

$$\langle\ell_\mathrm{e}\rangle^2 = \int_{s_1=0}^{\ell_\mathrm{c}} ds_1 \int_{s_2=0}^{\ell_\mathrm{c}} ds_2 \left\langle\frac{\partial\vec{r}(s_1)}{\partial s}\cdot\frac{\partial\vec{r}(s_2)}{\partial s}\right\rangle \tag{14.68}$$

この積分式から，明確な持続長 ℓ_p をもつ DNA 鎖の平均末端間距離 $\langle\ell_\mathrm{e}\rangle$ を計算せよ．また，$\ell_\mathrm{p}\ll\ell_\mathrm{c}$（長くて柔軟な高分子）の極限および $\ell_\mathrm{p}\gg\ell_\mathrm{c}$（短い剛体棒）の極限で $\langle\ell_\mathrm{e}\rangle$ を単純化せよ．$\ell_\mathrm{p}\ll\ell_\mathrm{c}$ の条件における値と理想高分子モデルから予測される末端間距離を一致させるためには，どのような ℓ_K を選択しなければならないか.

14.4 $YI = 2\times10^{-28}\,\mathrm{N\,m^2}$ のとき，N_bp の関数として $\langle\ell_\mathrm{e}\rangle$ をプロットせよ．$N_\mathrm{bp}=100$ から $N_\mathrm{bp}=10000$ の範囲で両対数グラフを用いること．また，この結果と，$\ell_\mathrm{K}=100\,\mathrm{nm}$ のガウス鎖高分子の同様のプロットを比較せよ.

14.5 DNA のビーズ–スプリングモデルでは，ℓ_e の確率密度関数は式（14.39），すなわち次式で与えられる.

$$\mathcal{P}(\ell_\mathrm{e}) = 4\pi\ell_\mathrm{e}^2\left[\frac{1}{4\pi\langle r_\mathrm{g}\rangle^2}\right]^{3/2}\exp\left(-\frac{\ell_\mathrm{e}^2}{4\langle r_\mathrm{g}\rangle^2}\right) \tag{14.69}$$

$\mathcal{P}(\ell_\mathrm{e})\ell_\mathrm{e}$ を $\ell_\mathrm{e}=0$ から $\ell_\mathrm{e}=\infty$ まで積分して，ℓ_e の平均値を評価せよ．そして，結果が式（14.38），すなわち次式に対応することを示せ.

$$\langle\ell_\mathrm{e}\rangle = \sqrt{6}\langle r_\mathrm{g}\rangle \tag{14.70}$$

14.6 DNA のビーズ–スプリングモデルでは，Δr の確率密度関数は式（14.41），すなわち次式で与えられる.

$$\mathcal{P}(\Delta r) = 4\pi\Delta r^2\left[\frac{\ell_\mathrm{c}}{4\pi\Delta s\langle r_\mathrm{g}\rangle^2}\right]^{3/2}\exp\left(-\frac{\ell_\mathrm{c}\Delta r^2}{4\Delta s\langle r_\mathrm{g}\rangle^2}\right) \tag{14.71}$$

$\mathcal{P}(\Delta r)\Delta r$ を $\Delta r=0$ から $\Delta r=\infty$ まで積分して，Δr の平均値を評価せよ．そして，結果が式（14.40），すなわち次式に対応することを示せ.

$$\langle\Delta r\rangle = \sqrt{\frac{6\Delta s}{\ell_\mathrm{c}}}\langle r_\mathrm{g}\rangle \tag{14.72}$$

14.7 高分子要素の平均二乗変位が $\langle r_\mathrm{g}\rangle$ と等しいことを示し，ビーズ–スプリング鎖の Δr の平均値の結果の正しさを確かめよ．すなわち，次のことを示せ.

$$\frac{1}{\ell_c^2} \int_{s_2=0}^{s_2=\ell_c} \int_{s_1=0}^{s_1=s_2} \left\langle |\vec{r}(s_2) - \vec{r}(s_1)|^2 \right\rangle ds_1 \, ds_2 = \langle r_g \rangle \tag{14.73}$$

この種の解析から得られる一般的な結論は，Δr の確率密度関数がガウス分布となるあらゆる直鎖高分子に対して $\langle r_g \rangle = \dfrac{\langle \ell_e \rangle}{\sqrt{6}}$ となることである．ただし，ガウス分布ではなく，剛体棒でよく近似できるような短い DNA 分子の場合にはこの関係は破綻する．

14.8 長さ ℓ_c の無限に硬い直線棒で近似できる高分子（すなわち $\langle \ell_e \rangle = \ell_c$）の $\langle r_g \rangle$ を計算し，この場合には $\langle r_g \rangle \neq \dfrac{\langle \ell_e \rangle}{\sqrt{6}}$ であることを示せ．また，$\langle \ell_e \rangle$ が同じ自由連結鎖と比較して剛体棒の $\langle r_g \rangle$ は大きくなるだろうか，それとも小さくなるだろうか．ℓ_c が同じ場合はどうなるだろうか．

14.9 成分 $i \, (i = x, y, z)$ の分配関数が次式で与えられるとする．

$$Z_i = \frac{8}{\pi^2} L_i \sum_{p=0}^{\infty} \frac{1}{(2p+1)^2} \exp\left[-\frac{\pi^2 \langle r_g \rangle^2 (2p+1)^2}{L_i^2} \right] \tag{14.74}$$

$\langle r_g \rangle \ll L_i$ の極限における分配関数を導出せよ．

14.10 成分 $i \, (i = x, y, z)$ の分配関数が次式で与えられるとする．

$$Z_i = \frac{8}{\pi^2} L_i \sum_{p=0}^{\infty} \frac{1}{(2p+1)^2} \exp\left[-\frac{\pi^2 \langle r_g \rangle^2 (2p+1)^2}{L_i^2} \right] \tag{14.75}$$

$\langle r_g \rangle \gg L_i$ の極限における分配関数を導出せよ．

14.11 直鎖高分子が半径 R の球形領域に閉じ込められ，狭隘空間を均一に充填しているとする．この高分子の $\langle r_g \rangle$ を計算せよ．

14.12 ビーズ–スプリングモデルを考え，高分子骨格に沿ったある距離割合 α の高分子上の点を考える．この点と高分子の重心との平均二乗距離が次式で与えられることを示せ．

$$\frac{\ell_c \ell_K^2}{3} [1 - 3\alpha(1 - \alpha)] \tag{14.76}$$

14.13 直鎖高分子のビーズ–スプリングモデルを考える．この高分子の両端が距離 ℓ_e だけ離れて固定されているが，その他の部分は自由に動けるとする．このとき，平均二乗回転半径の，高分子両端間を結ぶ直線方向の成分が次式で与えられることを示せ．

$$\frac{1}{36} \ell_c \ell_K \left(1 + 3 \frac{\ell_e^2}{\ell_c \ell_K} \right) \tag{14.77}$$

14.14 自由回転鎖の持続長を求めよ．

14.15 水中の直鎖高分子のビーズ–スプリングモデルを考える．鎖の一端が正電荷 $+q$ を，もう一端が負電荷 $-q$ をもつとする．室温で 100 V/cm の電場を高分子に印加する．高分子が $\ell_c = 5 \, \mu\text{m}$ で $\ell_K = 20 \, \text{nm}$ のとき，電場下でこの高分子の $\langle \ell_e \rangle$ はどうなるか．この距離では 2 電荷間のクーロン力は無視できるか．

14.16 輪郭長 22 μm，（室温での）回転半径が 0.75 μm である長さ 50 kbp の DNA 分子が，

358 第 14 章　DNA の輸送と分析

断面が正方形の長い流路内に押し込まれている場合を考える．この DNA 分子を理想ビーズ–スプリング鎖とする．閉じ込めの自由エネルギーが $10\,k_B T$ となるためには，流路の高さ／幅 d はいくらでなければならないか．

14.17　自由連結鎖と自由回転鎖の ℓ_e の確率密度関数は，ℓ_e が ℓ_c を超える可能性を示している．この一見矛盾する状況が存在する理由を説明せよ．

14.18　自由連結鎖を考える．ある力 F により鎖の両端が離されていて，平均末端間距離 $\langle \ell_e \rangle$ が ℓ_c に比べて小さい場合，$\langle \ell_e \rangle$ は次式で与えられる．

$$\langle \ell_e \rangle = \frac{F \ell_c \ell_K}{3 k_B T} \tag{14.78}$$

しかし，$\langle \ell_e \rangle$ が ℓ_c と比較して小さいと仮定できない場合には，より正確な関係は以下のようになる．

$$\langle \ell_e \rangle = \ell_c \left[\coth\left(\frac{F \ell_K}{k_B T} \right) - \frac{k_B T}{F \ell_K} \right] \tag{14.79}$$

ここで，$\coth(x) - \dfrac{1}{x}$ は**ランジュバン関数**とよばれる．このとき，$\lim_{\frac{F \ell_K}{k_B T} \to 0} \langle \ell_e \rangle = \dfrac{F \ell_c \ell_K}{3 k_B T}$ となることを示せ．また，両式をプロットせよ．

14.19　ガウス鎖高分子のエントロピーを ℓ_e の関数として導出せよ．

14.20　DNA の拡散についてのルース（素抜け）モデルを構築せよ．DNA はビーズがばねで接続された理想的なガウス鎖としてモデル化せよ．粘性力はばねには作用せず，球に対しては，ストークス流れ中における単体のビーズに作用する抵抗の関係式が適用できるとする．

(a) 高分子の全要素が速度 U で移動するとき，DNA に作用する力を ℓ_c, ℓ_K, そしてビーズの半径 a の関数として表せ．

(b) 粘性移動度 μ は，F および U と $U = \mu F$ という関係にある．DNA の μ を書き表せ．

(c) アインシュタインの関係式 $D = \mu k_B T$ とルースモデルを用いて DNA の D を書き表せ．

(d) D の ℓ_c に対する依存性について考えを述べよ．この関係は水溶液中の DNA の実験観察結果とどのように食い違うだろうか．DNA のバルク拡散において，ルースモデルが物理的に不正確な点は何だろうか．

第15章
ナノフルイディクス：分子スケールや厚い電気二重層系における流れと電流

　これまで，デバイ長や分子，粒子のサイズに比べて大きなスケールの流路内における流れを考えてきた．高さ d が小さい（ナノスケールのような）流路を用いるとき，境界層理論で電気二重層とバルクを分けることができない．その代わり，バルク流れに正味の電荷密度が存在することを考慮しなければならない．たとえ二重層が薄くても，二重層の摂動効果（たとえば表面コンダクタンス）は流路が小さくなるにつれて顕著になる．**ナノフルイディクス**（nanofluidics）という用語は，$d^* = \dfrac{d}{\lambda_D}$ が小さい流れ，または流路サイズと同等の分子や粒子を伴う流れについて言及するために用いられることも多い．これらの現象は必ずしもナノスケールである必要はなく，しかもナノスケールの流れにおいて重要ではないものもあるが，これらの現象がナノスケールの流路内の輸送と同じように説明できることも多いため，まとめてナノフルイディクスとよばれる．一方で，**ナノフルイディクス**という用語を，分子サイズや λ_D への言及なくナノ流路内の流動を表すために用いる研究者もいる．われわれが関心があるのは流路および分子スケールの閉じ込めと界面動電効果との相互作用であるため，ここでは**分子スケールや λ_D と同程度のサイズ**の流路に焦点を当て，流路の絶対的な寸法にはそれほど注目しないことにする．

　無限に長く一定の断面積をもつ1方向流れでは，界面動電連成行列の成分の変化を通して厚い電気二重層効果が現れる．この場合，流れ方向に勾配がないので系の解析は単純だが，壁面垂直方向の物性を積分して断面平均とする必要がある．$\bar{u} \cdot \nabla c_i$ の項がゼロであるため，これらの系では弱連成（one-way coupling. 二重層は流れに影響を与えるがその逆はない）である．現実の系では，断面積の変化やサイズが異なる領域をつなぐジャンクションなどを含むため，より複雑になる．その場合，流れと二重層は強連成（two-way coupling. $\rho_E \bar{E}$ 項を通じて電気二重層は流れに，非ゼロの $\bar{u} \cdot \nabla c_i$ 項を通じて流れは電気二重層に影響を及ぼす）となる．これにより，濃度分極やイオン電流整流作用が起こる．DNA やタンパク質などの高分子にとって界面は障害となるので，それらの輸送特性は形状に依存する．

360　第15章　ナノフルイディクス：分子スケールや厚い電気二重層系における流れと電流

15.1　無限長ナノチャネル内の1方向輸送

λ_D と比べて大きくない流路では，電気的に中性な「バルク」はもはや明確に定義されない．この現象は一般に二重層オーバーラップ（double-layer overlap）とよばれる．しかし，無限に長い流路内での1方向輸送を考えると，電場の勾配は流れ方向に直交しているので，電気二重層は依然として平衡状態の関係式で記述される．

15.1.1　流体輸送

上述の1方向輸送の場合，ポアソン–ボルツマン方程式が適用できる．

- 希薄溶液のポアソン–ボルツマン方程式

$$\nabla^2 \varphi = -\frac{F}{\varepsilon} \sum_i c_{i,\infty} z_i \exp\left(-\frac{z_i F \varphi}{RT}\right) \tag{15.1}$$

物性一定で単純界面の場合，流速は次のように表される．

$$u = \frac{\varepsilon E_{\text{ext,wall}}}{\eta} (\varphi - \varphi_0) \tag{15.2}$$

以降の項では，これらの式を詳細な記述で用いる．λ_D より小さい流路では，式 (15.2) のような式はまだ適用できるが，φ の定義はより複雑になる．流路が λ_D より小さいので $\varphi = 0$ となるようなバルクはもはや定義できない．このような場合，流体が電気的に中性でイオンのポテンシャルエネルギーが価数に依存しないとされる仮想的な位置からの相対値として，φ は計測される．

壁間距離が狭い場合の電気浸透流は，壁では $\varphi^* = \varphi_0^*$ で対称軸では $\frac{\partial \varphi}{\partial y} = 0$ となる境界条件を適用して決定され，図 9.6 と式 (9.32) で示すような流速分布が得られる．薄い電気二重層極限（流速がほぼ一様とみなせる場合）と比べて，$\lambda_D \simeq d$ における電気浸透流は非一様で分散的となる．すなわち，流れ場全体で流速は y の関数であるため試料塊は流れによって分散される．さらに，壁とバルク流体との電位差が低下するので，総流量は減少する．

15.1.2　厚い電気二重層輸送のための界面動電連成行列

長く薄い流路の1方向流れは断面平均した輸送方程式で解析でき，そのため界面動電連成行列を用いる．この解析は，無次元量 $Pe \dfrac{d}{L}$ がイオンについて小さい場合に有効である．ここで，ペクレ数に用いる U は流路内イオンの代表速度，d は流路の代表高さ，L は流路長さである．この基準は，流れに垂直方向のイオン分布が電気化学的平衡によって支配されることを担保している．ナノチャネルでは通常 $\dfrac{d}{L}$ は 1×10^{-5} と小さいので，

この基準はナノチャネルの全イオンに適用できる. 断面平均した物理量を用いる単純化は強力で, 生じる誤差は断面積一定の流路では無視できるほど小さい. この方法を用いて, 流路の絶対サイズ (すなわち, d) および二重層に対する相対厚さ (すなわち, $d^* = \dfrac{d}{\lambda_D}$) の両者を用いて, 小さな流路での界面動電結合現象を比較できる.

界面動電連成行列は以下のように書けることを思い出そう.

$$\chi = \begin{bmatrix} \chi_{11} & \chi_{12} \\ \chi_{21} & \chi_{22} \end{bmatrix} \tag{15.3}$$

そうすると, 界面動電連成方程式は次のようになる.

$$\begin{bmatrix} Q/A \\ I/A \end{bmatrix} = \chi \begin{bmatrix} -dp/dx \\ E \end{bmatrix} \tag{15.4}$$

二重層が**十分薄く**界面電位が小さいとき, 界面動電連成行列は次式で与えられる.

$$\chi = \begin{bmatrix} r_h^2/8\eta & -\varepsilon\varphi_0/\eta \\ -\varepsilon\varphi_0/\eta & \sigma \end{bmatrix} \tag{15.5}$$

半径 R の円管では $r_h = R$, 距離 $2d$ だけ離れた平行平板では $r_h = 2d$ である. λ_D が十分に薄いとき, $d^* \to \infty$ かつ系は λ_D に依存せず, χ_{11} の水力直径依存性として d に対してのみサイズ依存性があると仮定する. d と比べて λ_D が小さいが無視できるほど小さくはない場合, デバイ−ヒュッケル極限での表面導電率は, 式 (9.36) に示すように $\dfrac{\lambda_D}{d}$ が小さい場合の摂動展開の第 1 項で与えられる. したがって, 界面動電連成行列は次式となる.

$$\chi = \begin{bmatrix} r_h^2/8\eta & -\varepsilon\varphi_0/\eta \\ -\varepsilon\varphi_0/\eta & \sigma + \dfrac{\varepsilon^2\varphi_0^2/\lambda_D^2}{\eta r_h/\lambda_D} \end{bmatrix} \tag{15.6}$$

ここで, $\dfrac{\varepsilon^2\varphi_0^2}{\lambda_D^2}$ は表面電荷密度の 2 乗であり, したがって表面導電率は, 表面電荷密度の 2 乗を粘度および水力直径とデバイ長の比で無次元化した値に比例する. $\dfrac{\varepsilon\varphi_0}{\lambda_D}$ 一定で $\lambda_D \to 0$ の極限をとると, 再び式 (15.5) が得られる.

式 (15.6) は, 二重層が半無限の解で与えられて無限遠まで積分できるという仮定を用いて導かれる. 流路サイズ d が λ_D と比べて小さくなると, d^* が大きいとはもはや仮定できないので, 有限領域の積分が必要となり, この行列のいくつかの成分は異なる形となる. この行列を用いた解析によって, 二重層のオーバーラップが流体やイオンの輸

362 第15章 ナノフルイディクス：分子スケールや厚い電気二重層系における流れと電流

送に与える影響を考えることができる．これらの界面動電連成行列の変化は，次式を用いてパラメータ化できる．

$$\chi = \begin{bmatrix} c_{11}\eta_h^2/8\eta & -c_{12}\varepsilon\varphi_0/\eta \\ -c_{21}\varepsilon\varphi_0/\eta & c_{22}\sigma \end{bmatrix} \tag{15.7}$$

ここで，係数 c_{11}, c_{12}, c_{21}, c_{22} は電気二重層が厚い場合と λ_D が十分に薄い場合の系の応答の**比**を表している．

■厚い二重層の界面動電連成係数

界面動電連成行列の成分は，流路の代表長さの関数として変化する．水力結合係数（または水力伝導率）$\chi_{11} = \dfrac{\eta_h^2}{8\eta}$ は，粘性率がイオン濃度や電場に依存しないかぎりは η_h 依存性を保つため，χ_{11} は λ_D に依存しない．η_h は流路サイズに線形比例するため，χ_{11} も流路サイズが小さくなると減少する．導電率 χ_{22} は対流表面電流の増加と二重層内のオーム伝導率の増加により，φ_0^* の増加および d^* の減少に伴って増加する．実効電気浸透移動度 χ_{12} は φ_0 が増えると増加するが，二重層の重なりが流量を低下させるため，d^* が減ると減少する．また，比較的流れが速い領域に多くの正味電荷密度が存在するため，実効流動電流係数 χ_{21} は d^* が減ると増加する．壁面電位が大きく二重層が厚い場合は，χ_{12} と χ_{21} は等しくならない．したがって，電位が高く電気二重層が厚い系はオンサーガーの相反定理を示さない．

希薄溶液の極限では，1次元非線形ポアソン－ボルツマン方程式と1次元ナビエ－ストークス方程式を解いて積分して，電気浸透補正係数 c_{12} を求められる．

$$c_{12} = -\frac{\eta}{\varepsilon\varphi_0} \frac{1}{A} \int_s \frac{u}{E} dA \tag{15.8}$$

$y^* = \pm d^*$ の2平板間の流体物性が均一な電解質のような一般的な系について，c_{12} に関する近似的な代数関係が必要となる．デバイ－ヒュッケル極限ではこれは解析的に決定できる．

● 均一物性，単純界面，デバイ－ヒュッケル近似における電気浸透補正係数

$$c_{12} = 1 - \frac{\tanh d^*}{d^*} \tag{15.9}$$

壁面電位が微小と仮定できない場合は，数値的に式を解いて c_{12} を近似する関係式を求めることになる．式(15.9)の c_{12} は，対数軸にプロットするとロジスティック曲線に似ており，壁面電位が大きい場合はより低い d^* にシフトして広がる．これは，壁面電位が大きい場合には電位分布の減衰が λ_D よりも短距離で起こるためである．このため，

1価の対称電解質の c_{12} は，パラメータが φ_0 に依存するロジスティック曲線で近似できる．

- 均一物性，単純界面，1価の対称電解質，$\varphi_0 < 6$ における電気浸透補正係数

$$c_{12} \simeq \frac{1}{1 + \exp[-\alpha(\log d^* - \log d_0^*)]} \tag{15.10}$$

ここで

$$\alpha \simeq -0.15|\varphi_0^*| + 3.5 \tag{15.11}$$

そして

$$d_0^* \simeq -0.01\varphi_0^{*2} - 0.1|\varphi_0^*| + 2 \tag{15.12}$$

である．式 (15.11) および (15.12) は完全な数値解に対するフィッティングから得られたものであり，$\varphi_0^* < 6$ では 10% 以内の精度である．$\varphi_0^* = 0, 3, 6$ の結果を図 15.1 に示す．

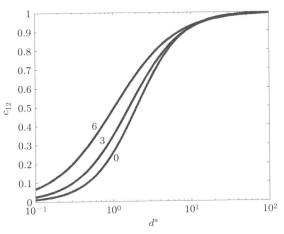

図 15.1 1価の対称電解質に対するナノスリットでの補正係数 c_{12}

また，希薄溶液の極限では，1次元非線形ポアソン-ボルツマン方程式と1次元ナビエ-ストークス方程式を解いて積分することで，流動電流補正係数 c_{21} を計算できる．

$$c_{21} = -\frac{\eta}{\varepsilon\varphi_0} \frac{1}{A} \int \frac{u\rho_E}{-dp/dx} dA \tag{15.13}$$

ここで，u は圧力勾配によって発生する速度分布である．たとえば，均一物性で $y^* = \pm d^*$ の2平板間の流速は

$$u = -\frac{1}{2\eta}\frac{dp}{dx}(d^2 - y^2) = -\frac{1}{2\eta}\frac{dp}{dx}(d^{*2} - y^{*2})\lambda_D^2 \tag{15.14}$$

である．デバイ-ヒュッケル極限では，c_{21} は解析的に決定できる．

364　第 15 章　ナノフルイディクス：分子スケールや厚い電気二重層系における流れと電流

● 均一物性，単純界面，デバイ–ヒュッケル近似における流動電流補正係数

$$c_{21} = 1 - \frac{\tanh d^*}{d^*} \tag{15.15}$$

これは式 (15.9) の結果と同じである．つまり，二重層が厚い場合において，壁面電位が低ければバルクと二重層のイオン分布の差が小さいので，オンサーガーの相反定理が成立する．壁面電位が小さいと仮定できない場合は，閉形式の厳密解は存在しない．ここでは割愛するが，数値的に解いて c_{21} の近似式を得ることもできる．

　電気二重層が厚い場合の c_{22} の修正には，オーム的寄与および対流的寄与という二つの効果が含まれている．ここで，薄い電気二重層，デバイ–ヒュッケル極限における対流表面伝導率はすでに式 (9.36) で示されていたことを思い出そう．任意の 1 次元系における平均電流密度 $\bar{i} = \dfrac{I}{A}$ は次式で与えられる．

$$\bar{i} = \frac{1}{d} \int_0^d \sum_i c_i u_i z_i \, F \, dy \tag{15.16}$$

物質 i の速度の大きさ u_i は $u_i = u + \mu_{EP,i} E$ と分離できるので，平均電流密度を対流成分と電気泳動成分に分けることができる．

$$\bar{i} = \frac{1}{d} \int_0^d \sum_i c_i u z_i \, F \, dy + \frac{1}{d} \int_0^d \sum_i c_i \mu_{EP,i} E z_i \, F \, dy \tag{15.17}$$

x 方向に勾配がないと仮定しているため，この式は拡散項をもたない．これを整理すると次式を得る．

$$\bar{i} = \frac{1}{d} \int_0^d u \rho_E \, dy + \frac{E}{d} \int_0^d \sigma \, dy \tag{15.18}$$

ここで，正味の電荷密度は $\rho_E = \sum_i c_i z_i F$，導電率は $\sigma = \sum_i c_i \mu_{EP,i} z_i F$ である．二重層が非常に薄い系では，電流密度 $\vec{i}$ は一定となり，$\vec{i} = \sigma \vec{E}$ で与えられる．二重層が有限のとき，電気二重層内で ρ_E がゼロではないため第 1 項はゼロではない．壁面電位が大きい場合，σ は y の関数で電気二重層内で増加するため，第 2 項は修正される．

　式 (15.18) は，物質種依存の μ_{EP} について数値積分することで一般的な物質についても表現できる．しかし，全物質の μ_{EP} が等しいと近似すると，溶液の実効伝導率の増加に関する一般式が価数と壁面電位のみの関数となり扱いやすい．簡単のために $|\mu_{EP}|$ が全物質で同じだと仮定すると，電流密度を $\sigma_{bulk} E$ で正規化でき，次式が得られる．

$$\frac{\bar{i}}{\sigma_{bulk} E} = \left| \frac{\mu_{EO}}{\mu_{EP}} \right| \frac{1}{d} \int_0^d \frac{\varphi - \varphi_0}{\varphi_0} \frac{\left| \sum_i c_i z_i \right|}{\sum_i c_{i,\infty} |z_i|} \, dy + \frac{1}{d} \int_0^d \sum_i \frac{c_i}{c_{i,\infty}} \, dy \tag{15.19}$$

ここで，μ_{EP} はイオンの電気泳動速度で，$\mu_{EO} = \dfrac{-\varepsilon\varphi_0}{\eta}$ は薄い電気二重層極限での表面の電気浸透移動度である．第1項の形より，イオンの電気泳動移動度と比べて電気浸透移動度が大きい場合には，電気浸透流の電流への相対的寄与が大きいことがわかる．また，この電気浸透移動度の寄与は，二重層が厚いときに生じる電気浸透流と電荷密度のオーバーラップが大きい場合にも大きくなる．第2項はオーム的な表面コンダクタンス，すなわち電気二重層内イオン濃度の増加に伴う導電率の増加を説明している．

前述の関係より，c_{22} は次式のように書くことができる．

● 均一物性，単純界面における導電率補正係数

$$c_{22} = \left|\frac{\mu_{EO}}{\mu_{EP}}\right| \frac{1}{d}\int_0^d \left|\frac{\varphi - \varphi_0}{\varphi_0}\right| \frac{\sum_i c_i z_i}{\sum_i c_{i,\infty}|z_i|}\,dy + \frac{1}{d}\int_0^d \sum_i \frac{c_i}{c_{i,\infty}}\,dy \tag{15.20}$$

このオーム的寄与は，φ_0 が大きく d^* が小さい場合に最大となる．対流の寄与は，φ_0 が大きく d^* が1に近い場合（速度が大きく，電荷密度と速度の大きなオーバーラップによって正味の電荷流束が大きくなる場合）に最大となる．

■ 強制関数が与えられた場合の d と d^* への系の依存性

圧力と電場は界面動電連成式の強制関数であり，流れと電流は連成式から得られる結果と考えることができる．強制関数を変化させてみると，得られる結果はそれぞれ界面動電連成式の1成分のみの関数であることがわかる．圧力勾配をゼロに固定して電場を印加すると，電流密度 $\dfrac{I}{A}$ は次のように与えられる．

$$\frac{I}{A} = \chi_{22}E \tag{15.21}$$

そして，断面平均電気浸透流速度 $\dfrac{Q}{A}$ は以下のようになる．

$$\frac{Q}{A} = \chi_{12}E \tag{15.22}$$

これらの式と上述の補正係数から，（ナノチャネルで見られるような）電気二重層が厚い系は電気二重層が薄い系と比べて導電率が増加し，電気浸透流が低下することがわかる．

圧力勾配 $\left(-\dfrac{dp}{dx}\right)$ を加えて電場をゼロとする場合は，平均流量 $\dfrac{Q}{A}$ は

$$\frac{Q}{A} = \chi_{11}\left(-\frac{dp}{dx}\right) \tag{15.23}$$

366 第 15 章 ナノフルイディクス：分子スケールや厚い電気二重層系における流れと電流

で与えられ，流動電流 $\dfrac{I}{A}$ は次式となる．

$$\frac{I}{A} = \chi_{21}\left(-\frac{dp}{dx}\right) \tag{15.24}$$

流動電流の大きさは，d^* が低下すると（χ_{21} が増大するため）増加する．よって，厚い電気二重層系では流動電流は増加し，流路サイズが小さい系では圧力駆動流は弱くなる．

■強制関数と得られる結果が一つずつ与えられた場合の d と d^* への系の依存性

強制関数と得られる結果をそれぞれ一つずつ変化させる場合，得られる結果は界面動電結合係数のうちの二つあるいは四つの関数であることがわかる．

閉鎖空間で電場を印加すると，E は規定され，$Q = 0$ となる．この場合，行列方程式を解くと

$$-\frac{dp}{dx} = -\frac{\chi_{12}}{\chi_{11}}E \tag{15.25}$$

および

$$\frac{I}{A} = \left[\chi_{22} - \frac{\chi_{12}\chi_{21}}{\chi_{11}}\right]E \tag{15.26}$$

となる．界面動電ポンプを考えると，式 (15.25) は，ポンプにより生成される圧力勾配が d の減少とともに増加することを示している．これは χ_{11} が d への依存性をもつためであるが，この効果には限界があり，χ_{12} の減少により二重層がオーバーラップするとポンプ性能が低下し始める．また，式 (15.26) は，界面動電ポンプの駆動に必要な電流は以下の三つの効果を通して二重層オーバーラップの影響を受けることを示している．すなわち，（$d^* \sim 1$ でピークを迎える）オーム的寄与および対流イオン輸送の増加による導電率の増加，そして（電気浸透流によって引き起こされる）逆圧力駆動流の発生による逆流動電流による正味電流の減少である．オーム電流は一般に支配的な項ではあるが，χ_{11} には d 依存性があるため，d が小さい場合には逆流動電流が重要となる．界面動電ポンプを駆動するのに必要な電流密度は d^* が減少すると増加するが，d が非常に小さくなると逆流動電流の効果が卓越するため，電流密度が増加する効果は減衰する．

リザーバーが電気的に絶縁されている系に圧力勾配を加えると，$-\dfrac{dp}{dx}$ は規定されて $I = 0$ となる．このとき，行列方程式を解くと

$$E = -\frac{\chi_{21}}{\chi_{22}}\left(-\frac{dp}{dx}\right) \tag{15.27}$$

および

$$\frac{Q}{A} = \left[\chi_{11} - \frac{\chi_{12}\chi_{21}}{\chi_{22}}\right]\left(-\frac{dp}{dx}\right) \qquad (15.28)$$

が得られる．式 (15.27) は，流動電位が流路サイズと λ_D との比にのみ依存することを示している．そして，有限厚さの二重層のイオン分布を考慮すると χ_{22} は χ_{12} より増加するため，二重層がオーバーラップするときに流動電位は低下することがわかる．式 (15.28) は，電気的に絶縁された流路内の平均流速は，χ_{11} の d 依存性のために主に流路サイズの関数となることを示している．しかし，圧力による流動電流も逆電気浸透流を引き起こすため，この流速は d^* が小さい場合にさらに低下する（電気粘性）．第 1 項は d^2 に，第 2 項は λ_D^2 に比例するため，式 (15.28) の括弧内の 2 項の相対的な重要性は d^{*2} によって決まる．

■**電気二重層が厚い系における電気粘性**

電気粘性（electroviscosity）は，流動電位によって発生する逆電気浸透流による流量の減少に対して主に使われる用語である．圧力が与えられて正味電流がゼロの系における，流動電位による逆電気浸透流を図 15.2 に示す．**電気粘性**という用語は，界面動電効果による流動の減衰を指しており，物理的な粘性の変化を指しているわけではないので，誤解を招く可能性がある．二重層と同オーダーの寸法のナノチャネルでは，この流動の減少は凄まじく，極端な場合では約 2 倍の差が現れる．流量を考える際に界面動電効果を無視すると，実際よりも流体が高粘性，あるいは流路が小さく見えることになる．電気粘性は，式 (10.31) で表されるような局所電場による水の粘性率の変化である**電気粘性効果**（viscoelectric effect）とは無関係である．

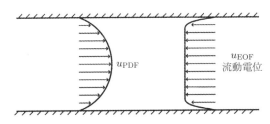

図 15.2　流動電位による逆電気浸透流（見かけの電気粘性の原因）

前述したように，リザーバーが電気的に絶縁された系において圧力によって発生する流量は次式で与えられる．

$$\frac{Q}{A} = \left[\chi_{11} - \frac{\chi_{12}\chi_{21}}{\chi_{22}}\right]\left(-\frac{dp}{dx}\right) \qquad (15.29)$$

多くの場合，この系の「実効粘性」を次の 2 式のように定義する．

$$\eta_{\mathrm{eff}} = \frac{\dfrac{\eta_{\mathrm{h}}^2}{8}\left(-\dfrac{dp}{dx}\right)}{Q/A} \tag{15.30}$$

または

$$\eta_{\mathrm{eff}} = \frac{\eta}{\left[1 - \dfrac{\chi_{12}\chi_{21}}{\chi_{11}\chi_{22}}\right]} \tag{15.31}$$

しかし本書では，流れの減衰の直接的指標とするためにこの表現は避け，次式を用いる．

$$\frac{\dfrac{Q}{A}}{-\dfrac{dp}{dx}} = \left[1 - \frac{\chi_{12}\chi_{21}}{\chi_{11}\chi_{22}}\right] \tag{15.32}$$

この式を用いて，薄い電気二重層極限で流れの減衰を評価する．この極限での結果を厚い電気二重層の系に適用すると，電気粘性効果を過大評価することになるが，この減速効果の上限を推定したり電気粘性効果を無視できる条件を特定したりすることができる．この薄い電気二重層の式を χ の成分に代入し，これが減速の上限を設定していることに注目すると，次式が得られる．

● 電気粘性効果の1次推定

$$1 > \frac{\dfrac{Q}{A}}{-\dfrac{dp}{dx}} > 1 - 8\frac{\varepsilon^2\varphi_0^2}{\eta\sigma\eta_{\mathrm{h}}^2} \tag{15.33}$$

この式は薄い電気二重層における対流表面伝導率に関するデバイ–ヒュッケルの式を連想させるが，$\dfrac{r_{\mathrm{h}}}{\lambda_{\mathrm{D}}}$ の2次の摂動なのであまり重要ではない．式 (15.33) の最右辺は減速を過大に予測するが，それでも電気粘性が無視できるような条件を求めるためには有用である．たとえば，流体半径が

$$r_{\mathrm{h}} = \frac{10\varepsilon\varphi_0}{\sqrt{\eta\sigma}} \tag{15.34}$$

より大きいときは補正項 $8\dfrac{\varepsilon^2\varphi_0^2}{\eta\sigma r_{\mathrm{h}}^2}$ は8%未満となる．流体半径がこの値より小さい場合，電気粘性率を推定するための完全な計算が必要となる．

■電気二重層が厚い系における価数依存のイオン輸送

d^* が1に近い系での小さなイオンの輸送は，一定断面積の流路であっても価数依存の速度を示す．二重層のオーバーラップによって流路高さ方向に速度分布が生じるため，壁面垂直方向のイオン種の分布は断面平均イオン輸送速度の違いを引き起こす．d^* が

1 に近い系では，小さなイオン（点電荷でモデル化できるイオン）の分布はイオンの価数に影響を受ける．したがって，1 価イオンの移流速度は 2 価や 3 価のイオンの速度より大きくなる．

15.1.3 ナノスケールの流路での電気回路モデル

第 3 章では，等価回路とハーゲン–ポアズイユ則 $Q = \dfrac{\Delta p}{R_{\mathrm{h}}}$ を用いて 1 次元流体系を予測できることを述べた．これを用いて，合流部の圧力と流路の体積流量について行列形式で解くことができる一連の代数方程式を作成した．さらに第 5 章では，同様の手法で合流部の電圧と流路の電流について行列形式の電気回路方程式を解いた．これら 2 種の方程式は壁面が帯電していない場合にはたがいに独立しているが，帯電がある場合には連成する．単一流路では，これは第 10 章の式 (10.41)，(10.42) で示され，得られる 2 × 2 行列は壁が帯電していないときには値がゼロの非対角成分をもち，壁が帯電しているときには非対角成分は非ゼロとなる．N 個の合流部と M 本の流路からなる系では，非帯電壁の系は二つの別々の $(N+M) \times (N+M)$ 行列で書くことができるが，帯電壁の系は一つの $(2N+2M) \times (2N+2M)$ 行列で書かれなければならない．断面積一定で流れに垂直方向に勾配をもつ流路では，電気二重層が薄い場合と厚い場合の違いは，本節で前述したように界面動電結合係数のみである．

等価回路モデルは，領域の境界と非一様断面積の影響が無視できるときにのみ有効である．等価回路モデルでは，いくつかの重要な近似を用いることによって，代数方程式を使って長く狭い流路の流れを記述できる．たとえば，薄い電気二重層系では電気抵抗や流体抵抗の大部分は長い直線流路で発生し，異なる流路間の境界部分の影響は無視できると仮定するため，境界の形状についてはほとんど考えない．このアプローチは，全体的な非平衡が成立しているにもかかわらず局所的な平衡を系に適用できるという熱力学的な考え方に基づいている．これは，非定常項と対流項を無視することによって流体の運動量の局所的平衡を考えるストークス近似と似ている．非定常性が流れに及ぼす効果は，第 8 章で瞬間性（局所平衡）についての記述で示している．すなわち，ストークス流れは時間依存の境界条件（全体の非平衡）下でのみ時間変化する．イオン輸送の観点からは，壁面垂直方向の（ポアソン–ボルツマンの）平衡イオン分布の使用は壁面垂直方向のイオン分布の平衡状態（局所平衡）を意味しており，イオン分布は時間依存の表面電位（全体の非平衡）がある場合にのみ変化する．

d^* が 1 に近い系では，平衡と仮定できる局所的現象と非平衡と仮定される全体的現象との間に明確な差がもはや存在せず，二重層の平衡のために必要な長さスケールが全体の系の代表長と近いために，等価回路モデルは界面や断面積が変化する場所では使

370 第15章 ナノフルイディクス：分子スケールや厚い電気二重層系における流れと電流

えない．φ_0^* が小さいと仮定できない場合（よって，壁によってイオン分布が大いに乱される），顕著な全体の変化が局所平衡が存在しないことを示している．このようなことは，a^* が1に近い粒子の電気泳動中にも起こる（図13.5 参照）．半径が λ_D 程度の粒子の場合，流れによる二重層の歪みが粒子の動きを弱めるような逆電場を発生させる．電場と流れはどこでもイオン勾配と垂直というわけではなく，結果として $\bar{u} \cdot \nabla c_i$ 項が顕著な変化を引き起こすほど大きくなる．ナノチャネルでは，厚い電気二重層の流路断面が変化するとき，あるいは流路の交差部において，上述したような効果が発生する．交差部や断面変化を有する系では，局所平衡を用いて壁面垂直方向のイオン分布と壁に平行な流れを分離することはもはやできない．これにより，全体としては，イオン濃度がナノチャネルの一端で増加し，もう一端で低下する濃度分極を引き起こす．流路交差部での濃度分極は，ナノ流路ネットワークの支配的な輸送特性となることも多い．

15.2　ナノスケールの領域境界・非一様断面流路における輸送

　二重層の記述に関するここまでの議論では，ナノチャネルにおいて壁面垂直方向の濃度変化について考え，流れ方向には変化がないことを仮定していた．この仮定では，すべての $\bar{u} \cdot \nabla c_i$ 項がゼロで，壁面垂直方向の平衡イオン分布は流れや印加電場に依存しない．これは無限に長く断面積一定の流路では適切である．ここでは，流れ方向に勾配をもつような，長さが有限，または断面積が一定でない系について考える．

　流れ方向に勾配があるとき，イオン分布の平衡において対流流束の寄与は無視できない．ポアソン方程式をネルンスト–プランク方程式と連立させて，イオン分布のダイナミクスや平衡状態を求める必要がある．ここで，物質 i についてのネルンスト–プランク方程式は次式で与えられ，

$$\frac{\partial c_i}{\partial t} = -\nabla \cdot [-D_i \nabla c_i + u_i c_i] \tag{15.35}$$

ポアソン方程式は次式で与えられる．

$$-\nabla \cdot \varepsilon \nabla \phi = \sum_i c_i z_i F \tag{15.36}$$

断面積一定の流路の1方向流れとは異なり，ポアソン方程式で用いる電場はネルンスト–プランク方程式の電場と分離できない．式 (15.35) と (15.36) を以下のナビエ–ストークス方程式

$$\rho \frac{\partial \bar{u}}{\partial t} + \rho \bar{u} \cdot \nabla \bar{u} = -\nabla p + \eta \nabla^2 \bar{u} \tag{15.37}$$

および質量保存則

$$\nabla \cdot \bar{\boldsymbol{u}} = 0 \tag{15.38}$$

と組み合わせると，p, ϕ および $\bar{\boldsymbol{u}}$ の 3 成分，n 種の濃度 c_i についての $n+5$ 個の連立方程式となる．ポアソン方程式とネルンスト–プランク方程式を組み合わせたものは一般にはポアソン–ネルンスト–プランク方程式とよばれ，第 9 章で述べたポアソン–ボルツマン方程式とは異なる．

この一連の $n+5$ 個の連立方程式を解析的に解くことはせず，その代わりに 1 次元平衡状態の結果について述べる．この結果から，（流れとイオン輸送が二重層内部のイオン濃度分布を変化させるような）この系の**強連成**に対する定性的側面を捉えることができる．

15.2.1　1 次元平衡モデル

断面積内のイオン濃度分布はさまざまなレベルで近似できる．もっとも単純なものは 1 次元平衡モデルで，$\dfrac{L}{r_{\mathrm{h}}} > Pe$（$L$ は流路長さ）の長く薄い流路に適している．このモデルでは，1 次元輸送方程式を考える際に断面全体の性質を平均し，流れに対して横方向の平衡は維持されると仮定する．したがって，対流輸送は各流れ方向位置での全イオン濃度に影響を与えるが，共イオンと対イオン間の平衡には影響を与えない．このアプローチでは，（流速が正味の対流流束を決定する）流路の軸方向の非平衡を許容するが，（変化が対流流束に寄与しないため重要ではない）流路断面方向の平衡は維持する．この方法はイオン流束と流れによるイオン分布の変化を表現するもっとも単純なものである．

流路断面方向の平衡を仮定すると，流れに垂直方向のイオン分布はポアソン–ボルツマン方程式を満たし，そのイオン分布は壁面における電位密度が与えられれば求めることができる．このイオン分布を平均化すると，各物質の断面平均イオン濃度を得られる．また，次のように書くこともできる．

$$\int_S \rho_{\mathrm{E}} \, dA + \int_C q''_{\mathrm{wall}} \, ds = 0 \tag{15.39}$$

ここで，C は流路断面周長，S は断面積を表す．この式は二重層内の正味電荷密度が壁面における電荷密度を打ち消し，断面全体で平均すると電気的中性となることを意味する．q''_{wall} が C 上で均一と仮定すると，式 (15.39) を平均した次式を得る．

$$\bar{\rho}_{\mathrm{E}} = \frac{-2q''_{\mathrm{wall}}}{r_{\mathrm{h}}} \tag{15.40}$$

対称電解質では系はもっと単純で，ポアソン–ボルツマン方程式は不要で，対流イオン流束の効果に焦点を当てることができる．価数 z の対称電解質を考え，正と負の電解

質の濃度差が次のように書けるとする.

$$\bar{c}_+ - \bar{c}_- = \frac{-2q''_{\text{wall}}}{zFr_{\text{h}}} \tag{15.41}$$

そして，物質iに対する1次元ネルンスト–プランク方程式を書くと，次のようになる.

$$\frac{\partial c_i}{\partial t} = -\frac{\partial}{\partial x} j_i = -\frac{\partial}{\partial x}\left[-D_i\frac{\partial c_i}{\partial x} + u_i c_i\right] \tag{15.42}$$

ここで，j_iは物質iの物質流束で，全電流密度$\bar{i} = \dfrac{I}{A}$は$\sum_i j_i z_i F$で与えられるとする.
拡散係数と電気泳動移動度が等しい対称電解質の全電流密度を評価すると，

$$\bar{i} = -DzF\frac{\partial}{\partial x}(\bar{c}_+ - \bar{c}_-) + \bar{u}zF(\bar{c}_+ - \bar{c}_-) + EzF|\mu_{\text{EP}}|(\bar{c}_+ + \bar{c}_-) \tag{15.43}$$

すなわち

$$\bar{i} = -D\frac{\partial}{\partial x}\left(\frac{-2q''_{\text{wall}}}{r_{\text{h}}}\right) + \bar{u}\left(\frac{-2q''_{\text{wall}}}{r_{\text{h}}}\right) + EzF|\mu_{\text{EP}}|C \tag{15.44}$$

となる．ここで，$\bar{u}$は**流体**の平均流速で，$C = \sum_i c_i$である．平衡状態では$\bar{i}$が一定であることが必要とされる.

- 流路断面方向平衡，対称電解質におけるナノチャネルの1次元ネルンスト–プランク方程式

$$0 = -D\frac{\partial^2}{\partial x^2}\left(\frac{-2q''_{\text{wall}}}{r_{\text{h}}}\right) + \frac{\partial}{\partial x}\left(\frac{-2q''_{\text{wall}}}{r_{\text{h}}}\bar{u}\right) + \Lambda\frac{\partial}{\partial x}(EC) \tag{15.45}$$

ここで，$\Lambda = zF|\mu_{\text{EP}}|$である．平衡状態のイオン濃度を求めるには，式 (15.45) を電荷保存（すなわち，$\dfrac{\partial}{\partial x}(AEC) = 0$，$A$は流路断面積）とともに解く必要がある.

式 (15.45) は流路断面積や表面電荷密度の変化によって定常状態で固有の電場が発生することを示している．流れがない場合は次式のようになり，表面電荷や流体半径の変化は軸方向の固有電場とつりあう必要がある.

$$0 = -D\frac{\partial^2}{\partial x^2}\left(\frac{-2q''_{\text{wall}}}{r_{\text{h}}}\right) + \Lambda\frac{\partial}{\partial x}(EC) \tag{15.46}$$

これはイオンの拡散がイオン輸送を決定づけるような，Eが小さい極限とも対応する.

Eが小さくない場合，式 (15.45) の解は，外部電場と圧力勾配による，流路に沿ったイオンの拡散，対流，電気泳動のつりあいを示している．**図15.3**に示すような負に帯電した壁をもつデバイスでは，流路高さが高い領域に挟まれた狭い領域でより大きな正の電荷密度となる．それぞれの領域の境界では拡散によって，広い領域へ向かう正イオンの流束と狭い領域へ向かう負イオンの流束が発生する．これらの流束は，各境界において狭い領域を向いている電場により生じる流束（正イオンは狭い領域，負イオンは広い領域に向かう流束）とつりあう.

15.2 ナノスケールの領域境界・非一様断面流路における輸送　373

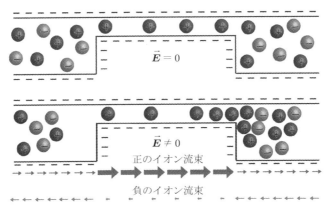

図 15.3 外部電場によって発生する濃度分極. この系では，壁面垂直方向の固有電場があらゆる場所に存在し，壁面接線方向の固有電場が狭い流路の出入口（流体半径が変化する場所）に存在する

■ **濃度分極と電流整流**

$\dfrac{q''_{\text{wall}}}{r_{\text{h}}}$ が非一様な系に電場を印加すると，**濃度分極**（concentration polarization）が起こる. 非一様な r_{h} の系での濃度分極の概念図を図 15.3 に示す. 外部電場の存在によってイオン濃度のバランスが変化する. つまり，$\dfrac{q''_{\text{wall}}}{r_{\text{h}}}$ が空間的に変化する場所では，外部電場によって，その場所の C や正負イオン濃度は増加または減少する. たとえば，図 15.3 に示すような，広い流路間に狭い流路がある場合，$-\dfrac{q''}{r_{\text{h}}}$ が広い領域では小さな正の値，狭い領域では大きな正の値をとることがわかる. よって，平衡となるには，C が右側境界で高く左側では低くなる必要がある. 非対称な形状をもつ場合には，この現象によって非対称な電圧-電流変化を引き起こすので，非対称形状によって電流を整流することができる.

15.2.2 大きな分子や粒子の輸送

複雑な幾何形状のナノチャネルによって大きな分子の輸送の操作や異種物質の分離ができる. 実際に，断面積一定流路での 1 方向流れであっても，粒子や分子のサイズが流路高さのオーダーであれば差動輸送（輸送速度が異なるので徐々に分離されていく）が実現できる. 以降ではこれらの現象について述べる.

■ **圧力駆動流での流体力学的分散**

流体力学的分散とは，一般に，分散性の流れのなかで，物体の速度がその物性に依存し，その結果として物体の流路断面方向の位置に影響を及ぼす現象を指す. この現象は

テイラー-アリス分散と密接に関連するが，ここでは実効拡散係数ではなく時間平均速度に着目する．この単純な例は，圧力駆動流の流路内の剛体粒子の移動である．（大きさをもたない）点粒子はすべての流路断面方向位置を等しい頻度で通過し，断面平均流速と等しい時間平均速度で移動する．しかし，有限の半径 a をもつ剛体粒子は壁から a よりも近い距離にその中心を置くことができず，したがって，その粒子は壁近傍の流れが遅い領域を通過しない（図15.4）．このような流れでは，大きな粒子ほど速い時間平均速度で移動する．距離 $2d$ だけ離れた無限平行平板間の流れでは，半径 a で揚力がない剛体粒子は，平均流速よりも以下の係数倍速く移動する．

$$\frac{d^3 - \frac{3}{2}a^2 d + \frac{1}{2}a^3}{d^2(d-a)} \tag{15.47}$$

この係数は粒子の増加速度の1次近似である．しかし，流路サイズに対して大きな粒子は，粒子中心における（粒子がない場合の）平均速度で動くと仮定できない．有限サイズの粒子は，流れを変化させて粒子を壁から離ざける流体力学的揚力を感じる．この揚力は $Re = 0$ では存在しないが，小さな Re の場合でも存在し，大きくなることもある．

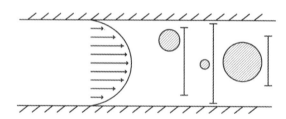

図 15.4 流体力学的な粒子分離．大きな粒子は中央の高流速領域を通過し，小さな粒子は全体を通過するので，平均的に移動速度は遅くなる

■オグストンのふるい

オグストンのふるい（Ogston sieving）とは，分子と比べてそれほど大きくない孔を出入りする際の分子流れの遅れを指す．半剛体粒子として扱うことができる分子（たとえば，球形タンパク質や $\ell_c \simeq \ell_p$ の DNA 分子）では，分子より大きいが同程度のオーダーである流路を通過する動きは，流路がもたらすエントロピー的なエネルギー障壁によって決まる．このプロセスは，ゲルやナノチャネル中の高分子の電気泳動輸送ではとくに重要となる．

例として，流路サイズ d 内の回転半径 $\langle r_g \rangle$ の DNA 分子は，次式で近似されるような閉じ込めのポテンシャルエネルギーをもつ．

$$\Delta A \approx k_B T \frac{\pi^2 \langle r_g \rangle^2}{d^2} \tag{15.48}$$

ここで，式 (14.58) の分配関数で与えられる過剰エネルギーを粗く近似している．この
エネルギーの絶対値は輸送に影響を及ぼさない．しかし，デバイス内での高分子の経路
が，閉じ込め領域と非閉じ込め領域を行き来するような場合（たとえば高さが周期的に
変化するような流路）には，高分子はポテンシャルエネルギーが変化する領域を通らな
ければならない．このポテンシャルエネルギーの変化が分子の電気泳動移動度を変化さ
せる．閉じ込めがない場合には，電場印加で DNA は正極に向かって移動し，分子の移
動速度依存性は分子のバルク粘性移動度のみの関数である（電気泳動中の大きな DNA
分子の粘性移動度は分子サイズに依存しないことは第 14 章で述べたとおりである）．し
かし，閉じ込めがあると，大きな分子には大きなポテンシャルエネルギー障壁が，小さ
な分子には小さな障壁が，それぞれ作用する．このポテンシャルエネルギー障壁が電場
によるポテンシャルエネルギーよりも大きければ，分子の移動が遅くなる．オグストン
のふるいが無視できない場合，断面積が変化するナノチャネルや閉じ込めが変化する媒
質（アガロースやポリアクリルアミドゲルなど）中での DNA 電気泳動は，小さい分子
では速く，大きな分子では遅くなる．

　高分子の電気泳動移動度が流路の狭窄によって変化し，そしてそれがエネルギー障壁
を乗り越えるのに要する時間と対応する，と考えることでこの現象を近似できる．強い
電場は遅延時間を短縮し，大きな分子や大きな障壁高さは移動を遅くする．

■エントロピー捕捉

　前項で述べたように，硬い分子の移動は，閉じ込め度合いの勾配により決まるエント
ロピー的エネルギー障壁によって変化し，この障壁を通過する際に電気泳動移動度のサ
イズ依存性が見られる．大きく柔らかい分子（たとえば $\ell_c \gg \ell_p$ の DNA）は，十分な自
由度を有しており，エントロピー力は高分子骨格に沿って変化する（たとえば，図
14.10 のように，高分子の一部は閉じ込められているが一部はそうではない状態）．し
たがって，閉じ込められた領域では，骨格に沿った**単位長さあたりのエントロピー力**が
生じる．DNA 分子が大きな流路から小さな流路に入る場合を考える．この高分子が小
さな流路に入るとき，全エントロピーの低下とヘルムホルツ自由エネルギーの増加は小
さな流路内の DNA の長さに比例する．この過程での力（すなわち自由エネルギーの勾
配）は長さに依存しない．このため，流路サイズが変わる境界を通過している長い
DNA の μ_{EP} は ℓ_c の増加とともに減少しない．むしろ，閉じ込め過程は DNA の一部が
小さな流路に入り込んだ段階で開始されることをふまえると，この過程における μ_{EP}
は ℓ_c の増加とともに増加する．また，高分子のある箇所がこの過程を開始する可能性

376　第 15 章　ナノフルイディクス：分子スケールや厚い電気二重層系における流れと電流

はすべての要素で等しいので，閉じ込めの開始は ℓ_c が大きいほど起こりやすい．

15.3　補足文献

ナノ流体輸送は，たとえば文献 [52, 190, 192] などのいくつかの最近の本や総説の主題になっている．ナノポーラス膜は物理学を完璧に追い求めるために必要とされる幾何形状や実験技術の柔軟性に欠ける場合も多いが，膜に関する文献（たとえば文献 [193]，[29] の一部など）はナノフルイディクスの問題に関する優れた情報源である．

価数に依存した電気浸透流を含む，長い直線流路におけるナノスケール輸送現象は，文献 [194, 195, 196] に記述されている．小さな流路での粒子の運動に関する議論は文献 [100, 101] にある．1 次元平衡を用いた電流整流の扱いについては文献 [197] で，いくつかのモデルについては文献 [52] で議論されている．ナノスケールの閉じ込めはイオン分布におけるイオンサイズの役割を変えるので，希薄溶液の極限の外における電気二重層にも需要がある．たとえば，Liu ら [201] は，文献 [198, 199, 200] を発展させて修正ポアソン-ボルツマン方程式を用いている．他の修正ポアソン-ボルツマン方程式や分子動力学シミュレーションについては文献 [118, 120] がある．

ナノチャネルにおける高分子輸送は文献 [181, 178] に記述されている．本章のナノチャネルでの行列を用いた定式化は，多孔質体やゲルマトリックスでの面積平均処理 [137] と共通点がある．

15.4　演習問題

15.1　距離 $2d$ 離れた 2 枚の無限平板間の電気浸透流の単位長さあたりの流量 Q' が次式で与えられるように，形状依存の実効電気浸透移動度 $\mu_{\mathrm{EO,eff}}$ を定義する．

$$Q' = 2d\mu_{\mathrm{EO,eff}}\vec{E} \tag{15.49}$$

ここで，$d^* = \dfrac{d}{\lambda_{\mathrm{D}}}$ である．この実効電気浸透移動度より空間平均流量が得られる．$\mu_{\mathrm{EO,eff}}$ は d^* の関数である．

(a)　d^* が 0.2 から 50 までの範囲のいくつかの点をとり，速度分布を図示せよ．

(b)　(a) と同じ d^* の範囲で，$\mu_{\mathrm{EO,eff}}$ を d^* の関数として求め，図示せよ．

15.2　距離 $2d$ 離れた 2 枚の無限平行平板を考える．平板間の流体は水（$\varepsilon = 80\,\varepsilon_0$，$\eta = 1\,\mathrm{mPa\,s}$）で，バルク導電率が $\sigma_{\mathrm{bulk}} = \sum_i c_i \Lambda_i$ の 1 価の対称電解質を含む．電解質中のカチオンとアニオンのモル伝導率 Λ は等しく，壁の正規化電位は $\varphi_0^* = -0.2$ とする．

(a)　λ_{D} が d の 5 倍，0.2 倍，0.02 倍のとき，板間の速度分布を計算して図示せよ．$E =$

100 V/cm とする.

(b) 断面平均速度 $\bar{u}$ が $-\dfrac{\varepsilon \zeta_{\mathrm{eff}}}{\eta} E$ で与えられるように実効界面動電位 ζ_{eff} を定義する. d^* と $\dfrac{\zeta_{\mathrm{eff}}}{\varphi_0}$ の関係を計算し, $0.1 < d^* < 100$ の範囲でプロットせよ.

(c) 流路の電気抵抗が $R = \dfrac{L}{\sigma_{\mathrm{eff}} A}$ となるように流路の実効導電率 σ_{eff} を定義する. d^* と $\sigma_{\mathrm{eff}}/\sigma_{\mathrm{bulk}}$ の関係を計算し, $0.1 < d^* < 100$ の範囲でプロットせよ.

15.3 距離 $2d$ 離れた 2 枚の無限平行平板を考える. 平板間の流体は水 ($\varepsilon = 80\varepsilon_0$, $\eta = 1\,\mathrm{mPa\,s}$) で, バルク導電率が $\sigma_{\mathrm{bulk}} = \sum_i c_i \Lambda_i$ の 1 価の対称電解質を含む. 電解質中のカチオンとアニオンのモル伝導率 Λ は等しく, 壁の正規化電位は $\varphi_0^* = 0.3$ とする. d^* は 1 と比べて大きくないと仮定する.

(a) 圧力勾配 $\dfrac{dp}{dx}$ が系に加えられた場合に, 流れが誘起する電荷移動によって発生する正味電流 (電荷の流束) の関係 $I = \displaystyle\int_A u \rho_{\mathrm{E}}\, dA$ を導け.

(b) 系の両端のリザーバーが開回路に接続されている (つまり, 系に正味の電流は存在し得ない) と仮定する. この場合, 系内には平衡状態において電位勾配が存在する. その電位勾配を求めよ.

15.4 高さ $2d = 2\lambda_{\mathrm{D}}$ のナノチャネルに濃度が等しい NaCl と MgSO$_4$ が満たされている. 壁面電位が $\varphi_0 = -\dfrac{3RT}{F}$ の場合, 電場 E が印加された場合の Na$^+$, Cl$^-$, Mg^{2+}, SO$_4{}^{2-}$ の断面平均した正味の電気移動速度を求めよ.

15.5 高さ 30 nm, 幅 40 μm, 長さ 120 μm の x 方向に長いナノチャネルを考える. チャネルの左端 60 μm は表面電荷 3 mC/m で, 右端 60 μm は表面電荷がゼロとする. ナノチャネル端部の広大なリザーバーに電圧を印加する.

移動度が $7.8 \times 10^{-8}\,\mathrm{m}^2/(\mathrm{V\,s})$ で, 化学反応しない対称電解質を仮定し, 簡単のために断面内で電解質濃度は均一で, 壁の表面電荷は流体中の正味電荷密度で相殺されるとする.

(a) 正負の電解質の輸送についての 1 次元ネルンスト-プランク方程式を書け.

(b) x 方向に不均一な表面電荷密度があるとき, 平衡状態での電気的中性を利用してカチオンとアニオン濃度の差を求める式を導出せよ.

(c) 得られた式を積分して, 印加電圧とバルク電解質濃度の関数として流路内のイオン分布を求めよ.

(d) 結果を図 15.5 (文献 [197]) のデータと比較せよ. 立てたモデルは実験結果と精度よく一致するか. 表面電荷密度に不連続性をもつナノチャネルにおける電流整流について, この結果から何がわかるか.

15.6 式 (15.44) で $q'' = 0$ とした場合, 結果が $\bar{i} = \sigma E$ となることを示せ.

378　第15章　ナノフルイディクス：分子スケールや厚い電気二重層系における流れと電流

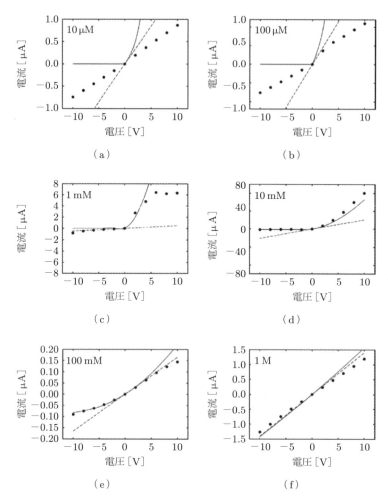

図 15.5 正味表面電荷密度が異なる二つの領域をもつナノチャネルの電流−電圧の関係．正極は右端リザーバーである．プロットが実験値で，線はこの文献の著者によるモデル予測値を示す（文献 [197] より）

15.7　式 (15.44) の $\dfrac{q''}{r_h}$ が均一と仮定し，デバイ–ヒュッケル極限では $\bar{i} = \sigma E + 2 \dfrac{\varepsilon^2 \varphi_0^2}{\lambda_D \eta r_h}$ となることを示せ．なぜ対流表面電流は式 (9.36) による推定と 2 倍も異なるのかを説明せよ．

15.8　半径 R の無限に長い円管内の希薄溶液（半径 a の剛体球を含む）の流れを考える．壁から距離 a より内側に粒子が入らないこと（立体的反発）を除いて，粒子は流路内に均一に分散していると仮定する．粒子速度が粒子中心位置における粒子がないときの流速と同じだと近似して，粒子速度と断面平均流速の比（粒子が流体よりどのくらい速く

15.9 幅 100 μm の流路を考える．この流路には高さ 500 nm，長さ 4 mm の狭い領域があり，高さ 2 μm，長さ 4 mm の広い領域を前後にもつ．直径 150 nm の粒子の体積濃度 50% 溶液がデバイスの一端から導入される．粒子は壁近くの反発以外は均一分散すると仮定する．流路の狭い領域における粒子の体積分率はいくらか．**ファーレウス効果**（Fahraeus effect）とは，血液が細管を通過するとヘマトクリット値が減少する現象である．ファーレウス効果は，この計算で部分的に説明できるか．

15.10 高さ 200 nm の流路を平均流速 10 μm/s で流れる 50 nm と 100 nm の粒子の混合物を考える．それぞれの粒子の平均移動速度を求め，この場合に流体力学的分離が可能であるかを考えよ．

15.11 図 15.6 のデータを考える．このデータは，流路高さが周期的に変化してサイズが変わるナノチャネルでの DNA の移動時間の計測結果を示している．このデータを次

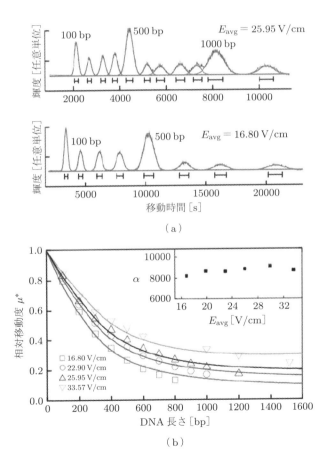

図 15.6 (a) DNA 移動時間，(b) 相対移動度の計測結果（文献 [181] より）

380　第 15 章　ナノフルイディクス：分子スケールや厚い電気二重層系における流れと電流

式でフィッティングする.

$$
\mu_{\mathrm{EP}} = \frac{\mu_{\mathrm{EP,bulk}}}{1 + \dfrac{\alpha \ell_{\mathrm{c}}}{E^2 \exp\left(-\dfrac{\langle r_{\mathrm{g}}\rangle^2}{d^2}\right)} \exp\left(-\dfrac{\Delta \mathcal{A}}{k_{\mathrm{B}} T}\right)}
\tag{15.50}
$$

ここで，α はフィッティングパラメータである. DNA 輸送データに対するこのモデルの有効性を評価せよ.

第16章
交流界面動電現象と
拡散電荷のダイナミクス

　電気二重層の**平衡**モデル（第9章）では，平衡状態におけるイオン分布を仮定して，ボルツマン統計を用いてイオン分布を記述する．境界条件 φ_0 を変化させる現象（たとえば，表面吸着や電解質濃度や pH の変化）と比べてイオン分布の形成プロセスは速いため，ガラスや多くのポリマーのような電気的絶縁表面の電気二重層では平衡状態の仮定は適切である．

　一方，本章では拡散電荷の**ダイナミクス**について述べる．とくに，二重層の形成と平衡化のダイナミクスに注目しながら，**電極**での薄い二重層の形成に焦点を当てる．絶縁体表面に形成される二重層とは異なり，電極での二重層の（電極に印加された電位による）平衡化は，電極での電圧変化と比べて必ずしも速いわけではない（高周波電圧源は，二重層の平衡化よりも高速で電圧を変化させることが可能である）．したがって，二重層平衡化の動的な側面はきわめて重要である．

　これらの現象の完全に連続的な記述のためには，電極の動特性を含んだ境界条件と組み合わせたポアソン方程式，ネルンスト–プランク方程式，ナビエ–ストークス方程式が必要となる．この解析は困難なため，時間依存の界面動電位による表面電気浸透流の問題に近似し，電気二重層の1次元モデルを用いて φ_0 の時間応答をモデル化する等価回路を形成する．交流界面動電効果がもっとも顕著となるのはマイクロスケールの流路であるため，ここでは薄い電気二重層に焦点を当てることにする．

　二重層平衡化の時定数に加えて，導体表面の電位が誘起する流れを考える場合，対象の形状が異なるため，通常はより複雑となる．とくに，導体表面では平行電場が存在しえないため，電気浸透流の初期の議論で用いた簡単な形状，すなわち，絶縁体表面の電位により表面垂直方向の電場が形成され，それとはほとんど独立して表面水平方向の外部電場が存在するような状況は，導体表面では不可能である．また，現象説明への導入として使用するような基本的な系（平行した2電極に垂直なイオンの動き）は平衡に到達する時定数の計算に用いることはできるが，この系は流れを誘起しない．流れを誘起する形状は通常は1次元ではなく，数値計算が必要となることが多い．

　二重層ダイナミクスのより複雑な描像を考えることで，一般に交流界面動電現象（AC electrokinetic phenomena）に分類されるさまざまな興味深い効果が見えてくる．ここ

382 第16章 交流界面動電現象と拡散電荷のダイナミクス

で考える2種類の流動現象は，交流電気浸透流（AC electroosmosis）と誘電電荷電気浸透流（induced-charge electroosmosis）とよばれる．ここでは，1次元形状での電気二重層のダイナミクスとその等価回路モデルに焦点を当てる．**ダイナミクス**を強調するのは，二重層の定常的な性質だけでなく，表面電位の変化を受けて二重層が定常に達するまでの時定数についても明らかにすることが目標であることを意味する．この時定数を求めることで，交流信号に対する系の応答を記述でき，さまざまな交流での現象を予測できる．

拡散電荷は表面近くのみで発生するものではない．流体物性が不均一の場合，導電率や誘電率の空間的変化によって電場や正味電荷密度場が変化する．正味電荷密度の変化によって静電的な体積力が生じ，これが流動を引き起こす．熱的な不均一性によってこの効果が生まれる場合，これらの流れは一般には電熱流（electrothermal flow）とよばれる．

16.1 界面ポテンシャルが時間変化する場合の電気浸透流

6.3.2項で，電気浸透流の外部解は（薄い二重層では），電気二重層に作用する体積力を有効すべりと置き換えることで得られることを示した．この場合，ナビエ－ストークス方程式とポアソン方程式の電荷密度項は無視され，この効果は有効電気浸透すべり速度境界条件で置き換えられる．

- 均一流体物性，単純界面での有効電気浸透すべり速度

$$\vec{u}_{\text{outer,wall}} = -\frac{\varepsilon \varphi_0}{\eta} \vec{E}_{\text{ext,wall}} \tag{16.1}$$

ここで，φ_0 は時間と空間の関数になる．電気二重層での電位差の時間依存性を決定できれば，交流電圧に対する流体の応答（流動）は，時間依存する境界条件をもつナビエ－ストークス方程式を用いて表すことができる．また，電気二重層の構造から必要となる情報は応答の時定数のみであり，これを用いて $\varphi_0(t)$ を計算する．

ここで電極への電圧印加により誘起される二重層電位を考えるが，そのためには電極への印加電圧の関数として電気二重層における電圧降下 φ_0 を予測するために，時間変化の式を解く必要がある．

二重層が電荷を蓄積して平衡状態に到達するまでに必要な時間は，非定常電位の境界条件における系の界面動電応答を予測するうえで重要である．解析的には，これらの系をモデル化する能力は，系の空間離散化と系や要素を記述するモデルの正確さに大きく左右される．ここではまず，等価回路モデルを用いて特性周波数を求めるところから始め，次に電気二重層モデルにより二重層の微分容量を求めることで，電気二重層のダイ

ナミクスを等価回路の文脈で記述する．予測される二重層キャパシタンス（すなわち系の応答）は二重層モデルに強く依存する．実際に，二重層キャパシタンスの研究では，電気浸透流の研究よりも電気二重層モデルがかなり厳密であることが求められる．したがって，等価回路法では，より詳細な二重層モデルはよりよい予測につながる．

16.2 等価回路

　バルク流体を抵抗，電気二重層をキャパシタとして単純にモデル化するだけで，二重層ダイナミクスについて多くを学ぶことができる．そこで，系の空間的な変化を単純で独立した成分に離散化して（これらの成分は実際には連続している），第5章の回路解析手法を用いる．バルク流体は電流を流すが，電荷を蓄積することはないため抵抗としてモデル化できる．二重層は，(a) 電荷を**蓄積**して，(b) 二重層が帯電しているときにだけ電流を流すことから，キャパシタとしてモデル化できる．キャパシタによる二重層のモデル化に適しているのは，表面化学的な内部電場をもつが電流を通さない表面を使用する場合や，電極反応（ファラデー反応（Faradaic reaction））が起こらない（印加電圧が低い，または反応を触媒しにくい電極材料を使用する）場合である．ファラデー反応が起こっているとき，モデル化はより複雑になる．ここでは，電流を通さない表面に限定して話を進めることにする．

　RC 回路理論では回路の応答時定数は $\tau = RC$ で与えられ，これが他の多くのより複雑な系と同様に，ローパスやハイパス RC 回路の基本である．具体的に，電解質溶液内の2電極間に正弦波状の電圧を印加する場合を考える．印加電圧の角周波数が $\omega = \dfrac{1}{RC}$ の場合，電気二重層とバルク溶液で等しく電圧降下が起こる．$\omega \ll \dfrac{1}{RC}$ の場合には，電気二重層ですべての電圧降下が起こり，$\omega \gg \dfrac{1}{RC}$ の場合には，バルク溶液ですべての電圧降下が起こる．したがって，$\omega \ll \dfrac{1}{RC}$ の場合には印加電圧が電荷を生成し，それによって電気浸透流を引き起こすが，$\omega \gg \dfrac{1}{RC}$ の場合には電荷が界面に局在するのに十分時間がないため，電気浸透流が発生しない．電極に電圧を印加して電気二重層を形成する場合，電位差 φ_0 と印加電圧 V の時間的関係は RC 回路モデルに従う．この電圧により生成される流れを予測するためには，$\varphi_0(t)$ を予測する RC モデルとナビエ–ストークス方程式を組み合わせる必要がある．一方，電気二重層のダイナミクスを予測するためには，系の抵抗（単純な形状の場合は $R = \dfrac{L}{\sigma A}$）とキャパシタンスのみをモデル化すればよい．

384　第 16 章　交流界面動電現象と拡散電荷のダイナミクス

16.2.1　キャパシタとしての電気二重層

前述した全体的な構造に基づいて，電気二重層の電気回路特性を予測する必要がある．そのために，キャパシタの定義をおさらいし，電気二重層の微分容量を評価する．

キャパシタは，印加された電圧に応じて電荷を蓄える基本的な電気回路要素であり，キャパシタンス（静電容量）は次式で定義される．

- キャパシタンスの定義

$$C = \frac{dq}{d\Delta V} \tag{16.2}$$

ここで，ΔV はキャパシタ両端の電位差，q はキャパシタ両端での電荷の差である（どちらも正の値）．その定義上，キャパシタンスは正の値をとる．理想的なキャパシタは電荷と電圧に線形関係をもつため，全キャパシタンス $\frac{q}{\Delta V}$ はあらゆる ΔV に対して，微分容量 $C = \frac{dq}{d\Delta V}$ と一致する．ほとんどの物理学や電気回路の教科書では全キャパシタンスを用いてキャパシタンスを定義しているが，回路の交流応答や二重層荷電のダイナミクスを支配するのは微分容量であるため，ここでは微分容量を用いる．

平行平板キャパシタは，面積 A の二つの導体を隔てる厚さ d で誘電率 ε の媒体のことで，d^2 は A と比べて小さい．平行平板キャパシタのキャパシタンスは次式で与えられる．

- 平行平板キャパシタのキャパシタンス

$$C = \frac{\varepsilon A}{d} \tag{16.3}$$

■キャパシタとしての二重層

拡散電気二重層は電位差に応じて電荷を蓄積するため，電気二重層をキャパシタとしてモデル化する．荷電表面が電流を流さないと仮定すると，電気二重層は完全なキャパシタとなる．二重層は通常は薄いため，平行平板キャパシタの仮定は適しており，単位面積あたりのキャパシタンスを次式にように表すことができる．

- 電気二重層の単位面積あたりのキャパシタンス

$$C'' = \frac{dq''_{\text{edl}}}{d\Delta V} \tag{16.4}$$

ここで，電気二重層における単位面積あたりの電荷は $q''_{\text{edl}} = \frac{q_{\text{edl}}}{A}$ で定義される．二重層が薄い場合，電気二重層における単位面積あたりの電荷は明確に定義でき，次式のように壁面電荷とつりあう．

$$q''_{\text{edl}} = -q''_{\text{wall}} \tag{16.5}$$

無限大の流体リザーバーに接している表面では，壁面が電圧源でバルクのリザーバーがグラウンド，二重層はその間のキャパシタとなる．

> **例題 16.1** デバイ−ヒュッケル極限の対称電解質について，壁面電位の微分を評価することで薄い二重層内の正味電荷を評価する．二重層の正味電荷が $q''_{\text{edl}} = -\dfrac{\varepsilon\varphi_0}{\lambda_{\text{D}}}$ で与えられること，単位面積あたりのキャパシタンスが $C'' = \dfrac{\varepsilon}{\lambda_{\text{D}}}$ で与えられることを示せ．

解 壁での電位分布勾配は

$$\left.\frac{\partial\varphi}{\partial y}\right|_{\text{wall}} = -\frac{\varphi_0}{\lambda_D} \tag{16.6}$$

である．ここで

$$\left.\frac{\partial\varphi}{\partial y}\right|_{\text{wall}} = -\frac{q''_{\text{wall}}}{\varepsilon} = \frac{q''_{\text{edl}}}{\varepsilon} \tag{16.7}$$

であることを思い出そう．電気二重層内電位のデバイ−ヒュッケル解を考えると，壁の電荷密度は次式で与えられる．

$$q'' = \frac{\varepsilon}{\lambda_{\text{D}}}\varphi_0 \tag{16.8}$$

そして，二重層の電荷密度は次のようになる．

$$q'' = -\frac{\varepsilon}{\lambda_{\text{D}}}\varphi_0 \tag{16.9}$$

キャパシタンスは次式で与えられる．

$$C'' = -\frac{q''_{\text{edl}}}{\varphi_0} \tag{16.10}$$

したがって，次のようになる．

$$C'' = \frac{\varepsilon}{\lambda_{\text{D}}} \tag{16.11}$$

■**二重層の電荷**

二重層の全電荷は壁面における電位勾配，あるいは正味電荷分布の積分によって決定できる．対称電解質で壁の電位が低いとき（デバイ−ヒュッケル近似），二重層の正味電荷は $q''_{\text{edl}} = -\dfrac{\varepsilon\varphi_0}{\lambda_{\text{D}}}$ で，単位面積あたりのキャパシタンスは $C'' = \dfrac{\varepsilon}{\lambda_{\text{D}}}$ で与えられる．

386 第16章 交流界面動電現象と拡散電荷のダイナミクス

したがって，デバイ-ヒュッケル二重層は間隔 λ_D だけ離れた平行平板キャパシタとしてはたらく．

■二重層の微分容量：モデル依存性

デバイ-ヒュッケル近似を行うと，線形化ポアソン-ボルツマン方程式によって二重層の（単位面積あたりの）正味電荷が以下ように求められる．

- デバイ-ヒュッケル近似下での電気二重層の単位面積あたりのキャパシタンス

$$q_{\text{edl}}'' = -\frac{\varepsilon \varphi_0}{\lambda_D} \tag{16.12}$$

単位面積あたりのキャパシタンスは，両端間に蓄えられた電荷の差と電位差の比で与えられる．孤立した壁の場合，キャパシタのもう一方の壁は無限遠にあると仮定する．したがって，単位面積あたりのキャパシタンスは次式のようになる．

$$C'' = -\frac{q_{\text{edl}}''}{\varphi_0} \tag{16.13}$$

ここで，符号が負となるのは，φ_0 が正だとすると正電荷を帯びた壁が無限遠にあるので，電荷の差は $-q_{\text{edl}}''$ になるためである．逆に φ_0 が負だとすると電荷の差は q_{edl}'' になり，電位差が $-\varphi_0$ になる．式（16.13）より，平衡での薄いデバイ-ヒュッケル二重層の単位面積あたりのキャパシタンスは $C'' = \dfrac{\varepsilon}{\lambda_D}$ である．もしデバイ-ヒュッケル近似を行わないとすると，対称電解質の二重層の正味電荷はポアソン-ボルツマン方程式で次のように求められ（演習問題16.4），

$$q_{\text{edl}}'' = -\frac{\varepsilon \varphi_0}{\lambda_D} \left[\frac{2}{z\varphi_0^*} \sinh\left(\frac{z\varphi_0^*}{2}\right) \right] \tag{16.14}$$

また，単位面積あたりの微分容量 $\dfrac{dq''}{d\varphi_0}$ は次式のように求められる．

- 対称電解質の単位面積あたりの微分容量

$$C'' = \frac{\varepsilon}{\lambda_D} \left[\cosh\left(\frac{z\varphi_0^*}{2}\right) \right] \tag{16.15}$$

どちらの場合も，括弧内の双曲線関数の補正係数に非線形性が見られ，$\varphi_0^* \to 0$ になると1に近づく．グラハム方程式を用いると，一般的な場合の類似式が得られるが，この式はより扱いにくい．ポアソン-ボルツマンモデルはデバイ-ヒュッケルモデルと比べ，低電圧でキャパシタンスを正確に予測できる点に加え，$\dfrac{RT}{F}$ のオーダーの表面電位における微分容量を的確に記述できる点が改善されている．しかし，ポアソン-ボルツマ

ンモデルでは $\lim_{\varphi_0 \to \infty} C'' = \infty$ となり，これは実験で見られない．この不正確さは点電荷を仮定していることに由来しており，壁面電位が大きい場合に非現実的に大きなイオン濃度となってしまう．よってポアソン–ボルツマンモデルでは，電気二重層に蓄積される電荷が増加して実効二重層厚さが変化しないという誤った予測を与えてしまう．以上から明らかなように，高電圧を扱うためには補正が必要である．

高電圧でポアソン–ボルツマン方程式を補正するためのいくつかのアプローチが存在する．ここではシュテルンモデルと修正ポアソン–ボルツマンモデルについて説明する．シュテルンモデルでは，（1）グイ–チャップマン理論で記述される拡散二重層と（2）イオンが濃縮された薄い層で層の境界が構成されると仮定する．「濃縮」とは，ここではイオンが表面から垂直方向に移動しないことを意味する．この薄い層（シュテルン層）の厚さは λ_S，誘電率は ε_S で，単位面積あたりのキャパシタンスは $C'' = \dfrac{\varepsilon_S}{\lambda_S}$ となる．キャパシタの直列モデルを考え，シュテルン層を微分容量が電位差に依存しない線形キャパシタとみなすと，二重層全体のキャパシタンスは次式で与えられる．

- 対称電解質でのシュテルン層を含めた単位面積あたりの二重層キャパシタンス

$$\frac{1}{C''} = \frac{1}{\dfrac{\varepsilon}{\lambda_D}\left[\cosh\left(\dfrac{z\varphi_0^*}{2}\right)\right]} + \frac{1}{\varepsilon_S/\lambda_S} \tag{16.16}$$

図 16.1 にシュテルン電気二重層モデルで用いる濃縮層を示す．式 (16.16) より，シュテルンモデルでは系のキャパシタンスの上限があることがわかり（$\varphi_0^* \to \infty$ の極限で $C'' = \dfrac{\varepsilon_S}{\lambda_S}$），実験とより一致する．電極近くの電解質水溶液では，ε_S は通常 $6\varepsilon_0 \sim 30\varepsilon_0$，$\lambda_S$ は 1〜10 Å の値でモデル化される．この形で，シュテルンモデルは系ごとのキャパシタンスの上限を与える．

もう一つのモデルは，立体効果（イオン分布について第 9 章で説明）を修正ポアソ

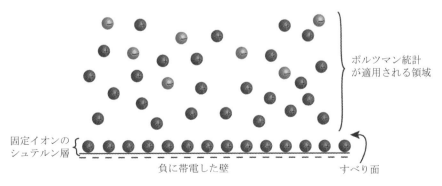

図 16.1　シュテルンモデル

388 第16章 交流界面動電現象と拡散電荷のダイナミクス

ン−ボルツマンモデルに組み込むことで，類似のキャパシタンス上限を設けるものである．イオンに有限の大きさがあるとすると，φ_0^* が高い場合に壁近くの領域がイオンで飽和する．これが起こると，密なイオン層の厚みが増して，蓄積可能な電荷量が減少する．これにより，微分容量が低下することになる．定量的には，対称電解質で修正ポアソン−ボルツマンモデルは次のように予測する．

$$q_{\text{edl}}'' = -\frac{\varepsilon \varphi_0}{\lambda_{\text{D}}} \left\{ \frac{-1}{z|\varphi_0^*|} \sqrt{\frac{2}{\xi} \ln\left[1 + 2\xi \sinh^2\left(\frac{z\varphi_0^*}{2}\right)\right]} \right\} \tag{16.17}$$

ここで，バルク中のイオンの体積分率として，パッキングパラメータ $\xi = 2c_\infty N_{\text{A}} \lambda_{\text{HS}}^3$ を定義している．修正ポアソン−ボルツマンモデルでは，単位面積あたりの微分容量 $-\dfrac{dq''}{d\varphi_0}$ は次のように求められる．

- 立体効果を考慮した，対称電解質の単位面積あたりの微分容量

$$C'' = \frac{\varepsilon}{\lambda_{\text{D}}} \left[\frac{\sinh(z\varphi_0^*)}{\left(1 + 2\xi \sinh^2\left(\dfrac{z\varphi_0^*}{2}\right)\right) \sqrt{\dfrac{2}{\xi} \ln\left(1 + 2\xi \sinh^2\left(\dfrac{z\varphi_0^*}{2}\right)\right)}} \right] \tag{16.18}$$

立体効果のために，高電圧では微分容量はポアソン−ボルツマン方程式の予測よりかなり小さな値となる．実際，微分容量は壁面電圧の非単調関数となる．

　等価回路解析の適用範囲内であっても，両手法には問題点がある．シュテルンモデルは電気二重層とその性質を非物理的な方法で分解しており，モデル内のパラメータはあまりよくわかっていないため，現象論的に扱われている．修正ポアソン−ボルツマンモデルはこの分離はないが（イオンの剛体球半径など）ほとんど知られていないパラメータに依存している．修正ポアソン−ボルツマンモデルでは，壁への特異的なイオン吸着などを考慮できず（シュテルンモデルでは可能），強電場で起こる溶液誘電率の変化を無視している（シュテルンモデルでは，離散的ではあるがシュテルン層の誘電率として扱うことができる）．よりよい等価回路をモデル化するためには，イオン分布の式をより詳細に解くことが必要となる．さらに，系全体の支配方程式を完全に考えることで，二重層のダイナミクスのモデリングを改善できる．

　キャパシタモデルには限界があるものの，電気二重層のキャパシタンスを近似できるので，二重層の電位差を大まかには予測できる．ヘルムホルツ−スモルコフスキー方程式 $\left(u_{\text{bulk}} = -\dfrac{\varepsilon \varphi_0}{\eta} E_{\text{ext}}\right)$ によれば，二重層の電位差を用いて界面の有効電気浸透すべりを求められる．この境界条件を流れの方程式（ナビエ−ストークス方程式）と組み合わせることで，導体壁への電圧印加による流れを求められる．

16.3 誘導電荷が関係する流動現象　389

例題 16.2 距離 $2l$ だけ離れた 2 電極の間に，すべてのイオンが等しい移動度と拡散係数をもつ対称電解質が挟まれているとする．両電極には異なる電圧が印加される．電極に二重層が形成される時間はどのくらいか．

バルク流体を抵抗として扱い，抵抗 $R = \dfrac{l}{\sigma A}$ （σ はバルクの導電率，A は電極に接する電解質の断面積）が $\dfrac{\lambda_D^2 l}{\varepsilon D A}$ とも書けることを示せ．

それぞれの二重層を，デバイ–ヒュッケル極限において，厚さ λ_D $\left(C = \dfrac{\varepsilon A}{\lambda_D} \right)$ のヘルムホルツキャパシタとして考える．系を直列に接続したキャパシタ，抵抗，キャパシタでモデル化し，このモデルの RC（時定数）が $\dfrac{\lambda_D l}{D}$ と等しいことを示せ．

この結果から，1 mM の NaCl 溶液中に 40 µm 離れた微小電極対を置いた場合の，二重層平衡化の時定数を求めよ．イオンの拡散係数 D を 1.5×10^{-9} m^2/s とする．

解　キャパシタは $C = \dfrac{\varepsilon A}{\lambda_D}$ で，直列キャパシタは $C = \dfrac{\varepsilon A}{2\lambda_D}$ である．抵抗は $R = \dfrac{2l}{\sigma A}$ となる．σ を λ_D を用いて表すために，

$$\sigma = \sum_i c_i \Lambda_i = 2c\Lambda = 2czF\mu_{EP} \tag{16.19}$$

という関係から以下を得る．

$$\sigma = 2czF\frac{zFD}{RT} = \varepsilon D \frac{2z^2F^2c}{\varepsilon RT} = \frac{\varepsilon D}{\lambda_D^2} \tag{16.20}$$

上式の σ を R の式に代入すると次式となる．

$$R = \frac{2\lambda_D^2 l}{\varepsilon D A} \tag{16.21}$$

結果として次式が得られる．

$$RC = \frac{\lambda_D l}{D} \tag{16.22}$$

$$\tau = \frac{10 \times 10^{-9}\,\text{m} \times 20 \times 10^{-6}\,\text{m}}{1.5 \times 10^{-9}\,\text{m}^2/\text{s}} = 133\,\mu\text{s} \tag{16.23}$$

16.3　誘導電荷が関係する流動現象

壁での化学反応や吸着によって生じる，表面電荷密度や表面電位と平衡状態にある自然発生的な二重層は，わかりやすい描像で記述されている．一つは**内因場**（intrinsic field）とよばれ，平衡的な化学反応や吸着過程によって電気二重層を形成する．もう一

つは**外因場**（extrinsic field）とよばれ，マイクロデバイス内で二重層イオンを（結果として流体も）移動させる．内因場は絶縁体表面によって維持されるため，自然発生的な電気浸透流や電気泳動を考える際に，これらの場を分離することは容易である．一方，本節では，反応や吸着ではなく，電場印加によって発生する二重層について考える．その場合，内因場と外因場は分離できないため，これらの過程は本質的に非線形となる．

16.3.1 誘導電荷が形成する電気二重層

電流や反応が生じない理想的な二つの平行平板電極を有する有限の1次元系を考える．電極間に電圧を印加すると（図16.2），電解質は電場に反応して再配向して，結果として平衡状態での電位差はバルク流体ではなくほとんど電気二重層に生じる．時間 τ（マイクロシステムでは約 1 ms）経過後，系は平衡となり，各電極では主に対イオンからなる二重層が形成される．つまり，カソードにはカチオンが，アノードにはアニオンが引き寄せられる．この二重層は誘導電荷二重層（induced-charge double layer）とよばれる．この**誘導電荷**という言葉は，反応や吸着ではなく電場に対応するイオン挙動により電荷密度変化が引き起こされることを意味している．自然発生的な二重層で見られるよりも高電圧が印加されるため，より顕著な二重層効果，高速な液体や粒子の動きが起こることになる．

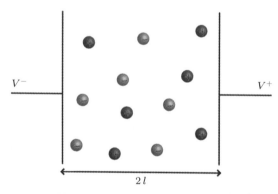

図 16.2　平行平板間の回路の模式図

誘導電荷二重層ではより高速な動きが起こると述べたところだが，上述の電極配置では流れは発生しない．電気浸透流には，二重層自身の電荷密度と，その電荷密度を駆動させる横方向の電場が必要であることを思い出そう．1次元平行平板系では，二重層が形成されても横方向の電場が存在しない．したがって，誘導電荷による電気浸透流は最低でも2次元の電場の変化が必要となる．これに加えて，理想的な電流ゼロの電極（金属と電解質との界面で電流や化学反応がない電極）を実験的に近似できるのは，交流電

場が印加された場合のみである．なぜなら，電極におけるある程度の反応は避けようがないが，交流の場合には極が反転するたびに反応が反転するため，反応生成物が蓄積されない状態を維持できるからである．

16.3.2 誘導電荷二重層による流れ―誘導電荷電気浸透流

前項の例では単純な電極形状を採用したため，二重層の形成と同時に電荷密度を駆動させることができなかった．しかし，これを実現するためには系をほんの少しだけ変更すればよい．たとえば，2次元電場が印加された円柱状の導体を考える．表面でファラデー反応がない理想的な導体として円柱を扱う場合，急に電場が印加されると円柱の一方では負の電荷二重層が，他方では正の電荷二重層が形成される．結果として空間電荷が電場を変化させて，絶縁体周りの電場と似たような電場になる．1次元の場合とは異なり，この電場は二重層を駆動し，四重極流れを生成する（図16.3）．この流れは印加電場の符号にはほとんど依存しないため，交流電場からこの直流の流れが生成される．印加交流電場の周波数 f は，$f\tau_D \gg 1$ とならないようにする必要がある．

誘電電荷電気浸透流を完全に求めるには，ポアソン方程式，ネルンスト-プランク方程式，ナビエ-ストークス方程式を同時に解く必要がある．しかし，$t=0$ と $t \to \infty$ の極限で二重層を計算し，これらの二つの極限間の遷移の時定数が等価回路の RC 時定数で与えられると仮定することで，薄い電気二重層の近似解を得ることができる．この推定で，二重層電位の時空間依存性がわかり，バルク電場と電気浸透流が計算できるようになる．

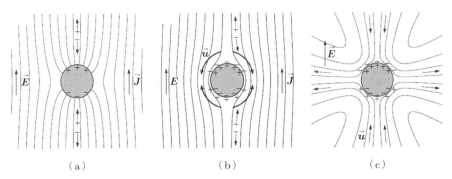

図16.3 直流電場を急に印加した際の二重層電荷．(a) 電場印加前，(b) 電場印加後の電気力線．(c) 誘起される流れの流線（文献 [202] より）

16.3.3 誘導電荷二重層による流れ―交流電気浸透流

交流信号で電極の正負を切り替えることでも，電場によって二重層を形成すると同時にそれを駆動できる．この電極形状は，電気化学検出や誘電泳動を用いた捕捉（第17

章参照）によく使われる櫛型形状と似ている．この幾何形状では二重層は両方の電極に形成され，最初は内側で，遅れて外側で形成される．短時間では二重層が存在しないので流動は発生せず，長時間では二重層によって電場が遮蔽されるので流れが発生しない．しかし，電極の内側に二重層が形成されて外側には形成されていないとき，内側には二重層が存在し，外側には遮蔽されていない電極が存在する，すなわちバルク流体と等しい状態となる．このように，電極の一部で二重層を形成するが全体では形成されないような時間に相当する周波数の交流電圧が印加された場合に，時間に依存しない直流型の流体駆動が発生する（図16.4にこの電極形状での電気力線と誘起流を示す）．図16.5，16.6に示すように，この流れは実験でもシミュレーションでも確認されている．図16.5では交流電気浸透流の流脈線を，図16.6では流脈線とシミュレーションによって得られた流線を示す．

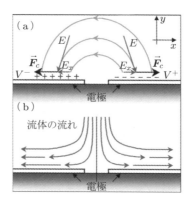

図 16.4 交流電気浸透流の (a) 電気力線，(b) 流線（文献 [203] より）

16.4 電気と熱が連成した流れ（電熱流）

流体物性が均一なとき，束縛電荷の正味の蓄積はなく，次式で表されるクーロン力が唯一の静電的な体積力となる．

$$\vec{f} = \rho_E \vec{E} \tag{16.24}$$

しかし，（たとえば温度変化などで）流体の誘電率が変化するときには，次式で表される誘電力も作用する．

$$\vec{f} = \rho_E \vec{E} - \frac{1}{2} \vec{E} \cdot \vec{E} \nabla \varepsilon \tag{16.25}$$

$\rho_E \vec{E}$ 項は自由電荷に作用する力で，$-\frac{1}{2} \vec{E} \cdot \vec{E} \nabla \varepsilon$ 項は表面に蓄積した束縛電荷に対して

16.4 電気と熱が連成した流れ（電熱流） 393

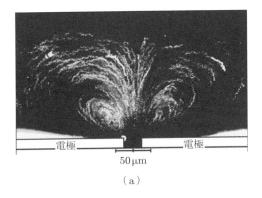

(a)

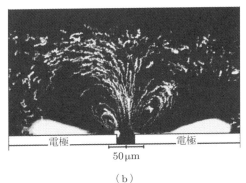

(b)

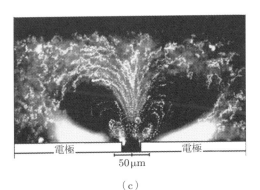

(c)

図 16.5 周波数 (a) 100 Hz, (b) 300 Hz, (c) 1000 Hz の 2 V 交流電圧下での流脈線．溶液は 2.1 mS/m の KCl 溶液（文献 [203] より）

作用する力である．マイクロシステムに温度勾配が存在するときには，クーロン力と誘電力を組み合わせた力がバルク流体を駆動する．この流動は**電熱流**（electrothermal flow）とよばれる．電気浸透流が壁の荷電に対する平衡現象として生じる電荷密度で駆動されていたのとは異なり，電熱流は流体物性の空間的不均一性によって発生する電荷

394　第16章　交流界面動電現象と拡散電荷のダイナミクス

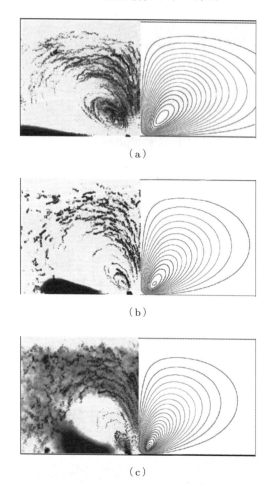

図16.6　実験で観察された流脈線(左)とシミュレーションで得られた流線(右)（文献 [203] より）

密度の動的変動によって駆動される．ここで，壁から離れた位置の均一な流体物性においては，電荷保存則とポアソン方程式がともにラプラス方程式に単純化できることを思い出そう．しかし，局所的な温度上昇が存在すると，局所的に導電率は増加して誘電率は低下する．平衡での電荷保存は局所電場が減少しなければならないことを示すが，瞬時のガウスの法則は，局所電場が減少するためには局所電荷密度が存在しなければならないことを示している．よって，温度変動によって電荷密度の動的変動が生じるとき，静電的な体積力を引き起こす．

ガウスの法則を用いて ρ_E を ε と $\bar{E}$ で表し，これを電荷保存式に代入して電荷の移流項を無視すると，次式が得られる．

$$\nabla \sigma \cdot \vec{E} + \sigma \nabla \cdot \vec{E} + \frac{\partial}{\partial t} [\nabla \varepsilon \cdot \vec{E} + \varepsilon \nabla \cdot \vec{E}] = 0 \tag{16.26}$$

この式を摂動展開で単純化して式 (16.25) に代入することで，体積力を得られる（演習問題 16.12）．印加電場の時間変化を正弦波状と仮定すれば，電場の解析的表現を用いて力の時間平均を計算できる．さらに，この力は，温度変動がなければ存在していたであろう電場を用いて書くことができる．電場について $\vec{E} = \vec{E_0} \exp j\omega t$ の表現を用いると，時間平均体積力を以下のように書くことができる．

$$\langle \vec{f} \rangle = \frac{1}{2} \mathrm{Re} \left[\left(\frac{(\sigma \nabla \varepsilon - \varepsilon \nabla \sigma) \cdot \vec{E_0}}{\sigma + j\omega \varepsilon} \right) \vec{E_0}^* - \frac{1}{2} \vec{E_0} \cdot \vec{E_0}^* \nabla \varepsilon \right] \tag{16.27}$$

ここで，σ と ε は不均一だが定数と仮定する．複数周波数の印加電場の場合は，正弦関数の直交性により時間平均力の交差項（クロスターム）がゼロであるため，各周波数での時間平均体積力 $\langle \vec{f} \rangle$ をそれぞれ計算して合計することで全体の力を求めることができる．

16.5 まとめ

本章では，ファラデー反応がない電極近傍での電気二重層の拡散電荷のダイナミクスについて触れ，二重層のキャパシタンスとバルク溶液の抵抗の関数として二重層の時定数を求めた．重要な結果は，対称電解質のとき，$2l$ だけ離れている電極上のデバイ－ヒュッケル二重層が平衡化する時間が，次式で与えられることである．

$$\tau = RC = \frac{\lambda_\mathrm{D} l}{D} \tag{16.28}$$

これは，時定数は二重層厚さと電極間隔の関数となることを示している．一般に，電気二重層の微分容量はさまざまなモデルによってそれぞれ異なる精度でモデル化できる．デバイ－ヒュッケルモデルでは，

$$C'' = \frac{\varepsilon}{\lambda_\mathrm{D}} \tag{16.29}$$

ポアソン－ボルツマンモデルでは，

$$C'' = \frac{\varepsilon}{\lambda_\mathrm{D}} \left[\cosh \left(\frac{z\varphi_0^*}{2} \right) \right] \tag{16.30}$$

グイ－チャップマン－シュテルンモデルでは，

$$C'' = \frac{\dfrac{\varepsilon_S \varepsilon}{\lambda_S \lambda_D}\left[\cosh\left(\dfrac{z\varphi_0^*}{2}\right)\right]}{\dfrac{\varepsilon_S}{\lambda_S} + \dfrac{\varepsilon}{\lambda_D}\left[\cosh\left(\dfrac{z\varphi_0^*}{2}\right)\right]} \tag{16.31}$$

修正ポアソン–ボルツマンモデルでは，

$$C'' = \frac{\varepsilon}{\lambda_D}\left[\frac{\sinh(z\varphi_0^*)}{\left[1 + 2\xi\sinh^2\left(\dfrac{z\varphi_0^*}{2}\right)\right]\sqrt{\dfrac{2}{\xi}\ln\left[1 + 2\xi\sinh^2\left(\dfrac{z\varphi_0^*}{2}\right)\right]}}\right] \tag{16.32}$$

となる．電気二重層キャパシタンスが与えられれば，RC 回路モデルによって二重層電位 φ_0 を印加電圧周波数の関数として求められ，$\varphi_0(t)$ とナビエ–ストークス方程式を組み合わせて流れを求めることができる．この種の流れの二つの例として，導体周りの流れと櫛型電極に印加された交流電場による流れを述べた．

　流体物性に空間的な変化（通常は温度変化による）が存在する場合，印加電場によって流れ場全体に電荷が拡散し，静電体積力と電熱流が発生する．この静電体積力は，正弦波状電場に対して時間平均の形で書くことができる．

$$\langle \vec{\boldsymbol{f}} \rangle = \frac{1}{2}\mathrm{Re}\left[\left(\frac{(\sigma\nabla\varepsilon - \varepsilon\nabla\sigma)\cdot\underset{\sim}{\vec{\boldsymbol{E}}}_0}{\sigma + j\omega\varepsilon}\right)\underset{\sim}{\vec{\boldsymbol{E}}}_0^* - \frac{1}{2}\underset{\sim}{\vec{\boldsymbol{E}}}_0\cdot\underset{\sim}{\vec{\boldsymbol{E}}}_0^*\nabla\varepsilon\right] \tag{16.33}$$

16.6　補足文献

　Chang and Yeo [52] は交流界面動電効果を詳細に述べており，それらは本章の内容を大きく超えている．二重層キャパシタンスの初期の導出は文献 [108, 204] にある．Bazant らは電極や金属表面に発達する非平衡電気二重層の流れを把握するべく電気二重層ダイナミクスを深く研究しており [111, 112, 202, 205, 206, 207, 208]，本章はそれを直接参考にしている．Green ら [203, 209]，Ramos ら [210]，Gonzales ら [211] は交流電気浸透効果について記述しており，文献 [212] では非対称電極を用いた流体ポンプについて述べられている．文献 [213] では直流ポンプを生成するための進行波の利用について述べられている．di Caprio らはキャパシタンス効果に注目した修正ポアソン–ボルツマン理論について述べている [214]．電極での界面動電現象の定量的予測の試みに多くの関心がもたれているが，本章で述べた解析で予測される流速（ときには向きも）は実験とは一致しないことが多く，この問題は文献 [208] で詳細に述べられている．Dukhin [167] の総説は，第 13 章で述べた平衡の仮定と平衡からの逸脱がどのように粒子の動きや表面状態に影響を与えるかについて焦点を当てている．

16.7 演習問題 **397**

　本章で扱った表面はすべて導電性だが，誘電率や導電率が変化するような界面に垂直に電場を印加すると界面電荷が発生する．よって，周囲媒体と物性が異なる誘電体粒子に電場を印加すると，界面電荷が発生することになる．第 17 章で述べるように，これにより粒子に生じる双極子は誘電泳動力の源となる．この界面電荷は流れを引き起こすこともでき，本章で述べた ACEO（交流電気浸透流）や IECO（誘導電荷電気浸透流）と同様の周波数域で駆動される．実際に，これらの流れは誘電分光法の文献でアルファ緩和として述べられている，kHz 域での誘電泳動応答の変化に関連する．しかし，導体表面の流れと比べると絶縁体での流れは弱い．

16.7　演習問題

16.1　半径 $a \ll \lambda_\mathrm{D}$ である微小粒子または高分子周りの二重層の平衡化を考える．この二重層の平衡化の時定数がなぜ $\tau = \dfrac{\lambda_\mathrm{D}^2}{D}$ となるかを説明せよ．

16.2　半径 $a \gg \lambda_\mathrm{D}$ である導体粒子周りの二重層の平衡化を考える．この二重層の平衡化の時定数がなぜ $\tau = \dfrac{a\lambda_\mathrm{D}}{D}$ となるかを説明せよ．

16.3　デバイ–ヒュッケル極限における対称電解質について，二重層に形成される電荷量を電荷分布を積分することで評価する．二重層の電荷が $q''_\mathrm{edl} = -\dfrac{\varepsilon\varphi_0}{\lambda_\mathrm{D}}$ で与えられること，単位面積あたりのキャパシタンスが $C'' = \dfrac{\varepsilon}{\lambda_\mathrm{D}}$ で与えられることを示せ．

16.4　デバイ–ヒュッケル極限外の対称電解質について，二重層に形成される電荷量を，壁電荷の微分を以下のプロセスで評価することで求める．

(a) ポアソン–ボルツマン方程式 (9.16) から始めて，両辺に $2\left(\dfrac{d\varphi}{dy}\right)$ を掛ける．

(b) 両辺を積分し，一辺に導関数 $\left(\dfrac{d\varphi}{dy}\right)^2$ を，他辺に $d\varphi$ がくるように並べ替える．

(c) $\dfrac{d\varphi}{dy}$ を評価するために，ダミー変数（y' または φ'，式のどちら側かに依存）で，バルク（$y' = \infty$，$\varphi' = 0$）から二重層内のある点（$y' = y$，$\varphi' = \varphi$）まで積分する．

(d) 壁での $\varepsilon\dfrac{d\varphi}{dy}$ を評価する．

二重層の電荷が次式で与えられること，

$$q''_\mathrm{edl} = -\frac{\varepsilon\varphi_0}{\lambda_\mathrm{D}}\left[\frac{2}{z\varphi_0^*}\sinh\left(\frac{z\varphi_0^*}{2}\right)\right] \tag{16.34}$$

単位面積あたりの微分容量 $\dfrac{dq''}{d\varphi_0}$ が次式で与えられることを示せ．

$$C'' = \frac{\varepsilon}{\lambda_\mathrm{D}}\left[\cosh\left(\frac{z\varphi_0^*}{2}\right)\right] \tag{16.35}$$

16.5 対称電解質で，$\left(\frac{\varepsilon}{\lambda_\mathrm{D}}\text{で正規化した}\right)$キャパシタンスと $z\varphi_0^*$ の関係を，(a) 非線形ポアソン-ボルツマン二重層，(b) $\varepsilon_\mathrm{S} = \frac{\varepsilon}{10}$ で $\lambda_\mathrm{S} = \frac{\lambda_\mathrm{D}}{1000}$ のシュテルン層をもつポアソン-ボルツマン拡散二重層についてプロットせよ．また，$\xi = 1\times 10^{-4}$, $\xi = 1\times 10^{-4.5}$, $\xi = 1\times 10^{-5}$ の修正ポアソン-ボルツマンモデルについて，$0 < z\varphi_0^* < 35$, $0 < \frac{C''\lambda_\mathrm{D}}{\varepsilon} < 650$ の範囲で結果をプロットせよ．このシュテルン層の修正モデルの結果を，立体効果を考慮した修正の結果と比較せよ．

16.6 すべてのイオンが等しい移動度と拡散係数をもつ対称電解質が，距離 $2l$ だけ隔てた 2 電極に挟まれている．各電極には異なる電圧が印加されるとして，電極で二重層が形成されるのに要する時間はどのくらいかを考える．

バルク流体を抵抗として扱う．抵抗 $R = \frac{l}{\sigma A}$ (σ は導電率，A は電解質が電極と接する面積) は $\frac{\lambda_\mathrm{D}^2 l}{\varepsilon D A}$ とも表すことができることを示せ．

デバイ-ヒュッケル極限における二重層を厚さ λ_D のヘルムホルツキャパシタ $\left(C = \frac{\varepsilon A}{\lambda_\mathrm{D}}\right)$ として扱い，直列に接続したキャパシタ，抵抗，キャパシタとしてモデル化した際にこの回路の RC（時定数）が $\frac{\lambda_\mathrm{D} l}{D}$ と等しいことを示せ．

この結果を受けて，1 mM の NaCl 溶液中に 40 μm 離れた電極対を置いた場合の二重層平衡化の時定数を求めよ．ここでは，イオンの拡散係数 D は $1.5\times 10^{-9}\,\mathrm{m^2/s}$ とする．

16.7 二重層が 2 領域からなる直列キャパシタ (図 16.7) と考えることができるとして前問を再考する．最初の領域は厚さ λ_D, 誘電率 ε の拡散二重層で，もう一つの領域はキャパシタンス $C_\mathrm{S} = \frac{\varepsilon}{\lambda_\mathrm{S}}$ のシュテルン層で，λ_S はシュテルン層の厚さと（通常はバルクより低い）誘電率の両方を考慮した実効厚さである．このとき，前問の結果を係数 $\left(1 + \frac{\lambda_\mathrm{S}}{\lambda_\mathrm{D}}\right)^{-1}$ で補正しなければならないことを示せ．

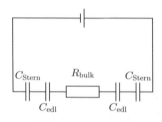

図 16.7 シュテルン層を有する二重層での荷電に関する等価回路

16.8 交流電気浸透流（ACEO）周期中における電極表面の流速とその時間依存性を推定せよ.

16.9 誘導電荷電気浸透流（ICEO）に関して，無限に薄い金属板の一端に印加される交流電場を考える. 金属板は長さ約 $10\,\mu m$ で無限に薄いと仮定する. この金属板と電場方向が以下の場合のときに誘起される流れを定性的に記述せよ.

(a) 長辺が電場に水平な場合

(b) 長辺が電場に垂直な場合

なお，交流電場の周波数は十分に低く，電場の変動は二重層の帯電時間に比べて遅いと仮定する. 交流周期中のさまざまな時点での電気力線を合わせて描け.

16.10 高さ $20\,\mu m$，長さ $1\,cm$ で幅が無限に広い絶縁体のマイクロ流路を考える. 流路中間地点に $200\,\mu m$ の金属膜が流路壁に設置されている. 流路端に $150\,V$ で $100\,Hz$ の交流電圧を印加して，他端を接地したときに生じる流速を推定せよ. 流路内の電場を計算する際にシュワルツ－クリストッフェル変換あるいは数値シミュレーションを使用すること.

16.11 前問で，金属が厚さ $1\,nm$ のガラスで覆われている場合を考える. この場合，流れはどう変化するか. ガラスの厚さが $1\,\mu m$ になると流れはどう変わるか.

16.12 式 (16.27) を以下の手順で導出せよ.

(a) ポアソン方程式を $\rho_E = \nabla \cdot \varepsilon \vec{E}$ と書く. 均一溶液物性での $\vec{E}_0$（大きく発散がない）と物性変動による摂動（小さいが有限の発散をもつ）の和として $\vec{E}$ を展開する. これらの電場を用いて静電体積力項の ρ_E を置き換える.

(b) 電荷保存式を書いて，対流による電荷流束が電気泳動による電荷流束と比べて小さいと仮定する. この仮定が正しいことを説明し，式 (16.26) を求める.

(c) 正弦波的な摂動電場を仮定して解析的に表現する. 得られた式を摂動場の発散について解き，式 (16.27) を得る.

16.13 2 電極間の交流電気浸透流の外部解を解くための支配方程式と境界条件を記述せよ. 2 電極は幅 $40\,\mu m$ で間隔が $40\,\mu m$ である. 流路高さは $1\,\mu m$ で，溶媒のイオン強度は $10\,mM$ である. 左の電極は接地されており，右の電極は $V = V_0 \cos \omega t$ の電圧が印加される. とくに，電極の異なる領域の RC 時定数は異なるはずで，そのためラプラス方程式の外部解の境界条件は空間的に変化することになる.

16.14 $y = \pm h$ $(h \gg \lambda_D)$ にあり，$V = V_0 \cos \omega t$ の交流電圧に接続されている無限平行平板を考える. 平板は厚さ $50\,nm$，$\varepsilon = 5\varepsilon_0$ の誘電膜で覆われており，この誘電膜は流体（$1\,mM$ KCl 溶液）と並列のキャパシタとして扱う. 微小な横方向電場 $\vec{E} = \hat{x}E_0 \cos(\omega t + \alpha)$ が印加されるとき，時間平均流速分布は h と α の関数としてどうなるか.

16.15 長さ L の 1 次元系で，長さ $\dfrac{L}{3}$ の 3 領域が存在する. 系全体は水で満たされ，左右領域は温度 T_1，誘電率 ε_1，導電率 σ_1 とする. 中央領域は温度 T_2，誘電率 ε_2，導電率 σ_2 である. 時刻 $t < 0$ では印加電圧はなく，電荷密度や界面変化もないとする.

400　第 16 章　交流界面動電現象と拡散電荷のダイナミクス

(a) 時刻 $t = 0$ で電圧 V が左側に印加されて，右側は $V = 0$ とする．水分子の配向緩和時間と比べて十分長く，水中の自由電荷の運動と比べて短い時間が経過したとき，水の電荷密度はどうなるか．3 領域の境界での電荷密度はどうなるか．

(b) 時刻 $t \to \infty$ では電荷密度はどうなるか．中央領域の圧力はどうなるか．

16.16　集光されたレーザー光線が均一な流れの中のある特定箇所を高温に維持すると仮定する．この温度は流れやその他の現象に関係なく維持されるとする．この地点を，周囲と導電率が $\Delta\sigma$，誘電率が $-\Delta\varepsilon$ だけ異なる半径 R の球体とする．この加熱領域から発生する力をモデル化し，これにより生じる流れが，応力ベクトルの向きが印加電場の向きとそろっているストレスレットで近似できることを示せ．

第 17 章
粒子と液滴の操作：
誘電泳動，磁気泳動，
デジタルマイクロフルイディクス

　マイクロシステムでは，第 13 章で議論した電気泳動以外にも，粒子を操作するためのいくつかの技術が用いられる．本章では，液中の粒子や液滴を操作するために一般に用いられる二つの物理現象，誘電泳動と磁気泳動について述べる．また，物理現象ではないが，本章ではデジタルマイクロフルイディクスという交流電場を用いた液滴操作システムの概念についても触れる．

17.1　誘電泳動

　誘電泳動（dielectrophoresis，DEP）は粒子を操作する手法としてマイクロシステムでよく利用される．これは，粒子に作用する誘電泳動力が系の代表長さの -3 乗に比例するため，小さなデバイス内で誘電泳動力がかなり大きくなるからである．さらに，粒子の応答が印加電場の周波数と位相に応じて変化する．ユーザーはファンクションジェネレーターの設定を変更することで粒子の応答を変えることができるため，誘電泳動計測は柔軟性に富む．そのため，誘電泳動は**図 17.1** に例示するようにさまざまなアプリケーションに用いられている．

　誘電泳動という言葉は，非一様電場内で起こる電気的に分極した物体のクーロン反応を指す．線形電気泳動とは対照的に，(a) 対象物体が正味の電荷をもつ必要がなく，(b) 交流電場を用いても時間平均した効果はゼロにならない，という特徴をもつ．

　例として，球形で均一な，電荷をもたない理想的な誘電体粒子（誘電率 ε_p で表される有限の分極率をもつ）が空間に浮遊している場合を考える．この系に均一な電場を印加すると球は分極し，一端に正電荷，他端に負電荷を帯びる．均一電場では，球の両端に作用するクーロン力の大きさは等しく向きが反対となるので，正味のクーロン力はゼロとなる．一方，不均一電場では，球の強電場側の端面に強い引力が生じるため，粒子を強電場領域へと移動させるような正味の力が作用する．強電場側へ移動するような挙動は**正の誘電泳動**（positive dielectrophoresis）とよばれる．

　マイクロ流体デバイスでは，誘電率 ε_m の溶媒（通常は水溶液）中に懸濁された粒子を扱う．ここで，媒質も完全な導体であると仮定する．このとき，粒子と溶媒の**双方が**

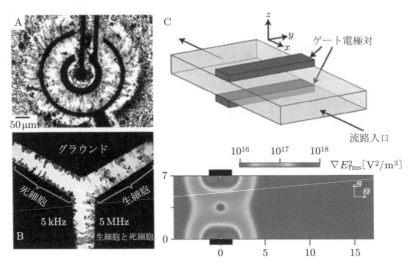

図 17.1 誘電泳動を用いた細胞の捕捉と選別．(A)，(B) 複数電極と多周波誘電泳動を用いることで，生細胞と死細胞を異なる領域で捕捉する [215]．(C) 誘電泳動「ゲート」[216] が，選択された粒子の通過を下流で制御する

分極することを除けば，前と同様の議論が成立する．溶媒中の粒子では，粒子に作用する正味の力は粒子と溶媒の分極の差に依存する．溶媒が粒子より分極しにくい場合には，粒子は正の誘電泳動により強電場領域に移動する．逆に溶媒が粒子より分極しやすい場合には，粒子は**負の誘電泳動**（negative dielectrophoresis）により弱電場領域に移動する．いずれの場合も，粒子の移動方向は電場強度により決まり，粒子の極性には依存しない．したがって，理想的な誘電体溶媒内の**無電荷で均一な理想的な誘電体**の誘電泳動応答は，誘電率が周波数に依存しないかぎり，印加電場の直流・交流の違いや交流周波数の影響を受けない．

上の段落では誘電泳動の基礎物理の概要を述べた．すなわち，溶媒に対する粒子の分極を制御することで，粒子と溶媒との間の界面に電荷が発生し，この電荷が不均一電場中での誘電泳動力となる．この電荷は**マクスウェル-ワグナー界面電荷**（Maxwell-Wagner interfacial charge）とよばれる．粒子の挙動は，この電荷の符号と大きさによって決定される．以降の項では，均一で帯電していない球体の応答を定量化し，有限の導電率や誘電率の溶媒や粒子へと議論を拡張する．そして非均質な等方性粒子を記述するマクスウェル等価体手法について述べ，表面電荷とそれに伴う電気二重層（EDL）を考慮するために解析を拡張する．さらに，非球形粒子や電気回転（electrorotation），進行波誘電泳動（traveling-wave DEP）についても説明する．

本節の解析の大半は誘電泳動力 $\vec{F}_{\mathrm{DEP}}$ を予測することに焦点を当てているが，非一様

場における粒子速度が最終的に得られる結果である．電気泳動移動度や電気浸透移動度の記述と同様に，時間平均した誘電泳動速度は誘電泳動移動度 μ_{DEP} を用いて次式で表される．

● 誘電泳動移動度の定義

$$\langle \vec{u}_{\mathrm{DEP}} \rangle = \mu_{\mathrm{DEP}} \nabla \left| \vec{E}_{\mathrm{ext},0} \right|^2 \tag{17.1}$$

この式では誘電泳動速度は**印加した電場**，すなわち粒子が存在しない場合の場の大きさの関数として表現される．次項ではこの誘電泳動移動度の表現を導出する．

17.1.1 外部電場により密閉体積に作用するクーロン力の推定

すべての誘電泳動の解析は，ある密閉体積（物体）にはたらくクーロン力を決定するには物体の物性と物体周りの電場のみが必要だという基本的な概念のもとに成り立っている．このことはマクスウェル方程式から数学的に導かれる．たとえば，磁場がない場合，密閉体積にはたらく力は次のように与えられる．

● 磁場がない場合の密閉体積にはたらくクーロン力

$$\vec{F} = \int_S \left[\varepsilon \vec{E}\vec{E} - \frac{1}{2}\vec{\vec{\delta}}(\varepsilon \vec{E} \cdot \vec{E}) \right] \cdot \hat{n}\, dA \tag{17.2}$$

ここで，S は物体の表面積，$\hat{n}$ は外向きの単位法線ベクトルである．

粒子にはたらく力の予測は，必要な情報すべてが粒子外にあるときに非常に単純化される．式（17.2）は，粒子にかかる力が電場と表面の誘電率だけで求められることを示している．したがって，懸濁媒質中の二つの異なる粒子が電場に対して同じ解を示すなら，粒子内部の電場が異なるとしても，これらの粒子は同じ静電力を受けることになる．さらに，十分に大きな任意の体積をもつ均一な媒質中に懸濁された系が独立して二つ存在するとき，系を含む体積の外側で同じ電場が発生する場合には，系に作用する力も等しくなる．

上述のように，粒子内部の場に対して力が独立していることによって，多くの解析手法を用いることができる．たとえば，粒子表面と同じ電場を発生させるようなより単純な構造で粒子を置き換えることができ，その単純構造に作用する力により実際の粒子に作用する力を予測できる．これが，球体に対する誘電泳動力における実効双極子近似や，形状は規則的だが物性が非一様な粒子に対するマクスウェル等価体の基礎である．この単純な解析手法が使えない場合（たとえば不規則形状物体など）においても，解を得るには式（17.2）を積分すればよく，これはいわゆる**マクスウェル応力テンソル**（Maxwell stress tensor）のアプローチである．このとき，粒子内部の電場を知る必要はない．

17.1.2 無電荷かつ一様で等方的な球が線形的に変化する一様な等位相電場から受ける力

ここでは，材料物性と印加電場 $\vec{E}_{\text{ext}}(\vec{r})$ を用いて粒子に作用する力を求める．**印加電場**とは，粒子が存在しないときに存在するであろう電場を意味する．粒子が存在する場合の電場と電位をそれぞれ $\vec{E}(\vec{r})$，$\phi(\vec{r})$ と書く．

無電荷で一様かつ等方的な半径 a の誘電体球（図 17.2）が，一様で等位相な，線形的に変化する**定常**電場から受ける誘電泳動力を求める（球の中心を座標軸の原点とする）．この球が受ける誘電泳動力は，まず実効双極子を求めるために一様印加電場（ここでは $\vec{E}_{\text{ext}} = E_0 \hat{z}$ とする）中にある球周りの電位 ϕ を求め，次にその実効双極子が線形変化する電場により受ける力を計算することで求められる．したがって，$\vec{E}(\vec{r})$ に対するガウスの法則を次のラプラス方程式を用いて解く．

$$\nabla \cdot \vec{D} = -\varepsilon \nabla^2 \phi = 0 \tag{17.3}$$

$r = \infty$ での境界条件は

$$\phi = -E_0 z \tag{17.4}$$

そして $r = a$ での境界条件は

$$\varepsilon_{\text{m}} \left.\frac{\partial \phi}{\partial n}\right|_{\text{m}} - \varepsilon_{\text{p}} \left.\frac{\partial \phi}{\partial n}\right|_{\text{p}} = q'' = 0 \tag{17.5}$$

であり，添え字 m と p はそれぞれ媒質と粒子を表し，n は表面に対して外向き（媒質側）の法線方向を表す．

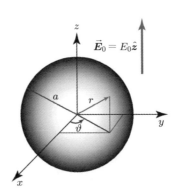

図 17.2 z 軸に沿った電場の影響下にある半径 a の球

ここでは，この定常問題は解かずに，これを交流電場に適用できるように一般化する．交流電場の場合も大まかな流れは変わらないが，電荷保存則とポアソン方程式を組み合わせてラプラス方程式の複素数表現をつくる．この方程式は複素誘電率を用いて解くことができる．

一様印加電場によって球内部に誘起される実効双極子を求めるために，均一で等方的な ε_{m}，σ_{m} の媒質の中にある均一で等方的な ε_{p}，σ_{p} をもつ無電荷の球を考える．以下の正弦波状の電場が印加されるとする．

$$\underset{\sim}{\vec{E}}_{\mathrm{ext}} = \underset{\sim}{\vec{E}}_0 \cos \omega t = E_0 \,\hat{z}\cos \omega t \tag{17.6}$$

ここで，E_0 は印加電場の振幅である．次のように電場を解析的に表す．

$$\underset{\sim}{\vec{E}}_{\mathrm{ext}} = \underset{\sim}{\vec{E}}_0 \exp j\omega t = E_0 \,\hat{z}\exp j\omega t \tag{17.7}$$

本書で複素数表現（フェーザ）を用いる場合には，アンダーチルダは複素数を示し，添え字 0 はフェーザを示す．5.3 節で述べたように，移流がない電荷保存式

$$\frac{\partial \rho_{\mathrm{E}}}{\partial t} + \nabla \cdot \underset{\sim}{\sigma}\vec{E} = 0 \tag{17.8}$$

とポアソン方程式

$$\nabla \cdot \varepsilon \vec{E} = \rho_{\mathrm{E}} \tag{17.9}$$

を組み合わせて複素誘電率 $\underset{\sim}{\varepsilon} = \varepsilon + \dfrac{\sigma}{j\omega}$ を用いることで，これらを一つの式で書くことができる．

$$\nabla \cdot \underset{\sim}{\varepsilon}\,\vec{E} = 0 \tag{17.10}$$

式（17.10）は，電位の式として以下のように書き直すことができる．

$$\underset{\sim}{\varepsilon}\nabla^2 \phi = 0 \tag{17.11}$$

$r \to \infty$ での境界条件は

$$\phi = -E_0 z \exp j\omega t \tag{17.12}$$

そして $r = a$ での境界条件は次のようになる．

$$\varepsilon_{\mathrm{m}} \left.\frac{\partial \phi}{\partial n}\right|_{\mathrm{m}} - \varepsilon_{\mathrm{p}} \left.\frac{\partial \phi}{\partial n}\right|_{\mathrm{p}} = 0 \tag{17.13}$$

ここで，添字 m と p はそれぞれ媒質（流体）と粒子を示す．静電条件（ガウスの法則）と電気力学条件（電荷保存則）がこの形で同時に表され，解は，対流による電流を無視できるかぎりはすべての周波数における応答を与える．この解は，系の応答に直接関係するいくつかの複素量で表現されている．この系は付録 F にあるように，ルジャンドル多項式の解をもつ．球内部（$r < a$）の解は，

$$\phi = -\frac{3\,\underset{\sim}{\varepsilon}_{\mathrm{m}}}{\underset{\sim}{\varepsilon}_{\mathrm{p}} + 2\,\underset{\sim}{\varepsilon}_{\mathrm{m}}} E_0 r \cos \vartheta \exp j\omega t \tag{17.14}$$

で，球外部（$r > a$）の解は次のようになる．

$$\phi = -E_0 r \cos \vartheta \exp j\omega t + \frac{\underset{\sim}{\varepsilon}_{\mathrm{p}} - \underset{\sim}{\varepsilon}_{\mathrm{m}}}{\underset{\sim}{\varepsilon}_{\mathrm{p}} + 2\,\underset{\sim}{\varepsilon}_{\mathrm{m}}} E_0 \frac{a^3}{r^2} \cos \vartheta \exp j\omega t \tag{17.15}$$

球外部の解は，印加電場（$\phi = -E_0 r \cos \vartheta \exp j\omega t = E_0 z \exp j\omega t$）に対応する項と原点

406　第 17 章　粒子と液滴の操作：誘電泳動，磁気泳動，デジタルマイクロフルイディクス

の点双極子(F.1.1 項参照)に対応する項から構成される．無限遠での境界条件におけるルジャ
ンドル多項式，すなわち多重極展開において，この双極子は $B_1 = E_0 \dfrac{\underline{\varepsilon}_p - \underline{\varepsilon}_m}{\underline{\varepsilon}_p + 2\underline{\varepsilon}_m} a^3 \exp j\omega t$
の係数をもち，以下の複素電気双極子に対応する．

- 一様電場内における，等方的，均一，無電荷な球に作用する実効双極子モーメント

$$\vec{p}_0 = 4\pi\varepsilon_m E_0 a^3 \frac{\underline{\varepsilon}_p - \underline{\varepsilon}_m}{\underline{\varepsilon}_p + 2\underline{\varepsilon}_m} \hat{z} \tag{17.16}$$

ここで，

$$\underline{f}_{CM} = \frac{\underline{\varepsilon}_p - \underline{\varepsilon}_m}{\underline{\varepsilon}_p + 2\underline{\varepsilon}_m} \tag{17.17}$$

は**クラウジウス–モソッティ係数**（Clausius–Mossotti factor）とよばれ，一般に $\underline{K}^{(1)}$
で表される 1 次の（双極子）分極率と等価である．

　したがって，$r = a$ より**外側**の電位は，以下の複素双極子モーメント（振動数 ω）を
もつ点双極子で球を置き換えた場合の電位と等しい．

- 正弦波状電場中の球に作用する実効複素双極子モーメント

$$\vec{p}_0 = 4\pi\varepsilon_m E_0 a^3 \underline{f}_{CM} \hat{z} \tag{17.18}$$

この実効双極子は粒子外の電場を正確に予測するので，通常は完全解は無視してこの実
効双極子を用いた解が用いられる．実際の物理量としては，実効双極子モーメントは式
(17.19)，あるいは等価的に式 (17.20) で与えられる．

$$\vec{p} = \mathrm{Re}[\vec{\underline{p}}] = 4\pi\varepsilon_m E_0 a^3 \hat{z}[\mathrm{Re}(\underline{f}_{CM})\cos\omega t + \mathrm{Im}(\underline{f}_{CM})\sin\omega t] \tag{17.19}$$

$$\vec{p} = \mathrm{Re}[\vec{\underline{p}}] = 4\pi\varepsilon_m E_0 a^3 \hat{z}[\,|\underline{f}_{CM}|\cos(\omega t + \angle\underline{f}_{CM})] \tag{17.20}$$

ここで，クラウジウス–モソッティ係数の大きさと角度は，それぞれ次の 2 式である．

$$|\underline{f}_{CM}| = \sqrt{\mathrm{Re}(\underline{f}_{CM})^2 + \mathrm{Im}(\underline{f}_{CM})^2} \tag{17.21}$$

$$\angle\underline{f}_{CM} = \mathrm{atan2}\,[\mathrm{Im}(\underline{f}_{CM}), \mathrm{Re}(\underline{f}_{CM})] \tag{17.22}$$

この双極子モーメントの大きさは $|\underline{f}_{CM}|$（$\underline{f}_{CM}$ の大きさ）に比例し，球の両端に蓄積さ
れた正味電荷量にも比例する．印加電場と実効双極子モーメントとの位相差は $\angle\underline{f}_{CM}$
（$\underline{f}_{CM}$ の角度）である．また同様に，$\mathrm{Re}(\underline{f}_{CM})$（$\underline{f}_{CM}$ の実部）は外部電場と同位相である
実効双極子モーメントの成分であり，$\mathrm{Im}(\underline{f}_{CM})$（$\underline{f}_{CM}$ の虚部）は外部電場と位相が 90°
ずれた実効双極子モーメントの成分である．

　原点にある点双極子を用いて粒子の外側の電場をつくることができるので，17.1.1 項
で述べたように，粒子を取り囲む体積に作用する力は，式 (17.16) の双極子モーメント
をもつ点双極子を囲む体積にかかる力と等しい．双極子にはたらく瞬間的な力は $\vec{F} = \vec{p} \cdot \nabla\vec{E}_{ext}$ で与えられるため，粒子にはたらく力は印加電場勾配と実効双極子モーメン

トの内積で表される．この関係は，印加電場の変化が線形的であり，さらにその変化が球のサイズに対して十分に小さい場合，すなわち，一様場の仮定のもとで計算される実効誘起双極子が正確である場合に有効である．したがって，粒子にはたらく力は線形的に変化する電場中の双極子にはたらく力（定常状態では $\vec{F} = \vec{p} \cdot \nabla \vec{E}_{\text{ext}}$）として与えられる．

$\vec{p}$ と $\vec{E}$ に関する解析的な表現は線形方程式を用いるかぎりは問題ないが，$\vec{p} \cdot \nabla \vec{E}$ は非線形表現であるため，複素数表現を使った $\vec{p} \cdot \nabla \vec{E}$ の評価には注意しなければならない．そこで，フェーザ $\vec{p}_0$ と $\nabla \vec{E}_0$ および式（G.33）を用いて，実数である $\vec{p}$ と $\nabla \vec{E}$ の内積を求める．

$$\vec{F} = \frac{1}{2} \left\{ \text{Re}(\vec{p}_0 \cdot \nabla \vec{E}_0^*) + \left| \vec{p}_0 \cdot \nabla \vec{E}_0 \right| \cos[2\omega t + \angle(\vec{p}_0 \cdot \nabla \vec{E}_0)] \right\} \tag{17.23}$$

結果として発生する瞬間的な力は，次式で与えられる．

$$\vec{F} = 2\pi\varepsilon_{\text{m}} a^3 \vec{E}_0 \cdot \nabla \vec{E}_0 (\text{Re}(f_{\text{CM}}) + \text{Re}(f_{\text{CM}}) \cos 2\omega t + \text{Im}(f_{\text{CM}}) \sin 2\omega t) \tag{17.24}$$

あるいは，非回転場における逆連鎖律を適用すると次式のようになる．

$$\vec{F} = \pi\varepsilon_{\text{m}} a^3 \nabla(\vec{E}_0 \cdot \vec{E}_0)(\text{Re}(f_{\text{CM}}) + \text{Re}(f_{\text{CM}}) \cos 2\omega t + \text{Im}(f_{\text{CM}}) \sin 2\omega t) \tag{17.25}$$

したがって，粒子に作用する力は，$\text{Re}(f_{\text{CM}})$ に比例する直流成分と，振幅が $|f_{\text{CM}}|$ に比例して周波数 2ω で振動する交流成分をもつ[1]．交流成分に関して，位相 2ω における**力**は大きいが，位相 2ω における**速度**は粒子の周りの流体の粘性抵抗により減衰する．したがって，位相 2ω における速度の大きさは，直流駆動で同じ大きさの力を作用させた場合の速度と比較して $\sqrt{1 + (2\omega\tau_{\text{p}})^2}$ 倍小さくなる（$\tau_{\text{p}} = \dfrac{2a^2\rho_{\text{p}}}{9\eta}$ は粒子運動が平衡にいたるまでの時定数）．したがって，高周波数では粒子の振動運動は減衰するため，時間平均した力と速度を考える．時間平均の力は次式で表される．

- 交流電場下での球状で均一，等方的な無電荷粒子に対する時間平均誘電泳動力

$$\left\langle \vec{F}_{\text{DEP}} \right\rangle = \pi\varepsilon_{\text{m}} a^3 \text{Re}(f_{\text{CM}}) \nabla(\vec{E}_0 \cdot \vec{E}_0) \tag{17.26}$$

ここで，山括弧 $\langle \ \rangle$ は時間平均を表す．直流電場 $\vec{E}_{\text{ext}}$ を印加した場合には，結果は似た形となるが係数が少し異なる．

- 直流電場下での球状で均一，等方的な無電荷粒子に対する時間平均誘電泳動力

$$\left\langle \vec{F}_{\text{DEP}} \right\rangle = 2\pi\varepsilon_{\text{m}} a^3 \text{Re}(f_{\text{CM}}) \nabla(\vec{E}_{\text{ext}} \cdot \vec{E}_{\text{ext}}) \tag{17.27}$$

この係数の違いは，E_0^2 の平均は E_0^2 だが，$(E_0 \cos \omega t)^2$ の平均は $\dfrac{1}{2} E_0^2$ であることによる．

---

[1] 式（17.25）は印加電場の二乗平均平方根（root mean square：RMS）を用いて書かれることも多く，その場合には $\vec{E}_0$ は $\vec{E}_{\text{RMS}}$ となり，係数 $\pi\varepsilon_{\text{m}} a^3$ は $2\pi\varepsilon_{\text{m}} a^3$ となる．

408　第 17 章　粒子と液滴の操作：誘電泳動，磁気泳動，デジタルマイクロフルイディクス

式 (17.26) の異なる成分は異なる物理現象を表している．クラウジウス–モソッティ係数の実部 $\mathrm{Re}(f_{\mathrm{CM}})$ は 1（$|\varepsilon_{\mathrm{p}}| \gg |\varepsilon_{\mathrm{m}}|$ の場合）から $-\frac{1}{2}$（$|\varepsilon_{\mathrm{m}}| \gg |\varepsilon_{\mathrm{p}}|$ の場合）の間の値をとり，実効双極子と印加電場との位相関係を表す．$\mathrm{Re}(f_{\mathrm{CM}})$ の符号は，粒子が高電場領域に引き寄せられるか反発するかを決定する．高周波極限では，式 (17.17) の ε は ε で置き換えることができ，誘電泳動は媒質と粒子の誘電率で表される分極に厳密に起因する．低周波極限では，式 (17.17) の ε は σ で置き換えることができ，誘電泳動は厳密に媒質と粒子の導電率の関数となる．誘電泳動力は a^3 に比例するため，球に作用する力はその体積に比例する．誘電泳動は印加電圧の 2 乗で作用する 2 次の界面動電効果であり，電圧一定の条件下で電極間距離を変化させた場合には，誘電泳動効果は電極間距離の -3 乗で変化する．

式 (17.26) より，球の誘電泳動移動度をすぐに求めることができる．半径 a の球状粒子の場合（流動抵抗力は $\vec{F} = 6\pi\vec{u}\eta \mathrm{a}$），誘電泳動移動度 μ_{DEP} は次式で与えられる．

● 線形変化する電場下での均一，等方的な無電荷球形粒子の誘電泳動移動度

$$\mu_{\mathrm{DEP}} = \frac{a^2 \varepsilon_{\mathrm{m}}\,\mathrm{Re}(f_{\mathrm{CM}})}{6\eta} \tag{17.28}$$

実効双極子 $\vec{p}$ と印加電場 $\vec{E}_{\mathrm{ext}}$ は平行なため，等方的な位相の電場内での均質粒子にはたらくトルク $\vec{p} \times \vec{E}_{\mathrm{ext}}$ はゼロである．

17.1.3　不均質な球形粒子のマクスウェル等価体

式 (17.27) に示した無荷電・均質な球に作用する力は簡単に計算できるが，多くの物体は不均質である．とくに，生体細胞は複雑な内部構造をもっており，大まかには脂質二重膜が核と細胞質基質を覆うような構造である．しかし，細胞をいくつかの層で覆われている球体と仮定できれば，実効双極子を定義できる．

半径が a_2 であり，半径 a_1 の核をもつ無電荷の球が均質な媒質中に浮かんでいるとする．核の物性値を ε_1 と σ_1，外殻の物性値を ε_2 と σ_2，媒質の物性値を ε_{m} と σ_{m} とする．一様な調和電場が印加されているとき，この系はつぎの複素方程式で表現される．

$$\varepsilon \nabla^2 \phi = 0 \tag{17.29}$$

境界条件は，$r \to \infty$ では

$$\phi = -E_0 z \tag{17.30}$$

$r = a_1$ では

$$\varepsilon_2 \left.\frac{\partial \phi}{\partial n}\right|_2 - \varepsilon_1 \left.\frac{\partial \phi}{\partial n}\right|_1 = 0 \tag{17.31}$$

$r = a_2$ では

$$\varepsilon_{\mathrm{m}} \frac{\partial \phi}{\partial n}\bigg|_{\mathrm{m}} - \varepsilon_2 \frac{\partial \phi}{\partial n}\bigg|_2 = 0 \tag{17.32}$$

である．この系は均質物体の場合と比べて数学的に扱いが面倒だが，ルジャンドル多項式を用いて解くことができ，球外部の解は，先の場合と同様に一様な印加電場と原点の双極子に対する応答で表すことができる．実効複素双極子の解は，次式のように，式（17.16）と同じ形で書くことができる．

$$\vec{p}_0 = 4\pi\varepsilon_{\mathrm{m}} E_0 a^3 \frac{\varepsilon_{\mathrm{p}} - \varepsilon_{\mathrm{m}}}{\varepsilon_{\mathrm{p}} + 2\varepsilon_{\mathrm{m}}}\hat{z} \tag{17.33}$$

式（17.33）の半径を複合粒子の外殻半径（$a = a_2$）と設定して，粒子の実効複素誘電率 ε_{p} を核と外殻の物性と厚さの関数とすると，次式を得る．

- 核半径 a_1，外殻半径 a_2 の球体の実効複素誘電率

$$\varepsilon_{\mathrm{p}} = \varepsilon_2 \left[\frac{\dfrac{a_2^3}{a_1^3} + 2\dfrac{\varepsilon_1 - \varepsilon_2}{\varepsilon_1 + 2\varepsilon_2}}{\dfrac{a_2^3}{a_1^3} - \dfrac{\varepsilon_1 - \varepsilon_2}{\varepsilon_1 + 2\varepsilon_2}} \right] \tag{17.34}$$

実効双極子は粒子の外側の電場を誘起する，すなわち核 - 外殻球自身が生み出す電場を表すため，無電荷の核 - 外殻球に作用する力も均質な無電荷粒子の場合と同様に実効双極子を用いて記述できる．さらに多くの殻をもつ粒子の場合には，粒子の実効誘電率は式（17.34）を繰り返し適用することで得られる（最初にもっとも内側の核と隣接する殻の実効誘電率を求め，つぎにその実効誘電率と内側から 2 番目にある殻の実効誘電率を求める，という手順を繰り返す）．

■薄い外殻のマクスウェル等価体

核に比べて外殻が極端に薄い場合，式（17.34）は単純化した形にできる．ここでは，$\Delta a = a_2 - a_1$ を $\Delta a \ll a_2$ として式（17.34）の解を考える．Δa が微小なため，線形展開できるので $\left(\dfrac{a_2^3}{a_1^3} = 1 + \dfrac{3\Delta a}{a_2} \right)$，実効誘電率は次式で与えられる．

- 半径 a_2 で外殻厚さが Δa の球体の実効複素誘電率

$$\varepsilon_{\mathrm{p}} = \varepsilon_2 \frac{\varepsilon_1 + \dfrac{\Delta a}{a_2}(\varepsilon_1 + 2\varepsilon_2)}{\varepsilon_2 + \dfrac{\Delta a}{a_2}(\varepsilon_1 + 2\varepsilon_2)} \tag{17.35}$$

ポリスチレンビーズ表面の電解質膜のように $\sigma_2 \gg \sigma_1$ で $\varepsilon_2 \gg \varepsilon_1$ であるときは，次のように単純化できる．

410　第17章　粒子と液滴の操作：誘電泳動，磁気泳動，デジタルマイクロフルイディクス

● 半径 a_2 で誘電率/導電率が無視できる外殻（厚さ Δa）の球体の実効複素誘電率

$$\varepsilon_{\mathrm{p}} = \varepsilon_1 + 2\varepsilon_2 \frac{\Delta a}{a_2} \tag{17.36}$$

この極限では核が電流に対する主な抵抗となり，電流は外殻層を流れるため，電気力線は外殻表面にほぼ平行となる．そのため，式 (17.36) もキャパシタの並列関係を連想させる形になっている．低導電率・低誘電率の脂質二重膜を表面にもつ生体細胞などのように $\sigma_2 \ll \sigma_1$, $\varepsilon_2 \ll \varepsilon_1$ の場合には，式 (17.35) は次式のように単純化される．

● 半径 a_2 で外殻厚さが Δa の球体の実効複素誘電率

$$\varepsilon_{\mathrm{p}} = \frac{\varepsilon_1 \varepsilon_2}{\dfrac{\Delta a}{a_2} \varepsilon_1 + \varepsilon_2} \tag{17.37}$$

この極限では外殻が電流に対する主な抵抗となり，電気力線は外殻表面に垂直となるため，式 (17.37) はキャパシタの直列関係を連想させる形になっている．

　実験計測から粒子の物性を推測する場合，実験データは式 (17.36) のように Δa と ε_2 の積，あるいは式 (17.37) のように Δa と ε_2 の比の形をとるため，Δa と ε_2 を独立に計測することは難しい．そこで通常，細胞を用いた実験では単位面積あたりの複素細胞膜キャパシタンス $C'' = \dfrac{\varepsilon_2}{\Delta a}$ を計測し，薄い導電膜をもつ粒子を用いた実験では外殻の複素コンダクタンス $G = j\omega\varepsilon_2 \Delta a$ を計測する．

17.1.4　荷電球体の誘電泳動

　表面電荷をもたない球体の解析によって，電気二重層が薄い極限の比較的大きな（ある程度の導電性を有する）粒子のふるまいをよく推定できる．しかし，粒子が非導電性の場合や二重層が薄くない場合は，表面電荷の存在（とくに二重層）が，粒子の双極子に影響を与える．実際に，ナノ粒子の誘電泳動応答はつねに二重層の応答に支配される．

■固定表面電荷による応答

　自由電荷をもたない系（たとえば空間上に浮かぶ固体粒子）では，粒子表面に存在する均一な固定表面電荷は粒子の誘電泳動に直接に影響を与えない．例として，半径 a で表面電荷密度 q'' の粒子を考える．系が一様な直流または交流電場下にあるとき，粒子周りの電場は次式の追加定常項以外には変化しない．

$$\phi = \frac{a^2 q''}{\varepsilon r} \tag{17.38}$$

この項は単純に，原点における粒子の電荷 $4\pi a^2 q''$ により誘起された電位である．この

ように，固定電荷の存在は粒子の正味のクーロン力に影響するが，電場により誘起される双極子や誘電泳動応答には影響しない．

■電気二重層内の物性変化による応答

物体表面の電荷密度が一定だと双極子は変化しないが，水溶液では表面電荷密度は電気二重層の電荷とつりあうので，電気二重層内部のイオン分布が誘電泳動応答に影響を及ぼす．二重層が球対称で電気によるイオンの移動が実効電気伝導率で近似できるとき，二重層内のイオン濃度の影響を，粒子の実効双極子を求める一般的な多層殻モデルに組み込むことができる．また，二重層が薄いときは，17.1.3項で述べたように，導電率の増加や誘電率の低下を薄殻モデルで扱うことができる．この方法では**流体の対流**を無視し，二重層の実効導電率を用いて（対流輸送を含む）すべてのイオンの電気的な移動を表現している．対流により二重層が変化し，二重層内部の流体の物性が球対称から変化した場合（**図13.4**参照）には，球対称殻モデルでは粒子の実効双極子を求めることができない．また，このような場合に対応できるシンプルなモデルは存在しない．二重層の非対称性は低周波数（いわゆるアルファ緩和）の場合に起こる．アルファ緩和は，周期が十分に長いことにより粒子のどちらかの端部において相当量の帯電が起こり，この電荷が対流により静的な二重層の境界を越えて輸送される場合に発生する．また，13.3.3項では粒子の電気泳動応答の非線形性に由来する二重層の非対称性について議論した．この場合には，二重層が変形し反対向きの電場を生成することで，電気泳動応答が非線形になる．

17.1.5　非球体や非線形に変化する場での物体の誘電泳動

球形粒子の誘電泳動は実効双極子と誘電泳動力が容易に計算できるため，解析的に便利である．非球形物体では計算はより複雑になる．本項では，マクスウェル応力テンソルと多重極展開という2種類の一般的な手法について述べ，楕円体の誘電泳動の結果について紹介する．

■マクスウェル応力テンソルによる手法

不定形の無電荷粒子にはたらく誘電泳動力は，ラプラス方程式を解いて粒子内外の電位分布を求め，磁場がない場合に次式で与えられるマクスウェル応力テンソル $\vec{\vec{T}}$ を積分して求めることができる．

- 磁場がないときのマクスウェル応力テンソルの定義

$$\vec{\vec{T}} = \varepsilon \vec{E}\vec{E} - \frac{1}{2}\vec{\vec{\delta}}(\varepsilon \vec{E} \cdot \vec{E}) \tag{17.39}$$

412 第 17 章 粒子と液滴の操作：誘電泳動，磁気泳動，デジタルマイクロフルイディクス

力の計算には次式を用いる．

● 表面でのマクスウェル応力テンソルを用いた，囲まれた体積にはたらく力

$$\vec{F} = \int_S (\vec{\vec{T}} \cdot \hat{n}) dA \tag{17.40}$$

ここで，S は粒子表面，$\hat{n}$ は外向き単位法線ベクトルである．

$\vec{E}_{\text{ext}} = \vec{E}_0 \exp j\omega t$ で表される交流電場において，応力テンソルの時間平均は次のようになる．

$$\langle \vec{\vec{T}} \rangle = \frac{1}{4} \operatorname{Re}(\varepsilon) \left[(\vec{E}_0 \vec{E}_0^* + \vec{E}_0^* \vec{E}_0) - \left| \vec{E}_0 \right|^2 \vec{\vec{\delta}} \right] \tag{17.41}$$

ここで，$\vec{\vec{\delta}}$ は単位あるいは恒等テンソル，$\langle \cdots \rangle$ は時間平均，$*$（アスタリスク）は複素共役を表す．$\vec{E}_0$ は電場のフェーザである．

このマクスウェル応力テンソルによる手法はもっとも一般的だが，計算量が多いために，対象とする粒子に対して他の解析的手法が適用できない場合にのみ用いられる．

■多重極展開

多重極展開とは，一般に，変数分離で得られるラプラス方程式の解に対応して電場を $\frac{1}{r}$ 乗で展開することである（付録 F 参照）．近似解は展開部を切り捨てることで得られ，r が大きい場合には解は厳密となるが，r が小さい場合には解は有限の誤差をもつ．簡単な形状の場合には，少数の項で厳密な結果を得ることができる．たとえば，線形に変化する電場中の球の場合，一様電場の項と実効双極子の項のみから厳密な結果が得られる．多重極展開はつねに有限数の項で計算されるので，その点からするとこの計算はつねに（厳密な）マクスウェル応力テンソル表現の近似であるといえる．この手法は粒子形状が簡単で，しかし (a) 電場が粒子サイズと同程度の長さスケールで変化する，あるいは (b) 双極子モーメント（一般多重極展開の $n = 1$ の項）がゼロ（局所的な電場はゼロだが勾配はゼロではない場所など），のような場合に有用である．

一般形状の粒子は一般多重極展開で記述されなければならないが，軸対称電場内の軸対称粒子は軸対称ラプラス方程式に変数分離を適用して得られる**線形多極子**を用いて記述できる（F.1.1 項参照）．z 軸に沿った軸対称交流電場（$\vec{E} = E_0 \hat{z} \exp j\omega t$）中の球に適用するためにこれまでの線形変化する場の結果を一般化すると，実効複素多極子モーメントは次式となる．

$$\vec{p}_0^{(k)} = \frac{4\pi\varepsilon_{\text{m}} a^{2k+1}}{(k-1)!} K^{(k)} \left(\frac{\partial^{k-1}}{\partial z^{k-1}} E_0 \right)^2 \hat{z} \tag{17.42}$$

ここで，$K^{(k)}$ は次式のとおりである．

$$K^{(k)} = \frac{\varepsilon_{\mathrm{p}} - \varepsilon_{\mathrm{m}}}{k\varepsilon_{\mathrm{p}} + (k+1)\varepsilon_{\mathrm{m}}} \tag{17.43}$$

本章で述べた線形変化する電場の場合,多極子モーメントがゼロではないのは $k = 1$(双極子)項のみである.線形多極子に作用する力の時間平均は次式で与えられる.

$$\langle \vec{F} \rangle = \sum_{k=1}^{N} \langle \vec{F}_k \rangle = \sum_{k=1}^{N} \frac{2\pi\varepsilon_{\mathrm{m}} a^{2k+1}}{k!(k-1)!} \mathrm{Re}(K^{(k)}) \left(\frac{\partial^{k-1}}{\partial z^{k-1}} E_0 \right)^2 \hat{z} \tag{17.44}$$

この線形近似は,電場が粒子の長さスケールにおいて軸対称に近い場合には精度がよい.

■楕円体の誘電泳動

　一般に,分極した粒子の形状は粒子が生成する電場に影響を及ぼす.粒子形状が球形から遠ざかると,球形粒子を基にしている等価双極子の適用性が急激に低下する.長半径 a_1,短半径 a_2,a_3 の楕円体を考える.実効双極子モーメントは三つのベクトル成分をもつ.

$$p_{0,i} = 4\pi a_1 a_2 a_3 \varepsilon_{\mathrm{m}} f_{\mathrm{CM},i} E_{0,i} \tag{17.45}$$

各軸はそれぞれのクラウジウス–モソッティ係数をもち,

$$f_{\mathrm{CM},i} = \frac{\varepsilon_{\mathrm{p}} - \varepsilon_{\mathrm{m}}}{3[\varepsilon_{\mathrm{m}} + (\varepsilon_{\mathrm{p}} - \varepsilon_{\mathrm{m}})L_i]} \tag{17.46}$$

L_i は**脱分極係数**(depolarization factor)である(ℓ は積分のためのダミー変数).

$$L_i = \frac{a_1 a_2 a_3}{2} \int_0^\infty \frac{1}{(\ell + a_i^2)\sqrt{(\ell + a_1^2)(\ell + a_2^2)(\ell + a_3^2)}} d\ell \tag{17.47}$$

　この解析によって,楕円体の各軸に沿った3種の双極子モーメントが得られる.電場勾配が主軸と一致していない場合は,実効双極子によって,粒子主軸を回転させて電場と一致させるようなトルクが発生する.電場勾配が主軸と同方向の場合は,粒子にトルクは発生せず,誘電泳動力は主軸に沿った双極子モーメントで評価できる.

　$a_2 = a_3$ となる長楕円体では,長軸沿いの脱分極係数をより単純な式で表すことができる.

$$L_1 = \frac{a_2^2}{2a_1^2 e^3} \left[\ln\left(\frac{1+e}{1-e} \right) - 2e \right] \tag{17.48}$$

ここで,e は**離心率**であり,次式で表される.

$$e = \sqrt{1 - \frac{a_2^2}{a_1^2}} \tag{17.49}$$

この長楕円体は,棒状バクテリアのモデル化によく用いられる.

　式(5.39),(8.40),(17.45)を組み合わせることで,電場が長軸と平行な長楕円体の誘電泳動移動度が得られる.

- 長軸が電場に平行な長楕円体の誘電泳動移動度

$$\mu_{\text{DEP}} = \frac{a_2^2 \varepsilon_{\text{m}}}{16\eta e^3}\left[(1+e^2)\ln\left(\frac{1+e}{1-e}\right)-2e\right]\text{Re}\left[\frac{\underline{\varepsilon}_{\text{p}}-\underline{\varepsilon}_{\text{m}}}{\underline{\varepsilon}_{\text{m}}+(\underline{\varepsilon}_{\text{p}}-\underline{\varepsilon}_{\text{m}})L_1}\right] \quad (17.50)$$

17.1.6 非一様場や非等方的な位相場

17.1.2項で仮定したような一様で等方的な位相からなる調和電場を印加すると，Re($\underline{f_{\text{CM}}}$) に比例した力が粒子にはたらき，その力の空間分布は $\nabla(\vec{E}_0 \cdot \vec{E}_0)$ 項に起因する．このとき，粒子にはたらくトルクはゼロとなる．しかし，位相が異方性をもつ場合には，粒子にトルクがはたらく．この現象は，通常，**電気回転**（electrorotation, ROT）とよばれる．位相が異方性をもつ場合，すなわち，電場の異なるベクトル成分の位相が等しくない場合，その電場を回転分極，または**回転電場**（rotating electric field）とよぶ．図17.3に電気回転の電極配置を示す．

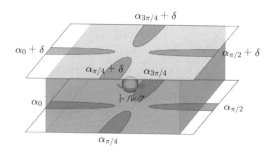

図17.3　電気回転で用いられる8極ケージ

位相が一様ではない場合，粒子は追加の力とトルクを受ける．進行波誘電泳動では，非一様位相により生じる力を利用する．図17.4に進行波誘電泳動に用いる櫛型電極アレイを示す．

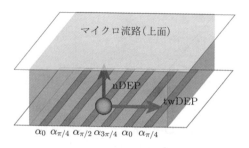

図17.4　進行波誘電泳動の櫛型電極アレイとその力

17.1 誘電泳動 415

電気回転と進行波誘電泳動ではどちらも，印加信号の位相が位置と電場成分の両方の関数として変化することを考慮する．したがって，印加電場の各成分 $i = 1, 2, 3$ は $E_{\text{ext},i}(\vec{r}) = E_{0,i}(\vec{r})\cos[\omega t + \alpha_i(\vec{r})]$ と表現される．それぞれの成分の解析的表現は $E_{\text{ext},i} = E_{0,i}\exp j[\omega t + \alpha_i(\vec{r})]$ である．各成分を $\underset{\sim}{E}_{0,i} = E_{0,i}\exp j\alpha_i$ と書くと，非一様性と異方性を表現する複素ベクトル量 $\underset{\sim}{\vec{E}}_0(\vec{r})$ が定義される．そうすると，印加電場は次式で表される．

$$\underset{\sim}{\vec{E}}_{\text{ext}} = \underset{\sim}{\vec{E}}_0 \exp j\omega t \qquad (17.51)$$

この式を式 (17.7) と比較すると，唯一の違いは実ベクトル $\vec{E}_0$ がフェーザ $\underset{\sim}{\vec{E}}_0$ で置き換えられているだけであることに気づく．非一様位相の効果の詳細については次項で述べる．

■電気回転 (electrorotation)

電気回転とは，回転電場内における物体の非同期回転のことで，誘起双極子が電場の位相から遅れがあるときに誘起双極子に作用するトルクによって発生する．誘起双極子にはたらく瞬間的なトルクは $\vec{T} = \vec{p} \times \vec{E}_{\text{ext}}$ で，その時間平均は $\langle \vec{p} \times \vec{E}_{\text{ext}} \rangle$ となる．一様な交流電場内における球形粒子の実効双極子の解析的表現は，以下のように与えられる．

$$\underset{\sim}{\vec{p}} = 4\pi\varepsilon_{\text{m}}\,\underset{\sim}{\vec{E}}_0\,\underset{\sim}{f}_{\text{CM}}\,a^3 \qquad (17.52)$$

G.3 節の指針を用いて外積の時間平均 $\langle \vec{p} \times \vec{E}_{\text{ext}} \rangle$ を評価すると，トルク $\vec{T}$ は次のように与えられる．

- 一様な回転電場において球形粒子に作用する時間平均トルク

$$\langle \vec{T} \rangle = -4\pi\varepsilon_{\text{m}}a^3\,\text{Im}(\underset{\sim}{f}_{\text{CM}})[\text{Re}(\underset{\sim}{\vec{E}}_0) \times \text{Im}(\underset{\sim}{\vec{E}}_0)] \qquad (17.53)$$

このトルクは $\text{Re}(\underset{\sim}{\vec{E}}_0) \times \text{Im}(\underset{\sim}{\vec{E}}_0)$ に比例し，また $\text{Im}(\underset{\sim}{f}_{\text{CM}})$ に比例する．ベクトル積 $\text{Re}(\underset{\sim}{\vec{E}}_0) \times \text{Im}(\underset{\sim}{\vec{E}}_0)$ は三つの成分をもち，これらは三つの軸周りに印加電場がどれだけ回転しているかを示す．したがって，位相が等方的な場合には $\text{Re}(\underset{\sim}{\vec{E}}_0)$ と $\text{Im}(\underset{\sim}{\vec{E}}_0)$ は同じ方向を向き，トルクはゼロとなる．虚数成分 $\text{Im}(\underset{\sim}{f}_{\text{CM}})$ は，印加電場から 90°位相がずれた双極子成分を表す．電場と同位相の双極子モーメントは，電場と同じ方向を向くためトルクを生まないが，位相が 90°ずれた双極子モーメントは，電場に垂直な方向を向くためトルクを生み出す．したがって，この外積はどの程度場が回転しているのかを定量化し，クラウジウス–モソッティ係数の虚数部分はトルクを発生させる実効双極子の位相遅れの程度を定量化する．

電気回転では，粒子の回転速度を電場の回転周波数の関数で計測するのが一般的である．この計測データは **ROT スペクトル**とよばれ，この計測手法は**電気回転分光法**とよばれる．クラウジウス–モソッティ係数の実部と虚部はクラマース–クローニッヒの関

416 第17章 粒子と液滴の操作：誘電泳動，磁気泳動，デジタルマイクロフルイディクス

係で関連づけられる[1]ため，ROTスペクトルから誘電泳動の実験に役立つ情報（そして反対に，実験からROTスペクトルの情報）を得ることができる．また，誘電泳動力がゼロになる場合に電気回転の強度が最大となる．

回転電場は，電極を四重極形状に配置し，それぞれの電極の位相を変化させる $\left(通常は\alpha = 0,\ \dfrac{\pi}{2},\ \pi,\ \dfrac{3\pi}{2}\right)$ ことで形成できる．また，2枚の平面4重電極アレイを向かい合わせて8極ケージ（**図17.3**）とすることでも形成できる．2枚の電極アレイを用いる実験系の多くで，一つの電極アレイへの信号をもう一方に対して数度程度オフセットすることで両電極アレイの信号に位相差を与えている．

■進行波誘電泳動（traveling-wave DEP）

位相の異方性のみによって粒子を回転させる電気回転とは異なり，進行波誘電泳動（twDEP）は位相の異方性および非一様性により粒子を動かす．印加電場が $\vec{E}_{\mathrm{ext}} = \vec{E}_0 \exp j\omega t$ である場合を考える（$\vec{E}_0$ は $E_{0,i}$ 項で構成されるベクトル，$\vec{E}_0$ は $E_{0,i} \exp j\alpha_i$ 項で構成されるベクトル）．この外部からの印加電場によって球に作用する時間平均の誘電泳動力は次式となる．

● 非一様で異方性をもつ位相中の時間平均誘電泳動力

$$\langle \vec{F}_{\mathrm{DEP}} \rangle = \pi a^3 \varepsilon_{\mathrm{m}} \operatorname{Re}(f_{\mathrm{CM}}) \nabla(\vec{E}_0 \cdot \vec{E}_0) - 2\pi a^3 \varepsilon_{\mathrm{m}} \operatorname{Im}(f_{\mathrm{CM}}) \nabla \times \operatorname{Re}(\vec{E}_0) \times \operatorname{Im}(\vec{E}_0)$$

(17.56)

この式の第1項は一様位相中の時間平均誘電泳動力と等しいため，通常の誘電泳動力は位相の異方性に感度をもたないことを示唆している．第2項は非一様電場位相が存在する場合にのみ現れる項である．最大の力が生成されるのは，一様位相の場合には，双極子モーメントと電場が**同位相**で電場勾配の2乗が大きいときであるが，空間的に位相が変化する場合には，双極子モーメントと電場の位相が90°ずれ，電場の実部と虚部の回転が大きいときである．

実験においては，マイクロ流路内にパターニングされた電極アレイにより進行波誘電泳動を誘起することが多い．電極アレイはそれぞれ独立して駆動し，これらの電極の位相を変化させて駆動力を誘起する $\left(たとえば，\ \alpha = 0,\ \dfrac{\pi}{4},\ \dfrac{\pi}{2},\ \dfrac{3\pi}{4},\ 0,...\right)$．電極アレイ

---

1) クラウジウス–モソッティ（CM）係数のクラマース–クローニッヒの関係は次式のようになる．

$$\operatorname{Re}[f_{\mathrm{CM}}(\omega)] = \frac{2}{\pi} \int_0^\infty \frac{\varpi \operatorname{Im}[f_{\mathrm{CM}}(\varpi)]}{\varpi^2 - \omega^2} d\varpi + \operatorname{Re}(f_{\mathrm{CM},\infty})$$

(17.54)

$$\operatorname{Im}[f_{\mathrm{CM}}(\omega)] = \frac{2}{\pi} \int_0^\infty \frac{\operatorname{Re}[f_{\mathrm{CM}}(\varpi)] - \operatorname{Re}(f_{\mathrm{CM},\infty})}{\varpi^2 - \omega^2} d\varpi + \operatorname{Re}(f_{\mathrm{CM},\infty})$$

(17.55)

$f_{\mathrm{CM},\infty}$ は $\omega \to \infty$ での複素クラウジウス–モソッティ係数の極限である．

は通常流れ方向に対して角度をつけて配置される．電極からの信号により（位相に関係なく）粒子は重力に対抗して流動中に浮遊し（負の誘電泳動），クラウジウス-モソッティ係数の虚数成分に従い，位相の変化により流動とは異なる（横）方向に移動する．

■電極形状

マイクロ加工された電極の使用は通常，非一様電場生成のもっとも実用的で容易な方法である．マイクロ加工技術には長い歴史があり，実装という観点において非常に柔軟性が高い．実際のアプリケーションでの主な制約は，電極の汚れと低周波数領域での電気分解である．また，場合によっては複雑な階層状のマイクロ加工を要するが，そのような加工ではコストおよび加工時間が増加する．

前述したとおり，周波数や位相に加えて電極の形状や向きを変えることで，誘電泳動による粒子の捕捉，分別，電気回転，進行波誘電泳動などの効果を得られる．ここではいくつかの電極形状と重要な実験パラメータについて説明する．

■櫛型電極アレイ

櫛型電極アレイは，誘電泳動の研究でよく用いられる電極形状である．接地と通電の2組が交互に配置された電極から構成される．電極アレイの領域に非一様電場が形成され，流れ中の粒子を捕捉する（図17.5）．

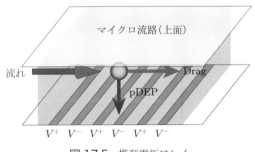

図17.5　櫛型電極アレイ

■城壁型電極アレイ

城壁型電極は櫛型電極と似ているが，電極が直線ではなく矩形波形状をしている．このパターンはたがいに平行に配置され，弱電場と強電場の領域を交互に形成する．対称型とオフセット型の城壁型電極を図17.6に示す．

418　第 17 章　粒子と液滴の操作：誘電泳動，磁気泳動，デジタルマイクロフルイディクス

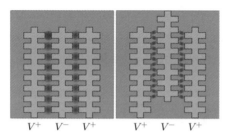

図 17.6　城壁・櫛型電極アレイ（左：対称型，右：オフセット型）

■粒子捕捉

電極を用いた誘電泳動トラップは，一般に一つの粒子を捕捉する設計となっている．このトラップでは，個別の粒子の刺激に対する応答や生体粒子の相互作用の観察を目的としている．このようなトラップに用いられる形状には，ポイント型，四重極ケージ型，リング–ドット型，「DEP マイクロウェル」型（図 17.7）などがある [217]．

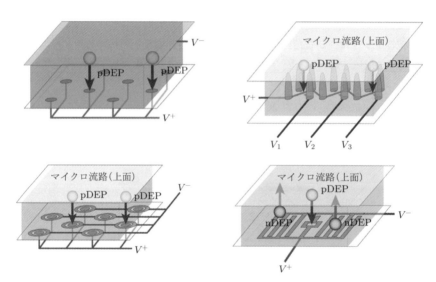

図 17.7　電極による誘電泳動を用いた粒子捕捉のための電極形状

■その他の形状

電場を形成するもっとも一般的な方法はパターン電極を用いることであるが，絶縁体のパターニングによってもまた電場を形成し，誘電泳動を用いた粒子操作をすることが可能である（図 17.8）．この手法は**絶縁体誘電泳動**（insulative dielectrophoresis）あるいは**無電極誘電泳動**（electrodeless dielectrophoresis）とよばれる．

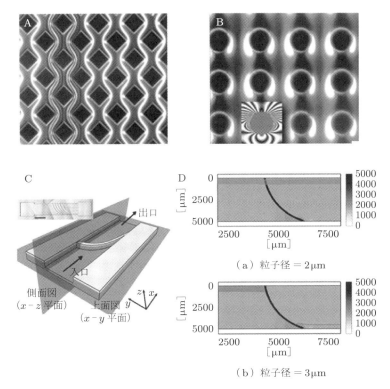

図17.8 (A) 絶縁誘電泳動を用いた柱アレイによる流動粒子の分離, または (B) 捕捉 [218]. (C), (D) 湾曲形状の流路縮小と絶縁誘電泳動を用いた 2 μm 粒子と 3 μm 粒子の分離 [219]

17.2 粒子の磁気泳動

磁気泳動 (magnetophoresis) は誘電泳動に類似しているが, 異物質間で見られる透磁率の大きな変化, 一般的な磁場実験で用いられるほとんどの材料で見られる磁場応答の非線形性, 磁場を発生させる実験ツールの違いなどにより, 実験的に起こる現象としては大きく異なる. マイクロシステムにおいて, 磁場の影響を受けて動くような物質は限られているため, 磁場は系内の特定の粒子や細胞, 試料の集団に力を作用させる優れた方法である.

17.2.1 物質の磁場の起源

古典的には, 物質内の磁場は電子の軌道回転によって誘起されると考えられ, これは環状の導線を流れる電流が形成する磁場と似ている. この古典的表現によって, 物質分類の違い (反磁性, 常磁性, 強磁性など) による差異を定性的に説明できるが, この物

420　第 17 章　粒子と液滴の操作：誘電泳動，磁気泳動，デジタルマイクロフルイディクス

性の違いがどのように分子構造に起因するのかは予測できない．この予測には量子力学的な記述が必要となる．

■反磁性（diamagnetism）

反磁性体とは，電子がすべて対になっている物質である．反磁性効果は，磁場によって引き起こされる電子の軌道運動の変化に起因する．このとき，磁場に対して双極子が逆向きに並ぶ．すなわち，透磁率の反磁性成分は負である．反磁性効果は，われわれの目的には無視できるほど小さい．

■常磁性（paramagnetism）

常磁性効果は電子が対になっていない物質で起こる．このとき，不対電子のスピン（とその結果生じる磁気モーメント）は外部磁場の向きにそろう．常磁性は，磁場に沿った向きに磁気双極子が固定されることを熱ゆらぎが阻害する場合に現れる[訳注1]．この場合，透磁率の常磁性成分は正の小さい値をとる．

■強磁性（ferromagnetism）

強磁性（ferromagnetism）は，不対電子をもつ物質内で，磁気双極子を磁場の向きに固定する力と比較して熱ゆらぎが小さい場合に見られる．この場合，透磁率の強磁性成分は正の大きい値をとる．磁石と，鉄などの磁石に引き寄せられる物質との間で唯一異なるのは，磁区（磁気双極子の集まり）の大きさである．すべての強磁性体は磁気双極子の向きがそろった磁区をもつが，鉄のような物質の磁区は小さくランダムな方向を向いているため，巨視的には正味の配向をもたない．一方，磁石は配向が恒久的な大きな磁区をもつ．

17.2.2　磁性の特性

磁性は電気と密接な関係にあり，方程式も類似しているが，両者の重要な違いのために，電気を利用したアプリケーションと磁気を利用したアプリケーションは異なる．電気は主として単極子（イオンなどの点電荷）と双極子（電場により分極した原子核と電子雲のような，ある距離離れた大きさが等しく符号が反対の電荷対）によって制御される．磁性は単極子をもたないため[訳注2]，主に双極子または分極効果によって制御される．したがって，電気は導電率と誘電率の両者により表現されるのに対し，磁気は透磁率の

訳注1）つまり，双極子の向きはそろわず，バラバラになる．
訳注2）磁気単極子は仮説上の素粒子として，現在も観測および創生が試みられている．

みで記述される．誘電率は物質間で異なるが，最小のもの（空気：1）から最大のもの（水：80）の差は最大で 80 倍程度である．一方，ほとんどの物質の透磁率は基本的には自由空間（真空）と等しいが，（鉄やニッケル，フェライトなど）一部の物質では透磁率が 3〜6 桁大きい（**表 17.1**）．このため，多くの物質は強力な磁力を受けないので，磁力を受ける特定の物質を工業的に利用することが比較的容易となる．マイクロシステムでは，磁場によって流れの特性に影響を与えることなく磁気ビーズを操作できる．これは，一般的には電気泳動や誘電泳動などの電気的な作用を利用した場合には実現できない．このために，磁気ビーズは，特定の領域や特定の粒子のみに力を作用させるために用いられる．

表 17.1　磁性体の物性

磁性	物質例	磁化率 χ_m（代表値）	B（印加磁場）と H（磁場）の関係	備考
反磁性	水	-1×10^{-5}	線形（χ_m 一定）	ヒステリシスなし
常磁性	アルミニウム	2×10^{-5}	線形（χ_m 一定）	ヒステリシスなし/キュリー温度以下でフェロ磁性
強磁性（フェロ磁性）	鉄	3×10^{3}	非線形（χ_m は B の関数）	ヒステリシスあり
強磁性（フェリ磁性）	$MnZn(Fe_2O_4)_2$	2.5×10^{-3}	非線形（χ_m は B の関数）	ヒステリシスあり

　次式に示すように，透磁率 μ_{mag} は物質の磁気的なふるまいを表現する．

$$\vec{B} = \mu_{mag,0}(\vec{M}+\vec{H}) = \mu_{mag,0}(1+\chi_m)\vec{H} = \mu_{mag}\vec{H} \tag{17.57}$$

ここで，$\vec{B}$ は印加磁場，$\vec{H}$ は誘起磁場，$\vec{M}$ はその物質に生じる磁化である．自由空間の透磁率 $\mu_{mag,0}$ は $4\pi\times10^{-7}$ H/m である[1]．その他の物質の透磁率は，物質の磁化率を χ_m として $\mu_{mag} = \mu_{mag,0}(1+\chi_m)$ で与えられる．ほとんどの物質の χ_m は 1 よりも小さいため，磁気の効果は小さい．したがって，フェロ磁性，反強磁性，フェリ磁性[訳注1]物質のみが系のなかで大きな磁気の影響を受ける．

■**飽和（saturation）**

　飽和は磁気泳動と誘電泳動とを差別化する重要な性質である．物質には飽和磁化があり（鉄の場合は 2.2 T），スピンが完全にそろった場合に飽和に達する．飽和を迎えると，

---

1) インダクタンスの単位は ヘンリー［H］であり，V s/A と等しい．

訳注1) フェリ磁性とは，内部に強磁性体と反強磁性体の部分を併せもつ磁性体であり，それぞれの部分の磁化の大きさに差があるために全体として磁化をもつ磁性のことである．広義には，フェロ磁性とフェリ磁性を合わせて強磁性とよぶ．

それ以上に磁場を強くしてもスピンや磁束密度は増加しない[1]．そのため，透磁率は磁場に依存する（図 17.9 (a) 参照）．**磁気的に軟らかい**（magnetically soft）物質では，$B–H$ 曲線[2]は非線形だがヒステリシスを示さない．**磁気的に硬い**（magnetically hard）物質では，非平衡状態が準安定であるため，図 17.9 (b) に示すように，$B–H$ 曲線がヒステリシスを示す．

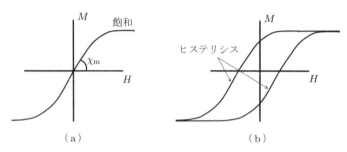

図 17.9　(a) ヒステリシスのない磁気的に**軟らかい**物質の飽和．これは磁気ビーズが示すような特性である超常磁性の典型例である．超常磁性は，強磁性物質の小磁区で見られることが多い．(b) ヒステリシスをもつ磁気的に硬い物質の飽和．長さスケールを大きくとった場合の鉄や磁鉄鉱（マグネタイト）に見られる（文献 [61] 参照）．

17.2.3　超常磁性ビーズの磁気物性

超常磁性ビーズは，ポリスチレン母材（直径約 1 μm）に，約 10 nm のフェロ磁性またはフェリ磁性粒子を質量分率で 15% 程度充填したものである．10 nm の粒子は超常磁性をもつ．超常磁性とは，外部磁場に強く応答するが，永久的な磁性はなく，ヒステリシスも示さない性質をいう．磁区が小さいため，ナノ粒子は素早く向きを変えて平衡に達し，フェロ磁性やフェリ磁性物質のような強力な作用をもたらすと同時に，ヒステリシスと永久的な磁性を示さない．

17.2.4　磁気泳動力

磁気泳動は，磁化と磁場勾配との相互作用によって起こる周囲流体に対しての物体の移動である．磁気泳動は粒子の誘電泳動と似ているが，典型的な実験条件で双極子の応答が非線形であることが異なる．

粒子にはたらく磁気泳動力 $\vec{F}_{\mathrm{mag}}$ は次式で与えられる．

$$\vec{F}_{\mathrm{mag}} = (\mu_{\mathrm{mag,m}} m_{\mathrm{eff}} \cdot \nabla) \vec{H} \tag{17.58}$$

---

[1] 磁性体に化学反応を起こさないような現実の磁場で飽和が起こるため，飽和は磁性にとって重要である．電場により配向した電気双極子も，5.1.4 項で述べたように，最終的には非線形になる．
[2] $M–H$ 曲線と等価である．

ここで，$\vec{H}$ は外部磁場，$\mu_{\mathrm{mag,m}}$ は媒質の透磁率，m_{eff} は磁場よって誘起される磁気双極子（磁化）である．この方程式は，表記としては異なるが物理的には式（17.26）に類似している．式（17.26）には誘電率が含まれていないが，ここでは透磁率を含んでいる．これは，磁気モーメントは慣習的に電気モーメントとは異なる定義がされているためである．

17.2.5　球体の直流磁気泳動―線形応答の極限

定常磁場と磁場に線形的に応答する粒子を仮定すると，磁気泳動は直流誘電泳動とよく似ている．直径 a の球形粒子では，平均磁気泳動力 $\vec{F}_{\mathrm{mag}}$ は次式で与えられる．

- 線形磁性体の直流磁気泳動力

$$\vec{F}_{\mathrm{mag}} = 2\pi\mu_{\mathrm{mag,m}}a^3\left(\frac{\mu_{\mathrm{mag,p}} - \mu_{\mathrm{mag,m}}}{\mu_{\mathrm{mag,p}} + 2\mu_{\mathrm{mag,m}}}\right)\nabla|\vec{H}|^2 \qquad (17.59)$$

これまでどおり，添え字 m と p はそれぞれ媒質と粒子を示す．ここで，クラウジウス－モソッティ係数では誘電率ではなく透磁率を用いている．また，直流磁場のみを考えているので，磁気クラウジウス－モソッティ係数は実数となる．フェライトまたはマグネタイトの含有率がおよそ 10 〜 15％である市販の粒子の実効磁化率 χ_{m} は 10^3 オーダーであり，印加磁場が $H = 5\times10^4\,\mathrm{A/m}$ 程度まで線形的に応答する．磁気系は非線形性をもつので，式（17.59）を用いた計算結果は概算となる．

17.3　デジタルマイクロフルイディクス

毛管現象と表面張力は，どのように流路が液体で満たされるか，どのように気泡がマイクロ流路内を移動するかを理解するうえで重要である．マイクロシステムの設計上，気液や液液の混相流は**デジタルマイクロフルイディクス**（digital microfluidics）とよばれるシステムに利用される．

デジタルマイクロフルイディクス [220, 221] は，通常は電極アレイ上での液滴の操作を意味する．**図17.10**にデバイスの例を示す．デジタルマイクロフルイディクスでは，個々の液滴の操作に誘電泳動やエレクトロウェッティングを利用する．本節ではこれらの現象の物理に焦点を当てる．

17.3.1　電気毛管現象とエレクトロウェッティング（電気濡れ）

電気毛管現象（electrocapillarity）とは，表面に電位が印加されて界面張力が変化する現象のことであり，この変化は表面の電気二重層内部の誘起電荷に起因する．また，電気毛管現象という言葉はリップマン電位計に由来する．リップマン電位計内部では，

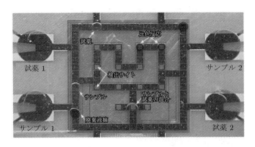

図 17.10 生体液を操作してグルコースのモニタリングを行う
デジタルマイクロフルイディクスのデバイス（文献 [220] より）.

水銀と電解質が入った容器に電位が印加されると毛管内の水銀–電解質界面の位置が変化するようになっている．電気毛管現象は通常，次式のリップマン方程式で記述される．

$$\gamma_w = \gamma - \frac{1}{2} C'' V^2 \tag{17.60}$$

ここで，γ_w は電場存在下での界面張力であり，γ は電場が存在しない場合の界面張力，C'' は単位面積あたりの界面キャパシタンス，V は界面における印加電位差である．式 (17.60) は電圧変化あたりの表面張力の変化が誘起表面電荷密度 $C''V$ に等しいという仮定と一致しており，静電容量式薄膜フィルムに電圧を印加した際のマクスウェル応力テンソルから見積もられる表面応力を計算することで導出できる（電場が存在することにより表面電荷が生まれ，この電荷に関連したギブス自由エネルギー項が生成される）．式 (17.60) は，一様表面上の一様な誘起電荷密度，および全電圧降下がバルクではなく界面の電気二重層内で起こることを仮定している．

電気毛管現象と誘電泳動は根本的には同じ現象，すなわち，電場を加えて誘起された表面電荷に関係した系の状態変化である．電気毛管現象は，形状が表面張力と表面電荷の変化を表すような，静的で変形可能な界面をもつ系（静的な液滴など）に利用し，誘電泳動は懸濁粒子のような，硬く移動可能な系に利用する．

界面に電場が存在する状況下での液滴の接触角の変化を表現する際には，**エレクトロウェッティング**（electrowetting）という用語が用いられる．マイクロ流体システムでは，通常，電極上に薄い誘電体層（スピンコーティングで成膜したテフロン AF など）を形成し，誘電体膜越しに電圧を印加して液滴接触角の変化（図 17.11，17.12）を観察することで電場の効果を調べる．静的なエレクトロウェッティングは，液滴界面にリップマン方程式を適用することで基礎的な記述ができる（一様表面電荷の仮定に起因する誤差は小さいことを前提とする）．これを接触角の形式に書き直すと，次式を得る．

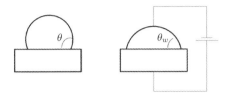

図 17.11 誘電体エレクトロウェッティング（electrowetting-on-dielectric：EWOD）

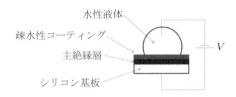

図 17.12 誘電体エレクトロウェッティングに用いる基板とコーティングの側面図

- エレクトロウェッティングによる接触角の変化

$$\cos\theta_w = \cos\theta + \frac{1}{2\gamma_{lg}}C''V^2 \tag{17.61}$$

ここで，θ_w は電場がある場合の接触角，θ は電場がない場合の接触角である．この式において，単位面積あたりのキャパシタンス C'' は誘電体層の特性を表している．また，電圧 V を与えているので，この式では主な電圧降下は誘電体層で生じることを仮定している．式 (17.61) は，液滴が接触する誘電体薄膜の上に一様な表面電荷が生成されているときの，液滴の静的接触角の変化を記述している．

式 (17.61) を用いてデジタルマイクロ流体デバイス内での液滴の圧力を定量的に予測できるが，この記述には重大な制約があり，実験データとも合わないため，ここではこの予測は行わない．まず，表面に沿った液滴の動きには**接触角のヒステリシス**（進行側と反対側で接触角が異なる現象）が見られ，静的な考察のみからでは液滴が移動する際の接触角の大きさは予測できない．さらに，均一表面電荷の仮定が三重点ではかなり不正確である．したがって，式 (17.61) は電圧印加によって静的接触角が変化する理由を定性的によく説明するが，液滴の動きを定量的に予測するには不十分である．

誘電体層をヘルムホルツキャパシタのようにモデル化すると，C'' は $C'' = \dfrac{\varepsilon}{w}$（$\varepsilon$ と w はそれぞれ誘電体の誘電率と厚さ）で与えられる．このことから，接触角は次のようにも書くことができる．

- エレクトロウェッティングによる接触角の変化（絶縁体層の物性を用いた表現）

$$\cos\theta_w = \cos\theta + \frac{\varepsilon}{2w\gamma_{lg}}V^2 \tag{17.62}$$

426　第 17 章　粒子と液滴の操作：誘電泳動，磁気泳動，デジタルマイクロフルイディクス

この式では，接触角の変化における絶縁体層の厚さと誘電率の影響を説明している．なお，この効果を応用して，電極アレイにより液滴表面に非一様な電荷分布を形成し，接触角に局所的な差をつけることによっても液滴を操作できる．

17.4　まとめ

本章では，誘電泳動や磁気泳動などの粒子を操作する手法と液滴を操作する手法（デジタルマイクロフルイディクス）についてまとめた．物体の誘電泳動の解析によると，無電荷の球形粒子に作用する時間平均力は次式で与えられる．

$$\langle \vec{F}_{\mathrm{DEP}} \rangle = \pi \varepsilon_m a^3 \, \mathrm{Re}(f_{\mathrm{CM}}) \nabla (\vec{E}_0 \cdot \vec{E}_0) \tag{17.63}$$

この式は，クラウジウス–モソッティ係数の実部が，誘電泳動力の大きさと向きを記述するうえで重要であることを示している．この導出の中心となるのはマクスウェル応力テンソルとマクスウェル等価体の考え方で，これにより粒子を双極子近似で記述できる．等方的で球対称の物体に対して，等価的な双極子の代数的記述を用いて非一様性を扱うことができる．電気二重層がない場合，荷電した球体や楕円体についての式の説明も示した．印加電場における位相の異方性と非一様性を利用した電気回転（ROT）と進行波誘電泳動（twDEP）についても，クラウジウス–モソッティ係数の虚数部分との関係に触れながら議論した．

類似の関係式は磁気泳動においても導出できる．しかし，磁気応答は物質の透磁率により大きく異なる．とくに，大きな磁気応答を示す物質はわずかしかなく，それらの物質は通常，非線形的な応答をし，実験によく用いられる程度の磁場で飽和する．そのため，線形的な応答を仮定した関係式は，定量性に欠ける．

デジタルマイクロフルイディクスは，液滴の操作に用いられるシステムである．これらのデバイスでは通常，電極アレイに電圧を印加して表面に非一様電場をつくり，液滴に力を加える．液滴の場合には，この力は接触角の変化として観察可能であり，この操作はエレクトロウェッティングの解析を用いて記述される．静的な場合，接触角は印加電圧に従って変化し，次式の関係を示す．

$$\cos \theta_w = \cos \theta + \frac{1}{2\gamma_{lg}} C'' V^2 \tag{17.64}$$

この式から，電圧の印加により接触角が減少することがわかる．

17.5 補足文献

粒子の電気力学に関する素晴らしい文献として，文献 [60, 61, 52, 222] をあげる．これらの文献では誘電泳動と電気回転について，粒子間相互作用，多重極解析の詳細，二重層の効果なども含めて詳細に議論されている．Jones [61] は誘電泳動だけでなく磁気泳動についても扱っており，Chang and Yeo [52] は誘電泳動における二重層の効果について詳細に議論している．誘電泳動は，誘起された表面電荷にも関係し，この点において第 16 章で述べた交流界面動電効果との類似性がある．しかし，誘電泳動の場合には，表面の帯電は（電熱効果のような）物性の空間勾配や（ICEO や ACEO のような）誘電体と導体の間の不連続性ではなく，誘電体における物性の不連続性によってもたらされる．

誘電泳動の解析では，マクスウェル応力テンソルから実効双極子まで，さまざまなレベルの解析のなかから用いるものを決定する必要があることが多い．実際の系では，解析解は数値的あるいは近似的なものである．誘電泳動に関する詳しい文献として，Wang ら [223, 224] はマクスウェル応力テンソル表現 [224, 225, 226, 227] から導かれる誘電泳動力とトルクの解析的な形式を示している．また，誘電泳動力と粒子軌道に関する数値シミュレーションと解法に関する文献 [225, 226, 227, 228, 229, 230, 231] もある．これらの結果は，粒子径が電場の空間的変化の代表長さスケールに（1 桁以内に）近くなる場合には，正確な解を見つけるためにはマクスウェル応力テンソルを積分しなければならないことを示している．多極子の記述は文献 [61, 232] に詳しく，いくつかの異なる形状についても詳細に検討されている [97, 226, 227, 233, 234, 235, 236, 237, 238]．本章では球対称の等方性物質に限定して話を進めたが，誘電泳動と電気回転は内部構造や組成に関する知見を得るために用いられてきた [236, 239, 240, 241, 242, 243, 244, 245, 246, 247, 248, 249, 250]．用いられる電極形状は櫛型電極 [251] や城壁型電極 [252, 253]，角度付き電極 [254, 255, 2] などである．

誘電泳動の応用は，「電気的表現型」に基づいた粒子の分別 [217] から物性を調べるための単一粒子の精密操作，人工組織や器官をつくるための新手法など幅広い．これまでに多くの誘電泳動による捕捉技術が用いられてきた．たとえば，細胞種の分離は文献 [1, 2, 216] に記載がある．細胞集団を用いて，有糸分裂の活性化 [256]，細胞周期 [257]，薬剤暴露 [258, 259]，細胞分化誘導 [223, 260]，細胞死 [215, 261, 262, 263, 264] などの生理学的な違いを識別している．複数周波数による手法は文献 [215, 265, 266] に紹介されている．「無電極」技術を用いた一連の研究では，電場の非一様性は流路形状の狭窄によって形成される [218, 219, 264]．これらの多くは連続流下での分離に適しており，文献 [267, 268, 269] では電極とともに実装されている．この連続流分離はポリスチレン球 [219, 270]，バクテリア [271]，酵母 [272]，哺乳類細胞 [257] に適用され

428   第 17 章　粒子と液滴の操作：誘電泳動，磁気泳動，デジタルマイクロフルイディクス

ている．　溶液中 [273, 274, 275] や光重合ゲル内 [276] において，誘電泳動電極アレイを用いて単一細胞の捕捉，分析，放出などの操作ができる．

　本章では，コロイド懸濁液中の二重層と粒子の物性の推測に利用できる誘電分光については触れていない．誘電分光の分野では，本章で取り上げたさまざまな現象が，異なる用語を用いて記述されている．たとえば，二重層の非対称性や流れによる低周波域から中程度の周波数域の誘電応答の変化（アルファ分散）やマクスウェル-ワグナー分極（ベータ分散）を表すために，アルファ緩和やベータ緩和という言葉が用いられる．

　Chang and Yeo [52] では EWOD 理論をその制約とともに示している．デジタルマイクロフルイディクスの例は文献 [221, 277] に示されている．

17.6　演習問題

17.1　永久双極子モーメントが 100 D のタンパク質を考える．このタンパク質が一端に正電荷を，他端に負電荷をもつとモデル化する．この永久双極子を説明するには，これらの電荷はどのくらい離れていないといけないか．

17.2　電荷 $q = e$ の原子核と電荷 $q = -e$ の電子雲で構成される水素原子を考える（e は電子電荷の大きさ）．原子核と電子雲それぞれを点電荷として扱う．x 方向に $E = 100$ V/cm の電場を印加すると，次式に示す原子核と電子雲の電荷により生じる電場が外部電場とつりあうまで，両者間の相対位置が変化する．このとき，与えられたパラメータを用いて距離の変化 Δx の式を導出し，その値を計算せよ．この変化は原子半径と比較して大きいだろうか，小さいだろうか．

$$E = \frac{q}{4\pi\varepsilon_0} \frac{1}{\Delta x^2} \tag{17.65}$$

17.3　ガウスの法則を用いてマクスウェル応力テンソルを導け．

17.4　半径 $a = 1$ μm のポリスチレンビーズが電解質溶液中に浮遊している．ポリスチレンの誘電率は約 $2\varepsilon_0$ で，導電率は 2 μS/cm である．同じ半径のシリカビーズ（$\varepsilon = 4\varepsilon_0$，$\sigma = 0.2$ μS/cm）も浮遊している．溶液は脱イオン水（$\varepsilon = 80\varepsilon_0$, $\sigma = 0.18$ μS/cm）である．$E_0 \cos \omega t$ に比例した空間的に変化する電場が印加される．ポリスチレンとシリカのクラウジウス-モソッティ係数の実部を求めて，ω の関数としてプロットせよ．両方の粒子が反対向きに力を感じる（一方は高電場領域へ向かって他方は低電場領域に向かう）ような周波数域は存在するか．その範囲はどのくらいか．

17.5　マイクロ流路内の電解質溶液中に浮遊している半径 $a = 1$ μm のポリスチレンビーズを考える．ポリスチレンの誘電率は約 $2\varepsilon_0$ で，導電率は 2 μS/cm である．溶液は脱イオン水（$\varepsilon = 80\varepsilon_0$，$\sigma = 0.18$ μS/cm）である．この条件で，この粒子の電気泳動移動度は $\mu_{EP} = 1 \times 10^{-8}$ m^2/(V s) である．

　マイクロ流路の断面形状が，流路（$x = 0$ から $x = L$）内の電位が $\phi = Ax^2$ を満たすよ

うに設計されていると仮定する．A が定数の場合，$x = \dfrac{L}{2}$ で粒子が停滞するための A の値を求めよ．

17.6 次式で表される，直流と交流の合成電場が粒子に印加されることを考える．

$$\vec{E} = \mathrm{Re}[\vec{E}_{\mathrm{DC}} + \vec{E}_{\mathrm{AC}} \exp(j\omega t)] \tag{17.66}$$

ここで，Re は実部を表す．直流，交流電場は同じ方向を向くと仮定し，$\alpha = \dfrac{\vec{E}_{\mathrm{AC}}}{\vec{E}_{\mathrm{DC}}}$ と定義する．

粒子と媒質のクラウジウス–モソッティ係数は直流（$f_{\mathrm{CM,DC}}$）と交流（$f_{\mathrm{CM,AC}}$）の両方で与えられるとする．

(a) 球に瞬間的に生じる実効双極子モーメントが次式で与えられる．

$$\vec{p}_{\mathrm{eff}} = \mathrm{Re}[4\pi\varepsilon_{\mathrm{m}} a^3 f_{\mathrm{CM}} \vec{E}] \tag{17.67}$$

このとき，直流オフセット交流電場における実効双極子モーメント $\vec{p}_{\mathrm{eff}}$ を α，クラウジウス–モソッティ係数，$\vec{E}_{\mathrm{DC}}$，ε_{m}，a を用いて導け．

(b) **瞬時の誘電泳動力を計算せよ**．ただし，$\vec{E}_{\mathrm{AC}}$ の純粋な交流電場で，**時間平均誘電泳動力**が次のように与えられるとする．

$$\langle \vec{F} \rangle = \pi\varepsilon_{\mathrm{m}} a^3 \mathrm{Re}[f_{\mathrm{CM}}] \nabla |\vec{E}_{\mathrm{AC}}|^2 \tag{17.68}$$

ここで求める瞬時の力には，二つのクラウジウス–モソッティ係数と時間依存項が関係するため，より複雑なものとなる．これを求めるためには，関係式は（ⅰ）非線形な三角関数をもたない，つまり $\cos^2$ または $\sin\cos$ を含む項がなく，（ⅱ）クラウジウス–モソッティ係数の実部と虚部が分離されている形式である必要がある．

(c) $f_{\mathrm{CM,DC}} = f_{\mathrm{CM,AC}}$ の場合，α，クラウジウス–モソッティ係数，$\vec{E}_{\mathrm{DC}}$，ε_{m}，a を用いて時間平均誘電泳動力を求めよ．

17.7 均一媒質で囲まれている，軸対称座標系の原点に位置する半径 a の均質固体球を考える．この球体は誘電率 ε_{p}，導電率 σ_{p} で，媒質のそれらは ε_{m}，σ_{m} とする．正弦波状の電場が印加され，その解析的表現は $\vec{E} = E_0 \hat{z} \exp j\omega t$ である．$\hat{z}$ は z 軸方向の単位ベクトルで，電場は $\vec{E}$ の実部（つまり $\vec{E} = E_0 \hat{z} \cos j\omega t$）で与えられる．この電位の解析的表現は $\phi(r, \theta, t) = \phi_0(r, \theta) \exp j\omega t$ と仮定する．この系においては，表面の正味の電荷はすべて電場によって誘起され，この電荷も正弦波状であるとする．

ラプラス方程式は球内部と球外部の媒質の支配方程式である．軸対称の球座標ではラプラス方程式は次のようになる．

$$\frac{\partial}{\partial r}\left(r^2 \frac{\partial}{\partial r}\phi_0\right) + \frac{1}{\sin\vartheta}\frac{\partial}{\partial \vartheta}\left(\sin\vartheta \frac{\partial}{\partial \vartheta}\phi_0\right) = 0 \tag{17.69}$$

この式の一般解は，ルジャンドル多項式を用いて書くことができる[1]．

---

1) これは，変数分離と直交関数の無限級数和による微分方程式の解法の古典的な例である．この解法は，デカルト座標系および円筒座標系におけるフーリエ関数およびベッセル関数の解法と類似しており，無限媒質中の誘電体球のルジャンドル多項式の解はほとんどの電気力学の書籍に載っている．

$$\phi_0(r,\vartheta) = \sum_{k=0}^{\infty}(A_k r^k + B_k r^{-k-1})P_k(\cos\vartheta) \tag{17.70}$$

ここで，ルジャンドル多項式 $P_k(x)$ は次のように与えられる．

$$P_k(x) = \frac{1}{2^k k!}\left(\frac{d}{dx}\right)^k (x^2-1)^k \tag{17.71}$$

とくに，$P_1(x) = x$ である．この問題ではこの項のみが必要であることを示すことができる．

境界条件は，以下のとおりである．

- $r = a$ で $\phi_{0,\mathrm{p}} = \phi_{0,\mathrm{m}}$
- $r = a$ で $\varepsilon_\mathrm{p}\dfrac{\partial \phi_{0,\mathrm{p}}}{\partial n} = \varepsilon_\mathrm{m}\dfrac{\partial \phi_{0,\mathrm{m}}}{\partial n}$
- $\phi_0(r=\infty) = -E_0 z = E_0 r\cos\vartheta$
- $\phi_0(r=0)$ は有界である

(a) 球内外での ϕ_0 を求めよ．f_CM を用いて両方の解を表せ．

(b) 球外側の電場が，（ⅰ）正弦波状に変化する印加電場と（ⅱ）原点にある，異なる位相で正弦変化する双極子モーメントが生成するのと等価な電場の合計として書けることを示せ．この双極子の大きさはいくらか．位相の遅れはどれだけか．

(c) 粒子と媒質の界面でガウスの法則を使って，界面の誘起電荷密度を計算せよ．

(d) 正弦変化する電場中にある球によって誘起される，時間的に変化する電位が与えられるとして，粒子サイズ，クラウジウス－モソッティ係数と他のパラメータを用いて誘電泳動力を表す式を導け．

17.8 物性値が ε_m と σ_m の均質媒質中に一様な電場 $\vec{E}_\mathrm{ext}$ が印加されているとき，半径 a で物性値が ε_p と σ_p の核が物性値 ε_m と σ_m の外殻で覆われて構成される半径 a_2 の粒子に誘起される双極子は，物性値が ε_p と σ_p，半径 a の粒子のそれと等しいことを示せ．

17.9 マイクロ流路内の粒子懸濁液の圧力駆動流を考える．図 17.13 に示すように，チャネルは二つの電極をもつ．この電極間に交流信号（V_1 および GND）が流れたとき，粒

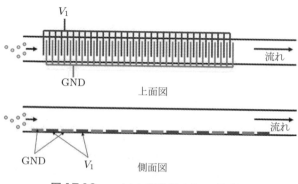

図 17.13 マイクロ流体デバイスの概念図

子には何が起こるか．この系を支配する物理現象は何か．この系のデバイス，流体，粒子を支配するパラメータを**詳細に**記述せよ．この系の性能を予測するためにはどのパラメータが既知でなければならないだろうか．また，以下を実現するためにはパラメータをどのように変更すればよいだろうか．

・粒子軌跡が電場の影響を受けない

・電場に対する粒子の応答を粒子種ごとに変化させる

・異種の粒子の分離

・粒子の捕捉および収集

17.10 x 方向に，大きさ $1 \times 10^4\,\mathrm{A/m}$，勾配 $1 \times 10^8\,\mathrm{A/m^2}$ の磁場が存在するとき，水中に懸濁されている $10\,\mu\mathrm{m}$ のアルミニウム粒子に作用する力を求めよ．

17.11 磁化率が 3 で応答がつねに線形的な，理想的な $10\,\mu\mathrm{m}$ の磁性粒子が磁化率ゼロの溶液中に懸濁されている．

(a) この懸濁液が，大きさ $1 \times 10^4\,\mathrm{A/m}$，勾配 $1 \times 10^8\,\mathrm{A/m^2}$ の x 方向の磁場中に置かれているとき，この粒子に作用する力を計算せよ．

(b) 磁石を用いて，(a) で求めた力を直径 $20\,\mu\mathrm{m}$ のマイクロ流路に作用させて粒子を流路壁面に捕捉し，粒子以外の溶液を排出する．この計算をするうえでは，磁場と磁場勾配は一様とみなすことができるとする．ここで，溶液が水，粒子がストークス粒子であるとして，沈降時間，すなわち流路内のすべての磁性粒子が壁面に引きつけられるまでに要する時間を求めよ．

17.12 粒子と媒質の磁化率が空間，磁場，磁場の履歴に依存しない極限では，式 (5.5) のガウスの磁気法則から式 (17.59) がどのように導かれるかを示せ．

17.13 粒子の磁化率は印加磁場によって変化するが，粒子内の磁場がほぼ一定となるため内部の磁化率は一定と考えられるような極限を考える．磁性粒子にはたらく力が飽和によってどのように影響を受けるかを示せ．

17.14 幾何学的な議論とヤング–ラプラスの式を用いて式 (17.61) を導け．

17.15 厚さ $50\,\mathrm{nm}$ のテフロン AF $\left(\dfrac{\varepsilon}{\varepsilon_0} = 2\right)$ 上での水の接触角が 120° で，空気と接する水の表面張力（気液界面張力）が $73\,\mathrm{mN/m}$ であるとき，接触角を 85° に低下させるのに必要な電圧を求めよ．

17.16 周波数 ω の一様な調和電場を粒子に印加する場合を考える．$\omega \to 0$ でクラウジウス–モソッティ係数が次式に近づくことを示せ．

$$f_{\mathrm{CM}} = \frac{\sigma_{\mathrm{p}} - \sigma_{\mathrm{m}}}{\sigma_{\mathrm{p}} + 2\sigma_{\mathrm{m}}} \tag{17.72}$$

17.17 周波数 ω の一様な調和電場を粒子に印加する場合を考える．$\omega \to \infty$ でクラウジウス–モソッティ係数が次式に近づくことを示せ．

$$f_{\mathrm{CM}} = \frac{\varepsilon_{\mathrm{p}} - \varepsilon_{\mathrm{m}}}{\varepsilon_{\mathrm{p}} + 2\varepsilon_{\mathrm{m}}} \tag{17.73}$$

432　第 17 章　粒子と液滴の操作：誘電泳動，磁気泳動，デジタルマイクロフルイディクス

17.18　$y = \pm 50\,\mu\text{m}$ に位置する 2 電極に $V_0 \cos \omega t$ $(V_0 = 1\,\text{V})$ の電位差を与え，$x = \pm 50\,\mu\text{m}$ に位置する 2 電極に $V_0 \sin \omega t$ の電位差を与える．原点の電場は $E_0 \sin \omega t \hat{\boldsymbol{x}} + E_0 \cos \omega t \hat{\boldsymbol{y}}$ $(E_0 = 100\,\text{V/cm})$ でよく近似されると仮定する．$\tilde{\vec{E}}_0$ を求め，この電場の $\text{Re}(\tilde{\vec{E}}_0) \times \text{Im}(\tilde{\vec{E}}_0)$ を計算せよ．$\text{Im}(\tilde{f}_{\text{CM}}) < 0$ のとき，原点での粒子の回転を定義する擬ベクトルの向きはどうなるか．

17.19　核と 1 層の外殻からなる球形粒子の実効誘電率の一般式は次式のようになる．

$$\varepsilon_{\text{p}} = \varepsilon_2 \left[\dfrac{\dfrac{a_2^3}{a_1^3} + 2\dfrac{\varepsilon_1 - \varepsilon_2}{\varepsilon_1 + 2\varepsilon_2}}{\dfrac{a_2^3}{a_1^3} - \dfrac{\varepsilon_1 - \varepsilon_2}{\varepsilon_1 + 2\varepsilon_2}} \right] \tag{17.74}$$

$\Delta a \ll a_2$ のときの実効誘電率を求めよ．

17.20　半径が a で一様な物性値 ε_{p} と σ_{p} をもつ球が，物性値が ε_{m} と σ_{m} の媒質中に置かれている．球の表面電荷が q''，印加電場が $\vec{E}_{\text{ext}} = E_0 \hat{\boldsymbol{z}} \cos \omega t$ のときの球の外側の電位が次式に示す項をもつことを示せ．

$$\phi = \frac{a^2 q''}{\varepsilon r} \tag{17.75}$$

17.21　$\varepsilon_{\text{p}} = 2.5\varepsilon_0$，$\sigma_{\text{p}} = 0.05\,\mu\text{S/cm}$ のポリスチレン粒子が，pH = 7 の 10 mM KCl 溶液中にあるときの界面電位が $-50\,\text{mV}$ であるとする．一様な調和電場を印加する．

電気二重層を，二重層内でのイオン濃度の増加による表面コンダクタンスをもつ導電膜としてモデル化せよ．電気浸透対流による表面コンダクタンスは無視し，二重層内部の電位分布を指数関数で近似して単純化せよ．表面導電率の考慮の有無によって，球に作用する誘電泳動力はどのように変わるか．

17.22　一様な調和電場を受ける球表面で $\vec{T} \cdot \hat{\boldsymbol{n}}$ を積分し，球が受ける力が次式で与えられることを示せ．

$$\vec{F} = \pi \varepsilon_{\text{m}} a^3 \nabla (\vec{E}_0 \cdot \vec{E}_0)(\text{Re}(\tilde{f}_{\text{CM}}) + \text{Re}(\tilde{f}_{\text{CM}}) \cos 2\,\omega t + \text{Im}(\tilde{f}_{\text{CM}}) \sin 2\,\omega t)$$

$$\tag{17.76}$$

17.23　物性値が ε_1 と σ_1 の核と，物性値が ε_2 と σ_2，厚さ Δa の薄い外殻で構成される半径 a_2 の球形粒子を考える（$\varepsilon_1 \ll \varepsilon_2$，$\sigma_1 \ll \sigma_2$）．この球を，幅が a_2 で物性値が核のそれと等しい中心部と，それを挟む二つの薄膜（厚さ Δa で物性値は外殻のものと等しい）からなる 1 次元形状で置き換え，この薄い外殻が粒子の実効的な物性値に及ぼす影響を見積もれ．電場は一様でその方向は形状に垂直であるとし，この系を並列な三つのキャパシタとしてモデル化せよ（一つは核，残りの二つは外殻）．ヘルムホルツキャパシタの関係式 $C = \dfrac{\varepsilon A}{d}$ を用いて，それぞれの構成部分および系全体のキャパシタンスを求めよ．また，全体のキャパシタンスと形状を用いて，系の実効誘電率が次式で表されることを示せ．

$$\varepsilon_{\text{p}} = \varepsilon_1 + 2\varepsilon_2 \frac{\Delta a}{a_2} \tag{17.77}$$

この形状は，導電性，または高誘電率の外殻をもつ球の近似に適している．このような球の場合，大部分において電気力線は外殻にほぼ平行となる．

17.24 物性値が ε_1 と σ_1 の核と，物性値が ε_2 と σ_2，厚さ Δa の薄い外殻で構成される半径 a_2 の球形粒子を考える（$\varepsilon_1 \gg \varepsilon_2$, $\sigma_1 \gg \sigma_2$）．この球を，幅が a_2 で物性値が核のそれと等しい中心部と，一つの薄膜（厚さ Δa で物性値は外殻のものと等しい）からなる 1 次元形状で置き換え，この薄い外殻が粒子の実効的な物性値に及ぼす影響を見積もれ．電場は一様でその方向は形状に垂直であるとし，この系を直列な二つのキャパシタとしてモデル化せよ（一つは核，もう一つは外殻）．ヘルムホルツキャパシタの関係式 $C = \dfrac{\varepsilon A}{d}$ を用いて，それぞれの構成部分および系全体のキャパシタンスを求めよ．また，全体のキャパシタンスと形状を用いて，系の実効誘電率が次式で表されることを示せ．

$$\varepsilon_{\mathrm{p}} = \frac{\varepsilon_1 \varepsilon_2}{\dfrac{\Delta a}{a_2} \varepsilon_1 + \varepsilon_2} \tag{17.78}$$

この形状は，絶縁性，または低誘電率の外殻をもつ球の近似に適している．このような球の場合，大部分において電気力線は外殻にほぼ垂直となる．

17.25 誘電率 ε_{m} の理想的な誘電体媒質中で，誘電率 ε_{p}, 半径 a の均一な球形粒子が原点に位置する場合を考える．z 軸に沿って原点から距離 z_q だけ離れた粒子外に点電荷 q が位置する．

この点電荷と媒質中のある点との距離を Δr と定義すると，（$r < z_q$ では） $\dfrac{1}{\Delta r}$ はルジャンドル多項式を用いて次式のように書ける．

$$\frac{1}{\Delta r} = \frac{1}{z_q} \sum_{k=0}^{\infty} \left(\frac{r}{z_q} \right)^k P_k(\cos \vartheta) \tag{17.79}$$

(a) 粒子内外の電場をルジャンドル多項式を用いて表せ．

(b) 多極子モーメントを $p^{(k)} = 4\pi\varepsilon_{\mathrm{m}} A_k$ と定義する（A_k は付録 F のルジャンドル多項式の係数）．$p^{(k)}$ を q, z_q, a と材料物性を用いて表せ．

(c) **原点において**，電場とその z に対する逐次偏微分を計算せよ．材料物性，q, z_q の関数として表せ．原点では，電場は次のようになり，

$$\vec{E} = - \left(\frac{q}{4\pi\varepsilon_{\mathrm{m}} z_q^2} \right) \hat{z} \tag{17.80}$$

導関数は次のようになるはずである．

$$\frac{\partial^k \vec{E}}{\partial z^k} = - \left(\frac{(k+1)! q}{4\pi\varepsilon_{\mathrm{m}} z_q^{k+2}} \right) \hat{z} \tag{17.81}$$

(d) 多極子モーメントを，材料物性，a, 電場とその原点における導関数を用いて表せ．すなわち，多極子モーメントが次式のようになることを示せ．

$$p^{(k)} = \frac{4\pi\varepsilon_{\mathrm{m}} K^{(k)} a^{2k+1}}{(k-1)!} \frac{\partial^{k-1} E_z}{\partial z^{k-1}} \tag{17.82}$$

434 第 17 章 粒子と液滴の操作：誘電泳動, 磁気泳動, デジタルマイクロフルイディクス

ここで, k 次の分極係数 $K^{(k)}$ は次のように書ける. E_z は電場の z 成分である.

$$K^{(k)} = \frac{\varepsilon_p - \varepsilon_m}{k\varepsilon_p + (k+1)\varepsilon_m} \tag{17.83}$$

(e) 理想的な誘電体媒質中の理想的な誘電体粒子の問題を考える. 双極子モーメント $p^{(1)}$ を求め, これが一様電場によって発生する双極子と等しくなることを示せ. また, 1 次の分極係数 $K^{(1)}$ を求め, これがクラウジウス－モソッティ係数と同一であることを示せ.

(f) $z = z_q$ において大きさが $q = q_0 \cos \omega t$ で振動する固定電荷をもつ, 複素誘電率 $\underline{\varepsilon}_m$ の媒質中にある複素誘電率 $\underline{\varepsilon}_p$ の粒子の多極子モーメント $\underline{p}^{(k)}$ と分極係数 $\underline{K}^{(k)}$ を帰納法によって求めよ.

17.26 均質な球形粒子の実効双極子モーメントに対して, 一様な直流電場を瞬時に印加した場合の過渡応答を調べることは示唆に富んでいる. 印加する電場が, $t < 0$ において $E_{\text{ext}} = 0$, $t \geq 0$ において $E_{\text{ext}} = E_0 \, \hat{\boldsymbol{z}}$ である場合, 実効双極子モーメントは次式で表される.

$$\vec{\boldsymbol{p}}(t) = 4\pi\varepsilon_m a^3 E_0 \, \hat{\boldsymbol{z}} \left\{ \left(\frac{\sigma_p - \sigma_m}{\sigma_p + 2\sigma_m} \right) \left[1 - \exp\left(-\frac{t}{\tau_{\text{MW}}} \right) \right] \right.$$
$$\left. + \left(\frac{\varepsilon_p - \varepsilon_m}{\varepsilon_p + 2\varepsilon_m} \right) \exp\left(-\frac{t}{\tau_{\text{MW}}} \right) \right\} \tag{17.84}$$

二つの極限, $t \ll \tau_{\text{MW}}$ および $t \gg \tau_{\text{MW}}$ において実効双極子を求めよ. ただし, $\tau_{\text{MW}} = \dfrac{\varepsilon_p + 2\varepsilon_m}{\sigma_p + 2\sigma_m}$ である.

付録 A

単位および基本的な定数

A.1 単位

重要な単位を表 A.1 にまとめる.

表 A.1　基本的な単位

量	単位	記号	その他の単位との関係
数	モル	mol	
質量	キログラム	kg	
長さ	メートル	m	$1\,\text{Å} = 1 \times 10^{-10}\,\text{m}$
時間	秒	s	
力	ニュートン	N	kg m/s^2
圧力（応力）	パスカル	Pa	N/m^2
エネルギー（仕事）	ジュール	J	N m, C V
電力	ワット	W	J/s, C A
温度	ケルビン	K	セ氏温度： $T\,[^\circ\text{C}] = T\,[\text{K}] + 273.15$
質量密度	キログラム毎立方メートル	kg/m^3	
流束密度	ミリモーラー毎秒毎平方メートル	$\text{mM/(s m}^2)$	$\text{mol/(s m}^5)$
電流（電荷流束）	アンペア	A	
電荷	クーロン	C	A s
電位差	ボルト	V	
電気抵抗	オーム	Ω	V/A, V s/C
電気抵抗率	オームメートル	Ω m	
電気コンダクタンス	ジーメンス	S	A/V, C/(V s)
導電率	ジーメンス毎メートル	S/m	
電場	ボルト毎メートル	V/m	
電流密度	アンペア毎平方メートル	A/m^2	
キャパシタンス	ファラッド	F	C/V
インダクタンス	ヘンリー	H	V s/A
磁束密度	ウェーバー	Wb	V s
モル濃度	ミリモーラー	mM	mol/m^3
規定度	ミリノーマル	mN	mol/m^3
オスモル濃度	ミリオスモル	mOsm	mol/m^3

436   付録 A   単位および基本的な定数

A.2   基本的な物理定数

重要な物理定数を**表 A.2** にまとめる.

表 A.2   基本的な定数

定数	値
D（デバイ）：双極子モーメントの単位	3.34×10^{-30} C m
ε_0：真空の誘電率	8.85×10^{-12} C/(V m)
$F = N_A e$：ファラデー定数	9.649×10^4 C/mol
k_B：ボルツマン定数	1.38×10^{-23} J/K
$\mu_{mag,0}$：真空の透磁率	$4\pi \times 10^{-7}$ H/m
N_A：アボガドロ定数	6.022×10^{23} mol^{-1}
e：電荷の大きさ	1.60×10^{-19} C
$R = N_A k_B$：一般気体定数	8.314 J/(mol K)

付録 B
電解質溶液の特性

マイクロデバイス内での電解質溶液の流動においては，電解質溶液そのものや，表面や緩衝液中の酸塩基の化学的状態を把握する必要がある．酸塩基の化学はほとんどの界面電荷と多くの一般的な物質の帯電状態を記述するので，マイクロ流体でよく見られる電場と流体力学の連成は流体力学と化学の連成にもつながる．界面での酸塩基反応は界面電荷にも影響し，したがって界面の電気浸透移動度にも影響を及ぼす．たとえば，水とDNAやタンパク質との酸塩基反応は，溶液中でのタンパク質とDNAの電気浸透移動度に影響する．

このため，本付録では水や電解質溶液の特性，そして関連する酸塩基の化学について記す．ここでは，溶液に関する用語，解離平衡を記述するヘンダーソン-ハッセルバルヒ方程式，ヘンダーソン-ハッセルバルヒ方程式による pK_a と酸解離の関係づけを扱い，室温の水における pH と pOH のシンプルな関係を水の解離方程式から導出する．この基本的な説明により，たとえば電気浸透移動度の pH 依存性が理解できる．

B.1 水の基本的物性

他の液体と比較して，水はいくつかの特殊な特性をもつユニークな分子である．水の重要な基本的物性を表 B.1 にまとめる．

表 B.1　液体の水の物性値

物性	値	温度 [°C]
D：自己拡散係数	2.27×10^{-9} m²/s	25 [278]
α：熱拡散率	14.6×10^{-7} m²/s	25 [279]
η：粘性係数	1.0 mPa s	20 [279]
	0.89 mPa s	25 [279]
p_w：双極子モーメント	2.95 D	27 [280]
四重極モーメント (xx, yy, zz)	$\begin{bmatrix} -4.27 \\ -7.99 \\ -5.94 \end{bmatrix}$ D Å	25 [281]

表 B.1 液体の水の物性値（つづき）

物性	値	温度 [°C]
八重極モーメント (xxz, yyz, zzz)	$\begin{bmatrix} -1.75 \\ -0.55 \\ -1.981 \end{bmatrix}$ D Å^2	25 [282]
ρ：密度	1000 kg/m^3	20 [279]
	997 kg/m^3	25 [279]
λ_B：ビエルム長	0.7 nm	25
$\varepsilon/\varepsilon_0$：誘電率	87.9	0 [283]
	78.4	25 [283]
	55.6	100 [283]

注）角括弧内の数字は参考文献番号．水分子の軸は図 B.1 で定義している．

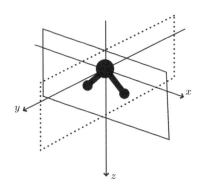

図 B.1　水分子内部構造の軸

B.2　水溶液と重要な物性

本書では，**水溶液**という用語は水に溶質が溶解した溶液のことを指す．**電解質溶液**は，溶液内の一部あるいはすべての溶質がイオン化されている溶液と定義し，**電解質**はイオン化された溶質を指す．電解質にはそれぞれ，モル濃度，規定度，価数などを含むさまざまな物性がある．モル濃度 c は，溶液 1 L あたりの溶質のモル数と定義され，モーラーまたは M を単位として表される．たとえば，1×10^{-1} L の溶液中に 1×10^{-3} mol が溶解している場合は，1×10^{-2} M または 10 mM である．1 mol は N_A すなわち 6.02×10^{23} 個の分子と等しい．L（リットル）は SI 単位ではないため（1 L = 1×10^{-3} m^3），M は **SI 単位ではない**[1]．物質の**規定度** N は，溶液 1 L あたりに得られる，あるいは失われる H$^+$ または OH$^-$ の数である[2]．つまり，1 M の H$_2$SO$_4$ は 2 N（H$_2$SO$_4$ 分子一つにつ

---
1) 濃度の SI 単位はモル毎立方メートルである．1 mol/m^3 = 1 mM．
2) 酸化剤や還元剤の場合には，この値は 1 L あたりに失う，または得る電子の指標にもなる．

き二つの H^+ イオンが解離する）である[1]．価数またはイオンの電荷数 z は，電気素量で正規化されたイオンの電荷を表す．たとえば，Na^+ の価数は 1 であり，SO_4^{2-} の価数は -2 である．溶液全体としては，次式で定義されるイオン強度 I_c がある．

$$I_c = \frac{1}{2}\sum_i c_i z_i^2 \tag{B.1}$$

ここで，i は個別の物質を示す．たとえば，2 M の KCl の場合，$I_c = 2$ M であり，2 M の $MgSO_4$ の場合，$I_c = 8$ M である．また，NaCl や $MgSO_4$ のような，アニオンとカチオンの電荷量が等しい電解質のことを**対称電解質**とよぶ．

第 11 章で述べたように，これらの溶質には拡散率，電気浸透移動度，モル伝導度などの移動に関する物性値がある．また，B.4 節で述べるように，これらの溶液は誘電泳動に関する物性値ももっている．

B.3 化学反応，速度定数，平衡

本書では反応速度の詳細には立ち入らないが，化学平衡状態を理解し，（壁面に位置していたり，バルク溶液中に懸濁されていたりするなどの）異なる状態にある物質を扱うために化学反応速度について議論する．これらの事柄は，表面電荷と動電輸送に影響を及ぼす．

化学反応には，反応速度定数とモル濃度で定義される反応速度がある．可逆反応の場合，これにより反応系の平衡を記述する定数を，次に示す一般的な酸の解離と再結合反応の式から定義できる（A は任意の物質）．

$$HA \xrightarrow{k_1} H^+ + A^- \tag{B.2}$$
$$H^+ + A^- \xrightarrow{k_{-1}} HA \tag{B.3}$$

式(B.2)の反応速度は $k_1[HA]$ であり，式(B.3)の反応速度は $k_{-1}[H^+][A^-]$ である（$[X]$ は物質 X のモル濃度を示す）．系が平衡にある場合にはこれら二つの速度は等しくなるはずなので，式(B.2)および式(B.3)の反応の平衡定数 K_{eq} すなわち**酸解離定数** K_a は次式で定義される．

$$K_{eq} = K_a = \frac{k_1}{k_{-1}} = \left.\frac{[H^+][A^-]}{[HA]}\right|_{equilibrium} \tag{B.4}$$

なお，K_{eq} は平衡定数を表す記号であり，あらゆる反応に用いることができるが，K_a

---

[1] 溶液濃度のその他の単位として，溶液 100 mL あたりの溶質の質量を表す質量パーセント濃度（% w/v），溶液 100 g あたりの溶質の質量を表す重量パーセント濃度（% w/w），溶媒 1 kg あたりの溶質のモル数を表す**モル濃度**，溶液中の全モル数に対する溶質のモル数の比であるモル分率，全溶質のモル濃度の合計であるオスモル濃度（ミリオスモルまたは mOsm）などがある．

は酸の解離定数なので，式(B.2)および式(B.3)の反応のように酸の解離を扱っている場合にのみ用いることができる．順反応と逆反応の反応速度係数の比をとると，あらゆる可逆反応の K_{eq} を求めることができる．

B.3.1 ヘンダーソン-ハッセルバルヒ方程式

すべての可逆反応に平衡定数が存在することを前提に，酸塩基反応の解析に有用な手法を構築できる．これらの反応は壁面および溶液の高分子の電荷を決定するので，マイクロ・ナノ流れにとって非常に重要である．

ヘンダーソン-ハッセルバルヒ方程式は，溶液の pH と酸解離定数 pK_a を酸が解離する度合い，および酸と共役塩基の両者の濃度を関係づける有用な式である．したがって，ヘンダーソン-ハッセルバルヒ方程式は，高分子と表面の電荷を予測するためのシンプルな定量的フレームワークとなる．酸解離反応において，平衡の式から次式のヘンダーソン-ハッセルバルヒ方程式を導出できる．

$$K_a = \frac{[\mathrm{H}^+][\mathrm{A}^-]}{[\mathrm{HA}]} \tag{B.5}$$

ここで，対数をとって $pK_a = -\log K_a$，$pH = -\log [\mathrm{H}^+]$ と定義すると，式(B.6)を得る．

- 理想的な溶液におけるヘンダーソン-ハッセルバルヒ方程式

$$\log \frac{[\mathrm{A}^-]}{[\mathrm{HA}]} = pH - pK_a \tag{B.6}$$

これが**ヘンダーソン-ハッセルバルヒ方程式**（Henderson–Hasselbalch equation）であり，この方程式を用いることで，弱酸の電離状態を反応の pK_a と溶液の pH から予測できる．弱酸の pK_a が既知の場合（いくつかの弱酸の pK_a を**表 B.2** に掲載する），イ

表 B.2 弱酸およびその pK_a

弱酸	pK_a
H_3PO_4	2.1
$H_2PO_4^-$	7.2
HPO_4^{2-}	12.3
$Tris^+$	8.3
$HEPES^+$	7.5
$TAPS^+$	8.4
ホウ酸塩	9.24
クエン酸塩	3.06
クエン酸塩	4.74
クエン酸塩	5.40
$ACES^+$	6.9
$PIPES^+$	6.8
酢酸	4.7

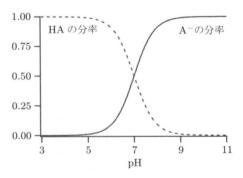

図 B.2 弱酸（HA）と共役塩基（A^-）の分子分率の pH 依存性（$pK_a = 7$ の反応の場合）

オン濃度をただちに計算できる．たとえば，溶液の pH が反応の pK_a と等しいとき，弱酸の 50% が解離している．また，pH がより酸性の（たとえば pH の値が pK_a よりも 1，2 低い）場合には，解離状態にある酸（A^-）の分率は（9%，0.9% に）減少する．反対に，pH がよりアルカリ性の（たとえば pH の値が pK_a よりも 1，2 高い）場合には，解離状態にある酸の分率は（91%，99% に）増加する．この計算結果を図 B.2 に示す．酸と塩基は，水に溶解して完全にイオン化した場合，つまり無限の解離定数をもつ場合に**強い**という言葉が用いられる．

例題 B.1　1 mmol の弱酸 HA を水に加えたところ，系の pH が 5.5 となった．この弱酸の pK_a を求めよ．

解　添加後の pH は 5.5 なので，$[H^+] = 1 \times 10^{-5.5}$ であることがわかり，したがって $[A^-] = 1 \times 10^{-5.5}$ である．ここから，$[HA] = 1 \times 10^{-3} - 1 \times 10^{-5.5}$ であることもわかる．これらの値を

$$\mathrm{p}K_a = \mathrm{pH} - \log \frac{[A^-]}{[HA]} \tag{B.7}$$

に代入すると，次式を得る．

$$\mathrm{p}K_a = 8.00 \tag{B.8}$$

B.3.2　共役酸と塩基，緩衝液

　酸と塩基にはさまざまな定義が用いられる．本書の目的にもっとも合致するのは，酸をプロトンを受け渡す物質，塩基をプロトンを受け取る物質と定義するブレンステッドの定義である．酸がプロトンを失うと，溶質はその**共役塩基**となり，塩基がプロトンを受け取ると，溶質は**共役酸**になる．

　緩衝液は弱酸とその共役塩基の混合物で構成されており，この名前は，溶液が含むこれらの成分により，溶液に H^+ や OH^- を加えても pH の変化が抑えられることに由来する．この緩衝作用は，H^+ や OH^- の添加に対して弱酸とその共役塩基の平衡関係が調整されることによってはたらく．したがって，このような系では H^+ や OH^- の添加は pH にあまり影響しないが，弱酸と共役塩基の相対濃度には大きく影響する．pH はイオンと表面の帯電状態を制御するので，電解質溶液に緩衝液を使用することで，溶液の動電現象（およびその流動特性）が通過電流などの外乱に影響されにくくなる．したがって，緩衝液は，動電駆動のマイクロ流体システムにおいて信頼性の高い結果を得るために非常に重要である．

442 付録 B 電解質溶液の特性

B.3.3 水のイオン化

水の酸解離方程式を書いて H^+ と OH^- を計算することで,次に示す pH と pOH のシンプルな関係を導くことができる.

$$H_2O \longleftrightarrow H^+ + OH^- \tag{B.9}$$

水溶液中のプロトンは H_3O^+ という形をとるが,ここでは H^+ と H_3O^+ は同義として用いる.この反応において,平衡定数は次式で与えられる.

$$K_{eq} = \frac{[H^+][OH^-]}{[H_2O]} \tag{B.10}$$

25℃の場合,$K_{eq} = 1.8 \times 10^{-16}$ mol/L となる.$[H_2O]$ が一定であると仮定すると,$[H_2O]$ は水の密度とモル質量から計算できるので,次式が導かれる(pOH は $[OH^-]$ の負の対数).

● 水の電離の式

$$pH + pOH \approx 14 \tag{B.11}$$

この関係式が室温の水溶液系における H^+ と OH^- の濃度を結び付け,pH = 7 で中性であることを定義している.

例題 B.2 分子質量 41.05 g/mol と密度 782 kg/m³ から,純アセトニトリルのモル濃度を求めよ.

解
$$[CH_3CN] = \frac{782\,g}{L}\,\frac{mol}{41.05\,g} = 19.0\,\frac{mol}{L} = 19.0\,M \tag{B.12}$$

B.3.4 難溶性塩の溶解度積

弱酸の解離がそうであったように,難溶性塩の解離もシンプルな溶解イオンの濃度の関係式で表される.塩の場合には,解離反応は次のように表される.

$$BA(s) \longleftrightarrow B^+(aq) + A^-(aq) \tag{B.13}$$

ここで,(s) は固体相,(aq) は水溶,つまり溶解相を表す.十分な量の固体があったとすると,固体相イオンの濃度は一定となり,平衡状態は**溶解度積** $K_{sp} = [B^+][A^-]$ で記述できる.この式は,次式のように濃度の負の対数で表されることが多い.

● 溶解度積の式

$$pA + pB \approx pK_{sp} \tag{B.14}$$

ここで,pA および pB はそれぞれ $[A^-]$ と $[B^+]$ の負の対数である.この関係式により,イオンの濃度と塩の基本的特性が関係づけられる.たとえば,AgI の室温での pK_{sp} は 16.5 である.

B.3.5 理想的な溶液の極限と活量

理想的な溶液とは，その内部で溶質が溶媒とのみ反応する（溶質間の相互作用が溶液の物性に影響しない）ような溶液を指す．理想的な溶液の極限において，イオンと分子の物性は濃度と無関係となる．しかし，現実の溶液では，有限の濃度によってある程度の溶質間相互作用が引き起こされる．これらの相互作用は溶質の化学反応に影響し，化学平衡における溶質の見かけのモル濃度を低下させる．そこで，活量 a を溶質の実効または見かけのモル濃度と定義する．実際の溶液中で化学平衡を調べる際には，これらの効果を考慮するために，濃度ではなく活量を用いる．

B.3.6 電気化学ポテンシャル

物質のモル化学ポテンシャル（または部分モルギブス自由エネルギー）[J/mol] は次式で定義される．

- モル化学ポテンシャルの定義

$$g_i = g_i^\circ + RT \ln \frac{a_i}{a_i^\circ} \tag{B.15}$$

ここで，g_i° は基準活量 a_i° における化学ポテンシャルである．理想的な溶液の場合は $a = c$ であり，活量の代わりに濃度を用いることができる．

静電ポテンシャル降下に関係する系と化学反応の平衡は，電気化学ポテンシャル $\overline{g_i}$ を用いて次式で定義される．

- 電気化学ポテンシャル

$$\overline{g_i} = g_i + z_i F\varphi = g_i^\circ + RT \ln \frac{a_i}{a_i^\circ} + z_i F\varphi \tag{B.16}$$

ここでも，希薄溶液の場合には $a = c$ である．化学ポテンシャルと電気化学ポテンシャルは，表面吸着や電場中のイオン分布を扱う場合に利用する．

B.4 溶質の効果

希薄溶液の極限において，加えた溶媒や溶解している溶質の効果は無視できる．しかし，これらの溶媒や溶質の濃度が上昇すると，これらの物性が無視できなくなる．第一近似として，これらの効果を線形化して微分特性として扱うことができる．

B.4.1 誘電率増加度

電解質の溶液は，純水とは異なる誘電率をもつ．この誘電率の差は，**誘電率増加度** $\dfrac{\partial \varepsilon}{\partial c}$ を用いて表されることが多い．誘電率増加度は，濃度の関数である誘電率をテイラー級数近似した際に次式のように一次の項に現れる．

$$\varepsilon(c) = \varepsilon(0) + c\frac{d\varepsilon}{dc} \tag{B.17}$$

表 B.3 にいくつかの溶質の誘電率増加度を掲載する．小さなイオンは水の誘電率を低

表 B.3　各種溶質の誘電率増加度

溶質	誘電率増加度 $\dfrac{\partial \varepsilon}{\partial c}$ $[\mathrm{M}^{-1}]$
Na^+	-8 [284]
K^+	-8 [284]
H^+	-17 [284]
Mg^{2+}	-24 [284]
Cl^-	-3 [284]
OH^-	-13 [284]
SO_4^{2-}	-7 [284]
グリシン	24 [62]
ラクトース	-8.2 [285]
スクロース	-8.2 [285]
トレハロース	-7.6 [285]
マルトース	-8.9 [285]
ソルビトール	-2.9 [285]
マンニトール	-2.5 [285]
イノシトール	-1.9 [285]
エタノール	-4.6 [286]
メタノール	-2.1 [286]
グリセリン	-1.9 [285]
グリシルグリシン	72 [62]
グリシルグリシルグリシン	126 [62]
シクロヘキシルアミノエタンスルホン酸（4.0＜pH＜6.3）	23 [67]
シクロヘキシルアミノプロパンスルホン酸（4＜pH＜7.4）	38 [67]
シクロヘキシルアミノブタンスルホン酸（4＜pH＜7.7）	68 [67]
トリメチルアンモニオプロパンスルホン酸（4＜pH＜10）	$42 \sim 52$ [66, 67]
トリエチルアンモニオエタンスルホン酸（4＜pH＜10）	42 [287]
トリエチルアンモニオプロパンスルホン酸（4＜pH＜10）	59 [287]
トリエチルアンモニオブタンスルホン酸（4＜pH＜10）	73 [287]

注）角括弧内の数字は参考文献番号．一般に，誘電率増加度の線形モデルは有限の濃度（通常 3 M が上限）に対してのみ適用可能．

下させる．両性イオン塩は，イオン化すると水よりも大きな永久双極子をもつので，誘電率を上昇させることが多い．表中の pH の範囲は，正と負のサイトが完全にイオン化される範囲を表している．その範囲の外側では，電荷が完全にイオン化されないので，誘電率増加度が減少する．同族，つまり分子の集団が似た構造をもっている場合は，電荷間距離が大きくなるほど双極子モーメントが大きくなることが見てとれる．たとえば，グリシルグリシルグリシンは三つの双極子が順番に並んでいるため，グリセリンよりも大きな双極子モーメントをもち，トリエチルアンモニオブタンスルホン酸は電荷（第4級アンモニウムとスルホン酸）間が C_4 鎖でつながっているので，その双極子モーメントは電荷間が C_2 鎖でつながっているトリエチルアンモニオエタンスルホン酸よりも大きい．双極子モーメントが大きいと誘電率も大きくなるので，誘電率増加度も正の大きな値をとる．これらの関係は比較的小さな鎖（2～6個の炭素鎖）ではたらく．それより長い距離では，分子は十分な柔軟性をもつので，正と負の電荷が輪を構成して結合し，双極子モーメントと誘電率増加度を減少させる．

■ **例題 B.3** 25℃ における以下の溶液の誘電率を求めよ．

1. 1 mM の NaCl
2. 10 mM の NaCl
3. 100 mM の NaCl
4. 1 M の NaCl

解 Na^+ の誘電率増加度は $-8\,M^{-1}$ であり，Cl^- の誘電率増加度は $-3\,M^{-1}$ である．したがって，NaCl の合計の効果は $-11\,M^{-1}$ となる．25℃の水の誘電率を 78.4 とすると，これらの溶液の誘電率は 78.4，78.3，77.3，67.4 となる．

B.5 まとめ

本付録では，マイクロデバイス内の電解質溶液の流れをモデル化するにあたって重要な反応は主に酸塩基反応であるとしてきた．はじめに，電解質溶液および酸塩基反応の平衡を記述するために必要な基礎的な用語の解説を加えた．重要な点として，式(B.18)に示す，酸と共役塩基の関係を記述するヘンダーソン–ハッセルバルヒ方程式と，式(B.19)に示す，室温の水の H^+ と OH^- の関係式について述べた．

$$\log \frac{[A^-]}{[HA]} = pH - pK_a \tag{B.18}$$

$$pH + pOH \simeq 14 \tag{B.19}$$

446 付録 B 電解質溶液の特性

B.6 補足文献

水の詳細な物性および本節で引用した値については文献 [62, 278, 279, 283, 284] を参照されたい. 溶液の物性値と酸塩基の化学について, Segel の教科書 [288] は多くの有用な定義, 練習問題や演習問題および解答が掲載されている素晴らしい本である. その文献には, ここでは紹介しなかった pK_a と活量のデータも記載されている.

B.7 演習問題

ここではすべて希薄溶液を想定する.

B.1 ヘンダーソン–ハッセルバルヒ方程式を, 酸解離および再結合の速度方程式から導出せよ.

B.2 室温における水の解離の K_{eq} が既知のとき, 式 (B.11) がおおよそ正しいことを示せ.

B.3 二つの別々の系を考える. 一つは 100 mL の純水で, もう一つは 100 mM の KH_2PO_4 および 100 mM の K_2HPO_4 を含む 100 mL の溶液である. それぞれの溶液に 1 N の HCl を 1 mL 加えた場合の溶液の pH を求めよ. この結果から, リン酸塩イオンの緩衝作用について何がいえるだろうか.

B.4 分子質量 32.04 g/mol と密度 791 kg/m^3 から, 純メタノールのモル濃度を求めよ.

B.5 以下の溶液の pH を求めよ.

(a) 1 M の HCl

(b) 0.02 M の H_2SO_4

(c) 10 mM の KOH

B.6 0.1 mol の弱酸 HA を純水に加えたところ, 系の pH が 2.2 となった. この弱酸の pK_a を求めよ.

B.7 1 mol の弱酸 HA を純水に加えたところ, 系の pH が 4.15 となった. この弱酸の pK_a を求めよ.

B.8 25 mmol の弱酸 HA を純水に加えたところ, 系の pH が 5.9 となった. この弱酸の pK_a を求めよ.

B.9 リン酸 H_3PO_4 は三つのプロトンをもち, pK_a の値が 2.1, 7.2, 12.3 のときに系統的に $H_2PO_4{}^-$, $HPO_4{}^{2-}$, $PO_4{}^{3-}$ に解離する. したがって, 以下の三つの平衡方程式が書ける.

$$H_3PO_4 \xleftarrow{\quad pK_{a1} \quad} H^+ + H_2PO_4{}^- \tag{B.20}$$

$$H_2PO_4{}^- \xleftarrow{\quad pK_{a2} \quad} H^+ + HPO_4{}^{2-} \tag{B.21}$$

$$HPO_4{}^{2-} \xleftarrow{\quad pK_{a3} \quad} H^+ + PO_4{}^{3-} \tag{B.22}$$

リン酸イオンが PO_4^{3-} の形で存在する場合，三つのプロトンが解離したといえる．HPO_4^{2-} の形の場合，二つのプロトンが解離したといえる．任意の pH において，統計的に四つのとりうる解離状態（つまりプロトンの平均数）がある．そこで，解離したプロトンの濃度を

$$3[PO_4^{3-}] + 2[HPO_4^{2-}] + [H_2PO_4^-] \tag{B.23}$$

と定義すると，リン酸イオンの（全形式の）合計濃度は次式で表される．

$$[PO_4^{3-}] + [HPO_4^{2-}] + [H_2PO_4^-] + [H_3PO_4] \tag{B.24}$$

pH の関数として，リン酸イオンあたりの平均解離プロトン数を計算し，グラフにプロットせよ．

付録 C
座標系とベクトル解析

　本付録では，座標系とベクトルおよびテンソル演算について，その表記法や，本編で議論されている内容を簡潔にまとめる．本書では，ナブラ（∇）と内積（$\cdot$）や外積（$\times$）などのベクトル演算を用いる記号表記法（ギブスの表記法）を使用している．また，問題を簡単にするいくつかの仮定，暗黙の了解をおいている．本書では支配方程式を用いて物理的な流動の連続領域を記述することを目的としているので，特異点や物理領域の外を除いて，流体の物性は微分可能で有界であるとしている．

C.1　座標系

　空間中の位置の記述に座標系を用いる．一般的な座標系には，以下の項で述べるデカルト座標系 (x, y, z)，円筒座標系 $(\imath, \theta, z)$，球座標系 (r, ϑ, φ) などがある（図 C.1）．

C.1.1　3次元座標系

　デカルト座標系においては，位置は x, y, z の三つの長さまたは $\hat{\boldsymbol{x}}, \hat{\boldsymbol{y}}, \hat{\boldsymbol{z}}$ の三つの**単位基底ベクトル**で表現される．円筒座標系においては，z 位置は同様の表現となるが，ある点の xy 平面への正射影を表現するために，半径方向の $\imath$ 軸と角度 θ（$0 < \theta < 2\pi$）を用いる．円筒座標系における単位基底ベクトルは $\hat{\boldsymbol{\imath}}, \hat{\boldsymbol{\theta}}, \hat{\boldsymbol{z}}$ と表される．単位ベクトルが固定されているデカルト座標系とは異なり，円筒座標系の単位ベクトルは位置に依存す

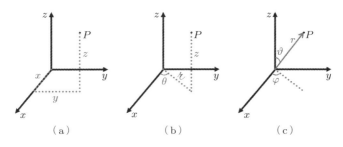

図 C.1　(a) デカルト座標系，(b) 円筒座標系，(c) 球座標系における点 P の位置

る．すなわち，$\hat{r}$と$\hat{\theta}$はθの関数であり，それぞれ次のように表される．

$$\hat{r} = \hat{x}\frac{x}{\sqrt{x^2+y^2}} + \hat{y}\frac{y}{\sqrt{x^2+y^2}} = \hat{x}\cos\theta + \hat{y}\sin\theta \tag{C.1}$$

$$\hat{\theta} = \hat{x}\frac{-y}{\sqrt{x^2+y^2}} + \hat{y}\frac{x}{\sqrt{x^2+y^2}} = -\hat{x}\sin\theta + \hat{y}\cos\theta \tag{C.2}$$

球座標系は，ある基準軸（通常はz軸の正方向．本書では場合によってx軸も使用している）を用いて記述される．球座標系では余緯度ϑ（$0<\vartheta<\pi$．基準軸から点への角度で定義される），方位角φ（$0<\varphi<2\pi$．正のx軸と，点のxy平面への正射影とがなす角度で定義される）と距離rを使用する．球座標系の単位基底ベクトルは$\hat{r}, \hat{\vartheta}, \hat{\varphi}$と表される[1]．これらすべての単位ベクトルは位置の関数であり，以下の式で表される．

$$\hat{r} = \hat{x}\sin\vartheta\cos\varphi + \hat{y}\sin\vartheta\sin\varphi + \hat{z}\cos\vartheta \tag{C.3}$$

$$\hat{r} = \hat{x}\frac{x}{\sqrt{x^2+y^2+z^2}} + \hat{y}\frac{y}{\sqrt{x^2+y^2+z^2}} + \hat{z}\frac{z}{\sqrt{x^2+y^2+z^2}} \tag{C.4}$$

$$\hat{\vartheta} = \hat{x}\cos\vartheta\cos\varphi + \hat{y}\cos\vartheta\sin\varphi - \hat{z}\sin\vartheta \tag{C.5}$$

$$\hat{\vartheta} = \hat{x}\frac{xz}{\sqrt{x^2+y^2}\sqrt{x^2+y^2+z^2}} + \hat{y}\frac{yz}{\sqrt{x^2+y^2}\sqrt{x^2+y^2+z^2}} - \hat{z}\frac{\sqrt{x^2+y^2}}{\sqrt{x^2+y^2+z^2}} \tag{C.6}$$

$$\hat{\varphi} = -\hat{x}\sin\vartheta\sin\varphi + \hat{y}\sin\vartheta\cos\varphi \tag{C.7}$$

$$\hat{\varphi} = \hat{x}\frac{-y}{\sqrt{x^2+y^2+z^2}} + \hat{y}\frac{x}{\sqrt{x^2+y^2+z^2}} \tag{C.8}$$

本書では，デカルト座標系，2次元円筒座標系，軸対称球座標系を使用している．そのため，方位角の記号φは，まったくとはいわないまでもほとんど用いない[2]．デカルト座標系は直角な座標系であり，各単位ベクトルが同じ長さで向きが位置によらない特別な場合である．この座標系を用いることにより，数学的な複雑さは大きく解消される．円筒座標系および球座標系は曲線座標系であり，より複雑になる．曲線座標系においては，各座標は異なる大きさや単位をもちうる．単位ベクトルと速度はみな同じ単位をもつが，その方向は位置の関数となる．

C.1.2　2次元座標系

3番目の次元が対称性をもつような物理現象においては，パラメータが変化する二つの次元のみを考慮した解析を行うことができる．デカルト座標系では，次元の一つ（通常はz次元）を無視して平面（通常はxy平面）のみを考える．円筒座標系では，平面

---

1) 球座標系に用いられる記号や余緯度と方位角の記述順は，著者によって大きく異なる．

2) φはほとんど使用しないので，本書ではφを電気二重層電位に使用している．

対称の場合は z 次元を無視して $r\theta$ 平面について考え，軸対称の場合には θ を無視して rz 平面について考える．軸対称な球座標系においては，方位角（φ）を無視して $r\vartheta$ 平面について考える．

C.2　ベクトル解析

　空間的な現象には必然的にベクトル表記が用いられることから，これらのパラメータの解析は本書で扱うすべての解析の中心的存在となる．本節ではスカラー，ベクトルやテンソルおよびそれらの量の演算について述べる．

C.2.1　スカラー，ベクトル，テンソル

　われわれはさまざまな特性の表現にスカラー，ベクトル，テンソルを用いる．**スカラー**は，大きさをもつが方向をもたない値のことを示す（たとえば圧力 p や温度 T）．スカラーは $3^0 = 1$ 個の値で表される．**ベクトル**は，大きさと方向の両方をもつ値のことを示す（たとえば速度 $\vec{u}$）．ベクトルは $3^1 = 3$ 個の値で表され，本書では触れないが，真のベクトルは方向余弦行列によって他の座標系に変換できる[1]．本書では，ベクトルとスカラーの区別には矢印を使用し，単位ベクトルにはハットを用いる．また，位置ベクトル，距離ベクトル，速度ベクトル，座標ベクトル，単位ベクトル，そしてベクトルの大きさを区別して用いる．たとえば，$\vec{r}$ は原点からの位置ベクトルであり，$\hat{r}$ はその方向の単位ベクトル，そして r は $\vec{r}$ の大きさを表す．これらは $\hat{r} = \dfrac{\vec{r}}{r}$ という関係にある．2 点間の距離ベクトルは $\vec{\Delta r}$ と表す．

　単位ベクトルを用いると，あるベクトル（たとえば速度ベクトル $\vec{u}$）はデカルト座標系，円筒座標系，球座標系においてそれぞれ以下の式で表される．

$$\vec{u} = \hat{x}\,u + \hat{y}\,v + \hat{z}\,w \tag{C.9}$$

$$\vec{u} = \hat{r}\,u_r + \hat{\theta}\,u_\theta + \hat{z}\,u_z \tag{C.10}$$

$$\vec{u} = \hat{r}\,u_r + \hat{\vartheta}\,u_\vartheta + \hat{\varphi}\,u_\varphi \tag{C.11}$$

　デカルト座標系のベクトルの成分は行列として表現できる．行列に似た計算によってデカルト座標系ベクトルの演算ができるため，行列表示は有用である．しかし，円筒座標系や球座標系においては，曲線座標系のベクトル演算は単純な行列計算とは対応しな

---

1) 三つの値により大きさと向きが表現されているもので，方向余弦行列により異なる座標系へ変換した際に正負が反転することがあるようなものを表現するために，**擬ベクトル**という用語を使用する．回転を記述する物性（渦度など）は，座標系の取り方によって正負が反転するので擬ベクトルである．

452   付録 C　座標系とベクトル解析

いため，行列表記は**適していない**.

デカルト座標系においては，たとえば次式のようにベクトルを行列表示すると有用である.

$$\vec{u} = [u \ \ v \ \ w] \tag{C.12}$$

■座標系の変換

　座標系を変換すると問題が扱いやすくなる場合がある．デカルト座標系とその他の座標系との間の変換はもっとも多く用いられる．円筒座標系への変換の場合，以下の式のようになる.

$$x = \imath \cos\theta \tag{C.13}$$
$$y = \imath \sin\theta \tag{C.14}$$
$$z = z \tag{C.15}$$

ここで，

$$\imath = \sqrt{x^2 + y^2} \tag{C.16}$$
$$\theta = \mathrm{atan2}(y, x) \tag{C.17}$$
$$z = z \tag{C.18}$$

である．atan2 は二つの引数をとる逆正接であり，（$0 \sim 2\pi$ の範囲で）y および x の符号および y/x の値に次式のように依存する.

$$\mathrm{atan2}(y,\ x) = \begin{cases} \tan^{-1}(y/x) & \text{if} \quad x > 0,\ y > 0 \\ \tan^{-1}(y/x) + \pi & \text{if} \qquad\quad x < 0 \\ \tan^{-1}(y/x) + 2\pi & \text{if} \quad x > 0,\ y < 0 \\ \pi/2 & \text{if} \quad x = 0,\ y > 0 \\ 3\pi/2 & \text{if} \quad x = 0,\ y < 0 \end{cases} \tag{C.19}$$

球座標系への変換の場合は以下の式のようになる.

$$x = r \sin\vartheta \cos\varphi \tag{C.20}$$
$$y = r \sin\vartheta \sin\varphi \tag{C.21}$$
$$z = r \cos\vartheta \tag{C.22}$$

ここで，

$$r = \sqrt{x^2 + y^2 + z^2} \tag{C.23}$$
$$\vartheta = \mathrm{atan2}\big(\sqrt{x^2 + y^2},\, z\big) \tag{C.24}$$
$$\varphi = \mathrm{atan2}(y, x) \tag{C.25}$$

である.

C.2 ベクトル解析　453

> **例題 C.1**　以下の位置ベクトルを変換せよ.
>
> 1. $(r, \theta, z) = (2, -1, -1)$ を円筒座標系からデカルト座標系に変換せよ.
> 2. $(r, \vartheta, \varphi) = (1, \pi, \pi)$ を球座標系からデカルト座標系に変換せよ.
> 3. $(x, y, z) = (1, 1, 1)$ をデカルト座標系から円筒座標系に変換せよ.
> 4. $(x, y, z) = (10, -5, 6)$ をデカルト座標系から球座標系に変換せよ.

解

1. $x = r \cos\theta = 1.08$, $y = r \sin\theta = 1.68$, $z = -1$

2. $x = r \sin\vartheta \cos\varphi = 0$, $y = r \sin\vartheta \sin\varphi = 1$, $z = r \cos\vartheta = 0$

3. $r = \sqrt{x^2 + y^2} = \sqrt{2}$, $\theta = \mathrm{atan2}\,(1, 1) = \dfrac{\pi}{4}$, $z = 1$

4. $r = \sqrt{x^2 + y^2 + z^2} = 12.69$, $\vartheta = \mathrm{atan2}(11.2, 6) = 1.08$, $\varphi = \mathrm{atan2}(-5, 10) = 5.82$

■速度ベクトルの大きさ

　本書において, 速度ベクトル $\vec{u}$ の大きさは絶対値表記を用いて $|\vec{u}|$ と表している. 速度の各成分はたがいに直交しており, 同じ単位をもっているため, 速度ベクトルの大きさの表現は通常用いる 3 座標系に共通となる. デカルト座標系における速度ベクトル $\vec{u} = \hat{\boldsymbol{x}}u + \hat{\boldsymbol{y}}v + \hat{\boldsymbol{z}}w$ の場合, その大きさはユークリッド・ノルムによって次式で与えられる.

$$|\vec{u}| = \sqrt{u^2 + v^2 + w^2} \tag{C.26}$$

円筒座標系における速度ベクトル $\vec{u} = \hat{\boldsymbol{r}}u_r + \hat{\boldsymbol{\theta}}u_\theta + \hat{\boldsymbol{z}}u_z$ の場合は, その大きさは次式で与えられる.

$$|\vec{u}| = \sqrt{u_r^2 + u_\theta^2 + u_z^2} \tag{C.27}$$

球座標系における速度ベクトル $\vec{u} = \hat{\boldsymbol{r}}u_r + \hat{\boldsymbol{\vartheta}}u_\vartheta + \hat{\boldsymbol{\varphi}}u_\varphi$ の場合は, その大きさは次式で与えられる.

$$|\vec{u}| = \sqrt{u_r^2 + u_\vartheta^2 + u_\varphi^2} \tag{C.28}$$

■位置ベクトルの長さ

　位置ベクトル $\vec{r}$ の長さも同様に, 絶対値表現を用いて $|\vec{r}|$ と表す. 各成分が時間あたりの長さという単位をもつ速度ベクトルとは異なり, 位置ベクトルはそれぞれ異なった単位をもつ成分を含みうる. たとえば, 軸 x, y, z, r, r は長さの単位をもつが, $\theta, \vartheta, \varphi$ は単位をもたない. このため, 位置ベクトルの長さの関係は座標系間で異なる.

　デカルト座標系における位置ベクトル $\vec{r} = (x, y, z)$ の場合, その大きさはユークリッド・ノルムによって次式で与えられる.

$$|\vec{r}| = \sqrt{x^2 + y^2 + z^2} \tag{C.29}$$

円筒座標系における位置ベクトル $\vec{r} = (r, \theta, z)$ の場合は, その大きさは次式で与えら

454 付録 C 座標系とベクトル解析

れる.

$$|\vec{r}| = \sqrt{\ell^2 + z^2} \tag{C.30}$$

球座標系における速度ベクトル $\vec{r} = (r, \vartheta, \varphi)$ の場合は,その大きさは次式で与えられる.

$$|\vec{r}| = r \tag{C.31}$$

例題 C.2 二つの粒子がある特定の位置にあり,ある特定の速度で移動しているとする.このとき,以下の条件 1 および 2 における (a) 2 粒子間の距離ベクトル,(b) 粒子 1 の速度に対する粒子 2 の相対速度を求めよ.

1. デカルト座標系.粒子 1:$(x, y, z) = (1, 0, 3)$,$(u, v, w) = (4, \pi, 6)$.粒子 2:$(x, y, z) = (2, \pi, -1)$,$(u, v, w) = (7, -\pi, 1)$.

2. 円筒座標系.粒子 1:$(\ell, \theta, z) = (1, 0, 3)$,$(u_\ell, u_\theta, u_z) = (4, \pi, 6)$.粒子 2:$(\ell, \theta, z) = (2, \pi, -1)$,$(u_\ell, u_\theta, u_z) = (7, -\pi, 1)$.

解

1. $(\Delta x, \Delta y, \Delta z) = (1, \pi, -4)$,$(\Delta u, \Delta v, \Delta w) = (3, -2\pi, -5)$.

2. デカルト座標系に変換する.変換後,粒子 1 の位置ベクトルは $(x, y, z) = (1, 0, 3)$,粒子 2 の位置ベクトルは $(x, y, z) = (-2, 0, -1)$ である.同様に,粒子 1,粒子 2 の速度ベクトルはそれぞれ $(u, v, w) = (4, \pi, 6)$,$(u, v, w) = (-7, \pi, 1)$ となるので,$(\Delta x, \Delta y, \Delta z) = (-3, 0, -4)$,$(\Delta u, \Delta v, \Delta w) = (-11, 0, -5)$ となる.これを再度円筒座標系に変換すると,$(\Delta \ell, \Delta \theta, \Delta z) = (3, \pi, -4)$,$(\Delta u_\ell, \Delta u_\theta, \Delta u_z) = (11, 0, -5)$ を得る.

■距離ベクトルの長さ

位置ベクトル $\vec{r}_1$ で表される点から位置ベクトル $\vec{r}_2$ で表される点への距離ベクトル $\vec{\Delta r}$ は $\vec{\Delta r} = \vec{r}_2 - \vec{r}_1$ と書かれる.デカルト座標系において,このベクトルの成分の値は,次式に表すように単純に位置ベクトルの各成分の差である.

$$\vec{\Delta r} = (x_2 - x_1, y_2 - y_1, z_2 - z_1) \tag{C.32}$$

また,このベクトルの長さはユークリッド・ノルムによって計算できる.円筒座標系や球座標系では通常,距離ベクトルの長さはデカルト座標系に変換してから計算する.

■テンソル

一般に,n 次テンソルや n 階テンソルは,n 方向余弦行列によって変換する 3^n 個の値の集合のことを指す.これらの値は大きさと n 個の向きをもつ.スカラーは 0 次テンソル(方向なし)であり,ベクトルは 1 次テンソル(1 方向)である.本書では,2 階を超えるテンソルは使用していないので,**テンソル**という用語は $3^2 = 9$ 個の成分を

もつ2階テンソルのことを指すこととする．2階のテンソルは，二つの方向成分をもつ，あるいは二つのベクトル間の関係性を表すと考えることができる．たとえば，速度勾配 $\nabla \vec{u}$ は，速度成分の方向とその勾配の方向という2方向の関数である値をもつ．本書ではテンソル，ベクトル，スカラーの区別には二重矢印と矢印を用いる（例：ひずみ速度テンソル $\vec{\vec{\varepsilon}}$，速度 $\vec{u}$，x 方向の速度の大きさ u）．また，ベクトルとテンソルは太字で表示している．

デカルト座標系において，テンソルの成分は行列形式での記述が有用である．たとえば，デカルト座標系におけるテンソルは，次式のように 3×3 行列として書かれる．

$$\nabla \vec{u} = \begin{pmatrix} \dfrac{\partial u}{\partial x} & \dfrac{\partial u}{\partial y} & \dfrac{\partial u}{\partial z} \\ \dfrac{\partial v}{\partial x} & \dfrac{\partial v}{\partial y} & \dfrac{\partial v}{\partial z} \\ \dfrac{\partial w}{\partial x} & \dfrac{\partial w}{\partial y} & \dfrac{\partial w}{\partial z} \end{pmatrix} \tag{C.33}$$

C.2.2 ベクトル演算

内積と外積は重要なベクトル演算である．これらの演算はスカラー積と類似しており，ベクトルの大きさの積に比例した値となるが，方向や，たがいのベクトルや座標系に対する向きに関する追加の情報をもたらす．

■内積

内積または2ベクトルのスカラー積は，二つのベクトルの長さとそのなす角の余弦（図 C.2）の積に等しいスカラーであり，次式で定義される．

$$\vec{A} \cdot \vec{B} = |\vec{A}||\vec{B}|\cos\alpha \tag{C.34}$$

ここで，α はベクトル $\vec{A}$ と $\vec{B}$ の間の角度である．内積は可換であり，$\vec{A} \cdot \vec{B} = \vec{B} \cdot \vec{A}$ が成り立つ．

位置ベクトルの場合には，座標系によって異なる単位をもつため，座標系ごとに内積

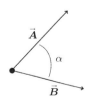

図 C.2　内積の計算に用いる α の定義

456 付録 C 座標系とベクトル解析

の定義をする必要がある．二つのデカルト位置座標 $\vec{A} = (x_1,\ y_1,\ z_1)$, $\vec{B} = (x_2,\ y_2,\ z_2)$ の場合，内積は次式で与えられる．

$$\vec{A} \cdot \vec{B} = x_1 x_2 + y_1 y_2 + z_1 z_2 \tag{C.35}$$

円筒位置座標 $\vec{A} = (t_1,\ \theta_1,\ z_1)$, $\vec{B} = (t_2,\ \theta_2,\ z_2)$ の場合は，内積は次式で与えられる．

$$\vec{A} \cdot \vec{B} = t_1 t_2 \cos(\theta_1 - \theta_2) + z_1 z_2 \tag{C.36}$$

球位置座標 $\vec{A} = (r_1,\ \vartheta_1,\ \varphi_1)$, $\vec{B} = (r_2,\ \vartheta_2,\ \varphi_2)$ の場合は，内積は次式で与えられる．

$$\vec{A} \cdot \vec{B} = r_1 r_2 \sin\varphi_1 \sin\varphi_2 \cos(\vartheta_1 - \vartheta_2) + \cos\varphi_1 \cos\varphi_2 \tag{C.37}$$

内積はいくつかの目的に使用される．重要な用途の一つとして，ベクトルの成分のうち，特定の方向を向いているものを求めることがあげられる．たとえば，検査体積の表面を通過する流束を計算することがよくあるが，その際にはいつも外向きの単位法線ベクトルとの内積を計算する．その実例が式 (1.19)，(1.26)，(5.9) である．

■デカルト座標系のベクトルとテンソルの行列表示

二つのデカルト座標系のベクトル $\vec{A} = (x_1,\ y_1,\ z_1)$ と $\vec{B} = (x_2,\ y_2,\ z_2)$ の内積は次式で表される．

● デカルト座標系のベクトルの行列表示

$$\begin{bmatrix} x_1 & y_1 & z_1 \end{bmatrix} \cdot \begin{bmatrix} x_2 & y_2 & z_2 \end{bmatrix} = x_1 x_2 + y_1 y_2 + z_1 z_2 \tag{C.38}$$

また，デカルト座標系のベクトル $\vec{u} = (u,\ v,\ w)$ とデカルト座標系のテンソル $\vec{\tau}$ の内積は次式で表される．

● デカルト座標系のベクトルの内積の行列表示

$$\begin{bmatrix} u & v & w \end{bmatrix} \cdot \begin{bmatrix} \tau_{xx} & \tau_{xy} & \tau_{xz} \\ \tau_{yx} & \tau_{yy} & \tau_{yz} \\ \tau_{zx} & \tau_{zy} & \tau_{zz} \end{bmatrix} = \begin{bmatrix} u\tau_{xx} + v\tau_{xy} + w\tau_{xz} \\ u\tau_{yx} + v\tau_{yy} + w\tau_{yz} \\ u\tau_{zx} + v\tau_{zy} + w\tau_{zz} \end{bmatrix} \tag{C.39}$$

本書で用いているデカルト座標系のベクトルおよびテンソルの行列形式の計算は，一般的な行列表示とは異なる．本書では，二つのベクトルの内積は次式で表し，ベクトルの各列どうしを乗算している．

$$\begin{bmatrix} x_1 & y_1 & z_1 \end{bmatrix} \cdot \begin{bmatrix} x_2 & y_2 & z_2 \end{bmatrix} = x_1 x_2 + y_1 y_2 + z_1 z_2 \tag{C.40}$$

反対に，通常の行列計算では列と行を乗算し，ドット記号（·）を使用しない．

$$\begin{bmatrix} x_1 & y_1 & z_1 \end{bmatrix} \begin{bmatrix} x_2 \\ y_2 \\ z_2 \end{bmatrix} = x_1 x_2 + y_1 y_2 + z_1 z_2 \tag{C.41}$$

この表記方法は，ベクトル計算と行列計算が同一ではなく，同一の規則に則っていないこと（たとえば，二つのベクトルの内積は可換であるが，行列計算はそうではない）を

強調するために採用している.

デカルト座標系のベクトルとテンソルの場合,ベクトル計算は行列形式の表記法を用いると容易になる.この手法は直角座標系**のみ**において有効であり,曲線座標系には通常適用できない.

座標系にかかわらず,ベクトルどうしの内積から得られるのはスカラーであり,ベクトルと 2 階のテンソルの内積から得られるのはベクトルである.

■外積

外積または 2 ベクトルのベクトル積は,二つのベクトルの長さとそのなす角の正弦(図 C.3)の積に大きさが等しい擬ベクトルであり,その向きは二つのベクトルでつくられる平面に直角である.外積は次式で定義される.

$$\vec{A} \times \vec{B} = \hat{n} |\vec{A}||\vec{B}| \sin \alpha \tag{C.42}$$

ここで,α は二つのベクトル間の角度であり,$\hat{n}$ は二つのベクトル $\vec{A}$ と $\vec{B}$ でつくられる平面に垂直な単位ベクトルである(向きは右手系により定義される).外積は可換ではなく,$\vec{A} \times \vec{B} = -\vec{B} \times \vec{A}$ が成り立つ.外積や,(トルク,渦度,角運動量のような)それに関連したベクトル計算から得られる値は「利き手」をもつ(座標系に右手系を用いるか左手系を用いるかで正負が反転する)ので,これらは**擬ベクトル**である.

図 C.3 外積の計算に用いる α と $\hat{n}$ の定義.$\hat{n}$ の方向は右手系で定義している

座標系によって異なる単位をもつため,外積の定義は座標系ごとに異なる.二つのデカルト座標系のベクトルが $\vec{A} = (x_1, y_1, z_1)$,$\vec{B} = (x_2, y_2, z_2)$ の場合,外積は次式で与えられる.

$$\vec{A} \times \vec{B} = \hat{x}(y_1 z_2 - y_2 z_1) + \hat{y}(x_2 z_1 - x_1 z_2) + \hat{z}(x_1 y_2 - x_2 y_1) \tag{C.43}$$

円筒座標系や球座標系の場合は,外積はデカルト座標系に変換してから計算する.

■デカルト座標系のベクトルの行列表示

デカルト座標系のテンソルの場合,二つのベクトルの外積は次式で表される.

458　付録C　座標系とベクトル解析

● デカルト座標系のベクトルの外積の行列表示

$$[a \ b \ c] \times [d \ e \ f] = \det \begin{bmatrix} \hat{\boldsymbol{x}} & \hat{\boldsymbol{y}} & \hat{\boldsymbol{z}} \\ a & b & c \\ d & e & f \end{bmatrix} \tag{C.44}$$

ここで，det は行列式（determinant）を表す．ベクトルどうしの外積から得られるのは，元の二つのベクトルのどちらとも直交する擬ベクトルである．

C.2.3　ナブラ演算子

記号 ∇ は**デル演算子**（del operator）または**ナブラ演算子**（nabla operator）とよばれる[1]．デル演算子は**ベクトル演算子**であり，**ベクトルではない**[2]．ベクトル演算子は，スカラー，ベクトル，またはテンソルの計算に用いられる．

ナブラで表される演算子には，勾配（∇），発散（$\nabla\cdot$），そして回転（$\nabla\times$）の3種類がある．とくにデカルト座標系において，発散と回転の表記は内積と外積の表記と類似している．勾配は，変化率が最大となる方向やその大きさを示す微分の方法である．速度場の発散と回転はそれぞれ，流れの膨張または収縮の程度および回転の程度を示す．

■勾配演算子

勾配（∇）は3次元の空間微分である．これにより，変化率が最大となる方向とその大きさが得られる．

スカラーの勾配は，スカラーの偏微分が最大となる方向を向いたベクトルであり，その方向の空間微分に等しい大きさをもつ．ベクトルの勾配は2階のテンソルであり，デカルト座標系においてはそれはベクトルの成分の勾配に相当するベクトルで構成されている．

■勾配演算子—デカルト座標系

デカルト座標系において，スカラー ϕ の勾配は次式で与えられる．

$$\nabla \phi = \hat{\boldsymbol{x}} \frac{\partial \phi}{\partial x} + \hat{\boldsymbol{y}} \frac{\partial \phi}{\partial y} + \hat{\boldsymbol{z}} \frac{\partial \phi}{\partial z} \tag{C.45}$$

---

[1] 著者によっては**デル**を演算子の名前として，**ナブラ**をその記号として用いている．

[2] これは，$\frac{\partial}{\partial x}$ のような偏微分演算子と似ている．$\frac{\partial}{\partial x}$ そのものは値をもたないが，$\frac{\partial}{\partial x}$ を何か，たとえば u に作用させると値をもつ $\frac{\partial u}{\partial x}$ を得る．同様に，ベクトル演算子はそれ自身の値をもたず，したがってベクトルではない．

C.2 ベクトル解析　459

■デカルト座標系の勾配の行列表示

デカルト座標系において，スカラー a の勾配は次式で与えられる.

● デカルト座標系のスカラーの勾配

$$\nabla a = \begin{bmatrix} \dfrac{\partial a}{\partial x} & \dfrac{\partial a}{\partial y} & \dfrac{\partial a}{\partial z} \end{bmatrix} \tag{C.46}$$

また，ベクトル (u, v, w) の勾配は次式で与えられる.

● デカルト座標系のベクトルの勾配

$$\nabla \vec{u} = \begin{bmatrix} \dfrac{\partial u}{\partial x} & \dfrac{\partial u}{\partial y} & \dfrac{\partial u}{\partial z} \\[2mm] \dfrac{\partial v}{\partial x} & \dfrac{\partial v}{\partial y} & \dfrac{\partial v}{\partial z} \\[2mm] \dfrac{\partial w}{\partial x} & \dfrac{\partial w}{\partial y} & \dfrac{\partial w}{\partial z} \end{bmatrix} \tag{C.47}$$

スカラーの勾配からはベクトルが得られ，ベクトルの勾配からは 2 階のテンソルが得られる. 勾配の単位は，計算するスカラーまたはベクトルの単位を長さで割ったものとなる.

■勾配演算子―円筒座標系

デカルト座標系は，x, y, z が同じ単位であり，前項の関係がそのまま適用できるので比較的理解しやすい. しかし円筒座標系では，θ は長さではなく角度である. これにより，ある半径 r において，ある角度 $d\theta$ だけ回転すると移動量は $r d\theta$ となる[1]. したがって，θ に関する微分は r に関する微分と係数 r の分だけ異なることになる. そのため，円筒座標系における勾配演算子の定義はデカルト座標系におけるそれとは異なる. 円筒座標系において，スカラー ϕ の勾配は次式で与えられる.

$$\nabla \phi = \hat{r} \frac{\partial \phi}{\partial r} + \hat{\theta} \frac{1}{r} \frac{\partial \phi}{\partial \theta} + \hat{z} \frac{\partial \phi}{\partial z} \tag{C.48}$$

■勾配演算子―球座標系

球座標系においては，r は長さの単位をもち，ϑ と φ は角度である. これにより，ある半径 r において，ある角度 $d\vartheta$ だけ回転すると移動量は $r d\vartheta$ となり，ある角度 $d\varphi$ だけ回転すると移動量は $r \sin\vartheta\, d\varphi$ となる. したがって，φ に関する微分は r に関する微分と係数 $r \sin\vartheta$ の分だけ異なることになる. そのため，球座標系におけるスカラー ϕ

---

[1] たとえば，真円上を一周する運動を考えると，$d\theta$ は 2π，移動距離は周長 $2\pi r$ と等しくなる.

460 付録 C　座標系とベクトル解析

の勾配は次式で与えられる.

$$\nabla \phi = \hat{r} \frac{\partial \phi}{\partial r} + \hat{\vartheta} \frac{1}{r} \frac{\partial \phi}{\partial \vartheta} + \hat{\varphi} \frac{1}{r \sin \vartheta} \frac{\partial \phi}{\partial \varphi} \tag{C.49}$$

■発散演算子

　ある物理量の流束密度を表現するベクトルが与えられたとき, ベクトルの発散 ($\nabla\cdot$) は空間中の 1 点におけるその物理量の正味の流束を表す. つまり, 速度ベクトル (体積流束密度) の発散を調べると, 空間中の 1 点における体積の正味の流束の有無を知ることができる. 非圧縮系の場合, これは質量が生成されたり消失したりしているかを調べることと同義である. 非圧縮系においては, 質量保存則から速度の発散がゼロとなることがわかる. ベクトル $\vec{A}$ の発散は次式で定義される.

$$\nabla \cdot \vec{A} = \lim_{\Delta \mathcal{V} \to 0} \frac{\int_S \vec{A} \cdot \hat{n} \, dA}{\Delta \mathcal{V}} \tag{C.50}$$

ここで, $\Delta \mathcal{V}$ は体積, S は表面積, dA はその表面における微小面積要素である. 単位ベクトル $\hat{n}$ の向きは表面外向きである. この定義より, 表面を通過するベクトルの流束の積分と発散の体積積分を関係づける**発散定理** (divergence theorem) が導かれる.

- 発散定理

$$\int_{\mathcal{V}} \nabla \cdot \vec{A} \, dv = \int_S \vec{A} \cdot \hat{n} \, dA \tag{C.51}$$

■発散演算子―デカルト座標系

　デカルト座標系においては, 速度ベクトル $\vec{u}$ の発散は次式で表される.

- デカルト座標系における発散演算子

$$\nabla \cdot \vec{u} = \frac{\partial u}{\partial x} + \frac{\partial v}{\partial y} + \frac{\partial w}{\partial z} \tag{C.52}$$

■発散演算子―円筒座標系

　勾配演算子の場合と同様に, 円筒座標系は異なる単位を含んでいるため, 発散もより複雑になる. 先ほどと同様に, $\frac{\partial}{\partial \theta}$ 項に係数 r を考慮しなければならない. また, $\frac{\partial}{\partial r}$ 項では r によって形状が変化することを考慮しなければならない. したがって, 円筒座標系における速度ベクトル $\vec{u}$ の発散は次式で表される.

- 円筒座標系における発散演算子

$$\nabla \cdot \vec{u} = \frac{1}{r}\frac{\partial}{\partial r}(r u_r) + \frac{1}{r}\frac{\partial u_\theta}{\partial \theta} + \frac{\partial u_z}{\partial z} \tag{C.53}$$

■発散演算子—球座標系

円筒座標系の場合と同様に，発散演算子の導関数項において r と θ による形状の変化があることを考慮しなければならない．したがって，球座標系における速度ベクトル $\vec{u}$ の発散は次式で表される．

- 球座標系における発散演算子

$$\nabla \cdot \vec{u} = \frac{1}{r^2}\frac{\partial}{\partial r}(r^2 u_r) + \frac{1}{r\sin\vartheta}\frac{\partial(u_\vartheta \sin\vartheta)}{\partial \vartheta} + \frac{1}{r\sin\vartheta}\frac{\partial u_\varphi}{\partial \varphi} \tag{C.54}$$

■回転演算子

速度ベクトルの回転（$\nabla\times$）は流体の回転の度合いを表す．ベクトル $\vec{A}$ の回転は次式で定義される．

$$\nabla \times \vec{A} = \hat{n}\lim_{\Delta S \to 0}\frac{\int_C \vec{A}\cdot\hat{t}\,ds}{\Delta S} \tag{C.55}$$

ここで，ΔS は表面積，C はその表面の外周，ds はその外周上の微小要素である．単位ベクトル $\hat{n}$ は，外周の経路に対して右手系で与えられる単位法線ベクトルであり，$\hat{t}$ は経路に沿った単位ベクトルである．この定義より，表面を通過するベクトルの回転の流束の積分とベクトルの外周に沿った積分を関係づける**ストークスの定理**（Stokes' theorem）が導かれる．

- ストークスの定理

$$\int_S (\nabla \times \vec{A})\cdot\hat{n}\,dA = \int_C \vec{A}\cdot\hat{t}\,ds \tag{C.56}$$

■回転演算子—デカルト座標系

デカルト座標系におけるベクトル $\vec{u}$ の回転 $\nabla\times\vec{u}$ は次式で与えられる．

- デカルト座標系における回転演算子

$$\nabla \times \vec{u} = \hat{x}\left[\frac{\partial w}{\partial y} - \frac{\partial v}{\partial z}\right] + \hat{y}\left[\frac{\partial u}{\partial z} - \frac{\partial w}{\partial x}\right] + \hat{z}\left[\frac{\partial v}{\partial x} - \frac{\partial u}{\partial y}\right] \tag{C.57}$$

462 付録C 座標系とベクトル解析

■デカルト座標系の回転の行列表示

デカルト座標系における回転は，次式の形式で書くこともできる．

● デカルト座標系における回転演算子

$$
\nabla \times \vec{u} = \det
\begin{bmatrix}
\hat{x} & \hat{y} & \hat{z} \\[4pt]
\dfrac{\partial}{\partial x} & \dfrac{\partial}{\partial y} & \dfrac{\partial}{\partial z} \\[8pt]
u & v & w
\end{bmatrix}
\tag{C.58}
$$

ここで，$\dfrac{\partial}{\partial x}$，$\dfrac{\partial}{\partial y}$，$\dfrac{\partial}{\partial z}$ は行列の3行目にある速度成分に対する微分操作を示す省略表現である．

■回転演算子―円筒座標系

円筒座標系におけるベクトル $\vec{u}$ の回転 $\nabla \times \vec{u}$ は次式で与えられる．

● 円筒座標系における回転演算子

$$
\nabla \times \vec{u} = \hat{r}\left[\frac{1}{r}\frac{\partial u_z}{\partial \theta} - \frac{\partial u_\theta}{\partial z}\right] + \hat{\theta}\left[\frac{\partial u_r}{\partial z} - \frac{\partial u_z}{\partial r}\right] + \hat{z}\left[\frac{1}{r}\left(\frac{\partial}{\partial r}(ru_\theta) - \frac{\partial u_r}{\partial \theta}\right)\right]
\tag{C.59}
$$

■回転演算子―球座標系

球座標系におけるベクトル $\vec{u}$ の回転 $\nabla \times \vec{u}$ は次式で与えられる．

● 球座標系における回転演算子

$$
\nabla \times \vec{u} = \hat{r}\left[\frac{1}{r\sin\vartheta}\left(\frac{\partial u_\varphi \sin\vartheta}{\partial \vartheta} - \frac{\partial u_\vartheta}{\partial \varphi}\right)\right]
$$

$$
+ \hat{\vartheta}\left[\frac{1}{r}\left(\frac{1}{\sin\vartheta}\frac{\partial u_r}{\partial \varphi} - \frac{\partial(ru_\varphi)}{\partial r}\right)\right] + \hat{\varphi}\left[\frac{1}{r}\left(\frac{\partial}{\partial r}(ru_\vartheta) - \frac{\partial u_r}{\partial \vartheta}\right)\right]
\tag{C.60}
$$

■ラプラス演算子

スカラーのラプラス演算子またはラプラシアン（∇^2）は，空間内のスカラー分布の指標となるスカラーの一つである．スカラー ϕ のラプラシアンは次式で定義される．

$$
\nabla^2 \phi = \nabla \cdot \nabla \phi
\tag{C.61}
$$

ベクトルのラプラシアンはベクトル量であり，スカラーと同様に次式のように計算できる．

$$
\nabla^2 \vec{u} = \nabla \cdot \nabla \vec{u}
\tag{C.62}
$$

C.2 ベクトル解析 463

■ラプラス演算子―デカルト座標系

デカルト座標系におけるスカラーのラプラシアンは，各座標に対するスカラーの2階微分の合計であり，次式で表される.

$$\nabla^2\phi = \frac{\partial^2\phi}{\partial x^2} + \frac{\partial^2\phi}{\partial y^2} + \frac{\partial^2\phi}{\partial z^2} \tag{C.63}$$

デカルト座標系では，ベクトル $\vec{u}$ のラプラシアン $\nabla^2\vec{u}$ の成分は，次式のようにベクトル成分のラプラシアンで与えられる.

$$\begin{aligned}
\nabla^2\vec{u} = \ &\hat{\boldsymbol{x}}\left(\frac{\partial^2 u}{\partial x^2} + \frac{\partial^2 u}{\partial y^2} + \frac{\partial^2 u}{\partial z^2}\right) \\
&+ \hat{\boldsymbol{y}}\left(\frac{\partial^2 v}{\partial x^2} + \frac{\partial^2 v}{\partial y^2} + \frac{\partial^2 v}{\partial z^2}\right) \\
&+ \hat{\boldsymbol{z}}\left(\frac{\partial^2 w}{\partial x^2} + \frac{\partial^2 w}{\partial y^2} + \frac{\partial^2 w}{\partial z^2}\right)
\end{aligned} \tag{C.64}$$

■ラプラス演算子―円筒座標系

円筒座標系におけるスカラーのラプラシアンは，次式で与えられる.

$$\nabla^2\phi = \frac{1}{r}\frac{\partial}{\partial r}r\frac{\partial\phi}{\partial r} + \frac{1}{r^2}\frac{\partial^2\phi}{\partial\theta^2} + \frac{\partial^2\phi}{\partial z^2} \tag{C.65}$$

残念ながら，曲線座標系におけるベクトルのラプラシアンは，ベクトル成分のラプラシアンの足し合わせでは与えられない.円筒座標系におけるベクトル $\vec{u}$ のラプラシアン $\nabla^2\vec{u}$ は，次式で与えられる.

- 円筒座標系におけるベクトルのラプラシアン

$$\begin{aligned}
\nabla^2\vec{u} = \ &\hat{\boldsymbol{r}}\left\{\frac{\partial}{\partial r}\left[\frac{1}{r}\frac{\partial}{\partial r}(ru_r)\right] + \frac{1}{r^2}\frac{\partial^2 u_r}{\partial\theta^2} + \frac{\partial^2 u_r}{\partial z^2} - \frac{2}{r^2}\frac{\partial u_\theta}{\partial\theta}\right\} \\
&+ \hat{\boldsymbol{\theta}}\left\{\frac{\partial}{\partial r}\left[\frac{1}{r}\frac{\partial}{\partial r}(ru_\theta)\right] + \frac{1}{r^2}\frac{\partial^2 u_\theta}{\partial\theta^2} + \frac{\partial^2 u_\theta}{\partial z^2} + \frac{2}{r^2}\frac{\partial u_r}{\partial\theta}\right\} \\
&+ \hat{\boldsymbol{z}}\left\{\frac{1}{r}\frac{\partial}{\partial r}\left(r\frac{\partial u_z}{\partial r}\right) + \frac{1}{r^2}\frac{\partial^2 u_z}{\partial\theta^2} + \frac{\partial^2 u_z}{\partial z^2}\right\}
\end{aligned} \tag{C.66}$$

■ラプラス演算子―球座標系

球座標系におけるスカラー ϕ のラプラシアン $\nabla^2\phi$ は次式で与えられる.

464 付録 C 座標系とベクトル解析

- 球座標系におけるスカラーのラプラシアン

$$\nabla^2 \phi = \frac{1}{r^2}\frac{\partial}{\partial r}r^2\frac{\partial \phi}{\partial r} + \frac{1}{r^2\sin\vartheta}\frac{\partial}{\partial\vartheta}\left(\sin\vartheta\frac{\partial\phi}{\partial\vartheta}\right) + \frac{1}{r^2\sin^2\vartheta}\frac{\partial^2\phi}{\partial\varphi^2} \tag{C.67}$$

球座標系におけるベクトル $\vec{u}$ のラプラシアンは次式で与えられる.

- 球座標系におけるベクトルのラプラシアン

$$\begin{aligned}
\nabla^2\vec{u} = \hat{\boldsymbol{r}}&\left\{\frac{1}{r^2}\frac{\partial}{\partial r}\left(r^2\frac{\partial u_r}{\partial r}\right) + \frac{1}{r^2\sin\vartheta}\frac{\partial}{\partial\vartheta}\left(\sin\vartheta\frac{\partial u_r}{\partial\vartheta}\right) + \frac{1}{r^2\sin^2\vartheta}\frac{\partial^2 u_r}{\partial\varphi^2}\right.\\
&\left. - \frac{2}{r^2}\left(u_r + \frac{\partial u_\vartheta}{\partial\vartheta} + u_\vartheta\cot\vartheta\right) + \frac{2}{r^2\sin\vartheta}\frac{\partial u_\varphi}{\partial\varphi}\right\}\\
+ \hat{\boldsymbol{\vartheta}}&\left\{\frac{1}{r^2}\frac{\partial}{\partial r}\left(r^2\frac{\partial u_\vartheta}{\partial r}\right) + \frac{1}{r^2\sin\vartheta}\frac{\partial}{\partial\vartheta}\left(\sin\vartheta\frac{\partial u_\vartheta}{\partial\vartheta}\right)\right.\\
&\left. + \frac{1}{r^2\sin^2\vartheta}\frac{\partial^2 u_\vartheta}{\partial\varphi^2} + \frac{2}{r^2}\frac{\partial u_r}{\partial\vartheta} - \frac{1}{r^2\sin^2\vartheta}\left(u_\vartheta + 2\cos\vartheta\frac{\partial u_\varphi}{\partial\varphi}\right)\right\}\\
+ \hat{\boldsymbol{\varphi}}&\left\{\frac{1}{r^2}\frac{\partial}{\partial r}\left(r^2\frac{\partial u_\varphi}{\partial r}\right) + \frac{1}{r^2\sin\vartheta}\frac{\partial}{\partial\vartheta}\left(\sin\vartheta\frac{\partial u_\varphi}{\partial\vartheta}\right)\right.\\
&\left. + \frac{1}{r^2\sin^2\vartheta}\frac{\partial^2 u_\varphi}{\partial\varphi^2} + \frac{1}{r^2\sin^2\vartheta}\left(2\frac{\partial u_r}{\partial\varphi} + 2\cos\vartheta\frac{\partial u_\vartheta}{\partial\varphi} - u_\varphi\right)\right\} \tag{C.68}
\end{aligned}$$

■ E^2 演算子-球座標系

E^2 演算子はラプラス演算子と類似しており,面対称系においてはラプラス演算子と同一のものとなる.しかし,軸対称球座標系においては,ラプラシアンと E^2 演算子の間には差異がある.軸対称球座標系においてスカラー ψ_{S} に適用する場合の E^2 演算子は次式で与えられる.

$$E^2\psi_{\mathrm{S}} = \frac{\partial^2}{\partial r^2}\psi_{\mathrm{S}} + \frac{\sin\vartheta}{r}\frac{\partial}{\partial\vartheta}\frac{1}{\sin\vartheta}\frac{\partial}{\partial\vartheta}\psi_{\mathrm{S}} \tag{C.69}$$

C.2.4 重調和演算子および E^4 演算子

スカラーまたはベクトルの重調和演算子 ∇^4 は,ラプラシアンのラプラシアンである.一例を次式に示す.

$$\nabla^4\psi = \nabla^2(\nabla^2\psi) \tag{C.70}$$

E^4 演算子は同様に,次式に例示するように,E^2 演算子を 2 回適用したものである.

$$E^4\psi_{\mathrm{S}} = E^2(E^2\psi_{\mathrm{S}}) \tag{C.71}$$

C.2 ベクトル解析　　465

C.2.5　ベクトル恒等式

頻出のベクトル恒等式のリストを以下に記載する.

■Null 演算子となる組み合わせ

次式に示すように，スカラー場の勾配の回転はつねにゼロとなる.

$$\nabla \times \nabla c = 0 \tag{C.72}$$

次式に示すように，ベクトル場の回転の発散はつねにゼロとなる.

$$\nabla \cdot (\nabla \times \vec{u}) = 0 \tag{C.73}$$

■積の規則

勾配の積の規則を次式に示す.

$$\nabla(bc) = b\nabla c + c\nabla b \tag{C.74}$$

スカラーとベクトルの積におけるベクトル計算には以下の規則がある.

$$\nabla \cdot (c\vec{u}) = c(\nabla \cdot \vec{u}) + (\vec{u} \cdot \nabla)c \tag{C.75}$$

$$\nabla \times (c\vec{u}) = c(\nabla \times \vec{u}) + (\nabla c) \times \vec{u} \tag{C.76}$$

ベクトルの内積の勾配は次式で与えられる.

$$\nabla(\vec{u} \cdot \vec{E}) = \vec{u} \times (\nabla \times \vec{E}) + \vec{E} \times (\nabla \times \vec{u}) + (\vec{u} \cdot \nabla)\vec{E} + (\vec{E} \cdot \nabla)\vec{u} \tag{C.77}$$

ベクトルの外積の発散は次式で与えられる.

$$\nabla \cdot (\vec{u} \times \vec{E}) = \vec{E} \cdot (\nabla \times \vec{u}) - \vec{u} \cdot (\nabla \times \vec{E}) \tag{C.78}$$

ベクトルの外積の回転は次式で与えられる.

$$\nabla \times (\vec{u} \times \vec{E}) = \vec{u}(\nabla \cdot \vec{E}) - \vec{E}(\nabla \cdot \vec{u}) + (\vec{E} \cdot \nabla)\vec{u} - (\vec{u} \cdot \nabla)\vec{E} \tag{C.79}$$

■ラプラシアンによるベクトル演算子の交換

以下の式に示すように，外積，内積，そして勾配はすべてラプラシアンと可換である.

$$\nabla \cdot (\nabla^2 \vec{u}) = \nabla^2 (\nabla \cdot \vec{u}) \tag{C.80}$$

$$\nabla \times (\nabla^2 \vec{u}) = \nabla^2 (\nabla \times \vec{u}) \tag{C.81}$$

$$\nabla(\nabla^2 \vec{u}) = \nabla^2 (\nabla \vec{u}) \tag{C.82}$$

例題 C.3　デカルト座標系において，ベクトル $\vec{a} = (a, b, c)$ に演算子 $\vec{u} \cdot \nabla$ を作用させると次式が得られることを示せ.

$$\begin{bmatrix} u\dfrac{\partial a}{\partial x} + v\dfrac{\partial a}{\partial y} + w\dfrac{\partial a}{\partial z} \\[2mm] u\dfrac{\partial b}{\partial x} + v\dfrac{\partial b}{\partial y} + w\dfrac{\partial b}{\partial z} \\[2mm] u\dfrac{\partial c}{\partial x} + v\dfrac{\partial c}{\partial y} + w\dfrac{\partial c}{\partial z} \end{bmatrix} \tag{C.83}$$

466   付録C　座標系とベクトル解析

解　定義をふまえて各項と演算子を乗算すればよい．まず，

$$(\vec{u}\cdot\nabla)\vec{a} \tag{C.84}$$

は次式のように書ける．

$$\vec{u}\cdot\nabla\vec{a} \tag{C.85}$$

式 (C.85) から，$\vec{a}$ の勾配を求め，それと $\vec{u}$ の内積を求めればよいことがわかる．各項を書き出すと，次式となる．

$$[u\ \ v\ \ w]\cdot
\begin{bmatrix}
\dfrac{\partial a}{\partial x} & \dfrac{\partial a}{\partial y} & \dfrac{\partial a}{\partial z} \\[2ex]
\dfrac{\partial b}{\partial x} & \dfrac{\partial b}{\partial y} & \dfrac{\partial b}{\partial z} \\[2ex]
\dfrac{\partial c}{\partial x} & \dfrac{\partial c}{\partial y} & \dfrac{\partial c}{\partial z}
\end{bmatrix} \tag{C.86}$$

ここから内積を計算すると次式を得る．

$$
\begin{bmatrix}
u\dfrac{\partial a}{\partial x} + v\dfrac{\partial a}{\partial y} + w\dfrac{\partial a}{\partial z} \\[2ex]
u\dfrac{\partial b}{\partial x} + v\dfrac{\partial b}{\partial y} + w\dfrac{\partial b}{\partial z} \\[2ex]
u\dfrac{\partial c}{\partial x} + v\dfrac{\partial c}{\partial y} + w\dfrac{\partial c}{\partial z}
\end{bmatrix} \tag{C.87}
$$

C.2.6　二項演算

二つのベクトルの重ね合わせ（たとえば $\vec{A}\vec{B}$）は 2 階の二項テンソルとなり，二項テンソルとベクトルの内積はベクトルとなる．

$$(\vec{A}\vec{B})\cdot\vec{C} = (\vec{B}\cdot\vec{C})\vec{A} \tag{C.88}$$

二項テンソル $\vec{A}\vec{B}$ にベクトル $\vec{C}$ を乗じると，$\vec{A}$ の方向に内積 $\vec{B}\cdot\vec{C}$ の大きさをもつベクトルを得る．ベクトルの内積とは異なり，二項テンソルとベクトルの内積は通常，次式に示すように，ベクトルと二項テンソルの内積とは等しくならない．

$$\vec{C}\cdot(\vec{A}\vec{B}) = (\vec{A}\cdot\vec{C})\vec{B} \neq (\vec{B}\cdot\vec{C})\vec{A} \tag{C.89}$$

C.3　まとめ

本付録には，デカルト座標系，円筒座標系，球座標系，そしてそれらの表記法と単位ベクトルの定義を記載した．これらの座標系における勾配，回転，発散，ラプラシアンなどのベクトル演算子の定義についても述べ，発散定理とストークスの定理を紹介した．

C.4 補足文献

ここで紹介したような初歩的なベクトル解析については，Wilson [289]，Aris [290]，Greenberg [291] を参照されたい．

この付録では，読者へのガイドとしてさまざまな座標系におけるベクトル演算子を紹介した．そのため，より一般的な方法，すなわち文献 [22, 24] で議論されているような一般直交曲線座標系でのベクトル計算は省略している．文献 [28] では半直交界面座標系についても詳細に触れられている．

本書では記号表記法，ギブス表記法に焦点を当てており，デカルト表記法やアインシュタイン表記法については触れていない．文献 [21, 23, 30] にあるように，デカルト表記法を用いると，直角座標系におけるベクトルとテンソルの計算がよりコンパクトになる．文献 [292] はデカルト座標系のテンソルとそれに関連した表記法についてとてもわかりやすくまとめている．

C.5 演習問題

C.1 以下の三つの位置ベクトルの長さを比較せよ．

(a) $x = 1, y = 1, z = 1$

(b) $r = 1, \theta = 1, z = 1$

(c) $r = 1, \vartheta = 1, \varphi = 1$

また，得られた結果と，以下の三つの速度ベクトルの大きさを比較せよ．

(a) $u = 1, v = 1, w = 1$

(b) $u_r = 1, u_\theta = 1, u_z = 1$

(c) $u_r = 1, u_\vartheta = 1, u_\varphi = 1$

C.2 デカルト座標系において，演算子 $\nabla \cdot \nabla$ をベクトル $\vec{a} = (a, b, c)$ に作用させると次式が得られることを示せ．

$$\begin{bmatrix} \dfrac{\partial^2 a}{\partial x^2} + \dfrac{\partial^2 a}{\partial y^2} + \dfrac{\partial^2 a}{\partial z^2} \\[2mm] \dfrac{\partial^2 b}{\partial x^2} + \dfrac{\partial^2 b}{\partial y^2} + \dfrac{\partial^2 b}{\partial z^2} \\[2mm] \dfrac{\partial^2 c}{\partial x^2} + \dfrac{\partial^2 c}{\partial y^2} + \dfrac{\partial^2 c}{\partial z^2} \end{bmatrix} \tag{C.90}$$

C.3 $\nabla \cdot (-p\vec{\vec{\delta}}) = -\nabla p$ であることを示せ．

C.4 円筒座標系の単位ベクトルが球座標系の単位ベクトルを用いて以下の式のように書けることを，両者をデカルト座標系に変換することで示せ．

468　付録C　座標系とベクトル解析

$$\hat{\pmb{r}} = \hat{\pmb{r}}\sin\vartheta + \hat{\pmb{\vartheta}}\cos\vartheta \tag{C.91}$$

$$\hat{\pmb{\theta}} = \hat{\pmb{\varphi}} \tag{C.92}$$

$$\hat{\pmb{z}} = \hat{\pmb{r}}\cos\vartheta - \hat{\pmb{\vartheta}}\sin\vartheta \tag{C.93}$$

C.5 球座標系の単位ベクトルが円筒座標系の単位ベクトルを用いて以下の式のように書けることを，両者をデカルト座標系に変換することで示せ．

$$\hat{\pmb{r}} = \hat{\pmb{r}}\frac{r}{\sqrt{r^2 + z^2}} + \hat{\pmb{z}}\frac{z}{\sqrt{r^2 + z^2}} \tag{C.94}$$

$$\hat{\pmb{\vartheta}} = \hat{\pmb{r}}\frac{z}{\sqrt{r^2 + z^2}} - \hat{\pmb{z}}\frac{r}{\sqrt{r^2 + z^2}} \tag{C.95}$$

$$\hat{\pmb{\varphi}} = \hat{\pmb{\theta}} \tag{C.96}$$

C.6 位置ベクトルの成分が，以下の関係式を用いて球座標系から円筒座標系に変換できることを，デカルト座標系に変換することで示せ．

$$r = r\sin\vartheta \tag{C.97}$$

$$\theta = \varphi \tag{C.98}$$

$$z = r\cos\vartheta \tag{C.99}$$

C.7 位置ベクトルの成分が，以下の関係式を用いて円筒座標系から球座標系に変換できることを，デカルト座標系に変換することで示せ．

$$r = \sqrt{r^2 + z^2} \tag{C.100}$$

$$\vartheta = \mathrm{atan2}(r, z) \tag{C.101}$$

$$\varphi = \theta \tag{C.102}$$

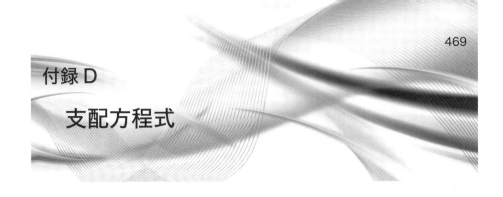

付録 D 支配方程式

　本書に記載している支配方程式は通常，ギブス表記法すなわち記号表記法で表されている．これらの方程式を実際に利用する際には，付録 C に記載したガイドラインに沿って，問題に適した座標系で方程式を表現する必要がある．学生のためのガイドおよび参考資料として，重要な支配方程式を本付録に記載する．

D.1　スカラーラプラス方程式

　スカラーポテンシャル（電気または速度ポテンシャル）のラプラス方程式は次式で表される．

$$\nabla^2 \phi = 0 \tag{D.1}$$

式(D.1)は各座標系では次のようになる．

- デカルト座標系

$$\frac{\partial^2 \phi}{\partial x^2} + \frac{\partial^2 \phi}{\partial y^2} + \frac{\partial^2 \phi}{\partial z^2} = 0 \tag{D.2}$$

- 円筒座標系

$$\frac{1}{r}\frac{\partial}{\partial r}\left(r\frac{\partial \phi}{\partial r}\right) + \frac{1}{r^2}\frac{\partial^2 \phi}{\partial \theta^2} + \frac{\partial^2 \phi}{\partial z^2} = 0 \tag{D.3}$$

- 球座標系

$$\frac{1}{r^2}\frac{\partial}{\partial r}\left(r^2 \frac{\partial \phi}{\partial r}\right) + \frac{1}{r^2 \sin \vartheta}\frac{\partial}{\partial \vartheta}\left(\sin \vartheta \frac{\partial \phi}{\partial \vartheta}\right) + \frac{1}{r^2 \sin^2 \vartheta}\frac{\partial^2 \phi}{\partial \varphi^2} = 0 \tag{D.4}$$

D.2　ポアソン-ボルツマン方程式

　電気ポテンシャルのポアソン-ボルツマン方程式は次式で表される．

- 流体の物性が一様な場合

$$\nabla^2 \phi = -\frac{F}{\varepsilon}\sum_i c_{i,\infty} z_i \exp\left(-\frac{z_i F \phi}{RT}\right) \tag{D.5}$$

470 付録 D 支配方程式

式(D.5)は各座標系では次のようになる.

- デカルト座標系, 流体の物性が一様な場合

$$\frac{\partial^2 \phi}{\partial x^2} + \frac{\partial^2 \phi}{\partial y^2} + \frac{\partial^2 \phi}{\partial z^2} = -\frac{F}{\varepsilon} \sum_i c_{i,\infty} z_i \exp\left(-\frac{z_i F \phi}{RT}\right) \tag{D.6}$$

- 円筒座標系, 流体の物性が一様な場合

$$\frac{1}{r} \frac{\partial}{\partial r}\left(r \frac{\partial \phi}{\partial r}\right) + \frac{1}{r^2} \frac{\partial^2 \phi}{\partial \theta^2} + \frac{\partial^2 \phi}{\partial z^2} = -\frac{F}{\varepsilon} \sum_i c_{i,\infty} z_i \exp\left(-\frac{z_i F \phi}{RT}\right) \tag{D.7}$$

- 球座標系, 流体の物性が一様な場合

$$\frac{1}{r^2} \frac{\partial}{\partial r}\left(r^2 \frac{\partial \phi}{\partial r}\right) + \frac{1}{r^2 \sin\vartheta} \frac{\partial}{\partial \vartheta}\left(\sin\vartheta \frac{\partial \phi}{\partial \vartheta}\right) + \frac{1}{r^2 \sin^2\vartheta} \frac{\partial^2 \phi}{\partial \varphi^2} = -\frac{F}{\varepsilon} \sum_i c_{i,\infty} z_i \exp\left(-\frac{z_i F \phi}{RT}\right) \tag{D.8}$$

D.3 連続の式

非圧縮, 一様物性における質量保存方程式は次式で表される.

$$\nabla \cdot \vec{u} = 0 \tag{D.9}$$

- デカルト座標系, 流体の物性が一様な場合

$$\frac{\partial u}{\partial x} + \frac{\partial v}{\partial y} + \frac{\partial w}{\partial z} = 0 \tag{D.10}$$

- 円筒座標系, 流体の物性が一様な場合

$$\frac{1}{r} \frac{\partial}{\partial r}(r u_r) + \frac{1}{r} \frac{\partial u_\theta}{\partial \theta} + \frac{\partial u_z}{\partial z} = 0 \tag{D.11}$$

- 球座標系, 流体の物性が一様な場合

$$\frac{1}{r^2} \frac{\partial}{\partial r}(r^2 u_r) + \frac{1}{r \sin\vartheta} \frac{\partial}{\partial \vartheta}(u_\vartheta \sin\vartheta) + \frac{1}{r \sin\vartheta} \frac{\partial u_\varphi}{\partial \varphi} = 0 \tag{D.12}$$

D.4 ナビエ–ストークス方程式

非圧縮, 一様物性のニュートン流体のナビエ–ストークス方程式は次式で表される.

- 流体の物性が一様な場合

$$\rho \frac{\partial \vec{u}}{\partial t} + \rho \vec{u} \cdot \nabla \vec{u} = -\nabla p + \eta \nabla^2 \vec{u} + \sum_i \vec{f}_i \tag{D.13}$$

式(D.13)は各座標系では次のようになる.

D.4　ナビエ–ストークス方程式　471

● デカルト座標系，流体の物性が一様な場合

$$\rho \frac{\partial u}{\partial t} + \rho u \frac{\partial u}{\partial x} + \rho v \frac{\partial u}{\partial y} + \rho w \frac{\partial u}{\partial z} = -\frac{\partial p}{\partial x} + \eta \frac{\partial^2 u}{\partial x^2} + \eta \frac{\partial^2 u}{\partial y^2} + \eta \frac{\partial^2 u}{\partial z^2} + \sum_i \vec{f}_{x,i}$$

$$\rho \frac{\partial v}{\partial t} + \rho u \frac{\partial v}{\partial x} + \rho v \frac{\partial v}{\partial y} + \rho w \frac{\partial v}{\partial z} = -\frac{\partial p}{\partial y} + \eta \frac{\partial^2 v}{\partial x^2} + \eta \frac{\partial^2 v}{\partial y^2} + \eta \frac{\partial^2 v}{\partial z^2} + \sum_i \vec{f}_{y,i}$$

$$\rho \frac{\partial w}{\partial t} + \rho u \frac{\partial w}{\partial x} + \rho v \frac{\partial w}{\partial y} + \rho w \frac{\partial w}{\partial z} = -\frac{\partial p}{\partial z} + \eta \frac{\partial^2 w}{\partial x^2} + \eta \frac{\partial^2 w}{\partial y^2} + \eta \frac{\partial^2 w}{\partial z^2} + \sum_i \vec{f}_{z,i}$$

(D.14)

ここで，$\vec{f}_{x,i}$，$\vec{f}_{y,i}$，$\vec{f}_{z,i}$ はそれぞれ体積力項の x，y，z 成分である．

● 円筒座標系，流体の物性が一様な場合

$$\rho \frac{\partial u_r}{\partial t} + \rho u_r \frac{\partial u_r}{\partial r} + \rho \frac{u_\theta}{r} \frac{\partial u_r}{\partial \theta} + \rho u_z \frac{\partial u_r}{\partial z} - \rho \frac{u_\theta^2}{r}$$

$$= -\frac{\partial p}{\partial r} + \eta \frac{1}{r} \frac{\partial}{\partial r}\left(r \frac{\partial u_r}{\partial r} \right) + \eta \frac{1}{r^2} \frac{\partial^2 u_r}{\partial \theta^2} + \eta \frac{\partial^2 u_r}{\partial z^2} - \eta \frac{2}{r^2} \frac{\partial u_\theta}{\partial \theta} - \eta \frac{u_r}{r^2} + \sum_i \vec{f}_{r,i}$$

$$\rho \frac{\partial u_\theta}{\partial t} + \rho u_r \frac{\partial u_\theta}{\partial r} + \rho \frac{u_\theta}{r} \frac{\partial u_\theta}{\partial \theta} + \rho u_z \frac{\partial u_\theta}{\partial z} + \rho \frac{u_r u_\theta}{r}$$

$$= -\frac{1}{r} \frac{\partial p}{\partial \theta} + \eta \frac{1}{r} \frac{\partial}{\partial r}\left(r \frac{\partial u_\theta}{\partial r} \right) + \eta \frac{1}{r^2} \frac{\partial^2 u_\theta}{\partial \theta^2} + \eta \frac{\partial^2 u_\theta}{\partial z^2} + \eta \frac{2}{r^2} \frac{\partial u_r}{\partial \theta} - \eta \frac{u_\theta}{r^2} + \sum_i \vec{f}_{\theta,i}$$

$$\rho \frac{\partial u_z}{\partial t} + \rho u_r \frac{\partial u_z}{\partial r} + \rho \frac{u_\theta}{r} \frac{\partial u_z}{\partial \theta} + \rho u_z \frac{\partial u_z}{\partial z}$$

$$= -\frac{\partial p}{\partial z} + \eta \frac{1}{r} \frac{\partial}{\partial r}\left(r \frac{\partial u_z}{\partial r} \right) + \eta \frac{1}{r^2} \frac{\partial^2 u_z}{\partial \theta^2} + \eta \frac{\partial^2 u_z}{\partial z^2} + \sum_i \vec{f}_{z,i}$$

(D.15)

ここで，$\vec{f}_{r,i}$，$\vec{f}_{\theta,i}$，$\vec{f}_{z,i}$ はそれぞれ体積力項の r，θ，z 成分である．

● 球座標系，流体の物性が一様な場合

$$\rho \frac{\partial u_r}{\partial t} + \rho u_r \frac{\partial u_r}{\partial r} + \rho \frac{u_\vartheta}{r} \frac{\partial u_r}{\partial \vartheta} + \rho \frac{u_\varphi}{r \sin \vartheta} \frac{\partial u_r}{\partial \varphi} - \rho \frac{u_\vartheta^2 + u_\varphi^2}{r}$$

$$= -\frac{\partial p}{\partial r} + \eta \frac{1}{r^2} \frac{\partial}{\partial r}\left(r^2 \frac{\partial u_r}{\partial r} \right) + \eta \frac{1}{r^2 \sin \vartheta} \frac{\partial}{\partial \vartheta}\left(\sin \vartheta \frac{\partial u_r}{\partial \vartheta} \right)$$

$$+ \frac{1}{r^2 \sin^2 \vartheta} \eta \frac{\partial^2 u_r}{\partial \varphi^2} - \eta \frac{2}{r^2}\left(u_r + \frac{\partial u_\vartheta}{\partial \vartheta} + u_\vartheta \cot \vartheta \right) + \eta \frac{2}{r^2 \sin \vartheta} \frac{\partial u_\varphi}{\partial \varphi} + \sum_i \vec{f}_{r,i}$$

$$\rho \frac{\partial u_\vartheta}{\partial t} + \rho u_r \frac{\partial u_\vartheta}{\partial r} + \rho \frac{u_\vartheta}{r} \frac{\partial u_\vartheta}{\partial \vartheta} + \rho \frac{u_\varphi}{r \sin \vartheta} \frac{\partial u_\vartheta}{\partial \varphi} + \rho \frac{u_r u_\vartheta - u_\varphi^2 \cot \vartheta}{r}$$

$$= -\frac{1}{r} \frac{\partial p}{\partial \vartheta} + \eta \frac{1}{r^2} \frac{\partial}{\partial r}\left(r^2 \frac{\partial u_\vartheta}{\partial r} \right) + \eta \frac{1}{r^2 \sin \vartheta} \frac{\partial}{\partial \vartheta}\left(\sin \vartheta \frac{\partial u_\vartheta}{\partial \vartheta} \right)$$

472   付録 D　支配方程式

$$+ \frac{1}{r^2 \sin^2 \vartheta} \eta \frac{\partial^2 u_\vartheta}{\partial \varphi^2} + \eta \frac{2}{r^2} \frac{\partial u_r}{\partial \vartheta} - \eta \frac{1}{r^2 \sin^2 \vartheta}\left(u_\vartheta + 2\cos\vartheta \frac{\partial u_\varphi}{\partial \varphi} \right) + \sum_i \vec{f}_{\vartheta,i}$$

$$\rho \frac{\partial u_\varphi}{\partial t} + \rho u_r \frac{\partial u_\varphi}{\partial r} + \rho \frac{u_\vartheta}{r} \frac{\partial u_\varphi}{\partial \vartheta} + \rho \frac{u_\varphi}{r\sin\vartheta} \frac{\partial u_\varphi}{\partial \varphi} + \rho \frac{u_r u_\varphi + u_\vartheta u_\varphi \cot\vartheta}{r}$$

$$= -\frac{1}{r\sin\vartheta} \frac{\partial p}{\partial \varphi} + \eta \frac{1}{r^2} \frac{\partial}{\partial r}\left(r^2 \frac{\partial u_\varphi}{\partial r} \right) + \eta \frac{1}{r^2 \sin\vartheta} \frac{\partial}{\partial \vartheta}\left(\sin\vartheta \frac{\partial u_\varphi}{\partial \vartheta} \right)$$

$$+ \frac{1}{r^2 \sin^2 \vartheta} \eta \frac{\partial^2 u_\varphi}{\partial \varphi^2} + \eta \frac{1}{r^2 \sin^2 \vartheta}\left(2\frac{\partial u_r}{\partial \varphi} + 2\cos\vartheta \frac{\partial u_\vartheta}{\partial \varphi} - u_\varphi \right) + \sum_i \vec{f}_{\varphi,i}$$

$$\text{(D.16)}$$

ここで，$\vec{f}_{r,i}$，$\vec{f}_{\vartheta,i}$，$\vec{f}_{\varphi,i}$ はそれぞれ体積力項の r，ϑ，φ 成分である．

D.5　補足文献

以上の支配方程式の表記については，流体力学や電気力学の教科書 [17, 18, 19, 20, 21, 22, 23, 28, 55, 56, 57] を参照するとよい．

付録 E

無次元化および代表パラメータ

本付録は，マイクロ・ナノ流体力学において，支配方程式を無次元化（nondimensionalization）すると登場するいくつかの重要な有次元，無次元のパラメータの役割について概説する．無次元化の大きな利点は，流れのパラメータをコンパクトに表現でき（たとえば Re），一般化できる点にある．無次元化は強力なツールとなりうるが，これは扱う問題の物理に切り込んで初めて有用となる．したがって，ここでは無次元パラメータを羅列して紹介するのではなく，無次元化の**過程**に重きをおき，ほんのいくつかの例だけを取り扱う．

E.1 バッキンガムの Π 定理

バッキンガムの Π 定理（Buckingham Π theorem）は，ある問題を解く際にいくつの無次元パラメータが必要になるかを求める次元解析の定理である．バッキンガムの Π 定理は，m 個の基礎物理量で構成される n 個の独立した物理変数からなる系は，$n-m$ 個の無次元量の関数として表現できるという定理である．一例をあげると，定常状態のナビエ－ストークス方程式は四つのパラメータ（代表長さ ℓ，代表速度 U，粘度 η，密度 ρ）をもち，これらは三つの基礎物理量（質量，長さ，時間）の関数である．したがって，この系は $4-3=1$ 個の無次元数で表現でき，その無次元数は $\dfrac{\rho U \ell}{\eta}$ を含む形になる．

バッキンガムの Π 定理は，ある特定の無次元量を定義するものではなく，どの無次元量がもっとも物理的に重要であるかを示すものでもないが，次元という視点から一般的な問題の枠組みをつくることができる．

E.2 支配方程式の無次元化

多くの無次元パラメータは，支配方程式の無次元化により得られる．支配方程式を無次元化すると，方程式がシンプルになり，どの項がもっとも重要であるのかが際立つ．

474　付録E　無次元化および代表パラメータ

E.2.1　ナビエ−ストークス方程式の無次元化：レイノルズ数

　レイノルズ数 Re は，いくつかの流体力学的考察に由来し，複数の役割を担う．本項では，ナビエ−ストークス方程式の無次元化と，無次元化とレイノルズ数の関係について議論する．

　粘度が一定のニュートン流体の非圧縮ナビエ−ストークス方程式（体積力なし）は，次式で表される．

$$\rho \frac{\partial \vec{u}}{\partial t} + \rho \vec{u} \cdot \nabla \vec{u} = -\nabla p + \eta \nabla^2 \vec{u} \tag{E.1}$$

この支配方程式は，ρ と η という二つのパラメータをもつ．さらに，境界条件は長さ ℓ という大きさと速度 U という速さをもつ．代表速度 U は領域中の流体の速度であり，入口，無限遠，または流れ場中の平均の速度（境界条件が圧力で定められている場合には通常これが用いられる）で与えられる．代表長さ ℓ は，U に比例する量によって速度が変化する距離を表す．さらに，境界条件が時間変化する場合は，時定数 t_c によって（周期的な条件であれば，周期の逆数のような形で），境界条件が変化する時間が表される．したがって，非定常ナビエ−ストークス方程式の場合は五つ，定常ナビエ−ストークス方程式の場合は四つのパラメータによって問題が定義され，二つ（非定常）または一つ（定常）の無次元パラメータが登場する．方程式の無次元化の過程において，ナビエ−ストークス方程式の構造から自然とレイノルズ数の定義が導かれる．

　ここでは，アスタリスクを付けた無次元変数を以下のように定義する．

$$x^* = \frac{x}{\ell} \tag{E.2}$$

$$y^* = \frac{y}{\ell} \tag{E.3}$$

$$z^* = \frac{z}{\ell} \tag{E.4}$$

無次元座標系における空間微分は次式となる．

$$\nabla^* = \frac{\nabla}{1/\ell} \tag{E.5}$$

$$\nabla^{*2} = \frac{\nabla^2}{1/\ell^2} \tag{E.6}$$

速度は，代表速度 U を用いて次式のように無次元化される．

$$\vec{u}^* = \frac{\vec{u}}{U} \tag{E.7}$$

流動を特徴づける時間 t_c については，流動の自然な時定数 $\dfrac{\ell}{U}$ もしくは境界条件が変化

する時間 t_{BC}（たとえば，境界条件が振動する場合には，境界条件の振動の周期がこの時間となる）のどちらかを選択しなければならない．時定数 t_{c} としては，これらのうち時間が短いものを選択する．もし境界条件の変化が速い，すなわち $t_{\mathrm{BC}} < \dfrac{\ell}{U}$ であれば $t_{\mathrm{c}} = t_{\mathrm{BC}}$ となり，$t^* = \dfrac{t}{t_{\mathrm{c}}}$ となる．したがって，$St = t_{\mathrm{c}} \dfrac{U}{\ell}$ で定義される**ストローハル数**（Strouhal number）は $St = t_{\mathrm{BC}} \dfrac{U}{\ell}$ となる．境界条件が定常またはゆっくりと変化する場合 $\left(\text{すなわち } t_{\mathrm{BC}} > \dfrac{\ell}{U} \text{ の場合}\right)$ は $t_{\mathrm{c}} = \dfrac{\ell}{U}$ であり，定義から $St = 1$ となる．

以上の定義を用いて，非定常ナビエ–ストークス方程式を無次元化できる．$p^* = \dfrac{p}{\eta U / \ell}$ を用いると，次式を得る．

- 流体物性一様，粘性応力により p を無次元化した場合の無次元ナビエ–ストークス方程式

$$\frac{Re}{St}\frac{\partial \vec{u}^*}{\partial t^*} + Re\, \vec{u}^* \cdot \nabla^* \vec{u}^* = -\nabla^* p^* + \nabla^{*2} \vec{u}^* \tag{E.8}$$

また，$p^* = \dfrac{p}{\rho U^2}$ を用いると，次式を得る．

- 流体物性一様，動圧により p を無次元化した場合の無次元ナビエ–ストークス方程式

$$\frac{1}{St}\frac{\partial \vec{u}^*}{\partial t^*} + \vec{u}^* \cdot \nabla^* \vec{u}^* = -\nabla^* p^* + \frac{1}{Re}\nabla^{*2} \vec{u}^* \tag{E.9}$$

ここで，レイノルズ数は $Re = \dfrac{\rho U \ell}{\eta}$ と定義され，ストローハル数[1]は $St = t_{\mathrm{c}} \dfrac{U}{\ell}$ と定義される．通常はいくつかの代表長さをとることができるため，Re にはどの代表長さを用いたのか示すための下付き文字が添えられることがある．たとえば，$Re_x = \dfrac{\rho U x}{\eta}$，$Re_L = \dfrac{\rho U L}{\eta}$ という具合である．式(E.8)と式(E.9)の差は単純に，圧力項をどのように無次元化するかという違いである．数学的には，パラメータをどのように無次元化するかは任意に選択できる．したがって，方程式には無数の無次元形式がある．ただし，それが物理的に有用となるのは，実験データ整理のために無次元パラメータを用いたり方

---

1) $St = \dfrac{\ell}{t_{\mathrm{c}} U}$ と定義する文献もあり，その場合には無次元ナビエ–ストークス方程式の第1項の形が変わる．本書では用いていないが，ストローハル数は，円柱周りの低レイノルズ数流れのような，境界条件は定常だが振動が生じる流れの特性を表すことにも使用される．

476 付録 E 無次元化および代表パラメータ

程式の特定の項を無視したりするなかで，物理的な視点をもって無次元化した場合のみ
である．無次元化を試みる際，得られた結果が重要な項を欠いている場合（t^* や p^* を
不適切に定義すると起こる）や実験データの整理がうまくいかない場合（U や ℓ を不適
切に選択すると起こる）には，無次元化手法に問題があると考えることができる．

式（E.8）と式（E.9）からは，レイノルズ数とストローハル数はナビエ–ストークス方程
式中の異なる項の相対的な大きさの指標となっていることがわかる．たとえば，式（E.8）
は第 8 章において，ナビエ–ストークス方程式の左辺が低レイノルズ数領域で無視でき
ることの説明に用いられた．マイクロスケールの流れには関係しないが，式（E.9）は高
レイノルズ数に適用されるオイラー方程式の導出に使用できる．ここでは，定常流（ス
トローハル数が 1 の流れ）の，$Re \to 0$ および $Re \to \infty$ の極限を考える．明らかに，
$Re \to 0$ の極限では対流項と非定常項を無視でき，$Re \to \infty$ の極限では粘性項を無視でき
る．しかし，圧力項の役割は p^* にどちらの定義を用いたかによって変わってくる．こ
れを明らかにするために，問題の系には四つの式（質量の式が一つ，運動量の式が三つ）
があり，四つの未知数（一つは圧力，残りの三つは速度成分）があることを思い出そう．
この状態で仮に圧力項を削除したとすると，四つの式に対して未知数が三つとなる．し
たがって，**ナビエ–ストークス方程式は一般に，圧力項を無視して解くことはできず**，
数学的に退化する場合（たとえば，クエット流や純粋な電気浸透流）にのみ無視できる．
レイノルズ数は，どの**速度**項を残すか判断するのに役立つが，圧力項の削除に関しては
何も示さない．このことから，物理的にもっとも意味のある p^* の形式は，レイノルズ
数の極限をとった際に圧力項が残っている形だといえる．低レイノルズ数の場合は，圧
力勾配は主に粘性効果によって生じることがわかっており，さらに $Re \to 0$ の極限で圧
力項が残るということから，式（E.8）を用いる．高レイノルズ数の場合は，圧力勾配は
主に慣性効果によって生じることがわかっており，さらに $Re \to \infty$ の極限で圧力項が残
るということから，式（E.9）を用いる．

レイノルズ数は，特定の極限において項を落とす以外にも役割を果たす．すなわち，
ある二つの流れがあり，その流れのレイノルズ数が同じで幾何形状が似ている場合，そ
れらの流れは**動的に類似**（dynamically similar）しているという．形状とレイノルズ数
が同一な二つの系のナビエ–ストークス方程式の無次元解は同一である．このことから，
ある結果を他の多くの実験結果と比較できる．マイクロスケール流れにおいて，レイノ
ルズ数は 1 よりも小さく，ストローハル数よりも小さくなるので，通常は非定常項と対
流項を落としたストークス方程式（第 8 章）を解く．

E.2 支配方程式の無次元化　　477

> **例題 E.1**　　以下の三つの流れについて，代表速度 U と代表長さ ℓ を定め，なぜそれが相応しいのか説明せよ.
>
> 1. 断面が直径 d の円である管内の層流. 圧力勾配は $\dfrac{dp}{dx}$.
>
> 2. 断面が半径 a の円である曲がったマイクロ流路内の流動. 最大速度は u_{max}, 流路の曲率半径は R.
>
> 3. 幅と高さが d のマイクロ流路内の流れ. 液体は平均速度が U で, 半径 a の粒子の希薄懸濁液である. 粒子は流動に対して速度 u で移動している.

解

1. 代表速度 U には, 第 2 章の手法を用いて流動の最大速度または平均速度をとる. 代表長さ ℓ は d.

2. 代表速度 U は u_{max}. 代表長さ ℓ は R ではなく a.

3. この問題には二つのレイノルズ数がある. バルク流動のレイノルズ数は U と d を代表速度と代表長さにとり, 粒子周りの流動のレイノルズ数は u と a を代表速度と代表長さにとる.

E.2.2　パッシブスカラー輸送方程式の無次元化：ペクレ数

　この項ではパッシブスカラー輸送方程式の無次元化（質量や温度の受動的輸送に適用可能）およびこの無次元化とペクレ数の関係について議論する. ここでは能動的輸送メカニズムや, 帯電した物質の電気力による輸送や化学反応などのソース項は無視する.

　式 (E.10) に示す, 物質 i の希薄溶液の物質移動方程式を考える（電場はないものとし, c_i を物質 i のモル濃度, D_i を溶媒中での物質 i の拡散係数とする）.

$$\frac{\partial c_i}{\partial t} + \vec{u} \cdot \nabla c_i = D_i \nabla^2 c_i \tag{E.10}$$

n 種類の物質を考える場合, この式は n 個のパラメータ（n 種の拡散係数 D_i）をもつことになる. 境界条件が定常な場合, 境界条件は二つの代表パラメータ（U と ℓ）をもち, 非定常の場合には第 3 のパラメータ t_{BC} をもつ. この式は二つの単位（長さと時間）をもつため, バッキンガムの Π 定理から, この系は非定常境界条件において $n+3$ 個のパラメータ引く 2 個の基礎物理量, すなわち $n+1$ 個の無次元パラメータに支配されていると考えられる. ナビエ–ストークス方程式の場合に用いたのと似た手法を用いることで, 次式を得る.

- 流体物性一様の場合の無次元パッシブスカラー輸送方程式

$$\frac{1}{St} \frac{\partial c_i^*}{\partial t^*} + \vec{u}^* \cdot \nabla^* c_i^* = \frac{1}{Pe_i} \nabla^{*2} c_i^* \tag{E.11}$$

478 付録E 無次元化および代表パラメータ

ここで，物質iの**物質移動ペクレ数**は$Pe_i = \dfrac{U\ell}{D_i}$と定義され，ストローハル数は$St = t_c\dfrac{U}{\ell}$で与えられる．それぞれの物質において，ペクレ数は物質移動方程式中の拡散項の対流項に対する相対的な大きさを示す．また，ストローハル数は全物質において対流項に対する非定常項の相対的な大きさを示し，定常境界条件下ではストローハル数は1となる．マイクロデバイス中で扱う物質のD_iの値の範囲は幅広く，水の値$\dfrac{\eta}{\rho}$よりも数オーダー小さいこともよくある[訳注1]点において，パッシブスカラー輸送方程式はナビエ-ストークス方程式とは異なる．ペクレ数はレイノルズ数よりも幅広く変化し，そしてその値はレイノルズ数ほど頻繁に小さい値をとらない．

| **例題 E.2** 二つの流体が，幅250 μm，高さ10 μm，長さ1 cmのマイクロ流路内を流れる．流体1は流路の左側125 μmを，流体2は流路の右側125 μmを流れる．レイノルズ数の計算にはどの長さを用いるべきか．また，ペクレ数の計算にはどの長さを用いるべきか．

解 ペクレ数の長さスケールは，物質の濃度が変化する距離を表す長さにとる．この問題の場合，それに相当するのは流路の幅であり，関係する長さスケールは流路幅に比例する．すなわち，代表長さは125 μmか250 μmである．この系では流路高さ方向にもいくらかの濃度変化が起こるが，**主要な**変化は幅方向で見られる．

レイノルズ数の長さスケールは，速度が変化する距離を表す長さにとる．この問題の場合，それに相当するのは流路の高さであり，代表長さは10 μmである．研究者によっては高さの半分（5 μm）をとることもある．この系では流路幅方向にも速度の変化があるが，系の大部分において無限幅の流路として近似できるので，（少なくとも流路断面のほとんどの領域で）解は無限平行平板間の流れのそれに近くなる．

E.2.3 ポアソン-ボルツマン方程式の無次元化：デバイ長と熱電圧

ポアソン-ボルツマン方程式は，これまで述べてきたものと似た手法で無次元化できるが，以下の3点が少し異なる．第一に，ポアソン-ボルツマン方程式はより多くのパラメータを含むため，無次元数の形成自由度がより高い．第二に，この自由度により，

訳注1) $\dfrac{\eta}{\rho} = \nu \,[\mathrm{m^2/s}]$は動粘度または動粘性係数とよばれ，ある流体要素が移動した際に周囲の流体要素がどれだけ粘性によって引きずられて運動しやすいか（高密度の場合は引きずられにくく，低密度の場合は引きずられやすい）を示している．したがって，ある物質の拡散係数D_iが水の動粘度よりも小さい場合，物質はとても移動しやすいということになる．

ポアソン–ボルツマン方程式は境界条件に由来するパラメータを用いずに，すなわち電圧や長さの境界条件から独立して無次元化できる．第三に，この無次元化における重要なアウトプットは，支配方程式の操作の結果得られる無次元数ではなく，その過程で現れる代表長さと電圧である．無次元化の過程はこれまでとおおむね同じだが，アウトプットは異なるパラメータに着目している．ここでは，ポアソン–ボルツマン方程式の無次元化を，もっとも一般的なナビエ–ストークス方程式の無次元化と比較していく．

無次元化は，次式に示す非線形ポアソン–ボルツマン方程式から出発する．

$$\nabla^2 \varphi = -\frac{F}{\varepsilon} \sum_i c_{i,\infty} z_i \exp\left(-\frac{z_i F \varphi}{RT}\right) \tag{E.12}$$

この方程式は $2n+6$ 個のパラメータをもつ（n は物質の数）．支配方程式は $n+4$ 個のパラメータ（ε，T，F，R，物質の価数 z_i）をもち，境界条件は $n+2$ 個のパラメータ（表面電位 φ_0，代表長さスケール ℓ，バルクにおける物質濃度 $c_{i,\infty}$）をもつ．この方程式の基礎物理量は 4 個（C，V，m，K）であるので，$2n+2$ 個の無次元パラメータのグループがあることになる．ポアソン–ボルツマン方程式は平衡方程式であるので，時定数はない．

ここからは，ナビエ–ストークス方程式の場合とは異なる順番で進めていく．ナビエ–ストークス方程式の場合には，各項の無次元化の方法は既知であるとして，方程式に無次元項を代入して二つの無次元パラメータ（Re と St）を得た．ポアソン–ボルツマン方程式の場合には，境界条件を気にせずに単純に支配方程式を変形していく．まず，指数項の引数が無次元でなければならないが，それがすでに無次元比となっていることに気づくだろう．そこで，無次元電位を次式のように定義する．

$$\varphi^* = \frac{F\varphi}{RT} \tag{E.13}$$

式 (E.13) では，電位は**熱電圧**（thermal voltage．電気素量に熱エネルギーと等しいポテンシャルエネルギーを誘起する電圧を表す．室温で約 25 mV）$\frac{RT}{F}$ で無次元化される．これにより，次式が導出される．

$$\nabla^2 \varphi^* = -\frac{F^2}{\varepsilon RT} \sum_i c_{i,\infty} z_i \exp(-z_i \varphi^*) \tag{E.14}$$

この過程は，ナビエ–ストークス方程式の場合に用いたものとは考え方が異なっている．先の場合では，境界条件から得る値で $\bar{u}$ に関する重要なパラメータを無次元化していた．今回の場合，ポアソン–ボルツマン方程式は無次元化に使えるパラメータ $\frac{RT}{F}$ を与えているので，境界条件を必要としない．

480 付録 E　無次元化および代表パラメータ

次に，**バルク**溶液のイオン強度により濃度を無次元化すると，次式を得る．

$$c_{i,\infty}^* = \frac{c_{i,\infty}}{I_{c,\text{bulk}}} \tag{E.15}$$

ここから，次式を得る．

$$\nabla^2 \varphi^* = -\frac{1}{2}\frac{2F^2 I_c}{\varepsilon RT}\sum_i c_{i,\infty}^* z_i \exp(-z_i \varphi^*) \tag{E.16}$$

この過程は，ある物理量を境界の値（この場合は無限遠）によって無次元化するという点で，これまでの手法により近いといえる．

次に，右辺と左辺はともに長さの -2 乗の単位をもつことに着目する．このことから，右辺の係数は代表長さの -2 乗であるといえる．したがって，次式のように**デバイ長**（Debye length）λ_D が定義される．

● デバイ長の定義

$$\lambda_\mathrm{D} = \sqrt{\left.\frac{\varepsilon RT}{2F^2 I_c}\right|_{\text{bulk}}} \tag{E.17}$$

さらに，空間変数 x, y, z をデバイ長で無次元化すると，以下のようになる．

$$x^* = \frac{x}{\lambda_\mathrm{D}} \tag{E.18}$$

$$y^* = \frac{y}{\lambda_\mathrm{D}} \tag{E.19}$$

$$z^* = \frac{z}{\lambda_\mathrm{D}} \tag{E.20}$$

また同様に，無次元デル演算子を次式で定義する．

$$\nabla^* = \left(\frac{\partial}{\partial x^*}, \frac{\partial}{\partial y^*}, \frac{\partial}{\partial z^*}\right) \tag{E.21}$$

ここで，再びナビエ-ストークス方程式の無次元化との比較をすると，今回は支配方程式から代表長さを得ることができるため，境界条件を使う必要がないことがわかる．無次元デル演算子を用いると，次式に示す無次元ポアソン-ボルツマン方程式を得る．

● 流体物性一様の場合の無次元ポアソン-ボルツマン方程式

$$\nabla^{*2}\varphi^* = -\frac{1}{2}\sum_i c_{i,\infty}^* z_i \exp(-z_i \varphi^*) \tag{E.22}$$

この系を支配する $2n+2$ 個の無次元パラメータは n 個の価数 z_i，n 個の無次元バルク濃度 $c_{i,\infty}^*$，無次元代表長さ $\dfrac{\ell}{\lambda_\mathrm{D}}$，そして無次元電気二重層電位 $\varphi_0^* = \dfrac{F\varphi^*}{RT}$ である．代表長さ ℓ と電気二重層における代表電圧降下 φ_0 は無次元支配方程式には含まれていないが，境界条件に含まれている．なお，境界条件に用いられる無次元形ではなく，ポアソ

ン-ボルツマン方程式起源の代表長さと代表電圧のほうに名前（デバイ長と熱電圧）がつけられている.

デバイ長は, イオンの再配置により（荷電表面のような）静電気的な摂動が遮蔽される長さスケールを表している. このパラメータの使用は, 誘電率の使用と似ている. 誘電率は, 真空中の場合と比較して媒質の分極により打ち消される電荷を表すのに対し, デバイ長はイオンの再配置によって電解質が電場を打ち消す距離スケールを表す. 無次元長さ $\dfrac{\ell}{\lambda_D}$ は, ある物体がそれを取り囲む電気二重層に対してどれだけ大きいかを表す. たとえば, 第13章では半径 a の粒子の誘電泳動移動度を表すために $a^* = \dfrac{a}{\lambda_D}$ を用いた.

熱電圧は表面電位を無次元化している. 無次元表面電位は, 表面がイオン濃度に対してどれだけの摂動を引き起こすかを表す. φ_0^* が小さければ摂動は小さく, 媒質の導電率は一様であり, ポアソン-ボルツマン方程式は最小の誤差で線形化できる. φ_0^* が大きい場合には, 摂動が大きく, イオン分布が劇的に変化し, 系は強い非線形性を示す.

E.3 まとめ

本付録では, ナビエ-ストークス方程式, スカラー輸送方程式, そしてポアソン-ボルツマン方程式の無次元化について概説した. ナビエ-ストークス方程式の場合, これにより式 (E.23) のストローハル数および式 (E.24) のレイノルズ数が現れる.

$$St = t_c \frac{U}{\ell} \tag{E.23}$$

$$Re = \frac{\rho U \ell}{\eta} \tag{E.24}$$

無次元化の過程で, 時定数と代表圧力を選択する必要がある. 時定数 t_c には, 境界条件が定常あるいはゆっくりと変化する場合には流れの時間 $\dfrac{\ell}{U}$ を, 境界条件が急速に変化する場合には t_{BC} をとる. 系が過拘束とならないように圧力項を残す必要があり, 代表圧力は, 低レイノルズ数流れの場合には $\dfrac{\eta U}{\ell}$ を, 高レイノルズ数流れの場合には ρU^2 をとる. パッシブスカラー輸送方程式はナビエ-ストークス方程式と類似しているが, 一般にはよりシンプルである. この方程式から, 次式に示す各スカラーのペクレ数が現れる.

$$Pe = \frac{U\ell}{D} \tag{E.25}$$

482 付録 E 無次元化および代表パラメータ

ポアソン-ボルツマン方程式は，熱電圧 $\dfrac{RT}{F}$ および式(E.26)に示すデバイ長 λ_{D} を定義して無次元化され，その際に境界条件は使用しない．そして，電位と系の長さスケールの境界条件は，これらのパラメータを用いて無次元化される．

$$\lambda_{\mathrm{D}} = \sqrt{\frac{\varepsilon RT}{2F^2 I_c}}\bigg|_{\mathrm{bulk}} \tag{E.26}$$

E.4 補足文献

無次元パラメータの一覧と，その物理的な意味の簡単な紹介は多くの教科書に掲載されている．その一例として文献 [33] をあげる．ナビエ-ストークス方程式の無次元化と動的類似性については，文献 [24] で厳密に議論されている．無次元化に徹底的に重きをおいて輸送を学びたい読者には，無次元化に焦点を当てた文献 [30] を薦める．

本書では，たとえば，ボンド数，グラスホフ数，レイリー数といった浮力に関係した無次元数や，ダムケーラー数のような化学反応に関係したパラメータ，ヴァイゼンベルク数やデボラ数といった高分子の緩和に関するパラメータ，ブリンクマン数，ビオ数，フーリエ数などの熱輸送に関係するパラメータなど，多くの無次元パラメータには触れていない．文献 [293] は，無次元化の役割に焦点を当てているマイクロ流体全体の総説である．

E.5 演習問題

E.1 無次元化されていないナビエ-ストークス方程式に式(E.2)〜 (E.6)を代入して式(E.8)を導出せよ．

E.2 半径 $R = 4\,\mu\mathrm{m}$ の円形マイクロ流路内を平均速度 $100\,\mu\mathrm{m/s}$ で流れる水を扱う．流路サイズの 1/100 の解像度で実験的に速度勾配を得られることが望ましいが，残念ながらほとんどの流速計測技術では $40\,\mathrm{nm}$ の解像度は得られない．そこで，より大きな流路で動的に類似な計測を行い，十分な解像度を得るためには，どのような流路サイズと流体を選択すればよいか述べよ．

E.3 ナビエ-ストークス方程式と，ストークス近似を導く無次元化について考える．圧力を $\dfrac{\eta U}{\ell}$ ではなく，ρU^2 で無次元化することもできるが，その場合には $Re \to 0$ の極限で次式が導出されることを示せ．

$$\nabla^2 \vec{u}^* = 0 \tag{E.27}$$

変数が速度ベクトルの成分のみの場合，この式と連続の式を解くことはできるだろう

か．運動量と質量の方程式の数学的な形式について，圧力と関連づけて説明せよ．

E.4　無次元化されていないパッシブスカラー輸送方程式である式(E.10)から無次元パッシブスカラー輸送方程式である式(E.11)を導出せよ．

E.5　次元解析の観点から，ポアソン–ボルツマン方程式の物理パラメータと基礎物理量を定義し，方程式を支配する二つの無次元量が無次元電圧と無次元長さである理由を説明せよ．

付録 F
ラプラス方程式と
ストークス方程式の多重極解

ラプラス方程式とストークス方程式はどちらも流速に対して線形で，グリーン関数の重ね合わせによる解を適用できる．さらに，これらの方程式は，重ね合わせが**多重極展開**とよばれる解をもつ．本付録ではこの解の詳細について述べる．

F.1　ラプラス方程式

ラプラス方程式は電磁気の重要な解を支配し，壁面から離れた場所での純粋な電気浸透流の流動も支配する．通常，複雑形状の場合には支配方程式を解くために**数値計算**を用いるが，とくに対称性をもつ系においては，変数分離法を用いることにより多くのラプラス方程式の解析解を見つけることができる．これらの解は，厳密解の近似である級数展開（多重極展開）をもたらす点で数学的に重要であり，また，この展開においては電気系（点電荷），磁気系（点磁気双極子），流体系（わき出し，吸い込み，渦）の構成要素が個々の項に相当するという点で物理的にも重要である．

本付録では，軸対称および面対称の場合のラプラス方程式の解について記述する．面対称流れの解は第 7 章で議論したポテンシャル流れに関連し，軸対称の解は粒子の誘電泳動応答のモデル化に用いる多重極展開の使用（第 17 章）に関連する．

F.1.1　軸対称球座標系のラプラス方程式の解：変数分離と多重極展開

本項では軸対称球座標系のラプラス方程式の変数分離法による解を提示し，ラプラス方程式の軸対称線形多重極展開について述べる．この多重極展開は変数分離法による解の項の一部であり，r が大きい場合に精度がよい．

■**軸対称ラプラス方程式の一般ルジャンドル多項式解**

軸対称球座標において，スカラー ϕ のラプラス方程式は次式で与えられる．

● 軸対称球座標系のラプラス方程式

$$\frac{\partial}{\partial r}\left(r^2 \frac{\partial \phi}{\partial r}\right) + \frac{1}{\sin \vartheta}\frac{\partial}{\partial \vartheta}\left(\sin \vartheta \frac{\partial \phi}{\partial \vartheta}\right) = 0 \tag{F.1}$$

ここで，このスカラーはラプラス方程式を満足するあらゆる物理量（たとえば，電位や速度ポテンシャル）である．この方程式は変数分離法で解くことができ（演習問題 F.2 参照），方程式の一般解は，次のように r の多項式および $\cos \vartheta$ を変数とするルジャンドル多項式で表される（図 F.1）．

$$\phi(r, \vartheta) = \sum_{k=0}^{\infty} (A_k r^k + B_k r^{-k-1}) P_k(\cos \vartheta) \tag{F.2}$$

ここで，ルジャンドル多項式の項 $P_k(x)$ は次の一般式から得られる．また，いくつかの k に対応する $P_k(x)$ の式を表 F.1 に載せる．

$$P_k(x) = \frac{1}{2^k k!}\left(\frac{d}{dx}\right)^k (x^2 - 1)^k \tag{F.3}$$

軸対称球座標系へのルジャンドル多項式の適用は，デカルト座標系や円筒座標系にそれ

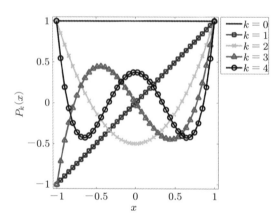

図 F.1　$-1 < x < 1$ におけるルジャンドル多項式の最初の 5 項の値

表 F.1　ルジャンドル多項式の最初の 5 項の式

k	$P_k(x)$
0	1
1	x
2	$\frac{1}{2}(3x^2 - 1)$
3	$\frac{1}{2}(5x^3 - 3x)$
4	$\frac{1}{8}(35x^4 - 30x^2 + 3)$

それフーリエ関数やベッセル関数の解を適用することに似ている.

式(F.2)における係数 A_k および B_k は，問題の境界条件を満足するように設定する．とくに，B_k 項は $r=0$ で非有界なので，$r>0$（マイクロ流体においては通常，これは粒子の**外側**，もしくはマイクロデバイスの外側の領域を意味する）においてのみ ϕ の記述に有用である．A_k 項は（少なくとも $k>0$ の領域では）$r \to \infty$ において非有界であり，したがって有限の r（粒子の**内側**もしくはマイクロデバイスの内側の領域）の場合にのみ ϕ の記述に有用である.

■多重極解——一般形式および応用性

特定の B_k 項がゼロとならない（一方で，すべての A_k 項はゼロとなる）解は**多重極解**（multipole solution）または**特異解**（singular solution）とよばれる．次式に示すような，全多重極解を足し合わせたものは多重極展開とよばれる.

- ラプラス方程式の多重極展開の解

$$\phi(r,\vartheta) = \sum_{k=0}^{\infty} B_k r^{-k-1} P_k(\cos\vartheta) \tag{F.4}$$

より厳密には，式(F.4)は**ラプラス方程式の線形軸対称多重極展開**であり，他の座標系や方程式の多重極展開とは区別しなければならない.

多重極展開は，r の逆数のべき乗で表される展開である．したがって，r が十分に大きいかぎりは有限の数の項で ϕ の正しい近似解が得られる．それに加えて，いくつかの物理的物体は厳密に，あるいは近似的に多極子に一致する．たとえば，点電荷は電気単極子に相当し，鉄原子は磁気双極子に相当する.

数学的または**理想的**な多極子と**物理的**な多極子は区別して用いられる．数学的な多極子は級数展開の項に相当する．反対に，物理的な多極子は，対応する数学的多極子でよく近似されるラプラス方程式の解のもととなる物理的物体のことである．たとえば，水分子の O–H 結合は非対称で，水素原子は正の電荷，酸素原子は負の電荷をもつが，これらの電荷は O–H 結合の距離（約 1 Å）だけ隔てられている．この非対称結合は物理的な双極子であり，数学的な双極子によって，完全にではないが，よく近似できる.

多重極展開は無限和であるが，通常は有限の項で切り捨てられる．特定のシンプルな形状の場合は，たった一つの項で解を得ることもある（この一例として，球周りの電場やポテンシャル流れがある．これらは一様場や一様流に双極子を追加することで生成される）．より複雑な形状の場合には，系をいくつかの項でモデル化する．多重極展開は r が大きくなるほどよい近似を得るという性質をもつ．これはつまり，物体からの距離が遠いほどこの種の近似結果がよくなることを意味する.

488 付録F　ラプラス方程式とストークス方程式の多重極解

■低次多極子からの高次多重極解の生成

ここでは，低次の多極子の組み合わせにより多重極解が生成できることを紹介する．数学的には，これはルジャンドル多項式の基礎的な性質の説明になる．また，多重極解を生成する物理的物体は単極子や双極子の組み合わせであることが多いので，これは物理的に重要である．

任意の $k+1$ 次の多極子は，極限操作のなかで次数が k の二つの多極子を組み合わせることで生成できる．これら二つの多極子は無限に大きい（しかし符号が逆の）ルジャンドル多項式係数をもっていなければならず，無限小の距離 δd だけ離れていなければならない $\left(\text{つまり，正の } k \text{ 次多極子が } z = \dfrac{\delta d}{2}，\text{負の } k \text{ 次多極子が } z = -\dfrac{\delta d}{2} \text{ に位置する}\right)$．これらの重ね合わせにより，ルジャンドル多項式の係数が $B_{k+1} = k B_k \delta d$ となる多極子が得られる．したがって，二つの単極子の強度が増加し，距離が減少してついに一体化すると双極子となり，二つの双極子の強度が増加し，距離が減少してついに一体化すると四重極子となる．

同様の議論により，正と負の任意の低次多極子を重ね合わせることにより，あらゆる多極子を生成できる．パスカルの三角形（**表F.2**）に示すように，これらの多極子は足したり引いたりでき，その結果得られるルジャンドル多項式係数は $B_{k+n} = n! B_k \delta d^n$ となる．

数学的な多重極解は，つねに $\delta d \to 0$，$B_k \to \infty$，B_{k+n} が有限である**極限の場合**に生成される．物理的多極子は，有限の強さをもつ複数の単極子や双極子がたがいに有限の距離だけ移動したものに相当する．

表F.2　低次多極子の重ね合わせによる多極子構築における乗数

$z = -2\delta d$	$z = \dfrac{-3\delta d}{2}$	$z = -\delta d$	$z = \dfrac{-\delta d}{2}$	$z = 0$	$z = \dfrac{\delta d}{2}$	$z = \delta d$	$z = \dfrac{3\delta d}{2}$	$z = 2\delta d$	
				1					k 次
			-1		1				$k+1$ 次
		1		-2		1			$k+2$ 次
	-1		3		-3		1		$k+3$ 次
1		-4		6		-4		1	$k+4$ 次

図F.2 に，電気多極子のはじめの四つの線形多極子構造および基礎物理的単位（点電荷）から多極子が構成される過程を示す．基礎単位は系によって変化する．たとえば，磁気系には単極子がないため，基礎単位は磁気双極子となる．

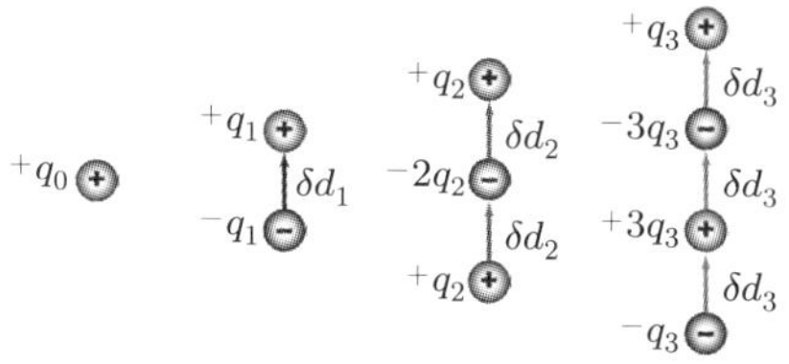

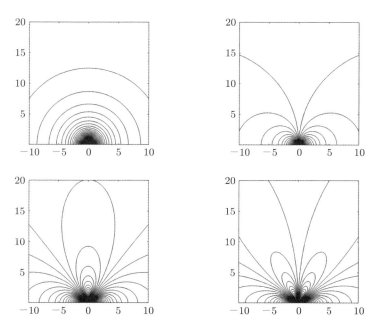

図 F.2 線形電気単極子，双極子，四重極子，八重極子の物理的構造．電気単極子は点電荷であり，すべての高次多極子は物理的に電荷の**分布**に対応する

■線形軸対称多重極解から導出したポテンシャル解

多重極解の最初の 4 項には名前が付いており，さまざまな物理系を表現できる重要な項である．これらの解について以下で述べる．これらの線形軸対称多重極解の等ポテンシャル線図を図 F.3 に示す．

図 F.3 線形軸対称多極子から得られる等ポテンシャル線図．左上：単極子，右上：双極子，左下：四重極子，右下：八重極子．視認性向上のため，双極子，四重極子，八重極子の r 依存性は歪めて表示している

■単極子

単極子の解（ゼロ次の多極子）では $B_0 \neq 0$ であり，その他すべての B_k はゼロとなる．単極子および多極子の解の分母に係数 4π を加える場合もある．このような定数は一貫

して加えられているかぎりは計算に影響せず，次式を見ればわかるように，単純に B の値が再定義されるだけである．

• 軸対称球形単極子

$$\phi = \frac{B_0}{r} \tag{F.5}$$

■双極子

次に示すように，双極子の解（1 次の多極子）では $B_1 \neq 0$ であり，その他すべての B_k はゼロとなる．

• 軸対称球形双極子

$$\phi = \frac{B_1}{r^2} \cos\vartheta \tag{F.6}$$

例題 F.1 水分子は双極子モーメントが約 2.9 D となる．水中（連続体として扱う）に懸濁された単一の水分子が生成する電位を求め，多極子係数を用いてこの場を表せ．水分子は分子対称面が x 軸上にあり，正の電荷が x 軸の正の方向を向き，負の電荷が x 軸の負の方向を向いて配列されているとする．

解 双極子モーメントをもつ物体は電気双極子であり，それを誘起する電位は次式で与えられる．

$$\phi = \frac{B_1}{r^2} \cos\vartheta \tag{F.7}$$

単極子の強さは $B_0 = \dfrac{q}{4\pi\varepsilon}$ で与えられる．これに対応する双極子の強さは $B_1 = 1! B_0 \delta d$ で与えられるので，次式を得る．

$$B_1 = \frac{q\delta d}{4\pi\varepsilon} = \frac{p}{4\pi\varepsilon} \tag{F.8}$$

ここで，p は双極子モーメントの大きさである．したがって，電場は式(F.9)または式(F.10)で与えられる．

$$\phi = \frac{2.9\mathrm{D}}{4\pi\varepsilon r^2} \cos\vartheta \tag{F.9}$$

$$\phi = \frac{1.1 \times 10^{-21}\,\mathrm{Vm^2}}{r^2} \cos\vartheta \tag{F.10}$$

■四重極子

次に示すように，四重極子の解（2次の多極子）では $B_2 \neq 0$ であり，その他すべての B_k はゼロとなる．

● 軸対称球形四重極子

$$\phi = \frac{B_2}{r^3} \frac{3\cos^2\vartheta - 1}{2} \tag{F.11}$$

■八重極子

次に示すように，八重極子の解（3次の多極子）では $B_3 \neq 0$ であり，その他すべての B_k はゼロとなる．

● 軸対称球形八重極子

$$\phi = \frac{B_3}{r^4} \frac{5\cos^3\vartheta - 3\cos\vartheta}{2} \tag{F.12}$$

その他の多極子は通常，十六極子，三十二極子などとよばれる．

例題 F.2 水中の 5 個の Cl^- イオンが x 軸上の $x = -2\,\mathrm{nm}$ から $x = 2\,\mathrm{nm}$ の間に等間隔で並んでいるとする．これらのイオンにより生じる電位を多重極展開により近似し，ϕ を用いて表せ．水は連続体とする．

解　$x = (-2\,\mathrm{nm}, -1\,\mathrm{nm}, 0\,\mathrm{nm}, 1\,\mathrm{nm}, 2\,\mathrm{nm})$ における正味の電荷は $(-1, -1, -1, -1, -1)$ である．この電荷の分布を得るためには多極子の線形重ね合わせが必要となる．パスカルの三角形（**表 F.2**）を参照して，各位置での正味の電荷が $(-1, -1, -1, -1, -1)$ となるように係数を調整すると，強さが $-1 \times 4!(-1, 4, -6, 4, -1)$ の十六極子，強さが $-5 \times 2!(0, -5, 10, -5, 0)$ の四重極子，そして強さが $-5 \times 0!(0, 0, -5, 0, 0)$ の単極子で実現できる．したがって，多重極解は次式で与えられる．

$$\phi = \frac{B_0}{r} + \frac{B_2}{r^3} \frac{3\cos^2\vartheta - 1}{2} + \frac{B_4}{r^5} \frac{35\cos^4\vartheta - 30\cos^2\vartheta + 3}{8} \tag{F.13}$$

また，多極子係数は以下の式で与えられる．

$$B_0 = -5(0!)\frac{e}{4\pi\varepsilon} = \frac{-5(1.6\times10^{-19}\,\mathrm{C})}{4\pi(80)(8.85\times10^{-12}\,\mathrm{C/(V\,m)})} = -9.0\times10^{-11}\,\mathrm{V\,m} \tag{F.14}$$

$$B_2 = -5(2!)\delta d^2 \frac{e}{4\pi\varepsilon} = \frac{-10(1\times10^{-9}\,\mathrm{m})^2(1.6\times10^{-19}\,\mathrm{C})}{4\pi(80)(8.85\times10^{-12}\,\mathrm{C/(V\,m)})} = -1.8\times10^{-28}\,\mathrm{V\,m}^3 \tag{F.15}$$

$$B_4 = -1(4!)\delta d^4 \frac{e}{4\pi\varepsilon} = \frac{-24(1\times10^{-9}\,\mathrm{m})^4(1.6\times10^{-19}\,\mathrm{C})}{4\pi(80)(8.85\times10^{-12}\,\mathrm{C/(V\,m)})} = -4.3\times10^{-46}\,\mathrm{V\,m}^5 \tag{F.16}$$

したがって，ポテンシャル場は次式となる．

$$\phi = \frac{-9.0 \times 10^{-11} \text{ V m}}{r} + \frac{-1.8 \times 10^{-28} \text{ V m}^3}{r^3} \frac{3\cos^2\vartheta - 1}{2}$$

$$+ \frac{-4.3 \times 10^{-46} \text{ V m}^5}{r^5} \frac{35\cos^4\vartheta - 30\cos^2\vartheta + 3}{8} \tag{F.17}$$

F.1.2　面対称な系：2次元円筒座標系

　面対称な系では，軸対称球座標系と同様に，2次元円筒座標系の多重極解を生成できる．2次元においては，**線形多極子は任意の面対称ラプラス解の展開には不十分なため**，多重極展開はあまり有用ではない．しかし，円筒展開は，第7章で議論した2次元円筒ポテンシャル流れをさらに理解しやすくしてくれる点で有用である．

■面対称円筒ラプラス方程式の一般調和解

　2次元円筒座標系において，ポテンシャル ϕ のラプラス方程式は次式で与えられる．

- 面対称円筒ラプラス方程式

$$\frac{1}{r}\frac{\partial}{\partial r}\left(r\frac{\partial\phi}{\partial r}\right) + \frac{1}{r^2}\frac{\partial^2\phi}{\partial\theta^2} = 0 \tag{F.18}$$

この方程式は変数分離法により解くことができ（演習問題F.3参照），その一般解は次のように調和関数の形式で書くことができる．

$$\phi(r,\theta) = A_0 + B_0 \ln r + \sum_{k=1}^{\infty}(A_k r^k + B_k r^{-k})\cos(k\theta + \alpha_k) \tag{F.19}$$

これは軸対称球座標系の解と似ているが，θ の常微分方程式中のルジャンドル多項式が純粋な正弦波で置き換えられ，r の方程式の多項式解がわずかに異なる．軸対称球座標系における多極子の方向は定義により対称軸に沿うが，2次元円筒座標系の多極子の向きは任意にとれるため，2次元円筒座標系の解には x 軸に対する多極子の回転量を表す角度 α が含まれる．

■多重極解——一般形式および応用性

　前述のように，特定の B_k がゼロではなくすべての A_k がゼロとなる解は多重極解である．全多重極解の重ね合わせは次式となり，これは**2次元円筒多重極展開**とよばれる．

- 2次元円筒多重極展開

$$\phi(r,\theta) = B_0 \ln r + \sum_{k=1}^{\infty} B_k r^{-k}\cos(k\theta + \alpha_k) \tag{F.20}$$

F.2 ストークス方程式　　493

■2次元円筒多重極解の例

2次元円筒多重極解は，軸対称球座標系の多重極解と類似している．以下に例を示す．

■2次元単極子

単極子の解（ゼロ次の多極子）では $B_0 \neq 0$ であり，その他すべての B_k はゼロとなる．

- 面対称円筒単極子

$$\phi = B_0 \ln \imath \tag{F.21}$$

2次元ポテンシャル流れでは，2次元単極子はわき出しや吸い込みに相当する．

■2次元双極子

次に示すように，双極子の解（1次の多極子）では $B_1 \neq 0$ であり，その他すべての B_k はゼロとなる．

- 面対称円筒双極子

$$\phi = \frac{B_1}{\imath} \cos(\theta + \alpha_1) \tag{F.22}$$

■線形2次元四重極子

次に示すように，線形四重極子の解（2次の多極子）では $B_2 \neq 0$ であり，その他すべての B_k はゼロとなる．

- 面対称円筒四重極子

$$\phi = \frac{B_2}{\imath^2} \cos(2\theta + \alpha_2) \tag{F.23}$$

■線形2次元八重極子

次に示すように，線形八重極子の解（3次の多極子）では $B_3 \neq 0$ であり，その他すべての B_k はゼロとなる．

- 面対称円筒八重極子

$$\phi = \frac{B_3}{\imath^3} \cos(3\theta + \alpha_3) \tag{F.24}$$

F.2 ストークス方程式

第8章で議論したように，ストークス方程式は重要な粘性流れを支配している．ラプラス方程式がそうであったように，複雑形状の場合には支配方程式を解くために数値計

算が用いられるが，グリーン関数の解を考えることでストークス方程式の解析解を見つけることができる．これらの解は厳密解を近似する級数展開（多重極展開）につながるので数学的に重要である．ストークス方程式の多重極展開はラプラス方程式のそれよりも多少複雑になるが，これにより微小な粘性物体とその流体力学的相互作用を考えることができる．これらの多重極形式化により，相互作用する多数の微粒子に作用する力の計算が容易になる．

F.2.1 点わき出しを含むストークス流れのグリーン関数

点に作用する力 $\vec{F}$ を含むストークス方程式は，次のように表される．

$$\nabla p - \eta \nabla^2 \vec{u} = \vec{F} \delta(\vec{\Delta r}) \tag{F.25}$$

ここで，$\delta(\vec{\Delta r})$ はディラックのデルタ関数，$\vec{\Delta r}$ は力の作用点からの距離である．また，非圧縮性流れの場合には次式を得る．

$$\nabla \cdot \vec{u} = 0 \tag{F.26}$$

第8章で議論したように，これらの式の解は以下の式で表される．

$$\vec{u} = \vec{\vec{G}}_0 \cdot \vec{F} \tag{F.27}$$

$$\vec{\vec{G}}_0 = \frac{1}{8\pi\eta\Delta r}\left(\vec{\vec{\delta}} + \frac{\vec{\Delta r}\vec{\Delta r}}{\Delta r^2}\right) \tag{F.28}$$

$$\Delta p = \vec{P}_0 \cdot \vec{F} \tag{F.29}$$

$$\vec{P}_0 = \frac{1}{4\pi\Delta r^2}\frac{\vec{\Delta r}}{\Delta r} \tag{F.30}$$

$\vec{\vec{G}}_0$ と $\vec{P}_0$ はそれぞれストークス流れ中の点に作用する力によって引き起こされる速度と圧力のグリーン関数である．$\vec{\vec{G}}_0 \cdot \vec{F}$ はストークスレットとよばれ，ストークス流れの多重極展開の単極子を構成する．ストークス流れの多重極展開は特異解あるいは基本解

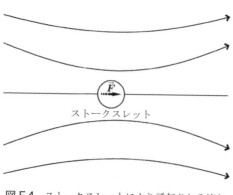

図 F.4 ストークスレットにより誘起される流れ

ともよばれる．図 F.4 にストークスレットとそれにより生じる流動パターンの模式図を示す．

F.3　ストークス多極子：ストレスレットとロトレット

　ストークス流れの多重極解は，ラプラス方程式の多重極解と似た手順で得られる（表 F.3）．両者の重要な差は，ストークス流れは渦なしではなく，したがってストークス双極子により生じる速度勾配テンソルは対称（ひずみ）と非対称（回転）成分の両方を含むという点である．そこで，ストークス双極子をこれらの成分（縮退した四重極子）に分割し，それぞれストレスレットとロトレットとよぶことにする．ラプラス方程式の解の双極子を生成するのと同様に，（無限に大きく，強さ $\vec{F}$ が同じで向きが反対であり，力の向きと垂直な方向に無限小の距離 $\boldsymbol{\delta d}$ 離れた）二つのストークスレットの重ね合わせによってストークス双極子（図 F.5）を得る．ストレスレット（図 F.6）は，たがいに 90°横を向いた二つのストークス双極子を加えることで得る．ストレスレットにより誘起される速度は次式で与えられる．

$$\vec{u} = \vec{\vec{G}}_{\mathrm{s}} \cdot \vec{F} \tag{F.31}$$

生成される流れは，点に作用する力と分離距離の積に等しい大きさをもつ．ストレスレッ

表 F.3　軸対称ラプラス方程式と軸対称ストークス方程式の多重極解の類似性

項目	ラプラス方程式	ストークス方程式
単極子	ラプラス方程式のグリーン関数の解	ストークス方程式のグリーン関数の解
重ね合わせによる多極子生成	対称軸方向を向いた単極子	対称軸と垂直な方向を向いた単極子
多極子との数学的関係	多極子は低次多極子の導関数と関係している（ロドリゲスの公式）	多極子は低次多極子の導関数と関係している

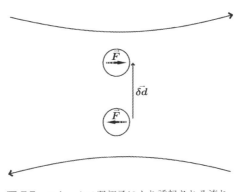

図 F.5　ストークス双極子により誘起される流れ

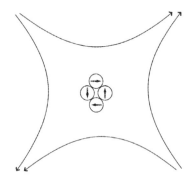
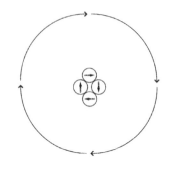

図 F.6　ストレスレットにより誘起される流れ　　図 F.7　ロトレットにより誘起される流れ

ト相互作用テンソル $\vec{\vec{G}}_s$ は次式で与えられる.

$$\vec{\vec{G}}_s = \frac{|\vec{\delta d}|}{8\pi\eta\Delta r^3}\left(\vec{\vec{\delta}} - 3\frac{\vec{\Delta r}\vec{\Delta r}}{\Delta r^2}\right) \tag{F.32}$$

ロトレット（またはカプレット，図 F.7）はたがいに $90°$ 横を向いた二つのストークス双極子で与えられる．ロトレットにより誘起される速度は次式で与えられる．

$$\vec{u} = \vec{\vec{G}}_r \cdot \vec{T} \tag{F.33}$$

ここで，トルク擬ベクトル $\vec{T}$ は $\vec{\delta d}\times\vec{F}$ で与えられ，ロトレット相互作用テンソル $\vec{\vec{G}}_r$ は次式で与えられる．

$$\vec{\vec{G}}_r = \frac{\vec{\Delta r}}{8\pi\eta\Delta r^3} \tag{F.34}$$

F.4　まとめ

本付録では，面対称および軸対称のラプラス方程式の多重極解について概説した．軸対称の場合，線形多重極解は次式で与えられる．

$$\phi(r,\vartheta) = \sum_{k=0}^{\infty} B_k r^{-k-1} P_k(\cos\vartheta) \tag{F.35}$$

面対称流れの場合，線形多重極解は次式で与えられる．

$$\phi(\textit{r},\theta) = B_0 \ln \textit{r} + \sum_{k=1}^{\infty} B_k \textit{r}^{-k}\cos(k\theta + \alpha_k) \tag{F.36}$$

ラプラス方程式の場合，これらの多極子は直接的に物理的な物体，とくに点電荷に相当する．

本付録では軸対称におけるストークス方程式の多重極解についても概説した．ストークス方程式の場合は，多極子は直接的に点に作用する力やトルクに相当する．点に作用

する力の場合，速度は次の 2 式で与えられる.

$$\vec{u} = \vec{\vec{G}}_0 \cdot \vec{F} \tag{F.37}$$

$$\vec{\vec{G}}_0 = \frac{1}{8\pi\eta\Delta r}\left(\vec{\vec{\delta}} + \frac{\vec{\Delta r}\vec{\Delta r}}{\Delta r^2}\right) \tag{F.38}$$

これらの解析解は，速度場の距離依存性を明確にし，またより簡単な系の解の利用を可能にする点で重要である.

F.5 補足文献

Griffiths [55] と Jones [61] はラプラス方程式の解に関する素晴らしい文献である. Griffiths [55] は解説書であり，導入部もわかりやすい. 同書では軸対称座標系の変数分離法にも触れられている. Jones [61] は一般的な多重極理論について，とくに媒質中の粒子に関連した静電気や電気力学の問題について，付録でかなり詳細に扱っている. Jackson [56] は変数分離法とグリーン関数の解法についてもっとも広範に扱っている.

ストークス流れのグリーン関数の解の導出には，フーリエ変換を用いる方法 [32] や球の半径をゼロの極限にもっていく方法がある. Kim and Karrila [89] はストークス流れの多重極解の詳細について，数学的な定式化に重きをおいて述べている. Russel ら [32] は本付録の内容について，ストークス多極子の一般形式を含めてより詳細に議論している. Happel and Brenner [88] も有用な資料である.

F.6 演習問題

F.1 式(F.3)で定義されるルジャンドル多項式のはじめの 3 項がすべて，次式のルジャンドルの微分方程式を満足することを代入により示せ.

$$\frac{d}{dx}\left[(1-x^2)\frac{d}{dx}P_k(x)\right] + k(k+1)P_k(x) = 0 \tag{F.39}$$

F.2 式(F.1)の軸対称ラプラス方程式を考える. 変数分離法を用いて一般解を求めよ.

(a) 次式に示すように，ϕ の解は二つの関数（r のみの関数と ϑ のみの関数）の積で表せると仮定する.

$$\phi = R(r)\Theta(\vartheta) \tag{F.40}$$

(b) この関係をラプラス方程式に加え，r に関係するすべての項が片方の辺に，ϑ に関係するすべての項がもう片方の辺にくるように式を変形せよ.

(c) この式の両辺は定数となるはずなので，両辺は任意の定数をもつ常微分方程式で書き表せる. この任意定数は通常，問題が満足すべき境界条件を見越して $k(k+1)$ に比例する形式で書かれる. ここで，オイラー微分方程式を得るために式の R 側の辺

498 付録F　ラプラス方程式とストークス方程式の多重極解

を次式のように書き換える.

$$r^2 \frac{d^2}{dr^2}R + 2r\frac{d}{dr}R = k(k+1)R \tag{F.41}$$

この式は r の多項式解により満足される. この式の ϑ 側の辺は $x = \cos\vartheta$（ここでの変数 x は距離や座標ではなく, ただの変数）として書き換えると簡単に扱うことができる. この変換により, この式を次式のルジャンドルの微分方程式に変形できる.

$$\frac{d}{dx}\left[(1-x^2)\frac{d}{dx}P_k(x)\right] + k(k+1)P_k(x) = 0 \tag{F.42}$$

(d) 先ほどの x に $\cos\vartheta$ を再度代入し, R と Θ の積の関数として一般解を書き, $\phi = 0$ の解が $\phi = 2\pi$ の解と等しくなることに注意して k のとりうる値を求めよ. また, この k を用いて, 式(F.2)のように無限和の解を書け.

F.3　式(F.18)の2次元円筒ラプラス方程式を考える. 変数分離法を用いて一般解を求めよ.

(a) 次式に示すように, ϕ の解は二つの関数（r のみの関数と θ のみの関数）の積で表せると仮定する.

$$\phi = R(r)\Theta(\theta) \tag{F.43}$$

(b) この関係をラプラス方程式に加え, r に関係するすべての項が片方の辺に, θ に関係するすべての項がもう片方の辺にくるように式を変形せよ.

(c) この式の両辺は定数となるはずなので, 両辺は任意の定数をもつ常微分方程式で書き表せる. この任意定数は通常, 問題が満足すべき境界条件を見越して k^2 に比例する形式で書かれる. ここで, オイラー微分方程式を得るために式の R 側の辺を次式のように書き換える.

$$r^2 \frac{\partial^2 R}{\partial r^2} + r\frac{\partial R}{\partial r} = k^2 R \tag{F.44}$$

この式は r の多項式解により満足される. この式の θ 側の辺を, 次式のように書き換える.

$$\frac{\partial\Theta}{\partial\theta} + k^2\Theta = 0 \tag{F.45}$$

(d) R と Θ の積の関数として一般解を書き, $\phi = 0$ の解が $\phi = 2\pi$ の解と等しくなることに注意して k のとりうる値を求めよ. また, この k を用いて, 式(F.19)のように無限和の解を書け.

F.4　原点に位置し z 軸方向を向いた線形軸対称八重極子を近似する双極子の位置と強さを列挙せよ.

F.5　原点に位置し z 軸方向を向いた線形軸対称八重極子を近似する四重極子の位置と強さを列挙せよ.

F.6　原点に位置し z 軸方向を向いた線形軸対称四重極子を近似する単極子の位置と強さを列挙せよ.

F.7　有限の z 位置 $\pm\frac{1}{2}d$ に位置する強さ $\pm B_0$ の二つの線形軸対称単極子を考える. z 軸上において, 次の2通りの方法で計算した ϕ を図示し比較せよ.

(a) 二つの単極子の重ね合わせ

(b) 強さ $B_1 = B_0 d$ の双極子として二つの単極子を近似

どのような $\dfrac{z}{d}$ の値で，双極子解が厳密（二つの単極子）解に対して5％以内の誤差に収まるか．

F.8 式(F.11)が式(F.1)の軸対称球座標系ラプラス方程式の解であることを示せ．

F.9 式(F.22)が式(F.18)の2次元円筒ラプラス方程式の解であることを示せ．

F.10 ストレスレットにより誘起される速度を $\vec{S} = \dfrac{\sqrt{2}}{2}\hat{x} + \dfrac{\sqrt{2}}{2}\hat{z}$ を用いて計算し，図示せよ．

F.11 ロトレットにより誘起される速度を $\vec{T} = \hat{z}$ を用いて計算し，図示せよ．

F.12 ストレスレットの速度場とストークスレットの速度場を組み合わせると，ストークス流れ中の球周りの速度場となることを示せ．

F.13 回転電場により回転している細胞（球）を考える．この球により誘起される速度場を計算せよ．

F.14 直径1 µmの粒子5個が $(0, 0, 0)$, $(10, 10, 10)$, $(0, -10, 0)$, $(5, -5, 5)$, $(-20, 0, 0)$ に位置している（座標の単位は µm）．これらの粒子が x 方向の一様流中にあるとき，原点に位置する粒子がこの流れにより受ける粘性力はどのくらいか．

付録 G 複素関数

複素指数関数は数学的に比較的シンプルなため，本書では調和関数に関する計算を容易にする目的で複素関数を利用している．また，複素変数が 2 次元平面上の距離を表すときには，解析関数により自動的にラプラス方程式が解ける．本付録に複素変数の基本的な特性と操作をまとめる．

G.1 複素数および基本的な計算

複素数（complex number）$\underset{\sim}{C}$ は $\underset{\sim}{C} = a + jb$ の形式で表され，a と b は実数，j は虚数単位（$= \sqrt{-1}$）である．複素数の**実部**（real part）a は $\mathrm{Re}[\underset{\sim}{C}]$，**虚部**（imaginary part）$b$ は実数 $\mathrm{Im}[\underset{\sim}{C}]$ で表される．本書では，複素数をアンダーチルダで表す．

$\underset{\sim}{C}$ の**複素共役**（complex conjugate）は，次に示すように虚部の符号が反転したものであり，$\underset{\sim}{C}^*$ で表される．

$$\underset{\sim}{C}^* = a - jb \tag{G.1}$$

ある数とその複素共役の積は実数となる．

複素数 $\underset{\sim}{z}$ は 2 次元座標系における位置ベクトル（$\underset{\sim}{z} = x + jy$）と考えることができる．あるいは，この平面上の位置は円筒座標（大きさと角度）を用いても表すことができる．複素数の**大きさ**または絶対値は，複素平面の半径方向距離に等しく，次式のように $|\underset{\sim}{z}|$ で表される．

$$|\underset{\sim}{z}| = \sqrt{x^2 + y^2} \tag{G.2}$$

また，複素数の**偏角**は複素平面の位置の方位角に等しく，次式で表される．

$$\angle(\underset{\sim}{z}) = \mathrm{atan2}(y, x) \tag{G.3}$$

なお，atan2 は二つの引数をとる逆正接を表し，次に示すように，その（$0 \sim 2\pi$ の範囲における）値は y と x の符号および $\dfrac{y}{x}$ の値に依存する．

502　付録 G　複素関数

$$
\mathrm{atan2}(y,x) = \begin{cases} \tan^{-1}(y/x) & \text{if } x > 0,\ y > 0 \\ \tan^{-1}(y/x) + \pi & \text{if } \qquad x < 0 \\ \tan^{-1}(y/x) + 2\pi & \text{if } x > 0,\ y < 0 \\ \pi/2 & \text{if } x = 0,\ y > 0 \\ 3\pi/2 & \text{if } x = 0,\ y < 0 \end{cases} \tag{G.4}
$$

オイラーの公式 $\exp j\theta = \cos\theta + j\sin\theta$ から，複素数の**極座標形式**（polar form）である次式が導出できる．

$$
z = |z|\exp j \angle (z) \tag{G.5}
$$

G.1.1　四則演算

複素数の加減算では，それぞれ以下に示すように，実数と虚数を別々に加算，減算する．

$$
(a + jb) + (c + jd) = (a + c) + j(b + d) \tag{G.6}
$$
$$
(a + jb) - (c + jd) = (a - c) + j(b - d) \tag{G.7}
$$

複素数の乗算では，次式のように項ごとに乗算する（$j^2 = -1$）．

$$
(a + jb)(c + jd) = (ac - bd) + j(bc + ad) \tag{G.8}
$$

複素数の除算では，次式のように，はじめに分母と分子に分母の複素共役を掛けて分母を実数にし，分子の実数と虚数に分離する．

$$
\frac{a + jb}{c + jd} = \frac{(a + jb)(c - jd)}{(c + jd)(c - jd)} = \left(\frac{ac + bd}{c^2 + d^2}\right) + j\left(\frac{bc - ad}{c^2 + d^2}\right) \tag{G.9}
$$

G.1.2　微積分演算

複素関数 $f(z)$ の微分にはいくつかの方法がある．得るべき結果が z の関数である場合は，第 7 章の大部分でそうであったように，導関数は記号的に扱われる．一方，xy 平面上にプロットするために導関数を求める場合には，導関数は x または y の形式で表現されていることが望ましい．その場合は，導関数の定義における極限を実軸または虚軸に沿って求める．これにより，次式を得る．

● 複素平面上における複素関数の導関数の関係

$$
\frac{\partial f}{\partial z} = \frac{\partial f}{\partial x} = -j\frac{\partial f}{\partial y} \tag{G.10}
$$

ここで，実数の微分と複素数の微分の間には重要な違いがある．実関数の微分可能性に関して，次式の導関数は Δx が正と負のどちらの側からゼロに近づく場合にも同一でなければならず，これらが異なることを x において微分不可能であるという．

$$f'(x) = \lim_{\Delta x \to 0} \frac{f(x + \Delta x) - f(x)}{\Delta x} \tag{G.11}$$

たとえば，$|x|$ は $x = 0$ において微分不可能である．なぜなら，式(G.11)の極限を考えると，正の Δx のときは 1，負の Δx のときは -1 となるためである．一方，複素関数の複素変数に関する導関数は次のように表される．

$$f'(z) = \lim_{\Delta z \to 0} \frac{f(z + \Delta z) - f(z)}{\Delta z} \tag{G.12}$$

複素関数の場合には，微分可能となるためには以下の 2 点を満足しなければならない．第一に，Δz が正と負のどちら側からゼロに近づいた場合にも導関数が同一でなければならない．第二に，Δz が実数であれ虚数であれ，導関数が同一でなければならない．すなわち，次式を満足しなければならない．

$$\frac{\partial f}{\partial x} = -j \frac{\partial f}{\partial y} \tag{G.13}$$

このことは，複素関数の微分可能性には実関数のそれよりもより厳密な要求があるということを意味する．実関数においては，微分可能な関数はなめらかな関数である．複素関数においては，微分可能な関数はなめらかなだけでなく，式(G.13)が示すように実数方向と虚数方向の導関数の間に特別な関係をもつ．第 7 章のように，2 次元系の中で空間的な距離を表現するために複素変数を使う場合，複素関数の微分可能性（実軸と虚軸に関する導関数どうしの関係）は，x 方向と y 方向の導関数の間の特定の空間的関係を意味している．これを示すために，複素関数 $\phi_{\mathrm{v}} = \phi_{\mathrm{v}} + j\psi$ を考える．実軸方向と虚軸方向の ϕ_{v} の導関数をとることにより，次の 2 式が示される．

$$\frac{\partial \phi_{\mathrm{v}}}{\partial x} = \frac{\partial \psi}{\partial y} \tag{G.14}$$

$$\frac{\partial \psi}{\partial x} = -\frac{\partial \phi_{\mathrm{v}}}{\partial y} \tag{G.15}$$

これら二つの関係は，複素関数の**コーシー–リーマンの方程式**（Cauchy–Riemann equations）である．これらの関係を組み合わせる（x または y の偏微分をとる）と，次の 2 式を得る．

- 複素関数の実部のラプラス方程式

$$\frac{\partial^2 \phi_{\mathrm{v}}}{\partial x^2} + \frac{\partial^2 \phi_{\mathrm{v}}}{\partial y^2} = 0 \tag{G.16}$$

- 複素関数の虚部のラプラス方程式

$$\frac{\partial^2 \psi}{\partial x^2} + \frac{\partial^2 \psi}{\partial y^2} = 0 \tag{G.17}$$

504 付録 G 複素関数

したがって，複素平面上の関数は，その実部と虚部がどちらもラプラス方程式を満足する場合にのみ微分可能である．第 7 章においては，この特性を利用して，ϕ_v を z のみで定義している．また，別の表現をすれば，これらの関数が微分可能であればラプラス方程式を満足する．第 7 章で用いた多くの関数は，特異点を除いて微分可能である．その場合，特異点を除いたすべての点でラプラス方程式を満足する．

例題 G.1 解析関数 $\phi_v = \phi_v + j\psi$ を考える．実軸と虚軸の方向に ϕ_v の導関数をとることで，次の 2 式を示せ．

$$\frac{\partial \phi_v}{\partial x} = \frac{\partial \psi}{\partial y} \tag{G.18}$$

$$\frac{\partial \psi}{\partial x} = -\frac{\partial \phi_v}{\partial y} \tag{G.19}$$

解 ϕ_v が解析的であれば複素平面上で微分可能であるので，次の関係となる．

$$\frac{\partial \phi_v}{\partial x} = -j\frac{\partial \phi_v}{\partial y} \tag{G.20}$$

これを展開して

$$\frac{\partial \phi_v}{\partial x} + j\frac{\partial \psi}{\partial x} = -j\left(\frac{\partial \phi_v}{\partial y} + j\frac{\partial \psi}{\partial y}\right) \tag{G.21}$$

さらにまとめて次式を得る．

$$\frac{\partial \phi_v}{\partial x} + j\frac{\partial \psi}{\partial x} = \frac{\partial \psi}{\partial y} - j\frac{\partial \phi_v}{\partial y} \tag{G.22}$$

式の両辺の実部と虚部を等号で結ぶと，次の 2 式を得る．

$$\frac{\partial \phi_v}{\partial x} = \frac{\partial \psi}{\partial y} \tag{G.23}$$

$$\frac{\partial \psi}{\partial x} = -\frac{\partial \phi_v}{\partial y} \tag{G.24}$$

G.2 直交するパラメータの組み合わせへの複素変数の使用

線形な系において，関係する二つの（直交した）パラメータを一つのパラメータとして扱うために複素変数を利用することがある．その一例が複素距離，すなわち複素平面内における位置である．複素距離は，次式に示すように，x と y の二つの方向を一つのパラメータとして組み合わせている．

$$z = x + jy \tag{G.25}$$

このような方法が可能となるのは，x と y が空間的に直交しているためであり，また両

者が z のみに依存する場合は自動的にラプラス方程式を満足するためである.

同様に,2 次元ポテンシャル流れにおいて流線と等ポテンシャル線はたがいに直交しており,複素速度ポテンシャルを

$$\underline{\phi}_{\mathrm{v}} = \phi_{\mathrm{v}} + j\psi \tag{G.26}$$

で定義すると,速度はこの関数の z に関する導関数と関係づけることができる.電場に関しても,同様に次式のように書くことができる.

$$\underline{\phi} = \phi + j\psi_{\mathrm{e}} \tag{G.27}$$

パラメータは一時的に直交するような場合もありうる.調和関数は,異なる周波数成分をもつ場合,あるいは周波数が同じで 90° 位相がずれた成分をもつ場合に(どちらの場合も,1 周期におけるこれらの積の積分がゼロとなるので)たがいに直交する.たとえば,オーム電流と正弦波状電場に応答する変位電流はたがいに直交するので,両者を組み合わせて次式の複素誘電率を定義できる.

$$\underline{\varepsilon} = \varepsilon + \frac{\sigma}{j\omega} \tag{G.28}$$

G.3　調和パラメータの解析的表現

実数の正弦波信号の**複素表現**または**解析的表現**は,その実部が正弦波信号となっている複素指数関数で構成される.つまり,$V = V_0 \cos(\omega t + \alpha)$ とすると,電圧の解析的表現 $\underline{V}$ は次式で与えられる.

● 正弦波実関数の解析的表現

$$\underline{V} = \underline{V}_0 \exp j\omega t \tag{G.29}$$

パラメータの解析的表現を $\exp j\omega t$ で正規化して得られる $\underline{V}_0 = V_0 \exp j\alpha$ は**フェーザ**とよばれる.フェーザは複素数であり,その角度は実信号と参照正弦波との位相差を表す.本書では通常,参照正弦波は印加電場や印加圧力場であり,位相遅れは流体や電荷の蓄積に関連している.表記としては,調和パラメータの解析的表現は記号にアンダーチルダを付して表す(p の解析的表現は $\underline{p}$).フェーザはつねに下付き文字ゼロを用いて $\underline{p}_0$ のように表される.フェーザの大きさは実数であり,下付き文字ゼロを付加し,アンダーチルダは付加せず表す.たとえば,$p = p_0 \cos(\omega t + \alpha)$ の解析的表現は $\underline{p}$ を用いて $\underline{p} = \underline{p}_0 \exp j\omega t$ となり,$\underline{p}_0$ は大きさ p_0 のフェーザ $\underline{p}_0 = p_0 \exp j\alpha$ である.圧力信号 $p = p_0 \cos \omega t$ の場合には位相遅れはなく,フェーザは実数($\underline{p}_0 = p_0$)となる.解析的表現は指数関数であり,複素代数の性質を利用して容易に数学的操作が行える.また,解析的表現は線形方程式を扱う際にとくに有効であり,この場合には全解析に解析的表現を用いることができ,解析解の実部が物理系のパラメータに対応することになる.

506   付録 G   複素関数

G.3.1 解析的表現の適用可能性

あらゆる正弦関数，およびその和で表現される関数には解析的表現が存在する．ただし，解析的表現やフェーザ表現は，関係が線形かつ重要なパラメータがすべて同じ周波数で変化する場合にのみ**有用**である．

G.3.2 調和パラメータの解析的表現を用いるための数学的規則

■実パラメータからの解析的表現の生成

実調和関数 f が与えられたとき，$\cos(\omega t + \alpha)$ を $\exp[j(\omega t + \alpha)]$，$\sin(\omega t + \alpha)$ を $\exp\left[j\left(\omega t - \dfrac{\pi}{2} + \alpha\right)\right]$ で置き換えると解析的表現が得られる．

■解析的表現からの実パラメータの生成

関数 f の解析的表現 $\underset{\sim}{f}$ が与えられたとき，次に示すように，$\underset{\sim}{f}$ の実部をとるか，$\underset{\sim}{f}$ とその複素共役の平均をとることで実関数を決定できる．

- 解析関数の実部

$$f = \mathrm{Re}[\underset{\sim}{f}] = \frac{1}{2}(\underset{\sim}{f} + \underset{\sim}{f}^*) \tag{G.30}$$

■線形関係における解析的表現の直接利用

調和関数の解析的表現はただちに線形関係を満足する．重要な例をあげると，$V = IR$ および $\vec{D} = \varepsilon \vec{E}$ がある．

■非線形関係における解析的表現の利用

次式に示すように，二つの関数の積の解析的表現と関数の解析的表現の積は等しくならないため，非線形方程式に解析的表現を直接適用することや，非線形パラメータを求めることはできない．

$$\underset{\sim}{fg} \neq \underset{\sim}{f}\,\underset{\sim}{g} \tag{G.31}$$

たとえば，$E = E_0 \cos \omega t$ で与えられる調和電場 E を考えると，その解析的表現は $\underset{\sim}{E} = E_0 \exp j\omega t$ となる．ここで，E^2 というパラメータは $E^2 = E_0^2 \cos^2 \omega t = E_0^2 \left(\dfrac{1}{2} + \dfrac{1}{2}\cos 2\omega t\right)$ で与えられる．一方，E の解析的表現の 2 乗は $\underset{\sim}{E}^2 = E_0^2 \exp 2j\omega t$ となる．残念ながら，E^2 の解析的表現 $\underset{\sim}{E^2}$ は，明らかに E の解析的表現の 2 乗 $\underset{\sim}{E}^2$ と一致しない．したがって，解析的表現は線形解析には非常に有用であるが，非線形解析にはあまり向いていない．

二つの調和パラメータの積（たとえば，回路で生成される電力や誘起双極子に作用す

る力）のような非線形関係を扱う際には，実数を用いて非線形関数を評価するか，その評価用につくられた特殊な関係を用いなければならない．ここでは，二つの調和関数の実部の積をフェーザを用いて表す．また，その解析的表現についてはあまり実用的ではないので，ここでは省略する．二つの関数が $f = f_0 \cos \omega t + \alpha_f$, $g = g_0 \cos \omega t + \alpha_g$ であり，これらの関数の解析的表現が $f = \underset{\sim}{f_0} \exp j\omega t$ と $g = \underset{\sim}{g_0} \exp j\omega t$ のとき，二つの関数の積は次の2式で表される．

$$fg = \frac{1}{2}\left[\mathrm{Re}(\underset{\sim}{f_0}\,\underset{\sim}{g_0^*}) + \mathrm{Re}(\underset{\sim}{f_0}\,\underset{\sim}{g_0})\cos 2\omega t + \mathrm{Im}(\underset{\sim}{f_0}\,\underset{\sim}{g_0})\sin 2\omega t \right] \tag{G.32}$$

$$fg = \frac{1}{2}\left\{ \mathrm{Re}(\underset{\sim}{f_0}\,\underset{\sim}{g_0^*}) + \left|\underset{\sim}{f_0}\,\underset{\sim}{g_0}\right|\cos[2\omega t + \angle(\underset{\sim}{f_0}\,\underset{\sim}{g_0})] \right\} \tag{G.33}$$

なお，$\mathrm{Re}(\underset{\sim}{f_0}\,\underset{\sim}{g_0^*}) = \mathrm{Re}(\underset{\sim}{f_0^*}\,\underset{\sim}{g_0})$ なので，この関係は $\mathrm{Re}(\underset{\sim}{f_0^*}\,\underset{\sim}{g_0})$ を用いて書くこともできる．

以上から，周波数が等しい二つの調和関数の積の時間平均は次式で表すことができる．

- 解析的表現を用いた実関数の積の時間平均

$$\langle fg \rangle = \frac{1}{2}\mathrm{Re}(\underset{\sim}{f_0}\,\underset{\sim}{g_0^*}) \tag{G.34}$$

調和関数の直交性により，周波数が異なる二つの調和関数の積の時間平均はゼロとなる．（一般的な）式(G.33)と（時間平均した）式(G.34)から，調和関数の実数表現に立ち戻ることなく，解析的表現から直接的に実数の非線形関数を計算できる．

G.4 クラマース-クローニッヒの式

$\omega \to \infty$ でゼロに漸近する解析関数 $\varepsilon(\omega)$（つまり，微分可能な複素関数）において，次式が成立する（ϖ は積分に用いるダミー変数）．

$$\varepsilon(\omega) = \frac{1}{j\pi}\int_{-\infty}^{\infty}\frac{\varepsilon(\varpi)}{\varpi - \omega}d\varpi \tag{G.35}$$

この関係式は，特定の周波数における関数 ε と，その関数の全周波数にわたる積分との関係を示している．また，この積分には係数 $\dfrac{1}{j\pi}$ が掛かっているので，この式は実質的に解析関数の実部と虚部を関係づけている．

扱う系が実数である場合，0 から ∞ までの積分と $-\infty$ から 0 までの積分が等しくなる．そのため，式(G.35)は式(G.36)の実数成分と式(G.37)の虚数成分に分離できる．

$$\varepsilon'(\omega) = \frac{2}{\pi}\int_0^{\infty}\frac{\varpi\varepsilon''(\varpi)}{\varpi^2 - \omega^2}d\varpi \tag{G.36}$$

$$\varepsilon''(\omega) = -\frac{2}{\pi} \int_0^\infty \frac{\omega \varepsilon'(\varpi)}{\varpi^2 - \omega^2} d\varpi \tag{G.37}$$

このクラマース–クローニッヒの式は，強制関数により励起された際の系の反応応答とその散逸応答の関係を記述している．たとえば，電場が印加された際の媒質の分極と媒質の加熱はクラマース–クローニッヒの式により関係づけられる．

G.5 等角写像

ラプラス方程式で解く系において，ある種の写像関数を利用して問題を空間的に変形し，支配方程式の解を単純化できる．

G.5.1 ジューコフスキー変換

次式に示すジューコフスキー変換は，ポテンシャル流れや電場の解の写像関数としてよく知られている．

$$\mathcal{J}[z\exp(-j\alpha), b] = z\exp(-j\alpha) + \frac{b^2}{z\exp(-j\alpha)} \tag{G.38}$$

この変換により，距離 z は新たな距離 $\mathcal{J}(z)$ に写像される．具体例をあげると，中心が $z = 0$ にある長さ $4b$ の直線が x 軸に対して角度 α だけ回転する様子は，中心が $z = 0$ で半径 b の円に変換される．この変換はたとえば，一様流を円柱周りの流れに写像する．一様流の複素ポテンシャルが $\phi_v = Uz\exp(-j\alpha)$ のとき，変換された流動は $\phi_v = U\mathcal{J}[z\exp(-j\alpha), b]$，すなわち次式で与えられる．

$$\phi_v = U\left[z\exp(-j\alpha) + \frac{b^2}{z\exp(-j\alpha)}\right] \tag{G.39}$$

この式は，$a = b$ とおくと式(7.78)と同じものになる．$\mathcal{J}(z)$ のみの関数である任意の関数は z のみの関数でもあるので，これらの変形解もラプラス方程式を満足し，したがって流動方程式の解となる（ただし，境界条件は空間的に変形されたものが適用される）．

逆ジューコフスキー変換は半径 b の円を直線に写像する．逆ジューコフスキー変換は一般的により有用であるが，直感的ではない二価の変換であるため，適用がより難しい．逆ジューコフスキー変換 $\mathcal{J}^{-1}$ は次式で与えられる．

$$\mathcal{J}^{-1}[z\exp(-j\alpha), b]$$

$$= \frac{1}{2}z\exp(-j\alpha) + \text{sgn}[\text{Re}(z)]\text{sgn}(|z| - b)\exp(-j\alpha)\frac{1}{2}\sqrt{[z\exp(-j\alpha)]^2 - 4b^2} \tag{G.40}$$

ここで，$\text{sgn}(x) = \dfrac{x}{|x|}$ は x の符号関数であり，平方根の関係で二つの値が出てくること

に対応するために置かれている．対象とする点が（a）円の外側で複素平面の右半分に
ある場合，もしくは（b）円の内側で複素平面の左半分にある場合には主平方根をとり，
逆ジューコフスキー変換は次式で与えられる．

$$\mathcal{J}^{-1}[\underline{z}\exp(-j\alpha),b] = \frac{1}{2}\underline{z}\exp(-j\alpha) + \exp(-j\alpha)\frac{1}{2}\sqrt{[\underline{z}\exp(-j\alpha)]^2 - 4b^2} \quad (\text{G.41})$$

その他の場合は負の平方根をとり，逆ジューコフスキー変換は次式で与えられる．

$$\mathcal{J}^{-1}[\underline{z}\exp(-j\alpha),b] = \frac{1}{2}\underline{z}\exp(-j\alpha) - \exp(-j\alpha)\frac{1}{2}\sqrt{[\underline{z}\exp(-j\alpha)]^2 - 4b^2} \quad (\text{G.42})$$

ある形を，ある参照点からの距離 $\underline{z}$ で定義される点の軌跡として定義すると，ジューコ
フスキー変換およびその逆変換がこれらの形をどのように写像するかがわかる．逆
ジューコフスキー変換は中心が $\underline{z}=0$ にある半径 b の円を直線に写像し，同時に $\underline{z}=0$
に中心をもち半径が a よりも大きい円を楕円に写像する．この性質を利用すると，楕円
体周りの流動を解析的に計算できる．たとえば，半径 a の円柱周りの流れの複素ポテン
シャルが

$$\underline{\phi}_{\mathrm{v}}[\underline{z}\exp(-j\alpha)] = U\left[\underline{z}\exp(-j\alpha) + \frac{a^2}{\underline{z}\exp(-j\alpha)}\right] \quad (\text{G.43})$$

で与えられ，逆ジューコフスキー変換が

$$\underline{\phi}_{\mathrm{v}}\left\{\mathcal{J}^{-1}[\underline{z}\exp(-j\alpha)]\right\} = U\left\{\mathcal{J}^{-1}[\underline{z}\exp(-j\alpha)] + \frac{a^2}{\mathcal{J}^{-1}[\underline{z}\exp(-j\alpha)]}\right\} \quad (\text{G.44})$$

で与えられるとき，得られる結果は長半径 $\dfrac{a^2+b^2}{a}$ と短半径 $\dfrac{a^2-b^2}{a}$ の楕円周りの流れ
となる．

G.5.2 シュワルツ‐クリストッフェル変換

複素変数 $\underline{z}=x+jy$ で表される 2 次元平面内の位置は，シュワルツ‐クリストッフェ
ル変換によって半空間上に任意の多角形として写像される．これは第一に，多角形マイ
クロ流路内の電場の近似に有用である（なぜなら，マイクロ加工技術の多くは，矩形や
台形のような多角形マイクロ流路の作製を得意としているためである）．シュワルツ‐
クリストッフェルの式は，物理的に適切に設定された問題で見られる特定の制約におい
て，複素平面内の半空間と別の複素平面内の多角形の間には等角写像が存在することを
示している．上側半分の平面内にある位置 $\underline{z}$ において，つまり $\mathrm{Im}(\underline{z}) > 0$ のとき，$S(\underline{z})$
はある特定の多角形内部にある点の位置を与える複素数となる．この写像の関数 $S(\underline{z})$
は次式で与えられる．

$$S(z) = C_2 + C_1 \int \prod_{i=1}^{n} (z - z_i)^{\alpha_i/\pi} dz \qquad (G.45)$$

ここで，多角形は位置 z_i に n 個の頂点をもち，各頂点は外角 $\alpha_i (-\pi < \alpha_i < \pi)$ をもつ.

G.6 まとめ

本付録では，複素変数の操作（2 次元ラプラス方程式，直交調和関数，ジューコフスキー変換およびシュワルツ–クリストッフェル変換）について簡潔にまとめた.

G.7 補足文献

マイクロ・ナノ流体の解析を行う多くの読者にとっては，本付録で述べた以上の複素解析の知識は不要である（たいていの場合は，複素数の基本的な定義，微分可能性やコーシー–リーマンの方程式を理解していれば十分である）．面対称ポテンシャル流れについて，文献 [84] は解析関数の計算に関するやや形式的な議論を展開している．文献 [294] ではわかりやすいだけでなく，より厳密な数学的解説がなされている．等角写像は文献 [295] で議論されている．等角写像を用いたマイクロ流体の研究には文献 [253, 296, 297] がある.

G.8 演習問題

G.1 式 (G.16) を導出せよ.

G.2 式 (G.17) を導出せよ.

G.3 式 (G.34) を導出せよ.

付録 H
相互作用ポテンシャル： 溶媒と溶質の原子モデル

　本書の大半において，マイクロ・ナノスケールの輸送の記述には連続体および理想溶液の理論を用いている．しかし，分子スケールの相互作用においては，溶媒，溶解した電解質，高分子などの相互作用をより詳細に扱う必要が出てくる．本書における最初の例は，第9章で紹介した，電気二重層のポアソン–ボルツマン方程式による記述の立体構造に関する修正である．その他にも，原子シミュレーションに用いる分子間ポテンシャル，ナノチャネル内での DNA の立体配座を予測する排除体積モデリング，コロイドのシミュレーションなどがこれに当てはまる．本付録では，原子モデリングに注目して，分子間ポテンシャルの一般的なコンセプトと分布関数について述べる．原子・分子動力学の文献で広く用いられるように，本付録では**原子**という用語は，電子雲に囲まれた核という現代化学で用いられる意味ではなく，元々の趣旨である**不可分単位**という意味で使用する．したがって，本付録における**原子**とは一般に，そのポテンシャルエネルギーに基づいてモデル化する物体（溶媒分子や溶解イオン，境界をも含む）を指す．

H.1　分子間ポテンシャルの熱力学

　ほとんど相互作用しない原子の熱力学的なモデル化は容易である．「ほとんど相互作用しない」というのは理想気体や理想溶液の基本的な前提であり，たとえば電解質中のイオンのボルツマン近似では，イオンどうしには相互作用がなく，イオンは唯一定常電場とだけ相互作用するとしている．また，溶媒分子（多くの場合，水）は無視しており，平均の場の誘電率 ε を決定する際にのみ考慮される．ボルツマン近似によると，原子のエネルギーは一重項エネルギー $e_1(\vec{r}_i)$，すなわち次式によってのみ与えられる．

$$e_1(\vec{r}_i) = z_i k_B \phi(\vec{r}_i) \tag{H.1}$$

この式は式 (9.1) としてすでに紹介しているとおり，原子の分布により決定されるポテンシャルエネルギー分布を完全に記述する．これは**一重項ポテンシャル**（singlet potential）とよばれ，ポテンシャルが位置の関数であり，かつ他の原子の位置や物性の関数ではないことを意味する．i 個の原子からなる系において，一重項エネルギーによるポテンシャルエネルギー E は，一重項エネルギー e_1 および i 番目の原子の位置ベク

トル $\vec{r}_i$ を用いて $E = \sum_i e_1(\vec{r}_i)$ と表される．これらの項は，外部場が原子へ及ぼす効果は考慮しているが，原子間相互作用の効果は考慮していない．たとえば，$x = 0$ と $x = L$ に壁面がある場合，e_1 は壁面から離れた位置ではゼロとなるが，x が 0 または L に近づくにつれて大きくなる．

残念ながら，系の密度がより高くなると，相互作用を考慮しなければならない．これを表現するのが，二つの原子とその相対的な位置の関数となる**対ポテンシャル**や，三つの原子の相対的な位置の関数となる**三重項ポテンシャル**である．以下の項では，対ポテンシャルについていくつか詳細に議論する．理想溶液モデルと比較して，対ポテンシャルを用いると原子の分布は大きく異なる．たとえば，現実の対イオンは非一様な分布関数をとるので，対ポテンシャルでモデル化すると壁面近傍の対イオン分布関数は大きく変化する．以下では，これらについて付録 F の多重極理論を参照しながら述べる．

対ポテンシャルは，対になった原子間の相互作用によるエネルギーを表現し，数学的には $E = \sum_{j>i} \sum_i e_2(\vec{r}_i, \vec{r}_j)$ という形をとる．$\sum_{j>i}$ という表現は，分子 i と分子 j の相互作用によるエネルギーは一度だけカウントすることを意味している．分子動力学のもっとも基礎的な難所は，対ポテンシャル e_2 の定義と評価である．具体的には，対ポテンシャルは大量のデータ（流体物性，量子モデル，分光データを含む）がある場合にのみ正確に定義できる．また，簡単な原子（液体のアルゴン）の場合には比較的精度よく定義できるが，より複雑な構造の原子は定義が難しく，水もまた定義が難しい分子である．さらに，広く受け入れられる対ポテンシャルができたとしても，数値的なポテンシャルの評価には計算コストが高くつく．N 個の分子からなる系のすべての対ポテンシャルを考える場合，N^2 個の計算をしなければならない．分子数 N が通常大きいことを考えると，この計算は非常に煩雑となるので，何らかの近似手法が必要となる．工学的な近似により計算量を削減すると（たとえば，近傍の分子間でのエネルギーのみを計算する），本来の対ポテンシャルはもはや運動量とエネルギーを保存しないので，これらの制約を補正し，多分子間の相互作用を表現するために**有効**対ポテンシャル（または他の近似）で置換する必要がある．

H.1.1 単極対ポテンシャル

もっともシンプルな対ポテンシャルは，原子の電荷の静電相互作用を考えるものである．電荷が q_1 と q_2 という二つの原子の真空中での静電ポテンシャルエネルギーは次式で表される．

$$e_2(\vec{r}_1, \vec{r}_2) = \frac{q_1 q_2}{4\pi\varepsilon_0 \Delta r_{12}} \tag{H.2}$$

ここで，Δr_{12} は二つの位置 $\vec{r}_1$ と $\vec{r}_2$ の間のベクトルの距離である．作用する力は単純に，Δr_{12} に関するポテンシャルの導関数であり，次式となる．

$$F(\vec{r}_1, \vec{r}_2) = -\frac{q_1 q_2}{4\pi\varepsilon_0 \Delta r_{12}^2} \tag{H.3}$$

原子が真空中にない場合には，何らかの方法で他の原子（たとえば，溶媒原子）との相互作用を近似しなければならない．その場合，扱っている原子が存在している媒質に連続体近似を適用して一つの値（誘電率）で表し，誘電体の存在によるポテンシャルの減衰を次のように表現する（5.1.2 項参照）．

$$e_2(\vec{r}_1, \vec{r}_2) = \frac{q_1 q_2}{4\pi\varepsilon\Delta r_{12}} \tag{H.4}$$

このモデルの式(H.2)との唯一の違いは，ε_0 が媒質の誘電率 ε で置換されている点である．

H.1.2 球対称な双極子対ポテンシャル

点電荷（単極子相互作用）で表現されない原子間相互作用ポテンシャルは，点電荷の分布（多極子）に対応する．分子の電子軌道間の静電相互作用により生じる力は，通常，多極子静電相互作用を考慮した時間平均のポテンシャルによって記述される．水モデルの多くは，各原子の部分電荷の表現に球対称な対ポテンシャルと単極子対ポテンシャルを組み合わせたものを用いているので，ここでは，球対称のポテンシャルについて考えることとする．

■剛体球ポテンシャル

電子軌道に適用されるパウリの排他律によると，短距離の強い反発力のために，複数の原子は同一の時間に同一の場所に存在できない．この条件は，原子を剛体球とみなすと容易に満たすことができる．対ポテンシャルで考えると，それは次式の状態に相当する．

$$e_2(\vec{r}_1, \vec{r}_2) = \begin{cases} \infty, & \Delta r_{12} < d_{12} \\ 0, & \Delta r_{12} > d_{12} \end{cases} \tag{H.5}$$

ここで，d_{12} は二体系の有効剛体球半径である．剛体球系はシンプルであり，いくらか実現象に近い挙動を示すものの，液体と気体の相変化などの多くの単純な現象を再現できない．

■レナード-ジョーンズポテンシャル

現実の分子にはつねに，ファンデルワールス引力として知られる長距離のクーロン引

力が作用し，その大きさは距離の 6 乗に反比例する[1]．短距離反発力は大きいが，無限でも不連続でもなく，Δr_{12}^{-12} の関係で近似される．この項のスケーリングには物理的な裏付けはないが，現象をよく再現する．また，この関係では液体の物性は反発項に大きく影響しない．さらに重要なことは，r^{-12} 項は r^{-6} 項の 2 乗なので，r^{-12} 項の計算による計算機コストを抑えられることである．このため，次式の一般形式をもつレナード-ジョーンズ（LJ）ポテンシャル（Lennard-Jones potential, LJ 6-12 ポテンシャルともよばれる）が歴史上もっともよく用いられる対ポテンシャルとなっている．

- レナード-ジョーンズポテンシャル

$$e_2(\Delta r_{12}) = 4\varepsilon_{\mathrm{LJ}}\left[\left(\frac{\Delta r_{12}}{\sigma_{\mathrm{LJ}}}\right)^{-12} - \left(\frac{\Delta r_{12}}{\sigma_{\mathrm{LJ}}}\right)^{-6}\right] \tag{H.6}$$

ここで，$\varepsilon_{\mathrm{LJ}}$ はポテンシャル井戸の深さ，σ_{LJ} は対ポテンシャルがゼロとなる点を表す[2]．このポテンシャルは数学的に定義しやすく，数値的に計算効率がよく，さらに現実の球対称原子の対ポテンシャルを大まかに近似する．非対称原子の場合には，レナード-ジョーンズポテンシャルは通常，他項と組み合わせて用いられる．一例を図 H.1 に示す．水の σ_{LJ} は約 3.1 Å であり，$\dfrac{\varepsilon_{\mathrm{LJ}}}{k_{\mathrm{B}}}$ は約 430 K である．

ポテンシャル井戸の深さを用いて温度を正規化できる．$k_{\mathrm{B}}T$ が井戸深さと等しくなる

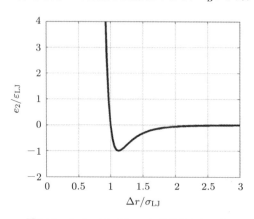

図 H.1　レナード-ジョーンズポテンシャル

---

[1] 現実の電子軌道にはゆらぎがあるため，双極子もゆらぐ．原子が二つ存在しているとき，それぞれがゆらぎのある双極子をもち，それらが相互作用をするので，二つの原子には相互作用が生じる．ゆらぎはたがいに関係し合うため，この作用の正味の効果はゼロとはならず，相互作用の時間平均は有限の値をとる．単極子どうしの間のポテンシャルは，式(H.4)に見られるように Δr_{12}^{-1} のオーダーとなり，単極子と双極子の間のポテンシャルは Δr_{12}^{-2}，双極子どうしの間のポテンシャルは Δr_{12}^{-3} となる．また，双極子の大きさも Δr_{12}^{-3} の程度であるため，正味のポテンシャルは Δr_{12}^{-6} のオーダーとなる．

[2] ほとんどの文献では井戸深さを ε，対ポテンシャルのゼロ点を σ としている．ここでは，これらの値が導電率や媒質の平均場誘電率と無関係なことを強調するために添字 LJ を用いている．

温度を参照温度 $\dfrac{\varepsilon_{\mathrm{LJ}}}{k_{\mathrm{B}}}$ と定義すると，無次元温度 T^* を次式のように定義できる．

● 無次元温度

$$T^* = \frac{k_{\mathrm{B}}T}{\varepsilon_{\mathrm{LJ}}} \tag{H.7}$$

T^* が 1 よりも小さい場合には，分子間ポテンシャルが原子配置に大きく影響すると考えられる．T^* が 1 より十分に大きい場合には，分子間ポテンシャルは原子配置に影響しないと考えられる．

H.2　液体状態理論

修正ポアソン-ボルツマン方程式モデルは有限の原子サイズを考慮に入れているが，溶媒の平均場表現の限界は考慮していない．

原子間距離が**ビエルム長**（Bjerrum length）λ_{B} よりも長いかぎり，溶媒は十分に平均場（つまり，原子は周囲の原子とではなく主に電場と相互作用する）とみなすことができる（演習問題 9.20 参照）．この長さスケールは，原子間相互作用が無視できなくなり平均場近似が成立しなくなる原子間距離（そして原子濃度）を定義している．室温の水溶電解質の場合，イオン間距離がビエルム長に到達するのはイオン濃度が 1 M を超えたときのみである．

液体状態理論（Liquid-state theories）は，原子どうしの関係を記述する相関関数や動径分布関数などを用いて液体の状態を記述している．通常，これらの理論には微分積分方程式が関係しており，1 次元問題であっても非常に扱いづらい．一般的なモデルは，一般オルンシュタイン-ゼルニケ方程式の簡略形である**超網目状鎖**モデル（hypernetted-chain model）である．これらの理論により原子どうしの関係，動径分布関数，状態方程式，そして固体壁付近の原子分布が得られる．

H.2.1　濃度分布に関する積分手法

全原子の同時相互作用を記述する積分式を解くことで濃度分布が得られる．本項では，この手法の用語を定義し，オルンシュタイン-ゼルニケ方程式（Ornstein-Zernike equation）およびその解，そして分布関数から得られる結論について議論する．

■分布関数と相関関数

本節では，**分布関数**や**相関関数**という語を用いながら，分子の空間分布を記述する用語について述べる．これらの定義は理想溶液近似系では不必要だが，相互作用系および

516 付録 H 相互作用ポテンシャル：溶媒と溶質の原子モデル

非相互作用系をどちらも記述できる.

名前や見た目が似ていてややこしいさまざまな関数が定義されているが，これらは定義と用途によって区別されている[1]．ここでの目的は，ある物体に対する原子の空間的な分布（たとえば，帯電した壁面に対する電気二重層内のイオンの分布）を記述する**分布関数** f_d を求める，あるいは理解することである．この関数を求めるために，物体により原子にもたらされるポテンシャルエネルギーの分布（たとえば，帯電した壁面により誘起されるイオンのポテンシャルエネルギー）を記述する**直接相関関数** f_{dc} を用いる．直接相関関数を**オルンシュタイン‐ゼルニケ方程式**と組み合わせることにより，一つの物体だけでなく全原子の影響を考慮してより正確なエネルギー分布（たとえば，壁面の帯電**および**壁面付近のイオンの雲に誘起されるポテンシャルエネルギー分布）を与える**全相関関数** f_{tc} を生成できる．この全相関関数は，直接的に分布関数と関係づけることができる．概念的には，分布関数は**原子密度**の空間的な変化を記述し，直接および全相関関数はそれぞれ，系内の（1）一対，および（2）すべての対の相互作用を考慮した原子の**ポテンシャルエネルギー分布**を記述する.

■理想溶液の極限における分布関数

物質 i のバルク濃度が $c_{i,\infty}$ の溶液内において，物質の空間分布に対する壁面の効果を，壁面からの距離 Δr の関数として考える．（デカルト座標ではなく）Δr を用いると，同様の関係を原子どうしの空間分布にも適用できるため，動径座標がもっとも一般的に用いられる.

仮に壁面が物質の分布に何ら影響を及ぼさないとすると，物質 i の濃度はあらゆる箇所で $c_{i,\infty}$ となる．しかし，壁面が何らかの効果をもたらす場合には，濃度の空間分布は**分布関数**を用いて以下のように記述される．はじめに，第一の物体からの距離 Δr における物質 i の濃度をバルク濃度で無次元化したものを，分布関数 $f_{d,i}(\Delta r)$ として次式で定義する.

- 物質の分布関数

$$f_{d,i}(\Delta r) = \frac{c_i(\Delta r)}{c_{i,\infty}} \tag{H.8}$$

この式は，壁面の影響がない場合には全領域で $f_{d,i} = 1$ となる.

また，**バルク濃度で調整した分布関数** f_{ad} を次式で定義する.

---

[1] ここで用いる表記法はこの分野でもっとも一般的なものではない．相関関数や分布関数には，一般的には g, h, c が用いられる．本節においては，本書の他の箇所で用いた記号（電気化学ポテンシャルや電解質濃度など）と混同しないような記号を選択している.

- バルク濃度で調整した分布関数の定義

$$f_{ad,i}(\Delta r) = -1 + f_{d,i}(\Delta r) \tag{H.9}$$

この式は，$\Delta r = 0$ にある物体が，Δr におけるイオン濃度に及ぼす影響を示す．$f_{ad} > 0$ の場合には，$\Delta r = 0$ におけるイオンの影響によりその他のイオンは距離 Δr 離れた位置に多く存在し，$f_{ad} < 0$ の場合には，$\Delta r = 0$ におけるイオンの影響でその他のイオンは距離 Δr 離れた位置にはあまり存在しない[1]．また，壁面の影響がない場合には，全領域で f_{ad} はゼロとなる．

たとえば，第 9 章では理想溶液近似のもとで，電気二重層内のイオンの平衡濃度を，空間的に変化するポテンシャルを用いて次のように表した．

$$c_i = c_{i,\infty} \exp\left(-\frac{z_i F \varphi}{RT}\right) \tag{H.10}$$

この場合，分布関数は次式で与えられる．

$$f_{d,i}(\Delta r) = \frac{c_i(\Delta r)}{c_{i,\infty}} = \exp\left(-\frac{z_i F \varphi(\Delta r)}{RT}\right) \tag{H.11}$$

■マイヤーの f 関数と平均力のポテンシャル

ポテンシャルエネルギーと分布関数の関係を記述するにあたって，さらに以下の二つの定義を用いる．**マイヤーの f 関数**（Mayer f function）は，ある電気ポテンシャル関数に対するボルツマン等価分布関数を定義する．また，**平均力のポテンシャル**（potential of mean force）は，ある分布関数に対するボルツマン等価ポテンシャル関数を定義する．

ポテンシャル場 $e_1(\Delta r)$ があるとき，マイヤーの f 関数 f_M は次式で与えられる．

- マイヤーの f 関数の定義

$$f_M = -1 + \exp\left(-\frac{e_1}{k_B T}\right) \tag{H.12}$$

マイヤーの f 関数は，理想溶液近似において $e_1(\Delta r)$ が生成する全相関関数と考えることができる．これは，ポテンシャルエネルギー場を相関関数で表現する一手法である．**図 H.2** にポテンシャル分布とそれに対応するマイヤーの f 関数をプロットする．マイヤーの f 関数の逆数は**平均力のポテンシャル**であり，これによりポテンシャルエネルギー場を用いて分布関数を表現できる．動径分布関数 $f_d(\Delta r)$ を用いると，平均力のポテンシャル e_{mf} は次式で与えられる．

- 平均力のポテンシャルの定義

$$e_{mf} = -k_B T \ln f_d \tag{H.13}$$

---

[1] もちろん，f_{ad} と f_d は同じ情報をもっている．ただし，無限遠での積分が有界であるため，バルク濃度で調整した分布関数は純粋な分布関数と比較して数学的にとても扱いやすい．

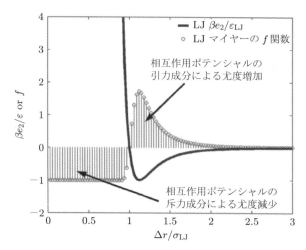

図 H.2 レナード–ジョーンズポテンシャル分布とそのマイヤーの f 関数．f 関数は温度依存性をもつ．この例の場合，$T^* = 1$，すなわち $T = \dfrac{\varepsilon_{\mathrm{LJ}}}{k_{\mathrm{B}}}$

平均力のポテンシャルの定義はマイヤーの f 関数の逆数であり，（ボルツマン近似において）分布関数が f_{d} と等しくなるために必要なポテンシャルを定義している．

■相関関数

ボルツマン近似においては，分布関数はマイヤーの f 関数から直接計算できる．しかし，相互作用系においては，この計算過程はより複雑になり，分布関数への原子相互作用の効果を記述する**相関関数**を使用する必要がある．

■直接相関関数

直接相関関数 $f_{\mathrm{dc}}(\Delta r)$ は，次式に示すように状態の尤度にマイナス 1 を加えたもので，**その他の物体は系に何ら影響を及ぼさないことを仮定している**．

- 直接相関関数の定義．一重項エネルギー**のみを使用**

$$f_{\mathrm{dc}}(\Delta r) = -1 + \exp\left(-\dfrac{e_1}{k_{\mathrm{B}} T}\right) \tag{H.14}$$

直接相関関数は単純に，ポテンシャルエネルギー関数のマイヤーの f 関数である．

三体相互作用がない希薄系や非相互作用系においては，バルク濃度で調整した分布関数，直接相関関数，そしてマイヤーの f 関数は同一であり，次式となる．

$$f_{\mathrm{ad}}(\Delta r) = f_{\mathrm{dc}}(\Delta r) = f_{\mathrm{M}}(\Delta r) = -1 + \exp\left(-\dfrac{e_1}{k_{\mathrm{B}} T}\right) \tag{H.15}$$

H.2 液体状態理論　519

■全相関関数

相互作用する系において，バルク濃度で調整した分布関数は直接相関関数と同一**では
ない**．そのため，そのような系では，系内の全分子を考慮する**全相関関数**を用いる．全
相関関数の計算には微分積分方程式を扱うにあたり近似が必要になる．全相関関数は直
接相関関数と系内の全分子の数密度の関数となる．もっとも重要なことは，われわれが
求める全相関関数はバルク濃度で調整した分布関数の近似であるということ，すなわち，
適切に f_{tc} を計算すれば $f_{tc} = f_{ad}$ となり，分布 f_d の決定に使用できるということである．
しかし，詳細に立ち入る前に，なぜ f_{dc} と f_{tc} が異なるのかについて簡単に議論しよう．

H.2.2　なぜ直接相関関数が濃度分布を記述しないか

直接相関関数は，第三者による影響がない場合のエネルギーをもとにして状態の尤度
を与える．したがって，三体相互作用がなければ，直接相関関数は状態の尤度を正確に
予測できる．

しかし，他の物体が存在する場合には二体間の相互作用に変化が生じる．質量 m の
ボールが高さ Δr に位置し，重力加速度 g による引力が生じているとする．このボール
の位置エネルギーは $mg\Delta r$ であり，直接相関関数は $f_d(\Delta r) = \exp\left(\dfrac{-mg\Delta r}{k_B T}\right)$ で与えられ
る．このようなマクロな系では，$k_B T$ は $mg\Delta r$ と比較して小さいため，重力のみから影
響を受けるボールは $\Delta r = 0$ においてのみ有限の分布関数をもつ，すなわちボールはつ
ねに地面に位置することがわかる．

水中に沈めた発泡スチロールのボールの場合はどうなるだろうか．この系にも重力は
作用し，地面とボールの直接相関関数は同様に $f_d(\Delta r) = \exp\left(\dfrac{-mg\Delta r}{k_B T}\right)$ である．しかし，
ご存知のように発泡スチロール球は上昇する．マクロな視点では，この現象は**質量差**を
用いて浮力により記述される．しかし，根本的には，（この場合は，より高密度なこと
により）水が邪魔をしていることから，発泡スチロール球の平衡位置は直接相関関数で
は**与えられない**．ここでは，水が第三者としてはたらき，発泡スチロール球の位置の統
計的分布が直接相関関数と**一致しなくなる**．

次に，直径 d の複数の金属球を，直径がほんのわずかだけ d よりも大きい管の中に
落とすことを考える．それぞれの球はやはり直接相関関数 $f_d(\Delta r) = \exp\left(\dfrac{-mg\Delta r}{k_B T}\right)$ を
もっているが，他の球に妨害されて管の下までは落ちない．そのため，球は
$\Delta r = \dfrac{d}{2}$，$\Delta r = \dfrac{3d}{2}$，$\Delta r = \dfrac{5d}{2}$，…などに位置することになる．

H.2.3　全相関関数とオルンシュタイン–ゼルニケ方程式

　直接相関関数から全相関関数を決定することは，分布関数を正確に予測するうえでの重要なステップである．全相関関数を決定するためには，次に示す**オルンシュタイン–ゼルニケ方程式**を解かなければならない（積分は全領域で行う）．

$$f_{tc}(\Delta r_{12}) = f_{dc}(\Delta r_{12}) + n\int_{-\infty}^{\infty} f_{tc}(\Delta r_{12}) f_{dc}(\Delta r_{32}) d\Delta \bar{r}_{13} \tag{H.16}$$

ここで，原子1と原子2の間の全相関関数は原子間距離 Δr_{12} の関数であり，また原子1と原子3の間や原子3と原子2の間など，すべての二体相互作用を積分したものの関数でもある．この方程式は本質的には，第三者の効果を考慮するように（全空間で積分して）調整された直接相関関数から全相関関数が得られることを示している．また，数密度 n がゼロのときは，$f_{tc} = f_{dc}$ となる．そして，数密度が増加すると第三者の相互作用の効果が増加する．

■閉包関係

　オルンシュタイン–ゼルニケ方程式は，一つの式の中に二つの未知数（f_{tc} と f_{dc}）をもつため，これを解くには式がもう一つ必要であり，これまでに多くの**閉包関係**が提案されている．これらのなかには，(階層構造のブリッジ図からなる)超網目状鎖閉包，パーカス–イェヴィック閉包（Percus–Yevick closure），平均力のポテンシャルを用いる手法などがある．ここでは，次式を仮定して超網目状鎖閉包のみを議論する．

- 超網目状鎖近似による閉包関係

$$f_{tc}(\Delta r_{12}) = -1 + \exp\left[-\frac{e_1}{k_B T} + f_{tc}(\Delta r_{12}) - f_{dc}(\Delta r_{12})\right] \tag{H.17}$$

この関係式は，全相関関数と直接相関関数の差に比例する修正係数を孤立状態の尤度に追加することで全相関関数を近似している[1]．

■オルンシュタイン–ゼルニケ方程式の解

　通常，オルンシュタイン–ゼルニケ方程式は，方程式をフーリエ変換し，オルンシュタイン–ゼルニケ方程式（周波数空間内）と閉包関係（物理空間内）の間で反復計算をして解く．（引力が重要となる）低温かつ（原子間相互作用が活発な）高密度な場合には，分布関数は複数のピークと谷をもつ（図H.3）．

---

1) 技術的には，指数関数に無限個の追加項を加える必要がある．これらの項は**ブリッジ関数**または**ブリッジ図**とよばれる．ここでは，これらの関数は通常小さく，計算が難しいということにのみ言及しておく．超網目状鎖閉包は本質的に，小さく扱いづらい項を無視した，直接相関関数周りの全相関関数の摂動展開と考えることができる．

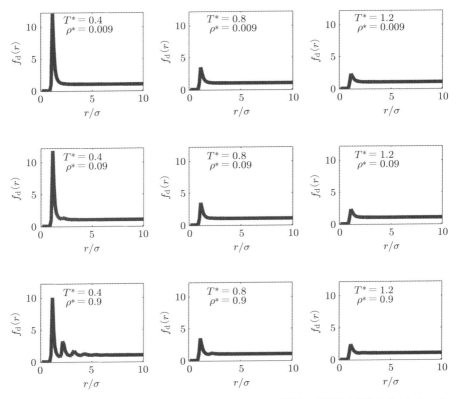

図 H.3 さまざまな ρ^*, T^* におけるレナード–ジョーンズ原子の動径分布関数のオルンシュタイン–ゼルニケ方程式の解．計算には式(H.17)の超網目状鎖閉包を使用

H.3　排除体積計算

分子により占有される体積の計算が重要になることがよくある．電気二重層内のイオン分布の修正ポアソン–ボルツマンモデル（第9章）や，ナノチャネル内のDNA配座を正しく予測するための排除体積モデル（第14章）などがその例である．

原子の**排除体積** V_ex は，その原子のマイヤーの f 関数を全空間で積分したもので与えられる．球対称原子の場合，これは次のようになる．

$$V_\text{ex} = \int_0^\infty f_\text{M}\, 4\pi \Delta r^2 \, d\Delta r \tag{H.18}$$

この関係式により，原子の有効剛体球直径 λ_HS または（円筒形状の）DNA高分子の排除体積を近似できる．

522　付録 H　相互作用ポテンシャル：溶媒と溶質の原子モデル

H.4　原子シミュレーション

　液体状態理論によって，相互作用する原子の**平衡**分布を得ることはできるが，この理論は平衡でない系の動力学については何ももたらさない．原子シミュレーションは原子の速度と加速度の記述に同じ相互作用ポテンシャルを使用する．この手法は，**動的な**流体力学系において連続体近似が成立しない場合に有用である．

　連続体近似はほとんどの工学的解析の根幹を成す重要なものであり，速度，密度，粘度などの場の物性の議論により解析を容易にしている．大まかにいうと，流れの代表寸法と系内の原子や分子の平均自由行程との比較により連続体近似の有効性が評価でき，系の寸法が平均自由行程の 10〜50 倍大きければ，重大な誤差なく連続体近似を用いることができる．液体の流れの場合，分子の平均自由行程は分子直径の 0.2 倍程度となる．したがって，10 分子程度（水の場合，約 2〜5 nm）以上のサイズであれば，連続体近似は十分に適用できる．しかし，流体のすべり，ナノチャネルやナノ空孔内の流れ，ナノスケール構造が関係してくる高分子の相互作用などのいくつかの場面では，連続体近似がうまく適用できなかったり，原子シミュレーションのほうが適切であったりすることがある．

　分子動力学（molecular dynamics：MD）は原子シミュレーション法の一つである．MD は連続体力学の大きな制約，すなわち実験的あるいは現象論的に定義するしかなかった境界条件について新たな道を拓く可能性を秘めているため，微小スケールの流れを理解するツールとしてもっとも大きなインパクトをわれわれにもたらした．MD は決定論的手法であり，連続体近似が適用できない場面にもっとも適している．

　MD は概念的にはシンプルだが実用するのは難しい．MD では，系の全分子について環境の関数としてポテンシャルエネルギーを定義し，ある時間におけるニュートンの運動方程式を積分してその動きを追跡する．MD の大きな制約と課題には，(a) ポテンシャルエネルギー，とくに水のポテンシャルエネルギーの定義が困難であること，(b) 各分子を多時刻にわたって追跡するために必要な計算パワーが膨大であり，扱う系の大きさや時間が大幅に制限されることの二つがあげられる．

H.4.1　原子間力と加速度の定義

　系のポテンシャルエネルギー（および力と加速度）を定義することは非常に複雑である．正確にいうと，ポテンシャルエネルギーは系内の全分子の位置の関数であり，そして系は線形ではないため，系のポテンシャルエネルギーを単純に個々の分子のポテンシャルエネルギー項の和で表すことはできない[1]．通常，系のエネルギーは一重項エネルギーと対ポテンシャルという二つの成分の関数として定義される．数学的に正確にい

うと，系のポテンシャルエネルギーは，一重項ポテンシャル，対ポテンシャル，三重項ポテンシャルなどを含む無限個の成分から構成されている．しかし，そのような多数の相互作用を扱うことは非常に困難である．そこで，MD シミュレーションでは一重項ポテンシャルと対ポテンシャルのみを用いた近似を行い，さらに対ポテンシャルを調整して，三重項やさらに高次のポテンシャルを含むかのような系のふるまいを再現している．

H.4.2 水モデル

H.1 節で議論したレナード–ジョーンズポテンシャルは，引力が Δr^{-6} に比例する球対称ポテンシャルであり，この引力は双極子のゆらぎと電子軌道の反発に由来する球対称な反発の関係から生じる．LJ ポテンシャルは，液体アルゴンのような作用する力が二つしかない球対称の中性分子をよく表現する．

しかし，水の場合には状況は非常に複雑になる．水は球対称ではなく，OH 結合の双極子により構成原子のそれぞれに有効電荷をもつ（図 H.4）．この場合，水分子をいくつかの要素（たとえば原子）に分割して全要素間の相互作用を扱う方法と，相対位置と分子の中心からの距離により記述される複合相互作用ポテンシャルを定義する方法とがある．

図 H.4　水分子の空間充填および正と負に帯電した領域

上記のいずれの方法も本質的には実用的なアプローチである．水の古典的な静電相互作用をすべて詳細に解くことは現在のところ，物理的・工学的に重要ないかなる系でもまったく手に負えず，これに量子効果を加えることはさらにはるか彼方の目標である．しかし，もし単純化された分子力学モデルが水の相互作用のある重要な部分（状態方程式，動径分布関数の回折測定など）をよく近似でき，さらにそれが十分に計算に耐えう

---

[1] 電気二重層の式の導出における平均場の点電荷ボルツマン静力学との違いを明確にしておこう．第 9 章においてボルツマン静力学を使用した際には，平均場中の点電荷としてモデル化したイオンはすべてがたがいに独立しており，平均電場からのみ影響を受けていた．このような近似は溶媒場中でイオンが希薄に存在している場合にのみ有効である．それに対して，本項では密に充填された原子の運動方程式を導出しているため，このような近似を用いることはできない．

524 付録 H 相互作用ポテンシャル：溶媒と溶質の原子モデル

るものであれば，そのモデルを用いて対象の系を解析し，実験結果と比較することが可能になる．これらのモデルはすべて，計算効率と物理的精度のトレードオフの関係にあるため，影響が小さく計算が困難な特定の効果を無視して，より影響が大きく計算が容易であると考えられる効果に着目してモデル化されている．これらのモデルは通常，実験データともっともよく一致するように調整するいくつかのパラメータをもっており，このパラメータによってモデルに含まれていない効果が（部分的に）再現されている．

■**多点モデル**

　ここでは，レナード–ジョーンズポテンシャルと酸素原子や水素原子の電荷に由来する点電荷を組み合わせた多点モデルのうちのいくつかを紹介する．多点モデル（通常は3〜6点で構成される）では水分子をいくつかの点に分割して考える．これらの位置は分子の化学組成を大まかに示す記号を用いて表記されるが，モデルとして考えると，以下に列記するように，これらの表記が表すのは力と加速度を計算する物理的な位置である．

1.　一つの O：酸素（oxygen）原子の位置．レナード–ジョーンズポテンシャルを求めるための距離の計算に用いる．
2.　一つの M：質量（mass）の中心の位置．分子の運動方程式において分子位置の追跡に用いられる点．
3.　二つの H：水素（hydrogen）原子の位置．通常正の点電荷として扱われる．
4.　二つの L：孤立電子対（lone pair electrons）の位置．通常負の点電荷として扱われる．

より点の数が少ないモデルでは，いくつかの点を一つの点として扱っている．たとえば，5点モデルでは O と M を同じ点として扱い，4点モデルでは O と二つの L を同じ点として，3点モデルでは O と二つの L と M を同じ点として扱う．一般的な配置を**図 H.5**に示す．ほとんどのモデルでは水分子の構造を無限に硬い，つまり結合距離と角度と電子雲の位置はいかなる外的摂動にも影響されないとしている[訳注1]．この仮定により，計算時間の大幅な短縮が実現されている．

　水分子内の酸素原子周囲の電子軌道の構造はおおよそ四面体形状であり，酸素原子は四面体の中心，水素原子は四面体の二つの頂点，孤立電子対は別の頂点に位置する．結合距離（酸素原子と四面体の頂点との距離）は約 1 Å である．（メタン分子のように）分子が完全に対称な場合，これらの結合の角度は正四面体角である 109.47° となる[1]．

訳注1）分子動力学ではこのようなモデルを剛体回転子モデルとよぶ．また，原子間結合のねじれや伸縮を考慮に入れたモデルをフレキシブルモデルとよぶ．

1）気相の水の分光測定により，HOH の角度は 104.5°，結合距離は 0.95 Å であることが明らかになっている．

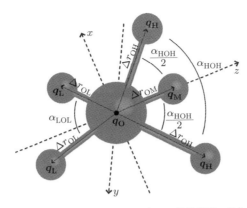

図 H.5 水モデルに用いられる6点の一般的描画. ほとんどのモデルではこれらの点のいくつかを統合したものを用いる

表 H.1 水モデル (固定点電荷モデル) のパラメータ

パラメータ	SPC	SPC/E	TIP3P	TIP4P	TIP5P
Δr_{OH}	1 Å	1 Å	0.9572 Å	0.9572 Å	0.9572 Å
α_{HOH}	109.47°	109.47°	104.52°	104.52°	104.52°
Δr_{OL}	n/a	n/a	n/a	n/a	0.7 Å
Δr_{OM}	n/a	n/a	n/a	0.15 Å	n/a
α_{LOL}	n/a	n/a	n/a	n/a	109.47°
$A\left[\text{nm}\left(\frac{\text{kJ}}{\text{mol}}\right)^{1/6}\right]$	0.37122	0.37122	0.343	0.354	0.321
$B\left[\text{nm}\left(\frac{\text{kJ}}{\text{mol}}\right)^{1/12}\right]$	0.3428	0.3428	0.326	0.334	0.377
q_L	n/a	n/a	n/a	n/a	$-0.241e$
q_O	$-0.82e$	$-0.8476e$	$-0.834e$	n/a	n/a
q_M	n/a	n/a	n/a	$-1.04e$	n/a
q_H	$+0.41e$	$+0.4238e$	$+0.417e$	$+0.52e$	$+0.241e$

多点モデルはすべて四面体を近似した形状をもっており (いくつかのモデルのパラメータを表 H.1 に示す), 3〜6点で分子の特定の要素を表現し, 次式の形をした分子間対ポテンシャルを計算している.

$$e_2 = e_2^{LJ} + e_2^{C} \tag{H.19}$$

ここで, e_2^{LJ} は酸素原子間距離の関数として計算される対ポテンシャルのレナード–ジョーンズ成分であり, e_2^{C} は二つの分子のもつ全電荷のクーロン相互作用の合計とし

526 付録 H 相互作用ポテンシャル：溶媒と溶質の原子モデル

て計算される対ポテンシャルのクーロン成分である[1]．したがって，酸素原子間の距離 Δr を用いて，レナード–ジョーンズ成分は式(H.20)または式(H.21)で表される．

$$e_2^{\mathrm{LJ}}(\Delta r) = 4\varepsilon_{\mathrm{LJ}}\left[\left(\frac{\Delta r}{\sigma_{\mathrm{LJ}}}\right)^{-12} - \left(\frac{\Delta r}{\sigma_{\mathrm{LJ}}}\right)^{-6}\right] \tag{H.20}$$

$$e_2^{\mathrm{LJ}}(\Delta r) = \left[\left(\frac{\Delta r}{B}\right)^{-12} - \left(\frac{\Delta r}{A}\right)^{-6}\right] \tag{H.21}$$

式(H.21)のレナード–ジョーンズポテンシャルは，式(H.20)と物理的には同等であるが表記方法が異なっている．

ある分子が他の一つの分子から受けるクーロンポテンシャルは次式で表される．

$$e_2^{\mathrm{C}} = \sum_i \sum_j \frac{1}{4\pi\varepsilon_0} \frac{q_i q_j}{\Delta r_{ij}} \tag{H.22}$$

ここで，添字 $i = 1, 2, 3$ は第一の分子の点電荷を表し，添字 $j = 1, 2, 3$ は第二の分子の点電荷を表す．また，q_i および q_j はこれらの点電荷の値であり，Δr_{ij} はこれらの点電荷間の距離である．

二つの分子がたがいに受ける力は単純に，両者間の距離 Δr に対する対ポテンシャルの導関数であり，たがいに受けるトルクは，ある座標に対する対ポテンシャルの導関数である．

■単純点電荷（SPC）モデル

SPC モデルは，酸素原子，負電荷，そして質量中心からなる3点電荷モデルである．このモデルでは水素原子はそれぞれ $+0.41e$ の電荷をもち，酸素原子は $-0.82e$ の電荷をもつ（e は電子電荷の大きさ）．結合距離は 1 Å，HOH 角は $109.47°$ である．修正レナード–ジョーンズモデルを使用しており，$A = 0.37122\,\mathrm{nm}\,(\mathrm{kJ/mol})^{1/6}$，$B = 0.3428\,\mathrm{nm}\,(\mathrm{kJ/mol})^{1/12}$ である．

■有効単純点電荷（SPC/E）モデル

SPC/E モデルは，酸素原子，負電荷，そして質量中心からなる3点電荷モデルである．このモデルでは水素原子はそれぞれ $+0.4238e$ の電荷をもち，酸素原子は $-0.8476e$ の

---

[1] このようなモデルは，本質的に対ポテンシャルを基本（球対称）状態周りの摂動として扱っている．これらのモデルは，実際の水の相互作用と球対称な水の相互作用の主な違いは，孤立した部分点電荷の有無であると仮定し，ゆらいでいる双極子の空間分布に対する水の構造の影響（LJ 係数の空間的な変化）は無視し，静止した双極子の空間分布（点電荷）のみを考慮している．そして，これらのモデルは LJ 係数，電荷の大きさ，結合角，結合距離などのパラメータの調整により，実験結果をよく表現するようにフィッティングされる．この手法は，単純にすべての効果を再現するには，計算パワーが不足しているという理由から採用されている．

電荷をもつ．結合距離は 1 Å，HOH 角は 109.47° である．修正レナード–ジョーンズモデルを使用しており，$A = 0.37122\,\mathrm{nm}\,(\mathrm{kJ/mol})^{1/6}$，$B = 0.3428\,\mathrm{nm}\,(\mathrm{kJ/mol})^{1/12}$である．

例題 H.1 水分子の双極子モーメントの大きさを，SPC/E モデルの配置を用いて求めよ（単位はデバイとすること）．

解 双極子モーメントの大きさは，電荷と対称軸方向の電荷間距離の積で与えられる．SPC/E モデルの場合，軸対称方向の距離［Å］は次式で与えられる．

$$d = \cos\frac{109.47°}{2} \tag{H.23}$$

この式から，$d = 0.577$ Å（$d = 0.577 \times 10^{-10}$ m）を得る．また，電荷の大きさは $0.8476e$（1.36×10^{-19} C）なので，双極子モーメントは $p = 7.83 \times 10^{-30}$ C m となり，1 D $= 3.33 \times 10^{-30}$ C m という関係から，次式を得る．

$$p = 2.35\,\mathrm{D} \tag{H.24}$$

■3 点電荷可動分子間ポテンシャル（TIP3P）モデル

TIP3P モデルは，酸素原子，負電荷，そして質量中心からなる 3 点電荷モデルである．このモデルでは水素原子はそれぞれ $+0.417e$ の電荷をもち，酸素原子は $-0.834e$ の電荷をもつ．結合距離は 0.9572 Å，HOH 角は 104.52° である．レナード–ジョーンズモデルを使用しており，$\sigma_{\mathrm{LJ}} = 3.12$ Å，$\varepsilon_{\mathrm{LJ}} = 0.636\,\mathrm{kJ/mol}$ である．

■4 点電荷可動分子間ポテンシャル（TIP4P）モデル

TIP4P モデルは，酸素原子と質量中心を距離 0.15 Å だけ離している．このモデルでは水素原子はそれぞれ $+0.52e$ の電荷をもち，**質量中心**は $-1.04e$ の電荷をもつ．結合距離は 0.9572 Å，HOH 角は 104.52° である．レナード–ジョーンズモデルを使用しており，$\sigma_{\mathrm{LJ}} = 3.15$ Å，$\varepsilon_{\mathrm{LJ}} = 0.649\,\mathrm{kJ/mol}$ である．

■5 点電荷可動分子間ポテンシャル（TIP5P）モデル

TIP5P モデルは，酸素原子と質量中心を同じ点としているが，孤立電子対として負の電荷を与えている．このモデルでは水素原子はそれぞれ $+0.241e$ の電荷をもち，孤立電子は $-0.241e$ の電荷をもつ．結合距離は 0.9572 Å，HOH 角は 104.52°，孤立電子対間距離は 0.7 Å，LOL 角は 109.47° である．レナード–ジョーンズモデルを使用しており，$\sigma_{\mathrm{LJ}} = 3.12$ Å，$\varepsilon_{\mathrm{LJ}} = 0.669\,\mathrm{kJ/mol}$ である．

528　付録 H　相互作用ポテンシャル：溶媒と溶質の原子モデル

■モデルの適用性

これらのモデルの適用性は扱う問題によって変わる．これらのモデルは静電荷しかもっておらず，水のポテンシャルエネルギー分布が比較的一様な系でうまく動作するように設計されている．これらのモデルは水の物性を調べる目的では，問題が比較的簡単なのでよく動作する．しかし，混合溶媒や電解質溶液などの非均質混合物においては，水分子周囲のポテンシャルエネルギーの変化が大きく，そして原子や電子の分極を考慮していないため，再現性が悪くなる．

H.4.3　MD シミュレーションにおける無次元化

分子動力学の分野では，長年にわたって論文中で無次元化を定義なしに行うことが標準的だったため，MD シミュレーションにおける典型的な無次元化を理解しておくことは非常に重要である．これらの標準的な知識なしに文献を読む初学者にとっては，無次元化がデータの解釈を妨げることになる．MD シミュレーションでは，質量，長さ，時間，温度の無次元化に m（一つの分子の質量），ε_{LJ}（引力エネルギー井戸の深さ），σ_{LJ}（引力と斥力のエネルギーが打ち消し合う距離），k_B（ボルツマン定数）がよく用いられる．これらの基礎スケールを表 H.2 に，よく用いられる無次元変数を表 H.3 に示す．さらに，この分野では式 (E.22) のように静電エネルギーの表現から $\dfrac{1}{4\pi\varepsilon_0}$ を除外することが多い．その場合には，$\dfrac{1}{4\pi\varepsilon_0}$ は暗に含まれているか，非 SI 単位系の使用により自由空間の誘電率の値が $\dfrac{1}{4\pi}$ となっている．本書では単位の一貫性や明確さを維持するために $\dfrac{1}{4\pi\varepsilon_0}$ を明示している．また，この表記により，水を原子的に扱う際にはすべての静電相互作用を解く必要があり，したがって水の誘電率ではなく真空の誘電率を使用することを思い出してほしい．

表 H.2　液体状態および MD パラメータの無次元化に用いる基礎スケール

基礎スケール	LJ 単位における値
質量	m
長さ	σ_{LJ}
時間	$\sigma_{LJ}\sqrt{\dfrac{m}{\varepsilon_{LJ}}}$
温度	$\dfrac{\varepsilon_{LJ}}{k_B}$

注）電解質溶液の場合は通常，無次元化には溶媒の物性を用いる．

表 H.3　MD で使用される無次元単位

物理量	無次元物理量の定義
動径位置	$r^* = \dfrac{r}{\sigma_{\text{LJ}}}$
密度（通常，数密度）	$\rho^* = \dfrac{n\sigma_{\text{LJ}}^3}{V}$
力	$F^* = \dfrac{F\sigma_{\text{LJ}}}{\varepsilon_{\text{LJ}}}$
圧力	$p^* = \dfrac{p\sigma_{\text{LJ}}^3}{\varepsilon_{\text{LJ}}}$
温度	$T^* = \dfrac{k_B T}{\varepsilon_{\text{LJ}}}$
速度	$v^* = v\sqrt{\dfrac{m}{\varepsilon_{\text{LJ}}}}$

注）n は分子数，V は領域の体積．その他の無次元単位は，本文の基礎スケールを用いて導出できる．

H.5　まとめ

本付録では，溶媒と溶質の相互作用ポテンシャルについてまとめた．これらの相互作用ポテンシャルから，分布関数，高分子の排除体積相互作用の解析，そしてナノ空間の原子シミュレーションなど，溶媒の物性に関する微分積分方程式が導かれる．

分子間相互作用を表現する対ポテンシャルとして，次式のレナード–ジョーンズポテンシャルを紹介した．

$$e_2(\Delta r_{12}) = 4\varepsilon_{\text{LJ}}\left[\left(\frac{\Delta r_{12}}{\sigma_{\text{LJ}}}\right)^{-12} - \left(\frac{\Delta r_{12}}{\sigma_{\text{LJ}}}\right)^{-6}\right] \tag{H.25}$$

このような種類の関数を扱うために，式（H.26）のマイヤーの f 関数（相互作用ポテンシャルによる分布関数の記述）や，式（H.27）の平均力のポテンシャル（分布関数による相互作用ポテンシャルの記述）を使用する．

$$f_{\text{M}} = -1 + \exp\left(-\frac{e_1}{k_{\text{B}}T}\right) \tag{H.26}$$

$$e_{\text{mf}} = -k_{\text{B}}T\ln f_{\text{d}} \tag{H.27}$$

マイヤーの f 関数は分子周りの排除体積と関係していることを示した．これらの対ポテンシャルは，次式のオルンシュタイン–ゼルニケ方程式および閉包関係と組み合わせることで，凝集系の平衡特性の予測に利用される．

$$f_{\text{tc}}(\Delta \vec{r}_{12}) = f_{\text{dc}}(\Delta r_{12}) + n\int_{-\infty}^{\infty} f_{\text{tc}}(\Delta r_{12})f_{\text{dc}}(\Delta r_{32})\,d\vec{r}_{13} \tag{H.28}$$

液体の非平衡な挙動の予測には原子シミュレーションが用いられる．この手法では
ニュートンの第二法則を分子レベルで積分する．水は極性が強く，レナード–ジョーン
ズ相互作用ポテンシャルのみではモデル化できない．ここでは，電荷の分布を表現し，
より正確に分子間相互作用がシミュレーションできるいくつかのモデルを紹介した．

H.6　補足文献

　本付録では，相互作用ポテンシャルの入門的な内容，および相互作用ポテンシャルと
原子シミュレーション，高分子の排除体積や液体状態理論との関係について紹介してい
る．しかし，これらをより深く勉強しようという読者にとっては不十分な内容となって
いる．液体の原子シミュレーションに興味がある読者は，入門的な導入として Haile
[298] や Karniadakis ら [3] を読むとよいだろう．とくに，Haile [298] は MD シミュレー
ションにおける無次元化について簡潔に述べている．Allen and Tildesley [299] は標準
的な参考書であり，分子動力学の研究を行っている者により相応しいだろう．

　本付録ではモンテカルロ法による直接シミュレーション，格子ボルツマン法，そして
ブラウン動力学法に関する議論は除外している．ボルツマン方程式を用いた手法は，物
性（具体的には，原子や分子の運動）の統計的表現を扱い，物性の分布関数の輸送方程
式を導出する．格子ボルツマン法は，格子表現を用いることでボルツマン法を単純化・
近似している．ブラウン動力学法は，分子動力学シミュレーションの粗視化による単純
化手法の一つである．

　近年の電気二重層への分子動力学シミュレーションの適用に興味がある読者は，文献
[120, 121, 300, 301, 302] を参照されたい．オルンシュタイン–ゼルニケ方程式を用い
た微分積分法に興味がある読者は，該当分野の詳細な研究について紹介している
Attard [123, 303] を参照されたい．Rubinstein and Colby [36] は高分子の排除体積に
関連する相互作用ポテンシャルについて議論している．

　水モデルについて，ここでは静電荷モデルのみをとり上げており，ばね電荷モデル，
誘起双極子モデル，電荷ゆらぎモデル，そして水分子の量子力学的な取り扱いについて
は述べていない．水モデルや水の物性の記述とそれらの関係については文献 [304, 305,
306, 307] で議論されている．

H.7 演習問題

H.1 式(H.29)〜(H.31)で与えられる対ポテンシャルについて，マイヤーのf関数f_Mを計算し，図にプロットせよ．

$$e_2 = \infty \quad \text{if} \quad r < a \tag{H.29}$$

$$e_2 = k_B T \quad \text{if} \quad a < r < 2a \tag{H.30}$$

$$e_2 = 0 \quad \text{if} \quad 2a < r \tag{H.31}$$

H.2 一様なレナード–ジョーンズ流体の動径分布関数を求める．以下の(a)〜(e)を参照し，超網目状鎖閉包を用いてオルンシュタイン–ゼルニケ方程式を解く際の数値計算手順を書き出せ．

(a) f_{tc} を求めるために式(H.17)の超網目状鎖閉包を，f_{dc} を求めるために式(H.16)のオルンシュタイン–ゼルニケ方程式を用いて，反復計算を行う．

(b) 領域 $(0 \leq r \leq 512\sigma)$ 内で $f_{tc}(r) = f_{dc}(r) = 0$ から開始する．

(c) 各ステップにおいて，次式の超網目状鎖関係を用いて新たな f_{tc} を定義する（ここでは，$e_1(r)$ はレナード–ジョーンズポテンシャル）．

$$f_{tc,new}(r) = 1 + \exp\left[-\frac{e_1(r)}{k_B T} + f_{tc,old}(r) - f_{dc}(r)\right] \tag{H.32}$$

(d) 各ステップにおいて，f_{tc} と f_{dc} をフーリエ変換して新たな f_{dc} を定義する．フーリエ変換したオルンシュタイン–ゼルニケ方程式を用いて $\hat{f}_{dc}$ を求め，$\hat{f}_{dc}$ のフーリエ逆変換から新たな f_{dc} を求める．次式に示すように，フーリエ変換したオルンシュタイン–ゼルニケ方程式を利用するこの方法を用いると計算が容易になる（空間積分の計算は，フーリエ変換すると積の計算となる）．

$$\hat{f}_{tc}(k) = \hat{f}_{dc}(k) + \rho \hat{f}_{dc}(k) \hat{f}_{tc}(k) \tag{H.33}$$

ここで，k は周波数変数，$\hat{f}$ は f のフーリエ変換である．これを変形すると次式を得る．

$$\hat{f}_{dc,new}(k) = \frac{\hat{f}_{tc,new}(k)}{1 + \rho \hat{f}_{tc,new}(k)} \tag{H.34}$$

したがって，実行する手順をまとめると，f_{tc} と f_{dc} をフーリエ変換して $\hat{f}_{tc}$ と $\hat{f}_{dc}$ を求め，それに式(H.34)を適用して最後に $\hat{f}_{dc}$ を逆変換することで f_{dc} が得られる[1]．

---

1) $\hat{f}_{tc}$ と $\hat{f}_{dc}$ をどのように変換するかについて注意する必要がある．この場合には，FFT（高速フーリエ変換）および IFFT（逆高速フーリエ変換）アルゴリズムは点の数について対称である必要がある．つまり，式(H.34)に適用するにあたって，FFT の定義は式(H.35)，IFFT の定義は式(H.36)でなければならない．

$$\hat{f}(k) = N^{-1/2} \sum_{n=1}^{N} f(n) \exp\left(\frac{2\pi i}{N}\right)^{(n-1)(k-1)} \tag{H.35}$$

$$f(n) = N^{-1/2} \sum_{k=1}^{N} \hat{f}(k) \exp\left(\frac{2\pi i}{N}\right)^{-(n-1)(k-1)} \tag{H.36}$$

高速フーリエ変換関数にこれとは少し異なる定義を用いているソフトウェアパッケージも多い．

532 付録 H　相互作用ポテンシャル：溶媒と溶質の原子モデル

(e) 先の二つのステップを，f_{tc} と f_{dc} の解が変化しなくなるまで繰り返す．数値計算の安定性に関して，とくに ρ^* が高く T^* が低い場合には注意が必要である．

3 種類の ρ^* の値 (0.1, 0.4, 0.8) および 3 種類の T^* の値 (0.5, 1.0, 1.5) について結果をプロットせよ．

H.3　演習問題 H.2 の結果を用いて，この場合に原子が受ける平均力のポテンシャルを計算せよ．演習問題 H.2 の 9 個の例の e_{mf} を図にプロットせよ．

H.4　SPC モデルの配置を用いて水分子の双極子モーメントの大きさを計算せよ（単位はデバイとすること）．

H.5　半径 a の剛体球を考える．

(a) 二つの球の中心がもっとも接近する場合の距離を求めよ．

(b) 二つの球の相互作用の対ポテンシャルを求めよ．

(c) 排除体積を求めよ．また，排除体積と球の体積を比較せよ．

H.6　クーロン対ポテンシャルの積分不可能性が物理系の電気的中性を保証することを示せ．

H.7　単極子相互作用ポテンシャルの式を用いて，塩化ナトリウムが乾燥状態では結晶性固体だが水に触れると溶解する理由を説明せよ．

参考文献

[1] Becker, F. F., Wang, X. B., Huang, Y., Pethig, R., Vykoukal, J., and Gascoyne, P. R. C. *Journal of Physics D-Applied Physics* **27** (12), 2659–2662 Dec 14 (1994).

[2] Yasukawa, T., Suzuki, M., Sekiya, T., Shiku, H., and Matsue, T. *Biosensors & Bioelectronics* **22** (11), 2730–2736 May 15 (2007).

[3] Karniadakis, G., Beskok, A., and Aluru, N. *Microflows and Nanoflows*. Springer, (2005).

[4] Madou, M. *Fundamentals of Microfabrication: The Science of Miniaturization*. CRC, (2002).

[5] Brodie, I. and Murray, J. *The Physics of Microfabrication*. Springer, (1982).

[6] Tabeling, P. *Introduction to Microfluidics*. Oxford, (2005).

[7] Nguyen, N.-T. and Wereley, S. *Fundamentals of Microfluidics*. Artech House, (2006).

[8] Peyret, R. and Taylor, T. *Computational Methods for Fluid Flow*. Springer-Verlag, (1983).

[9] Hirsch, C. *Numerical Computation of Internal and External Flows*. Wiley, (1988).

[10] Hirsch, C. *Numerical Computation of Internal and External Flows Volume 2: Computational Methods for Inviscid and Viscous Flows*. Wiley, (1990).

[11] Fletcher, C. *Computational Techniques for Fluid Dynamics, volumes 1 & 2*. Springer, (1991).

[12] Greibel, M., Dornsheifer, T., and Neunhoeffer, T. *Numerical Simulation in Fluid Dynamics: A Practical Introduction*. SIAM, (1998).

[13] Ferziger, J. and Peric, M. *Computational Methods for Fluid Dynamics*. Springer, (2001).

[14] Tu, J., Yeoh, G., and Liu, C. *Computational Fluid Dynamics: A Practical Approach*. Butterworth-Heinemann, (2007).

[15] Prosperetti, A. and Tryggvason, G. *Computational Methods for Multiphase Flow*. Cambridge University Press, (2007).

[16] Anna, S. and Mayer, H. *Physics of Fluids* **18**, 121512 (2006).

[17] Fox, R., Pritchard, P., and McDonald, A. *Introduction to Fluid Mechanics*. Wiley, (2008).

[18] Munson, B., Young, D., and Okiishi, T. *Fundamentals of Fluid Mechanics*. Wiley, (2006).

[19] White, F. *Fluid Mechanics*. Wiley, (2006).

[20] Bird, R., Stewart, W., and Lightfoot, E. *Transport Phenomena*. Wiley, (2006).

[21] Panton, R. *Incompressible Flow*. Wiley, (2005).

[22] White, F. *Viscous Fluid Flow*. McGraw-Hill, (2005).

[23] Kundu, P. and Cohen, I. *Fluid Mechanics*. Academic Press, (2008).

[24] Batchelor, G. *Introduction to Fluid Dynamics*. Cambridge University Press, (2000).

[25] Born, M. and Green, H. *A General Kinetic Theory of Liquids*. University Press, (1949).

[26] Frenkel, Y. *Kinetic Theory of Liquids*. Dover, (1955).

[27] Lauga, E. and Stone, H. in *Springer Handbook of Experimental Fluid Mechanics*, Microfluidics: The no-slip boundary condition. Springer (2007).

[28] Edwards, D., Brenner, H., and Wasan, D. *Interfacial Transport Processes and Rheology*. Butterworth-Heinemann, (1991).

[29] Probstein, R. *Physicochemical Hydrodynamics*. Wiley, (1994).

[30] Leal, L. *Advanced Transport Processes: Fluid Mechanics and Convective Transport Processes*. Cambridge University Press, (2007).

[31] Chen, T., Chiu, M.-S., and Wen, C.-N. *Journal of Applied Physics* **100**, 074308 (2006).

[32] Russel, W., Saville, D., and Schowalter, W. *Colloidal Dispersions*. Cambridge University Press, (1989).

[33] Bruus, H. *Theoretical Microfluidics*. Oxford, (2007).

[34] Van Dyke, M. *Perturbation Methods in Fluid Mechanics*. Parabolic Press, (1964).

[35] Stroock, A., Dertinger, S., Ajdari, A., Mezic, I., Stone, H., and Whitesides, G. *Science* **295**,

647–651 (2002).

[36] Rubinstein, M. and Colby, R. *Polymer Physics*. Oxford, (2003).

[37] Taylor, R. and Krishna, R. *Multicomponent Mass Transfer*. Wiley, (1993).

[38] Ottino, J. *The Kinematics of Mixing: Stretching, Chaos, and Transport*. Cambridge University Press, (1989).

[39] Strogatz, S. *Nonlinear Dynamics and Chaos: With Applications to Physics, Biology, Chemistry, and Engineering*. Westview, (2001).

[40] Ottino, J. andWiggins, S. *Philosophical Transactions A: Mathematics, Physics, Engineering, and Science* **362**, 923–35 (2004).

[41] Nguyen, N.-T. and Wu, Z. *Journal of Micromechanics and Microengineering* **15**, R1–R16 (2005).

[42] Hessel, V., Lowe, H., and Schonfeld, F. *Chemical Engineering Science* **60**, 2479–2501 (2005).

[43] Song, H., Bringer, M., Tice, J., Gerdts, C., and Ismagilov, R. *Applied Physics Letters* **83**, 4664–4666 (2003).

[44] Simonnet, C. and Groisman, A. *Physical Review Letters* **94**, 134501 (2005).

[45] Takayama, S., Ostuni, E., LeDuc, P., Naruse, K., Ingber, D., and Whitesides, G. *Nature (London)* **411**, 1016 (2001).

[46] Beebe, D., Moore, J., Yu, Q., Liu, R., Kraft, M., Jo, B.-H., and Devadoss, C. *Proceedings of the National Academy of Science of the United States of America* **97**, 13488–13493 (2000).

[47] Raynal, F., Plaza, F., Beuf, A., and Carriere, P. *Physics of Fluids* **16**, L63–L66 (2004).

[48] McQuain, M., Seale, K., Peek, J., Fisher, T., Levy, S., Stremler, M., and Haselton, F. *Analytical Biochemistry* **325**, 215–226 (2004).

[49] Wei, C.-W., Cheng, J.-Y., Huang, C.-T., Yen, M.-H., and Young, T.-H. *Nucleic Acids Research* **33**, e78 (2005).

[50] Stremler, M. and Cola, B. *Physics of Fluids* **18**, 011701 (2006).

[51] Hertzsch, J.-M., Struman, R., and Wiggins, S. *Small* **3**, 202–218 (2007).

[52] Chang, H.-C. and Yeo, L. *Electrokinetically Driven Microfluidics and Nanofluidics*. Cambridge University Press, (2010).

[53] Stone, H. *Physics of Fluids A* **1**, 1112–1122 (1989).

[54] Ismagilov, R., Stroock, A., Kenis, P., Whitesides, G., and Stone, H. *Applied Physics Letters* **76**, 2376–2378 (2000).

[55] Griffiths, D. J. *Introduction to Electrodynamics*. *Prentice-Hall*, 3rd edition, (1981).

[56] Jackson, J. *Classical Electrodynamics*.Wiley, 3rd edition, (1999).

[57] Haus, H. and Melcher, J. *Electromagnetic Fields and Energy*. Prentice Hall, (1989).

[58] Bockris, J. and Reddy, A. *Modern Electrochemistry*. Plenum, (1970).

[59] Bard, A. and Faulkner, L. *Electrochemical Methods*.Wiley, (1980).

[60] Morgan, H. and Green, N. *AC Electrokinetics: Colloids and Nanoparticles*. Research Studies Press, (2002).

[61] Jones, T. B. *Electromechanics of Particles*. Cambridge University Press, (1995).

[62] Pethig, R. *Dielectric and Electric Properties of Biological Materials*.Wiley, (1979).

[63] Smith, R. and Dorf, R. *Circuits, Devices, and Systems: A First Course in Electrical Engineering, 5th edition*.Wiley, (1991).

[64] Oesterle, J. *Journal of Applied Mechanics* **31**, 161–164 (1964).

[65] Zeng, S., Chen, C., Mikkelsen, J., and Santiago, J. *Sensors and Actuators B* **79**, 107–114 (2001).

[66] Reichmuth, D., Chirica, G., and Kirby, B. *Sensors and Actuators B* **92**, 37–43 (2003).

[67] Reichmuth, D. and Kirby, B. *Journal of Chromatography A* **1013**, 93–101 (2003).

[68] Levich, V. *Physicochemical Hydrodynamics*. Prentice Hall, (1962).

[69] Hunter, R. *Zeta Potential in Colloid Science*. Academic, (1981).

[70] Hunter, R. J. *Introduction to Modern Colloid Science*. Oxford, (1994).

参考文献　　535

[71] Lyklema, J. *Fundamentals of Interface and Colloid Science: Volume II: Solid-Liquid Interfaces.* Academic Press, (1995).

[72] Li, D. *Electrokinetics in Microfluidics.* Elsevier, (2004).

[73] Overbeek, J. *Colloid Science, Volume I: Irreversible Systems.* Elsevier (1952).

[74] Cummings, E., Griffiths, S., Nilson, R., and Paul, P. *Analytical Chemistry* **72**, 2526–2532 (2000).

[75] Santiago, J. *Analytical Chemistry* **73**, 2353–2365 (2001).

[76] Oh, J. and Kang, K. *Journal of Colloid and Interface Science* **310**, 607–616 (2007).

[77] Santiago, J. *Journal of Colloid and Interface Science* **310**, 675–677 (2007).

[78] Soderman, O. and Jonsson, B. *Journal of Chemical Physics* **105**, 10300–10311 (1996).

[79] Herr, A., Molho, J., Santiago, J., Mungal, M., Kenny, T., and Garguilo, M. *Analytical Chemistry* **72**, 1053–1057 (2000).

[80] Min, J., Hasselbrink, E., and Kim, S. *Sensors and Actuators B* **98**, 368–377 (2004).

[81] Griffiths, S. and Nilson, R. *Electrophoresis* **26**, 351–361 (2005).

[82] Griffiths, S. and Nilson, R. *Analytical Chemistry* **73**, 272–278 (2001).

[83] Molho, J., Herr, A., Mosier, B., Santiago, J., Kenny, T., Brennen, R., Gordon, G., and Mohammadi, B. *Analytical Chemistry* **73**, 1350–1360 (2001).

[84] Currie, I. *Fundamental Mechanics of Fluids.* Marcel Dekker, (2002).

[85] Kuethe, A., Schetzer, J., and Chow, C.-Y. *Foundations of Aerodynamics.* Wiley, (1987).

[86] Anderson, J. *Fundamentals of Aerodynamics.* McGraw-Hill, (2006).

[87] Chapra, S. and Canale, R. *Numerical Methods for Engineers: With Software and Programming Applications.* McGraw-Hill, (2001).

[88] Happel, J. and Brenner, H. *Low Reynolds Number Hydrodynamics: With Special Applications To Particulate Media.* Kluwer, (1983).

[89] Kim, S. and Karrila, S. *Microhydrodynamics: Principles and Selected Applications.* Dover, (2005).

[90] Doi, M. and Edwards, S. *The Theory of Polymer Dynamics.* Oxford, (1986).

[91] Onsager, L. *Physical Review* **37**, 405–426 (1931).

[92] Onsager, L. *Physical Review* **38**, 2265–2279 (1931).

[93] Batchelor, G. *Journal of Fluid Mechanics* **74**, 1–29 (1976).

[94] Chwang, A. and Wu, T. *Journal of Fluid Mechanics* **75**, 677–689 June (1976).

[95] Brenner, H. *Chemical Engineering Science* **16**, 242–251 (1961).

[96] Goldman, A., Cox, R., and Brenner, H. *Chemical Engineering Science* **21**, 1151–1170 (1966).

[97] Green, N. G. and Jones, T. B. *Journal of Physics D-Applied Physics* **40** (1), 78–85 Jan 7 (2007).

[98] Raffel, M. *Particle-Image Velocimetry: A Practical Guide.* Springer, (1998).

[99] Beatus, T., Tlusty, T., and Bar-Ziv, R. *Nature Physics* **2**, 743–748 (2006).

[100] Segre, G. and Silverberg, A. *Journal of Fluid Mechanics* **14**, 115–136 (1962).

[101] Segre, G. and Silverberg, A. *Journal of Fluid Mechanics* **14**, 137–157 (1962).

[102] Gouy, M. *Journal de Physique* **9**, 457–468 (1910).

[103] Chapman, D. *Philosophical Magazine* **25**, 475–481 (1913).

[104] Israelachvili, J. *Intermolecular and Surface Forces.* Academic, (1992).

[105] Anderson, J. *Annual Review of Fluid Mechanics* **21**, 61–99 (1989).

[106] Lyklema, J. and Overbeek, J. *Journal of Colloid Science* **16**, 501–512 (1961).

[107] Lyklema, J. *Colloids and Surfaces A* **92**, 41–49 (1994).

[108] Stern, O. Z. *Electrochemical* **30**, 508–516 (1924).

[109] Bikerman, J. *Philosophical Magazine* **33**, 384 (1942).

[110] Borukhov, I., Andelman, D., and Orland, H. *Physical Review Letters* **79**, 435 (1997).

[111] Kilic, M., Bazant, M., and Ajdari, A. *Physical Review E* **75**, 021502 (2007).

[112] Kilic, M., Bazant, M., and Ajdari, A. *Physical Review E* **75**, 021503 (2007).

536   参考文献

[113] Carnahan, N. and Starling, K. *Journal of Chemical Physics* **51**, 635 (1969).

[114] Boublik, T. *Journal of Chemical Physics* **53**, 471 (1970).

[115] Mansoori, G., Carnahan, N., Starling, K., and Leland, T. *Journal of Chemical Physics* **54**, 1523 (1971).

[116] Hansen, J.-P. and McDonald, J. *Theory of Simple Liquids*. Academic, (1986).

[117] di Caprio, D., Borkowska, Z., and Stafiej, J. *Journal of Electroanalytical Chemistry* **572**, 51–59 (2004).

[118] Chakraborty, S. *Physical Review Letters* **100**, 09801 (2008).

[119] Marcelja, S. *Langmuir* **16**, 6081–6083 (2000).

[120] Qiao, R. and Aluru, N. *Journal of Chemical Physics* **118**, 4692–4701 (2003).

[121] Joly, L., Ybert, C., Trizac, E., and Bocquet, L. *Physical Review Letters* **93**, 257805 (2004).

[122] Vlachy, V. *Annual Review of Physical Chemistry* **50**, 145–165 (1990).

[123] Attard, P. *Advances in Chemical Physics* **92**, 1–159 (1996).

[124] Biesheuvel, P. and van Soestbergen, M. *Journal of Colloid and Interface Science* **316**, 490–499 (2007).

[125] Grochowski, P. and Trylska, J. *Biopolymers* **89**, 93–113 (2008).

[126] Kirby, B. and Hasselbrink, E. *Electrophoresis* **25**, 187–202 (2004).

[127] Gaudin, A. and Fursteneau, D. Trans. *ASME* **202**, 66–72 (1955).

[128] Atamna, I., Issaq, H., Muschik, G., and Janini, G. *Journal of Chromatography* **559**, 69–80 (1991).

[129] Scales, P., Greiser, F., and Healy, T. *Langmuir* **8**, 965–974 (1992).

[130] Kosmulski, M. and Matijevic, E. *Langmuir* **8**, 1060–1064 (1992).

[131] Caslavska, J. and Thormann, W. *Journal of Microcolumn Separations* **13**, 69–83 (2001).

[132] Kirby, B. and Hasselbrink, E. *Electrophoresis* **25**, 203–213 (2004).

[133] Tandon, V., Bhagavatula, S., Nelson, W., and Kirby, B. *Electrophoresis* **29**, 1092–1101 (2008).

[134] Tandon, V. and Kirby, B. *Electrophoresis* **29**, 1102–1114 (2008).

[135] Delgado, A., Gonazalez-Caballero, F., Hunter, R., Koopal, L., and Lyklema, J. *Pure and Applied Chemistry* **77**, 1753–1805 (2005).

[136] Kirby, B., Wheeler, A., Zare, R., Freutel, J., and Shepodd, T. *Lab on a Chip* **3**, 5–10 (2003).

[137] Grodzinsky, A. *Fields, Forces, and Flows in Biological Systems*. Garland Science, (2011).

[138] Atkinson, G. *Institute of Physics Handbook, 3rd edition*, Electrochemical information. (1972).

[139] Paul, P., Garguillo, M., and Rakestraw, D. *Analytical Chemistry* **70**, 2459–2467 (1998).

[140] Devasenathipathy, S. and Santiago, *J. Microscale Diagnostic Techniques*, chapter Electrokinetic Flow Diagnostics, 113–154. Springer (2005).

[141] Mosier, B., Molho, J., and Santiago, J. *Experiments in Fluids* **33**, 545 (2002).

[142] Lempert, W., Ronney, P., Magee, K., Gee, K., and Haugland, R. *Experiments in Fluids* **18**, 249–257 (1995).

[143] Dahm, W., Su, L., and Southerland, K. *Physics of Fluids A* **4**, 2191–2206 (1992).

[144] Ramsey, J., Jacobson, S., Culbertson, C., and Ramsey, J. *Analytical Chemistry* **75**, 3758–3764 (2003).

[145] Shadpour, H., Hupert, M., Patterson, D., Liu, C., Galloway, M., Stryjewski,W., Goettert, J., and Soper, S. *Analytical Chemistry* **79**, 870–878 (2007).

[146] Paegel, B., Hutt, L., Simpson, P., and Mathies, R. *Analytical Chemistry* **72**, 3030–3037 (2000).

[147] Fiechtner, G. and Cummings, E. *Analytical Chemistry* **75**, 4747–4755 (2003).

[148] Shackman, J., Munson, M., and Ross, D. *Analytical Chemistry* **79**, 565 (2007).

[149] Reichmuth, D., Shepodd, T., and Kirby, B. *Analytical Chemistry* **77**, 2997–3000 (2005).

[150] Skoog, D., Holler, F., and Crouch, S. *Principles of Instrumental Analysis*. Brooks Cole, (2006).

[151] Giddings, J. *Unified Separation Science*. Wiley, (1991).

[152] Righetti, P. *Isoelectric Focusing – Theory, Methodology and Applications*. Elsevier, (1983).

[153] Shadpour, H. and Soper, S. *Analytical Chemistry* **78**, 3519–3527 (2006).

[154] Herr, A., Molho, J., Drouvalakis, K., Santiago, J., and Kenny, T. *Analytical Chemistry* **75**, 1180–1187 (2003).

[155] Wang, Y., Choi, M., and Han, J. *Analytical Chemistry* **76**, 4426–4431 (2004).

[156] Gottschlich, N., Jacobson, S., Culbertson, C., and Ramsey, J. *Analytical Chemistry* **73**, 2669–2674 (2001).

[157] Kirby, B., Reichmuth,D., Renzi, R., Shepodd, T., and Wiedenman, B. *Lab on a Chip* (2004).

[158] Ottewill, R. and Shaw, J. *Journal of Electroanalytical Chemistry* **37**, 133 (1972).

[159] O'Brien, R. and White, L. *Journal of the Chemical Society, Faraday Transactions* **2**, 1607–1626 (1978).

[160] Ohshima, H.,Healy, T., and White, L. *Journal of the Chemical Society, Faraday Transactions* **2** 79, 1613 (1983).

[161] Henry, D. *Proceedings of the Royal Society Series A* **133**, 106–129 (1931).

[162] Henry, D. *Transactions of the Faraday Society* **44**, 1021–1026 (1948).

[163] Booth, F. *Transactions of the Faraday Society* **44**, 955–959 (1948).

[164] Booth, F. *Proceedings of the Royal Society Series A* **203**, 514–533 (1950).

[165] Wiersema, P., Loeb, A., and Overbeek, J. *Journal of Colloid and Interface Science* **23**, 78–99 (1966).

[166] Ohshima, H., Healy, T.,White, L., and O'Brien, R. *Journal of the Chemical Society, Faraday Transactions 2: Molecular and Chemical Physics* **80**, 1299–1317 (1984).

[167] Dukhin, S. *Advances in Colloid and Interface Science* **61**, 17–49 (1995).

[168] Ohshima, H.,Healy, T., and White, L. *Journal of the Chemical Society, Faraday Transactions 2: Molecular and Chemical Physics* **80**, 1643–1667 (1984).

[169] Strychalski, E., Stavis, S., and Craighead, H. *Nanotechnology* **19**, 315301 (2008).

[170] Balducci, A., Mao, P., Han, J., and Doyle, P. *Macromolecules* **39**, 6273–6281 (2006).

[171] Strychalski, E., Levy, S., and Craighead, H. *Macromolecules* **41**, 7716–7721 (2008).

[172] Ott, A., Magnasco, M., Simon, A., and Libchaber, A. *Physical Review E* **48**, R1642 (1993).

[173] Nkodo, A., Garnier, J., Tinland, B., Ren, H., Desruisseaux, C., McCormick, L., Drouin, G., and Slater, G. *Electrophoresis* **22**, 2424–2432 (2001).

[174] Stellwagen, N., Gelfi, C., and Righetti, P. *Biopolymers* **42**, 687–703 (1997).

[175] Stellwagen, E. and Stellwagen, N. *Electrophoresis* **23**, 1935–1941 (2002).

[176] de Gennes, P. *Scaling Concepts in Polymer Physics*. Cornell University Press, (1979).

[177] Flory, P. *Principles of Polymer Chemistry*. Cornell University Press, (1971).

[178] Han, J. and Craighead, H. *Science* **288**, 1026–1029 (2000).

[179] Viovy, J. *Reviews of Modern Physics* **72**, 813–872 (2000).

[180] Ugaz, V. and Burns, M. *Philosophical Transactions of the Royal Society of London Series A-Mathematical Physical and Engineering Sciences* **362**, 1105–1129 (2004).

[181] Fu, J., Yoo, J., and Han, J. *Physical Review Letters* **97**, 018103 (2006).

[182] Huang, L., Tegenfeldt, J., Kraeft, J., Sturm, J., Austin, R., and Cox, E. *Nature Biotechnology* **20**, 1048–1051 (2002).

[183] Paegel, B., Blazej, R., and Mathies, R. *Current Opinion in Biotechnology* **14**, 42–50 (2003).

[184] Doi, M. *Introduction to Polymer Physics*. Oxford, (2001).

[185] Reccius, C., Mannion, J., Cross, J., and Craighead, H. *Physical Review Letters* **95**, 268101 (2005).

[186] Reisner, W., Beech, J., Larsen, N., Flyvbjerg, H., Kristensen, A., and Tegenfeldt, J. *Physical Review Letters* **99**, 058302 (2007).

[187] Reisner, W., Morton, K., Riehn, R., Wang, Y., Yu, Z., Rosen, M., Sturm, J., Chou, S., Frey, E., andAustin, R. *Physical Review Letters* **94**, 196101 (2005).

[188] Odijk, T. *Physical Review E* **77**, 060901 (2008).

[189] Bonthuis, D., Meyer, C., Stein, D., and Dekker, C. *Physical Review Letters* **101**, 108303 (2008).

[190] Edel, J. and de Mello, A., editors. *Nanofluidics: Nanoscience and Nanotechnology*. Royal Society of Chemistry, (2009).

[191] Lehninger, A., Nelson, D., and Cox, M. *Principles of Biochemistry*. Freeman, (2008).

[192] Schoch, R., Han, J., and Renaud, P. *Reviews of Modern Physics* **80**, 839–883 (2008).

[193] Rubinstein, I. and Zaltzman, B. *Physical Review E* **62**, 2238–2251 (2000).

[194] Pennathur, S. and Santiago, J. *Analytical Chemistry* **77**, 6772–6781 (2005).

[195] Pennathur, S. and Santiago, J. *Analytical Chemistry* **77**, 6782–6789 (2005).

[196] Baldessari, F. and Santiago, J. *Journal of Nanobiotechnology* **4**, 12 (2006).

[197] Karnik, R., Cuan, C., Castelino, K., Daiguji, H., and Majumdar, A. *Nano Letters* **7**, 547–551 (2007).

[198] Outhwaite, C. and Bhuiyan, L. *Journal of the Chemical Society–Faraday Transactions* **76**, 1388–1408 (1980).

[199] Outhwaite, C. and Bhuiyan, L. *Journal of the Chemical Society–Faraday Transactions* **78**, 707–718 (1983).

[200] Bhuiyan, L. and Outhwaite, C. *Physical Chemistry Chemical Physics* **6**, 3467–3473 (2004).

[201] Liu, Y., Liu, M., Lau, W., and Yang, J. *Langmuir* **24**, 2884–2891 (2008).

[202] Bazant, M. and Squires, T. *Physical Review Letters* **92**, 066101 (2004).

[203] Green, N., Ramos, A., Gonzalez, A., and Morgan, H. *Physical Review E* **66**, 026305 (2002).

[204] Friese, V. *Zeitschrift fur Electrochemie* **56**, 822–827 (1952).

[205] Squires, T. and Bazant, M. *Journal of Fluid Mechanics* **509**, 217–252 (2004).

[206] Chu, K. and Bazant, M. *Physical Review E* **74**, 011501 (2006).

[207] Bazant, M., Thornton, K., and Ajdari, A. *Physical Review E* **70**, 021506 (2004).

[208] Kilic, M. and Bazant, M. *Physical Review E* **75**, 021503 (2007).

[209] Green, N. G., Ramos, A., Gonzalez, A., Castellanos, A., and Morgan, H. *Journal of Physics D-Applied Physics* **33** (2), L13–L17 Jan 21 (2000).

[210] Ramos, A., Morgan, H., Green, N., and Castellanos, A. *Journal of Colloid and Interface Science* **217** (1000).

[211] Gonzales, A., Ramos, A., Green, N., Castellanos, A., and Morgan, H. *Physical Review E* **61**, 4019 (2000).

[212] Brown, A., Smith, C., and Rennie, A. *Physical Review E* **63**, 016305 (2000).

[213] Ramos, A., Morgan, H., Green, N., and Gonzalez, A. *Journal of Applied Physics* **97**, 084906 (2005).

[214] di Caprio, D., Borkowska, A., and Stafiej, J. *Journal of Electroanalytical Chemistry* **540**, 17–23 (2003).

[215] Urdaneta, M. and Smela, E. *Electrophoresis* **28** (18), 3145–3155 Sep (2007).

[216] James, C. D., Okandan, M., Galambos, P., Mani, S. S., Bennett, D., Khusid, B., and Acrivos, A. *Journal of Fluids Engineering-Transactions of the Asme* **128** (1), 14–19 Jan (2006).

[217] Voldman, J. *Annual Review of Biomedical Engineering* **8**, 425–454 (2006).

[218] Cummings, E. B. *IEEE Engineering in Medicine and Biology Magazine* **22** (6), 75–84 Nov-Dec (2003).

[219] Hawkins, B. G., Smith, A. E., Syed, Y. A., and Kirby, B. J. *Analytical Chemistry* **79** (19), 7291–7300 Oct 1 (2007).

[220] Srinivasan, V., Pamula, V., and Fair, R. *Lab on a Chip* **4**, 310–315 (2004).

[221] Moon, H., Cho, S., Garrell, R., and Kim, C. *Journal of Applied Physics* **92**, 4080–4087 (2002).

[222] Pohl, H. A. *Dielectrophoresis: The behavior of neutral matter in nonuniform electric fields*. Cambridge University Press, (1978).

[223] Wang, X. B., Huang, Y., Becker, F. F., and Gascoyne, P. R. C. *Journal of Physics D-Applied Physics* **27** (7), 1571–1574 Jul 14 (1994).

［224］Wang, X. J., Wang, X. B., and Gascoyne, P. R. C. *Journal of Electrostatics* **39** (4), 277–295 Aug (1997).

［225］Kang, K. H. and Li, D. Q. *Journal of Colloid and Interface Science* **286** (2), 792–806 Jun 15 (2005).

［226］Liu, H. and Bau, H. H. *Physics of Fluids* **16** (5), 1217–1228 May (2004).

［227］Rosales, C. and Lim, K. M. *Electrophoresis* **26** (11), 2057–2065 Jun (2005).

［228］Al-Jarro, A., Paul, J., Thomas, D.W. P., Crowe, J., Sawyer, N., Rose, F. R. A., and Shakesheff, K. M. *Journal of Physics D-Applied Physics* **40** (1), 71–77 Jan 7 (2007).

［229］Jones, T. B., Wang, K. L., and Yao, D. J. *Langmuir* **20** (7), 2813–2818 Mar 30 (2004).

［230］Liu, Y., Liu, W. K., Belytschko, T., Patankar, N., To, A. C., Kopacz, A., and Chung, J. H. *International Journal for Numerical Methods in Engineering* **71** (4), 379–405 Jul 23 (2007).

［231］Singh, P. and Aubry, N. *Physical Review E* **72** (1), 016612 Jul (2005).

［232］Washizu, M. and Jones, T. B. *Journal of Electrostatics* **33** (2), 187–198 Sep (1994).

［233］Castellarnau, M., Errachid, A., Madrid, C., Juarez, A., and Samitier, J. *Biophysical Journal* **91** (10), 3937–3945 Nov (2006).

［234］Ehe, A. Z., Ramirez, A., Starostenko, O., and Sanchez, A. *Cross-Disciplinary Applied Research in Materials Science and Technology* **480–481**, 251–255 (2005).

［235］Gimsa, J. *Bioelectrochemistry* **54** (1), 23–31 Aug (2001).

［236］Gimsa, J., Schnelle, T., Zechel, G., and Glaser, R. *Biophysical Journal* **66** (4), 1244–1253 Apr (1994).

［237］Maswiwat, K., Wachner, D., Warnke, R., and Gimsa, J. *Journal of Physics D-Applied Physics* **40** (3), 914–923 Feb 7 (2007).

［238］Rivette, N. J. and Baygents, J. C. *Chemical Engineering Science* **51** (23), 5205–5211 Dec (1996).

［239］Archer, S., Morgan, H., and Rixon, F. J. *Biophysical Journal* **76** (5), 2833–2842 May (1999).

［240］Bakirov, T. S., Generalov, V. M., Chepurnov, A. A., Tyunnikov, G. I., and Poryavaev, V. D. *Doklady Akademii Nauk* **363** (2), 258–259 Nov (1998).

［241］Becker, F. F., Wang, X. B., Huang, Y., Pethig, R., Vykoukal, J., and Gascoyne, P. R. C. *Proceedings of the National Academy of Sciences of the United States of America* **92** (3), 860–864 Jan 31 (1995).

［242］Chan, K. L., Gascoyne, P. R. C., Becker, F. F., and Pethig, R. *Biochimica et Biophysica Acta-Lipids and Lipid Metabolism* **1349** (2), 182–196 Nov 15 (1997).

［243］Egger, M. and Donath, E. *Biophysical Journal* **68** (1), 364–372 Jan (1995).

［244］Falokun, C. D. and Markx, G. H. *Journal of Electrostatics* **65** (7), 475–482 Jun (2007).

［245］Falokun, C. D., Mavituna, F., and Markx, G. H. *Plant Cell Tissue and Organ Culture* **75** (3), 261–272 Dec (2003).

［246］Gascoyne, P., Mahidol, C., Ruchirawat, M., Satayavivad, J., Watcharasit, P., and Becker, F. F. *Lab on a Chip* **2** (2), 70–75 (2002).

［247］Gimsa, J., Marszalek, P., Loewe, U., and Tsong, T. Y. *Biophysical Journal* **60** (4), 749–760 Oct (1991).

［248］Huang, Y., Wang, X. B., Becker, F. F., and Gascoyne, P. R. C. *Biochimica et Biophysica Acta-Biomembranes* **1282** (1), 76–84 Jun 13 (1996).

［249］Huang, Y.,Wang, X. B.,Holzel, R., Becker, F. F., and Gascoyne, P.R. C. *Physics inMedicine and Biology* **40** (11), 1789–1806 Nov (1995).

［250］Simeonova, M. and Gimsa, J. *Journal of Physics-Condensed Matter* **17** (50), 7817–7831 Dec 21 (2005).

［251］Castellanos, A., Ramos, A., Gonzalez, A., Green, N. G., and Morgan, H. *Journal of Physics D-Applied Physics* **36** (20), 2584–2597 Oct 21 (2003).

［252］Mietchen, D., Schnelle, T., Muller, T., Hagedorn, R., and Fuhr, G. *Journal of Physics DAp-*

plied Physics **35** (11), 1258–1270 Jun 7 (2002).

[253] Morgan, H., Sun, T., Holmes, D., Gawad, S., and Green, N. G. *Journal of Physics D-Applied Physics* **40** (1), 61–70 Jan 7 (2007).

[254] Holmes, D. and Morgan, H. *Electrostatics 2003* **178**, 107–112 (2004).

[255] Holmes, D., Morgan, H., and Green, N. G. *Biosensors & Bioelectronics* **21** (8), 1621–1630 Feb 15 (2006).

[256] Huang, Y., Wang, X. B., Gascoyne, P. R. C., and Becker, F. F. *Biochimica et Biophysica Acta-Biomembranes* **1417** (1), 51–62 Feb 4 (1999).

[257] Kim, Y., Hong, S., Lee, S. H., Lee, K., Yun, S., Kang, Y., Paek, K. K., Ju, B. K., and Kim, B. *Review of Scientific Instruments* **78** (7), 074301 Jul (2007).

[258] Labeed, F. H., Coley, H. M., Thomas, H., and Hughes, M. P. *Biophysical Journal* **85** (3), 2028–2034 Sep (2003).

[259] Hughes, M. P. and Hoettges, K. F. *Biophysical Journal* **88** (1), 172A–172A Jan (2005).

[260] Gascoyne, P. R. C., Pethig, R., Burt, J. P. H., and Becker, F. F. *Biochimica et Biophysica Acta* **1149** (1), 119–126 Jun 18 (1993).

[261] Docoslis, A., Kalogerakis, N., Behie, L. A., and Kaler, K. V. I. S. *Biotechnology and Bioengineering* **54** (3), 239–250 May 5 (1997).

[262] Docoslis, A., Kalogerakis, N., and Behie, L. A. *Cytotechnology* **30** (1–3), 133–142 (1999).

[263] Labeed, F. H., Coley, H. M., and Hughes, M. P. *Biochimica et Biophysica Acta-General Subjects* **1760** (6), 922–929 Jun (2006).

[264] Lapizco-Encinas, B. H., Simmons, B. A., Cummings, E. B., and Fintschenko, Y. *Analytical Chemistry* **76** (6), 1571–1579 Mar 15 (2004).

[265] Kaler, K. V. I. S., Xie, J. P., Jones, T. B., and Paul, R. *Biophysical Journal* **63** (1), 58–69 Jul (1992).

[266] Pethig, R., Talary, M. S., and Lee, R. S. *IEEE Engineering in Medicine and Biology Magazine* **22** (6), 43–50 Nov-Dec (2003).

[267] Hu, X. Y., Bessette, P. H., Qian, J. R., Meinhart, C. D., Daugherty, P. S., and Soh, H. T. *Proceedings of the National Academy of Sciences of the United States of America* **102** (44), 15757–15761 Nov 1 (2005).

[268] Markx, G. H., Rousselet, J., and Pethig, R. *Journal of Liquid Chromatography & Related Technologies* **20** (16–17), 2857–2872 (1997).

[269] Huang, Y., Wang, X. B., Becker, F. F., and Gascoyne, P. R. C. *Biophysical Journal* **73** (2), 1118–1129 Aug (1997).

[270] Kang, K. H., Kang, Y. J., Xuan, X. C., and Li, D. Q. *Electrophoresis* **27** (3), 694–702 Feb (2006).

[271] Markx, G. H. and Pethig, R. *Biotechnology and Bioengineering* **45** (4), 337–343 Feb 20 (1995).

[272] Li, J. Q., Zhang, Q., Yan, Y. H., Li, S., and Chen, L. Q. *IEEE Transactions on Nanotechnology* **6** (4), 481–484 Jul (2007).

[273] Voldman, J., Gray, M. L., Toner, M., and Schmidt, M. A. *Analytical Chemistry* **74** (16), 3984–3990 Aug 15 (2002).

[274] Taff, B. M. and Voldman, J. *Analytical Chemistry* **77** (24), 7976–7983 Dec 15 (2005).

[275] Shih, T. C., Chu, K. H., and Liu, C. H. *Journal of Microelectromechanical Systems* **16** (4), 816–825 Aug (2007).

[276] Albrecht, D. R., Underhill, G. H., Wassermann, T. B., Sah, R. L., and Bhatia, S. N. *Nature Methods* **3** (5), 369–375 May (2006).

[277] Fair, R. B., Khlystov, A., Tailor, T. D., Ivanov, V., Evans, R. D., Griffin, P. B., Srinivasan, V., Pamula, V. K., Pollack, M. G., and Zhou, J. *IEEE Design & Test of Computers* **24** (1), 10–24 Jan-Feb (2007).

[278] Franks, F., editor. *Water: A Comprehensive Treatise.* Plenum, (1973).

[279] *CRC Handbook of Chemistry and Physics*. CRC Press, (2008).

[280] Gubskaya, A. and Kusalik, P. *Journal of Chemical Physics* **117**, 5290–5302 (2002).

[281] Tu., Y. and Laaksonen, A. *Chemical Physics Letters* **329**, 283–288 (2000).

[282] Coutinho, K., Guedes, R., Cabral, B., and Canuto, S. *Chemical Physics Letters* **369**, 345–353 (2003).

[283] Murrell, J. and Jenkins, A. *Properties of Liquids and Solutions*.Wiley, (1994).

[284] Hasted, J. *Aqueous Dielectrics*. Chapman and Hall, (1973).

[285] Arnold, W. M., Gessner, A. G., and Zimmermann, U. *Biochimica et Biophysica Acta* **1157** (1), 32–44 May 7 (1993).

[286] Akerlof, G. *Journal of the Americal Chemical Society* **54**, 4125 (1932).

[287] Galin, M., Chapoton, J.-C., and Galin, J.-C. *Journal of the Chemical Society Perkin Chem.* **74**, 2623 (2002).

[288] Segel, I. *Biochemical calculations*.Wiley, (1976).

[289] Wilson, E. *Vector Analysis*. Yale University Press, (1902).

[290] Aris, R. *Vectors, Tensors, and the Basic Equations of Fluid Mechanics*. Prentice Hall, (1962).

[291] Greenberg, M. *Advanced Engineering Mathematics*. Prentice-Hall, (1998).

[292] Pope, S. *Turbulent Flows*. Cambridge University Press, (2000).

[293] Squires, T. and Quake, S. *Reviews of Modern Physics* **77**, 977 (2005).

[294] Marsden, J. and Hoffman, M. *Basic Complex Analysis*. W. H. Freeman, (1998).

[295] R., S. and Laurra, P. *Conformal Mapping: Methods and Applications*. Dover, (2003).

[296] Sun, T., Morgan, H., and Green, N. G. *Physical Review E* **76** (4), 046610 Oct (2007).

[297] Sun, T., Green, N., and Morgan, H. *Applied Physics Letters* **92**, 173901 (2008).

[298] Haile, J. *Molecular Dynamics Simulation: Elementary Methods*. Wiley, (1992).

[299] Allen, M. and Tildesley, D. *Computer Simulation of Liquids*. Oxford University Press, (1987).

[300] Freund, J. *Journal of Chemical Physics* **116**, 2194–2200 (2002).

[301] Thompson, A. *Journal of Chemical Physics* **119**, 7503–7511 (2003).

[302] Lorenz, C., Crozier, P., Anderson, J., and Travesset, A. *Journal of Physical Chemistry* **112**, 10222–10232 (2008).

[303] Attard, P. *Thermodynamics and Statistical Mechanics*. Academic Press, (2002).

[304] Dougherty, R. and Howard, L. *Journal of Chemical Physics* **109**, 7379–7392 (1998).

[305] Errington, J. and Debenedetti, P. *Nature (London)* **409**, 318–321 (2001).

[306] Guillot, B. *Journal of Molecular Liquids* **101**, 219–260 (2002).

[307] Schropp, B. and Tavan, P. J. *Physical Chemistry B* **112**, 6233–6240 (2008).

索　引

■英数

2本鎖DNA　321
DNA　319
E^2演算子　464
E^4演算子　464
FWHM　287
HPLC　294
PCR　351
pzc　246

■あ行

圧力　18
圧力応力テンソル　19
アニーリング　321
イオン強度　439
一重項ポテンシャル　511
インダクタ　129
インダクタンス　129
インピーダンス　130
渦度　15
渦なし　16
渦の強さ　176
運動学　8
運動量保存　17
液体クロマトグラフィー
　293
液体状態理論　515
エレクトロウェッティング
　424
円筒座標系　449
オグストンのふるい　374
オスモル濃度　439
オセーン-バーガーステンソル
　201
オーム電流　122
オルンシュタイン-ゼルニケ方
　程式　516, 520

■か行

外積　457
回転　171
回転演算子　461

回転速度テンソル　12
回転電場　414
回転半径　322, 324
外部解　148
外部電場　145
外部ヘルムホルツ　251
界面活性剤　256
界面電位　241
界面動電位　152, 242
界面動電ポンプ　152
界面動電連成行列　72
界面動電連成式　71
ガウスの法則　110
カオス混合　95
カオス的移流　87
化学ポテンシャル　243
拡散距離　92
拡散距離スケール　91
拡散係数　3
拡散率　88
カプレット　496
緩衝液　441
完全導体　117
完全な絶縁体　117
完全に発達した　55
規定度　438
基底ベクトル　449
ギブス自由エネルギー　23
擬ベクトル　451
逆転置　13
キャパシタ　129
キャパシタンス　129, 135,
　384
キャピラリーゾーン電気泳動
　293
キャピラリー電気泳動　293
球座標系　449
強磁性　420
共役塩基　441
共役酸　441
切り取り型界面動電注入
　285

キルヒホッフの電流の法則
　131
グイ-チャップマンモデル
　213
クエット流　45
クッタ条件　168
駆動開始　54
クラウジウス-モソッティ係数
　406
クラッキー-ポロドモデル
　331
グラハムの式　250
クラマース-クローニッヒの式
　127, 507
クリープ流れ　191
グリーン関数　494
クーロンの法則　110
クーン長　322, 334
ケージド染料　278
原子シミュレーション　522
原子分極　115
高速液体クロマトグラフィー
　294
勾配演算子　458
高分子電解質　257
高分子の2点間の直線距離
　338, 340
コーシーの運動量方程式
　18
コーシー-リーマンの方程式
　503
孤立分子　34
コンプライアンス　73

■さ行

酸解離定数　439
サンガーシークエンシング
　352
三重項ポテンシャル　512
三重点　25
磁気泳動　419
磁気泳動力　422

索引 543

自己回避 344
自己相関 203
支持電解質 244
持続長 322, 323, 332, 335,
    337, 339
質量保存 17
ジム動力学 325
弱導体 118
ジャミング転移 253
自由回転鎖 343
自由回転鎖モデル 337
修正ポアソン-ボツルマン方程
    式 228
重調和演算子 464
重調和作用素 193
重調和方程式 193
自由連結鎖 335, 343
自由連結鎖モデル 334
ジューコフスキー変換 508
シュテルン層 232
シュテルン層モデル 250
シュワルツ-クリストッフェル
    変換 509
循環 16
常磁性 420
真空の透磁率 436
真空の誘電率 112, 436
進行波誘電泳動 416
吸い込み 173
水溶液 438
スカラー 451
スカラー画像流速測定法
    278
スカラーラプラス方程式
    469
スカラー流束 88
ストークス-アインシュタイン
    式 206
ストークスの定理 461
ストークスの流れ関数 11
ストークス方程式 192, 493
ストークスレット 198
ストレスレット 198, 495
ストローハル数 475
素抜け高分子 326, 328
すべり長さ 36

すべりなし条件 30
スモルコフスキー式 308
スモルコフスキー速度 307
静電容量 384
ゼータ電位 152, 242
接触角 24
接触角のヒステリシス 425
セルロースエステル 257
線形化ポアソン-ボルツマン方
    程式 218
全相関関数 519
せん断 14
せん断ひずみ速度 14
全値半幅 287
相関関数 518
双極子にはたらく電気トルク
    121
双極子にはたらく電気力
    121
双極子モーメント 178
相互相関 203
相対誘電率 113
層流パターニング 87, 97
速度勾配テンソル 12
速度ポテンシャル 165
損失誘電体 118

■た行
対称電解質 439
対数変換されたネルンスト-プ
    ランク方程式 278
多次元分離 295
多重極解 487
多重極展開 412
多重極理論 120
脱分極係数 413
単極子にはたらく電気力
    121
タンパク質 292
超網目状鎖モデル 515
直接相関関数 518
対ポテンシャル 512
抵抗 129
テイラー-アリス分散 88,
    99, 288
ディーン流 65

デオキシリボ核酸 319
デカルト座標系 449
デジタルマイクロフルイディク
    ス 423
デバイ（双極子モーメントの単
    位） 436
デバイ長 216, 480
デバイ-ヒュッケル近似
    218, 226
デバイ-ファルケンハーゲン式
    282
デバイモデル 115
デュキン数 282
デル演算子 458
電位 110
電位決定イオン 246
電解質 438
電荷決定イオン 246
電荷保存則 122, 275
電荷密度 111
電荷零点 246
電気泳動 270
電気泳動移動度 270, 322
電気回転 414, 415
電気回転分光法 415
電気化学ポテンシャル 243
電気感受率 113
電気浸透移動度 151
電気素量 270
電気二重層 145, 384
電気粘性 367
電気粘性効果 367
電気粘性モデル 252
電気分極 113
電気変位 112
電気毛管現象 423
電気力学 2
電子分極 115
電束密度 112
テンソル 454
転置 13
電熱流 393
電場 110
等角写像 508
動的接触角 28
等電点 295

等電点電気泳動　295
特異解　487
ドデシル硫酸ナトリウム　257

■な行
内積　455
内部解　147
内部ヘルムホルツ　251
流れ関数　10, 167
流れと電流の類似性　149
ナノスリット　350
ナノチャネル　350
ナノフルイディクス　359
ナビエ-ストークス方程式　22, 470
ナブラ演算子　458
二項演算　466
二重層オーバーラップ　360
二重層電位　145
二重わき出し強さ　178
二乗平均平方根　407
ニュートン流体　20
濡れぶち長さ　70
ねじれ写像　93
熱拡散効果　272
熱拡散率　437
熱電圧　479
熱毛管流　33
ネルンスト-アインシュタインの式　271
ネルンストの式　247
ネルンスト表面　247
ネルンスト-プランク方程式　273
粘性移動度　271
粘性力　18
粘度　20
濃度分極　373

■は行
配向分極　115
パイこね変換　93
排除体積　521
ハイブリダイゼーション　321

ハーゲン-ポアズイユの法則　68
ハーゲン-ポアズイユ流　51
バッキンガムのΠ定理　473
発散演算子　460
パッシブスカラー移流拡散方程式　89
発達　55
バトラー-ボルマー式　124
バルク濃度で調整した分布関数　516
反磁性　420
非圧縮性　16
ビエルム長　515
光退色　278
ビーズ-スプリングモデル　339
非素抜け高分子　325
ひずみ速度テンソル　12
非線形ポアソン-ボルツマン方程式　218
引張り　14
引張りひずみ速度　14
非ニュートン流体　22
非ネルンスト表面　248
比誘電率　113
ヒュッケルの式　309
表面応力テンソル　21
表面コンダクタンス　281
表面張力　23
表面電位　241
表面電流　224
ファラデー定数　111, 436
ファラデー反応　383
ファーレウス効果　379
ファン・ダイク整合条件　148
フィックの法則　88, 272
不活性電解質　244
複素共役　501
複素距離　170
複素数　501
複素速度　172
複素速度ポテンシャル　172
複素導電率　126
複素誘電率　125

符号関数　250
物質移動ペクレ数　96
物質線　11
不透過条件　29
ブラウン運動　205
ブリルアン関数　116
分解能　286
分子動力学　522
分離分解能　286
平均自由行程　35
平均力のポテンシャル　517
閉包関係　520
ベクトル　451
ベクトル恒等式　465
ペクレ数　90, 477
ヘルムホルツ自由エネルギー　347
ヘルムホルツ-スモルコフスキー式　148
ヘレ-ショウ流れ　194
ヘンダーソン-ハッセルバルヒ方程式　440
ヘンリー関数　308
ポアズイユ流　51
ポアソン方程式　117
ポアソン-ボルツマン方程式　216, 469
ポアンカレ写像　102
飽和　421
ポテンシャル流れ　165
ポリメラーゼ連鎖反応　351

■ま行
マイクロPIV　203
マイヤーのf関数　517
マクスウェル応力テンソル　120, 403
マクスウェル等価体　408
マクスウェル-ワグナー界面電荷　402
末端間距離　333, 335, 338, 339, 322, 324
マランゴニ流　33
みみず状鎖モデル　331
無次元化　473
毛管高さ　27

索引　545

毛管流れ　33
モル化学ポテンシャル　443
モル伝導率　277
モル濃度　439
モル分率　439

■や行

ヤングの式　25
ヤング–ラプラス方程式
　24，33
有効剛体充填距離　228
有効電気浸透すべり速度
　382
誘電泳動　401
誘電泳動移動度　403
誘電率　113
誘電率増加度　444
誘導電荷二重層　390
溶解度積　442
よどみ点　9

■ら行

ラグランジュ流体トレーサー
　205
ラプラシアン　462
ラプラス演算子　462
ラプラス方程式　117，485
ラプラス方程式の線形軸対称多
　重極展開　487
ランキン固体　184
ランジュバン関数　358
リアプノフ指数　102
離心率　413
理想的な誘電体　117
立体許容濃度　253
リップマン方程式　424
流跡線　8
流線　9
流体インピーダンス　77
流体回路解析　67
流体キャパシタンス　73

流体静力学　7
流体抵抗　68
流体半径　70
流動電位　261
流動電流　260
流脈線　9
両性担体　295
輪郭長　323
ルジャンドル多項式　486
ルース動力学　326，328
レイノルズ数　38，48，474
レオロジー　22
レナード–ジョーンズポテン
　シャル　514
連続の式　17，470
ロトレット　496

■わ行

わき出しの強さ　173

著者紹介
ブライアン・J・カービー（Brian J. Kirby）
コーネル大学工学部教授.
2001 年にスタンフォード大学で Ph.D. 取得後，サンディア国立研究所を経て 2004 年にコーネル大学助教に着任．高圧流体制御用マイクロバルブに関する研究で 2002 年 R&D トップ 100 発明賞，タンパク質生成および分析用マイクロデバイスで 2004 年 JD ワトソン研究者賞，ナノスケール界面動電現象および病原体検出で 2006 年科学者および技術者向け大統領若手キャリア賞（PECASE）受賞．また，2008 年ロバート・F・タッカー夫妻優秀教育賞，2013 年ロバート '55 およびヴァン '57 コウィー優秀教育賞，2015 年ジェームズ・M およびマーシャ・D・マコーミック優秀指導賞，2015 年コーネル大学工学部研究優秀賞受賞．

訳者略歴
元祐昌廣（もとすけ・まさひろ）
2006 年　慶應義塾大学大学院理工学研究科総合デザイン工学後期博士課程修了
2021 年　東京理科大学工学部機械工学科教授
　　　　　現在に至る
　　　　　博士（工学）

山本　憲（やまもと・けん）
2014 年　首都大学東京大学院理工学研究科機械工学専攻博士後期課程修了
2021 年　大阪大学大学院理学研究科宇宙地球科学専攻助教
　　　　　現在に至る
　　　　　博士（工学）

マイクロ・ナノ流体力学

2024 年 11 月 29 日　第 1 版第 1 刷発行

訳者　　　　元祐昌廣・山本憲

編集担当　　藤原祐介・加藤義之（森北出版）
編集責任　　上村紗帆（森北出版）
組版　　　　双文社印刷
印刷　　　　ワコー
製本　　　　ブックアート

発行者　　　森北博巳
発行所　　　森北出版株式会社
　　　　　　〒 102-0071　東京都千代田区富士見 1-4-11
　　　　　　03-3265-8342（営業・宣伝マネジメント部）
　　　　　　https://www.morikita.co.jp/

Printed in Japan
ISBN978-4-627-67611-4